Exler

Controllingorientiertes
Finanz- und Rechnungswesen

W0228988

Aktivieren Sie dieses Buch kostenlos
in der NWB Datenbank!

Nutzen Sie die Inhalte dieses Buches auch online.
Und profitieren Sie von den praktischen Recherchefunktionen,
die Ihnen die Suche erleichtern.

▶ **Ihr Freischaltcode:**   RPYLKXYAYOSPZYWLA

Exler, Controllingorientiertes Finanz-u.Rechnungswesen

So einfach aktivieren Sie die Inhalte:

Rufen Sie **www.nwb.de/go/online-buch** auf.

Geben Sie Ihren Freischaltcode ein und
folgen Sie dem Anmeldedialog. Fertig!

**Die NWB Datenbank – alle digitalen Inhalte aus
unserem Verlagsprogramm in einem System!**

NWB Studium Betriebswirtschaft

Controllingorientiertes Finanz- und Rechnungswesen

mit einer durchgängigen Fallstudie

- ► Jahresabschluss & Analyse
- ► Finanzwirtschaft
- ► Wertmanagement

Von
Prof. (FH) Dr. Markus W. Exler

nwb STUDIUM

Kein Produkt ist so gut, dass es nicht noch verbessert werden könnte. Ihre Meinung ist uns wichtig! Was gefällt Ihnen gut? Was können wir in Ihren Augen noch verbessern? Bitte verwenden Sie für Ihr Feedback einfach unser Online-Formular auf:

www.nwb.de/go/campus.

Als kleines Dankeschön verlosen wir unter allen Teilnehmern einmal pro Quartal ein Buchgeschenk.

ISBN 978-3-482-**57621**-8 (print)
ISBN 978-3-482-**61011**-0 (online)

© Verlag Neue Wirtschafts-Briefe GmbH & Co. KG, Herne 2010
   www.nwb.de

Satz: Griebsch & Rochol Druck GmbH & Co. KG, Hamm
Druck: medienHaus Plump GmbH, Rheinbreitbach

VORWORT

Die zunehmende Kapitalmarktorientierung auch inhabergeführter Unternehmen erfordert deren ganzheitliche Betrachtung, da insbesondere die Banken bei ihrer Bonitätsprüfung zunehmend auch den Wert des Unternehmens als Beurteilungsgröße heranziehen.

Mit diesem Buch möchte ich für den mittelständischen Unternehmer und Manager sowie für alle wirtschaftlich interessierten Studierenden einen kleinen Beitrag leisten, die Zusammenhänge der Disziplinen Rechnungswesen und Finanzwirtschaft interessant zu machen. Der Begriff eines controllingorientierten Finanz- und Rechnungswesens ist bewusst gewählt, um insbesondere die Schnittstellen und das Zusammenwirken der verschiedenen Disziplinen herauszustellen. Da die Rechnungslegung mit IFRS mit marktnahen Daten arbeitet und demzufolge für das Controlling eine interessante Perspektive bietet, wird diese den Ansatz- und Bewertungsvorschriften des HGB/BilMoG gegenübergestellt. Auch die Erfolgs- und Wertanalyse wird in ihren Zusammenhängen mit den aus dem Controlling zu entnehmenden Daten erläutert.

Um die einzelnen Sachverhalte auch anwendungsbezogen darzustellen, werden dem Leser in den einzelnen Kapiteln „Beispiele" als kleine Problemstellungen, Fallbeispiele als „Fall", die einzelne Kapitel praxisgerecht aufarbeiten, sowie fünf Teile (jeweils am Ende der einzelnen Hauptkapitel) einer durchgängigen „integrativen Fallstudie" angeboten.

Der entwickelte transaktionsorientierte Managementansatz ist in sehr vielen Dialogen sowohl mit Unternehmern als auch mit Studierenden entstanden, bei denen ich mich an dieser Stelle ganz herzlich bedanken möchte. Geschrieben ist das Buch für Entscheidungsträger in Unternehmen sowie für Studierende, die diese Position anstreben.

Mir bleibt, dem Leser viel Freude bei der Lektüre dieses Buches zu wünschen.

Kufstein, im November 2009   *Markus Exler*

INHALTSVERZEICHNIS

Vorwort		V
Abbildungsverzeichnis		XV

A. Grundsätzliches		**1**
1.	Wertschöpfungsprozess	1
2.	Controlling als Managementfunktion	3
3.	Systematisierung des Controlling	5

B. Buchführung und Bilanzierung		**7**
1.	Systematisierung der externen Rechnungslegung	7
1.1	Adressaten	8
1.2	Rechnungswesen als System	10
1.3	Geschäftsfall und Jahresabschluss	12
2.	Von der Finanzbuchhaltung zum Jahresabschluss	15
2.1	Kontensystem	15
2.2	Kontenrahmen	18
2.3	Geschäftsfall – Buchung – Bilanz/GuV	19
2.4	Umsatzsteuer, Personenkonten und Belegbuchung	22
2.4.1	Umsatzsteuer	22
2.4.2	Personenkonten	25
2.4.3	Belegbuchung	26
2.5	Zusammenfassung: Fallbeispiel „Finanzbuchhaltung"	27
3.	Ansatz- und Bewertungsvorschriften	35
3.1	Bilanzierungsgrundsätze	35
3.1.1	Grundsätze nach HGB/EStG	36
3.1.2	Grundsätze nach IFRS	38
3.1.3	Grundsätzliche Änderungen BilMoG	41
3.2	Bilanzierung auf der Aktivseite	43
3.2.1	Anlagevermögen	45
3.2.1.1	Immaterielle Vermögensgegenstände	50
3.2.1.2	Sachanlagen	52
3.2.1.2.1	Bilanzansatz	52
3.2.1.2.2	Wertminderung	54
3.2.1.2.3	Werterhöhung	55
3.2.1.2.4	Latente Steuern	55
3.2.1.2.5	Leasing	57
3.2.1.3	Finanzanlagen	58

	3.2.2	Umlaufvermögen	60
		3.2.2.1 Vorräte	62
		3.2.2.2 Forderungen	64
		3.2.2.3 Wertpapiere	64
		3.2.2.4 Liquide Mittel	65
	3.2.3	Aktive Rechnungsabgrenzung	65
	3.2.4	Erweiterung der Aktiva	66
3.3		Bilanzierung auf der Passivseite	67
	3.3.1	Eigenkapital	67
		3.3.1.1 Gezeichnetes Kapital	69
		3.3.1.2 Kapitalrücklage	70
		3.3.1.3 Gewinnrücklagen	71
		3.3.1.4 Gewinnvortrag	72
		3.3.1.5 Jahresüberschuss und Gewinn	72
		3.3.1.6 Neubewertungsrücklage nach IFRS	73
		3.3.1.7 Eigenkapitalveränderungsrechnung	74
	3.3.2	Sonderposten mit Rücklageanteil	74
	3.3.3	Rückstellungen	74
	3.3.4	Verbindlichkeiten	77
	3.3.5	Passive Rechnungsabgrenzung	79
3.4		Gewinn- und Verlustrechnung	80
	3.4.1	Erfassen von Erlösen	81
	3.4.2	Segmentberichterstattung	83
	3.4.3	Ergebnis je Aktie	83
3.5		Anhang und Lagebericht	84

C. Jahresabschlussanalyse   90

1.		Umfeldanalyse	90
2.		Unternehmensanalyse	91
3.		Kennzahlenanalyse	93
	3.1	Kennzahlensystem und Benchmarkgrößen	94
	3.2	Vermögen und Kapital	96
		3.2.1 Horizontale Finanzierungsregel	97
		3.2.2 Working Capital	98
	3.3	Vermögenslage	99
		3.3.1 Anlagenintensität	100
		3.3.2 Umlaufintensität	101
		3.3.3 Krisenindikatoren Aktiva	102
	3.4	Finanzlage	103
		3.4.1 Eigenkapital	103
		3.4.2 Fremdkapital	104
		3.4.3 Mezzanine	104

	3.4.4	Eigenkapitalquote	104
	3.4.5	Krisenindikatoren Passiva	106
3.5	Ertragslage		107
	3.5.1	Eigenkapitalrendite	108
	3.5.2	Gesamtkapitalrendite	109
	3.5.3	Zinsdeckungsquote	110
	3.5.4	Schuldentilgungsdauer	111
	3.5.5	Sonstige Kennzahlen	113
	3.5.6	Krisenindikatoren GuV-Rechnung	116
3.6	Bilanz- und Ausschüttungspolitik		117
4.	Integrative Fallstudie, Teil 1		119

D. Finanzwirtschaftliche Aspekte — **132**

1.	Struktur der betrieblichen Finanzwirtschaft		132
1.1	Finanzierungs- und Investitionskreislauf		132
1.2	Finanzierungsalternativen und ihre Systematisierung		133
2.	Beteiligungsfinanzierung		135
2.1	Eigenkapitalbeschaffung nichtemissionsfähiger Unternehmen		135
	2.1.1	Offene Handelsgesellschaften (OHG)	136
	2.1.2	Kommanditgesellschaft (KG)	137
	2.1.3	Gesellschaft mit beschränkter Haftung (GmbH)	137
2.2	Börsengang		138
	2.2.1	Erster Schritt: Prüfung des Unternehmens auf Börsenfähigkeit	139
	2.2.2	Zweiter Schritt: Auswahl der Emissionsbank	141
	2.2.3	Dritter Schritt: Formulierung einer Equity Story	142
	2.2.4	Vierter Schritt: Unternehmensbewertung, Emissionspreis und Börsensegment	143
	2.2.5	Fünfter Schritt: Due Diligence-Prüfung	145
	2.2.6	Sechster Schritt: Verkaufsprospekt und Road Show zur Investorengewinnung	145
	2.2.7	Siebter Schritt: Bookbuilding-Spanne, Aktienzeichnung und Erstnotiz	147
	2.2.8	Achter Schritt: Investition des Emissionserlöses	148
2.3	Kapitalerhöhung börsennotierter Aktiengesellschaften		152
	2.3.1	Aktienarten	152
	2.3.2	Kapitalerhöhungsarten	154
	2.3.3	Ausgabeparameter	155
2.4	Private Equity		158
	2.4.1	Profil des Zielunternehmens	159
	2.4.2	Profil des Finanzinvestors	160
	2.4.3	Kapitalausstattung des Unternehmens	161
	2.4.4	Buy-out-Lösungen	162

	2.4.5	Profil des Managements	162
	2.4.6	Transaktionsabwicklung	164
	2.4.7	Hürden nach der Transaktion	166
3.	Private Debt		167
	3.1	Ausgangslage	167
	3.2	Mezzanine-Finanzierung	169
	3.2.1	Stille Beteiligung	170
	3.2.2	Nachrangige Darlehen	173
	3.3	Transaktionsablauf und Bankenrating	174
4.	Kreditfinanzierung		176
	4.1	Kreditprüfung	176
	4.1.1	Bonitätsprüfung	176
	4.1.2	Basel II	179
	4.2	Kreditsicherheiten	183
	4.2.1	Personalsicherheiten	184
	4.2.1.1	Bürgschaft	184
	4.2.1.2	Garantie	185
	4.2.1.3	Patronatserklärung	185
	4.2.1.4	Wechselhaftung	185
	4.2.1.5	Kreditauftrag	186
	4.2.1.6	Schuldbeitritt	186
	4.2.2	Realsicherheiten	186
	4.2.2.1	Eigentumsvorbehalt	187
	4.2.2.2	Sicherungsabtretung	187
	4.2.2.3	Verpfändung	188
	4.2.2.4	Sicherungsübereignung	189
	4.2.2.5	Grundpfandrechte	189
	4.2.2.6	Kreditversicherung	190
	4.3	Kreditarten	190
	4.3.1	Kurzfristige Kredite	191
	4.3.1.1	Lieferantenkredit	191
	4.3.1.2	Kontokorrentkredit	193
	4.3.2	Langfristige Kredite	194
	4.3.2.1	Bankdarlehen	194
	4.3.2.1.1	Investitionskredite	194
	4.3.2.1.2	Realkredite	195
	4.3.2.2	Schuldscheindarlehen	198
	4.3.2.3	Anleihen	198
	4.3.2.3.1	Industrieanleihe	198
	4.3.2.3.2	Wandelanleihe	199
	4.3.2.3.3	Optionsanleihe	200
5.	Innenfinanzierung		200
	5.1	Gewinnthesaurierung	201
	5.1.1	Finanzierungseffekt	201
	5.1.2	Ausschüttungspolitik	203

	5.2	Desinvestitionsmanagement	207
		5.2.1 Finanzierung aus Umsatzerlösen	207
		5.2.2 Finanzierung aus Vermögensumschichtung	209
	5.3	Beurteilung	211
6.		Optimierung der Kapitalstruktur	212
7.		Integrative Fallstudie, Teil 2	214

E. Operatives Controlling 219

1.		Struktur des Controlling	219
	1.1	Wirkungskreis	219
	1.2	Systematisierung	220
2.		Kostenrechnung	223
	2.1	Vollkostenrechnung	224
		2.1.1 Kostenartenrechnung	224
		2.1.2 Kostenstellenrechnung	226
		2.1.3 Kostenträgerrechnung	230
		2.1.4 Kritische Reflexion	232
	2.2	Deckungsbeitragsrechnung	233
		2.2.1 Break-Even-Menge	234
		2.2.2 Make-or-buy-Entscheidung	236
		2.2.3 Zusatzauftragsannahme	237
		2.2.4 Preisuntergrenzen	238
		2.2.5 Fixkostendeckungsrechnung	240
		2.2.6 Kritische Reflexion	242
	2.3	Plankostenrechnung	243
	2.4	Prozesskostenrechnung	245
	2.5	Zielkostenrechnung	248
3.		Finanzrechnung	252
	3.1	Kapitalbedarfsplanung	252
	3.2	Liquiditäts- und Finanzplanung	254
		3.2.1 Liquiditätsplan	255
		3.2.2 Finanzplan	255
	3.3	Finanzkontrolle	259
		3.3.1 Analyse mit Bilanzdaten	259
		3.3.1.1 Finanzkennzahlen	259
		3.3.1.2 Bewegungsbilanz	260
		3.3.1.3 Kapitalbindungsplanung	261
		3.3.2 Kapitalflussrechnung	263
		3.3.2.1 Cashflow aus der betrieblichen Tätigkeit	264
		3.3.2.2 Cashflow aus der Investitionstätigkeit	266

		3.3.2.3	Cashflow aus der Finanzierungstätigkeit	267
		3.3.2.4	Veränderung des Fonds liquider Mittel	268
		3.3.2.5	Interpretation der Cashflow-Größen	269
4.	Investitionsrechnung			271
	4.1	Investitionsbeurteilung		272
	4.2	Investitionsentscheidung		272
		4.2.1	Kapitalwertmethode	273
		4.2.2	Methode des internen Zinssatzes	277
		4.2.3	Annuitätenmethode	278
		4.2.4	Kostenvergleichsrechnung	278
		4.2.5	Gewinnvergleichsrechnung	281
		4.2.6	Rentabilitätsrechnung	281
		4.2.7	Amortisationsrechnung	282
		4.2.8	Kritische Reflexion	282
5.	Integrative Fallstudie, Teil 3			283

F. Wertmanagement   **288**

1.	Strategieanalyse			288
	1.1	SWOT-Analyse		289
	1.2	Portfolio-Analyse		290
2.	Strategiebewertung			291
	2.1	Bilanzrechnung mit adjustierten Kennzahlen		292
		2.1.1	Neutrale Erfolgsgrößen	294
		2.1.2	Integrative Fallstudie, Teil 3 (Fortsetzung)	295
		2.1.3	Kalkulatorische Kosten	297
	2.2	Wertmanagement-Konzept		300
		2.2.1	Gewinn- vs. Wertorientierung	300
		2.2.2	Zusätzlicher Wertbeitrag	301
		2.2.3	Vermögensrendite	302
		2.2.4	Kapitalkosten	306
		2.2.5	Resümee	311
		2.2.6	Integrative Fallstudie, Teil 4	312
	2.3	Unternehmensbewertung		318
		2.3.1	Discounted Cashflow-Methode	318
		2.3.1.1	Freie Cashflows	320
		2.3.1.2	Kapitalisierungszinssatz	322
		2.3.1.3	Residualwert	322
		2.3.1.4	Abzugskapital	323
		2.3.1.5	Nicht betriebsnotwendiges Vermögen	323
		2.3.2	Vergleichswert-Methode	323
		2.3.2.1	Bereinigter EBIT als Faktor	324
		2.3.2.2	Branchen-Multiple	324

2.3.3			Resümee	326
2.3.4			Integrative Fallstudie, Teil 5	327

G. Cockpit für Geschäftsleitung & Eigentümer — **338**

1.	Steuerung des Unternehmens			338
	1.1	Business-Plan		339
	1.2	Cockpit		341
		1.2.1	Kapitalstrukturanalyse	341
		1.2.2	Erfolgsanalyse	342
		1.2.3	Wertanalyse	346
2.	Verkauf des Unternehmens			349
	2.1	Vorbereitungsphase		350
		2.1.1	Veräußerungsmotive	350
		2.1.2	Exposéerstellung	350
		2.1.3	Käufersuche	352
		2.1.4	Letter of Intent	353
	2.2	Transaktionsphase		354
		2.2.1	Due Diligence-Prüfung	354
		2.2.2	Vertragsgestaltung	355
		2.2.3	Closing	356
	2.3	Integrationsphase		356
	2.4	Resümee		357

H. Fazit — **358**

Literaturverzeichnis — **363**
Stichwortverzeichnis — **369**

ABBILDUNGSVERZEICHNIS

ABB. 1:	Der Wertschöpfungskreislauf	1
ABB. 2:	Die Controlling W-Fragen	3
ABB. 3:	Die Controlling-Ansätze	5
ABB. 4:	Das Rechnungswesensystem	8
ABB. 5:	Die Adressaten	9
ABB. 6:	Der Jahresabschluss	11
ABB. 7:	Die Bestands- und Erfolgskonten	16
ABB. 8:	Die Begriffszuordnung	17
ABB. 9:	Der Kontenrahmen	19
ABB. 10:	Die Umsatzsteuer	23
ABB. 11:	Die Personenkonten	25
ABB. 12:	Der Buchungsbeleg	26
ABB. 13:	Die Kontendarstellung	31
ABB. 14:	Der Mindestinhalt der Bilanz	34
ABB. 15:	Die Richtlinien IAS bzw. IFRS	38
ABB. 16:	Die grundlegenden Vorschriften HGB und IFRS	39
ABB. 17:	Die Bilanzpositionen nach IFRS	40
ABB. 18:	Die Aktivierungsmöglichkeiten	44
ABB. 19:	Der Aufbau des Anlagevermögens	45
ABB. 20:	Die Zuschlagskalkulation der Vollkostenrechnung	46
ABB. 21:	Der Ansatz immaterieller Vermögenswerte	50
ABB. 22:	Die Bewertung immaterieller Vermögenswerte	52
ABB. 23:	Der Ansatz des Sachanlagevermögens	52
ABB. 24:	Die Bewertung des Sachanlagevermögens	53
ABB. 25:	Die Indikatoren einer möglichen Wertminderung	54
ABB. 26:	Die Bewertung des Finanzanlagevermögens	59
ABB. 27:	Der Aufbau des Umlaufvermögens	61
ABB. 28:	Die Bewertung des Vorratsvermögens	63
ABB. 29:	Die Aktivseite und deren Sonderposten	66
ABB. 30:	Der Ansatz des Eigenkapitals	69
ABB. 31:	Der Ansatz der Rückstellungen	75
ABB. 32:	Die Bewertung der Rückstellungen	77
ABB. 33:	Der Ansatz der Verbindlichkeiten	78
ABB. 34:	Die Bewertung der Verbindlichkeiten	78
ABB. 35:	Die Ansätze in der Gewinn- und Erfolgsrechnung	80

ABB. 36:   Das Erfassen von Erlösen   82

ABB. 37:   Die Angaben im Anhang   85

ABB. 38:   Die Bilanzgliederung für kleine Kapitalgesellschaften   87

ABB. 39:   Die Gewinn- und Verlustrechnung in Staffelform   88

ABB. 40:   Das Finanzkennzahlensystem   94

ABB. 41:   Das Bankenrating als Benchmark-Größen   95

ABB. 42:   Die Zusammensetzung des wirtschaftlichen Eigenkapitals   105

ABB. 43:   Die Abgrenzung von Erfolgsgrößen   111

ABB. 44:   Die indirekte Ermittlung des operativen Cashflows   112

ABB. 45:   Die Bonitätsoptimierung über Bilanzstrukturveränderungen   118

ABB. 46:   Die Bilanz der Reha & Care GmbH   119

ABB. 47:   Die Gewinn- und Verlustrechnung der Reha & Care GmbH   120

ABB. 48:   Das Ratingprofil der Reha & Care GmbH   129

ABB. 49:   Die bereinigten Erfolgsgrößen der Plan-GuV   129

ABB. 50:   Die Kapitalströme im Wertumlaufmodell   133

ABB. 51:   Die Finanzierungsmatrix   134

ABB. 52:   Die IPO-Checkliste   138

ABB. 53:   Der Emissionsprospekt der Air Berlin AG   146

ABB. 54:   Die Vor- und Nachteile eines IPO   150

ABB. 55:   Die Bilanzveränderung bei einer Kapitalerhöhung   154

ABB. 56:   Die Kapitalerhöhung der Wienerberger AG   157

ABB. 57:   Das gewünschte Unternehmensprofil   159

ABB. 58:   Das gewünschte Finanzinvestorprofil   161

ABB. 59:   Das gewünschte MBO-Kandidatenprofil   163

ABB. 60:   Der idealtypische Verlauf einer Private Equity- / MBO-Transaktion   164

ABB. 61:   Ein möglicher Vertragsentwurf für einen Besserungsschein   165

ABB. 62:   Ein möglicher Vertragsentwurf für eine Put- und Call-Option   165

ABB. 63:   Die Kosten für eine Private Equity- / MBO-Transaktion   165

ABB. 64:   Die Weiterentwicklung des Unternehmens   166

ABB. 65:   Die Finanzierungsvarianten mit ihren Auswirkungen auf die Bilanz   167

ABB. 66:   Die Vorüberlegungen einer Private Debt-Finanzierung   168

ABB. 67:   Der Investorenvergleich   168

ABB. 68:   Der Vertragsentwurf für eine typische stille Gesellschaft   171

ABB. 69:   Der Vertragsentwurf für eine atypische stille Gesellschaft   172

ABB. 70:   Der Vertragsentwurf für eine qualifizierte Rangrücktrittserklärung   174

ABB. 71:   Die Vor- und Nachteile einer Mezzanine-Finanzierung   175

ABB. 72:   Der Kreditprüfungsprozess   177

ABB. 73:   Die Unterlagen zur Offenlegung der wirtschaftlichen Situation   178

ABB. 74:	Die Neuerungen von Basel II	180
ABB. 75:	Die Ratingkategorien zur Kalkulation der Kreditkosten	181
ABB. 76:	Die Ratingkategorien der Soft Facts	182
ABB. 77:	Die Kreditsicherheiten	183
ABB. 78:	Die verschiedenen Formen eines Eigentumsvorbehalts	187
ABB. 79:	Die Kreditarten	191
ABB. 80:	Der Vergleich Aktie und Anleihe	199
ABB. 81:	Der Satzungsbeschluss der Allianz SE	201
ABB. 82:	Die Gewinnthesaurierung und die Kapitalstruktur	203
ABB. 83:	Die Abschreibungsvarianten	207
ABB. 84:	Das Controlling-System	223
ABB. 85:	Die Gegenüberstellung von Aufwand und Kosten	225
ABB. 86:	Die Kostenarten anhand der Art der Verrechnung	226
ABB. 87:	Das Break-Even-Diagramm	235
ABB. 88:	Die Objektkalkulation einer Gebäudereinigungsfirma	241
ABB. 89:	Die Finanzplanung	258
ABB. 90:	Die indirekte Ermittlung des Cashflows aus der betrieblichen Tätigkeit	264
ABB. 91:	Die direkte Ermittlung des Cashflows aus der Investitionstätigkeit	266
ABB. 92:	Die Ermittlung des Cashflows aus der Finanzierungstätigkeit	267
ABB. 93:	Die Ermittlung des Geldfonds	268
ABB. 94:	Die Verfahren der Investitionsrechnung	273
ABB. 95:	Der Kapitalwert als die Summe der Barwerte	273
ABB. 96:	Die Break-Even-Leistung	281
ABB. 97:	Die SWOT-Analyse	289
ABB. 98:	Die Portfolio-Analyse	290
ABB. 99:	Das Shareholder Value-Konzept von Rappaport	291
ABB. 100:	Die Wertsteigerungsspirale	293
ABB. 101:	Die Bereinigungsgrößen	298
ABB. 102:	Das Wertmanagement-Konzept	302
ABB. 103:	Die Ermittlung des NOPAT	303
ABB. 104:	Das Wertmanagement-Konzept des RWE-Konzerns	305
ABB. 105:	Der gewichtete durchschnittliche Kapitalkostensatz	311
ABB. 106:	Die Wertermittlung nach der DCF-Methode (WACC-Ansatz)	319
ABB. 107:	Die Ermittlung des Free Cashflow	320
ABB. 108:	Die Multiplikatoren einzelner Branchen	325
ABB. 109:	Die Kompetenzstruktur im Kontext Bilanz & Management	339
ABB. 110:	Die Basiselemente eines Business-Plans	340
ABB. 111:	Die Kapitalstrukturanalyse und ihre Maßnahmen	342

ABB. 112: Die Differenzierung einzelner Erfolgsgrößen zur Kennzahlenermittlung   343

ABB. 113: Die Erfolgsanalyse und ihre Maßnahmen   345

ABB. 114: Die Wertanalyse und ihre Maßnahmen   346

ABB. 115: Der Unternehmenswert auf der Basis von Vergleichsgrößen   347

ABB. 116: Das Cockpit-Protokoll für Kleinunternehmen   348

ABB. 117: Die Steuerungspyramide   349

ABB. 118: Die Unterlagen für ein Unternehmensexposé   351

ABB. 119: Die Gliederung eines Unternehmensexposés   351

A. Grundsätzliches

Das unternehmerische Zielsystem und das Interagieren mit dem Erfordernis einer Unternehmenssteuerung soll vorgestellt werden.

Inhalt: Wertschöpfung in Unternehmen sowie Grundlegendes über ein controllingorientiertes Finanz- und Rechnungswesen.

1. Wertschöpfungsprozess

Unternehmerisches Handeln als Unternehmer oder als Manager wird von der Vision getrieben, ein Produkt oder eine Dienstleistung marktgerecht zu entwickeln, zu produzieren und zu verkaufen. Das Unternehmen als räumliche und systemische Einheit ist der Ort, an dem der Wertschöpfungsprozess physisch vollzogen wird, welcher wiederum innerhalb der Betriebswirtschaftslehre als einzelne sog. **leistungswirtschaftliche** Vorgänge in den betriebswirtschaftlichen Funktionalbereichen wie Forschung & Entwicklung, Beschaffung, Produktion, Lagerhaltung, Transport, Absatz/Marketing, Betriebsführung, Personalwirtschaft, Informations- und Berichtswesen zum Ausdruck gebracht werden. Die permanente Interaktion mit der Unternehmensumwelt wie dem Kapital-, Beschaffungs- und Absatzmarkt sorgt für die entsprechende Zuführung, der für die Leistungserstellung notwendigen Ressourcen an Real- und Nominalgütern, was in einem Wertschöpfungskreislauf entsprechend skizziert werden kann.

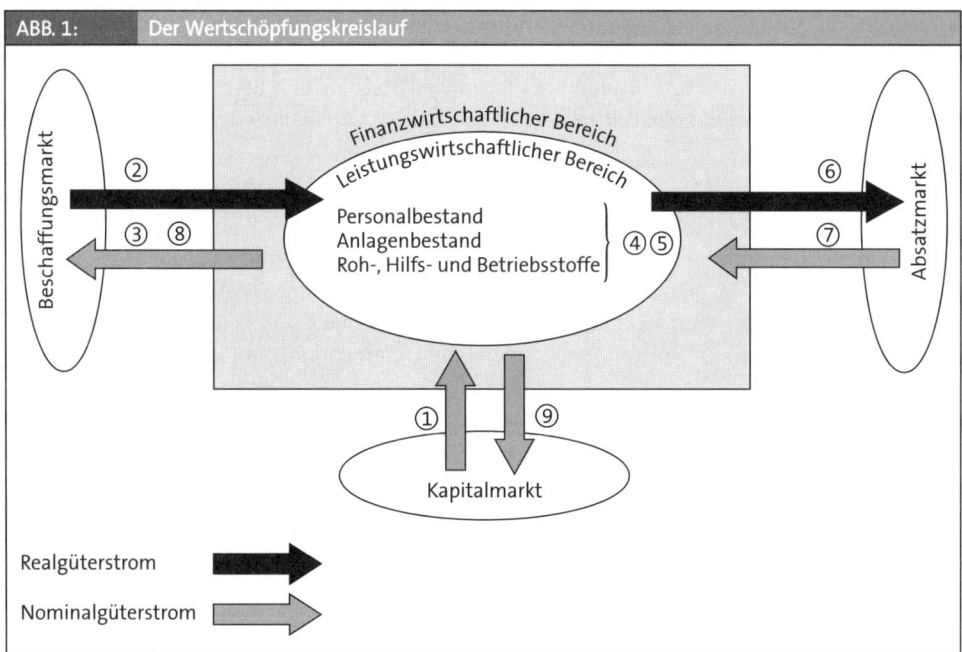

ABB. 1:   Der Wertschöpfungskreislauf

(1) Beschaffung von Eigen- und Fremdkapital auf dem Kapitalmarkt (Finanzierung)

(2) Beschaffung von Produktionsfaktoren auf dem Beschaffungsmarkt

(3) Bezahlung der Produktionsmittel (Investition)

(4) Produktion im Sinne einer technologischen Transformation

(5) Zwischenlagerung der Fertigfabrikate

(6) Absatz der Fertigfabrikate

(7) Geldeingang des Verkaufserlöses (Desinvestition)

(8) Reinvestition

(9) Kapitalbedienung in Form von Zins, Tilgung sowie Tantieme (Definanzierung)

Die in Zahlen gefassten monetären Bewertungen wiederum finden ihre Entsprechung im **finanzwirtschaftlichen** Bereich des Unternehmens, mit dem sich im Wesentlichen die betriebswirtschaftlichen Disziplinen Rechnungswesen und Finanzwirtschaft auseinandersetzen. Um sich den Kapitalanlegern positiv präsentieren zu können, ist für börsennotierte Unternehmen eine optimierte Strukturierung der Passivseite unverzichtbar. Doch auch für mittelständische bzw. inhabergeführte Unternehmen[1], und das nicht erst aufgrund der Erfordernisse des Bankenratings als Folge der Bonitätsbestimmungen von Basel II, nimmt die finanzwirtschaftliche Managementkomponente einen immer größeren Stellenwert ein.

Die Allgemeine Betriebswirtschaftslehre in ihrer Ausprägungsform als managementorientierte Betriebswirtschaftslehre mit den Funktionallehren **Rechnungswesen** inkl. der Teildisziplinen Jahresabschluss (extern) und Kostenrechnung (intern) sowie Controlling und **Finanzwirtschaft** inkl. der Teildisziplinen Finanzierung, Investition sowie Unternehmensbewertung soll in ihrer Ganzheitlichkeit als ein Instrumentenset verstanden werden, Unternehmen erfolgreich machen zu können. In der Bilanz als die Gegenüberstellung der im Unternehmen gebundenen Vermögens- und Kapitalbestände wiederum werden der leistungswirtschaftliche Bereich auf der Aktivseite (Aktiva) und der finanzwirtschaftliche Bereich auf der Passivseite (Passiva) zum Ausdruck gebracht.

Dabei ist ein Unternehmen mehr als nur die Summe einzelner Vermögensgegenstände, die in einer Bilanz erfasst werden. Vielmehr wird mit deren Nutzung eine Komplementärbeziehung dargestellt, um Gewinne zu erzielen. Mit diesen werden die Mitarbeiter, die Lieferanten und die Kapitalgeber bezahlt. Es gilt, den Goodwill in der Ausprägung Kundenstamm, Standort, Mitarbeiter Know-how etc. als die Differenz aus Unternehmenswert und dem Marktwert der Vermögensgegenstände zu optimieren. Eine nachhaltige Unternehmensführung unter dem Primat der Ausrichtung an die Unternehmensziele **Rentabilitäts- und Wertsteigerung** sowie **Liquiditätssicherung** setzt das Wissen über die funktionalen Zusammenhänge im Unternehmen voraus, was wiederum bedeutet, dass die betrieblichen Vorgänge transparent gemacht werden müssen.

---

1 Die Begriffe mittelständische sowie inhaber- oder eigentümergeführte Unternehmen sollen synonym verwendet werden. Sie kennzeichnen eine Nichtteilnahme an einem organisierten Kapitalmarkt und eine Größenordnung bis etwa 250 Mitarbeiter. Die Europäische Union klassifiziert Kleinstunternehmen bis 10 Beschäftigte (bis 2 Mio. € Jahresumsatz), kleine Unternehmen bis 50 Beschäftigte (bis 10 Mio. € Jahresumsatz), mittlere Unternehmen bis 250 Beschäftigte (bis 50 Mio. € Jahresumsatz) und Großunternehmen, die entsprechende darüber liegende Größen aufweisen.

Die in Zahlen gefasste Aufarbeitung der operativen unternehmerischen Tätigkeiten wird am Ende des Geschäftsjahres geordnet im Jahresabschluss dargestellt. Demzufolge ist das Rechnungswesen die systematische Erfassung und Dokumentation von Geschäftsfällen.

Im Folgenden werden wir diesen als **handelsrechtlichen** Jahresabschluss, auch unter Berücksichtigung des **BilMoG**[2], genauer kennen lernen, in dem die vorhandenen Vermögenswerte aufgeführt und die Finanzierungsstruktur des Unternehmens zum Ausdruck gebracht wird. Da die kontinentaleuropäische Rechnungslegung, im Gegensatz zu den angelsächsischen Rechnungslegungsvorschriften, traditionsgemäß für die kontengemäße Integration der Kostenstellenrechnung als räumliche Kosteneinheit recht wenig Gestaltungsfreiheit bietet, muss eine Aufbereitung der im Unternehmen anfallenden Daten erfolgen, die mit dem Controlling zielgerichtet umgesetzt wird.

2. Controlling als Managementfunktion

In den Mittelpunkt der unternehmerischen Betrachtung rücken der Jahresabschluss auf Ist- oder Planbasis sowie die Daten aus der **Finanzbuchhaltung**, die insbesondere einen kalkulatorischen Charakter haben und dementsprechend in der externen Rechnungslegung nicht erfasst werden. Im Zusammenhang mit einer sinnvollen und Ziel führenden Datendarstellung hilft das dem Unternehmer bzw. Manager zur Beantwortung der Fragestellungen in der Abbildung 2.

ABB. 2:	Die Controlling W-Fragen

- ▶ Wie sieht das „echte" bzw. nachhaltige Jahresergebnis des Unternehmens aus, also bereinigt um alle neutralen Größen sowie kalkulatorischen Kosten (Sondereffekte)?
- ▶ Wie wirken sich einzelne Maßnahmen auf das Gesamtergebnis aus?
- ▶ Wie hoch ist die Abweichung der Plan- gegenüber den Ist-Werten?
- ▶ Welches Produkt trägt den wesentlichen Anteil am wirtschaftlichen Erfolg?
- ▶ Welche Faktoren beeinflussen die Gemeinkosten?
- ▶ Wurde im Gesamten wirtschaftlich gearbeitet?
- ▶ Welche Liquiditätssituation (liquide/überschuldet) ist zu konstatieren?
- ▶ Wie hoch ist der geschaffene Beitrag am Unternehmenswert?

---

2 Gesetz zur Modernisierung des Bilanzrechts (Bilanzrechtsmodernisierungsgesetz, kurz BilMoG) anhand des Gesetzesbeschlusses des Deutschen Bundestages vom 27. 3. 2009. Mit diesem ändern sich in Deutschland im Zusammenhang mit dem Erstellen von Jahresabschlüssen Teilbereiche des seit 1985 unveränderten Bilanzrechts des Handelsgesetzbuchs (HGB), des seit 1965 unveränderten Aktiengesetzes (AktG), des Gesetzes betreffend die Gesellschaften mit beschränkter Haftung (GmbHG), des Einkommensteuergesetzes (EStG) sowie des Publizitätsgesetzes (PublG). Damit wird versucht, den Rechnungslegungsvorschriften nach IFRS auch auf HGB-Basis näher zu kommen. Es bleibt aber dabei, dass der handelsrechtliche Jahresabschluss Grundlage der steuerlichen Gewinnermittlung und der Ausschüttungsbemessung ist. Aufgrund des Wegfalls der umgekehrten Maßgeblichkeit wird es künftig keine Einheitsbilanz mehr geben. Das Gesetz ist mit Wirkung zum 29. Mai 2009 in Kraft getreten. Siehe hierzu auch *Theile*, Bilanzrechtsmodernisierungsgesetz, Herne 2009, und NWB Textausgabe „BilMoG – Synopse des alten und neuen Rechts", Herne 2009.

Controlling ist sowohl Funktion als auch Institution. Es erfährt seine Legitimation zum einen in der Tatsache eines von den Gläubigern gewünschten restriktiven Gewinnausweises, zum anderen darin, dass es im kontinentaleuropäischen Wirtschaftsraum – anders als in den USA – seit den 50er Jahren bei den Aktiengesellschaften eine strikte Trennung der Verwaltungsgremien Vorstand und Aufsichtsrat gibt. Controlling als **Funktion** ist mehr als nur das Ausüben einer Kontrollfunktion, es ist vielmehr die ganzheitliche Steuerung des Unternehmens im Sinne einer Wahrnehmung funktionsübergreifender Koordinationsprozesse. Im Zusammenhang mit dem Controlling als **Institution** avanciert der Controller zum Funktionsträger im Sinne eines Informationsdienstleisters für die Entscheidungsträger des Unternehmens. Ihm obliegt das Transparentmachen von Steuerungsgrößen, um den Entscheidungsfindungsprozess zu erleichtern. In diesem Zusammenhang wirkt er als Berater für das Management, wobei er aber auch selbst dem Management als Geschäftsführer oder Vorstand angehören kann.

Das Aufgabenspektrum eines Controllers reicht, je nach Unternehmensgröße, von einer qualifizierten Buchhaltung bis zum General Management, wobei in den **Stellenanzeigen** der aktuellen überregionalen Zeitungen[3] mehrheitlich die Arbeitsinhalte

▶ Jahres-/Ergebnisplanung

▶ Budgeterstellung

▶ Soll-Ist-Vergleich

▶ Abweichungsanalysen

▶ Berichtswesen sowie

▶ Benchmark-/Kennzahlensystem

formuliert werden. Die gesamten Begriffe lassen sich sehr schön unter die Bezeichnung **Finanz- und Bilanzrechnung** subsumieren. Daten, welche für die unternehmerische Tätigkeit relevant sind, werden der Finanzbuchhaltung entnommen und in Form von Planungsrechnungen oder Kennzahlen aufbereitet. Echten kalkulatorischen Charakter haben die Controllinginstrumente **Kosten- und Wirtschaftlichkeits-** sowie **Investitionsrechnung**, die ebenfalls vom Controller gestaltet und den Entscheidungsträgern des Unternehmens zur Vorlage gebracht werden.

In vielen mittelständischen Unternehmen werden die Controlling-Aktivitäten entweder direkt vom Geschäftsführer oder von einzelnen Mitarbeitern des Rechnungswesens mit übernommen. Die Variante, Controlling-Aktivitäten im Verantwortungsbereich der Geschäftsleitung, ist kritisch zu beurteilen, da die notwendige Distanz bezüglich der Entscheidungsvorbereitung und dem eigentlichen Vollzug der sich ergebenden strategischen Entscheidung nicht gewährleistet werden kann. Wesentlich effektiver ist die Implementierung von der Geschäftsleitung unabhängiger Controlling-Mitarbeiter, die auch einen entsprechend geschulten Zugriff auf alle relevanten Daten der Finanz- und Betriebsbuchhaltung haben. Die Ergebnispräsentation gegenüber den Eigentümern und den externen Stakeholdern muss wiederum in der Verantwortung des Managements bleiben.

---

3 Aktuelle Stellenanzeigen *Frankfurter Allgemeine Zeitung*, Frankfurt, *Süddeutsche Zeitung*, München und dem österreichischen *Der Standard*, Wien, 2009.

3. Systematisierung des Controlling

Im Kontext eines **entscheidungsorientierten** Rechnungswesenansatzes werden die operativen Maßnahmen wie die Ermittlung des echten operativen Gewinns, die optimale Sortimentszusammensetzung, die Preisgestaltung, die Eigenfertigung bzw. der Fremdbezug, die Kapitalüber- bzw. -unterdeckungen sowie die Entscheidungen über Investitionen transparent gemacht. Innerhalb der Betriebswirtschaftslehre werden derartige unternehmerische Überlegungen dem Begriff des **operativen Controllings** zugeordnet.

Im angelsächsischen Wirtschaftsraum, dessen Unternehmen nach den Standards **US-GAAP**[4] bilanzieren, genauso wie bei der Verwendung der europäischen Rechnungslegung nach **IFRS**[5], setzen sich die in den Jahresabschlüssen erfassten Bilanzpositionen häufiger aus aktuellen Marktwerten bzw. Wiederbeschaffungskosten zusammen. Das ermöglicht einen Ansatz, der im Gegensatz der HGB-Auslegung auch über die Anschaffungs- bzw. Herstellungskosten als Obergrenze hinausgehen kann. Demzufolge wird auch schon in der externen Rechnungslegung mit mehr oder weniger für die Kalkulation brauchbaren „echten" Werten gearbeitet, sodass auf deren Basis ein so genanntes **Management Accounting** eingerichtet und unternehmerische Entscheidungen getroffen werden können. Die generelle Aufgabe des Controllings ist die sachgerechte Transformation der Daten aus der Finanzbuchhaltung zu einem entscheidungs- bzw. kalkulationsrelevanten Informationssystem.

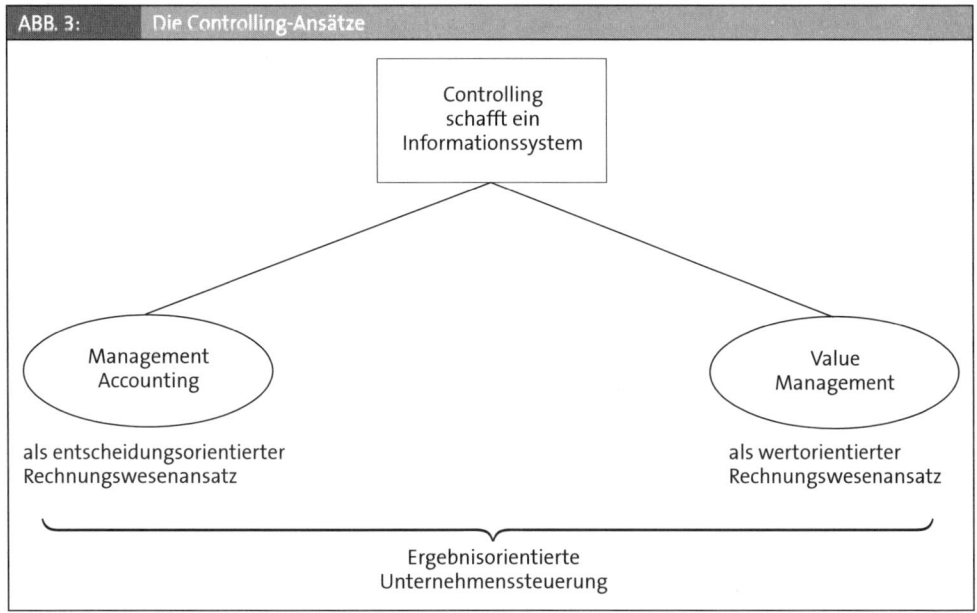

ABB. 3: Die Controlling-Ansätze

4 US-GAAP, *United States-Generally Accepted Accounting Principles*, die insbesondere für deutsche Unternehmen relevant sind, die in den USA an der Börse notiert sind.

5 IFRS, *International Financial Reporting Standards*, verankert im Europäischen Recht und seit dem 1. 1. 2005 für Unternehmen verpflichtend, die an einem organisierten Kapitalmarkt teilnehmen. Nichtbörsennotierte Unternehmen können nach IFRS bilanzieren, verpflichtend für die Ermittlung der Steuerschuld bleibt aber die sog. Steuerbilanz, die ihrerseits auf der Basis der mit dem BilMoG adaptierten Handelsbilanz erstellt wird.

Bei einem **wertorientierten** Rechnungswesenansatz wird der Unternehmenswert in den Mittelpunkt der Betrachtung gestellt. Um dem Anspruch der Kapitalgeber bezüglich eines angemessenen Entgeltes ihrer Kapitalüberlassung eine aussagekräftige Einschätzungsbasis zu liefern, setzt sich das **strategische Controlling** als Planungssystem mit den Werttreibern als Hebel zur nachhaltigen Steigerung des Unternehmenswertes auseinander, um vor allem bei den am Kapitalmarkt notierten Unternehmen die entstandenen Börsenwerte entsprechend einschätzen zu können. Angewandtes Wertmanagement oder auch **Value Management** orientiert sich an der Differenz der Gesamtkapitalrendite zu den Kapitalkosten für das im Unternehmen eingesetzte Vermögen. Der so ermittelte zusätzliche Beitrag am Unternehmenswert dient dem Management als Messgröße des operativen Erfolges innerhalb der festgelegten Planperiode. Damit rückt das Controlling in den Focus der Unternehmensführung, was wiederum die Auseinandersetzung mit einem controllingorientierten Managementansatz zur Folge haben muss.

LITERATURHINWEISE:

Beschorner, D./Peemöller, V., Allgemeine Betriebswirtschaftslehre, Herne 2006.

Bundesrat, Gesetzesbeschluss des Deutschen Bundestages, Gesetz zur Modernisierung des Bilanzrechts (Bilanzrechtsmodernisierungsgesetz BilMoG) vom 27.3.2009, Drucksache 270/09, Köln 2009.

Europäische Union, Definition der Kleinstunternehmen sowie der kleinen und mittleren Unternehmen, unter www.europa.eu.int, 2009.

Steinmann, H./Schreyögg, G./Koch, J., Management, Grundlagen der Unternehmensführung, Konzepte, Funktionen und Praxisfälle, Wiesbaden 2005.

Wöhe, G./Döring, U., Einführung in die Allgemeine Betriebswirtschaftslehre, München 2008.

B. Buchführung und Bilanzierung

Das betriebliche Rechnungswesen dient der Dokumentation aller Vorgänge, die im Unternehmen im Zusammenhang mit der betrieblichen Leistungserstellung stehen. Mit Bezug auf die Verwendung des Jahresabschlusses als ein Analyseinstrument soll das Ineinandergreifen von buchungsrelevanten Geschäftsfällen aus dem operativen Bereich sowie dem Finanzierungs- und Investitionsbereich verständlich gemacht werden, die in der Systematik der doppelten Buchführung über das Kontensystem ihren Niederschlag in der Bilanz und in der Gewinn- und Verlustrechnung finden.

Ausgehend vom handelsrechtlichen Einzelabschluss, auch unter Berücksichtigung der Änderungen des seit 29. 5. 2009 geltenden BilMoG sowie den relevanten Teilen des EStG werden auch die Besonderheiten der Ansatz- und Bewertungsvorschriften nach IFRS vorgestellt, die insbesondere für die Eigentümer eine größere Transparenz herstellen und demzufolge für eine controllingorientierte Rechnungslegung interessante Perspektiven liefert. Über das Verständnis des sachgerechten Zustandekommens eines Jahresabschlusses soll die Möglichkeit einer bilanzpolitischen Einflussnahme auf den Erfolgsausweis verdeutlicht werden, um auch die daran anschließende Jahresabschlussanalyse entsprechend fundiert interpretieren zu können.

Inhalt: Einführung in das Jahresabschlusssystem mit Buchführung, Bilanz, Gewinn & Verlust-Rechnung sowie den Ansatz- und Bewertungsvorschriften nach HGB/BilMoG und der internationalen Rechnungslegung nach IFRS.

1. Systematisierung der externen Rechnungslegung

Zwar sind Unternehmen nach § 238 HGB angehalten, eine Buchführung im Sinne einer systematischen Erfassung ihrer Geschäftsvorfälle und eine entsprechende Dokumentation der wirtschaftlichen Lage zu leisten, die Erstellung eines **Jahresabschlusses** mit einer Bilanz und einer Gewinn- und Verlustrechnung sowie entsprechenden Erläuterungen wird jedoch erst für Einzelkaufleute verpflichtend, die einen Umsatz von mehr als 500 T€ (ab 50 T€ Jahresüberschuss) ausweisen. Ansonsten genügt eine **Einnahmenüberschussrechnung** nach § 4 Abs. 3 EStG, welche im Wesentlichen die Steuerschuld auf der Basis einer Gegenüberstellung von Ein- und Auszahlungen ermittelt. Bevor wir uns einem controllingorientierten Ansatz des Finanz- und Rechnungswesens annehmen, bei dem es um die Schnittmenge der internen und externen Informationsaufbereitung geht, erscheint es sinnvoll, die individuelle Interessenslage der Adressaten einer externen Rechnungslegung darzustellen. Dieser können auch unterschiedliche Rechnungslegungsvorschriften zugeordnet werden, nämlich die des Handels- und Steuerrechts sowie der internationalen Rechnungslegung.

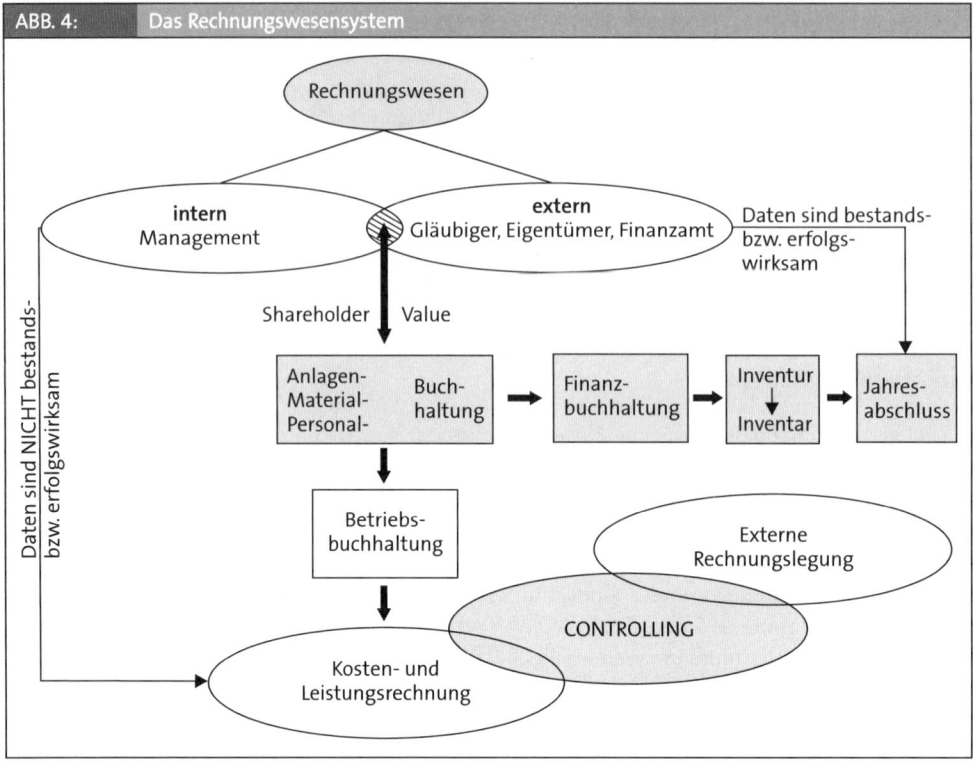

ABB. 4: Das Rechnungswesensystem

1.1 Adressaten

Die handelsrechtlichen Rechnungslegungsvorschriften unterliegen dem Primat des **Gläubiger-schutzes** im Sinne einer Liquiditätssicherung der vertraglich vereinbarten Kapitalbedienung, welche größtenteils mit einer großzügigen Bildung von Abschreibungen und Rückstellungen zum Ausdruck gebracht wird. Dies wird insbesondere bei der planmäßigen Abschreibung von Firmenwerten (§ 246 Abs. 1 Satz 3 HGB) sehr deutlich. Da dadurch der ausschüttungsfähige Jahresüberschuss niedrig gehalten wird, kann dem Unternehmen nur begrenzt Liquidität für die Ausschüttung entzogen werden. Die Befriedigung der Gläubigerinteressen bezüglich Zins und Tilgung kann demzufolge gewährleistet werden. Für die Gläubiger erfüllt der Jahresabschluss eine sog. **Bonitäts- bzw. Kreditprüfungsfunktion**.

Die **Eigentümer** sind in der Regel am Ausweis einer hohen Rendite ihres eingesetzten Kapitals interessiert. Es bedarf eines Rechnungslegungsansatzes, der auf der Basis von Tages- und Marktwerten den wirklichen Gewinn transparent macht. Die internationale Rechnungslegung nach IFRS und auch das in Deutschland jetzt umgesetzte BilMoG berücksichtigen diese Sichtweise. Beim Aufgreifen des obigen Beispiels für die Abschreibung auf Firmenwerte ist nach IFRS die planmäßige Abschreibung von Firmenwerten nicht zulässig (IFRS 3.55), was demzufolge die Unternehmensgewinne nicht schmälert.

Nur wenn im Zusammenhang der jährlich durchzuführenden Werthaltigkeitsprüfung (*Impairment of assets*) der aktuelle Wert niedriger eingeschätzt wird, als der bilanzierte Buchwert wird außerplanmäßig auf den niedrigeren Wert abgeschrieben, was erst dann eine Schmälerung des Jahresergebnisses zur Folge hat. Die über die Abschreibung entstehenden Verluste werden demzufolge in die Zukunft verlagert. Nach wie vor behält aber das handelsrechtliche Ergebnis im Jahresabschluss seine **Ausschüttungsfunktion**. Auch für börsennotierte Aktiengesellschaften ist nach den Bestimmungen des Aktiengesetzes der Erfolgsausweis nach dem HGB die Grundlage für die Dividendenausschüttung.

ABB. 5:	Die Adressaten				
	Adressaten	→	**Interesse**	→	**Funktion**
1.	Gläubiger		Kapitalbedienung		Bonitätsprüfung
2.	Eigentümer		Rentabilität		Gewinnausschüttung
3.	Finanzamt		Steuerzahlung		Steuerbemessung
4.	Sonstige		Information		Information
5.	Management		Strategienetwicklung		► Dokumentation
					► Rechenschaft
					► Publizität

Demzufolge kann mit der Verwendung unterschiedlicher Vorschriften für die Kapitalgeber ein unterschiedliches Ergebnis veröffentlicht werden. So konnten eine Reihe von börsennotierten Unternehmen wie Daimler-Chrysler, Deutsche Telekom und andere im Jahr der Umstellung auf die für börsennotierte Unternehmen verpflichtenden IFRS ihren Gewinnausweis positiver darstellen. Für das **Finanzamt** wird auf der Basis des steuerrechtlichen Maßgeblichkeitsprinzips nach § 5 Abs. 1 EStG auch für die **Bemessung der Steuerschuld** der handelsrechtliche Jahresabschluss als Grundlage herangezogen und an den Stellen Veränderungen vorgenommen, bei denen das Steuerrecht eine andere Größenordnung vorsieht. Die sog. Steuerbilanz wird originär oder mittels Überleitungsrechnung erstellt. Mit dem Wegfall der umgekehrten Maßgeblichkeit wird künftig aber das Erstellen einer Einheitsbilanz eher nicht mehr möglich sein, da die steuerlichen Ansatz- und Bewertungsvorschriften nicht automatisch in die Handelsbilanz übernommen werden können.

Damit die **Unternehmensführung** die im Jahresabschluss als der externen Rechnungslegung verarbeiteten Daten der Finanzbuchhaltung für Informationszwecke bzw. als **Steuerungsinstrument** heranziehen kann, sind sog. Bereinigungen notwendig. Es wären alle Größen zu eliminieren, die mit der gewöhnlichen Unternehmenstätigkeit im Betrachtungszeitraum nichts zu tun haben oder die in der Finanzbuchhaltung nicht erfasst sind, sondern nur zum Zwecke der Kalkulation in der internen Rechnungslegung bzw. im Controlling zum Ansatz gebracht werden.

Während das Management für die Steuerung des Unternehmens die objektivierten bzw. „echten" Größen der Geschäftstätigkeit im Auge haben muss, ist die Perspektive der Shareholder (Eigentümer) eine Maximierung der verfügbaren Ausschüttungsgröße und die der Stakeholder (sonstige Interessierte) eine Minimierung, um die erwirtschafteten Gewinne als liquide Mittel möglichst vollständig im Unternehmen lassen zu können. Eine Einschränkung des Liquiditätsabflusses bedeutet die Möglichkeit der Investition in renditeträchtige Alternativen, die in den Folgeperioden zu einer Steigerung des Unternehmenswertes ihren Beitrag leisten können. Fehlen diese liquiden Mittel für eine Investitionstätigkeit, weil diese in der Gegenwart ausgeschüttet werden, kann das künftig zu Innovations- oder Kapazitätsengpässen führen.

1.2 Rechnungswesen als System

Der finanzwirtschaftliche Bereich (Nominalgüterstrom) sind die in Zahlen gefassten Vorgänge im Unternehmen, die auf der leistungswirtschaftlichen Ebene (Realgüterstrom) vollzogen werden. Im Wesentlichen werden diese auch vollständig vom Rechnungswesen abgebildet, dessen System wir in einen internen und externen Bereich einteilen. Während die Adressaten der externen Rechnungslegung die Gläubiger, die Eigentümer und das Finanzamt sind, ist die interne ausschließlich für das Management bestimmt, um strategische und operative Sachverhalte formulieren zu können. Das entsprechende Instrument ist die Kosten- und Wirtschaftlichkeitsrechnung als ein Teilbereich des Controllings. Die externe Rechnungslegung hingegen ist die an die Kapitalgeber adressierte Dokumentation der im betrachteten Geschäftsjahr betrieblichen **Bestands- und Erfolgspositionen**, die im Jahresabschluss, bestehend aus der Bilanz sowie der Gewinn- und Verlustrechnung, erfasst werden. Als Bestände werden das **Vermögen** und das **Kapital** geführt, die in der **Bilanz** gegenübergestellt werden.

Bei den Vermögenswerten, die wiederum den **Investitionsbereich** abbilden, unterscheiden wir das **Anlagevermögen** in Form der immateriellen Vermögensgegenstände sowie der Sach- und Finanzanlagen, welches dem Unternehmen längerfristig zur Verfügung steht und dessen Gebrauch die Infrastruktur für die betriebliche Leistungserstellung darstellt, um für die Kapitalgeber eine entsprechende Rentabilität bzw. Wertsteigerung zu erreichen. Die dauerhafte Nutzung steht im Vordergrund, eine entsprechende Abnutzung wird buchhalterisch in Form von Abschreibungen erfasst.

Das **Umlaufvermögen** repräsentiert die für den Wertschöpfungsprozess zu verbrauchenden Produktionsfaktoren, dessen Verbleib nur kurzfristig, also weniger als ein Jahr, im Unternehmen andacht ist und primär dem Erhalt der Liquidität dient, wie Vorräte, Forderungen, Wertpapiere sowie die Kassen- und Bankbestände. Während die einzelnen Vermögenswerte auch real im Unternehmen vorhanden sind, sind die Kapitalpositionen nur als abstrakte Größen des abzubildenden **Finanzierungsbereichs** wahrzunehmen. Sie repräsentieren lediglich die anteilige Zusammensetzung der Eigentümer und Gläubiger. Damit ist das Kapital nicht gegenständlich, sondern nur eine in Ansatz zu bringende Größe, die ausschließlich durch die Addition der einzelnen Vermögenspositionen gedeckt ist.

Das grundsätzliche Merkmal des **Eigenkapitals** ist die Gewährung durch die Eigentümer, welches in Form von Bar- oder auch Sacheinlagen dem Unternehmen zugeführt wird. Damit wird deutlich, dass die Kapitaleinlage physisch als Vermögens- und gleichzeitig abstrakt als Kapitalbestand in der Bilanz zum Ansatz gebracht wird. Berücksichtigt werden muss, dass das Eigenkapital mit dem bilanzierten Vermögen des Unternehmens nicht gleichzusetzen ist. Die gesamten Kapitalgrößen sind zum einen die abstrakte Abbildung der Vermögenswerte, zum anderen wird die Zusammensetzung der Finanzierungsstruktur in Eigen- und Gläubigerkapital aufgezeigt. Letzteres wird als **Fremdkapital** bezeichnet und wird im Wesentlichen mit den dem Unternehmen zugegangenen Kreditverbindlichkeiten repräsentiert, welche als eine verbriefte entgeltliche Kapitalüberlassung mit dem Anspruch auf Rückzahlung definiert werden. Die Logik, welche der doppelten Buchführung zugrunde liegt, schafft Summengleichheit der **Vermögens-** (Aktiva) sowie der **Kapitalbestände** (Passiva).

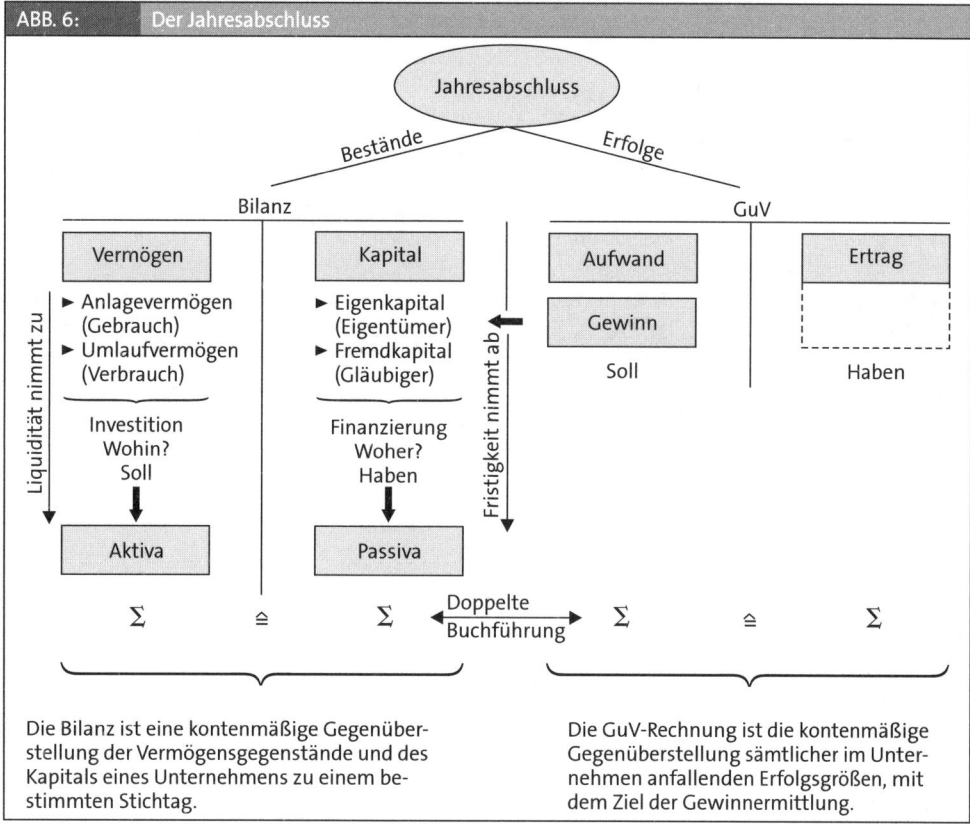

ABB. 6: Der Jahresabschluss

Die Bilanz ist eine kontenmäßige Gegenüberstellung der Vermögensgegenstände und des Kapitals eines Unternehmens zu einem bestimmten Stichtag.

Die GuV-Rechnung ist die kontenmäßige Gegenüberstellung sämtlicher im Unternehmen anfallenden Erfolgsgrößen, mit dem Ziel der Gewinnermittlung.

Das Erreichen einer ausgeglichenen Bilanz wird im System der doppelten Buchführung mit der bilanziellen Zuführung des Jahresergebnisses erreicht, welches in der **Gewinn- und Verlustrechnung** ermittelt wird, in der die Erfolgsgrößen **Ertrag** und **Aufwand** gegenübergestellt werden und den operativen Bereich des Unternehmens abbildet. Ähnlich wie bei der Einnahmenüberschussrechnung nach § 4 Abs. 3 EStG erfolgt in der GuV-Rechnung eine periodengerechte Abgrenzung der Erfolge. Die Bestände werden in das nächste Geschäftsjahr übernommen. Letztere werden vermögensseitig nach der Liquidität (erst Anlage-, dann Umlaufvermögen) und kapitalseitig nach den Überlassungsfristen (erst Eigen-, dann Fremdkapital) gegliedert.

Ausgangspunkt für die Dokumentation der betrieblichen Vorgänge sind die im zu betrachtenden Geschäftsjahr auszuführenden Geschäftsvorfälle, die mit einem **Buchungsbeleg** erfasst werden, wie beispielsweise eine Eingangs- oder Ausgangsrechnung, ein Gehaltszettel, ein Kreditvertrag oder Ähnliches. Die einzelnen Belege werden unterjährig in Form der Anlagen-, Material- und Personalbuchhaltung geordnet und bilden ihrerseits die **Finanzbuchhaltung**, die grundsätzlich als Debitoren- (Forderungen) und Kreditorenbuchhaltung (Verbindlichkeiten) ausgerichtet ist. Zum Bilanzstichtag, meist der 31. 12. des Geschäftsjahres, werden die Vermögens- und Kapitalbestände mittels **Inventur** erfasst und inventarisiert. Die Jahresabschlussinstrumente Bilanz und GuV-Rechnung wiederum sind das Produkt einer ordnungsgemäßen Verbuchung der Belege der einzelnen Geschäftsfälle.

1.3 Geschäftsfall und Jahresabschluss

Wir wollen nun ein bisschen konkreter werden und anhand von Geschäftsfällen immer komplexere Jahresabschlüsse entstehen lassen, bei denen wir am Ende schon einfache Analyseüberlegungen mit einfließen lassen können. Anhand der folgenden Geschäftsfälle soll nun die Veränderung in der Bilanz und in der GuV-Rechnung dargestellt werden.

FALL „BILANZIERUNG"

1. Bareinlage der Gesellschafter bei Gründung 40.000 €

2. Investition als Barzahlung für eine Geschäftsausstattung 10.000 €

3. Darlehensaufnahme für ein Grundstück 20.000 €

4. Rechnungslegung an einen Kunden 4.000 €

5. Geldeingang des Kunden auf dem Bankkonto 4.000 €

6. Umfinanzierung des Darlehens 10.000 €

7. Abschreibung der Betriebsmittel auf 5 Jahre

(1) Bareinlage der Gesellschafter bei Gründung 40.000 €

Die liquiden Mittel, als physisch greifbare Vermögenswerte, die dem Unternehmen einen finanziellen Handlungsspielraum ermöglichen, mehren die Aktiva, was gleichzeitig auch zu einer Mehrung der Passiva, als die abstrakte Abbildung der Vermögensseite führt. Da sich sowohl die Vermögensseite der Bilanz mit der Position „Kasse" und gleichzeitig die Kapitalseite mit der Position „Eigenkapital" mehren, wird von einer **Bilanzverlängerung** gesprochen.

Bilanz 01 (€)			
Kasse	40.000	Eigenkapital	40.000
Summe	40.000	Summe	40.000

(2) Investition als Barzahlung für eine Geschäftsausstattung 10.000 €

Um die Infrastruktur für den Wertschöpfungsprozess zu bekommen, werden die liquiden Mittel, die sich dann anteilig mindern, zu einem Teil in Vermögenswerte des Anlagevermögens investiert wie beispielsweise in eine „Geschäftsausstattung", dessen Position sich um 10.000 € erhöht, die Passivseite hingegen bleibt unverändert. Wir sprechen von einem **Aktivtausch**, da sich bei unveränderter Bilanzsumme nur die Zusammensetzung der Aktiva verändert.

Bilanz 02 (€)			
Geschäftsausstattung	10.000	Eigenkapital	40.000
Kasse	30.000		
Summe	40.000	Summe	40.000

(3) Darlehensaufnahme für ein Grundstück 20.000 €

Mit der Darlehensaufnahme verbunden wird die Passiva um die Position „Darlehen" sowie die Aktiva um die Position „Grundstücke" vermehrt, was insgesamt eine Bilanzverlängerung zur Folge hat.

Bilanz 03 (€)			
Grundstücke	20.000	Eigenkapital	40.000
Geschäftsausstattung	10.000	Darlehen	20.000
Kasse	30.000		
Summe	60.000	Summe	60.000

(4) Rechnungslegung an einen Kunden 4.000 €

Da der Rechnungsbetrag zum Zeitpunkt der Rechnungsstellung dem Unternehmen nicht zugeführt wird, muss eine Forderungsposition, „Forderungen aus Lieferungen und Leistungen" auf die Aktiva gestellt werden, dessen Gegenposition die damit verbundenen „Umsatzerlöse" bilden, welche in der Gewinn- und Verlustrechnung als Erträge abgebildet werden und in der Bilanz Eigenkapital erhöhend wirken (Bilanzverlängerung).

Bilanz 04 (€)			
Grundstücke	20.000	Eigenkapital	44.000
Geschäftsausstattung	10.000	Darlehen	20.000
Forderungen aus LuL	4.000		
Kasse	30.000		
Summe	64.000	Summe	64.000

Gewinn- und Verlustrechnung 04 (€)			
Saldo (Gewinn)	4.000	Umsatzerlöse	4.000
Summe	4.000	Summe	4.000

(5) Geldeingang des Kunden auf dem Bankkonto 4.000 €

Nach Durchsicht der Kontoauszüge erkennt der Disponent den Geldeingang der ausgestellten Rechnung in Höhe von 4.000 €. Auf der Aktiva mehrt sich die Position „Bank" um 4.000 €, während die Position „Forderungen aus Lieferungen und Leistungen" um diesen Betrag gemindert wird (Aktivtausch). Die Bilanzsumme bleibt gleich, auch die GuV-Rechnung erfährt keine Veränderung.

Bilanz 05 (€)

Grundstücke	20.000	Eigenkapital	44.000
Geschäftsausstattung	10.000	Darlehen	20.000
Bank	4.000		
Kasse	30.000		
Summe	64.000	Summe	64.000

Gewinn- und Verlustrechnung 05 (€)

Summe	0	Summe	0

(6) Umfinanzierung des Darlehens 10.000 €

Das bei der Bank A geführte Darlehen wird zur Hälfte von der Bank B abgelöst, was auf der Bilanzpassiva einen **Passivtausch** der Darlehenskonten zur Folge hat. Die Bilanzsumme und die GuV-Rechnung bleiben wieder unverändert.

Bilanz 06 (€)

Grundstücke	20.000	Eigenkapital	44.000
Geschäftsausstattung	10.000	Darlehen A	10.000
Bank	4.000	Darlehen B	10.000
Kasse	30.000		
Summe	64.000	Summe	64.000

Gewinn- und Verlustrechnung 06 (€)

Summe	0	Summe	0

(7) Abschreibung der Betriebsmittel auf 5 Jahre

Die Abnutzung von Vermögensgegenständen wird buchhalterisch über die Abschreibung erfasst, die handelsrechtlich über die voraussichtliche und steuerrechtlich über die betriebsgewöhnliche Nutzungsdauer verteilt wird. Demzufolge wird die Abnutzung der Geschäftsausstattung[6] pro Geschäftsperiode mit 2.000 € erfasst und mindert die Aktivposition „Betriebsausstattung", was in der GuV-Rechnung auf der Aufwandsseite, dargestellt in der Position „Abschreibungsaufwand", eine Mehrung nach sich zieht und demzufolge das „Eigenkapital" um 2.000 € mindert und eine **Bilanzverkürzung** zur Folge hat.

---

6 Es wird unterstellt, dass die Abschreibung vorher noch nicht erfasst wurde und auch die steuerlichen Vorschriften nicht berücksichtigt werden müssen (Vgl. hierzu die Ausführungen im Kapitel B.3.2.1).

Bilanz 07 (€)

Grundstücke	20.000	Eigenkapital	42.000
Geschäftsausstattung	8.000	Darlehen A	10.000
Bank	4.000	Darlehen B	10.000
Kasse	30.000		
Summe	62.000	Summe	62.000

Gewinn- und Verlustrechnung 07 (€)

Abschreibungsaufwand	2.000	Saldo (Verlust)	2.000
Summe	2.000	Summe	2.000

Nach der durchgeführten direkten Erfassung der Geschäftsfälle in der Bilanz sowie in der Gewinn- und Verlustrechnung wird deutlich, dass bei deren Zunahme die Komplexität und damit auch die Unübersichtlichkeit erhöht werden. Wir wollen im folgenden Kapitel erneut unseren Betrachtungsrahmen erweitern und die einzelnen aus den Geschäftsfällen heraus zu erwartenden Bilanzpositionen als **Konten** führen, deren einzelne Salden dann erst am Jahresende in die beiden Instrumente des Jahresabschlusses gebucht werden. Die damit erreichte Folgeerscheinung ist eine nur einmal jährliche Veränderung der Bilanz- sowie Gewinn- und Verlustpositionen.

BEISPIEL: ▶ Ein Unternehmen bestellt bei der Firma Palfinger eine Krananlage. Der Kostenvoranschlag lautet auf 110.000 €, zzgl. 19 % Umsatzsteuer. Die Krananlage wird geliefert. Die zugeschickte Rechnung wird per Banküberweisung ausgeglichen.

Wie wird der Sachverhalt in der Finanzbuchhaltung erfasst?

LÖSUNG: ▶ *Der Kostenvoranschlag löst noch keine Buchung aus, erst die Bezahlung wird buchhalterisch erfasst (Sachanlagevermögen mit 110.000 € und Vorsteuer mit 20.900 € an Zahlungsmittelkonto mit 130.900 €.*

2. Von der Finanzbuchhaltung zum Jahresabschluss

Nachdem wir bis jetzt bei der Erstellung des Jahresschlusses komplett auf eine buchhalterische Erfassung im Sinne einer Kontenzuordnung sowie Verbuchung verzichtet haben, aber aufgrund der Fülle und Komplexität der betrieblichen Geschäftstätigkeit eine systematische Ordnung zwingend notwendig ist, soll dies jetzt Gegenstand der Betrachtung sein.

2.1 Kontensystem

In den obigen Ausführungen wurde von der Bilanz im Zusammenhang mit der Erfassung von Beständen gesprochen, was konsequenterweise dazu führt, dass wir diese als **Bestandskonten** bezeichnen. Und nachdem die Bilanz durch eine Aktiv- und eine Passivseite repräsentiert wird, gibt es aktive und passive Bestandskonten, deren Mehrungen und Minderungen gegenläufig vollzogen werden. Zwar wird die linke Seite der Bilanz als Aktiva und die rechte als Passiva bezeichnet, bei der Erfassung als Konto wird die linke Kontenseite mit „**Soll**" und die rechte mit „**Haben**" bezeichnet.

Damit kann festgehalten werden, dass ein **aktives Bestandskonto** seine Mehrung im Soll und seine Minderung im Haben erfährt und ein **passives Bestandskonto** seine Mehrung im Haben und Minderung im Soll. Das muss auch so sein, da beim Kontenabschluss am Jahresende die Salden der einzelnen aktiven Bestandskonten auf der Aktivseite und die Salden der passiven Bestandskonten auf der Passivseite bilanziert werden. In der Gewinn- und Verlustrechnung hingegen werden Erfolge in Form von Aufwand und Ertrag erfasst, was die Bildung von **Erfolgskonten** als Aufwands- und Ertragskonten zur Folge hat, deren Mehrungs- und Minderungsbewegungen analog der dargestellten Bestandskonten funktionieren. Demzufolge erfährt ein **Aufwandskonto** seine Mehrung im Soll und seine Minderung im Haben, ein **Ertragskonto** mehrt sich im Haben und mindert sich im Soll.

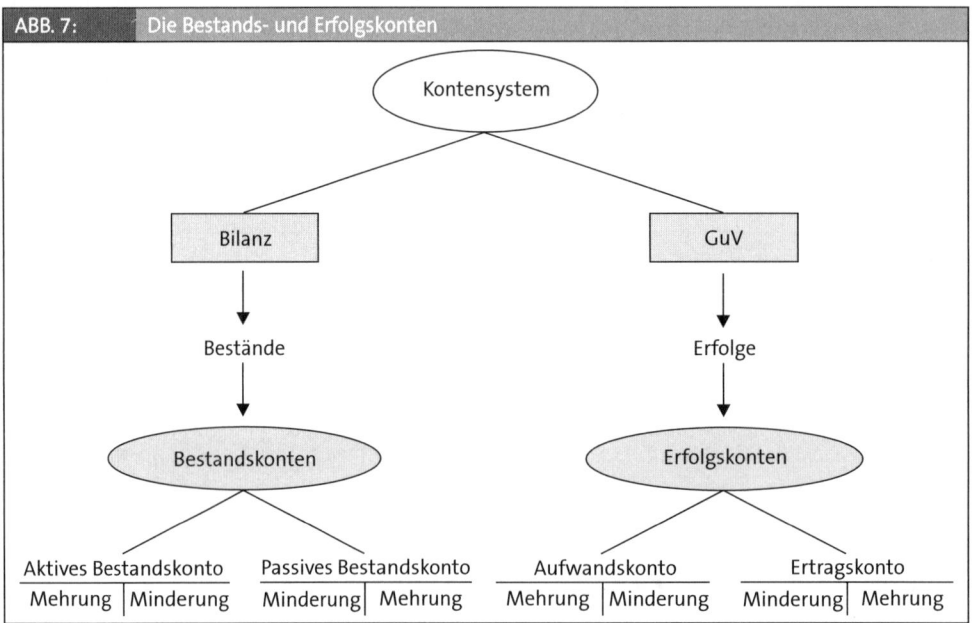

ABB. 7: Die Bestands- und Erfolgskonten

Grundsätzlich ist der Begriff **Aufwand** der GuV-Rechnung, welche ein Instrument der externen Rechnungslegung ist, zugeordnet und erfasst den gesamten bewerteten Werteverzehr. Zwar entsteht dieser im Zusammenhang mit der unternehmerischen Tätigkeit, jedoch muss er nicht zwingend unmittelbar mit dem eigentlichen Betriebszweck erfasst werden. Im System der doppelten Buchführung führt dieser gleichzeitig in der Bilanz auf der Aktiv- und Passivseite zu Bestandsminderungen, die entweder in liquider Form oder auch nur buchhalterisch zum Ausdruck kommen. Damit gilt:

MERKE:

► *Erfolgsgrößen verändern Bestandsgrößen!*

Kosten hingegen sind nur der eigentliche (echter bewerteter typischer) betrieblich bedingte Werteverzehr des Leistungserstellungsprozesses einer Geschäftsperiode, deren Erfassung kalkulatorisch in der Kosten- und Wirtschaftlichkeitsrechnung[7] – kurz Kostenrechnung – stattfindet. Damit gilt:

MERKE:

► *Kosten sind der bewertete Verbrauch von Gütern und Dienstleistungen für die Herstellung und den Absatz von betrieblichen Leistungen sowie der Aufrechterhaltung der dafür erforderlichen Kapazitäten.*

Hingegen sind **Ausgaben** mit dem Entstehen einer Verbindlichkeit zum Zeitpunkt des Vertragsabschlusses verbunden und eine **Auszahlung** drückt den reinen Bar- oder Buchgeldfluss aus dem Unternehmen aus. In ihrer Wirkungsweise entgegengesetzt funktionieren die Begriffe Ertrag, Erlös, Einnahme und Einzahlung. Anhand des betrieblichen Wertschöpfungsprozesses wollen wir die einzelnen Begriffe aus dem externen und internen Rechnungswesen entsprechend zuordnen.

ABB. 8:	Die Begriffszuordnung	
Geschäftsvorgang	**Definition**	**Begriff**
Vertragsabschluss	Entstehen einer Verbindlichkeit	Ausgabe
Zahlung an den Lieferanten	Echter Geldfluss	Auszahlung
Zugang von Gütern auf Lager	Nur Ausgabe, da der Verbrauch in einer späteren Periode stattfindet	Aufwand später
Nutzung und Verbrauch von Gütern und Dienstleistungen	Gesamter Werteverzehr	Aufwand (Zweckaufwand)
… im Rahmen der betrieblichen Leistungserstellung	Echter betrieblicher Werteverzehr	Kosten (Grundkosten)
Wert der erstellten Güter und Dienstleistungen …	Gesamter Wertezugang	Ertrag
… soweit die Erstellung dem eigentlichen Betriebszweck dient	Echter betrieblicher Wertezugang	Erlös
Verkauf der Güter und Dienstleistungen	Entstehen einer Forderung	Einnahme
Zahlung des Kunden	Echter Geldfluss	Einzahlung

---

7 Auch Kosten- und Leistungsrechnung oder Kosten- und Erlösrechnung, wobei in der externen Rechnungslegung die Begriffe „Ertrag" und „Erlös" synonym verwendet werden.

Festgehalten wird, dass es Aufgabe des betrieblichen Rechnungswesens ist, die **chronologische Erfassung** aller in Zahlenwerten festgestellten wirtschaftlich bedeutsamen Vorgänge (Geschäftsvorgänge), die sich im Betrieb ereignen, vorzunehmen. Während die Kosten und die Erlöse keine Erfassung in der externen Rechnungslegung finden, werden in der **Bilanz** die Ausgaben als Verbindlichkeiten passiviert (Zunahme der Passiva), die Einnahmen als Forderungen aktiviert (Zunahme der Aktiva) und die Auszahlungen als Abflüsse liquider Mittel der Positionen „Kasse" sowie „Bank" erfasst.

In der **Gewinn- und Verlustrechnung** wird der Periodenerfolg aus der Differenz der Erträge und der Aufwendungen ermittelt und anschließend als Mehrung des Eigenkapitals auf der Passivseite der Bilanz gebucht. Da grundsätzlich die linke Kontenseite mit Soll und die rechte mit Haben bezeichnet wird, führt das dazu, dass aufgrund der oben beschriebenen Wirkungsweise der einzelnen Kontentypen die buchhalterische Erfassung der einzelnen Geschäftsvorgänge immer ein Ansprechen eines Kontos im Soll und eine Gegenbuchung eines anderen Kontos im Haben bedeutet. Für jeden Buchungssatz gilt demzufolge

Soll an Haben

mit der Führung einer chronologischen Nummerierung, die mit der laufenden Belegnummerierung identisch ist und für jede Seite einer dem Kontenplan zu entnehmenden Kontonummer, der Kontobezeichnung sowie der entsprechend zu buchende Betrag aufweist. In diesem Zusammenhang ist eine **Bestandsbuchung** die Belegung sowohl einer Soll- wie auch einer Habenposition mit Bestandskonten, während **gemischte Buchungen** mit Bestands- und Erfolgskonten belegt werden.

Es gilt:

(Lfd. Nr.) Konto-Nr., Kontenbezeichnung, Betrag an Konto-Nr., Kontobezeichnung, Betrag

oder kurz

(Lfd. Nr.) Kontonummer/Kontonummer, Betrag

Die einzelnen Kontonummern werden einem Kontenrahmen entnommen, der für Unternehmen zwar gesetzlich nicht verpflichtend ist, jedoch empfohlen wird.

2.2 Kontenrahmen

Der **Kontenrahmen**[8] dient der systematischen Erfassung der für den Geschäftsfall anzusprechenden Konten, die mit Bezug der späteren Struktur innerhalb der Bilanz und der GuV-Rechnung angeordnet sind und über die Finanzbuchhaltung zur richtigen Positionierung der einzelnen **Bestandssalden** in der Bilanz sowie **Erfolgssalden** in der Gewinn- und Verlustrechnung führt. Innerhalb des Kontenplans gibt es verschiedene Kontenklassen, die in der Abbildung 9 dargestellt werden.

---

8 Zugrunde gelegt wird der DATEV-Kontenrahmen nach dem Bilanzrichtlinien-Gesetz, Standardkontenrahmen (SKR) 03 von 2009, der auch für die österreichische Rechnungslegung verfügbar ist, abrufbar unter www.datev.de

ABB. 9:	Der Kontenrahmen		
Anlagevermögen	Aktive Bestandskonten	Bilanz	
Umlaufvermögen			
Rückstellungen	Passive Bestandskonten		
Verbindlichkeiten			
Betriebliche Erträge	Ertragskonten	GuV	
Materialaufwand	Aufwandskonten		
Personalaufwand			
Abschreibungen			
Sonstiger betrieblicher Aufwand			
Finanzergebnis	Ertrags- und Aufwandskonten		
A. o. Ergebnis			
Eigenkapital	Bestands- und Erfolgskonten	Bilanz und GuV	
EBK, SBK, GuV			

2.3 Geschäftsfall – Buchung – Bilanz/GuV

Um den Zusammenhang zwischen Geschäftsfall, Buchungssatz und der sich daraus ergebenden Erfassung im Jahresabschluss aufzuzeigen, wollen wir aus dem obigen Fallbeispiel „Bilanzierung" vier Geschäftsfälle herausgreifen, welche die grundsätzlichen Konten- und Buchungstypen repräsentieren.

FALL „BUCHUNG & BILANZIERUNG"

1. Bareinlage der Gesellschafter bei Gründung 40.000 €

2. Investition als Barzahlung für eine Geschäftsausstattung 10.000 €

3. Rechnungslegung an einen Kunden 4.000 €

4. Abschreibung der Betriebsmittel auf 5 Jahre

Der Vermögenszugang wird im aktiven Bestandskonto „Kasse" als Mehrung im Soll und gleichzeitig als Mehrung auf der Habenseite im passiven Bestandskonto „Eigenkapital" gebucht. Wir buchen mit der laufenden Nummerierung, den anzusprechenden Konten mit ihren Kontonummern sowie dem Betrag.

(1) 1000 Kasse / 0800 Eigenkapital € 40.000

Bei der durchgeführten Investition wird der Zugang im Konto „Betriebs- und Geschäftsausstattung" (BGA) im Soll gebucht, während das Konto „Kasse" eine Minderung im Haben erfährt. Wir buchen:

(2) 0410 Geschäftsausstattung / 1000 Kasse € 10.000

(3) und (4) sind gemischte Buchungen, bei denen jeweils ein Bestands- und ein Erfolgskonto angesprochen werden. Wir buchen:

> (3) 1400 Forderungen aus LuL / 8000 Umsatzerlöse € 4.000
>
> (4) 4830 Abschreibung / 0410 Geschäftsausstattung € 2.000

Alle im laufenden Geschäftsjahr angesprochenen Konten werden am Jahresende abgeschlossen, die Bestände über das Schlussbilanzkonto (SBK) und die Erfolge über das Gewinn- und Verlustkonto (GuV). Anfangend mit den Bestandskonten werden auf den einzelnen Konten die Kontensummen auf der größeren Seite und auf der anderen ein entsprechender Saldo gebildet, der dann mit einer Gegenbuchung als Soll- oder Haben-Mehrung in die Konten SBK bzw. GuV eingestellt wird. Ist die Sollseite größer als die Habenseite, entsteht ein Sollsaldo, der auf die Habenseite des Kontos gebucht wird und umgekehrt. Wir buchen:

> (5) Schlussbilanzkonto (SBK) / 0410 Geschäftsausstattung € 8.000
>
> (6) SBK / 1400 Forderungen aus LuL € 4.000
>
> (7) SBK / 1000 Kasse € 30.000
>
> (8) 8000 Umsatzerlöse / Gewinn- und Verlustkonto (GuV) € 4.000
>
> (9) GuV / 4830 Abschreibung € 2.000

Da der Saldo des GuV-Kontos den Eigentümern gehört und das Konto „Eigenkapital" im Haben mehrt, wird erst das GuV-Konto über Eigenkapital (10) und dieses dann über SBK (11) abgeschlossen. Wir buchen:

> (10) GuV / 0800 Eigenkapital € 2.000
>
> (11) 0800 Eigenkapital / SBK € 42.000

Die oben angesprochenen Konten sind mit ihren dazugehörigen Kontonummern, laufenden Nummerierungen, Beträgen sowie den jeweiligen Gegenkonten wie folgt darzustellen:

Aktive Bestandskonten

Soll		1000 Kasse	Haben
Eigenkapital (1)	40.000	BGA (2)	10.000
		SBK (7)	30.000
Summe	40.000	Summe	40.000

		0410 Betriebs- und Geschäftsausstattung (BGA)	
Kasse (2)	10.000	Abschreibung (4)	2.000
		SBK (5)	8.000
Summe	10.000	Summe	10.000

		1400 Forderungen aus Lieferungen und Leistungen	
Umsatzerlöse (3)	4.000	SBK (6)	4.000
Summe	4.000	Summe	4.000

Passives Bestandskonto

Soll		0800 Eigenkapital	Haben
SBK (11)	42.000	Kasse (1)	40.000
		GuV (10)	2.000
Summe	42.000	Summe	42.000

Aufwandskonto

Soll		4830 Abschreibung	Haben
BGA (4)	2.000	GuV (9)	2.000
Summe	2.000	Summe	2.000

Ertragskonto

Soll		8000 Umsatzerlöse	Haben
GuV (8)	4.000	Ford. LuL (3)	4.000
Summe	4.000	Summe	4.000

Schlussbilanzkonto

Soll		SBK	Haben
BGA (5)	8.000	Eigenkapital (11)	42.000
Ford. LuL (6)	4.000		
Kasse (7)	30.000		
Summe	42.000	Summe	42.000

Gewinn- und Verlustrechnungskonto

Soll		Gewinn- und Verlustrechnung	Haben
Abschreibung (9)	2.000	Umsatzerlöse (8)	4.000
Eigenkapital (10)	2.000		
Summe	4.000	Summe	4.000

Unter Zugrundelegung der Konten SBK und GuV werden für den Jahresabschluss die Instrumente Bilanz sowie Gewinn- und Verlustrechnung wie folgt aufgestellt:

Aktiva		Bilanz	Passiva
Geschäftsausstattung	8.000	Eigenkapital	42.000
Forderungen aus LuL	4.000		
Kasse, Bank	30.000		
Summe	42.000	Summe	42.000

Aufwand		Gewinn- und Verlustrechnung	Ertrag
Abschreibung	2.000	Umsatzerlöse	4.000
Eigenkapital (Jahresüberschuss)	2.000		
Summe	4.000	Summe	4.000

Mit diesem recht einfachen Abschluss lässt sich schon sehr schön eine erste **Jahresabschlussanalyse** durchführen, die dem Interessierten zeigt, dass das Unternehmen vollständig mit Eigenkapital finanziert ist, welches dem Investor eine Rendite (als Quotient aus Gewinn dividiert durch Eigenkapital) von 5 % einbringt. Der Cashflow, als Größe des echten Geldflusses, also ohne den nur buchhalterischen Aufwand Abschreibung, liegt bei 4.000 €, der für weitere Investitionen verwendet werden kann, sodass eine Generierung aus der laufenden unternehmerischen Tätigkeit heraus ermöglicht wird. Real im Unternehmen ist ein Bestand an liquiden Mitteln (Kassenbestand) in Höhe von 30.000 €. Demnach können die Investitionen auch vollständig bezahlt werden, auch wäre die Liquidität für eine mögliche Ausschüttung vorhanden.

2.4 Umsatzsteuer, Personenkonten und Belegbuchung

Im obigen Beispiel haben wir die buchhalterische Erfassung des operativen Geschäftsfalles „Rechnungslegung an einen Kunden" ausschließlich auf dem Sammelkonto Forderungen aus Lieferungen und Leistungen sowie ohne Verbuchung der Umsatzsteuer vorgenommen. Im Folgenden wollen wir den Sachverhalt der Rechnungslegung mit der buchhalterischen Berücksichtigung der Umsatzsteuer und so genannter Kundenkonten erfassen, der auch ein ordentlicher kaufmännischer Beleg zugrunde liegt.

2.4.1 Umsatzsteuer

Die Umsatzsteuer, als „Allphasen-Netto-Umsatzsteuer mit Vorsteuerabzug", dient vom Grundsatz her der Besteuerung von Umsätzen und wird auf jeder Stufe der Wertschöpfungskette von den Akteuren Produzent, Großhandel und Einzelhandel auf den Rechnungs- bzw. Nettopreis aufgeschlagen (Nettosteuer). Nach § 1 UStG sind „steuerbare Umsätze Lieferungen und sonstige Leistungen, eines Unternehmers, im Inland, gegen Entgelt und im Rahmen seines Unternehmens", die zur Gänze vom Endkunden zu tragen sind, da dieser die Umsatzsteuer nicht als Vorsteuer geltend machen kann (Verbrauchssteuer). Obwohl das bilanzierende Unternehmen für die Erhebung und Abführung der Umsatzsteuergröße verantwortlich ist (indirekte Steuer), bleibt es ein durchlaufender Posten ohne Einflussnahme auf das Jahresergebnis und muss unabhängig des Geldflusses des Kunden an das Finanzamt entrichtet werden. **Fiskalpolitisch** können die folgenden Aussagen getroffen werden:

► Einfache Geldbeschaffung für den Staatshaushalt,

► Erhebung und Administration wird auf den Unternehmenssektor abgewälzt,

► je nach Konsum bestimmt das Steuersubjekt (Endverbraucher) die Steuerlast,

▶ die Besteuerung ist einkommensunabhängig und belastet einkommensschwächere Bevölkerungsteile stärker als Einkommensbezieher höherer Einkommen,

▶ da nur inländische Umsätze und Importe mit einer Umsatzsteuer belegt werden, schützt der Staat die Wirtschaft vor Importen und unterstützt den Export.

Im internationalen Vergleich nehmen die Länder Deutschland mit 19 % und Österreich mit 20 % gegenüber Luxemburg mit 15 % und Schweden mit 25 % eine mittlere Position ein. Mit der Regelung des sog. „**Vorsteuerabzugs**" wird Gewerbetreibenden die Möglichkeit geschaffen, die beim Bezug entrichtete Umsatzsteuer vom Finanzamt zurück zu fordern. Der Begriff **Mehrwertsteuer** (im Englischen als *Value Added Tax* bezeichnet) drückt die Besteuerung der Wertschöpfung, resultierend aus der Differenz zwischen Ein- und Verkaufspreis, aus (Verkehrssteuer). Nicht verwechselt werden darf, dass ausschließlich nur der „Mehrwert" im Sinne eines Wertzuwachses besteuert wird. Bei jedem einzelnen Geschäftsfall wird der gesamte getätigte Umsatz als Besteuerungsgrundlage herangezogen. Steuerpflichtige Positionen auf jeder Stufe der Wertschöpfungskette sind gewerbliche Umsätze aus Lieferung und Leistung aus dem In- und Ausland, der Eigenverbrauch von Waren sowie Anzahlungen, also Zahlungen vor der eigentlichen Leistungserstellung. Auch eingeschlossen sind Büromaterial, Mineralölprodukte, Handwerkerleistungen, Reparaturen sowie alle Arten von Dienstleistungen.

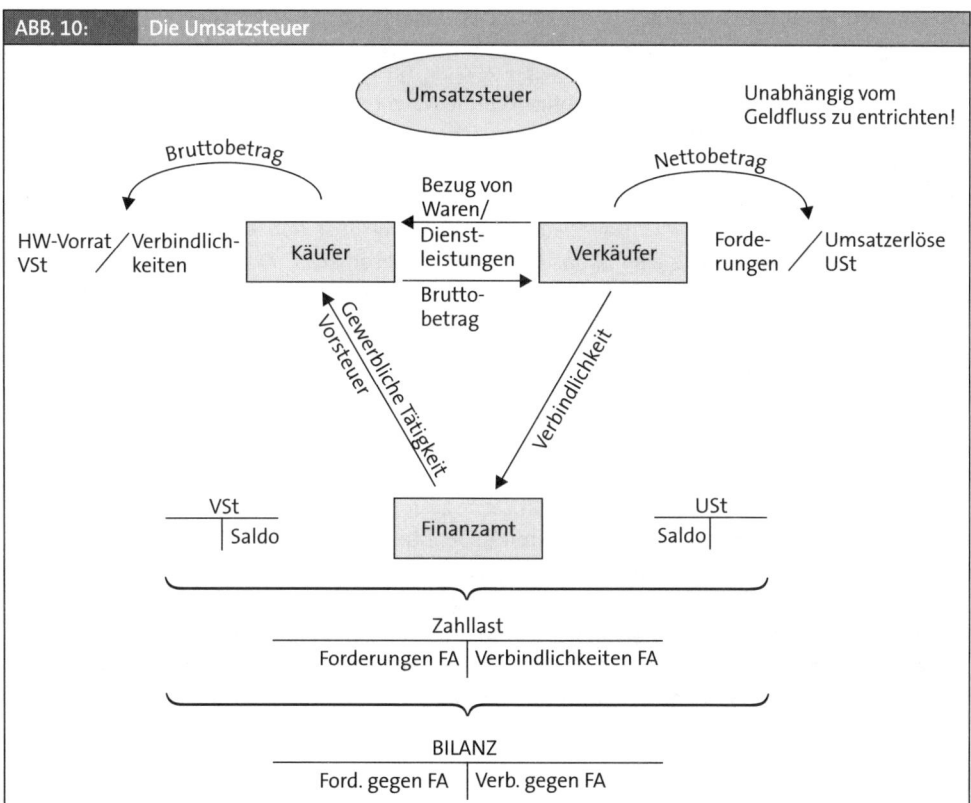

ABB. 10: Die Umsatzsteuer

Für den Unternehmer von besonderer Relevanz ist das Entstehen der Steuerschuld. Im Gegensatz zu einer **Ist-Besteuerung**, die in einem direkten Verhältnis zum Zahlungseingang steht, ist die Entrichtung der Umsatzsteuer vom jeweiligen Zahlungseingang losgelöst. Dieser Sachverhalt wird als sog. **Soll-Besteuerung** bezeichnet, die endgültig zum Jahresende mit dem Finanzamt abgerechnet wird. Unterjährig wird diese am Ende des Monats, in dem die Lieferung bzw. Leistung sowie das dazugehörige Stellen der Rechnung erfolgt ist, fällig. Mit der Pflicht zur **Umsatzsteuer-Voranmeldung** (§ 18 Abs. 2 UStG, gültig ab dem 1. 1. 2009) wird der steuerpflichtige Unternehmer angehalten, bei einer letztjährigen Steuerschuld von mehr als 7.500 €, beim Finanzamt eine monatliche Vorauszahlung des aus dem Umsatz ermittelten Steuerbetrages zu leisten. Bei weniger als 7.500 € gilt ein vierteljährlicher Voranmeldezeitraum.

Dieses, seit dem 1. 1. 2005 über das Internet abzuwickelnde Verfahren, muss bis spätestens dem 10. des Folgemonats nach dem Entstehen der Steuerschuld vollzogen sein.[9] Das Ziel ist ein zumindest Teilausgleich der an das Finanzamt abzuführenden Umsatzsteuer. Beträgt die Umsatzsteuer für das vorausgegangene Kalenderjahr weniger als 1.000 €, kann das Finanzamt den Unternehmer von der Verpflichtung zur Abgabe der Voranmeldung und Vorauszahlung befreien. Der § 19 Abs. 1 UStG sieht für Kleinunternehmer eine **Umsatzsteuerbefreiung** vor, wenn der Umsatz im vorausgegangenen Kalenderjahr weniger als 17.500 € betragen hat und im laufenden Jahr voraussichtlich nicht mehr als 50.000 € betragen wird.

In der Steuerberatungspraxis wird in der Regel von der Ausnahmeregelung des § 18 Abs. 6 UStG Gebrauch gemacht, bei der dem Steuerpflichten die Möglichkeit einer Fristverlängerung um einen weiteren Monat, also bis zum 10. des übernächsten Monats, eingeräumt wird, wenn dieser eine **Sondervorauszahlung** auf die Steuer für das Kalenderjahr entrichtet. Für den Jahresabschluss interessant sind in diesem Zusammenhang die Umsätze der Monate November und Dezember, da die Fristen der Umsatzsteuervoranmeldung über den Bilanzstichtag 31. 12. hinausreichen, was demzufolge eine Bilanzierung der in diesem Zeitraum angefallenen Verbindlichkeiten oder auch Forderungen gegenüber dem Finanzamt zur Folge hat. Unterjährig wird die Kontenerfassung der Umsatzsteuer mit dem passiven Bestandskonto „**Umsatzsteuer**" und dem aktiven Bestandskonto „**Vorsteuer**" erfasst, deren Salden im Konto „**Zahllast**" gebündelt und mit dem Finanzamt abgerechnet werden.

Da die gewerbliche Umsatzbildung von Lieferungen und Leistungen beim Verkauf in der Regel höher ausfällt als beim Einkauf, sind die Verbindlichkeiten in Form der zu zahlenden Umsatzsteuer mehrheitlich höher als die vom Finanzamt zu fordernde Vorsteuer, was zu einem entsprechenden Überhang als „Verbindlichkeiten gegenüber dem Finanzamt" führt und entsprechend passiviert wird. Üblicherweise werden diese in der Bilanzposition „Sonstige Verbindlichkeiten" subsumiert. Die Verbuchung der Umsatzsteuer steht in der Regel in einem unmittelbaren Zusammenhang mit dem Buchen der Forderungen gegenüber Kunden oder den Verbindlichkeiten gegenüber Lieferanten auf die entsprechenden Sammelkonten, denen wir im Folgenden sog. Personenkonten unterordnen werden.

---

9 In Österreich ist die Umsatzsteuervoranmeldung bis zum 15. des auf die Steuerschuld fallenden übernächsten Folgemonats zu leisten.

2.4.2 Personenkonten

Personenkonten sind Unterkonten, die als Nebenbücher geführt werden und eine individuelle Erfassung einzelner Kunden und Lieferanten zum Gegenstand haben. Unterjährig wird also erfasst, wer dem Unternehmen wie viel, bis wann und aus welchem Geschäftsvorfall schuldet (Debitoren) bzw. bekommt (Kreditoren). Demnach avanciert die Buchhaltung nicht nur als Vorstufe zur Bilanz, die als Hauptbuch die Zusammenführung zu den Sammelkonten „Forderungen aus Lieferungen und Leistungen" und „Verbindlichkeiten aus Lieferungen und Leistungen" zum Gegenstand hat, sondern darüber hinaus zur Steuerung des unternehmerischen Erfolges einen wesentlichen Beitrag leisten kann.

Die Implementierung einer funktionsfähigen **Debitoren- und Kreditorenbuchhaltung** ist ein recht einfaches, aber ein wirkungsvolles und letztlich auch unverzichtbares **Controllinginstrument**, um die vorhandenen monetären Außenstände zeitnah beobachten und entsprechende Gegenmaßnahmen einleiten zu können. Mit einer Debitorenliste lässt sich auch sehr schön die Struktur der Außenstände erkennen, um Abhängigkeiten gegenüber einigen wenigen Kunden aufzuzeigen. Die entsprechende Begleichung wird vom Disponent vorrangig vorgenommen.

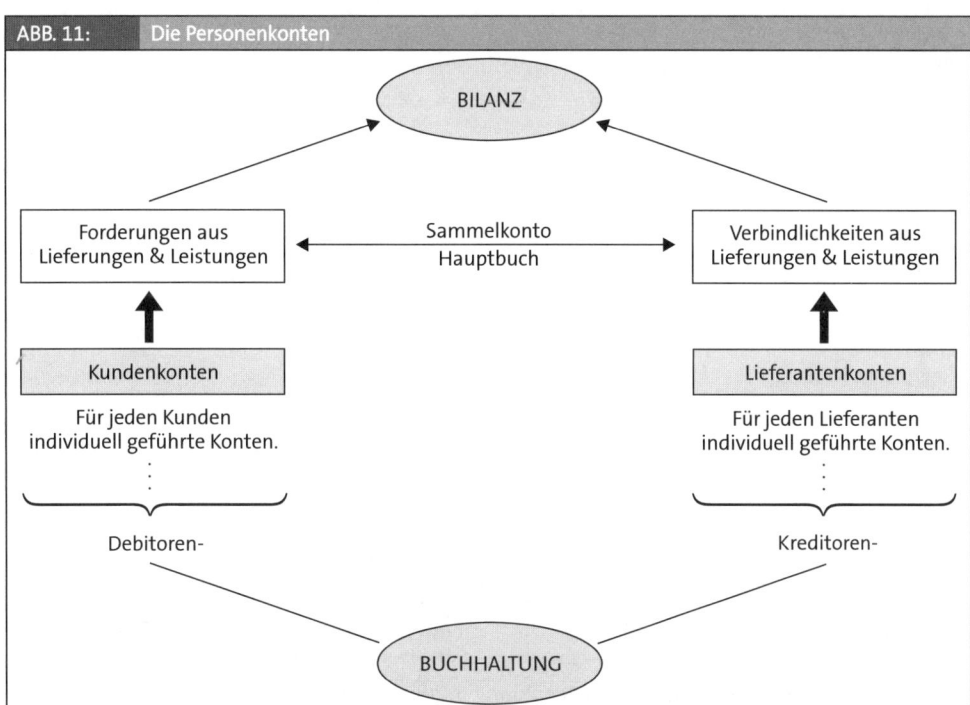

ABB. 11:   Die Personenkonten

Die Bewegungen bzw. Bestände auf den Personenkonten werden mindestens einmal monatlich auf die entsprechenden Hauptkonten übertragen, nicht gebucht, da die buchhalterische Erfassung mit den entsprechenden Gegenkonten der Personenkonten bereits stellvertretend erfolgt ist. Analog des für die Finanzbuchhaltung elementaren Merksatzes:

▶ *Keine Buchung ohne Beleg!*

wollen wir eine entsprechende Belegbuchung mit der Verwendung von Umsatzsteuer und Personenkonten durchführen.

2.4.3 Belegbuchung

Die Firma Reha & Care GmbH lässt die Büroräume streichen. Nach der Erledigung der Malerarbeiten durch die Firma Eder wird der Buchhaltung die in der Abbildung 12 dargestellte Rechnung vorgelegt.

ABB. 12:	Der Buchungsbeleg

Malerei Eder
Maler- und Tapeziererarbeiten
Salzburger Straße 17
83012 Rosenheim
Tel 05332-74037 * FAX 05332-74038

Reha & Care GmbH
-Geschäftsleitung-
Magnusstraße 7
83027 Rosenheim

Rosenheim, am 4. August 2009

Rechnung Nr. 116
für Malerarbeiten am 25. 6. 2009

Farbe „Alpina Edelweiß"	€	300,00
Arbeitszeit 25 Stunden á € 78,-	€	1.950,00
Wegzeitpauschale	€	150,00
	€	2.400,00
zzgl. 19 % USt	€	456,00
	€	**2.856,00**

Die Ware bleibt bis zur vollständigen Bezahlung in unserem Eigentum.

Im Gegensatz zur Erstellung einer Einnahmenüberschussrechnung nach § 4 Abs. 3 EStG, bei dem die entsprechende Buchhaltungspflicht erst mit dem physischen Kassenfluss eintritt, darf der Bilanzierungspflichtige bei der Verbuchung nicht auf den tatsächlichen Kassenfluss warten. Zusätzlich zum Erfolgsausweis in der Gewinn- und Verlustrechnung in Form entsprechender Aufwands- und Ertragspositionen werden die Bestände in der Bilanz aktiviert bzw. passiviert. Die Malerei Eder bucht sofort bei der Rechungslegung eine Kundenforderung auf der Aktiva und einen Umsatzerlös in der GuV, während die Reha & Care GmbH einen Aufwand in der GuV-Rechnung verbucht und eine Lieferantenverbindlichkeit in der Bilanz passiviert. Wir sprechen von sog. **gemischten Buchungen**, da im Buchungssatz sowohl ein Bestands-, als auch ein Erfolgskonto angesprochen werden. Eine reine **Bestandsbuchung** ist das ausschließliche Ansprechen von Bestandskonten im Soll und im Haben. Reine Erfolgsbuchungen sind, außer im Falle von Korrekturbuchungen, nicht möglich, da ein Unternehmen nicht gleichzeitig einen Aufwand und einen Umsatzerfolg haben kann.

2.5 Zusammenfassung: Fallbeispiel „Finanzbuchhaltung"

Im Folgenden wollen wir das obige Fallbeispiel „Buchung & Bilanzierung" (vgl. Kap. B.1.3) mit dem Geschäftsjahr 07 als Ausgangsbasis nehmen und mit komplexeren Geschäftsvorfällen für das **Geschäftsjahr 08** fortsetzen:

FALL „FINANZBUCHHALTUNG"

► Eröffnungsbuchungen für die Bestände des Vorjahres

► Investitionsbuchung für einen Pkw

► Finanzierungsbuchung einer Kapitalerhöhung

► Operative Buchungen der Geschäftsvorfälle für den Dezember auf die relevanten Konten

► Korrekturbuchungen bezüglich Abschreibungen und Vorratsvermögen

► Übertragung der Personenkonten auf die Hauptbuchsammelkonten

► Abschluss der Nebenkonten Vorsteuer, Umsatzsteuer und Privat

► Finale Abschlussbuchungen über SBK und GuV

► Diversifizierter Eigenkapitalausweis für eine Kapitalgesellschaft

Die buchhalterische Erfassung auf den Haupt- und Personenkonten soll ausschließlich für den Dezember 08 erfolgen, da die Geschäftsfälle der Monate Januar bis November in den einzelnen Konten bereits erfasst und als „Diverse" saldiert wurden. Die Schlussbestände der Bilanz 07 werden über das Eröffnungsbilanzkonto EBK als Anfangsbestände für die Kontierung 08 eingebucht. Als weitere Besonderheit dieses Fallbeispiels gelten die Behandlung der Personenkonten, der Umsatzsteuer und am Ende der diversifizierte Ausweis der einzelnen Eigenkapitalpositionen für eine Kapitalgesellschaft. Für die Verbuchung der Geschäftsfälle wird der in Deutschland geltende Umsatzsteuersatz von 19 % zugrunde gelegt. Auf die Erfassung der Kontonummern wird aufgrund der besseren Übersicht verzichtet.

Aktiva	Bilanz 07 (€)		Passiva
Grundstücke	20.000	Eigenkapital	42.000
Geschäftsausstattung	8.000	Darlehen	20.000
Kasse, Bank	34.000		
Summe	62.000	Summe	62.000

I. Eröffnungsbuchungen

1.1.   Eröffnungsbuchungen für die Bestände der Bilanz 07 Grundstücke, Betriebs- und Geschäftsaus-stattung (BGA), Kasse, Bank, Darlehen und Eigenkapital gegen Eröffnungsbilanzkonto (EBK)

II. Diverse „Überträge" Januar bis November 08 (in €):

30.11.   Handelswarenvorrat (S) 24.420, Forderungen aus Lieferungen und Leistungen (S) 42.000, Kasse (H) 27.800, Bank (S) 26.200, Vorsteuer (S) 5.690, Umsatzsteuer (H) 16.690, Kundenkonto Deichs-ler (S) 3.600, Gehälter (S) 22.000, Instandhaltung durch Dritte (S) 150, Miete (S) 3.850, Bürobe-darf (S) 30 sowie Umsatzerlöse (H) 83.450

III. Investitionsbuchung

1.12.   Kauf eines betrieblich genutzten Pkw für € 18.000, zzgl. 19 % USt. Der Betrag wird dem Händler überwiesen.

IV. Finanzierungsbuchung

02.12.   Überweisung des Gesellschafters auf das Bankkonto € 10.000.

V. Operative Buchungen

2.12.   Überweisung der Geschäftsmiete in Höhe von € 350, zzgl. Umsatzsteuer (USt).[10]

3.12.   Warenverkauf auf Ziel an die Firma Anton KG € 2.600, zzgl. USt.

5.12.   Einkauf von Handelswaren gegen Rechnung des Lieferanten Bucher GmbH in Höhe von € 5.300, zzgl. USt (als Bestandsbuchung).

7.12.   Sofortige Bezahlung der Heizöllieferung mittels Überweisung € 3.100 + 19 % USt

         (als Erfolgsbuchung, welche in der betrieblichen Praxis im Zusammenhang mit dem Vorrats-bezug mehrheitlich angewendet wird).

11.12.   In den Büroräumen wurden Malerarbeiten durchgeführt. Nach Erhalt der Handwerkerrechnung wird der Betrag von € 2.400, zzgl. USt sofort überwiesen (vgl. ABB. 12).

12.12.   Kauf von Büromaterial gegen Barzahlung des Gesamtbetrages € 180.

14.12.   Warenverkauf an Conrad OHG mit Lieferantenkredit in Höhe von € 7.900 + USt.

15.12.   Überweisung der Zahllast an das Finanzamt € 2.725.

19.12.   Nach Durchsicht der Bankauszüge wird der Geldeingang des Kunden Deichsler in Höhe von € 3.600 festgestellt.

20.12.   Barentnahme des geschäftsführenden Gesellschafters € 1.000.

21.12.   Warenverkauf auf Ziel an die Firma Eisel € 6.300, zzgl. Umsatzsteuer.

27.12.   Ein Teil der Nettogehälter in Höhe von € 8.420 wird überwiesen.

VI. Korrekturbuchungen

31.12.   Folgeabschreibung der Betriebs- und Geschäftsausstattung (BGA) mit € 2.000.
Für den Pkw wird die Abschreibungsdauer auf 3 Jahre festgelegt.[11]
Inventurbestand an Handelswaren anhand der Inventurlisten: € 7.430
Inventurbestand an Heizölvorrat: € 2.475
„Übertragung" der Personenkonten auf die Hauptbuchsammelkonten
Abschluss der Vorsteuer- (VSt) und Umsatzsteuer-Konten (USt) gegen Zahllast
Abschluss des Privatkontos gegen Eigenkapital

---

10 Zwar sind Mieten im deutschen Steuerrecht grundsätzlich frei von einer USt, der Vermieter kann zur USt optieren, wenn umsatzsteuerliche Tätigkeiten ausgeübt werden.

11 Auf die Anwendung der seit dem 1.1.2004 im Steuerrecht verpflichtenden monatlich genauen Erfassung der Ab-schreibungsgrößen (hier 1/12) im Jahr der Anschaffung wird aus Vereinfachungsgründen verzichtet. Bei der Erfassung der Umsatzsteuer wird auf ganze Beträge gerundet.

VII. Abschlussbuchungen

31.12. Abschluss der Bestandskonten gegen Schlussbilanzkonto (SBK)
Abschluss der Erfolgskonten gegen Gewinn- und Verlustkonto (GuV)
Abschluss des GuV-Konto gegen Eigenkapital
Abschluss Eigenkapital gegen SBK

FALL „FINANZBUCHHALTUNG" (IN €)

Buchungssätze:

Eröffnungsbuchungen

1) Grundstücke / Eröffnungsbilanzkonto (EBK) 20.000

2) Betriebs- und Geschäftsausstattung (BGA) / EBK 8.000

3) Kasse / EBK 30.000

4) Bank / EBK 4.000

5) EBK / Darlehen 20.000

6) EBK / Eigenkapital 42.000

Investitionsbuchung

7) Pkw 18.000; Vorsteuer 3.420 / Bank 21.420

Finanzierungsbuchung

8) Bank 10.000 / Privat 10.000

Operative Buchungen

9) Miete 350; Vorsteuer 67 / Bank 417

10) Kundenkonto Anton 3.094 / Umsatzerlöse 2.600; Umsatzsteuer 494

11) Handelswarenvorrat 5.300; Vorsteuer 1.007 / Lieferantenkonto Bucher 6.307

12) Heizölverbrauch 3.100; Vorsteuer 589 / Bank 3.689

13) Instandhaltung durch Dritte 2.400; Vorsteuer 456 / Bank 2.856

14) Bürobedarf 151; Vorsteuer 29 / Kasse 180

15) Kundenkonto Conrad 9.401 / Umsatzerlöse 7.900; Umsatzsteuer 1.501

16) Zahllast / Bank 2.725

17) Bank / Kundenkonto Deichsler 3.600

18) Privatentnahme / Kasse 1.000

19) Kundenkonto Eisel 7.497 / Umsatzerlöse 6.300; Umsatzsteuer 1.197

20) Gehälter / Bank 8.420

Korrekturbuchungen

21) Abschreibung / Betriebs- und Geschäftsausstattung (BGA) 2.000

22) Abschreibung / Pkw 6.000

23) Handelswarenverbrauch / Handelswarenvorrat 22.290
Anfangsbestand (30. 11.) 24.420 + Zugänge (5. 12.) 5.300 – Inventur (31. 12.) 7.430

24) Heizölvorrat / Heizölverbrauch 2.475

25) Übertragung: Anton 3.094, Conrad 9.401, Eisel 7.497, Deichsler 0 und Bucher 6.307

26)   *Zahllast / Vorsteuer 11.258*

27)   *Umsatzsteuer / Zahllast 19.882*

28)   *Privat / Eigenkapital 9.000*

Abschlussbuchungen

29)   *Schlussbilanzkonto (SBK) / Grundstücke 20.000*

30)   *SBK / Betriebs- und Geschäftsausstattung (BGA) 6.000*

31)   *SBK / Pkw 12.000*

32)   *SBK / Heizölvorrat 2.475*

33)   *SBK / Handelswarenvorrat 7.430*

34)   *SBK / Forderungen aus Lieferungen und Leistungen 61.992*

35)   *SBK / Kasse 1.020*

36)   *SBK / Bank 4.273*

37)   *Darlehen / SBK 20.000*

38)   *Verbindlichkeiten aus Lieferungen und Leistungen / SBK 6.307*

39)   *Zahllast / SBK 5.898*

40)   *Umsatzerlöse / Gewinn- und Verlustkonto (GuV) 100.250*

41)   *GuV / Handelswarenverbrauch 22.290*

42)   *GuV / Heizölverbrauch 625*

43)   *GuV / Gehälter 30.420*

44)   *GuV / Abschreibung 8.000*

45)   *GuV / Instandhaltung durch Dritte 2.550*

46)   *GuV / Miete 4.200*

47)   *GuV / Bürobedarf 181*

48)   *GuV / Eigenkapital 31.985*

49)   *Eigenkapital / SBK 82.985*

ABB. 13: Die Kontendarstellung

Aktive Bestandskonten		Passive Bestandskonten		Erfolgskonten	

Aktive Bestandskonten

Grundstücke

EBK (1)	20.000	SBK (29)	20.000
Summe	20.000	Summe	20.000

BGA

EBK (2)	8.000	AfA (21)	2.000
		SBK (20)	6.000
Summe	8.000	Summe	8.000

Pkw

Bank (7)	18.000	AfA (22)	6.000
		SBK (31)	12.000
Summe	18.000	Summe	18.000

Heizölvorrat

Verbr. (24)	2.475	SBK (32)	2.475
Summe	2.475	Summe	2.475

Handelswarenvorrat

Jan-Nov	24.420	Verb. (23)	22.290
Bucher (11)	5.300	SBK (33)	7.430
Summe	29.720	Summe	29.720

Forderungen aus LuL

Jan-Nov	42.000	SBK (34)	61.992
Ü (25)	19.992		
Summe	61.992	Summe	61.992

Kundenkonto Anton

Ums, USt (10)	3.094	Ü (25)	3.094
Summe	3.094	Summe	3.094

Kundenkonto Conrad

Ums, USt (15)	9.401	Ü (25)	9.401
Summe	9.401	Summe	9.401

Kundenkonto Deichsler

Jan-Nov	3.600	Bank (17)	3.600
Summe	3.600	Summe	3.600

Kundenkonto Eisel

Ums, USt (19)	7.497	Ü (25)	7.497
Summe	7.497	Summe	7.497

Vorsteuer

Jan-Nov	5.690	Zahllast (26)	11.258
Bank (7)	3.420		
Bank (9)	67		
Bucher (11)	1.007		
Bank (12)	589		
Bank (13)	456		
Kasse (14)	29		
Summe	11.258	Summe	11.258

Passive Bestandskonten

Darlehen

SBK (37)	20.000	SBK (5)	20.000
Summe	20.000	Summe	20.000

Verbindlichkeiten aus LuL

SBK (38)	6.307	Ü (25)	6.307
Summe	6.307	Summe	6.307

Lieferantenkonto Bucher

Ü (25)	6.307	Vorrat, VSt (11)	6.307
Summe	6.307	Summe	6.307

Umsatzsteuer

Zahllast	19.882	Jan-Nov	16.690
		Anton (10)	494
		Conrad (15)	1.501
		Eisel (19)	1.197
Summe	19.882	Summe	19.882

Zahllast

Bank (16)	2.725	USt (27)	19.882
VSt (26)	11.258		
SBK (39)	5.899		
Summe	19.882	Summe	19.882

Eigenkapital

SBK (49)	82.984	EBK (6)	41.000
		Privat (28)	9.000
		GuV (48)	31.984
Summe	82.984	Summe	82.984

Privat

Kasse (18)	1.000	Bank (8)	10.000
Eigenkap (28)	9.000		10.000
Summe	10.000	Summe	

Erfolgskonten

Umsatzerlöse

GuV (40)	100.250	Jan-Nov	83.450
		Anton (10)	2.600
		Conrad (15)	7.900
		Eisel (19)	6.300
Summe	100.250	Summe	100.250

Handelswarenverbrauch

HW-Vorrat (23)	22.290	GuV (41)	22.290
Summe	22.290	Summe	22.290

Heizölverbrauch

Bank (12)	3.100	Vorrat (24)	2.475
		GuV (42)	625
Summe	3.100	Summe	3.100

Gehälter

Jan-Nov	22.000	GuV (43)	30.420
Bank (20)	8.420		
Summe	30.420	Summe	30.420

Abschreibung

BGA (21)	2.000	GuV (44)	8.000
Pkw (22)	6.000		
Summe	8.000	Summe	8.000

Instandhaltung durch Dritte

Jan-Nov	150	GuV (45)	2.550
Bank (13)	2.400		
Summe	2.550	Summe	2.550

Miete

Jan-Nov	3.850	GuV (46)	4.200
Bank (13)	350		
Summe	4.200	Summe	4.200

Bürobedarf

Jan-Nov	30	GuV (47)	181
Kasse (14)	151		
Summe	181	Summe	181

Kasse				Schlussbilanzkonto (SBK)				Gewinn- und Verlustkonto (GuV)			
EBK (3)	30.000	Jan-Nov	27.800	Grundst. (29) 20.000	Darlehen (37) 20.000			HW-Verb (41) 22.290	Umsatz (40) 100.250		
		Büro, VSt (14)	180	BGA (30) 6.000	Verb. LuL (38) 6.307			Heizölverbr (42) 625			
		Privat (18)	1.000	Pkw (31) 12.000	Zahllast (39) 5.899			Gehälter (43) 30.420			
		SBK (35)	1.020	Heizölvor. (32) 2.475	Eigenkap. (49) 82.984			AfA (44) 8.000			
Summe	30.000	Summe	30.000	HW-Vorrat (33) 7.430				Inst. (45) 2.550			
				Ford. LuL (34) 61.992				Miete (46) 4.200			
Bank				Kasse (35) 1.020				Bürobedarf (47) 181			
EBK (4)	4.000	Pkw, VSt (7)	21.420	Bank (36) 4.273				EK (48) 31.984			
Jan-Nov	26.200	Miete, VSt (9)	417	Summe 115.190	Summe 115.190			Summe 100.250	Summe 100.250		
Privat (8)	10.000	Heiz, VSt (12)	3.689								
Deichsler (17)	3.600	Inst, VSt (13)	2.856								
		Zahllast (16)	2.725								
		Gehälter (20)	8.420								
		SBK (36)	4.273								
Summe	43.800	Summe	43.800								

Die buchhalterische Erfassung der während des Geschäftsjahres auftretenden Aktivitäten des Investitions-, Finanzierungs- sowie operativen Bereiches wird in den Abschlusskonten SBK und GuV finalisiert. In Anlehnung an die §§ 266 Abs. 2 und 3 sowie 275 Abs. 2 HGB wollen wir das Fallbeispiel mit der formalen Struktur eines **handelsrechtlichen Jahresabschlusses** abschließen.

VIII. Darstellung der Abschlusskonten

Soll		SBK 08 (€)	Haben
Grundstücke	20.000	Darlehen	20.000
Geschäftsausstattung	6.000	Verbindlichkeiten LuL	6.307
Pkw	12.000	Zahllast	5.899
Heizölvorrat	2.475	Eigenkapital	82.984
Handelswarenvorrat	7.430		
Forderungen LuL	61.992		
Kasse	1.020		
Bank	4.273		
Summe	115.190	Summe	115.120

Soll		GuV 08 (€)	Haben
Handelswarenverbrauch	22.290	Umsatzerlöse	100.250
Heizölverbrauch	625		
Gehälter	30.420		
Abschreibung	8.000		
Instandhaltung durch Dritte	2.550		
Miete	4.200		
Bürobedarf	181		
Eigenkapital (Gewinn)	31.984		
Summe	100.250	Summe	100.250

Da bei Personengesellschaften das Eigenkapital nicht segmentiert ist, wird zwischen einbehaltenen Gewinnen (Gewinnthesaurierung) und den für die Gesellschafter vorgesehenen Ausschüttungsbeträgen nicht unterschieden. Das gesamte Eigenkapital in Höhe von 82.984 € setzt sich aus den beiden Kapitaleinlagen in Höhe von 40.000 € (Bilanz 01) und 10.000 € (Finanzierungsbuchung vom 2.12. der Bilanz 08), der Gewinnthesaurierung mit 4.000 € (Bilanz 04), dem gebuchten Verlust aus der Abschreibung mit 2.000 € (Bilanz 07), der Barauszahlung an den Gesellschafter in Höhe von 1.000 € (Operative Buchung vom 20.12. der Bilanz 08) sowie dem Jahresgewinn mit 31.984 € (Bilanz 08) zusammen. Die Schlussbuchung „Eigenkapital an Schlussbilanzkonto (SBK)" zeigt eine Eigenkapitalmehrung in der Höhe des Jahresergebnisses mit 31.984 € an. Das Fallbeispiel „Finanzbuchhaltung" wird im Kapitel B.3.6 mit der Aufstellung einer Bilanz für Kapitalgesellschaften (ABB. 38) fortgesetzt.

Verpflichtend für Kapitalgesellschaften und auch mehrheitlich die Grundlage für die Bilanzierung von Personengesellschaften unterteilt der § 266 Abs. 2 die aktivierten **Vermögensbestände** in die Positionen Anlage- und Umlaufvermögen, also eine Anordnung nach deren **Geldwerdungsdauer**. Letzteres erfasst die Rückvergütung über die am Absatzmarkt realisierten Umsatzerlöse. Demnach stehen die illiquiden Vermögensgegenstände, wie das immaterielle Vermögen ganz oben, die liquiden wie der Kassenbestand und die Kontenguthaben ganz unten.

Die passivierten **Kapitalbestände** bestehen nach § 266 Abs. 3 aus dem Eigen- und Fremdkapital, wobei Letzteres in die Rückstellungen und die Verbindlichkeiten unterteilt wird. Als Reihenfolge der Positionen wird die **Fristigkeit** der Kapitalüberlassung zugrunde gelegt. Demnach steht das von den Eigentümern überlassene Eigenkapital, welches keine verbriefte Kapitalfälligkeit aufweist, ganz oben auf der Passiva. Den Schluss bilden die kurzfristigen Verbindlichkeiten gegenüber dem Finanzamt und den Sozialversicherungsträgern, da diese gerichtlich sehr schnell einen vollstreckbaren Titel der noch ausstehenden Beträge generieren können.

Die aktiven und passiven **Rechnungsabgrenzungsposten** sind Erfolgsgrößen, die als Vorauszahlungen im Bilanzjahr bestandswirksam wurden, die dazugehörige Aufwands- bzw. Ertragszuweisung aber erst in der Folgeperiode vorgenommen wird.

ABB. 14:	Der Mindestinhalt der Bilanz	
Aktiva	**Passiva**	
Anlagevermögen Vermögensteile, die dazu bestimmt sind, dauernd dem Geschäftsbetrieb zu dienen. - Betrieb => Gebrauch - Rendite für die Eigentümer	**Eigenkapital** Kapitalbeträge, welche die Eigentümer bis zum Zeitpunkt der Bilanzerstellung - dem Unternehmen zugeführt haben => **Haftungskapital** oder - im Unternehmen belassen haben => **Gewinnrücklagen**	
	Steuerfreie Rücklagen Passivposten der Steuerbilanz für Zwecke der (Nicht-) Besteuerung	
Umlaufvermögen Vermögensteile, die zum Verbrauch oder zur Veräußerung bestimmt sind. - Prozess => Verbrauch - Liquidität für die Gläubiger	**Fremdkapital** Rechtliche/wirtschaftliche Verpflichtungen, deren Existenz, Höhe, Fälligkeitszeitpunkt bei der Bilanzerstellung noch ungewiss sind; Aufwandsbildung im Bilanzjahr, Auszahlung in der Zukunft => **Rückstellungen** als verbriefte Kapitalteile mit Zinsanspruch und fester Rückzahlungsverpflichtung; Aufwand im Bilanzjahr, Liquiditätsabfluss in der Zukunft => **Verbindlichkeiten**	
Aktive Rechnungsabgrenzung Ausgaben vor dem Abschlussstichtag, die einen Aufwand für eine bestimmte Zeit nach dem Abschlussstichtag darstellen; Liquiditäts-abfluss im Bilanzjahr, Aufwand in der Zukunft	**Passive Rechnungsabgrenzung** Einahmen vor dem Abschlussstichtag, die einen Ertrag für eine bestimmte Zeit nach dem Abschlussstichtag darstellen.	

Anhand der buchhalterischen Erfassung der einzelnen Geschäftsfälle hat sich eine durchaus diversifizierte Bilanz sowie Gewinn- und Verlustrechnung ergeben. Es wurde also geklärt, wie über die buchhalterische Erfassung die einzelnen Geschäftsfälle im Jahresabschluss abgebildet werden. Im Folgenden soll dargestellt werden, wie die einzelnen Wertansätze zustande kommen. Da das Management als Entscheidungsgrundlage sich nicht nur auf die Daten der Vergangenheit beschränken kann, ist es Aufgabe des Controllings, entsprechende **Plan-Jahresabschlüsse** erstellen zu können. Demzufolge soll der Betrachtungsrahmen auch um die Ansätze der internationalen Rechnungslegung nach IFRS erweitert werden, da insbesondere die Erfassung der einzelnen Vermögenswerte sich näher an den tatsächlichen Marktwerten orientiert als es traditionell das Handels- und auch Steuerrecht vorsieht. Ein entscheidungsorientiertes Rechnungswesen, welches für das Controlling herangezogen wird, muss dem Anspruch realitätsnaher Daten entsprechen.

3. Ansatz- und Bewertungsvorschriften

Ausgehend von den Bilanzierungsgrundsätzen der Jahresabschlusserstellung nach Handelsrecht, unter der Berücksichtigung des am 29. 5. 2009 in Kraft getretenen Gesetzes zur Modernisierung des Bilanzrechts (BilMoG) und den international gültigen Regelungen der *International Financial Reporting Standards* (IFRS) für den Einzelabschluss, sollen die relevanten Ansatz- und Bewertungsvorschriften deutlich gemacht werden.

3.1 Bilanzierungsgrundsätze

Unternehmen sind gemäß § 243 Abs. 1 HGB verpflichtet, den Jahresabschluss nach den **Grundsätzen ordnungsmäßiger Buchführung** (GoB) aufzustellen. Diese sind aus der Bilanzpraxis heraus entwickelt worden und gelten als Generalklauseln. Einzelne mit dem Bilanzansatz im Zusammenhang stehende Sachverhalte, die aus dem Handels- oder auch Steuerrecht explizit nicht aufgegriffen werden, müssen über eine deduktive Interpretation der GoB gelöst werden.

Die „*International Accounting Standards*" (IAS) werden vom „*International Accounting Standards Committee*" (IASC) entwickelt, dessen Zweck darin besteht, ein einheitliches Regelwerk weltweiter Rechnungslegungsstandards aufzubauen. Im Anschluss an die Umstrukturierung des IASC hat das neue Board als eine seiner ersten Entscheidungen im April 2001 das IASC in „*International Accounting Standards Board*" (IASB) und die IAS mit Blick auf künftige internationale Rechnungslegungsstandards in **„International Financial Reporting Standards"** (IFRS) umbenannt (IAS-VO.7).

Analog zum § 247 HGB „Inhalt der Bilanz", ein möglichst getreues Bild der Vermögens- und Ertragslage des Unternehmens zu vermitteln, ist das auch der kommunizierte Anspruch der IFRS nach IAS-VO.9, mit seiner Anwendung ein den tatsächlichen Verhältnissen entsprechendes Bild der **Vermögens-, Finanz- und Ertragslage** eines Unternehmens zu vermitteln. Für Geschäftsjahre, die am oder nach dem **1. Januar 2005** beginnen, stellen kapitalmarktorientierte Gesellschaften ihre konsolidierten Abschlüsse nach den internationalen Rechnungslegungsstandards auf, wenn deren Wertpapiere (§ 2 Abs. 1 WpHG) zu einem geregelten Markt zugelassen sind (IAS-VO.A4).

Als wichtige Rechtsquellen für Aktiengesellschaften und des Kapitalmarktes gelten das **Aktiengesetz** (AktG), das **Wertpapierhandelsgesetz** (WpHG), das **Börsengesetz** (BörsG), das **Verkaufsprospektgesetz** (VerkProspG) sowie das **Publizitätsgesetz** (PublG). So verpflichtet beispielsweise der § 5 PublG „Aufstellung von Jahresabschluss und Lagebericht" die Unternehmen zur Aufstellung eines Jahresabschlusses, bestehend aus Bilanz, GuV-Rechnung, Anhang, Kapitalflussrechnung, Eigenkapitalspiegel sowie einem Lagebericht, in dem auch auf die einschlägigen Bestimmungen des HGB verwiesen wird.

Für **inhabergeführte** Unternehmen, also diejenigen, die nicht an der Börse notiert sind, gelten in Deutschland seit dem in Kraft treten zum 29. 5. 2009 entsprechend adaptierte internationale Rechnungsstandards, die nach dem **Bilanzrechtsmodernisierungsgesetz** (BilMoG) im Zusammenhang mit der Erstellung von Jahresabschlüssen zur Pflicht gemacht werden. Demzufolge kann davon ausgegangen werden, dass der Entwurf eines internationalen Rechnungslegungsstandards für kleine und mittelgroße Unternehmen, sog. IFRS für KMU, für die Entwicklung des Handelsrechts keine Rolle mehr spielt.

Grundsätzlich soll mit dem BilMoG für die Kapitalgeber eine transparentere Gestaltung, die wesentlich stärker ihren Informationsbedürfnissen gerecht werden, erreicht werden, da sich das HGB in seiner bisherigen Fassung mehrheitlich dem Primat des Gläubigerschutzes unterzieht. Die vielen Wahlrechte und die eher großzügigen Möglichkeiten zur Bildung von Abschreibungen sollen den Jahresüberschuss und damit die Möglichkeit der Ausschüttung reduzieren. Nicht davon betroffen ist die Erstellung der **Steuerbilanz**, für die seit 1874 auf der Basis des **Maßgeblichkeitsprinzips** im EStG die handelsrechtliche Rechnungslegung, in Verbindung mit einer „Mehr-Weniger-Rechnung" zur Bestimmung der Steuerschuld herangezogen wird.

3.1.1 Grundsätze nach HGB/EStG

Der unter dem Primat des Gläubigerschutzes wohl wichtigste Bewertungsgrundsatz verdeutlicht als das in § 252 Abs. 1, Nr. 4 gefasste **Vorsichtsprinzip** die Gestaltungsabsicht der handelsrechtlichen Rechnungslegung. In der Ausprägung des **Realisationsprinzips** werden am Abschlussstichtag – **Stichtagsprinzip** – nur diejenigen Gewinne ausgewiesen, die auch tatsächlich realisiert worden sind. Das gilt insbesondere, wenn entsprechende Markt- oder Börsenwerte einen höheren Wert realisieren ließen. Demnach ist in einem handelsrechtlichen Einzelabschluss nicht möglich, in der Gewinn- und Verlustrechung Gewinn erhöhende Erträge zu buchen.

Umgekehrt entsteht aber aus der Interpretation des Imparitätsprinzips die Pflicht eines Verlustansatzes mittels Aufwandsbildung in Form von Abschreibungen (Aktivseite) und Rückstellungen (Passivseite), auch wenn sich der Verlust aufgrund niedriger Markt- oder Börsenpreise nur androht. Eine tatsächliche Realisierung des Verlustes muss nicht eingetreten sein, ein drohender reicht schon aus. Grundsätzlich anders ist der Sachverhalt im Zusammenhang mit den internationalen Ansatzvorschriften des Sachanlagevermögens nach IFRS, bei einer Folgebewertung. Bei entsprechend höheren Marktpreisen ist der Ansatz eines höheren Wertes möglich, was als „Fair Value" charakterisiert wird.

Abgeleitet von dem **Grundsatz der Vorsicht** ist die Erfolgswirkung handelsrechtlicher Bewertungsansätze im Interesse der Gläubiger, die primär an der Rückzahlung ihres Kapitals interessiert sind. Dies wird ermöglicht durch die, im Vergleich zu den Abschlüssen nach EStG oder IFRS, tendenziell großzügigere Gestaltung zur **Verlustbildung** in Form vielfältiger Inanspruchnahme von Wahlrechten, welche über die Aufwandsbildung den Jahresüberschuss senkt. Die Folgewirkung ist eine verminderte Ausschüttungsmöglichkeit an die Anteilseigner. Für das Management bedeutet die nicht abgeflossene Liquidität, die Wahrnehmung eines größeren Handlungsspielraumes und dementsprechend Investitionen in renditeträchtige Objekte vornehmen zu können.

Auch langfristig agierende Investoren werden daran Gefallen finden, wenn die vorhandene Liquidität nicht ausgeschüttet wird. Sinnvolle Erweiterungsinvestitionen und eine solide **Assetallokation** (Zusammensetzung der Aktiva zur Renditeerzielung) tragen langfristig zu einer Steigerung des Unternehmenswertes bei. Pro Geschäftsperiode wird in Summe vielleicht weniger ausgeschüttet, aber die Gewährleistung einer stabilen Gewinnbeteiligung, verbunden mit der Gewinnmitnahme bei der Veräußerung der Anteile, die dann über eine Wertsteigerung der Kapitalanteile erreicht wird. Diese Überlegung ist natürlich im Wesentlichen nur für börsennotierte Unternehmen interessant, da die Anteile aufgrund ihrer Fungibilität und des Vorhandenseins eines organisierten Marktplatzes problemlos erworben und veräußert werden können.

Weitere Bewertungsgrundsätze sind in den §§ 252 Abs. 1 Nr. 1 ff. HGB festgelegt. Der Grundsatz der **Bilanzidentität** verdeutlicht den Zusammenhang zwischen der Eröffnungsbilanz des Geschäftsjahres, die mit der Schlussbilanz des Vorjahres übereinstimmen muss. In den obigen Kapiteln wurde diesem Sachverhalt buchhalterisch mit den relevanten Eröffnungsbilanzbuchungen über das Eröffnungsbilanzkonto begegnet, um die entsprechenden Bestandskonten mit den neuen Daten der aktuellen Geschäftsperiode belegen zu können.

Unter dem **Going-Concern-Prinzip** bzw. unter dem Grundsatz der Unternehmensfortführung wird bei der Bewertung der einzelnen Bestandspositionen von der Fortführung des Unternehmens ausgegangen, außer wenn tatsächliche oder rechtliche Gründe entgegenstehen. Am Abschlussstichtag sind die Vermögensgegenstände und Schulden einzeln zu bewerten (Grundsatz der **Einzelbewertung**). Nach § 256 HGB sind für die Bewertung des Umlaufvermögens aber auch **Bewertungsvereinfachungsverfahren** im Sinne von Verbrauchsfolgeverfahren (beispielsweise Fifo- und Lifo-Verfahren) oder Durchschnittswerten zulässig, die teilweise auch steuerrechtlich zum Ansatz gebracht werden können, wenn es um den Werteansatz gleichartiger Vermögensgegenstände des Vorratsvermögens geht.

Das Prinzip der **periodengerechten Abgrenzung** weist auf die für Bilanzierende charakteristische Erfassung von Aufwendungen und Erträgen des Geschäftsjahres hin, die unabhängig vom Zeitpunkt der entsprechenden Zahlungen im Jahresabschluss zu berücksichtigen sind. In den Kapiteln zur Finanzbuchhaltung wurde darauf hingewiesen und dementsprechend Forderungen aus Lieferungen und Leistungen bereits in der Phase der Ausstellung der Rechnung erfolgswirksam in der GuV verbucht. Dass die auf den vorhergehenden Jahresabschluss angewandten Bewertungsmethoden beibehalten werden, wird mit dem Prinzip der **Bilanzkontinuität** zum Ausdruck gebracht.

Im Zusammenhang mit der Gewinnermittlung zur Bemessung der Besteuerung wird der handelsrechtliche Jahresabschluss (als der „eigentliche" maßgebliche Jahresabschluss) als Basis genommen. Nach dem **Maßgeblichkeitsprinzip** nach § 5 Abs. 1 Nr. 1 EStG sind zunächst die Wertansätze nach dem Handelsgesetzbuch zu übernehmen, die daraufhin in die steuerliche Bilanz bzw. Gewinnermittlung übernommen werden, außer das Steuerrecht schreibt einen anderen Wertansatz vor. Für Kapitalgesellschaften wie die AG, die KG a. A., die GmbH, deren Jahresabschlüsse einer Veröffentlichungspflicht unterliegen, wird dem möglichen unterschiedlichen Wertansatz mit einer Überleitungsrechnung begegnet.

Die **Steuerbemessungsfunktion** wird demnach mit einer „Steuerbilanz" als nach den Vorschriften des EStG adaptierte Handelsbilanz erreicht. Der handelsrechtliche Abschluss behält über die **Ausschüttungsfunktion** die Rolle der ausschüttungsfähigen Gewinnermittlung für die Kapitaleigentümer. Bei Personengesellschaften, sofern diese nicht publizitätspflichtig sind, wird für die Gewinnermittlung von den Unternehmen keine formale Trennung von Handels- und Steuerbilanz vorgenommen, sondern der eigentliche Jahresabschluss anhand der Bewertungsvorschriften des EStG durchgeführt.

3.1.2 Grundsätze nach IFRS

Die einheitliche Verwendung der Rechnungslegungsstandards nach **IFRS** soll es den Adressaten wie Investoren, Arbeitnehmer, Kreditgeber, Gläubiger, Kunden, Regierung, Öffentlichkeit erleichtern, wirtschaftliche Entscheidungen treffen zu können (vgl. IASB, R.9). Erreicht werden sollen, den Kauf und Verkauf von Kapitalanteilen einzuschätzen, ausschüttbare Gewinne und Dividenden zu bestimmen (Eigentümerperspektive), die Sicherheit der dem Unternehmen geliehene Beträge zu beurteilen (Gläubigerperspektive) oder auch generell das Handeln des Managements zu beurteilen (Controlling-Perspektive).

Auch nach IFRS wird ein Rechnungslegungsmodell auf der Grundlage historischer **Anschaffungs- und Herstellungskosten** und dem Primat der **nominalen Kapitalerhaltung** aufgestellt (IASB, R.Vorwort). Grundsätzlich gilt, dass die angewandten Bilanzierungs- und Bewertungsmethoden sowie Art, Volumen und wesentliche vertragliche Vereinbarungen transparent gemacht werden müssen. Die Aktiva wird unterteilt in **langfristiges** (*Fixed assets*) und **kurzfristiges Vermögen** (*Current assets*), die Passiva in **Eigenkapital** (*Equity*) und **Schulden** (*Liabilities*). Die relevanten „Standards" sind in Abbildung 15 wie folgt gegliedert. Das IASB Rahmenkonzept/Framework (IASB, R) legt die Konzeption dar, ist aber selbst kein Standard (IASB, R.2).

ABB. 15:	Die Richtlinien IAS bzw. IFRS
IAS 1	Darstellung des Abschlusses
IAS 2	Vorräte
IAS 7	Kapitalflussrechnungen/Cashflow Statements
IAS 8	Bilanzierungs- und Bewertungsmethoden, Änderungen von Schätzungen und Fehler
IAS 10	Ereignisse nach dem Bilanzstichtag
IAS 11	Fertigungsaufträge
IAS 12	Ertragsteuern
IAS 14	Segmentberichterstattung
IAS 16	Sachanlagen
IAS 17	Leasingverhältnisse
IAS 18	Erträge
IAS 19	Leistungen an Arbeitnehmer
IAS 20	Bilanzierung und Darstellung von Zuwendungen der öffentlichen Hand
IAS 21	Auswirkungen von Änderungen der Wechselkurse
IAS 23	Fremdkapitalkosten
IAS 24	Angaben über Beziehungen zu nahe stehenden Unternehmen und Personen
IAS 26	Bilanzierung und Berichterstattung von Altersversorgungsplänen
IAS 27	Konzern- und separate Einzelabschlüsse nach IFRS
IAS 28	Anteile an assoziierten Unternehmen
IAS 29	Rechnungslegung in Hochinflationsländern
IAS 31	Anteile an Joint Ventures
IAS 32	Finanzinstrumente: Darstellung
IAS 33	Ergebnis je Aktie
IAS 34	Zwischenberichterstattung
IAS 36	Wertminderung von Vermögenswerten

IAS 37	Rückstellungen, Eventualschulden und Eventualforderungen
IAS 38	Immaterielle Vermögenswerte
IAS 39	Finanzinstrumente: Ansatz und Bewertung
IAS 40	Als Finanzinstrumente gehaltene Immobilien
IAS 41	Landwirtschaft
IFRS 1	Erstmalige Anwendung der IFRS
IFRS 2	Aktienbasierte Vergütung
IFRS 3	Unternehmenszusammenschlüsse
IFRS 4	Versicherungsverträge
IFRS 5	Zur Veräußerung gehaltene langfristige Vermögenswerte und aufgegebene Geschäftsbereiche
IFRS 6	Exploration und Evaluierung mineralischer Vorkommen
IFRS 7	Finanzinstrumente: Angaben
IFRS 8	Geschäftssegmente

Nach IAS 1.7 ist ein Abschluss eine strukturierte Darstellung der Vermögens-, Finanz- und Ertragslage sowie der Cashflows eines Unternehmens. Es werden Informationen über Vermögenswerte, Schulden, Eigenkapital, Erträge und Aufwendungen (einschließlich Gewinne und Verluste), sonstige Änderungen des Eigenkapitals und Cashflows eines Unternehmens zu Verfügung
gestellt. Ein vollständiger Abschluss besteht aus Bilanz, Gewinn- und Verlustrechnung, Eigenkapitalveränderungsrechnung, Kapitalflussrechnung, Anhang mit den maßgeblichen Bilanzie-
rungs- und Bewertungsmethoden sowie einem Lagebericht (IAS 1.8). Im **IASB Rahmenkonzept**
(IASB R) und **IAS 1** sind grundlegende bzw. allgemeine Grundsätze in Bezug auf den Ansatz und
die Bewertung formuliert, die mit den „**Grundsätzen ordnungsmäßiger Buchführung**" nach
§ 252 Abs. 1 HGB durchaus vergleichbar sind.

ABB. 16:	Die grundlegenden Vorschriften HGB und IFRS
§ 252 Abs. 1 HGB	**IAS 1 und IASB, R** (Rahmenkonzept)
- **Vorsichtsprinzip** (Nr. 4) als Realisations-(Gewinne) und Imparitätsprinzip (Verlus-te) => **Gläubigerorientierung**	- **Vorsicht** (IASB, R.37) Aber: Keine stillen Reserven des Vermögens oder Überbewertung von Rückstellungen => **Investorenorientierung**
- Bilanzidentität (Nr. 1) - Going-Concern-Prinzip (Nr. 2) - Grundsatz der Einzelbewertung (Nr. 3) - Objektivierungsgrundsatz (Nr. 5) - Bilanzkontinuität (Nr. 6)	- Vergleichsinformationen (IAS 1.36 ff./IASB, R.39 ff.) - Unternehmensfortführung (IAS 1.23 f./IASB, R.23) - Saldierung von Posten (IAS 1.32 ff.) - Wesentlichkeit von Posten (IAS 1.29 ff./IASB, R.29 f.) - Darstellungsstetigkeit (IAS 1.27 f.) - Konzept der Periodenabgrenzung (IAS 1.25 f./IASB, R.22) - Verständlichkeit (IASB, R.25) - Relevanz (IASB, R.26 ff.) - Verlässlichkeit (IASB, R.31 f.) - Glaubwürdige Darstellung (IASB, R.33 f.)

	- Wirtschaftliche Betrachtungsweise (IASB, R.35)
	- Neutralität (IASB, R.36)
	- Vollständigkeit (IASB, R.38)

Grundsätzlich muss konstatiert werden, dass der Jahresabschluss nach IFRS im Wesentlichen den Anspruch eines **Informationsmediums** für wirtschaftliche Entscheidungen hat und nicht wie beim handelsrechtlichen Abschluss die Bestimmung der **Ausschüttungsgröße** für die Kapitaleigner im Vordergrund steht. IAS 1.109 greift die für die Adressaten relevanten Bewertungsgrößen auf, wie historische Anschaffungs- und Herstellungskosten (IASB, R.100a), Tageswert (IASB, R.100b), Netto-Veräußerungswert (IASB, R.100c), Barwert (IASB, R.100d), beizulegender Zeitwert (IFRS 1.16 ff.) oder erzielbarer Betrag. Der Markt- oder Verkehrswert wird sehr häufig als der **beizulegende Wert** bezeichnet. Die Vermögens- und Finanzbestände müssen in der „wirtschaftlichen Verfügungsmacht" des Unternehmens stehen (IASB, R.15). Im Sinne einer umfassenden Informationsgewinnung für die Adressaten sind nach IFRS 1 in der **Bilanz** die folgenden Positionen zu erfassen, wenn der Wert des entsprechenden Sachverhaltes verlässlich ermittelt werden kann.

ABB. 17: Die Bilanzpositionen nach IFRS	
Aktiva / assets (IAS 1.68)	**Passiva / equity & liabilities** (IAS 1.68)
- Sachanlagen, - als Finanzinvestitionen gehaltene Immobilien, - immaterielle Vermögenswerte, - finanzielle Vermögenswerte, - Vorräte, - Forderungen aus Lieferungen und Leistungen und sonstige Forderungen, - Zahlungsmittel und Zahlungsmittel-äquivalente	- Verbindlichkeiten aus Lieferungen und Leistungen und sonstige Verbindlichkeiten, - Rückstellungen, - finanzielle Schulden, - Steuerschulden/Steuererstattungsansprüche, - Minderheitsanteile am Eigenkapital, - gezeichnetes Kapital und Rücklagen

► **Darüber hinaus ist in der Bilanz darzustellen** (IAS 1.68A):

- zur Veräußerung gehaltene langfristige Vermögenswerte und aufgegebene Geschäftsbereiche und
- zur Veräußerung gehaltene Schulden.

► **Informationen, dargestellt in der Bilanz oder im Anhang** (IAS 1.74 f.):

- Untergliederung der Sachanlagen (IAS 16),
- Untergliederung der Forderungen,
- Untergliederung der Vorräte (IAS 2) nach Handelswaren, Roh-, Hilfs- und Betriebsstoffe, unfertige Erzeugnisse und Fertigerzeugnisse,
- Untergliederung der Rückstellungen für Personalaufwand und sonstige Rückstellungen,
- Untergliederung des Eigenkapitals in gezeichnetes Kapital (davon eingezahlt) sowie Kapital- und Gewinnrücklagen.

Um die nach IFRS relevanten Ansatz- und Bewertungsvorschriften verstehen und anwenden zu können, sollen im Folgenden die Begriffe **Vermögen, Schulden, Eigenkapital** und **Erfolge** präzisiert werden:

► **Vermögen** (IASB, R.49, 53 f.)
- Verfügungsmacht über eine Ressource,
- Erwartung des Zuflusses eines künftigen wirtschaftlichen Nutzens,
- Eingesetzt, um Güter oder Dienstleistungen zu erzeugen, mit denen die Wünsche oder Bedürfnisse der Kunden befriedigt werden können,
- Ansatzmöglichkeit über die Anschaffungs- und Herstellungskosten hinaus,
- Keine Bildung stiller Reserven,
- Ansatzpflicht von selbst erstellten Vermögensgegenständen,
- Keine Bilanzierungshilfen,
- Keine Rechnungsabgrenzungsposten.

► **Eigenkapital** (IASB, R.49, 65, 81)
- Restbetrag aus der Gegenüberstellung der Vermögenswerte und Schulden,
- Kapitalerhaltungsanpassungen, Gewinnrücklagen, Neubewertungsrücklagen sowie Dividenden-rechte.

► **Schulden** (IASB, R.49, 60 f.)
- Gegenwärtige Verpflichtung, nicht nur eine mögliche Verpflichtung,
- Rückstellungen für Garantie- und Pensionsverpflichtungen,
- Zukünftig Vermögensgegenstände zu erwerben führt nicht zu einer gegenwärtigen Verpflichtung,
- Keine Aufwandsrückstellung.

► **Erfolge** (IASB, R.69 f., 74, 78, 85)
- Gewinn als Verzinsung des eingesetzten Kapitals oder als Ergebnis je Aktie,
- Zunahme (Erträge) bzw. Abnahme (Aufwand) des wirtschaftlichen Nutzens,
- Erfassung von Erfolgsbeiträgen, die im oder außerhalb der gewöhnlichen Geschäftstätigkeit anfallen und nicht auf Leistungen an und von den Gesellschaftern beruhen,
- Erfolgsneutrale Neubewertung von Vermögens- und Schuldenpositionen,
- Realisierungswahrscheinlichkeit eines künftigen wirtschaftlichen Nutzens.

Nicht erfasst werden nach IFRS gegenüber dem HGB Positionen wie „Rechnungsabgrenzungs-posten" und „Bilanzierungshilfen" in der Bilanz sowie das „außerordentliche Ergebnis" in der Gewinn- und Verlustrechnung.

3.1.3 Grundsätzliche Änderungen BilMoG

Das am 29. Mai 2009 in Kraft getretene Gesetz zur Modernisierung des Bilanzrechts (BilMoG) soll sich stärker an die für börsennotierte Unternehmen verpflichtenden IFRS anlehnen sowie trotzdem für eigentümergeführte Unternehmen ein relativ kostengünstiges und auch bewährtes Rechnungslegungswerk beibehalten können. Mittelständische Einzelkaufleute, die nur einen kleinen Geschäftsbetrieb bis 500 T€ Umsatzerlöse unterhalten, werden von der handelsrechtlichen Bilanzierungspflicht befreit. Eine Einnahmenüberschussrechnung nach § 4 Abs. 3 EStG reicht bei diesen zur Ermittlung der Steuerschuld zukünftig aus. Für Kapitalgesellschaften besteht der Jahresabschluss künftig aus Bilanz, Gewinn- und Verlustrechnung, Anhang, Kapitalflussrechnung sowie Eigenkapitalspiegel und ist in den ersten 3 Monaten des neuen Geschäftsjahres aufzustellen (§ 264 Abs. 1 Satz 1 HGB).

Ganze Vorschriftenteile wie die Bewertungsvorschriften der §§ 279 bis 283 HGB sind komplett weggefallen bzw. anderen Vorschriften angegliedert. Umfangreiche Ergänzungen wurden auch bei den Pflichtangaben im Anhang nach §§ 284 und 285 HGB vollzogen und den IFRS an Transparenz angepasst. In Bezug auf den Einzelabschluss können die wichtigsten **grundlegenden Änderungen** zusammengefasst werden:

Aktiva

▶ Eine Anlehnung an die IFRS wird mit dem Wahlrecht (Pflichtansatz nach IFRS) zum Ausdruck gebracht (§ 248 Abs. 2 Satz 1 HGB), **selbstgeschaffene immaterielle Vermögensgestände des Anlagevermögens** (bisher auch steuerrechtlich nach § 5 Abs. 2 EStG ein Aktivierungsverbot) zu aktivieren (vgl. IAS 38.1). Auf der Basis einer bestehenden Kostenrechnung erfolgt die Ermittlung der Herstellungskosten für selbst erstellte immaterielle Wirtschaftsgüter (steuerrechtlich bleibt das Ansatzverbot nach § 5 Abs. 2 EStG).

▶ Die Aktivierung eines **entgeltlich erworbenen Geschäfts- oder Firmenwerts** (derivativer Firmenwert) ist verpflichtend (§ 246 Abs. 1 Satz 3 HGB). Die Abschreibung erfolgt im Gegensatz zur IFRS (vgl. IFRS 3.55) grundsätzlich planmäßig. Ein niedrigerer Werteansatz ist beizubehalten (§ 253 Abs. 5 Satz 2 HGB; vgl. IAS 36.124), was ein Wertaufholungsverbot zum Ausdruck bringt. Mit der geforderten planmäßigen Abschreibung wird der in Deutschland mehrheitlich vertretenen Auffassung, dass es sich auch beim Firmenwert um einen abnutzbaren Gegenstand des Anlagevermögens handelt, Rechnung getragen. Im IFRS-Abschluss gilt ausschließlich eine jährliche Werthaltigkeitsprüfung mit der Folge einer möglichen außerplanmäßigen Abschreibung. Auch steuerrechtlich wird eine Ansatzpflicht (§ 5 Abs. 2 EStG) zum Ausdruck gebracht, allerdings mit einer linearen Abschreibung über 15 Jahre und nicht 5 Jahre wie im Handelsrecht.

▶ **Aufwendungen für Entwicklungsleistungen** werden als Wahlrecht berücksichtigt.

▶ Erträge, die im Zusammenhang mit der Bewertung von zu **Handelszwecken erworbenen Finanzinstrumenten** oder Vermögensgegenstände zum beizulegenden Zeitwert entstanden sind, dürfen ausgeschüttet werden, wenn entsprechend frei verfügbare Rücklagen gebucht worden sind (§ 268 Abs. 8 HGB).

▶ Als Herstellungskosten sind die Materialeinzelkosten, Fertigungseinzelkosten, Sondereinzelkosten der Fertigung sowie angemessene Teile der **Material- und Fertigungsgemeinkosten** verpflichtend zu aktivieren. Kosten der allgemeinen Verwaltung sowie angemessene Aufwendungen für soziale Aufwendungen dürfen zum Ansatz gebracht werden. Forschungs- und Vertriebskosten dürfen nicht angesetzt werden (§ 255 Abs. 2 Satz 2 HGB; vgl. IAS 16.16 ff.).

▶ **Zuschreibungspflicht** (auch für Personengesellschaften) gilt für das Anlage- und Umlaufvermögen (§ 253 Abs. 5 Satz 1 HGB).

► Wahlrecht zum Ansatz für **aktive latente Steuern**, bei dem steuerliche Verlustvorträge zu berücksichtigen sind, sofern diese zukünftig nutzbar sind. Es besteht eine Ausschüttungssperre für Gewinne aus der Aktivierung aktiver latenter Steuern.

► Keine Aktivierung mehr für „**Aufwendungen für die Ingangsetzung und Erweiterung des Geschäftsbetriebs**" (§ 269 HGB wurde gestrichen).

Passiva

► Bei der Bewertung von **Rückstellungen** werden zukünftig Preis- und Kostensteigerungen berücksichtigt. Für Pensionsrückstellungen wird der anzuwendende Abzinsungszinssatz von der Deutschen Bundesbank nach Maßgabe einer Rechtsverordnung ermittelt und monatlich bekannt gegeben (§ 253 Abs. 2 HGB). Jedoch sollen die geänderten Vorschriften zur Rückstellungsbewertung nicht in die steuerliche Gewinnermittlung übernommen werden.

► Ansatzpflicht für passive latente Steuern (§ 274 Abs. 1 Satz 1 HGB).

► Mit der Abschaffung der **umgekehrten Maßgeblichkeit** werden Sonderabschreibungen des EStG und „Sonderposten mit Rücklageanteil" wie bspw. § 6b EStG – Rücklage (§ 273 HGB wurde gestrichen) nicht mehr im handelsrechtlichen Abschluss angesetzt. Zusammen mit der starken Einschränkung des Maßgeblichkeitsprinzips werden die handels- und steuerrechtlichen Ansätze sehr stark voneinander abweichen. Eine sog. Einheitsbilanz wird es dann nur noch sehr eingeschränkt geben können.

3.2 Bilanzierung auf der Aktivseite

In den obigen Kapiteln haben wir die Aktivseite der Bilanz als die Vermögensseite kennen gelernt. Die darin enthaltenen Vermögensgegenstände dienen der Aufrechterhaltung der betrieblichen Leistungserstellung, mit dem Ziel der Rentabilitäts- und auch Liquiditätssicherung. Die Dokumentation der real im Unternehmen vorhandenen Vermögensgegenstände zeigt dem Bilanzleser, welche Gegenstände die Infrastruktur (aktiviert als Anlagevermögen) und welche den Prozess (aktiviert als Umlaufvermögen) generieren. Eine Aktivierung hat aufgrund der geringeren Aufwandsbildung in der aktuellen Gewinn- und Verlustrechnung, im Gegensatz zu einer Nichtaktivierung, immer die zeitliche Verlagerung von Verlusten zur Folge. Bilanzpolitik betreiben bzw. bilanzpolitische Spielräume auszunutzen, heißt immer, von den Wahlrechten Gebrauch zu machen, die dem Bilanzierenden neben den Pflichtansätzen und Ansatzverboten eingeräumt werden.

ABB. 18:	Die Aktivierungsmöglichkeiten		
Bilanzpositionen	**HGB**	**EStG**	**IFRS**
Aufwendungen für die Ingang-setzung und Erweiterung des Geschäftsbetriebs	Wahlrecht (§ 269 HGB) als Bilanzie-rungshilfe wird mit dem BilMoG auf-gehoben.	Verbot, nur Aufwand (Betriebs-ausgabe)	Nicht vorgesehen!
Wertansatz der Anlagen vermögenswerte mit den	Pflicht (§ 253 HGB)	Pflicht § 5 Abs. 1 u. 2 EStG)	Pflicht (IAS 16)
Anschaffungs- oder Herstellungskosten, aber	(§ 255 Abs. 1 HGB) (§ 255 Abs. 2 HGB)		Pflicht (IAS 16.16 und 38.74)
Material- und Fertigungseinzelkosten	Pflicht (§ 255 Abs. 2 Satz 2 HGB)	Pflicht	
Material- und Fertigungsgemeinkosten	Pflicht nach BilMoG (§ 255 Abs. 2 Satz 2 HGB)	Pflicht R.6.3 Abs. 1 - 3 EStG)	Gemeinkostenansatz-verbot (IAS 16.19d)
Verwaltungsgemeinkosten	Wahlrecht (§ 255 Abs. 2 Satz 3 HGB)	Wahlrecht	
Forschungs- und Vertriebskosten	Verbot (§ 255 Abs. 2 Satz 4 HGB)	Verbot	Verbot für Forschungs-kosten (IAS 38.54)
Fremdkapitalzinsen	Wahlrecht (§ 255 Abs. 3 HGB)	Wahlrecht	Wahlrecht (IAS 23)
Selbsterstellte immaterielle Vermögensgegenstände (Entwicklungskosten)	Nach BilMoG neues Wahlrecht (§ 248 Abs. 2 Satz 1 HGB)	Verbot (§ 5 Abs. 2 EStG)	Pflicht für bestimmte Entwicklungskosten (IAS 38.57 ff.)
Selbstgeschaffener (originärer) Firmenwert	Verbot (§ 248 Abs. 2 Satz 2 HGB)	Verbot (§ 5 Abs. 2 EStG)	Verbot (IAS 38.48)
Entgeltlich erworbener (derivativer) Firmenwert	Wahlrecht (§ 255 Abs. 4 HGB) als Bilanzierungshilfe wird mit BilMoG zur Pflicht (§ 246 Abs. 1 Satz 3 HGB); aber: Zuschrei-bungsverbot (§ 253 Abs. 5 HGB).	Pflicht (§ 5 Abs. 2 EStG)	Pflicht (IAS 38.80)
Bewertungsvereinfachungs-verfahren des Vorratsvermögens	Wahlrecht (§ 256 HGB)	Wahlrecht (§ 6 Abs. 1 EStG)	Wahlrecht (IAS 2.27)
Geringwertige Wirtschaftsgüter	Nicht erfasst wegen dem Wegfall der umgekehrten Maß-geblichkeit	Wahlrecht (§ 6 Abs. 2 EStG)	Nicht vorgesehen!
Damnum (Disagio) bei aufgenommenen Verbindlich-keiten	Wahlrecht (§ 250 Abs. 1 Satz 2 HGB) als Bilanzierungs-hilfe	Pflicht (BFH-Urt. v. 19. 1. 1978) m. Abschrei-bung	Nicht vorgesehen!
Aktive latente Steuern	Wahlrecht (§ 274 Abs. 2 HGB) als Bilanzierungshilfe	Nicht relevant!	Pflicht (IAS 12.5)
Aufwendungen für Unterneh-mensgründung und Eigen-kapitalbeschaffung	Verbot (§ 248 Abs. 1 Satz 1 und 2 HGB)	Verbot	Nicht vorgesehen!

Um die Wirkungsweise des Aufbaus der Aktivpositionen zu verstehen, sollen in den folgenden Kapiteln die Ansatz- und Bewertungsvorschriften des HGB und auch die der internationalen Rechnungslegung nach IFRS betrachtet werden.

3.2.1 Anlagevermögen

Als Anlagevermögen sind die Gegenstände auszuweisen, die bestimmt sind, dauernd dem Geschäftsbetrieb zu dienen (§ 247 Abs. 2 HGB). Für große bzw. kapitalmarktorientierte sowie mittlere Kapitalgesellschaften ab 50 Mitarbeiter (§ 267 Abs. 2 HGB) ist nach § 266 Abs. 2 HGB der Aufbau wie folgt verpflichtend. Für kleinere können Vereinfachungen vorgenommen werden.

ABB. 19:	Der Aufbau des Anlagevermögens

A. Anlagevermögen:

   I. Immaterielle Vermögensgegenstände:

      1. Selbst geschaffene gewerbliche Schutzrechte und ähnliche Rechte und Werte;

      2. Entgeltlich erworbene Konzessionen, gewerbliche Schutzrechte und ähnliche Rechte und Werte sowie Lizenzen an solchen Rechten und Werten;

      3. Geschäfts- oder Firmenwert;

      4. geleistete Anzahlungen;

   II. Sachanlagen:

      1. Grundstücke, grundstücksgleiche Rechte und Bauten einschließlich der Bauten auf fremden Grundstücken;

      2. technische Anlagen und Maschinen;

      3. andere Anlagen, Betriebs- und Geschäftsausstattung;

      4. geleistete Anzahlungen und Anlagen im Bau;

   III. Finanzanlagen

      1. Anteile an verbundenen Unternehmen;

      2. Ausleihungen an verbundene Unternehmen;

      3. Beteiligungen;

      4. Ausleihungen an Unternehmen, mit denen ein Beteiligungsverhältnis besteht;

      5. Wertpapiere des Anlagevermögens;

      6. sonstige Ausleihungen.

Bei der **Zugangsbewertung** im Sinne einer erstmaligen Aktivierung werden Vermögensgegenstände mit den Anschaffungs- und Herstellungskosten, vermindert um die Abschreibungen angesetzt (§ 253 Abs. 1 HGB). Nach dem § 255 Abs. 1 HGB sind **Anschaffungskosten**

„Aufwendungen, die geleistet werden müssen, um einen Vermögensgegenstand zu erwerben und ihn in einen betriebsbereiten Zustand zu versetzen, soweit sie dem Vermögensgegenstand einzeln zugeordnet werden können. Zu den Anschaffungskosten gehören auch die Nebenkosten sowie die nachträglichen Anschaffungskosten. Anschaffungspreisminderungen sind abzusetzen."

Aktiviert werden der Anschaffungspreis (Nettokaufpreis abzüglich Anschaffungspreisminderungen wie beispielsweise Rabatte und Skonti), Anschaffungsnebenkosten (Vertrags-, Verpackungs-, Notar- und Transport- sowie Transportversicherungskosten), Kosten für die Herstellung der Betriebsbereitschaft (beispielsweise Montage- und Fundamentierungskosten) sowie mögliche nachträgliche Anschaffungskosten (wie beispielsweise nachträgliche Erschließungskosten). Nach den Reglungen des EStG ist dieser Ansatz auch für die steuerliche Bilanz durchzuführen. Wird der Vermögensgegenstand nicht erworben, sondern selbst hergestellt, wird die zu aktivierende Größe über den Ansatz der Herstellungskosten ermittelt.

BEISPIEL: Ein Unternehmen kauft eine Klimaanlage. Aus der Finanzbuchhaltung müssen die richtigen Kosten zugeordnet werden:
- Preis der Klimaanlage: 120.000 €
- Anteilige Kosten der Einkaufsabteilung: 4.100 €
- Montagekosten für das Aufstellen der Anlage: 12.000 €
- Frachtversicherung: 3.000 €

Welche Kosten werden als Anschaffungskosten aktiviert?

LÖSUNG: *Als Anschaffungskosten werden der Preis der Klimaanlage mit 120 T€ sowie die Montagekosten mit 12 T€ und die Frachtversicherung mit 3 T€, die entstanden sind, um den Vermögensgegenstand in einen betriebsbereiten Zustand zu bringen. Die anteiligen Kosten der Einkaufsabteilung mit 4.100 € bleiben unberücksichtigt.*

Nach § 255 Abs. 2 HGB sind **Herstellungskosten**

„ ... *die Aufwendungen, die durch den Verbrauch von Gütern und die Inanspruchnahme von Diensten für die Herstellung eines Vermögensgegenstands, seine Erweiterung oder für eine über seinen ursprünglichen Zustand hinausgehende wesentliche Verbesserung entstehen.*"

Ausgehend von dem Kalkulationsschema der aus der Vollkostenrechung stammenden Zuschlagskalkulation gibt es einen **Pflichtansatz** für die Material- und Fertigungseinzelkosten, für die Material- und Fertigungsgemeinkosten (inklusive der Abschreibungen) sowie für die Verwaltungsgemeinkosten. Für die Forschungs- und Vertriebskosten[12] gilt ein **Aktivierungsverbot**.

ABB. 20:	Die Zuschlagskalkulation der Vollkostenrechnung
Materialeinzelkosten	*Pflichtansatz* § 255 Abs. 2 Satz 2 HGB
+ Fertigungseinzelkosten	*Pflichtansatz* § 255 Abs. 2 Satz 2 HGB
+ Materialgemeinkosten	*Pflichtansatz nach BilMoG* § 255 Abs. 2 Satz 2 HGB
+ Fertigungseinzelkosten	*Pflichtansatz nach BilMoG* § 255 Abs. 2 Satz 2 HGB
= **Herstellkosten**	
+ Verwaltungsgemeinkosten	*Wahlrecht* § 255 Abs. 2 Satz 3 HGB
+ Vertriebsgemeinkosten	*Verbot* § 255 Abs. 2 Satz 4 HGB
= **Selbstkosten**	
+ Gewinnaufschlag	
= Kalkulierter Verkaufspreis	

---

12 Im österreichischen Unternehmensgesetz (UGB) gilt neben den Vertriebsgemeinkosten auch für die Verwaltungsgemeinkosten ein Aktivierungsverbot.

Die Notwendigkeit der Aktivierung wird besonders im Zusammenhang mit der Erfassung der Herstellungskosten deutlich. Ein Verbleiben bzw. die Erfassung dieser als entsprechender Aufwand (Zweckaufwand im Sinne aufwandsgleicher Kosten) in der GuV-Rechnung würde im Jahr der Entstehung mit einem sehr großen Verlust einhergehen. Über die Aktivierung und die sukzessive Abschreibung in den Folgeperioden wird der Aufwand (Verlust) über die Nutzungsjahre verteilt. Die korrekte Erfassung bedingt aber ein funktionierendes Kostenrechnungssystem, welches im Kontext der Vollkostenrechnung eine Unterteilung in Einzel- und Gemeinkosten zulässt (Vgl. hierzu Kap. E.2.1).

Der Charakter von **Einzelkosten** wird über die direkte Zurechnungsmöglichkeit auf einen bestimmten Kostenträger (Produkt) bestimmt. Kann das nicht gewährleistet werden, fallen also Materialkosten oder auch Lohnkosten der Fertigung für mehrere Produkte an bzw. ist eine Zuordnung auf ein Produkt nicht gewährleistet, werden diese als **Gemeinkosten** erfasst. Wie in den obigen Kapiteln ausgeführt, wird der Begriff „Kosten" der internen Rechnungslegung (Kostenrechnung) subsumiert, während die externe Rechnungslegung (Jahresabschluss) den Begriff „Aufwand" verwendet. Möglicherweise wären die Begriffe Anschaffungs- und Herstellungsaufwand die für die externe Rechnungslegung treffenderen, obwohl die anzusetzenden Größen als Kosten aus der Kosten- und Leistungsrechnung bzw. dem Controlling entnommen werden müssen.

Für **selbst geschaffene immaterielle Vermögensgegenstände** des Anlagevermögens, die nach § 248 Abs. 2 HGB ein Ansatzwahlrecht haben, sind jetzt die Herstellungskosten nach dem neu (BilMoG) eingefügten § 255 Abs. 2a HGB

„... die bei dessen Entwicklung anfallenden Aufwendungen nach Absatz 2.

Entwicklung ist die Anwendung von Forschungsergebnissen oder von anderem Wissen für die Neuentwicklung von Gütern oder Verfahren oder die Weiterentwicklung von Gütern oder Verfahren mittels wesentlicher Änderungen. Forschung ist die eigenständige und planmäßige Suche nach neuen wissenschaftlichen oder technischen Erkenntnissen oder Erfahrungen allgemeiner Art, über deren technische Verwertbarkeit und wirtschaftliche Erfolgsaussichten grundsätzlich keine Aussagen gemacht werden können. Können Forschung und Entwicklung nicht verlässlich voneinander unterschieden werden, ist eine Aktivierung ausgeschlossen."

Fremdkapitalzinsen sind nach § 255 Abs. 3 HGB grundsätzlich nicht den Herstellungskosten zu subsumieren, außer im Zusammenhang mit

„Zinsen für Fremdkapital, das zur Finanzierung der Herstellung eines Vermögensgegenstandes verwendet wird, dürfen angesetzt werden, soweit sie auf den Zeitraum der Herstellung entfallen"

als Wahlrecht. Somit sieht das HGB neuerdings einen erweiterten **Mindestansatz** der Herstellungskosten mit der Bewertung der zu aktivierenden Größe anhand der Einzelkosten sowie der Material- und Fertigungsgemeinkosten vor. Mit der Addition der Verwaltungsgemeinkosten zuzüglich anteiliger Fremdkapitalkosten wird der zu aktivierende **Höchstansatz** gebildet. Innerhalb dieser Grenzwerte ergeben sich für das Unternehmen nach dem BilMoG für das HGB geringere bilanzpolitische Gestaltungsspielräume, die sich im Jahr der Aktivierung Gewinn erhöhend auswirken und über die Abschreibung als Aufwand über die Folgeperioden verteilen.

Der § 255 Abs. 4 HGB, der den Wahlansatz eines **derivativen Firmenwertes** (käuflicher Erwerb eines Geschäfts- oder Firmenwertes) als Bilanzierungshilfe formulierte, ist in seiner ursprünglichen Form weggefallen. Mit der Neuformulierung nach dem BilMoG entspricht der **beizulegende Zeitwert**

„… dem Marktpreis. Soweit kein aktiver Markt besteht, anhand dessen sich der Marktpreis ermitteln lässt, ist der beizulegende Zeitwert mit Hilfe allgemein anerkannter Bewertungsverfahren zu bestimmen. Lässt sich der beizulegende Zeitwert weder nach Satz 1 noch nach Satz 2 bestimmen, sind die Anschaffungs- oder Herstellungskosten gemäß § 253 Abs. 4 fortzuführen. Der zuletzt nach Satz 1 oder 2 ermittelte beizulegende Zeitwert gilt als Anschaffungs- oder Herstellungskosten im Sinn des Satzes 3."

Der **derivative Firmenwert** wird nach dem BilMoG im § 246 Abs. 1 Satz 3 HGB ausgelegt als:

„Der Unterschiedsbetrag, um den die für die Übernahme eines Unternehmens bewirkte Gegenleistung den Wert der einzelnen Vermögensgegenstände des Unternehmens abzüglich der Schulden im Zeitpunkt der Übernahme übersteigt (entgeltlich erworbener Geschäfts- oder Firmenwert), gilt als zeitlich begrenzt nutzbarer Vermögensgegenstand."

Eine Annäherung an die IFRS ist nur bedingt gegeben, da das HGB weiterhin eine planmäßige Abschreibung über die Nutzungszeit vorsieht, während die IFRS seit 2004 eine jährliche Werthaltigkeitsprüfung mit einem möglichen Wertminderungsaufwand (außerplanmäßigen Abschreibung) zur Pflicht macht. Demzufolge rücken auch im Bilanzrecht die einzelnen Verfahren der **Unternehmensbewertung**, wie beispielsweise die Discounted Cashflow-Methode, die im Kapitel F. „Wertmanagement" besprochen wird, in den Fokus der Ansatz- und Bewertungsvorschriften.

FALL „FINANZBUCHHALTUNG" (FORTSETZUNG):

Ein börsennotierter Konzern übernimmt vollständig das inhabergeführte Unternehmen zu einem Kaufpreis von 100 T€. Da der aktuelle Marktwert des Grundstücks 30 T€ beträgt, wegen des Realisationsprinzips in der Handelsbilanz aber nicht gebucht ist, können 10 T€ stille Reserven angesetzt werden. Der Ertragsteuersatz beträgt 15,0 %.

Wie wird Geschäfts- oder Firmenwert im Zusammenhang mit der Vollkonsolidierung nach der Erwerbsmethode bestimmt?

Lösung:

	Unternehmens- bzw. Ertragswert	100.000 €
-	Marktwert des Eigenkapitals	91.484 € (aus Buchwert des Eigenkapitals 82.984 € + stille Reserven Grundstück 10.000 € – Passive latente Steuer 1.500 €)
=	Geschäfts- oder Firmenwert	8.516 €

Neben den im Einzelabschluss vorhandenen Vermögenswerten wäre ein Geschäfts- oder Firmenwert in der Konzernbilanz als immaterieller Vermögenswert zu aktivieren und planmäßig bzw. auch außerplanmäßig abzuschreiben.

Die im obigen Abschnitt dargestellten Ansätze zur Ermittlung der **Anschaffungs- und Herstellungskosten** determinieren sowohl handelsrechtlich (§ 253 Abs. 1 HGB) als auch steuerrechtlich die **Wertobergrenze** der in der Bilanz aktivierten Vermögensgegenstände. Mögliche höhere Marktwerte werden aufgrund des Vorsichtsprinzips in der Interpretation des Realisationsprinzips nicht zum Ansatz gebracht. Niedrigere sich ergebende Werte, die aufgrund des erfassten Werteverzehrs zum Ausdruck gebracht werden, müssen unter Zugrundelegung des Imparitätsprinzips über die Aufwandsbildung planmäßiger Abschreibungen auf der Vermögensseite berücksichtigt werden. Nach der Neufassung des § 253 Abs. 3 Satz 1 HGB werden

„bei Vermögensgegenständen des Anlagevermögens, deren Nutzung zeitlich begrenzt ist, die Anschaffungs- oder Herstellungskosten um planmäßige Abschreibungen vermindert. Der Plan muss die Anschaffungs- oder Herstellungskosten auf die Geschäftsjahre verteilen, in denen der Vermögensgegenstand voraussichtlich genutzt werden kann".

Von einer **planmäßigen Abschreibung**, welche die **Folgebewertung** eines bilanzierten Vermögensgegenstandes darstellt, betroffen, sind beispielsweise Gebäude, Maschinen, Betriebs- und Geschäftsausstattung sowie betrieblich genutzte Fahrzeuge. Buchhalterisch wird der durch den Gebrauch betrieblich bedingte Werteverzehr über den Zeitraum einer zugrunde gelegten wirtschaftlichen Nutzungsdauer in der Gewinn- und Verlustrechnung als Verlust erfasst und in der Bilanz nach unten korrigiert bzw. auf einen geringeren Restbuchwert abgeschrieben. Hinsichtlich der Festlegung einer genauen wirtschaftlichen Nutzungsdauer hält das HGB keine Bestimmung bereit. Die betriebliche Praxis orientiert sich an den im Steuerrecht verwendeten sog. **AfA-Tabellen** (Absetzung für Abnutzung) „betriebsgewöhnlichen Nutzungsdauer".

In diesen werden für die gängigsten Wirtschaftsgüter die üblichen Nutzungszeiträume festgelegt. Diese beginnt mit der Anschaffung bzw. Fertigstellung. Ist die tatsächliche Erlangung der Verfügungsgewalt unterjährig, wurden Vereinfachungsregelungen angewandt, mit denen bei einer Aktivierung des Vermögensgegenstandes im ersten Halbjahr der vollständige Abschreibungsbetrag zum Ansatz gekommen ist, während bei einer Aktivierung im zweiten Halbjahr nur der halbe Abschreibungsbetrag berücksichtigt wurde. Das Steuerrecht hingegen verlangt ab dem 1. Januar 2004 für das Zugangsjahr die Erfassung eines monatsgenauen Abschreibungsbetrages (sog. „Zwölftel Regelung"). Seit dem Veranlagungszeitraum 2008 wurde für die Steuerbilanz die Möglichkeit einer degressiven Abschreibung aufgehoben und auf die **lineare Abschreibung** begrenzt. Für das Controlling mit Bezug auf die Preiskalkulation bleibt es dem Unternehmer natürlich vorbehalten, für den kalkulatorischen Ansatz von Abschreibungen auf die degressive oder auch auf die leistungsbezogene Abschreibung zurückzugreifen.

Gilt der Pflichtansatz für eine planmäßige Abschreibung nur für abnutzbare Gegenstände des Anlagevermögens, muss aber für das gesamte Anlagevermögen im Falle einer dauernden Wertminderung eine **außerplanmäßige Abschreibung** nach § 253 Abs. 2 Satz 3 HGB gewinnmindernd gebucht werden. Hierbei sind insbesondere technisch oder wirtschaftlich bedingte Umstände gemeint, die den Marktwert dauerhaft reduzieren. Eine Ausnahme greift nach § 253 Abs. 2 Satz 4 HGB bei **Finanzanlagen** (auch für bilanzierende Einzelkaufleute und Personengesellschaften), also bei Wertpapieren, die für eine langfristige Anlage vorgesehen sind, bei denen außerplanmäßige Abschreibungen auch bei voraussichtlich nicht dauernder Wertminderung vorgenommen werden können. Was im Umkehrschluss bedeutet, dass bei einzuschätzender absehbarer Kurserholung nicht auf den Marktwert abgeschrieben werden muss und ein **gemildertes Niederstwertprinzip** zum Ausdruck bringt. Alle anderen Vermögenspositionen werden nach dem Grundsatz eines strengen Niederstwertprinzips auf den niedrigeren beizulegenden Wert bzw. Marktwert abgeschrieben.

Aus dem Steuergesetz (§ 6 Abs. 2 EStG) herleitend ist der steuerrechtliche Ansatz für **geringwertige Wirtschaftsgüter** (GWG), der für Vermögensgegenstände mit einem Anschaffungs- bzw. Herstellungswert bis zu 150,- € in Anspruch genommen werden kann. Alternativ wird entweder aktiviert oder im Jahr der Anschaffung vollständig als Aufwand verbucht. Die dafür in Frage kommenden Vermögensgegenstände sind bewegliche, abnutzbare Gegenstände des Anlagevermögens, die selbstständig genutzt und bewertet werden können. Liegt der Anschaffungsbetrag zwischen 150,- € und 1.000,- € wird ein separates Konto als Sammelposten eingerichtet und über fünf Jahre linear abgeschrieben. Bei Vermögensgegenständen, die zwar einzeln bewertet werden können, aber als eine wirtschaftliche Einheit genutzt werden, wird der Ansatz für die komplette Einheit bestimmt. Beispielsweise gilt ein Drucker für einen PC nicht als GWG, weil er nicht selbstständig genutzt werden kann. Mit dem Wegfall der umgekehrten Maßgeblichkeit beschränkt sich der Ansatz ausschließlich auf die „Steuerbilanz" und auf die steuerliche Gewinnermittlung.

3.2.1.1 Immaterielle Vermögensgegenstände

Entgeltlich erworbene Teile des Anlagevermögens wie Markennamen, Drucktitel und Verlagsrechte, Computersoftware, Lizenzen- und Franchiseverträge, Urheberrechte und Patente, Rezepte, Modell, Entwürfe und Prototypen sowie **immaterielle Vermögensgegenstände** in Entwicklung werden handelsrechtlich (§ 246 Abs. 1 Satz 1 HGB) und auch nach IFRS (IAS 38.9 und 38.119) als immaterielle Vermögensgegenstände angesetzt. Für eine Aktivierungspflicht wird die wirtschaftliche Verfügungsmacht, ein Nutzenzufluss, die verlässliche Bewertung (IAS 38.21) sowie eindeutige Identifizierbarkeit (IAS 38.11) zugrunde gelegt.

ABB. 21: Der Ansatz immaterieller Vermögenswerte	
HGB (§§ 247 und 255 HGB)	**IFRS (IAS 38)**
- Mindestgliederung (§ 266 Abs. 2 HGB)	- Freie Unterteilung
- Pflichtansatz bei eindeutiger Wertezuordnung	- Keine Ansatzwahlrechte
- Pflicht für den **derivativen** Geschäfts- oder Firmenwert nach § 246 Abs. 1 Satz 3 HGB und § 5 Abs. 2 EStG	- Pflichtansatz für den **derivativen** Firmenwert (IAS 36.80)
- Wahlrecht für **Entwicklungskosten** (§ 248 Abs. 2 Satz 1 HGB), wenn Herstellungskosten nach § 255 Abs. 2 HGB erfasst werden können.	- Pflicht (IAS 38.57 ff.) für bestimmte **Entwicklungskosten** (bspw. Entwurf, Konstruktion und Testen von Prototypen vor Aufnahme der eigentlichen Produktion)
- Verbot für **Forschungskosten** (§ 255 Abs. 2 Satz 4 HGB)	- Verbot (IAS 38.54) für **Forschungskosten** (Aktivitäten, die auf die Erlangung neuer Erkenntnisse ausgerichtet sind)
- Verbot für **originäre** Firmenwerte (§ 248 Abs. 2 Satz 2 HGB)	- Verbot für **originäre** Firmenwerte (IAS 38.48)

▶ Können nach § 255 Abs. 2a Satz 2 HGB **Forschung** und **Entwicklung** als selbst geschaffene immaterielle Vermögensgegenstände des Anlagevermögens nicht verlässlich voneinander unterschieden werden, ist eine Aktivierung ausgeschlossen.

▶ Werden nach § 268 Abs. 8 HGB **selbst geschaffene immaterielle Vermögensgegenstände** aktiviert,

„ ... so dürfen Gewinne nur ausgeschüttet werden, wenn die nach der Ausschüttung verbleibenden frei verfügbaren Rücklagen zuzüglich eines Gewinnvortrags und abzüglich eines Verlustvortrags mindestens den insgesamt angesetzten Beträgen abzüglich der hierfür gebildeten latenten Steuern entsprechen. Werden aktive latente Steuern in der Bilanz ausgewiesen, ist Satz 1 auf den Betrag anzuwenden, um den die aktiven latenten Steuern die passiven latenten Steuern übersteigen. Bei Vermögensgegenständen im Sinn des § 246 Abs. 2 Satz 2 ist Satz 1 auf den Betrag abzüglich der hierfür gebildeten passiven latenten Steuern anzuwenden, der die Anschaffungskosten übersteigt.“

▶ Ein **erworbener** (derivativer) **Geschäfts- oder Firmenwert** wird nach § 246 Abs. 1 Satz 3 HGB als zeitlich begrenzt nutzbarer Vermögensgegenstand planmäßig abgeschrieben (§ 253 Abs. 3 Satz 1 und 2 HGB). Darüber hinaus muss außerplanmäßig auf den beizulegenden Wert abgeschrieben werden, der sich über eine Unternehmensbewertung oder über einen Börsen- bzw. Marktpreis am Abschlussstichtag ergibt (§ 253 Abs. 3 Satz 3 HGB und § 255 Abs. 4 HGB). Bei einer Abschreibungsdauer von mehr als 5 Jahren besteht eine Erläuterungspflicht im Anhang. Steuerrechtlich wird dieser über 15 Jahre linear abgeschrieben. Die Erfassung ist selten diskussionslos, da es an der Einzelveräußerungsfähigkeit mangelt, eine Werthaltigkeitsunsicherheit besteht und nicht in einem engeren Sinn zur wirtschaftlichen Wertschöpfung des Unternehmens beiträgt. Nach IFRS ist der derivative Firmenwert ansatzpflichtig (IAS 36.80), wird aber seit dem 31. 3. 2004 nicht mehr planmäßig abgeschrieben, sondern ausschließlich einer jährlichen Werthaltigkeitsprüfung (*Impairment test* nach IAS 36.80 - 99) unterzogen (IFRS 3.55).

▶ Ein **selbst geschaffener** (originärer) **Geschäfts- oder Firmenwert** darf weder handelsrechtlich (§ 248 Abs. 2 Satz 2 HGB) noch nach IFRS (IAS 38.48) aktiviert werden.

▶ Anlauf- und **Gründungskosten** dürfen auch handelsrechtlich nicht aktiviert werden (§ 248 Abs. 1 Nr. 1 HGB).

▶ **Selbst geschaffene** Markennamen, Drucktitel, Verlagsrechte sowie Kundenlisten sowie vergleichbare immaterielle Vermögensgegenstände des Anlagevermögens dürfen nicht aktiviert werden (§ 248 Abs. 2 Satz 2 HGB, § 249 Abs. 2 Satz 2 HGB und IAS 38.63).

BEISPIEL: ▶ Ein Unternehmen, welches sich überwiegend mit Forschungs- und Entwicklungsleistungen beschäftigt, hat mittels einer sehr aufwendigen Weiterbildung die Mitarbeiter auf ein sehr hohes Niveau gebracht. Dieses wirkt sich auch in der betrieblichen Wertschöpfung aus. Da das Unternehmen recht wenig Sachanlagevermögen hat, wird überlegt, ob das Know-how der Mitarbeiter nach HGB und IFRS aktiviert werden kann.

Ist eine Aktivierung erlaubt?

LÖSUNG: ▶ *Da keine eindeutigen Werte zugeordnet werden können (§ 255 Abs. 2a HGB), ist ein Bilanzansatz nicht möglich. Außerdem könnten die Mitarbeiter kündigen. Nach IASB R.85 muss die Wahrscheinlichkeit für einen zukünftigen wirtschaftlichen Nutzen gegeben sein.*

ABB. 22: Die Bewertung immaterieller Vermögenswerte	
HGB (§§ 255 Abs. 1, 253 HGB)	**IFRS (IAS 38)**
Zugangsbewertung mit Anschaffungs- bzw. Herstellungskosten (§ 253 Abs. 1 HGB).	**Zugangsbewertung** mit Anschaffungs- bzw. Herstellungskosten (IAS 38.65 ff.). Ein Ansatz zum beizulegenden Wert ist verboten.
Folgebewertung - planmäßige Abschreibung über die Nutzungs-dauer (§ 253 Abs. 3 Satz 2 sowie § 246 Abs. 1 Satz 2 HGB) - gegebenenfalls mit **außerplanmäßiger** Abschrei-bung (§ 253 Abs. 3 Satz 3 HGB), - Evtl. Zuschreibung (**Wertaufholungsgebot** nach § 253 Abs. 5 Satz 1 HGB), - **Wertaufholungsverbot** für einen entgeltlich er-worbenen Geschäfts- oder Firmenwert (derivati-ver Firmenwert). Dieser ist beizubehalten (§ 253 Abs. 5 Satz 2 HGB). - Neubewertung nicht zulässig	**Folgebewertung (IAS 38.72)** **1. Anschaffungskostenmodell** mit fortgeführten Anschaffungs- oder Herstel-lungskosten (IAS 38.74) sowie mit plan-mäßiger Abschreibung über die Nutzungsdauer oder **2. Neubewertungsmodell** mit regelmäßiger Neubewertung (IAS 38.75, 85 f.) Evtl. zusätzliche **außerplanmäßiger** Abschreibung (IAS 36 „Wertminderung von Vermögenswerten") Evtl. erfolgswirksame **Zuschreibung** („Wertaufholung") Ein für den **Geschäfts-** oder **Firmenwert** erfasster Wertminderungsaufwand **darf nicht** in den nachfolgenden Berichtsperioden aufgeholt werden (IAS 36.124 f.).

3.2.1.2 Sachanlagen

Erfasst werden Vermögensgegenstände, die für Zwecke der Herstellung oder der Lieferung von Gütern und Dienstleistungen angeschafft worden sind, wie beispielsweise Grundstücke, Gebäu-de, Firmenautos, Betriebs- und Geschäftsausstattung, EDV-Anlagen, Produktionsmaschinen etc.

3.2.1.2.1 Bilanzansatz

Während Vermögensgegenstände des Sachanlagevermögens handelsrechtlich ausschließlich mit den Anschaffungs- oder Herstellungskosten angesetzt werden müssen, die in den Folgejah-ren über die Abschreibungen eine Wertminderung erfahren, ist es nach IFRS möglich, auch ei-nen Wert darüber hinaus anzusetzen. Das Primat des Vorsichtsprinzips setzt dem handels- und auch steuerrechtlichen Jahresabschluss, auf Grund der Gläubigerschutzes, sehr enge Grenzen.

ABB. 23: Der Ansatz des Sachanlagevermögens	
HGB (§§ 247 Abs. 2 und 255 HGB)	**IFRS (IAS 16)**
- Mindestgliederung (§ 266 Abs. 2 HGB) - Pflichtansatz bei Gegenständen, die dem Geschäftsbetrieb dauerhaft dienen (§ 247 Abs. 2 HGB) - Nachaktivierung unter bestimmten Voraus-setzungen möglich wie bspw. werterhöhende Maßnahmen (§ 255 Abs. 2 Satz 1 HGB) - Kein gesonderter Ausweis von nicht be-riebsnotwendigen Immobilien - Wahlrecht von Fremdkapitalkosten (§ 255 Abs. 3 HGB)	- Freie Unterteilung - Materielle Gegenstände mit einer Nutzungs-dauer > 1 Jahr - Nachaktivierung unter bestimmten Voraus-setzungen möglich - Gesonderter Ansatz von Immobilien, die nach IAS 40 als Finanzinstrument ge-halten werden - Wahlrecht von Fremdkapitalkosten (IAS 23)

Eine Aktivierungspflicht entsteht, wenn dem Unternehmen aus der Nutzung künftig wirtschaftliche Vorteile zukommen und die Anschaffungs- oder Herstellungskosten zuverlässig bestimmbar sind. Insbesondere bei der Erfassung von Vorgängen, die im Zusammenhang mit dem Bau bzw. Umbau von Immobilien stehen, muss hinterfragt werden, ob es sich um eine **werterhöhende** oder um eine -**erhaltende** Maßnahme handelt.

BEISPIEL: Ein Unternehmen führt Sanierungsmaßnahmen an den Innenwänden des Firmengebäudes durch.
Wie verändert sich der Jahresabschluss?

LÖSUNG: *Werden umfangreiche Sanierungsmaßnahmen wie Wärmeisolierung oder Schallschutz vorgenommen, entsteht ein Pflichtansatz in der Bilanz (Aktivierung) mit der Folgeabschreibung über die wirtschaftlichen Nutzungsjahre (Werterhöhende Maßnahme nach § 255 Abs. 2 Satz 1 HGB), während das bloße Ausweisen von Wänden vollständig als Aufwand in der GuV-Rechnung erfasst wird und den Jahresüberschuss entsprechend mindert (Werterhaltende Maßnahme).*

Fremdkapitalkosten (IAS 23) sind Zinsen und weitere im Zusammenhang mit der Aufnahme von Fremdkapital anfallenden Kosten eines Unternehmens, wie Kreditzinsen und Nebenkosten, Disagien, Finanzierungskosten aus Finanzierungsleasingverhältnissen, die auch handelsrechtlich zum Ansatz kommen dürfen (§ 255 Abs. 3 HGB).

ABB. 24: Die Bewertung des Sachanlagevermögens	
HGB (§§ 253 und 255 HGB)	**IFRS (IAS 16)**
Zugangsbewertung Anschaffungs- (§ 255 Abs. 1 HGB) oder Herstellungskosten (§ 255 Abs. 2 HGB) **Folgebewertung** - Fortgeführte Anschaffungs- oder Herstellungskosten mit **planmäßiger** Abschreibung über die „wirtschaftliche" (nach AfA-Tabellen des EStG) Nutzungsdauer (§ 253 Abs. 3, Satz 1 und 2 HGB) - Evtl. zusätzliche **außerplanmäßige** Abschreibung (§ 253 Abs. 3, Satz 3 HGB) - Evtl. Zuschreibung (**Wertaufholungsgebot** nach § 253 Abs. 5 Satz 1 HGB) - Neubewertung nicht zulässig	**Zugangsbewertung (IAS 16.15 ff.)** Anschaffungs- oder Herstellungskosten - Betriebsbereiter Zustand, inklusive Nebenkosten sowie Preisnachlässe - Keine Gemeinkosten (IAS 16.19d) - Geschätzte Kosten für die Demontage erhöhen die Anschaffungs- oder Herstellungskosten - Nach IAS 16.43 ff. „**Komponentenansatz**" - Werterhöhende Maßnahmen **Folgebewertung (IAS 16.29 ff.)** **1. Anschaffungskostenmodell** mit fortgeführten Anschaffungs- oder Herstellungskosten (IAS 16.30) sowie mit planmäßiger Abschreibung („Wertminderungsaufwand") über die wirtschaftliche Nutzungsdauer (linear, degressiv, leistungsabhängig u. a.) oder **2. Neubewertungsmodell** mit regelmäßiger Neubewertung (IAS 16.31 ff.) - Marktwert > Buchwert: Neubewertungsrücklage (IAS 16.39) - Marktwert < Buchwert: Abschreibung - Evtl. zusätzliche **außerplanmäßige** Abschreibung (IAS 36.8, Impairment of assets / Wertminderung von Vermögensgegenständen) - Evtl. erfolgswirksame **Zuschreibung** („Wertaufholung" nach IAS 16.109 ff.)

3.2.1.2.2 Wertminderung

Die buchhalterische Wertminderung wird ausschließlich über **planmäßige** und über **außerplanmäßige** Abschreibungen erfasst. Unabhängig davon, ob ein Vermögensgegenstand technisch funktionsfähig ist und dieser weiterhin auch operativ zum Einsatz kommt, wird für den Bilanzausweis eine vorher bestimmte wirtschaftliche Nutzungsdauer zugrundegelegt. Wenn der Vermögensgegenstand auch in seiner operativen Nutzungsmöglichkeit eingeschränkt ist, wird dieser darüber hinaus mit einer **außerplanmäßigen** Abschreibung belegt und möglicherweise vorzeitig aus der Bilanz genommen. Nach IFRS wird der dann beizulegende Wert als der **Nettoveräußerungswert** erfasst, der nach IAS 36.12 anhand von externen und internen Indikatoren bestimmt werden kann.

ABB. 25: Die Indikatoren einer möglichen Wertminderung	
Externe Informationsquellen	**Interne Informationsquellen**
- Stärkeres Sinken des Marktwertes - Signifikante Veränderungen (im technischen, ökonomischen sowie gesetzlichen Umfeld) mit nachteiligen Folgen für das Unternehmen - Erhöhung der Marktzinssätze bzw. Kapitalkosten mit Folge der Verminderung des Nutzungswertes - Buchwerte des Vermögens > Marktkapitalisierung	- Überalterung oder physischer Schaden eines Vermögenswertes - Signifikante Veränderungen der Nutzbarkeit eines Vermögenswertes gegenwärtig oder in der Zukunft - Wirtschaftliche Ertragskraft eines Vermögenswertes verschlechtert sich - Wesentlicher Rückgang der geplanten freien Cashflow-Größen

Liegen derartige Indikatoren vor, ist ein **Wertminderungstest** nach IAS 36.80-99 durchzuführen. Wenn gegenteilige Indikatoren vorliegen, wäre zu prüfen, ob der früher erfasste Wertminderungsaufwand nicht mehr besteht und demzufolge eine **Wertaufholung** erfolgen muss. Der infolge einer Wertaufholung erhöhte Buchwert eines Vermögenswertes darf aber nicht den Buchwert der fortgeführten Anschaffungs- oder Herstellungskosten überschreiten (IAS 36.117).

In einem **Anlagespiegel** werden sowohl handels- und steuerrechtlich, als auch nach IFRS die historischen Anschaffungs- oder Herstellungskosten, die jährlichen planmäßigen und außerplanmäßigen Abschreibungsgrößen, die kumulierten Abschreibungen, die Zuschreibungsgrößen sowie die aktuellen Restbuchwerte erfasst.

BEISPIEL: ▸ Für die nach IFRS bilanzierte Vermögensposition „Unbebaute Grundstücke" wird für das Abschlussjahr eine Neubewertung von 30 Mio. € auf 35 Mio. € durchgeführt. Im darauffolgenden Jahr werden diese komplett an einen Investor mit einem Preis in Höhe von 38 Mio. € verkauft. Der Körperschaftsteuersatz beträgt 15 %.

Wie verändert sich der Jahresabschluss nach der Durchführung der Neubewertung?

LÖSUNG: ▸

Neubewertung:

Sachanlagen an Neubewertungsrücklage	*5.000 T€*	*(IAS 12.15)*
Neubewertungsrücklage an Passive latente Steuern	*750 T€*	*(IAS 12.61)*
Neubewertungsrücklage an Gewinnrücklagen	*4.250 T€*	*(IAS 16.41)*

Verkauf:

Bank 38 Mio. €   *an Unbebaute Grundstücke 35 Mio. €*

                         an Sonstige betriebliche Erträge 3 Mio. €

Passive latente Steuern an Steueraufwand 750 T€

In der Gewinn- und Verlustrechnung erhöht sich der Jahresüberschuss um 3 Mio. €. Für die Ermittlung eines nachhaltigen Erfolgsausweises wären diese als neutrale Erfolgsgrößen (vgl. hierzu Kap. F.2.1) abzuziehen. Die latenten Steuern wurden neutralisiert, da die temporären Differenzen mit der Veräußerung aufgehoben sind. Im HGB gibt es die Möglichkeit der Neubewertung nicht, der Wertansatz beträgt maximal die Anschaffungs- bzw. Herstellungskosten (Realisationsprinzip), vermindert um planmäßige und mögliche außerplanmäßige Abschreibungen. Der Erfolgsausweis des Verkaufs im neuen Geschäftsjahr ist analog.

3.2.1.2.3 Werterhöhung

Da die handelsrechtliche Rechnungslegung aufgrund des Vorsichtsprinzips einen Ansatz über die historischen Anschaffungs- und Herstellungskosten nicht vorsieht, ist demzufolge eine **Neubewertung** von Vermögensgegenständen nicht zulässig. Die primäre Ausrichtung der IFRS an den tatsächlichen Marktwerten erweitert die Möglichkeiten des Ansatzes auch über den Wert ursprünglicher Gestehungskosten. Wird eine Sachanlage neu bewertet, ist die ganze Gruppe (Grundstücke und Gebäude, Maschinen und technische Anlagen, Kraftfahrzeuge sowie Betriebsausstattung) der Sachanlagen, zu denen der Gegenstand gehört, neu zu bewerten (IAS 16.36). Buchhalterisch wird der aufgrund der Neubewertung erfasste **höhere Vermögenswert** ausschließlich in der Bilanz wirksam. Mit den Buchungen

> *(1) Sachanlagen / Neubewertungsrücklage*
>
> *(2) Neubewertungsrücklage / Passive latente Steuern*
>
> *(3) Neubewertungsrücklage / Gewinnrücklagen*

wird die temporäre Differenz (IAS 12.15), die bis zur Veräußerung eintritt als Rücklage gebucht (1) und ist demzufolge nicht ausschüttungsfähig. Aufgrund des Bewertungsunterschiedes wird im Zusammenhang mit der erfolgsneutralen Abgrenzung (IAS 12.61) die latente Steuer entsprechend berücksichtigt (2). Nach IAS 16.41 kann die erfolgsneutrale Verrechnung dann in den Gewinnrücklagen einfließen und zum Ausdruck gebracht werden (3). Bei einem späteren **Verkauf des Vermögensgegenstandes** zum bilanzierten Marktwert werden mit den Buchungen

> *(4) Bank / Sonstige betriebliche Erträge*
>
> *(5) Sonstige betriebliche Erträge / Sachanlagen*

das Sachanlagekonto mit dem liquiden Zugang ausgeglichen. Entsprechend müssen die vorher erfassten latenten Steuern mit der Buchung

> *(6) Passive latente Steuern / Steueraufwand*

ausgebucht werden.

3.2.1.2.4 Latente Steuern

Latente Steuern entstehen im Zusammenhang mit der im Handels- und Steuerrecht unterschiedlichen bilanziellen Erfassung von Buchwerten, die demzufolge zu unterschiedlichen Jahresergebnissen führen, sich aber in den späteren Jahren über die Veräußerungen der Vermögensgegenstände aufheben. Diesem Umstand wird mit dem Buchen von **latenten Steuern** begegnet. Ist das handelsrechtliche Ergebnis größer als das steuerliche (HGB > StB), wird nach § 274 Abs. 1 Satz 1 HGB die Steuerbelastung als **passive latente Steuer** (§ 266 Abs. 3 E. HGB) gebucht (Passivierungspflicht), während im umgekehrten Fall (HGB < StB) die Steuerentlastung (§ 274 Abs. 1 Satz 2 HGB) mit dem Wahlansatz einer **aktiven latenten Steuer** (§ 266 Abs. 2 D HGB) begegnet wird. Im Gegensatz zu dem handelsrechtlich aktivischen **Wahlrecht** bei der Erfassung von latenten Steuern, welches als eine Bilanzierungshilfe formuliert wird, besteht nach IAS 12, bei Vorliegen der Voraussetzungskriterien, eine **Aktivierungspflicht**.

Nach IAS 12.5 sind latente Steuern auf temporäre Differenzen und ungenutzte steuerliche Verlustvorträge abzugrenzen. Latente steuerliche Ansprüche und Schulden resultieren aus zeitlich begrenzten **Bewertungsunterschieden** zwischen den Buchwerten nach IFRS und den entsprechenden steuerlichen Bemessungsgrundlagen (IAS 12.15). Voraussetzung für eine Erfassung ist, dass sich die bilanziellen Differenzen zwischen IFRS-Buchwert und Steuerwert spätestens bis zur Veräußerung bzw. bis zur Liquidation des Unternehmens ausgleichen (IAS 12.16).

Auf der **Aktivseite** entstehen Differenzen beispielsweise aufgrund der restriktiveren Neubewertung im EStG, wie beispielsweise der fehlende Neubewertungsansatz über die ursprünglichen Anschaffungs- und Herstellungskosten hinaus

► IFRS-Buchwert > Steuerwert (IAS 12.7) bei Vermögenswerten

► Steuerschuld als **passive latente Steuer**

oder das Unterbleiben einer außerplanmäßigen Abschreibung in der Steuerbilanz (§ 6 Abs. 1 Nr. 2 EStG) bei einer fehlenden Dauerhaftigkeit der Wertminderung (IAS 12.17b).

► IFRS-Buchwert < Steuerwert (IAS 12.7) bei Vermögenswerten

► Steuerforderung als **aktive latente Steuer**

Auf der **Passivseite** entstehen Differenzen im Zusammenhang mit dem Ansatz von Schulden, die dann auch zur Bildung von latenten Steuern führen. Werden beispielsweise Pensionsrückstellungen nach IAS 19.50 (i. V. m. IAS 19.73 und 83) unter der Berücksichtigung künftiger Lohn- und Gehaltssteigerungen, die im Gegensatz zum steuerlich relevanten Stichtagsprinzip bei der Bemessung der Pensionsrückstellungen (§ 6a EStG) angesetzt werden müssen, bewertet, entsteht in der IFRS-Bilanz ein höherer Wertansatz als in der Steuerbilanz. Es gilt:

► IFRS-Buchwert > Steuerwert bei Schulden

► Steuerforderungen als **aktive latente Steuer**

Umgekehrt führen beispielsweise steuerrechtliche Aufwandsrückstellungen (bspw. unterlassene Aufwendungen für Instandhaltung nach § 249 Abs. 1 Satz 1 Nr. 1 HGB), die nach IAS 37.14 nicht anzusetzen sind, zu einen höheren Steuerwert. Es gilt:

► IFRS-Buchwert < Steuerwert bei Schulden

► Steuerschuld als **passive latente Steuern**

Bei einer vorzunehmenden Wertaufholung, einem Verkauf oder einer Liquidation ist die latente Steuer aufzuheben. Im Zusammenhang mit der Bewertung des Sachanlagevermögens ergibt sich nach IFRS der im Zusammenhang mit der Werterhöhung dargestellte buchhalterische Sachverhalt. Nach IAS 12.18 entstehen **temporäre Differenzen** im Zusammenhang mit dem erstmaligen Ansatz eines Vermögenswertes oder Schuld in Verbindung mit steuerfreien Zuwendungen der öffentlichen Hand, bei neu bewerteten Vermögenswerten, für die in der Steuerbilanz keine entsprechende Bewertungsanpassung durchgeführt werden darf oder auch mit der Aktivierung von Geschäfts- oder Firmenwerten (IAS 12.21). Der Standard IAS 12.21 erlaubt jedoch nicht den Ansatz der entstehenden latenten Steuerschuld im Zusammenhang mit Bewertungsunterschieden beim **Geschäfts- oder Firmenwert**, weil dieser als ein Restwert bewertet wird und der Ansatz der latenten Steuerschuld wiederum eine Erhöhung des Buchwertes des Geschäfts- oder Firmenwertes zur Folge hätte.

Im Jahresabschluss werden **latente Steuern** in der Gewinn- und Verlustrechnung als Aufwand bzw. Ertrag erfasst. Die zu passivierenden latenten Steuerschulden (bzw. zu aktivierenden Steueransprüche) sind nach IAS 1.70 als **langfristige Schulden** (Vermögenswerte) auszuweisen. Einzelne Standards verpflichten aber die erfolgsneutrale Behandlung von latenten Steuern (IAS 12.61), also ein **Gegenbuchen** mit dem **Eigenkapital** bzw. den **Gewinnrücklagen**. Folgende Beispiele können hierzu konstatiert werden:

► Neubewertung (Neubewertungsrücklage) von immateriellen Vermögenswerten (IAS 38.75) und Sachanlagen (IAS 16.31),

► Bewertung zu Zeitwerten (Rücklage für Zeitbewertung) der zur „Veräußerung verfügbaren finanziellen Vermögenswerten" (IAS 39.55b),

► Verrechnung von Eigenkapitalbeschaffungskosten (IAS 32.37),

► rückwirkende Korrektur von Bilanzierungs- und Bewertungsfehlern (IAS 8.42) und deren bilanzieller Ausweis (IAS 8.22) sowie die

► Erfassung versicherungsmathematischer Gewinne und Erfolge (IAS 19.93 A und B),

3.2.1.2.5 Leasing

Ein Leasingverhältnis ist eine Vereinbarung, bei der der Leasinggeber dem Leasingnehmer gegen eine Zahlung das Recht auf Nutzung eines Vermögenswertes für einen bestimmten Zeitraum überträgt. Die Besonderheit eines **Finanzierungsleasings** ist ein Leasingverhältnis, bei dem im Wesentlichen alle mit dem Eigentum verbundenen Risiken und Chancen eines Vermögenswertes übertragen werden. Ein juristischer Eigentumsübertrag muss nicht vollzogen werden. Der Leasinggegenstand wird vom Leasingnehmer zum beizuliegenden Zeitwert aktiviert. Gleichzeitig wird eine Verbindlichkeit in gleicher Höhe passiviert. Nach IAS 17.10 können die **Indikatoren**

► Am Ende der Laufzeit des Leasingverhältnisses wird dem Leasingnehmer das Eigentum übertragen;

► Der Leasingnehmer hat eine günstige Kaufoption;

► Die Vertragslaufzeit umfasst den überwiegenden Teil der wirtschaftlichen Nutzungsdauer;

► Zu Beginn des Leasingverhältnisses entspricht der Barwert der Mindestleasingzahlungen mindestens dem beizulegenden Zeitwert des Leasinggegenstandes;

► Der Leasinggegenstand ist ohne wesentliche Veränderungen nur vom Leasingnehmer zu nutzen;

zur Bestimmung herangezogen werden. Ein **Operating Leasing** ist nach IFRS ein Leasingverhältnis, bei dem es sich nicht um ein Finanzierungsleasing handelt.

3.2.1.3 Finanzanlagen

Auch für die Erfassung des **Finanzanlagevermögens** gilt die Absicht einer langfristigen Nutzung, also die Renditeerzielung. Bei eigentümergeführten Unternehmen werden börsengängige Wertpapiere genauso erfasst wie außerbörsliche Mitbeteiligungen an anderen Gesellschaften. Bei der Werteerfassung im Zusammenhang mit den internationalen Standards nach IFRS wird zwischen Tochterunternehmen nach IAS 27 (Kontrolle der Finanz- und Geschäftspolitik), assoziierte Unternehmen nach IAS 28 (Maßgeblicher Einfluss, der bei einer Anzahl an Stimmrechten > 20 % unterstellt wird), Gemeinschaftsunternehmen nach IAS 31 (Wirtschaftliche Tätigkeit unter gemeinsamer Führung) sowie zwischen den übrigen Finanzanlagen nach IAS 39 (Keine Kontroll- und Beherrschungsmöglichkeit) unterschieden. Da Letztere zumindest teilweise auch bei klassischen mittelständischen Unternehmen zum Einsatz kommen, werden die **Finanzinstrumente** (IAS 39) im Folgenden differenzierter vorgestellt:

► **Zu Handelszwecken gehaltene Finanzinstrumente**

Handel ist normalerweise durch eine aktive und häufige Kauf- und Verkaufstätigkeit gekennzeichnet. Zu Handelszwecken gehaltene Finanzinstrumente dienen im Regelfall der Gewinnerzielung aus kurzfristigen Schwankungen der Preise oder Händlermargen. Diese werden mit der Absicht erworben, kurzfristig wieder verkauft zu werden.

► **Bis zur Endfälligkeit gehaltene Finanzinvestitionen**

Die Finanzinvestition ist mit einer festen Laufzeit versehen oder das Unternehmen beabsichtigt, den finanziellen Vermögenswert für einen nicht definierten Zeitraum zu halten.

► **Kredite und Forderungen**

Alle nicht derivaten Vermögenswerte mit festen oder bestimmbaren Zahlungen (einschließlich Kredite, Forderungen aus Lieferungen und Leistungen, Investitionen in Schuldinstrumente und Bankeinlagen), die nicht auf einem aktiven Markt gehandelt werden, können darunter subsumiert werden. Hingegen sind derivate Finanzinstrumente: Wertschwankungen treten in Folge veränderter Basiswerte, wie beispielsweise Zinssatz, Wertpapierkurs, Wechselkurs oder Warenindices auf, für dessen Entstehen bedarf es im Verhältnis zu vergleichbaren Verträgen nur eine geringe Investition und die Abrechnung erfolgt zu einem späteren Zeitpunkt.

► **Zur Veräußerung verfügbare finanzielle Vermögenswerte**

Hierunter werden sämtliche Vermögenswerte erfasst, die nicht unter einer der obigen drei Kategorien zu subsumieren sind (IAS 39.55b). Bei inhabergeführten Unternehmen ist das normalerweise die gängige Kategorie für das geplante mittelfristige Halten von Wertpapieren, die über den Kapitalmarkt erworben werden.

Die Zugangsbewertung erfolgt zu Anschaffungskosten, die Wertminderung wird ausschließlich über eine außerplanmäßige Abschreibung erfasst.

ABB. 26:	Die Bewertung des Finanzanlagevermögens
HGB (§§ 255 Abs. 1 und 253 Abs. 2, Satz 3 HGB)	**IFRS (IAS 39)**
Zugangsbewertung	**Zugangsbewertung (IAS 39.43)**
mit den Anschaffungskosten (§ 255 Abs. 1 HGB)	mit den Anschaffungskosten (beizulegender Wert; Fair Value)
Folgebewertung	**Folgebewertung (IAS 39.46)**
- Eine Bewertung über die Anschaffungskosten hinaus ist nicht erlaubt; Ansatz der „Wertpapiere des Handelsbestands" zum Zeitwert, allerdings beschränkt auf Kreditinstitute (nach IAS 39 für alle Unternehmen). - Erfolgswirksame Wertänderungen mit **außerplanmäßiger** Abschreibung (§ 253 Abs. 3, Satz 3 HGB); - **Gemildertes Niederstwertprinzip** (§ 253 Abs. 3 Satz 4 HGB), - Evtl. Zuschreibung (**Wertaufholungsgebot** nach § 253 Abs. 5 Satz 1 HGB)	- Grundsätzlich **beizulegender Wert**; - Fortgeführte Anschaffungskosten für „bis zur Endfälligkeit gehaltene Finanzinvestitionen" und für „Kredite und Forderungen"; - Erfolgswirksame Wertänderungen; - Niederstwertprinzip

Handelsrechtlich kann bei der Einschätzung einer vorübergehenden Wertminderung von Finanzanlagen der Buchwert beibehalten werden. Mit dem nach § 253 Abs. 3 Satz 4 HGB zum Ausdruck gebrachten **gemilderten Niederstwertprinzip** sollen kurzfristige volatile Kursbewegungen an den Aktienmärkten sich nicht gleich in einem niedrigeren Werteansatz niederschlagen. Nach IAS 39.48 ff. sind finanzielle Vermögenswerte bei der Folgebewertung grundsätzlich mit dem **beizulegenden Zeitwert** (*Fair Value*) zu bilanzieren und erfolgswirksam zu erfassen. Ermittelt wird dieser mit dem Vergleich notierter Preise an einem aktiven Markt, mit dem Vergleich mit dem aktuellen beizulegenden Zeitwert eines anderen, im Wesentlichen identischen Finanzinstruments oder über die Bewertung als Ganzes mit Hilfe diskontierter freier Cashflows. Auch das Handelsrecht lässt nach dem BilMoG den Ansatz der Wertpapiere des Handelsbestands zum Zeitwert zu.

Der **Wertminderungstest** (*Impairment test*) ist eine jährliche Überprüfung, ob der Buchwert mit dem beizulegenden Wert übereinstimmt. Eine Wertminderung ist dann eingetreten, wenn der bei der Veräußerung voraussichtlich erzielbare Betrag geringer ist als der aktivierte Buchwert. Ist das der Fall, wird ein Wertminderungsaufwand (außerplanmäßige Abschreibung) gebucht. Objektive Hinweise hierfür sind nach IAS 39.58 f., 39.67:

► Erhebliche finanzielle Schwierigkeiten des Emittenten;

► Vertragsbruch wie beispielsweise ein Ausfall oder Verzug von Zins- oder Tilgungszahlungen;

► Zugeständnisse von Seiten des Kreditgebers an den Kreditnehmer infolge wirtschaftlicher oder rechtlicher Gründe;

► Erhöhte Wahrscheinlichkeit, dass der Kreditnehmer in Insolvenz oder in ein sonstiges Sanierungsverfahren geht;

▶ Verschwinden eines aktiven Marktes infolge finanzieller Schwierigkeiten oder

▶ Erfahrungen aus der Vergangenheit mit dem Forderungseinzug, der darauf schließen lässt, dass der gesamte Nennwert eines Forderungsportfolios nicht beizutreiben ist.

BEISPIEL: ▶ Ein Unternehmen hat freie Liquidität, die in ein an der Börse notiertes Wertpapier angelegt wird. Im Laufe des Geschäftsjahres werden 100 Aktien zum Wert von 60 € pro Aktie gekauft. Mittelfristig sollen die Aktien wieder veräußert werden.

Wie und zu welchem Wert wird bilanziert, wenn am Jahresende der Kurs der Aktie auf 80 € gestiegen ist?

LÖSUNG: ▶ *Da es sich nicht um eine kurzfristige Wertpapieranlage handelt, werden die Aktien im Anlagevermögen unter Finanzanlagen gebucht. Handelsrecht wird der Wert mit 6.000 € angesetzt, da aufgrund des Realisationsprinzips (§ 252 Abs. 1 Nr. 4 HGB) die Anschaffungskosten (§ 255 Abs. 1 HGB) die Obergrenze darstellen. IFRS (Ansatz „Zur Veräußerung verfügbare finanzielle Vermögenswerte" nach IAS 39.55b) erlaubt einen Ansatz zu 8.000 €, wobei 2.000 € in die Neubewertungsrücklage (Finanzanlagen an Neubewertungsrücklage 2.000 €) gebucht werden und damit erfolgsneutral behandelt werden (IAS 39.46).*

Würde der Kurs zum Jahresende unter den Anschaffungskosten liegen, ist eine außerplanmäßige Abschreibung die Folge, welche in der Gewinn- und Verlustrechnung im Finanzergebnis erfasst wird. Das HGB erlaubt den Wert beizubehalten, wenn der Kursrückgang als nur vorübergehend eingeschätzt wird (Gemildertes Niederstwertprinzip, § 253 Abs. 3 Satz 4 HGB).

Ist bei **börsennotierten** Werten (IAS 39.55b bei „Zur Veräußerung verfügbare finanzielle Vermögenswerte") die Kursschwankung auf die normale Volatilität der Kurse zurückzuführen, wird die Wertminderung bzw. -erhöhung **erfolgsneutral** erfasst. Es findet nur eine Bestandsbuchung über die Position Rücklage für Zeitbewertung (Neubewertungsrücklage) statt. Ein Wertminderungsaufwand (außerplanmäßige Abschreibung) wird erst beim voraussichtlichen Eintreten von dauernden Wertminderungen gebucht. Die Wertaufholung ist in IAS 39.65 erfasst. Demzufolge entspricht IAS 39.55b dem handelsrechtlichen Niederstwertprinzip nach § 253 Abs. 5 Satz 1 HGB. Zusammenfassend kann festgehalten werden, dass die Zusammensetzung des gesamten Anlagevermögens die Rendite des Unternehmens erwirtschaftet, während das Umlaufvermögen, als die kurzzeitigen Vermögenspositionen, die unternehmerische Liquidität sichert.

3.2.2 Umlaufvermögen

Im Umkehrschluss zu § 247 Abs. 2 HGB werden als **Umlaufvermögen** diejenigen Vermögensteile definiert, die nicht dauernd dem Geschäftsbetrieb dienen und auch keine Rechnungsabgrenzungspositionen sind. Dabei kann der Übergang durchaus fließend sein. Wird beispielsweise die Erstausstattung von Maschinen dem Anlagevermögen subsumiert, sind Ersatz- und Reserveteile dafür im Umlaufvermögen gebucht. Die bilanzielle Darstellung ist handels- und auch steuerrechtlich nach § 266 Abs. 2 wie folgt:

ABB. 27:	Der Aufbau des Umlaufvermögens

B. Umlaufvermögen:

    I. Vorräte:

        1.   Roh-, Hilfs- und Betriebsstoffe

        2.   unfertige Erzeugnisse, unfertige Leistungen;

        3.   fertige Erzeugnisse und Waren;

        4.   geleistete Anzahlungen;

    II. Forderungen und sonstige Vermögensgegenstände:

        1.   Forderungen aus Lieferungen und Leistungen;

        2.   Forderungen gegen verbundene Unternehmen;

        3.   Forderungen gegen Unternehmen, mit denen ein Beteiligungsverhältnis besteht;

        4.   sonstige Vermögensgegenstände;

    III. Wertpapiere:

        1.   Anteile an verbundenen Unternehmen;

        2.   sonstige Wertpapiere;

    IV. Kassenbestand, Bundesbankguthaben, Guthaben bei Kreditinstituten und Schecks.

Der Ansatz bei der Zugangsbewertung ist nach § 253 Abs. 1 HGB auch der **Anschaffungs- oder Herstellungswert**. Wertminderungen, die über **außerplanmäßige** Abschreibungen erfasst werden, sind nach § 253 Abs. 4 Satz 1 HGB vorzunehmen,

„um diese mit einem niedrigeren Wert anzusetzen, der sich aus einem Börsen- oder Marktpreis am Abschlussstichtag ergibt."

▶ **Börsen- oder Marktwert** (§ 253 Abs. 4 Satz 1 HGB)

„Ist ein Börsen- oder Marktpreis nicht festzustellen und übersteigen die Anschaffungs- oder Herstellungskosten den Wert, der den Vermögensgegenständen am Abschlussstichtag beizulegen ist, so ist auf diesen Wert abzuschreiben".

▶ **Beizulegender Wert** (§ 253 Abs. 4 Satz 2 HGB)

Weitere Wertansätze, die das HGB vor dem in Kraft treten des BilMoG angeboten hat und vereinzelt auch in einem steuerrechtlichen Zusammenhang gebraucht werden, wären

▶ **Naher Zukunftswert** (HGB vor BilMoG)

„Außerdem dürfen Abschreibungen vorgenommen werden, soweit diese nach vernünftiger kaufmännischer Beurteilung notwendig sind, um zu verhindern, dass in der nächsten Zukunft der Wertansatz dieser Vermögensgegenstände auf Grund von Wertschwankungen geändert werden muss."

▶ **Kaufmännischer Beurteilungswert** (HGB vor BilMoG)

„Abschreibungen sind außerdem im Rahmen vernünftiger kaufmännischer Beurteilung zulässig."

▶ **Beizubehaltender Wert** (HGB vor BilMoG)

„Ein niedrigerer Wertansatz darf beibehalten werden, auch wenn die Gründe dafür nicht mehr bestehen."

▶ **Niedrigerer steuerlicher Wert** (HGB vor BilMoG)

„Abschreibungen können auch vorgenommen werden, um Vermögensgegenstände des Anlage- oder Umlaufvermögens mit dem niedrigeren Wert anzusetzen, der auf einer nur steuerrechtlich zulässigen Abschreibung beruht."

Unter dem Primat des strengen Niederstwertprinzips, welches gelebten Gläubigerschutz darstellt, ist nach Handelsrecht das Bilden von **stillen Reserven** ausdrücklich gewünscht. Mit dem Ansatz von Abschreibungen wird der legitimierte Ausschüttungsbetrag reduziert, was mit einer geringeren Ausschüttungsbegierde der Eigentümer und demzufolge mit einer Schonung der liquiden Mittel einhergeht.

3.2.2.1 Vorräte

Bei Produktionsunternehmen ist das **Vorratsvermögen** nach den Erfordernissen des Wertschöpfungsprozesses unterteilt und entsprechend gebucht. Mögliche Eigentumsvorbehalte sind für den Bilanzansatz nicht relevant, da ausschließlich die wirtschaftliche und nicht die juristische Betrachtung berücksichtigt wird. Dienstleistungsunternehmen haben im Wesentlichen nur Betriebsstoffe wie Heizmaterial oder Ähnliches als Vorratsvermögensausweis. Nach der internationalen Rechnungslegung (IAS 2.6) sind Vorräte Vermögenswerte, die zum Verkauf im normalen Geschäftsgang gehalten werden, sich in der Herstellung für einen solchen Verkauf befinden sowie als Roh-, Hilfs- und Betriebsstoffe dazu bestimmt sind, bei der Herstellung oder der Erbringung von Dienstleistungen verbraucht zu werden.

Demzufolge müssen Vorräte Vermögenswerte sein, die eine in der Verfügungsmacht des Unternehmens stehende Ressource darstellen und von der erwartet wird, dass dem Unternehmen aus ihr ein künftiger Nutzen zufließt. Die Zugangsbewertung erfolgt anhand der Anschaffungs- oder Herstellungskosten. Für die Folgebewertung wird eine möglicherweise notwendige außerplanmäßige Abschreibung berücksichtigt werden müssen.

BEISPIEL: ▶ Bei einem Unternehmen wird nach der Inventur festgestellt, dass das mit dem Buchwert 63 Mio. € aktivierte Vorratsvermögen aktuell nur 61 Mio. € an Wert hat.

Wie verändert sich der aktivierte Bilanzwert der Vorräte?

LÖSUNG: ▶ *Handelsrechtlich (strenges Niederstwertprinzip, § 253 Abs. 4 HGB) und auch nach IFRS (Nettoveräußerungswert, IAS 2.28) muss außerplanmäßig auf den niedrigeren Wert abgeschrieben werden. Der Jahresüberschuss vermindert sich um einen Buchverlust in Höhe von 2 Mio. €.*

ABB. 28: Die Bewertung des Vorratsvermögens	
HGB (§§ 253 Abs. 4; 256 HGB)	IFRS (IAS 2)
Zugangsbewertung	**Zugangsbewertung**
- Anschaffungskosten (analog zu § 255 Abs. 1 HGB) oder - Herstellungskosten (analog zu § 255 Abs. 2 HGB)	- Anschaffungs- oder - Herstellungskosten
Folgebewertung	**Folgebewertung (IAS 2.9)**

Anschaffungs- bzw. Herstellungswert, der um eine mögliche **außerplanmäßige Abschreibung** (§ 253 Abs. 4 HGB) auf einen niedrigeren
- Börsen- oder Marktwert,
- Beizulegender Wert,
  erfolgswirksam erfasst wird.
- **Einzelbewertungsgrundsatz**
  aber unter bestimmten Voraussetzungen
- **Bewertungsvereinfachungsverfahren**
  als Gruppenbewertung
- Festwert (§ 240 Abs. 3 HGB)
- Durchschnittswert (§ 240 Abs. 4 HGB)
- Verbrauchsfolgewert (§ 256 HGB) nach Fifo- oder Lifo-Methode (Nach § 6 Abs. 1 Nr. 2 EStG nur Lifo und Durchschnittsmethode erlaubt.)
Evtl. Zuschreibung
(Wertaufholungsverbot)
	Anschaffungs- bzw. Herstellungswert oder niedrigerer **Nettoveräußerungswert** nach IAS 2.28 ff. (Nettobetrag, den ein Unternehmen aus dem Verkauf der Vorräte im Rahmen der gewöhnlichen Geschäftstätigkeit zu erzielen erwartet), der erfolgswirksam mit einem **Wertminderungsaufwand** (außerplanmäßige Abschreibung) erfasst wird.
	
	- **Fremdkapitalkosten** (Kreditkosten oder gewichteter Durchschnitt der im Geschäftsjahr entstandenen Fremdkapitalkosten
	
	- **Einzelbewertungsgrundsatz**
	  und auch
	- **Bewertungsvereinfachungsverfahren** als Gruppenbewertung wie Fifo und gewichteter Durchschnitt (IAS 2); Festwert ist unzulässig, da in IFRS nicht enthalten (wird aber in der Praxis analog nach HGB verwendet).

Zwar gilt grundsätzlich für die Erfassung des Vorratsvermögens der Grundsatz der Einzelbewertung, nach § 240 Abs. 3 HGB und analog auch nach IAS 2.25 können aber

„... *Roh-, Hilfs- und Betriebsstoffe, wenn sie regelmäßig ersetzt werden und ihr Gesamtwert für das Unternehmen von nachrangiger Bedeutung ist, mit einem gleichbleibenden Wert angesetzt werden, sofern ihr Bestand in seiner Größe, seinem Wert und seiner Zusammensetzung nur geringen Veränderungen unterliegt. Jedoch ist in der Regel alle drei Jahre eine körperliche Bestandsaufnahme durchzuführen.*"

Diese werden als **Festbewertung**, die auch steuerlich anerkannt ist, in der Bilanz gebucht. Eine weitere handels- und auch steuerrechtliche Erfassung ist die **Durchschnittsbewertung** (§ 240 Abs. 4 HGB) bei der aus dem Anfangsbestand und den laufenden Zugängen einer Periode ein Durchschnittspreis gebildet wird, mit dem der Verbrauch und der Endbestand der Periode bewertet werden (auch analog IAS 2.27, Satz 2). Als **Verbrauchfolgebewertung** konstatiert der § 256 Satz 1 HGB,

„... *dass die zuerst oder dass die zuletzt angeschafften oder hergestellten Vermögensgegenstände zuerst oder in einer sonstigen bestimmten Folge verbraucht oder veräußert worden sind.*"

Demzufolge gilt eine bestimmte Verbrauchsfolge als angenommen. Die beiden gängigsten sind zum einen das Lifo-Verfahren (*Last-in-first-out*), welches auch nach dem Steuerrecht zugrunde gelegt werden kann, bei dem unterstellt wird, dass die zuletzt beschafften oder hergestellten Gegenstände zuerst wieder verbraucht oder veräußert werden. Zum anderen wäre alternativ ausschließlich handelsrechtlich das Fifo-Verfahren (*First-in-first-out*) heranzuziehen, welches die zuerst beschafften Gegenstände als verbraucht oder veräußert unterstellt. Am Bewertungsstichtag wird für die Bewertung des Endbestandes die letzte Rechnung herangezogen, die damit den aktuellen Marktpreis repräsentiert (vgl. IAS 2.27, Satz 1).

BEISPIEL: ▶ Ein Unternehmen hat 10.000 Liter Heizöl (Preis 50 Cent pro Liter) im Tank und bekommt im Laufe des Jahres verschiedene Heizöllieferungen. Erste Lieferung 35 Tl zu je 45 Cent, zweite Lieferung 15 Tl zu je 48 Cent. Im Laufe des Jahres werden 32.000 Liter verbraucht.

Zu welchem Wertansatz wird der Verbrauch des Heizöls gebucht, wenn das Lifo-Verfahren herangezogen wird?

LÖSUNG: ▶ *Das Lifo-Verfahren unterstellt, dass die zuletzt gelieferten Mengen als erstes verbraucht werden. Bei der Buchung des Verbrauchs werden 15.000 Liter mit 7.200 € und 17.000 Liter mit 7.650 € als Wertansatz, also insgesamt 14.850 € herangezogen.*

3.2.2.2 Forderungen

Werden bei Rechnungslegung an den Kunden Umsätze generiert, deren Bezahlung aber zeitversetzt ist, sind **Forderungen aus Lieferungen und Leistungen** zu buchen. Als Instrument der periodengerechten Erfassung sind die Umsatzerlöse in der GuV-Rechnung erfolgswirksam, während in der Bilanz ein entsprechender Forderungsbestand zu **Anschaffungskosten** (§ 253 Abs. 1 HGB) gebucht werden muss. Aktiviert wird der vollständige Rechnungsbetrag einschließlich möglicher Nebenkosten und Umsatzsteuer. Forderungsbeträge, die eine Restlaufzeit von mehr als einem Jahr aufweisen, müssen gesondert aktiviert und im Anhang erläutert werden (§ 268 Abs. 4 HGB).

Für jede einzelne Forderung muss am Bilanzstichtag darüber hinaus geprüft werden, ob es Anzeichen für eine mögliche **außerplanmäßige** Abschreibung (§ 253 Abs. 4 Satz 2 HGB) gibt. Eine Wertberichtigung als **dubiose** Forderung könnte aufgrund von Schadensersatzansprüchen oder verminderter Zahlungsfähigkeit des Kunden bestehen. Dem handelsrechtlichen Niederstwertprinzip entspricht die steuerliche Abschreibung auf den niedrigeren **Teilwert**. Eine **Ausbuchung** im Sinne einer vollständigen Abschreibung wird durchgeführt, wenn die Forderung als uneinbringlich gilt.

3.2.2.3 Wertpapiere

Während im Anlagevermögen Finanzanlagen erfasst werden, die für das langfristige Erzielen einer Rendite sorgen, sind im Umlaufvermögen die **Wertpapiere** mit dem Motiv einer vorübergehenden Geldanlage gebucht. Der erstmalige Ansatz wird zu **Anschaffungskosten** nach § 253 Abs. 1 HGB vorgenommen. Auch steuerrechtlich gilt das Anschaffungskostenprinzip (§ 6 Abs. 1 Nr. 2 EStG). Bei einer möglicherweise notwendig werdenden Folgebewertung ist zu prüfen, ob auf den niedrigeren **Börsen- oder Marktwert** außerplanmäßig abgeschrieben werden muss. Sind beispielsweise die Anschaffungskosten des Wertpapiers am Bilanzstichtag unter dem aktuellen Börsenkurs (§ 253 Abs. 4 Satz 1 HGB), wird handels- und auch steuerrechtlich eine Abschreibung gebucht. Im Gegensatz zu dem für das Finanzanlagevermögen geltende gemilderte **Niederstwertprinzip** nach § 253 Abs. 3 Satz 4 HGB muss aufgrund des geltenden strengen Niederstwertprinzips für das Umlaufvermögen der niedrigere Wert erfasst werden.

3.2.2.4   Liquide Mittel

Der Kassenbestand und die Guthaben auf den Konten von Kreditinstituten, die sowohl zum Be-gleichen der eigenen Zahlungsverbindlichkeiten als Kontokorrentguthaben, genauso aber auch Geldanlagen auf Festgeldkonten sind in der letzten Vermögensposition erfasst. Mit dieser wird die Gliederung der Aktiva anhand der zunehmenden Liquidität sichtbar. Stehen die immateriel-len Vermögensgegenstände als eher nicht liquide Formen ganz oben, sind die Barmittel der Aus-druck purer Liquidität. Zur Komplettierung der Aktiva werden abschließend die Rechnungs-abgrenzungsposten in ihrer Funktionsweise erklärt.

3.2.3   Aktive Rechnungsabgrenzung

Im Gegensatz zur bisherigen Erfassung der Vermögenspositionen auf der Aktivseite, die dem Bilanzleser anzeigen, welche Werte für die betriebliche Wertschöpfung eingesetzt werden, dient die Rechnungsabgrenzung nach § 250 Abs. 1 HGB der **periodengerechten Erfassung von Auf-wandspositionen**, wie beispielsweise vorausgezahlte Mieten, Pacht oder auch Versicherungsbei-träge. Ist der Abgang von Liquidität im Bilanzjahr, die formalrechtliche Entstehung aber erst in einer zukünftigen Periode und auch eindeutig abgrenzbar zuzuordnen, muss der Betrag in der GuV-Rechnung entsprechend abgegrenzt werden.

Der Sachverhalt ist demzufolge gegenteilig zu den oben dargestellten Forderungen, bei denen erst die Leistung, dann der entsprechende liquide Zufluss erfolgt. Wird beispielsweise die Ge-schäftsmiete im Dezember für drei Monate im Voraus bezahlt, müssen die Mieten für den Janu-ar und Februar in der Bilanz aufgenommen werden. Bei einem monatlichen Mietaufwand von 10 T€ würde über die Buchungen

1. 12. 00	
Mietaufwand / Bank	*30 T€*
31. 12. 00	
ARAP / Mietaufwand	*20 T€*
SBK / ARAP	*20 T€*
GuV / Mietaufwand	*10 T€*
1. 1. 01	
ARAP / EBK	*20 T€*
Mietaufwand / ARAP	*20 T€*
31. 12. 01	
GuV / Mietaufwand	*20 T€*

die bilanzwirksame Auszahlung in Höhe von 30 T€ im Geschäftsjahr gebucht, der erfolgswirk-same Mietaufwand der Folgemonate in Höhe von 20 T€ erst in der nächsten Periode. Demzufol-ge kann, wie das auch schon für die Abschreibung konstatiert wurde, die periodengerechte Ge-winnermittlung gewährleistet werden. Um die Bilanz aufgrund der Klarheit nicht zu überfrach-ten, empfiehlt sich, die zugrunde gelegten Verträge für Versicherungsprämien oder Mietvoraus-zahlungen nicht über den Jahresultimo zu führen. Eine Besonderheit der Erfassung sind die **Bi-lanzierungshilfen** wie das Damnum oder die aktiven latenten Steuern, die in der Bilanz geson-dert auszuweisen sind oder auch in einem Anhang entsprechend erläutert werden müssen.

Ein **Damnum** entsteht, wenn der tatsächlich bereitgestellte Kreditbetrag geringer ist als der zurückzuzahlende. Handelsrechtlich besteht nach § 250 Abs. 3 HGB ein Wahlrecht zwischen der vollständigen Erfassung in der GuV-Rechnung im Jahr der Auszahlung oder einer Aktivierung mit gleichzeitiger Folgeabschreibung über die Kreditlaufzeit. Steuerrechtlich besteht eine Aktivierungspflicht.

Der guten Ordnung halber wird an dieser Stelle noch einmal darauf hingewiesen, dass der Ansatz von Rechnungsabgrenzungsposten und auch formale Erweiterungen der Bilanz in der internationalen Rechnungslegung nach IFRS nicht vorgesehen sind. Vielmehr bekommt der Anhang einen zentralen Stellenwert, der in den meisten Fällen im Gegensatz zum Handels- und Steuerrecht wesentlich umfangreicher gestaltet ist.

3.2.4 Erweiterung der Aktiva

In Ergänzung zum Bilanzschema für die Aktivseite nach § 266 Abs. 2 HGB erfordert das Handelsrecht in seiner mit dem BilMoG adaptierten Form einzelne Sachverhalte gesondert darzustellen, welche den Bilanzausweis um Sonderposten erweitert.

ABB. 29:	Die Aktivseite und deren Sonderposten
(A.)	***Ausstehende Einlagen*** (HGB vor BilMoG in Bilanzen bis 2009 bzw. 2010)
(B.)	***Aufwendungen für die Ingangsetzung und Erweiterung des Geschäftsbetriebs*** (HGB vor BilMoG in Bilanzen bis 2009 bzw. 2010)
A.	Anlagevermögen
B.	Umlaufvermögen
C.	Rechnungsabgrenzungsposten
D.	**Aktive latente Steuern**
E.	**Aktiver Unterschiedsbetrag aus der Vermögensverrechnung**

Latente Steuern werden aktiviert, wenn nach § 274 Abs. 1 HGB

„zwischen den handelsrechtlichen Wertansätzen von Vermögensgegenständen, Schulden und Rechnungsabgrenzungsposten und ihren steuerlichen Wertansätzen Differenzen bestehen, die sich in späteren Geschäftsjahren voraussichtlich abbauen." ... *„Eine sich daraus insgesamt ergebende Steuerentlastung kann als aktive latente Steuern (§ 266 Abs. 2 D.) in der Bilanz angesetzt werden. Die sich ergebende Steuerbe- und die sich ergebende Steuerentlastung können auch unverrechnet angesetzt werden. Steuerliche Verlustvorträge sind bei der Berechnung aktiver latenter Steuern in Höhe der innerhalb der nächsten fünf Jahre zu erwartenden Verlustverrechnung zu berücksichtigen."*

In den Bilanzen bis 2009 bzw. 2010 könnten Positionen angesetzt worden sein, die vor der Bilanzrechtsreform (BilMoG) gesondert vor dem Anlagevermögen ausgewiesen wurden, wie entstehende Kosten, die dem Unternehmen in der Gründungsphase im Zusammenhang mit dem Aufbau des Betriebes für die Ingangsetzung und die Erweiterung entstanden sind. Diese durften, sofern sie nicht ohnehin bilanzierungspflichtig sind, auch als handelsrechtliche Bilanzierungshilfe aktiviert werden. Die Position **„Aufwendungen für die Ingangsetzung und Erweite-**

rung des Geschäftsbetriebs" wurde vor dem Anlagevermögen in der Bilanz gebucht und in jedem Geschäftsjahr mit mindestens 25 % durch Abschreibungen zu tilgen.

Auch vor dem Anlagevermögen gesondert anzusetzen waren im Falle ausstehender Einlagen der Gesellschafter die weitere Aktivposition „**Ausstehende Einlagen**". Weitere Sonderpositionen wären „Eingeforderte, noch nicht eingezahlte Einlagen" nach (§ 272 Abs. 1 Satz 2 HGB), „Ausleihungen und Forderungen gegenüber GmbH-Gesellschaftern" (§ 42 Abs. 3 GmbHG) sowie „Eingeforderte Nachschüsse" (§ 42 Abs. 2 GmbHG).

3.3   Bilanzierung auf der Passivseite

Während die Aktiva die Vermögensallokation aufzeigt, die für die Renditeerzielung und Liquiditätssicherung herangezogen wird, verdeutlicht die Passiva die strukturelle Zusammensetzung der Kapitalgeber. Es wird offen gelegt, ob das Unternehmen dominierend mit Eigentümer- oder mit Gläubigerkapital finanziert wird. Bei Letzterem ist auch die vertraglich festgelegte Fristigkeit für den Bilanzleser von Interesse. Die folgenden Ausführungen betreffen den formalen Ausweis im Jahresabschluss, bei dem zwar die handelsrechtlichen Ansatz- und Bewertungsvorschriften vorgestellt werden, die inhaltliche Diskussion soll aber über den Ansatz der internationalen Rechnungslegungsvorschriften nach IFRS im Hinblick auf eine **Controlling-Perspektive** im Zusammenhang mit der Erstellung einer Plan-Bilanz erfolgen. Demzufolge wird insbesondere im Zusammenhang mit dem Vorstellen des Eigenkapitals die Interpretation eines **wirtschaftlichen Eigenkapitals** im Vordergrund der Betrachtung stehen. Die finanzwirtschaftliche Wirkungsweise der einzelnen Finanzierungsformen wird im Kapitel D. „Finanzwirtschaftliche Aspekte" sehr ausführlich zum Gegenstand gemacht.

3.3.1   Eigenkapital

Nach dem IASB-Rahmenkonzept bzw. Framework (IASB, R.16 und R.49c) ist das Eigenkapital der nach Abzug aller Schulden verbleibende **Restbetrag** der Vermögenswerte des Unternehmens. Die Qualifizierung der Schulden wirkt sich direkt auf die Höhe des Eigenkapitals aus. Eine Unterteilung ist nicht verpflichtend (IAS 1.68), aber möglich (IASB, R.65). Demzufolge ist die Übernahme der Untergliederung nach dem handelsrechtlichen Ansatz nach § 266 Abs. 3 HGB zulässig. Die formale Zuordnung erfolgt auf der Basis des jeweiligen **Rückzahlungskriteriums** (IAS 32.17f) sowie der vertraglichen **Ausstattungsmerkmale**, während das HGB auf Basis der **Befriedigungsrangfolge** im Insolvenzfall entscheidet (§ 272 Abs. 1 HGB). Als Beispiele für eine differenzierte Betrachtungsweise des Ansatzes wären Hybridanleihen sowie Private Debt- bzw. Mezzanine-Finanzierungen genauso zu nennen wie die Einlagen stiller Gesellschafter, Gesellschafterdarlehen und Genussscheine. Die Frage der wirtschaftlichen Zugehörigkeit einzelner Kapitalformen ist im Besonderen insolvenzrechtlich von großer Bedeutung, wenn es um den Wertansatz in einer Überschuldungsbilanz geht.

BEISPIEL: Ein eigentümergeführtes Unternehmen hat mit einem stillen Gesellschafter einen Vertrag über eine stille Gesellschaft abgeschlossen, die dem Gesellschafter eigentümerähnliche Kontroll- und Mitbestimmungsrechte zugesteht. Darüber hinaus liegt dem Unternehmen eine Rangrücktrittserklärung vor, dass die Ansprüche des stillen Gesellschafters im Fall einer Insolvenz erst nach allen Gläubigeransprüchen befriedigt werden.

Ist eine Passivierung als Eigenkapital möglich und welchen Einfluss könnte diese Beteiligungsform auf das wirtschaftliche Eigenkapital haben?

LÖSUNG: *Die handelsrechtliche Passivierung wird unter dem Fremdkapital vorgenommen (§ 272 Abs. 1 HGB). Bei Bonitätsprüfungen im Zusammenhang mit der Kreditgewährung von Banken wird es (zumindest anteilig) dem wirtschaftlichen Eigenkapital zugeordnet, was insbesondere bei der Bestimmung der Eigenkapitalquote eine wesentliche Rolle spielt. Vertragliche Bestandteile wären: Nicht kündbar von Seiten des Kapitalgebers, gewinnabhängiges Kapitalentgelt, nachrangiger Anspruch am Liquidationserlös, keine zusätzlichen Sicherheiten erforderlich sowie eine langfristige Kapitalgewährung. IFRS erfasst dieses Mezzanine-Kapital unter dem Eigenkapital, falls eine vorzeitige Kündigung durch den Kapitalgeber zweifelsfrei ausgeschlossen werden kann (IAS 32.17 f.).*

Eine eigenständische Wertermittlung gibt es, weder nach HGB noch nach IFRS, für das Eigenkapital nicht. Die für den Bilanzansatz relevante Eigenkapitalgröße ergibt sich ausschließlich über die **Zubuchung des wirtschaftlichen Periodenerfolges**. Dies können Jahresüberschüsse (Jahresfehlbeträge) sowie die Veränderungen der Gewinnrücklagen als Form der Innenfinanzierung sein. Das gezeichnete Kapital und die Kapitalrücklagen werden ausschließlich über die **Beteiligungsfinanzierung** bestimmt. Das schließt für das formal ausgewiesene Eigenkapital originäre Bewertungsspielräume aus. Eine Besonderheit ist der mit Hilfe einer Unternehmensbewertung über eine Discounted-Cashflow-Methode (DCF) gerechnete **Wert des Eigenkapitals**, der sich aus der Summe diskontierter zukünftiger freier Cashflow-Größen abzüglich der Netto-Finanzverbindlichkeiten ergibt (vgl. Kapitel F.2.3 „Unternehmensbewertung"). Im Zusammenhang mit der Konzernrechnungslegung für konsolidierte Bilanzen ist dieser für die Ermittlung des Geschäfts- oder Firmenwertes von Bedeutung.

Wird der **Erwerb eigener Anteile** (vgl. § 71 Abs. 1 AktG) durchgeführt, muss eine Ausschüttungssperre berücksichtigt werden, die sicherstellen soll, dass der Erwerb nicht zur Rückzahlung von Grund- bzw. auch Stammkapital oder derartiger offener Rücklagen führt, für die satzungsmäßige Rücklagen gelten. Mit dem Erwerb eigener Aktien, der auf 10 % des Grundkapitals begrenzt ist, wird häufig die vorhandene Liquidität genutzt, um Aktien für eine anstehende Akquisition zu erwerben. Da gleichzeitig an der Börse eine Nachfrage nach Aktien artikuliert wird, kann das auch durchaus den Aktienkurs des Unternehmens beflügeln. Eigene Anteile werden passivisch vom Eigenkapital gekürzt. Die Neuregelung nach § 272 Abs. 1a HGB sieht vor, dass

„der Nennbetrag oder, falls ein solcher nicht vorhanden ist, der rechnerische Wert von erworbenen eignen Anteilen in der Vorspalte offen von dem Posten „Gezeichnetes Kapital abzusetzen ist. Der Unterschiedsbetrag zwischen dem Nennbetrag oder dem rechnerischen Wert und den Anschaffungskosten der eigenen Anteile ist mit den frei verfügbaren Rücklagen zu verrechnen. Aufwendungen, die Anschaffungskosten sind, sind Aufwand des Geschäftsjahres."

„Nach der Veräußerung der eigenen Anteile entfällt der Ausweis nach Absatz 1a Satz 1. Ein den Nennbetrag oder den rechnerischen Wert übersteigender Differenzbetrag aus dem Veräußerungserlös ist bis zur Höhe des mit den frei verfügbaren Rücklagen verrechneten Betrages in die jeweiligen Rücklagen einzustellen. Ein darüber hinausgehender Differenzbetrag ist in die Kapitalrücklage gemäß Absatz 2 Nr. 1 einzustellen. Die Nebenkosten der Veräußerung sind Aufwand des Geschäftsjahres" (§ 272 Abs. 1b HGB).

Grundsätzlich müssen nach IAS 32.18 für die eindeutige Zuordnung eines Finanzinstruments zum **Eigenkapital** die **wirtschaftliche Substanz** und die **rechtliche Gestaltung** übereinstimmen. Zwar kann eine formale Zuordnung gewährleistet sein, bei der Möglichkeit einer Kündigung ist es aber funktional eine Verbindlichkeit, also **Fremdkapital**. Da bei **Personengesellschaften** das von den Gesellschaftern zur Verfügung gestellte Kapital, aufgrund eines gesetzlichen **Kündigungsrechts** in den Gesellschafterverträgen, diesem Sachverhalt in aller Regel nicht entspricht, wurde das von den Gesellschaftern zur Verfügung gestellte Kapital als Fremdkapital ausgewiesen (IAS 32.17 f.). Die Neufassung des IAS 32 sieht vor, Finanzinstrumente, die mit einem Kündigungsrecht ausgestattet sind, wie dies bei Anteilen an einer Personengesellschaft anhand von § 132 HGB gesetzlich möglich ist, eine Ausnahme einzuräumen, wenn bestimmte Voraussetzungen wie beteiligungsproportionaler und nachrangiger Anspruch am Liquidationserlös, gleiche Ausstattungsmerkmale, gewinnabhängiges Kapitalentgelt sowie keine anderen gewinnabhängigen Kapitalformen dafür vorliegen.

ABB. 30: Der Ansatz des Eigenkapitals	
HGB (§ 266 Abs. 3 HGB)	**IFRS (IAS 1.68)**
Vorgeschriebene Gliederung:	**Mindestgliederung:**
A. Eigenkapital	- Gezeichnetes Kapital
I. Gezeichnetes Kapital (§ 272 Abs. 1 Satz 1 HGB) als Grundkapital (§ 1 Abs. 2 AktG) bzw. als Stammkapital (§ 5 Abs. 1 GmbHG)	- Kapitalrücklagen (IAS 1.75e) - (Gewinn)-Rücklagen inkl. **Neubewertungsrücklage**
II. Kapitalrücklage (§ 272 Abs. 2 HGB)	
III. Gewinnrücklagen (§ 272 Abs. 3 HGB)	**Eigene Anteile** (IAS 32.33 f.) - Ausweis durch Verrechnung mit dem Eigenkapital
1. gesetzliche Rücklage (§ 150 Abs. 2 AktG)	- Offene Saldierung in der Bilanz oder Ausweis im Anhang
2. Rücklage für eigene Anteile an einem herrschenden oder mehrheitlich beteiligten Unternehmen (§ 272 Abs. 4 HGB)	
3. satzungsmäßige Rücklagen	**Dividendenzahlungen** an die Anteilseigener im Anhang (IAS 1.125)
4. andere Gewinnrücklagen	
IV. Gewinn- / Verlustvortrag	
V. Jahresüberschuss / -fehlbetrag:	

3.3.1.1 Gezeichnetes Kapital

Auf der Ebene der Gesellschafter übernimmt die Höhe des gezeichneten Kapitals die individuelle Haftungsbeschränkung, deshalb auch Haftungskapital (§ 272 Abs. 1 Satz 1 HGB), unabhängig der tatsächlichen Einzahlungssituation. Als gezeichnetes Kapital ist bei der Aktiengesellschaft das **Grundkapital** mit insgesamt mindestens 50 T€ (Nennwert einer Aktie von mindestens einem Euro multipliziert mit der Anzahl der ausgegebenen Aktien) und bei der GmbH das **Stammkapital** mit mindestens 25 T€ auszuweisen. Nach 272 Abs. 1 Satz 2 HGB ist das gezeichnete zum Nennbetrag in der Bilanz zu passivieren. Ist das gezeichnete Eigenkapital durch Verluste aufgebraucht, entsteht ein „**Negatives Eigenkapital**", welches unter dieser Bezeichnung auch bilanziert wird. Der handelsrechtliche Ausweis wird nach § 268 Abs. 3 HGB als Differenzbetrag am Schluss der Aktivseite unter der Bezeichnung „Nicht durch Eigenkapital gedeckter Fehlbetrag" gesondert durchgeführt.

Im Anhang ist zu erläutern, ob eine **Überschuldung** im Sinne des Insolvenzrechts vorliegt. Eine rechnerische Überschuldung nach § 19 Abs. 2 Insolvenzordnung (InsO) liegt vor, wenn das Vermögen des Unternehmens bei dem Ansatz von Liquidationswerten und der stillen Reserven die vorhandenen Verbindlichkeiten nicht mehr decken kann. Eine Antragstellung auf Insolvenz ist dann innerhalb der nächsten drei Wochen geboten. Handelt ein Geschäftsführer nicht dementsprechend, macht er sich der Insolvenzverschleppung verantwortlich und somit strafbar.

Sind die Einlagen als gezeichnetes Kapital zum Zeitpunkt der Bilanzerstellung noch nicht vollständig eingezahlt, sog. **ausstehende Einlagen**, sind diese auf der Passivseite kenntlich zu machen. Nach § 272 Abs. 1 Satz 3 HGB sind

„die nicht eingeforderten ausstehenden Einlagen auf das gezeichnete Kapital von dem Posten „Gezeichnetes Kapital" offen abzusetzen; der verbleibende Betrag ist als Posten „Eingefordertes Kapital" in der Hauptspalte der Passivseite auszuweisen; der eingeforderte, aber noch nicht eingezahlte Betrag ist unter den Forderungen gesondert auszuweisen und entsprechend zu bezeichnen."

Änderungen sind nur über die in Haupt- oder Gesellschafterversammlung formal beschlossenen Kapitalerhöhungen oder Herabsetzungen möglich. Bei Einzelunternehmen und Personengesellschaften werden die Eigenkapitalkonten variabel geführt und verändern sich über die operativen Ein- und Auszahlungsströme und den Entnahmen für die Managementleistung und der Eigenkapitalbedienung.

3.3.1.2   Kapitalrücklage

Entsprechende Beträge, die als **Agio** bzw. Aufgeld über den verbrieften Nennwert von den Eigentümern bezahlt werden, sind nach § 272 Abs. 2 Nr. 1 HGB als Kapitalrücklage zu buchen. Darüber hinaus werden bei Aktiengesellschaften auch entsprechende Beträge erfasst, die im Zusammenhang mit der Ausgabe von Wandelschuldverschreibungen und Optionsanleihen erzielt werden. Auch werden Zuzahlungen der Gesellschafter gegen Gewährung eines Vorzugs für ihre Anteile hierunter gebucht, wie das bei Aktiengesellschaften, insbesondere bei der Ausgabe von Vorzugsaktien nach § 11 AktG oder aufgrund von anderen Zuzahlungen der Gesellschafter, der Fall sein kann. Während das gezeichnete Kapital und die damit in einem direkten Zusammenhang stehende Verbuchung von Kapitalrücklagen mit der externen Kapitalzuführung der Eigentümer im Zusammenhang stehen (Beteiligungs- bzw. Einlagenfinanzierung), werden die Gewinnrücklagen auf der Basis erwirtschafteter Erträge und über die jeweilige Ausschüttungspolitik der Gesellschafter bestimmt.

BEISPIEL: Die Wienerberger AG[13] hat 2007 eine Erhöhung des Eigenkapitals mit der Emission von 9,8 Mio. jungen Aktien durchgeführt. Der Ausgabepreis pro Aktie betrug 45 €. Die angefallenen Begebungskosten, die in der Gewinn- und Verlustrechnung als „sonstige betriebliche Aufwendungen" gebucht wurden, belaufen sich auf 17 Mio. €.

Welche Veränderungen entstehen nach IFRS im Jahresabschluss, bei einem in Österreich geltenden Körperschaftsteuersatz mit 25 %?

---

13   Vgl. Geschäftsbericht 2007 der Wienerberger AG, S. 61 f.

LÖSUNG:

Bank 441 Mio. €	an Grundkapital	9,8 Mio. €	
	an Kapitalrücklage	431,2 Mio. €	
Kapitalrücklage	an Sonstige betriebliche Aufwendungen	17,0 Mio. €	(IAS 32.37)
Steueraufwand	an Kapitalrücklage	4,2 Mio. €	

Die Wienerberger AG hat einen realen Netto-Zufluss an Liquidität in Höhe von 424 Mio. €, der für wert-schaffende Investitionen herangenommen werden kann. Nach der buchhalterischen Kompensation der Kör-perschaftsteuer nimmt das Periodenergebnis in der Gewinn- und Verlustrechnung mit 12,8 Mio. € zu.

3.3.1.3 Gewinnrücklagen

Nach § 272 Abs. 3 HGB dürfen als Gewinnrücklagen nur Beträge ausgewiesen werden, die im aktuellen Geschäftsjahr oder in einem früheren entstanden sind. Sie werden auf der Basis des ermittelten Jahresüberschusses gebildet und stellen dessen thesaurierten Anteil dar, der nicht an die Eigentümer ausgeschüttet wird.

(1) Gesetzliche Rücklage

Das Aktiengesetz weist im § 150 Abs. 2 darauf hin, dass 5 % des um einen Verlustvortrag gegen-gerechneter Betrag vom Jahresüberschuss in die gesetzliche Rücklage einzustellen ist, bis die ge-setzliche Rücklage und die Kapitalrücklage zusammen 10 % oder des in der Satzung bestimmten höheren Teil des Grundkapitals ausmacht. Das klingt dramatischer als es in der betrieblichen Praxis ist, da bei den meisten Gesellschaften beim Börsengang oder bei den durchgeführten Ka-pitalerhöhungen das entsprechende Aufgeld über den Nennbetrag diese Vorgabe schon erfüllt.

(2) Rücklage für Anteile an einem herrschenden oder mehrheitlich beteiligten Unternehmen

Nach § 272 Abs. 4 HGB ist für Anteile an einem herrschenden oder mit Mehrheit beteiligten Un-ternehmen …

„… eine Rücklage zu bilden. In die Rücklage ist ein Betrag einzustellen, der dem auf der Aktivseite der Bilanz für die Anteile an einem herrschenden oder mit Mehrheit beteiligten Unternehmen an-gesetzten Betrag entspricht. Die Rücklage, die bereits bei der Aufstellung der Bilanz zu bilden ist, darf aus vorhandenen frei verfügbaren Rücklagen gebildet werden. Die Rücklage ist aufzulösen, soweit die Anteile an dem herrschenden oder mit Mehrheit beteiligten Unternehmen veräußert, ausgegeben oder eingezogen werden oder auf der Aktivseite ein niedrigerer Betrag angesetzt wird."

(3) Satzungsmäßige Rücklagen

Sollen über die gesetzliche Rücklage hinaus weitere Restriktionen bezüglich der zu bestimmen-den Ausschüttungsgröße im Vorfeld festgelegt werden, bietet sich ein entsprechender Sat-zungs- bzw. Gesellschafterbeschluss an, entsprechende Thesaurierungsszenarien festzulegen. Bespiele wären ein bestimmter Sockelbetrag, der grundsätzlich den satzungsmäßigen Rück-lagen zugeführt werden soll oder auch definierte zweckgebundene Rücklagen für anstehende Ersatz- oder Erweiterungsinvestitionen.

(4) Andere Gewinnrücklagen

Sind den gesetzlichen und satzungsmäßigen Vorgaben genüge getan, können weitere einzube-haltende Teiles des Jahresüberschusses in die Position „andere Gewinnrücklagen" gebucht wer-den.

BEISPIEL: ▸ Eine Aktiengesellschaft weist einen aktuellen Jahresüberschuss in Höhe von 2.020 Mio. € aus. An Dividenden sollen nach Vorstandsvorlage 350 Mio. € an die Aktionäre ausgeschüttet werden. Die Bilanz hat die folgende Eigenkapitalstruktur:

Passiva (in Mio. €)	Geschäftsjahr	Vorjahr
Gezeichnetes Kapital	?	673
Kapitalrücklage	?	1.937
Gewinnrücklagen	?	9.405
Gewinn	?	

Wie verändert sich die Eigenkapitalstruktur für das aktuelle Geschäftsjahr?

LÖSUNG: ▸ *Das gezeichnete Kapital und die Kapitalrücklage bleiben unberührt, da diese sich ausschließlich im Zusammenhang mit einer Kapitalerhöhung (Beteiligungsfinanzierung als Außenfinanzierung mit Eigen-kapital) verändern, nicht aber bei Thesaurierungsvorgängen (Innenfinanzierung). Die Gewinnrücklagen er-höhen sich um den thesaurierten Betrag in Höhe von 1.670 Mio. € auf 11.075 Mio. €. Als Gewinn werden 350 Mio. € in die Bilanz gebucht, der dann nach der Abstimmung auf der Hauptversammlung an die An-teilseigner ausgeschüttet wird.*

3.3.1.4 Gewinnvortrag

Die auf der Haupt- (§ 174 Abs. 2 Nr. 4 AktG) oder Gesellschafterversammlung (§ 29 Abs. 2 GmbHG) getroffene Beschlussfassung über die Verwendung des Bilanzgewinns ermöglicht auch das Vortragen eines bestimmen Betrages in die nächste Geschäftsperiode, der als Gewinnvor-trag gebucht wird. Bei börsennotierten Aktiengesellschaften wird ein Teil des Jahresüberschus-ses unter dem Hintergrund der **Dividendenkontinuität** als Gewinnvortrag angesetzt, um auch im nächsten Geschäftsjahr eine Dividende in ähnlicher Höhe ausschütten zu können.

3.3.1.5 Jahresüberschuss und Gewinn

In der Finanzbuchhaltung wird der **Jahresüberschuss** oder -fehlbetrag über die Erfolgsrechnung mit der Differenz aus Erlösen und Aufwand festgestellt und in die Bilanz gebucht. Wird die Bi-lanz von der Geschäftsleitung unter der Berücksichtigung möglicher Ausschüttungspräferenzen der Eigentümer erstellt, wird der Jahresüberschuss teilweise in die Positionen „Gewinnrück-lagen" und „Gewinn" sowie möglicherweise in den „Gewinnvortrag" gebucht (§ 268 Abs. 1 Satz 2 HGB). Demzufolge ist der **Gewinn** die tatsächliche Ausschüttungsgröße als Dividende oder Tantieme an die Eigentümer, die dann am Ausschüttungstag auch in liquider Form vorhan-den und entsprechend disponiert werden muss. Buchhalterisch entsteht mit der Buchung „Ge-winn an Bank" eine Bilanzverkürzung um den Ausschüttungsbetrag. In der Praxis durchaus üb-lich ist, dass der auszuschüttende Betrag, der über das vorhandene Jahresergebnis zwar legitim bestimmt wurde, aufgrund einer unzureichenden Liquidität am Ausschüttungstag, mit einer Kreditaufnahme finanziert werden muss.

Auch wenn nach dem § 275 Abs. 2 HGB die formale Darstellung der Gewinn- und Verlustrechnung mit dem Ausweis des Jahresüberschusses zu Ende ist, sieht das Aktienrecht eine Erweiterung mit einer Fortführung der Nummerierung bis zum Bilanzgewinn bzw. -verlust vor (§ 158 Abs. 1 AktG). Eine ähnliche **Segmentierung** wird auch im österreichischen Unternehmensgesetz nach § 231 Abs. 2 UGB formuliert. Das GmbH-Gesetz sieht diese Erweiterung nicht vor. Diese kann aber durchaus empfohlen werden, obwohl die Ergebnisverwendung im Anhang deutlich zu machen ist. Die Erweiterung der Gewinn und Verlustrechnung nach Aktienrecht wäre

20. Jahresüberschuss/Jahresfehlbetrag (§ 275 Abs. 2 HGB)

21. Gewinnvortrag/Verlustvortrag aus dem Vorjahr

22. Entnahmen aus der Kapitalrücklage

23. Entnahmen aus Gewinnrücklagen

24. Einstellungen in Gewinnrücklagen

25. Bilanzgewinn/Bilanzverlust

Der Anspruch der **Gewinnausschüttung** für die Gesellschafter einer GmbH lässt sich aus dem § 29 Abs. 1 GmbHG ableiten, denen es frei steht, die entstehenden Jahresüberschüsse zuzüglich eines Gewinn- bzw. abzüglich eines Verlustvortrags ausgeschüttet zu bekommen oder in die Gewinnrücklagen einzustellen sowie als Gewinn vorzutragen. Für die Aktionäre ist die Ausschüttung aufgrund der Restriktionen des artikulierten Gläubigerschutzes mit der Erfüllung der gesetzlichen Rücklage sowie aus den Erfordernissen des § 233 Abs. 3 AktG abzuleiten, bei dem die Beträge, die aus der Auflösung von Kapital- und Gewinnrücklagen sowie aus der Kapitalherabsetzung gewonnen werden, nicht ausgeschüttet werden dürfen.

Eine ähnliche Beschränkung formuliert auch das österreichische Unternehmensgesetz, bei dem im § 235 UGB der ausschüttbare Gewinn eines Geschäftsjahres nicht um einen Zuschreibungsbetrag sowie um Erträge aus der Auflösung von Kapitalrücklagen vermehrt werden darf. Abschließend kann konstatiert werden, dass bei eigentümergeführten Unternehmen, die sehr häufig als GmbH aufgestellt sind, die Verwendung des Jahresergebnisses sich aus den individuellen gesellschaftsrechtlichen Vereinbarungen ergibt.

3.3.1.6 Neubewertungsrücklage nach IFRS

Eine Besonderheit des Eigenkapitalausweises hat die internationale Rechnungslegung nach IFRS. Nach dem oben skizzierten „Fair Value" Ansatz im Zusammenhang mit der Folge- bzw. Neubewertung von Vermögensgegenständen (IAS 16, 36 und IFRS 3) kann der beizulegende Wert durchaus über dem aktivierten Buchwert liegen. Um eine erfolgsrelevante Buchung auszuschließen, wird eine **Neubewertungsrücklage** bzw. Rücklage für Zeitbewertung passiviert (IAS 16.39). Wird in den Folgeperioden ein aufgewerteter Vermögensgegenstand vermindert, muss zuerst die Neubewertungsrücklage bis auf die Höhe der ursprünglichen Anschaffungs- oder Herstellungskosten **erfolgsneutral** aufgelöst werden (IAS 16.40). Werte, die darunter liegen, werden mit einem **erfolgswirksamen** Wertminderungsaufwand (außerplanmäßige Abschreibung) gegen gebucht.

Nach IAS 16.41 kann bei Sachanlagen die Übertragung in die Gewinnrücklagen erfolgen. In der Bilanz oder im Anhang sind nach IAS 1.76 die folgenden Informationen anzugeben: Anzahl und Nennwert der Anteile; Rechte, Vorzugsrechte und Beschränkungen; eine Beschreibung von Art und Zweck jeder Rücklage innerhalb des Eigenkapitals, auch der auszuschüttende Dividenden- betrag sowie auch bei Personengesellschaften das Beibringen für jede Eigenkapitalkategorie gleichwertiger Informationen, wie das auch von Kapitalgesellschaften gefordert wird.

3.3.1.7 Eigenkapitalveränderungsrechnung

In der Neufassung des HGB (§ 264 Abs. 1 Satz) gehört, wie das auch schon seit Längerem für kapitalmarktorientierte Unternehmen (nach § 2.1 WpHG) verpflichtend ist, der Eigenkapitalspie- gel für den Jahresabschluss von Kapitalgesellschaften. Die **Eigenkapitalveränderungsrechnung** ist nach IAS 1.8 Bestandteil eines Jahresabschlusses nach IFRS. Neben den Kapitaleinzahlungen und Kapitalrückzahlungen ist bei der IFRS-Rechnungslegung eine große Zahl an Buchungen, die **erfolgsneutral** direkt im Eigenkapital erfasst werden, wie das bei der Neubewertungsrücklage der Fall ist, wenn bei der Folgebewertung der beizulegende Wert über dem geführten Buchwert liegt. In Anlehnung an IAS 1.96 f. müssen für die Darstellung der Veränderung des Eigenkapitals die Positionen Jahresüberschuss, Neubewertungsrücklage, gezeichnetes Kapital, Kapitalrück- lage, eigene Anteile, Dividendenauszahlungen, kumulierte Gewinnrücklagen sowie übrige Ver- änderungen enthalten sein.

3.3.2 Sonderposten mit Rücklageanteil

Mit dem Aufheben der umgekehrten Maßgeblichkeit ist die steuerliche Passivierung der Positi- on **Sonderposten mit Rücklageanteil** in der Handelsbilanz weggefallen. Im Zusammenhang mit der Bilanzanalyse bei Jahresabschlüssen der Bilanzjahre vor 2010 wären diese durchaus noch zu berücksichtigen. Bei der Ermittlung der Eigenkapitalquote wird diese Position in den meisten Fällen pauschal je zur Hälfte dem Eigen- und Fremdkapital subsumiert. Gibt also das HGB nur den formalen Ausweis vor, richtet sich der Wertansatz nach dem EStG.

Die in der Praxis am häufigsten vorkommenden Gründe sind Steuerstundungen im Zusammen- hang mit Veräußerungserlösen aus dem Verkauf von Vermögensgegenständen, wenn eine Er- satzbeschaffung des gleichen Wirtschaftsgutes vorgenommen wird. Nach § 6b EStG kann eine **Reinvestitionsrücklage** gebucht werden, um die bei der Veräußerung über die Erlöse aufgedeck- ten zu versteuernden stillen Reserven mit der Buchung „Einstellung Sonderposten mit Rücklage- anteil an Sonderposten mit Rücklageanteil" zu kompensieren. Wird spätestens im zweiten da- rauffolgenden Wirtschaftjahr eine Neuanschaffung getätigt, werden die aus der Auflösungs- buchung entstehenden Erträge mit der Abschreibung kompensiert bzw. steuerrechtlich voll- ständig gegengebucht. Bleibt die Neuanschaffung aus, wird der entstehenden Ertrag aus der Auflösung der Sonderposten mit Rücklageanteil handels- und steuerrechtlich erfolgswirksam.

3.3.3 Rückstellungen

Anders als beim handelsrechtlichen Ausweis nach § 266 Abs. 3 HGB wird das Fremdkapital im Zusammenhang mit der Rechnungslegung nach IFRS nicht detailliert nach **Rückstellungen** und

Verbindlichkeiten unterschieden. Es wird stärker zwischen lang- und kurzfristig differenziert, was insbesondere bei den Bankverbindlichkeiten im Vergleich zum HGB wesentlich deutlicher zum Ausdruck kommt. Auch wird nach IFRS keine Reihenfolge vorgegeben, da beide als Schulden erfasst werden. Nach HGB und IFRS (IAS 37.14) sind Rückstellungen Schulden, die bezüglich ihrer Fälligkeit oder ihrer Höhe ungewiss sind. Diese ist ausschließlich dann anzusetzen, wenn

► einem Unternehmen aus einem Ereignis der Vergangenheit eine gegenwärtige Verpflichtung entstanden ist,

► es wahrscheinlich ist (d. h. mehr dafür als dagegen spricht), dass zur Erfüllung der Verpflichtung ein Abfluss von Ressourcen mit wirtschaftlichem Nutzen erforderlich ist und

► eine verlässliche Schätzung der Höhe der Verpflichtung möglich ist.

Reicht nach dem Handelsrecht nach § 249 Abs. 1 HGB die Möglichkeit einer Inanspruchnahme aus, muss gemäß IFRS (IAS 37.23) die **Wahrscheinlichkeit** einer Inanspruchnahme größer sein als die Wahrscheinlichkeit, dass das Ereignis nicht eintritt. Demzufolge kann es durchaus vorkommen, dass handelsrechtlich die Bildung einer Rückstellung zulässig sein kann bzw. verpflichtend wird, wenn nach IFRS lediglich eine **Eventualschuld** im Anhang möglich ist.

ABB. 31: Der Ansatz der Rückstellungen	
HGB (§§ 266 Abs. 3 und 249 HGB)	**IFRS (IAS 37)**
Bilanzierung bei	Bilanzierung bei
wirtschaftlicher Verursachung oder rechtlicher Verpflichtung, bei der die Möglichkeit der Inanspruchnahme ausreichend ist.	- gegenwärtiger Verpflichtung gegenüber Dritten aufgrund eines vergangenen Ereignisses
Vorgeschriebene Gliederung:	- Inanspruchnahme wahrscheinlich
B. Rückstellungen	- Verlässliche Schätzung möglich
1. Rückstellungen für Pensionen und ähnliche Verpflichtungen;	
2. Steuerrückstellungen;	
3. Sonstige Rückstellungen.	

Im Gegensatz zur aktiven Rechnungsabgrenzung bei der ein Abfluss liquider Mittel im Bilanzjahr, die formalrechtliche Entstehung aber erst in späteren Perioden wirksam wird, ist es bei der Erfassung von Rückstellungen umgekehrt. Eine **Rückstellungspflicht** entsteht, wenn die Aufwendungen dem Geschäftsjahr oder einem früheren Geschäftsjahr zugeordnet werden können, die am Abschlussstichtag wahrscheinlich oder sicher, aber hinsichtlich ihrer Höhe oder des Zeitpunkts ihres Eintritts unbestimmt sind. Der Aufwand für die Rückstellungsbildung wird unter die GuV-Position „sonstige betriebliche Aufwendungen" oder bei Pensionsrückstellungen unter dem Personalaufwand subsumiert, der das auszuweisende Ergebnis entsprechend schmälert. In der Bilanz wird die Rückstellung mit der Buchung „Aufwand für Rückstellungen an Rückstellungen" passiviert. Unterschieden werden

▶ Rückstellungen für ungewisse Verbindlichkeiten und **drohende Verluste** aus schwebenden Geschäften (§ 249 Abs. 1 Satz 1 HGB),

▶ Rückstellungen für im Geschäftsjahr unterlassene Aufwendungen für **Instandhaltung**, die im folgenden Geschäftsjahr innerhalb von drei Monaten oder für Abraumbeseitigung, die im folgenden Geschäftsjahr nachgeholt werden (§ 249 Abs. 1 Satz 2 Nr. 1 HGB) oder

▶ **Gewährleistungen**, die ohne rechtliche Verpflichtung erbracht werden (§ 249 Abs. 1 Satz 2 Nr. 2 HGB).

Ein **Rückstellungsverbot** entsteht nach Handelsrecht § 249 Abs. 2 Satz 1 für diejenigen Zwecke, die in den Ausführungen des § 249 HGB nicht genannt sind. Rückstellungen dürfen nur aufgelöst werden, wenn der Grund dafür entfallen ist (§ 249 Abs. 2 Satz 2 HGB). Wurde der Rückstellungsaufwand zu hoch angesetzt, entsteht im Geschäftsjahr der Auflösung ein sonstiger betrieblicher Ertrag aus der Auflösung von Rückstellungen. Ansonsten wird eine Bilanzverkürzung „Rückstellungen an Bank" gebucht, welche ergebnisneutral bleibt.

Die IFRS verpflichtet dagegen **Rückstellungsgebote** für

▶ Rückstellung für **ungewisse Verbindlichkeiten und drohende Verluste** aus schwebenden Geschäften, wenn eine bürgerlich- oder öffentlich-rechtliche Verpflichtung besteht. Eine mögliche Kulanzleistung reicht nicht aus.

▶ Rückstellung für **Restrukturierungsmaßnahmen** (IAS 37.70) wie Verkauf oder Beendigung eines Geschäftszweiges, Stilllegung von Standorten oder die Verlegung von Geschäftsaktivitäten, Änderung in der Struktur des Managements, Umorganisation mit wesentlichen Auswirkungen auf den Charakter und Schwerpunkt der Geschäftstätigkeit des Unternehmens.

▶ **Pensionsrückstellungen**: Die handelsrechtliche Bewertung erfolgt auf der Grundlage des notwendigen Erfüllungsbetrags. Nach IFRS wird ein zukünftiger Steigerungswert auf den Bewertungszeitpunkt **diskontiert**. Unterschieden werden beitragsorientierte (IAS 19.43) und leistungsorientierte Pläne (IAS 19.48).

Dagegen entstehen **Rückstellungsverbote** im Zusammenhang mit **künftigen betrieblichen Verlusten**. Die Erwartung künftiger betrieblicher Verluste ist ein Anzeichen für eine mögliche Wertminderung bestimmter Vermögenswerte eines Unternehmensbereichs. In diesem Fall sind diese Vermögenswerte auf Wertminderung nach IAS 36 zu prüfen. Keine Verpflichtung gegenüber Dritten besteht aus der Interpretation der IFRS bei den nach § 249 Abs. 1 Satz 1 HGB gebildeten **Aufwandsrückstellungen**, wie beispielsweise Instandhaltungsaufwendungen. Nach IFRS besteht für Aufwandsrückstellungen ausnahmslos ein Passivierungsverbot.

ABB. 32: Die Bewertung der Rückstellungen	
HGB (§§ 253 Abs. 1 Satz 3 und Abs. 2 HGB)	**IFRS (IAS 37)**
Primär gilt zu beurteilen, ob eine Pflicht zur Bildung von Rückstellungen vorliegt. Liegt diese vor, dann sind Rückstellungen nur in der Höhe des Betrages anzusetzen, der nach **vernünftiger kaufmännischer Beurteilung** notwendig ist (§ 253 Abs. 1 Satz 2 HGB).	Der als Rückstellung angesetzte Betrag stellt die bestmögliche **Schätzung** der Ausgabe dar, die zur Erfüllung der gegenwärtigen Verpflichtung zum Bilanzstichtag erforderlich ist (IAS 37.36).
Pensionsrückstellungen werden in der Regel mit dem sich nach **versicherungs-mathematischen Grundsätzen** ergebenden Betrag angesetzt (vgl. § 253 Abs. 2 HGB). Der Abzinsungszinssatz wird von der Deutschen Bundesbank ermittelt (§ 253 Abs. 2 Satz 4 HGB) und auf der Homepage veröffentlicht.	Bei einer wesentlichen Wirkung des Zinseffektes ist im Zusammenhang mit der Erfüllung der Verpflichtung eine Rückstellung in Höhe des **Barwertes** der erwarteten Ausgaben anzusetzen (IAS 37.45).

Die Angaben im Anhang sind ein **Rückstellungsspiegel** (IAS 37.84), die in Gruppen zusammengefasste Rückstellungen (IAS 37.85) sowie mögliche Eventualschulden (IAS 37.86).

3.3.4 Verbindlichkeiten

Auch wenn die internationale Rechnungslegung den Begriff Schulden weiter fasst als das nach Handels- und auch nach Steuerrecht der Fall ist, sind **Verbindlichkeiten** feststehende verbriefte Zahlungsverpflichtungen, deren genaue Höhe und Fälligkeit bekannt ist sowie ein vereinbartes Kapitalentgelt in Form von Zinsen für den Gläubiger zugrunde gelegt werden kann. Nach IAS 1.60 ist eine **Schuld als kurzfristig** einzustufen, wenn sie mindestens eine der nachfolgenden Kriterien erfüllt:

► ihre Tilgung wird innerhalb des gewöhnlichen Verlaufs des Geschäftszyklus des Unternehmens erwartet,

► sie wird primär für Handelszwecke gehalten,

► ihre Tilgung wird innerhalb von 12 Monaten nach dem Bilanzstichtag erwartet oder

► das Unternehmen hat kein uneingeschränktes Recht zur Verschiebung der Erfüllung der Verpflichtung um mindestens zwölf Monate nach dem Bilanzstichtag.

Alle anderen Schulden sind als **langfristig** einzustufen.

ABB. 33: Der Ansatz der Verbindlichkeiten	
HGB (§ 266 Abs. 3 HGB)	**IFRS (IAS 1)**
Bilanzierung bei einem verbrieften **Rückzahlungsanspruch** mit einer fest vereinbarten Laufzeit und Zinssatz werden als Verbindlichkeiten passiviert. Bei einem Kontrahenten steht zum Zeitpunkt der Einbringung in der Regel ein Forderungsanspruch in vergleichbarer Höhe gegenüber.	Bilanzierung bei allen originären und derivativen finanziellen Verbindlichkeiten des Unternehmens aus vergangenen Ereignissen, deren Tilgung zum Abfluss von Ressourcen führt sowie einen wirtschaftlichen Nutzen enthalten.
Vorgeschriebene Gliederung: C. Verbindlichkeiten 1. Anleihen, davon konvertibel; 2. Verbindlichkeiten gegenüber Kreditinstituten; 3. erhaltene Anzahlungen auf Bestellungen; 4. Verbindlichkeiten aus Lieferungen und Leistungen; 5. Verbindlichkeiten aus der Annahme gezogener Wechsel und der Ausstellung eigener Wechsel; 6. Verbindlichkeiten gegenüber verbundenen Unternehmen; 7. Verbindlichkeiten gegenüber verbundenen Unternehmen, mit denen ein Beteiligungsverhältnis besteht; 8. sonstige Verbindlichkeiten, davon aus Steuern, davon im Rahmen der sozialen Sicherheit.	IAS 1.68 nennt als **Mindestgliederung** für Verbindlichkeiten die folgenden Positionen, die weiter untergliedert sowie auch im Anhang umfangreicher dargestellt werden können: - Verbindlichkeiten aus Lieferungen und Leistungen und sonstige Verbindlichkeiten - Rückstellungen - Finanzielle Schulden - Steuerschulden/Steuererstattungsansprüche => Der Erstellungsspielraum ist wesentlich größer als beim handelsrechtlichen Ansatz nach § 266 Abs. 3 HGB.

Einzelne kurzfristige Schulden, wie Verbindlichkeiten aus Lieferungen und Leistungen sowie Rückstellungen für personalbezogene Aufwendungen und andere betriebliche Aufwendungen, bilden einen Teil des kurzfristigen Betriebskapitals, das im normalen Geschäftszyklus des Unternehmens gebraucht wird (*Working Capital*).

ABB. 34: Die Bewertung der Verbindlichkeiten	
HGB (§ 253 Abs. 1 Satz 2 HGB)	**IFRS**
Verbindlichkeiten sind zu ihrem Erfüllungsbetrag anzusetzen.	**Kurzfristige Verbindlichkeiten** sind mit dem Vereinnahmungsbetrag anzusetzen. **Langfristige Verbindlichkeiten** sind mit dem Zeitwert, ggf. mit dem Barwert anzusetzen.

Das Handelsrecht sieht nach § 251 unter dem Bilanzstrich den Ansatz von **Haftungsverhältnissen** vor, sofern diese nicht passiviert wurden, wie die Verbindlichkeiten aus Bürgschaften, aus Gewährleistungsverträgen sowie Haftungsverhältnisse aus der Bestellung von Sicherheiten für fremde Verbindlichkeiten. Nach IFRS sind die Darstellung einer Fristigkeit und der Gesamtbetrag der Verbindlichkeiten, die eine dingliche Sicherheit verlangen, im **Verbindlichkeitsspiegel** aufzuführen.

3.3.5 Passive Rechnungsabgrenzung

Analog zu den Aufwandspositionen, die auf der Aktivseite periodisch abgrenzt werden, sind nach § 250 Abs. 2 HGB Einnahmen vor dem Abschlussstichtag auf der Passivseite als Rechnungsabgrenzungsposten (Ausweis nach § 266 Abs. 3 HGB unter der Passivposition „D: Rechnungsabgrenzungsposten") auszuweisen, soweit diese einen Ertrag für eine bestimmte Zeit nach diesem Tag darstellen.

Die Neufassung des HGB sieht als neue letzte Position „E" der Passiva nach § 266 Abs. 3 HGB den offenen Ausweis **passiver latenter Steuern** vor.

Um zusammenfassend den bilanzpolitischen Spielraum bei der Erstellung eines Jahresabschlusses erfassen zu können, soll das nachfolgende Beispiel eine Hilfestellung bieten.

BEISPIEL: Der Steuerberater erstellt für ein Unternehmen eine vorläufige Bilanz, bei der die folgenden Positionen noch mit dem Geschäftsführer abgesprochen werden müssen. Aus bilanzpolitischen Überlegungen soll ein Bilanzansatz mit einem möglichst hohen und einer mit einem möglichst niedrigen Jahresergebnis entwickelt werden. Der vorläufige Jahresüberschuss beträgt 200 T€.

(1) Das Unternehmen hat Forschungskosten in Höhe von 80.000 € in der Finanzbuchhaltung erfasst.

(2) Zu Beginn des Geschäftsjahres wird ein Patent zu einem Preis von 70.000 € erworben. Es hat sich aber im Laufe des Jahres herausgestellt, dass dieses nicht in Wert gesetzt werden kann.

(3) Für Sanierungsarbeiten am Firmengebäude wurden 100.000 € ausgegeben. Mit der Finanzverwaltung wird ein Briefwechsel geführt, ob es sich um einen Herstellungs- oder Erhaltungsaufwand handelt. Unter Zugrundelegung einer 10-jährigen Nutzungsdauer sollen alternativ beide Varianten angesetzt werden.

(4) Unter der Position Finanzanlagen sind 1.000 Aktien (Anschaffungspreis pro Aktie 70 €) mit einem Kurs von 60 € pro Aktie gebucht. Der aktuelle Börsenkurs zum 31.12. liegt bei 90 €.

(5) Zu Beginn des Jahres wird ein Darlehen in Höhe von 300.000 € und einer Laufzeit von 10 Jahren aufgenommen, welches mit einem Damnum in Höhe von 10 % versehen ist.

Wie groß ist die Differenz zwischen der Aktivierung zum Höchst- bzw. zum Tiefstwert und wie wirkt sich die Bilanzpolitik auf die Möglichkeiten der Ausschüttung aus?

LÖSUNG:

(1) Ansatzverbot (§ 255 Abs. 2 Satz 4 HGB);

(2) Außerplanmäßige Abschreibung mit 70 T€ (§ 253 Abs. 2 Satz 3 HGB);

(3) Werterhöhende Maßnahme (§ 255 Abs. 2 Satz 1 HGB): Aktivierung 100 T€ und Abschreibung 10 T€, werterhaltende Maßnahme: Abschreibung 100 T€;

(4) Zuschreibung mit 10 T€ bis zu den Anschaffungskosten (§ 253 Abs. 5 Satz 1 HGB);

(5) Aktivierung als Aktive Rechnungsabgrenzung mit 30 T€ und Abschreibung 3 T€ (§ 250 Abs. 3 HGB) bzw. vollständige Abschreibung mit 30 T€.

Hoher Jahresüberschuss: 200 T€ + 0 T€ (1) - 70 T€ (2) -10 T€ (3) + 10 T€ (4) - 3 T€ (5) = 127 T€

Restriktiver Jahresüberschuss: 200 T€ + 0 T€ (1) - 70 T€ (2) - 100 T€ (3) + 10 T€ (4) - 30 T€ = 10 T€

Da der handelsrechtliche Abschluss die Basis für die Gewinnausschüttung darstellt, kann bei weniger Aktivierungsvolumen und daraus folgenden höheren Abschreibungen für das Geschäftsjahr entsprechend weniger an die Gesellschafter ausgeschüttet werden.

3.4 Gewinn- und Verlustrechnung

Werden insgesamt die Vermögens- und Kapitalbestände der Bilanz jedes Jahr fortgeschrieben, sind die Erfolge in der Gewinn- und Verlustrechnung nur für ein Geschäftsjahr zu erfassen und deren Saldo am Jahresende mit dem bilanzierten Eigenkapital gegenzubuchen. Die GuV-Rechnung wird bei der Aufstellung nicht in Kontenform wie die Bilanz, sondern in der **Staffelform** geführt. Für die Erfolgsanalyse hat das den Vorteil, dass Zwischenergebnisse als Erfolgsgrößen herangezogen werden können.

ABB. 35: Die Ansätze in der Gewinn- und Erfolgsrechnung	
HGB (§ 275 HGB)	**IFRS (IAS 1)**
Umsatzkostenverfahren (§ 275 Abs. 3 HGB); **Gesamtkostenverfahren** (§ 275 Abs. 2 HGB)	Mindestausweis (IAS 1.81)
	Umsatzkostenverfahren (IAS 1.92)
1. Umsatzerlöse	**Gesamtkostenverfahren** (IAS 1.91)
2. Erhöhung oder Verminderung des Bestands an fertigen und unfertigen Erzeugnissen	- Umsatzerlöse (IAS 18)
	- Sonstige Erträge
	- Erzeugnisbestandsveränderungen
3. andere aktivierte Eigenleistungen	- Aufwendungen für Roh-, Hilfs- und Betriebsstoffe
4. sonstige betriebliche Erträge	- Zuwendungen an Arbeitnehmer
= Gesamtleistung	- Aufwand für planmäßige Abschreibungen
5. Materialaufwand	- Andere Aufwendungen
6. Personalaufwand	- Gesamtaufwand
7. Abschreibungen	- Gewinn
8. sonstige betriebliche Aufwendungen	
= **Betriebsergebnis (EBIT)**	
9. Erträge aus Beteiligungen	
10. Erträge aus anderen Wertpapieren und Ausleihungen des Finanzanlagevermögens	
11. sonstige Zinsen und Erträge	
12. Abschreibungen auf Finanzanlagen und auf Wertpapiere des Umlaufvermögens	
13. Zinsen und ähnliche Aufwendungen	
= **Finanzergebnis**	
14. **Ergebnis der gewöhnlichen Geschäftstätigkeit (EGT)**	
15. außerordentliche Erträge	
16. außerordentliche Aufwendungen	
17. außerordentliches Ergebnis	
18. Steuern vom Einkommen und vom Ertrag	
19. sonstige Steuern	
20. Jahresüberschuss/Jahresfehlbetrag	

Veränderungen der Kapital- und Gewinn-rücklagen dürfen erst nach dem Jahresüber-schuss/Jahresfehlbetrag ausgewiesen wer-den (§ 275 Abs. 4 HGB), deren Segmentierung auch für die GmbH dem § 158 Abs. 1 AktG entnommen werden kann (vgl. S. 73).	

Das **Gesamtkostenverfahren**, welches, im Gegensatz zum angelsächsischen Wirtschaftsraum, in Deutschland und Österreich mehrheitlich von den Unternehmen verwendet wird, ist nach einzelnen Aufwandsarten gegliedert, die zu Zwischenergebnissen zusammengefasst werden können. Das **Betriebsergebnis** sind die bei der Leistungserstellung des Unternehmens regelmäßig anfallenden Aufwendungen und Erträge, die bei der Erzeugung und dem Vertrieb der dem Geschäftszweck dienenden Produkte und Dienstleistungen anfallen. Diesem abgegrenzt wird das **Finanzergebnis**, welches ausschließlich die Erlöse und Aufwendungen der Finanzierungs- und Kapitalanlagetätigkeit zum Ausdruck bringt. Bei eigentümergeführten Unternehmen sind in diesem insbesondere die Fremdkapitalzinsen von Bedeutung

Eine Besonderheit ist das **außerordentliche Ergebnis**, welches nach § 277 Abs. 4 HGB außergewöhnliche Ereignisse erfasst. Beispiele wären aufwandswirksame Naturkatastrophen, Zerstörung des Anlagevermögens oder der Lagerbestände sowie seltene Geschäftsfälle wie Verkäufe von Teilbetrieben oder Sanierungsvorgänge. Werden aber Vermögensgegenstände vor Ablauf der Abschreibungsdauer unter dem Buchwert verkauft, ist das der gewöhnlichen Geschäftstätigkeit zuzuordnen und demzufolge als „Verluste aus dem Abgang von Vermögensgegenständen" zu buchen, die der Position „sonstige betriebliche Aufwendungen" subsumiert werden. In der Rechnungslegung nach IFRS wird das außerordentliche Ergebnis nicht gesondert dargestellt.

3.4.1 Erfassen von Erlösen

Nach IAS 18.18 werden Erlöse nur dann gebucht, wenn es hinreichend wahrscheinlich ist, dass dem Unternehmen der mit dem Geschäft verbundene **wirtschaftliche Nutzen** zufließt. Dies kann dann zweifelhaft sein, wenn geliefert oder geleistet wird, obwohl der Kunde im Lieferzeitpunkt von einer Zahlungsunfähigkeit bedroht ist. Auch kann es zweifelhaft sein, wenn der Verkauf mit dem Recht der Rückgabe verbunden ist, wie es im Einzelhandel sehr häufig vorkommt. In derartigen Fällen muss der Verkäufer die „drohenden Rücknahmen" verlässlich schätzen und auf der Basis früherer Erfahrungen sowie anderer Einflussfaktoren eine entsprechende Schuld passivieren (IAS 18.17).

ABB. 36:	Das Erfassen von Erlösen
HGB (§ 277 Abs. 1 HGB)	**IFRS (IAS 18)**
Als **Umsatzerlöse** sind die Erlöse aus dem Verkauf und der Vermietung oder Verpachtung von für die gewöhnliche Geschäftätigkeit typischen Erzeugnissen und Waren und Dienstleistungen nach Abzug von Erlösschmälerungen und der Umsatzsteuer auszuweisen. Nach dem Vorsichtsprinzip in der Auslegung des **Realisationsprinzips** (§ 252 Abs. 1 Satz 4 HGB) dürfen Erlöse nur gebucht, wenn diese auch realisiert wurden. Erträge aus Lieferungen und Leistungen bzw. **Umsatzerlöse** sind als realisiert anzusehen, wenn der Lieferant den betreffenden Vermögensgegenstand vertragsmäßig übergeben hat, die Gefahr übergegangen und dadurch ein Anspruch auf Gegenleistung entstanden ist. **Zinserträge** aus festverzinslichen Wertpapieren werden unabhängig vom Zeitpunkt ihrer Fälligkeit erfasst. Ansprüche aus **Gewinnbeteiligungen** an Kapitalgesellschaften oder aus Gewinnabführungsverträgen gelten grundsätzlich im Zeitpunkt des Beschlusses als realisiert.	**Erlöse aus dem Verkauf von Gütern** sind zu erfassen, wenn die folgenden Kriterien erfüllt sind (IAS 18.14): ► das Unternehmen hat die maßgeblichen Risiken und Chancen, die mit dem Eigentum der verkauften Waren und Erzeugnisse verbunden sind, auf den Käufer übertragen; ► dem Unternehmen verbleibt weder ein weiter bestehendes Verfügungsrecht, wie es gewöhnlich mit Eigentum verbunden ist, noch eine wirksame Verfügungsmacht über die verkauften Waren und Erzeugnisse; ► die Höhe der Erlöse kann verlässlich bestimmt werden; ► es ist hinreichend wahrscheinlich, dass dem Unternehmen der wirtschaftliche Nutzen aus dem Verkauf zufließen wird und ► die im Zusammenhang mit dem Verkauf angefallenen oder noch anfallenden Kosten können verlässlich bestimmt werden. **Erlöse aus dem Erbringen von Dienstleistungen** müssen auch verlässlich bestimmt werden können (IAS 18.20). **Erlöse aus Zinsen, Nutzungsentgelte und Dividenden** sind wie folgt zu erfassen (IAS 18.30): ► Zinsen sind unter Anwendung der Effektivzinsmethode zu erfassen; ► Nutzungsentgelte sind periodengerecht in Übereinstimmung mit den Bestimmungen des zugrundeliegenden Vertrages zu erfassen und ► Dividenden sind mit der Entstehung des Rechtsanspruches auf Zahlung zu erfassen.

Darüber hinaus sind nach IAS 1.87a-g in der GuV-Rechnung oder im **Anhang** die Informationen wie außerplanmäßige Abschreibungen und Wertaufholung der Sachanlagen und Vorräte, Restrukturierungsaufwand und Restrukturierungsrückstellungen, Veräußerung von Sach- und Finanzanlagen, aufgegebene Geschäftsbereiche, Beendigung von Rechtsstreitigkeiten sowie sonstige Auflösungen von Rückstellungen darzustellen, die größtenteils auch im § 277 HGB erfasst sind.

3.4.2 Segmentberichterstattung

Unternehmen, die an einem nach § 2 Abs. 5 WpHG organisierten Markt, wie beispielsweise die Börse, notiert sind, müssen innerhalb eines Konzernabschlusses eine **Segmentberichterstattung** aufstellen (§ 297 Abs. 1 HGB). Die Zielsetzung besteht darin, Grundsätze zur Darstellung von Finanzinformationen nach Segmenten (Informationen über die unterschiedlichen Arten von Produkten und Dienstleistungen, die ein Unternehmen produziert und anbietet, und die unterschiedlichen geographischen Regionen, in denen es Geschäfte tätigt) aufzustellen, um für den Adressaten die Transparenz zu erhöhen.

Nach IAS 14.9 ist ein **Geschäftssegment** eine unterscheidbare Teilaktivität eines Unternehmens, die sich von anderen unterscheiden lassen, während ein **geografisches Segment** eine unterscheidbare Teilaktivität innerhalb eines spezifischen wirtschaftlichen Umfeldes erbringt. Beide liefern als organisatorische Einheiten Informationen an die Mitglieder der Geschäftsleitung (IAS 14.31). Ein als berichtpflichtiges Segment wird bestimmt, wenn ein Großteil seiner Erlöse aus den Verkäufen an externe Kunden erworben wurde und seine Erlöse aus Verkäufen an externe Kunden und von Transaktionen mit anderen Segmenten 10 % oder mehr der gesamten externen und internen Erlöse aller Segmente ausmachen (IAS 14.35). Darüber hinaus ist neben dem Gesamtergebnis auch das Ergebnis der am Haftungskapital verbrieften Anteile für den Konzern zu bestimmen.

3.4.3 Ergebnis je Aktie

Ein Ausweis für das Ergebnis je Aktie ist für Unternehmen verpflichtend, deren Stammaktien oder potentielle Stammaktien öffentlich gehandelt werden (IAS 33.2), also nach § 2 Abs. 1 WpHG zu einem geregelten Markt zugelassen sind (IAS-VO.A4). Das **unverwässerte Ergebnis** je Aktie ist nach IAS 33.9 ff. der Quotient des den **Stammaktionären** des Mutterunternehmens zurechenbare Ergebnisses (Jahresüberschuss im Zähler) durch die gewichtete durchschnittliche Anzahl im Umlauf befindlichen Stammaktien (Nenner). Dieses drückt die Ertragskraft des Unternehmens während des Betrachtungszeitraumes aus. Demgegenüber ist das **verwässerte Ergebnis** je Aktie das nach IAS 33.30 ff. ermittelte Ergebnis, welches im Nenner die Anzahl der Stammaktien um die Wirkung sämtlicher **potentieller Stammaktien** (beispielsweise aus der Emission von Wandelschuldverschreibungen oder Optionsanleihen) kürzt. Rechnerisch werden sämtliche potentiellen Stammaktien in Stammaktien umgewandelt, bei denen ein Minderungseffekt für das Ergebnis je Aktie eintritt (IAS 33.41).

Das **nachhaltige Ergebnis** je Aktie wird unter Zugrundelegung des „bereinigten" Ergebnisses berechnet, welches die eigentliche Ausschüttungsgröße darstellt. Bereinigte oder adjustierte Erfolgsgrößen berücksichtigen die **neutralen Erfolgsgrößen** sowie mögliche kalkulatorischen Kosten. Bei börsennotierten Unternehmen sind das im Wesentlichen Abschreibungen auf immaterielle Vermögenswerte, Restrukturierungsaufwendungen und Erträge aus der Veräußerung von Vermögensgegenständen (Vgl. Kap. F.2.1. ff.). Der **durchschnittliche Marktpreis** je Aktie wird in der Regel aus dem einfachen Durchschnitt der wöchentlichen oder monatlichen Kursen gerechnet (IAS 33.A4). Sind die Schlusskurse allerdings sehr volatil, wird der Durchschnitt aus den Höchst- und Tiefstkursen gebildet (IAS 33.A5). In Beziehung gesetzt mit der ausgeschütteten Dividende wird für die Aktionäre die sog. **Dividendenrendite** veröffentlicht, die eine Vergleichbarkeit mit anderen an der Börse notierten Gesellschaften zulässt.

3.5 Anhang und Lagebericht

Nach § 284 Abs. 1 HGB werden diejenigen Angaben in einem **Anhang** aufgenommen, die zu den einzelnen Posten der Bilanz oder der Gewinn- und Verlustrechnung gerade im Zusammenhang mit der Ausübung von Wahlrechten verpflichtend dazugehören. In einem Jahresabschluss sind die Bilanz-, die Gewinn- und Verlustrechnung sowie die darauf angewandten Bilanzierungs- und Bewertungsmethoden so zu erläutern, dass ein möglichst getreues Bild der Vermögens-, Finanz- und Ertragslage des Unternehmens vermittelt wird. Für die Rechnungslegung nach IFRS (IAS 1.74 ff.) nimmt der Anhang einen wesentlich größeren Stellenwert als im Handels- und Steuerrecht ein, da alternativ dem Ausweis in der Bilanz und in der GuV-Rechnung nicht nur ergänzende, sondern auch wesentliche Informationen im Anhang enthalten sein können. Demzufolge sind insbesondere im Zusammenhang mit der Erstellung von Plan-Jahresabschlüssen, die zur internen Steuerung von Unternehmen herangezogen werden, entsprechend detaillierte Informationen bereitzustellen. Die **grundsätzlichen Angaben** sind nach IAS 1.103 ff. in der ABB. 37 erfasst.

ABB. 37:	Die Angaben im Anhang

IFRS (IAS 1.103 ff. und 125)

Angaben wie

►   Bilanzierungs- und Bewertungsmethoden,

►   alle Informationen, die nicht in der Bilanz, der GuV-Rechnung, der Eigenkapitalveränderungsrechnung oder Kapitalflussrechnung ausgewiesen sind,

►   Eventualschulden und nicht bilanzierte vertragliche Verpflichtungen,

►   nicht finanzielle Angaben, Risikomanagementziele des Unternehmens sowie

►   Dividendenzahlungen an die Anteilseigner

HGB (§§ 284 Abs. 2 und 285 HGB)

Angaben wie

►   Angewandte Bilanzierungs- und Bewertungsmethoden sowie deren Abweichungen,

►   Methode und Dauer der Abschreibung,

►   Angewandte Bewertungsvereinfachungsverfahren für das Umlaufvermögen,

►   Möglicher Ansatz von Fremdkapitalzinsen innerhalb der Herstellungskosten,

►   Verbindlichkeitsspiegel, sonstige finanzielle Verpflichtungen sowie die Kreditbesicherung,

►   Umsatzerlöse nach Tätigkeitsbereichen sowie nach geographisch bestimmten Märkten,

►   Einflussnahme steuerlicher Abschreibungen oder Sonderposten mit Rücklageanteil auf das Jahresergebnis (§ 285 Nr. 5 HGB ist nach BilMoG gestrichen),

►   Mögliche Ergebnisbelastung aufgrund von Einkommensteuern,

►   Anzahl der Mitarbeiter,

►   Mitglieder Geschäftsleitung und der Aufsichtsgremien,

►   Gesamtbezüge der Organmitglieder,

►   Unternehmen, bei denen eine mindestens 20 %ige Beteiligung besteht,

►   Rückstellungsspiegel,

►   Gründe für die planmäßige Abschreibung des eines derivativen Firmenwertes bzw. *„Gründe, welche die Annahme einer betrieblichen Nutzungsdauer eines entgeltlich erworbenen Geschäfts- oder Firmenwertes von mehr als fünf Jahren rechtfertigen"* (§ 285 Nr. 13 HGB)

►   Name und Sitz des Mutterunternehmens,

►   Gesamthonorar Abschlussprüfer,

►   Gründe für das Unterbleiben einer außerplanmäßigen Abschreibung bei Finanzanlagen,

►   nicht zum beizulegenden Zeitwert bilanzierte Derivate und andere Finanzinstrumente,

►   Nicht zu marktüblichen Bedingungen zustande gekommenen Geschäfte,

►   *„im Falle der Aktivierung der Gesamtbetrag der Forschungs- und Entwicklungskosten des Geschäftsjahres sowie der davon auf die selbst geschaffenen immateriellen Vermögensgegenstände des Anlagevermögens entfallende Betrag"* (§ 285 Nr. 22 HGB) sowie

►   versicherungsmathematische Berechnungsverfahren für Pensionsrückstellungen.

Herauszustellen wären auch die sich aus dem § 268 HGB zu entnehmenden Vorschriften zu einzelnen Bilanzpositionen wie ein mögliches **negatives Eigenkapital**, Gründe für den Ausweis von **Rechnungsabgrenzungsposten** oder auch sonstiger **Haftungsverhältnisse**, die nicht bilanziert sind, sondern ausschließlich unter dem Bilanzstrich vermerkt werden, wie die möglichen Verpflichtungen aus Bürgschaftsverhältnissen. Wurde dem Unternehmen ein **Mezzanine-Kapital** in Form einer stillen Beteiligung oder eines nachrangigen Darlehens eingeräumt, so ist auch dieses in einem Anhang darzustellen. In älteren Bilanzen könnte auch noch die Position „Aufwendungen für die Ingangsetzung und Erweiterung des Geschäftsbetriebs" gebucht und erläutert werden.

In einem **Lagebericht** sind nach § 289 HGB der Geschäftsverlauf und die Lage des Unternehmens so darzustellen, um unabhängig von den handels- und steuerrechtlichen Ansatzprinzipien ein möglichst getreues Bild der Vermögens-, Finanz- und Ertragslage vermitteln zu können. In einem Bericht zum Jahresabschluss empfiehlt es sich, auf der Basis von Kennzahlen eine Bilanz- und Erfolgsanalyse durchzuführen, die auf der Grundlage **bereinigter Erfolgsgrößen** das nachhaltige Ergebnis für die Kapitalgeber aufzeigen kann. Verpflichtend für eine Kapitalgesellschaft sind die Vorgänge von besonderer Bedeutung, die nach dem Schluss des Geschäftsjahres eingetreten sind, die voraussichtliche Entwicklung des Unternehmens, der Bereich Forschung und Entwicklung sowie die bestehenden Zweigniederlassungen der Gesellschaft. IAS 1.9 konstatiert einen vom „Management erstellten **Bericht über die Unternehmenslage**" mit den Themen Hauptfaktoren und Einflüsse, welche die Ertragskraft bestimmen, einschließlich Veränderungen des Umfelds, Investitionspolitik, Finanzierungsquellen und Zielverschuldungsgrad sowie nicht in der Bilanz ausgewiesene Ressourcen.

FALL „FINANZBUCHHALTUNG" (FORTSETZUNG):

Die **Bilanz** eines Unternehmens zeigt mit der Darstellung der periodischen Fortführung der Vermögens- und Kapitalverhältnisse die Mittelherkunft einzelner Kapitalgebergruppen und die Mittelverwendung in einzelne Investitionsarten. Eine besondere Bedeutung hat das Haftungskapital als die Summe der ihm zugeordneten Passivpositionen zuzüglich der stillen Reserven als die Differenz der bilanzierten Buchwerte und tatsächlichen Marktwerte. Es wird wesentlich über die unternehmensindividuelle Bilanzierungs- und auch Ausschüttungspolitik bestimmt. Der Ansatz von stillen Reserven ist aber auch für die Jahresabschlussanalyse nur zu rechtfertigen, wenn diese fundiert nachgewiesen werden können.

Eine nach Branche und Umsatzgröße ausreichende Größe mit Haftungskapital stellt gerade in Zeiten nachlassender Erträge einen Stabilisierungsfaktor für das Unternehmen dar. In der Regel sind aber insbesondere bei inhabergeführten Unternehmen die Fremd- und Eigenkapitalpositionen nur sehr bedingt austauschbar. Die **Gewinn- und Verlustrechnung** als die Erfolgsrechnung ist eine Gegenüberstellung der gesamten im Unternehmen erfassten Ertrags- und Aufwandspositionen, die jedes Geschäftsjahr anhand der gebuchten Geschäftsfälle neu bestimmt wird. Für die Veröffentlichung ist im Gegensatz zur Bilanz (§ 266 Abs. 1 HGB) nicht die **Konten-**, sondern die **Staffelform** verpflichtend (§ 275 Abs. 1 HGB), welche die erfassten Positionen addiert.

In der folgenden Darstellung soll ein vollständiger handelsrechtlicher Jahresabschluss dargestellt werden. Um den Zusammenhang zu den bisherigen Ausführungen zu gewährleisten, werden die abschließenden Daten des **Fallbeispiels „Finanzbuchhaltung"** (vgl. Kap. B.2.5) mit in das Schema aufgenommen. Entsprechende nicht gebuchte Positionen werden in der Abb. 38 mit Null in Ansatz gebracht. Erfasst werden soll darüber hinaus ein diversifizierter Eigenkapitalausweis, wie er für Kapitalgesellschaften verpflichtend ist.

ABB. 38:	Die Bilanzgliederung für kleine Kapitalgesellschaften		
Aktiva	(T€)	**Passiva**	(T€)
A. Anlagevermögen		**A. Eigenkapital**	
I. Immaterielle Vermögensgegenstände	0	I. Stammkapital (GmbH)	49
II. Sachanlagen	38	II. Kapitalrücklage	0
III. Finanzanlagen	0	III. Gewinnrücklagen	27
B. Umlaufvermögen		IV. Gewinnvortrag	1
I. Vorräte	10	V. Bilanzgewinn	6
II. Forderungen und sonstige Vermögensgegenstände	62	**B. Rückstellungen**	0
		C. Verbindlichkeiten	
III. Wertpapiere	0	I. Bankverbindlichkeiten	20
IV. Kassenbestand und Bankguthaben	5	II. Verbindlichkeiten aus Lieferungen und Leistungen	6
C. Rechnungsabgrenzungsposten	0	III. Sonstige Verbindlichkeiten	6
D. Aktive latente Steuern	0	**D. Rechnungsabgrenzungsposten**	0
E. Aktiver Unterschiedsbetrag aus der Vermögensverrechnung	0	**E. Passive latente Steuern**	0
Bilanzsumme	115	Bilanzsumme	115

Da aufgrund der Übersichtlichkeit nicht alle Positionen einzeln erfasst werden, sind diese in die nach § 266 HGB vorgesehenen Bilanzposten zusammenzufassen. Auf der **Aktiva** sind die Vermögensgegenstände Grundstücke 20.000 €, Geschäftsausstattung 6.000 € und Pkw 12.000 € gebucht, die das Sachanlagevermögen mit 38.000 € bilden. Die Vorräte in Höhe von 9.905 € setzen sich auch dem Heizöl- mit 2.475 € und dem Handelswarenvorrat mit 7.430 € zusammen. Komplettiert wird das Umlaufvermögen mit den Forderungen aus Lieferungen und Leistungen in Höhe von 61.992 € sowie mit dem Posten Kassenbestand und Bankguthaben in Höhe von 5.293 €. Das auf der **Passiva** gebuchte Eigenkapital in Höhe von 82.984 € soll, wie es bei einer Kapitalgesellschaft üblich ist, in die einzelnen Posten nach § 266 Abs. 3 HGB sowie 158 Abs. 1 AktG segmentiert werden.

Der guten Ordnung halber ist anzumerken, dass sich die Strukturierung und die Beträge des **Eigenkapitals** der Positionen Stammkapital, Gewinnrücklagen, Gewinnvortrag und Bilanzgewinn nicht aus den obigen Buchungen bzw. Geschäftsfällen ergeben, sondern in einer Gesellschafterversammlung anhand der jeweiligen Präferenzen der Eigentümer bezüglich Gewinnthesaurierung und Ausschüttung festgelegt worden sind. Dem vorhandenen ursprünglichen Stammkapital in Höhe von 40 T€ wurden 9 T€ (10 T€ Kapitalerhöhung abzgl. 1 T€ Privatentnahme) über eine Kapitalerhöhung zugeführt.

Beschlossen wird, dass vom Jahresüberschuss (31.984 €) 25.000 € dem Eigenkapital als weitere Gewinnrücklagen zugeführt werden (Gewinnthesaurierung als Innenfinanzierung) und demzufolge in liquider Form dem Unternehmen für Investitionen erhalten bleiben, während 6.000 € den Eigentümern ausgeschüttet werden, was einen Liquiditätsentzug im Folgejahr bedeutet. 984 € werden auf neue Rechnung vorgetragen. Das **Fremdkapital** setzt sich aus den gebuchten

Darlehen mit 20.000 € als Bankverbindlichkeiten, den Verbindlichkeiten aus Lieferungen und Leistungen mit 6.307 € sowie den sonstigen Verbindlichkeiten, bestehend aus der Zahllast (Verbindlichkeiten gegenüber dem Finanzamt) in Höhe von 5.899 €, zusammen. Die Gewinn- und Verlustrechnung wird nach § 275 Abs. 2 HGB nach dem „**Gesamtkostenverfahren**" (in €) gegliedert dargestellt.

ABB. 39:	Die Gewinn- und Verlustrechnung in Staffelform	
1.	Umsatzerlöse	100.250
2.-4.	Erhöhung und Verminderung des Bestands an fertigen und unfertigen Erzeugnissen, andere aktivierte Eigenleistungen sowie sonstige betriebliche Erträge	0
= Gesamtleistung		**100.250**
5.	Materialaufwand	22.915
6.	Personalaufwand	30.420
7.	Abschreibung	8.000
8.	sonstige betriebliche Aufwendungen	6.931
= Betriebsergebnis (EBIT)		**31.984**
9.-13.	Finanzergebnis	0
14.	**Ergebnis der gewöhnlichen Geschäftätigkeit (EGT)**	**31.984**
15.-17.	außerordentliches Ergebnis	0
18.-19	Steuern vom Einkommen und vom Ertrag sowie sonstige Steuern	0
20.	**Jahresüberschuss**	**31.984**
21.	Einstellung in Gewinnrücklagen	25.000
22.	Einstellung in Gewinnvortrag	984
23.	**Bilanzgewinn**	**6.000**

Der Materialaufwand in Höhe von 22.915 € setzt sich aus dem Handelswaren- (22.290 €) und dem Heizölverbrauch (625 €) zusammen. Unter die sonstigen betrieblichen Aufwendungen werden die Instandhaltung durch Dritte (2.550 €), die Miete (4.200 €) sowie das Büromaterial (181 €) subsumiert. Für den Ausweis des Gewinns als die ausschüttungsfähige Größe wurden die stillen Reserven über die Abschreibungen berücksichtigt. Das **Fallbeispiel „Finanzbuchhaltung"** wird im Kapitel C.3 „Kennzahlenanalyse" fortgesetzt.

Die nach dem Handelsgesetzbuch § 252 Abs. 1 Nr. 4 über das **Vorsichtsprinzip** in der Ausprägung des **Realisations- und des Imparitätsprinzips** artikulierte gesetzliche Vorgabe des Bewertungsansatzes erlaubt nicht nur, sondern fördert auch, im Interesse der Gläubiger, die Möglichkeit zur Bildung stiller Reserven. Da der Erfolgsausweis noch nicht realisierter Gewinne unterbleibt, doch auch schon drohende Verluste mit entsprechenden Abschreibungen bzw. Rückstellungen zum Ansatz gebracht werden müssen, ist eine realitätsnahe Darstellung der Unternehmenssachverhalte nicht immer gewährleistet. Unter dem Primat des **Niederst- bzw. Höchstwertprinzips** wird der Gewinnausweis entsprechend deutlich reduziert, sodass über die damit verbundene geringere Ausschüttungsmöglichkeit an die Eigentümer die liquiden Mittel im Unternehmen gehalten werden und demzufolge monetäre Freiräume zur Investition in renditeträchtige Objekte offen gehalten werden, die ihrerseits zu einer künftigen Wertsteigerung des Unternehmens beitragen.

Zusammenfassend lässt sich konstatieren, dass ein **controllingorientiertes Finanz- und Rechnungswesensystem**, welches in den Folgekapiteln entwickelt wird, im Wesentlichen der Tatsache entgegenwirkt, dass der Jahresabschluss auf der Basis des Handelsgesetzbuches (HGB) von
der Realität abweichende Größenordnungen vermittelt und damit für operative Entscheidungen
und Zielvorgaben nur sehr eingeschränkt zu verwenden ist.

LITERATURHINWEISE:

Auer, K., Buchhaltung – Bilanzierung – Analyse, Schritt für Schritt zu Bilanz, GuV und Kapitalflussrechnung, Wien 2005.

Auer, K., Internationale Rechnungslegung IAS/IFRS Kompakt, Vergleich IAS/IFRS – HGB, Analyse,
Beispiele, Wien 2003.

Blödtner, W./Bilke, K./Heining, R., Lehrbuch Buchführung und Bilanzsteuerrecht, Herne 2009.

Bundesrat, Gesetzesbeschluss des Deutschen Bundestages, Gesetz zur Modernisierung des Bilanzrechts (Bilanzrechtsmodernisierungsgesetz BilMoG) vom 27. 3. 2009, Drucksache 270/09,
Köln 2009.

Coenenberg, A./Haller, A./Schultze, W., Jahresabschluss und Jahresabschlussanalyse, Betriebswirtschaftliche, handelsrechtliche, steuerrechtliche und internationale Grundsätze – HGB, IFRS
und US-GAAP, Stuttgart 2009.

DATEV AG, DATEV-Kontenrahmen, Standardkontenrahmen nach dem Bilanzrichtlinien-Gesetz,
Standardkontenrahmen (SKR) 03, gültig ab 2009, Nürnberg 2009.

DATEV AG, Kontenrahmenbeschreibung 2009, SKR 03, Finanzbuchhaltung, Nürnberg 2009.

Ditges, J./Arendt, U., Internationale Rechnungslegung nach IFRS, Ludwigshafen 2006.

Hoffmann, W./Lüdenbach, N., IAS/IFRS-Texte, Herne 2009.

Hufnagel, W./Holdt, W., Einführung in die Buchführung und Bilanzierung, Herne 2009.

Kirsch, H., Einführung in die internationale Rechnungslegung nach IFRS, Herne 2009.

Meyer, C., Bilanzierung nach Handels- und Steuerrecht, unter Einschluss der Konzernrechnungslegung und der internationalen Rechnungslegung, Herne 2009.

Pellens, B./Fülbier, R.U./Gassen, J., Internationale Rechnungslegung, IFRS 1 bis 7, IAS 1 bis 41,
IFRIC-Interpretationen, Standardentwürfe mit Beispielen, Aufgaben und Fallstudie, Stuttgart
2008.

Schildbach, T., Der handelsrechtliche Jahresabschluss, Herne 2004.

Schneider, W./Grohmann-Steiger, C., Einführung in die Buchhaltung im Selbststudium, Band I, Informationsteil, Wien 2008.

Theile, C., Bilanzrechtsmodernisierungsgesetz, Herne 2009.

Wagenhofer, A., Bilanzierung & Bilanzanalyse, Eine Einführung, Wien 2008.

Weber, P./Weidenbach-Koschnike, K., IFRS für den Mittelstand, Ein praxisgerechter Extrakt aus
der Vielzahl von Richtlinien, Controller Magazin, Jg. 31, H. 6, S. 554 - 558, 2006.

Wienerberger, Geschäftsbericht 2007, Wien 2008.

C. Jahresabschlussanalyse

LERNZIEL

Aus der Sicht eines Investors sollen auf der Basis einer Kennzahlenanalyse die wichtigsten Informationen in Bezug auf die Vermögens-, die Finanz- und die Erfolgsstruktur aus einem Jahresabschluss herausgearbeitet werden sowie der Geschäftsverlauf kritisch hinterfragt werden können. Im Zusammenhang mit den Bonitätskriterien anhand von Basel II und dem renditeorientierten Denken der Eigentümer werden Gewinngrößen sowie Rentabilitätskennzahlen aus dem Jahresabschluss berechnet, um auch das sachgerechte Lesen eines Geschäftsberichts börsennotierter Unternehmen zu gewährleisten.

Inhalt: Jahresabschlussanalyse mit Hilfe eines Kennzahlensystems, Vermögens- und Kapitalstruktur, Zahlungsströme und Liquidität, Gewinngrößen, Rentabilitätskennzahlen sowie Benchmarkgrößen. Wertorientierte Konzepte, die auch im Zusammenhang mit der Bilanzpolitik und Bilanzanalyse diskutiert werden, sind Gegenstand des Kapitels Wertmanagement.

Die praktische Tätigkeit in den Unternehmen verdeutlicht sehr häufig, dass das Arbeiten mit fünf bis zehn gut ausgewählten controllingorientierten **Leistungskennzahlen** in der Regel ausreichend ist. Das Unternehmensmanagement ist gut beraten, die Auswahl und Definition der verwendeten Kennzahlen von den Ergebnissen einer vorangestellten und immer wieder neu angepassten Unternehmensanalyse abhängig zu machen. Im Sinne einer Eigenreflexion impliziert dieses Vorgehen eine „nach innen Schau", welche die Stärken und Schwächen des Unternehmens aufspüren soll. Die in der Betriebswirtschaftslehre aufgegriffene „**SWOT-Analyse**" (vgl. Kap. F.1.1) segmentiert Stärken (*Strongness*) und Schwächen (*Weakness*) zum internen Bereich des Unternehmens, während die Chancen (*Opportunities*) und Risiken (*Threats*) sich auf externe Gegebenheiten bzw. auf die Veränderungen der Umfeldsituation des Unternehmens beziehen. Die Sicherung einer nachhaltigen Unternehmensexistenz macht es für das Management erforderlich, die stetigen Umfeldbedingungen aufzuspüren und Maßnahmen für eine erforderliche Positionierung zu entwickeln.

1. Umfeldanalyse

Das Aufgreifen der eher makroorientierten Gegebenheiten und die Analyse der Umfeldsituation unter besonderer Berücksichtigung der jeweiligen Schlussfolgerungen daraus sind ein unverzichtbarer Bestandteil des unternehmerischen Handelns. Gerade in käuferdominierten Märken leistet die Umfeldanalyse das Erkennen der eigenen Positionierung. Von Nutzen sind hierfür strategische Frühaufklärungssysteme, Netzwerk- und Szenariotechniken. Das Erkennen und Herausarbeiten von Technologievorsprüngen der Mitbewerber ist genauso wichtig wie die Analyse und Einschätzung der politischen, rechtlichen sowie ökonomischen Rahmenbedingungen. Das **Chancen- und Risikopotential** kann nur im Zusammenhang mit der Fähigkeit zur Bewältigung der Umweltherausforderungen definiert werden. Die **Marktanalyse** erfasst den Ist-Zustand in Bezug auf Volumen, Segmentierung und Wachstum. Bevor aber echte operative Absatzziele formuliert werden können, müssen auch Daten über die Marktteilnehmer und deren Segmentierung, der Kundenstruktur sowie der Absatzmittler vorliegen. Innerhalb dieses Prozesses spielt die Marktforschung eine wesentliche Rolle. Sie leistet die Bereitstellung sämtlicher notwendiger Daten, um die bestehende Ungewissheit so niedrig wie möglich halten zu können. In einem nächsten Schritt sollte eine fundierte Absatzplanung entwickelt werden.

Um die Marktpositionierung des eigenen Unternehmens einschätzen zu können, ist die Beobachtung der Mitbewerber unabdingbar, demzufolge sich eine **Konkurrenzanalyse** anbietet. Im Einzelnen bedeutet das die Kenntnis über Mitwettbewerber in Bezug auf Haupt- und Nebenanbieter, den Marktanteil, die Strategien, das Produktwissen, die Produktionskapazitäten, die Sortimentsstruktur, die Absatzgebiete, das Kundenpotential, die Anzahl und die Struktur der Belegschaft, die Führungsstruktur sowie die Qualität des Managements. Damit einher geht das Herausarbeiten der produkt-, preis- und distributionspolitischen Instrumente. Die Bedrohung durch neue Konkurrenten wird von den vorhandenen Eintrittsbarrieren bestimmt. Eine Rolle spielt der Innovationsvorsprung der anzubietenden Problemlösung bzw. Leistung, der mittels Patente, Lizenzen, Produktmarken sowie Einzigartigkeit belegt werden kann. In den meisten Branchen wird die Wettbewerbssituation durch das Primat eines Käufermarktes bestimmt. Der Engpass ist der Absatz. Die Reaktion der Anbieter ist der Verdrängungswettbewerb, dem mittels Preissenkungen sowie dem Ausschöpfen des Kostensenkungspotentials begegnet wird. Die Ergebnisse einer gezielten Konkurrenzanalyse bilden den Gradmesser für die Reaktion der Preis- und Kostenanpassungen.

Die betriebliche Praxis hingegen vernachlässigt diese häufig, mit dem Argument, man kenne sein Umfeld. Mögliche Informationsquellen wären Internetauftritte, Homepages, Geschäftsberichte, Messeauftritte, Presseveröffentlichungen, Industrie- und Handelskammern, Einkaufs- und Präsentationsunterlagen, Preislisten sowie Befragungen von Beratern, Kunden und früheren Mitarbeitern. Die auf diese Weise gewonnenen Daten werden mit den eigenen in einer Matrix verknüpft, um in Bezug auf die Konkurrenz ein Stärken- und Schwächenprofil zu bekommen.

2. Unternehmensanalyse

Bei einer **Stärken-Schwächen-Analyse** geht es wie bei einer humanmedizinischen Untersuchung nicht um Symptom- sondern um Ursachenforschung, die dazu führt, **Erfolgsfaktoren** offen legen zu können. Damit kann gewährleistet werden, herauszufinden, welche Teilbereiche des Unternehmens den höchsten Beitrag zum Unternehmenserfolg leisten. Unter der Voraussetzung, dass es für das Herausarbeiten einzelner Erfolgsfaktoren keine pauschalen Analysemethoden geben kann, sollen die im Folgenden erfassten als ein Denkanstoß verstanden werden.

▶ Erfolgsfaktor „**Kernkompetenz**"

Ein Innovationsvorsprung kann durch Einzigartigkeit erreicht werden. Ziel eines jeden unternehmerischen Handelns ist die Sicherung einer soliden Existenz der im Unternehmen arbeitenden Menschen. Die Interaktion mit der Unternehmensumwelt, wie dem Zulieferer-, dem Kunden- und dem Finanzierungssystem ermöglichst das Herantasten an Hindernisse und Grenzen. Mit einem klaren Fokus auf die definierten Kernkompetenzen und einer fundierten **Differenzierungsstrategie** kann das Mitschwimmen in einem Verdrängungsmarkt weitgehend vermieden werden. Ausgangsbasis für ein gegenüber der Konkurrenz erfolgreiches Unternehmenskonzept ist die bessere Lösung für ein bestehendes Problem. Von einer **Kernkompetenz** sollte hingegen erst gesprochen werden, wenn das Problemlösungsangebot einen überdurchschnittlichen Beitrag zum Kundennutzen leistet, auf einem breiten Marktsegment dargestellt werden kann und die Eintrittsbarrieren für Mitanbieter entsprechend hoch genug sind.

► Erfolgsfaktor „**Kapitalstruktur**"

Eigenkapital mittels Beteiligungsfinanzierung oder Gewinnthesaurierung schafft Unabhängigkeit, da es üblicherweise, im Gegensatz zur Kreditfinanzierung keine festen Zinszahlungsverpflichtungen und Kapitalrückzahlungsfälligkeiten gibt. Demgegenüber ist aber abzuwägen, ob sich ein mittelständisches Unternehmen einer zusätzlichen unternehmerischen Einflussnahme unterziehen soll. Als eine echte Alternative kann durchaus daran gedacht werden, **Private Equity** als ein außerbörsliches Eigenkapital zu integrieren, da der Private Equity-Geber üblicherweise im Wesentlichen nur die Kapitalstruktur optimiert, sich aber meist grundsätzlich aus dem operativen Tagegeschäft heraushält. Nach einer Haltedauer des Investments von etwa drei bis fünf Jahren wird der entsprechende Ausstieg bzw. Exit vorbereitet, also der Weiterverkauf der Gesellschaftsanteile über die Börse (IPO, *Initial Public Offering*), an einen strategischen Käufer (*Trade Sale*), an einen anderen Finanzinvestor (*Secondary Buy-out*) oder zurück an den ursprünglichen Unternehmer. Die Zusammenarbeit mit einem Finanzinvestor dient sehr häufig der **Optimierung der Kapitalstruktur**, da ein entsprechend hoher Eigenkapitalausweis für die Geschäftsbanken, aufgrund ihrer Gläubigerposition, ein wesentliches Kriterium für die Vergabe von Krediten darstellt.

Darüber hinaus ist für mittlere und insbesondere für kleine Unternehmen auch die **Gewinnthesaurierung** bzw. das Einbehalten von Gewinnen eine der wichtigsten Maßnahmen, um eine entsprechend stetige Eigenkapitalzuführung zu gewährleisten. Grundvoraussetzung sind allerdings die liquiden Rückflüsse aus dem betrieblichen Wertschöpfungsprozess. Eine weitere Alternative der Bonitätsverbesserung ist die Finanzierung mit **Private Debt** bzw. **Mezzanine-Kapital**. Dieses ist im weiteren Sinn eine Art nachrangiges Fremdkapital, welches im Vergleich zu einer klassischen langfristigen Kreditfinanzierung mit Zinssätzen bis zu 16 % zwar wesentlich teurer ist, für das aber in der Regel keine Sicherheiten gestellt werden müssen, die den Kreditspielraum zusätzlich einschränken würden. Im Gegensatz zur Beteiligungsfinanzierung, also der Eigenkapitalbeschaffung von außen, erfolgt keine Änderung der Gesellschafterstruktur. Passiviert wird diese als „Zwischenstockfinanzierung" zwischen dem Eigen- und dem Fremdkapital und haftet im Nachrang zu den Gläubigern, im Wesentlichen der Bankdarlehen, wird jedoch bei einem finanziellen Engpass vor dem Kapital der Eigentümer befriedigt.

► Erfolgsfaktor „**Kostenstruktur**"

Fixkosten reduzieren die Flexibilität unternehmerischen Handelns. Auch ohne ein detailliertes Kostenrechnungssystem ist der jeweilige Entscheidungsträger gut beraten, die Kostenstruktur bis ins Detail zu analysieren. Dort, wo es möglich und sinnvoll erscheint, sollten auch kurzfristig **fixe Kosten** in **variable Kostenbestandteile** überführt werden. Es ist beispielsweise häufig unnötig, sich ein teures Hochregallager zu leisten und fixe Kostenpositionen in Form von Abschreibungen zu induzieren, wenn ein gewisser Teil der Produktionsspitzen auch temporär in gemieteten Lagerflächen eingestellt werden kann. Genauso könnten Gehaltsteile von Mitarbeitern, die nicht provisionsgerecht entlohnt werden können, in eine unternehmenserfolgs- oder auch unternehmenswertorientierte Vergütungsregelung eingebunden werden. In der Regel ist das bis jetzt nur bei Vorstandsvergütungen üblich.

► Erfolgsfaktor „**Mitarbeiter**"

Da die Mitarbeiter der Kern des Unternehmens sind, sollten diese auch als Partner innerhalb des Wertschöpfungsprozesses verstanden werden. Die Leistungsbereitschaft des einzelnen Mitarbeiters kann nur optimiert werden, wenn das jeweilige Gleichgewicht des Einzelnen zwischen Be- und Entlastung gewährleistet wird. Die Unternehmensorganisation muss aus Mitarbeitern bestehen, die entsprechend ihrer individuellen Qualifikation eingesetzt werden, um die für den einzelnen Arbeitsplatz definierten Aufgaben optimal zu erfüllen. Operationale Anreizsysteme sollten für alle Mitarbeiter entsprechend entwickelt werden. Unumgänglich sind periodisch durchgeführte Leistungsbeurteilungen der Mitarbeiter. Eine zu Beginn der Beurteilungsperiode formulierte und akzeptierte Leistungsvereinbarung wird mit den einzelnen Mitarbeitern geschlossen und dann regelmäßig auf die Zielerreichung hin überprüft. Bei Erfüllung oder Übertreffen der vereinbarten Zielvorgaben müssen dann auch attraktive und transparente Bonusleistungen gewährt werden. Im Gegenzug bedeutet das auch entsprechende Maßnahmen bei Nichterreichen.

Sehr wichtig ist eine ordnungsgemäße Quantifizierung der Zielvorgaben. Diese sollten detailliert auf die einzelnen Teilbereiche des Unternehmens transformiert und festgelegt werden. Abzusehen ist von einer pauschalen Formulierung, wie beispielsweise die Steigerung des Umsatzes im nächsten Jahr um 3 %. Das setzt natürlich eine fundierte Kenntnis des Managements über die betrieblichen Zusammenhänge der einzelnen Geschäftsbereiche voraus. Im Einzelnen bedeutet das zwar eine Transformation der Ziele auf die einzelnen Einheiten der jeweiligen Geschäftsbereiche, die Unternehmung als Ganzes darf dabei aber nicht aus dem Analyseschema ausgeklammert werden.

Die Bestimmung unternehmensspezifischer Erfolgsfaktoren, erlauben eine strategische Positionierung vorzunehmen, die auch im Zusammenhang mit einer auf Kennzahlen gestützte Analyse nicht nur vom Management, sondern auch von den Kapitalgebern immer wieder hinterfragt werden.

3. Kennzahlenanalyse

Im Rahmen einer kennzahlengestützten Jahresabschlussanalyse wird grundsätzlich zwischen einem finanz- und einem erfolgswirtschaftlichen Bereich unterschieden. Das primäre Ziel einer **finanzwirtschaftlichen** Analyse ist die Beurteilung der Liquidität, um den operativen Fortgang der unternehmerischen Tätigkeit zu beurteilen und gegebenenfalls auch abschätzen zu können, ob möglicherweise im Falle einer Illiquidität insolvenzrechtliche Verfahren einzuleiten wären. Ein weiterer Aspekt ist die Bedienung der Kapitalgeberansprüche. Im Zusammenhang mit der **erfolgswirtschaftlichen** Analyse wird die Rendite der von den Kapitalgebern dem Unternehmen zur Verfügung gestellten Kapitalanteile zum Ausdruck gebracht. Demzufolge beschränkt sich eine Kennzahlenanalyse nicht ausschließlich auf vorgelegte Ist-Jahresabschlüsse, sondern dient auch der Quantifizierung der in Zahlen gefassten Unternehmenskonzepte, die vom Controlling in einzelnen Plan-Jahresabschlüssen erfasst werden.

Eine Kennzahl wiederum ist eine komprimierte Erfassung kausaler Zusammenhänge, die es dem Analysten ermöglicht, mittels Perioden- oder Branchenvergleich sowie mittels Gegenüberstellung mit anderen Kennzahlen eine Erfolgseinschätzung der unternehmerischen Tätigkeit treffen zu können. Der größte Teil der betrieblichen Kennzahlen sind Quotienten, die einen bilanziellen Bestandsanteil oder eine Verzinsungsgröße ausdrücken. Bei Letzteren wird der Quotient mit einer Ertragsgröße im Zähler und einer Bestandsgröße im Nenner gebildet. Mit Hilfe eines Kennzahlensystems werden die wichtigsten Größen erfasst, um die Vermögens-, Finanz- und Ertragslage erfassen zu können.

3.1 Kennzahlensystem und Benchmarkgrößen

Die Aufbereitung der Informationen des Jahresabschlusses erfolgt durch eine Verdichtung und Strukturierung, mit dem Ziel, Informationen zu gewinnen, die aus dem Jahresabschluss nicht direkt ablesbar sind. Dabei leistet ein Kennzahlensystem die wirtschaftliche Situation des Unternehmens zu erfassen, um auch einen Vergleich mit vorgegebenen Sollgrößen durchführen zu können. Diese wären aus der Branche oder aus dem eigenen Unternehmen im Zusammenhang mit der Unternehmenssteuerung abzuleiten. Einen ersten Überblick über die im Unternehmen wichtigsten Finanzkennzahlen soll die Abbildung 40 vermitteln.

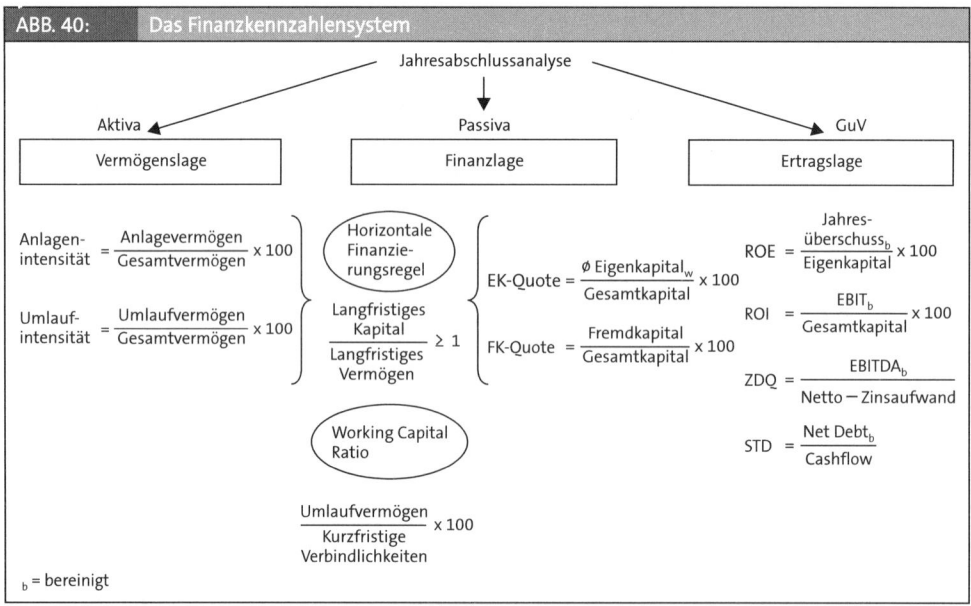

ABB. 40:   Das Finanzkennzahlensystem

Bevor die einzelnen Daten aus der Bilanz und aus der Gewinn- und Verlustrechnung für eine Analyse herangezogen werden können, müssen diese entsprechend aufbereitet werden. Im Zusammenhang mit den handelsrechtlichen Wahlrechten und auch den gestatteten Möglichkeiten einzelner Abschreibungen, die auf der Aktiva zu niedrigeren Buchwerten führen und zur Bildung von stillen Reserven beitragen, wären in einem ersten Schritt die aktuellen Marktwerte zu erfassen. Die Ansätze der internationalen Rechnungslegung nach IFRS kommen einer controllingorientierten **Aufbereitung** in der Regel sehr nahe. Die GuV-Rechnung wird in die Segmente

Betriebsergebnis, Finanzergebnis, außerordentliches Ergebnis, Jahresüberschuss sowie in mögliche Bereinigungsgrößen wie neutrale Erfolgsgrößen und kalkulatorische Kosten segmentiert.

Da Kennzahlen isoliert betrachtet eher keine Aussagekraft haben, müssen in einem zweiten Schritt entsprechende **Vergleichsgrößen** definiert werden. Für den Branchenkundigen wird es sich anbieten, einen Vergleich mit den Daten anderer Unternehmen durchzuführen. Dabei müssen allerdings Größenunterschiede, Lebenszyklusphase und der Umstand was den Grad der Datenbereinigung angeht berücksichtigt werden. Für den internen Kennzahlenvergleich der vergangenen Geschäftsjahre bietet sich an, die Auswahl und auch die Aufbereitung der Daten immer konstant zu lassen. Eines der relevantesten Vergleichsmaßstäbe ist der **Soll-Ist-Vergleich**, wie beispielsweise die Forderung der Kapitalgeber, bestimmte Größenordnungen einzuhalten. Für die von den Kreditinstituten im Rahmen ihrer Kreditprüfung nach den Erfordernissen von Basel II zugrunde gelegten Kennzahlen sollen im Folgenden die fünf wichtigsten wie die Eigenkapitalquote (EK_{Quote}), die Gesamtkapitalrendite (ROI), die Schuldentilgungsdauer (STD), die Zinsdeckungsquote (ZDQ) sowie das Working Capital-Ratio (WC) mit ihren jeweiligen Benchmark-Werten vorgestellt werden.

ABB. 41:	Das Bankenrating als Benchmark-Größen[14]					
IFD-Ratingstufe	I	II	III	IV	V	VI
Deutsche Bank	iAAA - iBBB	iBBB - iBB+	iBB+ - iBB-	iBB - iB+	iB+ - iB-	ab iB-
S&P	AAA	AA+ bis AA-	A+ bis BBB	BB+ bis BB-	B+ bis C-	DDD bis D
Noten	sehr gut	gut	befriedigend	ausreichend	mangelhaft	ungenügend
EK_{Quote}	> 30 %	25 % - 30 %	15 % - 25 %	10 % - 15 %	0 % - 10 %	< 0 %
WC	> 200 %	175 % - 200 %	130 % - 175 %	120 % - 130 %	100 % - 120 %	< 100 %
ROI	> 20 %	15 % - 20 %	8 % - 15 %	6 % - 8 %	1 % - 6 %	< 1 %
STD	< 3 Jahre	3 - 5 Jahre	5 - 10 Jahre	10 - 15 Jahre	15 - 30 Jahre	> 30 Jahre
ZDQ	> 19 mal	14 - 19 mal	7 - 14 mal	4 - 7 mal	0,5 - 4 mal	< 0,5 mal

Die Klassifizierung der Ratingkategorien von AAA bis D orientiert sich an dem Ratingschema von Standard & Poors[15], wohlwissend, dass die Analysen von S&P die börsennotierten Unternehmen zum Ziel haben. Im Folgenden sollen die für eine Jahresabschlussanalyse relevanten Kennzahlen vorgestellt und auch entsprechend beurteilt werden. Um einen direkten Bezug zur buch-

---

14 In Anlehnung an die Veröffentlichungen: Initiative Finanzstandort Deutschland (IFD) Rating Broschüre, 2009, www.finanzstandort.de, Kreditanstalt für Wiederaufbau (KfW), 2009, www.kfw-mittelstandsbank.de, Standard & Poor´s, www.standardandpoors.de, 2009 sowie Beratungserfahrungen des Verfassers bei Bankgesprächen mit Mandanten.

15 Die Ratingagentur Standard & Poor´s ist neben Moody´s und Fitch einer der weltweit führenden Anbieter von unabhängigen Bonitätsratings, Indices, Risikobewertungen sowie Investment Research. Das Unternehmen stellt den Investoren unabhängige Finanzinformationen zur Verfügung, die diese als Orientierungshilfe für ihre Investment- und Finanzentscheidungen nutzen.

halterischen Erfassung zu gewährleisten, wird bei einigen der vorgestellten Kennzahlen der handelsrechtliche Jahresabschluss des Fallbeispiels „Finanzbuchhaltung" der Kapitel B.2.5 und B.3.6 herangezogen.

FALL „FINANZBUCHHALTUNG", FORTSETZUNG 1:

Aktiva	(T€)	Passiva	(T€)
A. Anlagevermögen		**A. Eigenkapital**	
I. Sachanlagen	38	I. Stammkapital (GmbH)	49
B. Umlaufvermögen		II. Gewinnrücklagen	27
I. Vorräte	10	III. Gewinnvortrag	1
II. Forderungen aus LuL	62	IV. Bilanzgewinn	6
III. Kassenbestand und		**C. Verbindlichkeiten**	
Bankguthaben	5	1. Bankverbindlichkeiten	20
		2. Verbindlichkeiten aus LuL	6
		3. Sonstige Verbindlichkeiten	6
Bilanzsumme	115	Bilanzsumme	115

Die Bilanz des Fallbeispiels „Finanzbuchhaltung"

1.	Umsatzerlöse	100.250
2.	Materialaufwand	22.915
3.	Personalaufwand	30.420
4.	Abschreibung	8.000
5.	sonstige betriebliche Aufwendungen	6.931
6.	**Jahresüberschuss**	31.984
7.	Einstellung in Gewinnrücklagen	25.000
8.	Einstellung in Gewinnvortrag	984
9.	**Bilanzgewinn**	6.000

Die Gewinn- und Verlustrechnung des Fallbeispiels „Finanzbuchhaltung"

3.2 Vermögen und Kapital

Wie bereits dargestellt, dient das Anlagevermögen dem Unternehmen als Infrastruktur für den betrieblichen Wertschöpfungsprozess. Dabei ist zu berücksichtigen, dass jede Vermögensposition der Aktiva das zur Verfügung gestellte Kapital unterschiedlich bindet. Dem zufolge muss ein langfristiges und ein kurzfristiges Vermögen differenziert werden. Da aber auch die bilanzierten Kapitalanteile unterschiedliche Fälligkeiten ausweisen, muss gefragt werden, ob das langfristig im Unternehmen gebundene Vermögen auch mit langfristigem Kapital finanziert wird. Gemeint ist die **Fristenkongruenz** des Kapitaleinsatzes mit den zu finanzierenden Vermögenswerten.

3.2.1 Horizontale Finanzierungsregel

Bei Kapitalgesellschaften unstrittig als **langfristiges Kapital** einzustufen ist das Nenn- oder Haftungskapital als Grund- (AG) oder Stammkapital (GmbH), die Kapital- und Gewinnrücklagen und die von den Banken generierten Darlehen. Zwar ist das gesamte formal bilanzierte Eigenkapital grundsätzlich als langfristig einzustufen, da es zumindest theoretisch unendlich dem Unternehmen zur Verfügung steht, der Gewinn aber als die festgelegte Ausschüttungsgröße ist funktional eher dem kurzfristigen Fremdkapital zu subsumieren. Diese könnte handelsrechtlich durchaus als „Verbindlichkeiten gegenüber Gesellschaftern" gebucht werden. Auch eher langfristig sind sog. Mezzanine Finanzierungsformen, wie Gesellschafterdarlehen, Beteiligungen stiller Gesellschafter oder Genussscheine. Die genauen Ausstattungsmerkmale und die konkrete funktionale Zuordnung zu einem wirtschaftlich Eigenkapital oder auch Fremdkapital müssen den zugrunde liegenden vertraglichen Komponenten entnommen werden. Auch ist die Kapitalposition „Sonstige Verbindlichkeiten" auf die langfristigen Größen zu hinterfragen.

Das **langfristige Vermögen** setzt sich aus dem gesamten Anlagevermögen wie immaterielle Vermögensgegenstände, Sach- und Finanzanlagen sowie dem Teil des aktivierten Umlaufvermögens, der als „eiserner Bestand" als permanenter Lagerbestand die Produktions- und Lieferfähigkeit gewährleistet, zusammen. Letzterer ist nur mittels Inventur oder möglicherweise den Erläuterungen der Bilanz zu entnehmen, nicht aber der Vermögensposition „Vorräte". Der Quotient aus dem **langfristigen Kapital** und dem **langfristigen Vermögen** sollte demzufolge größer bzw. zumindest gleich 1 sein.

$$\frac{\text{Langfristiges Kapital}}{\text{Langfristiges Vermögen}} \geq 1$$

Im Rahmen der horizontalen Strukturkennzahlen wird der Versuch unternommen, das finanzielle Risiko im Zusammenhang mit der Rückzahlung der Verbindlichkeiten zu beurteilen. Sofern die Finanzierung der langfristigen Vermögenspositionen auch nur teilweise mit kurzfristigen Mitteln erfolgt ist, müssen Konsolidierungsmaßnahmen eingeleitet werden. Das Abzeichnen größerer Cashflow-Rückflüsse oder auch das Vorhandensein von unbelastetem Grundvermögen entspannt diese Situation. Analog zur horizontalen Gegenüberstellung der bilanzierten langfristigen Bestandsgrößen stellen die verschiedenen Liquiditätsgrade die kurzfristigen Größen gegenüber.

FALL „FINANZBUCHHALTUNG" (FORTS. 2): HORIZONTALE FINANZIERUNGSREGEL

Lösung:

Da der Quotient aus dem langfristigen Kapital mit 49 T€ Stammkapital, 27 T€ Gewinnrücklagen sowie 20 T€ Darlehen und dem langfristigen Vermögen mit 38 T€ (Sachanlagen) größer als 1 ist, sind auch Teile des Umlaufvermögens langfrist finanziert, was auf eine sehr solide Finanzierungsstruktur hinweist. Liquidationsengpässe sind nicht zu erwarten.

3.2.2 Working Capital

Die **Liquidität 1. Grades** greift die Fragestellung auf, wie viel Prozent des kurzfristigen Gläubiger-kapitals mit den liquiden Mitteln bedient werden kann. Gebildet wird der Quotient aus den Grö-ßen **Kassenbestand, Bankguthaben** und den **kurzfristigen Verbindlichkeiten**.

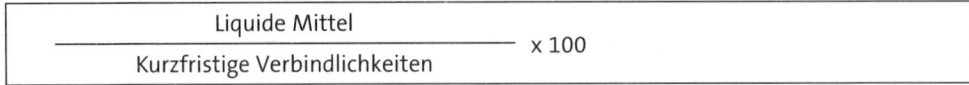

$$\frac{\text{Liquide Mittel}}{\text{Kurzfristige Verbindlichkeiten}} \times 100$$

Die kurzfristigen Verbindlichkeiten bestehen in der Regel aus den Positionen Kontokorrentkredi-te, Verbindlichkeiten aus Lieferungen und Leistungen und den sonstigen Verbindlichkeiten. In vielen Bilanzen ist der in Anspruch genommene Kreditrahmen bei der Bank nicht gesondert aus-gewiesen, sondern Bestandteil der Passivposition „Verbindlichkeiten gegenüber Kreditinstitu-ten". Eine Aufgliederung leistet der Verbindlichkeitsspiegel im Anhang oder in den Erläuterun-gen zum Jahresabschluss. Natürlich können auch unter den „sonstigen Verbindlichkeiten" lang-fristige Engagements bilanziert sein, die dann auch im Anhang dargestellt werden.

Die **Liquidität 2. Grades** verbreitert den Zählerwert um die Größe der „Forderungen aus Lieferun-gen und Leistungen". Demzufolge gilt:

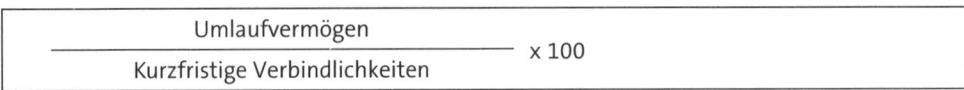

$$\frac{\text{Zahlungsmittel} + \text{Forderungen aus LuL}}{\text{Kurzfristige Verbindlichkeiten}} \times 100$$

Bei den in der betriebswirtschaftlichen Literatur erfassten drei Liquiditätsgraden ist für die be-triebliche Praxis im Wesentlichen nur die **Liquidität 3. Grades**, auch als **Working Capital-Ratio** oder auch Netto-Umlaufvermögen bezeichnet, interessant. Es soll gezeigt werden, ob das Um-laufvermögen die kurzfristigen Verbindlichkeiten bedienen kann. Gerechnet wird der Quotient aus dem gesamten **Umlaufvermögen** und den **kurzfristigen Verbindlichkeiten**.

$$\frac{\text{Umlaufvermögen}}{\text{Kurzfristige Verbindlichkeiten}} \times 100$$

Im Idealfall ist das Umlaufvermögen doppelt so groß wie die kurzfristigen Schulden gegenüber den Banken, den Lieferanten, dem Finanzamt, möglicherweise auch gegenüber Gesellschaftern und anderen kurzfristigen Gläubigern. Die entsprechende prozentuale Referenzgröße wäre bei 200 % und, wenn größer, mit einem „AAA-Rating" von Standard & Poor's zu bewerten. Können hingegen nicht genügend operative Rückflüsse generiert werden, geht die Tilgungsleistung der langfristigen Kredite in der Regel zu Lasten der Lieferanten, da diese länger auf ihr Geld warten müssen bzw. die Lieferanten die Umsätze des Unternehmens vorfinanzieren.

Präzisierend muss aber angemerkt werden, dass die Liquiditätsbetrachtung nur eine **stichtags-bezogene Bestandaufnahme** ist, die einen Tag eher oder später komplett anders ausfallen kann. Beispielsweise wirken Lohnzahlungen oder Zahlungen für größere Materiallieferungen durchaus verzerrend. Für den Geschäftsführer empfiehlt es sich aber trotzdem, diese Kennziffer im Rah-men eines Management Reviews zumindest einmal wöchentlich zu beobachten, um bei Fehl-entwicklungen entsprechend zeitig entgegensteuern zu können. Eine unzureichende Liquidität ist sehr häufig der Anfang ernstzunehmender Probleme im Unternehmen. Eine ausreichende Li-quidität dient der Aufrechterhaltung der betrieblichen Leistungsfähigkeit, die für die entspre-chenden Zahlungen für Rohstoffe, Miete, Zinsen sowie Löhne und Gehälter bereitgestellt werden muss. Der Wertschöpfungsprozess muss demzufolge so angelegt sein, dass sich das Vorratsvermögen in verkaufsfähige Produkte, diese wiederum in Forderungen bzw. in eine Erhöhung der Kassenbestände bzw. Bankguthaben transformieren lässt.

Für das laufende Controlling sollte darüber hinaus der aktuelle Liquiditätsstatus mit einem fortlaufend aktualisierten kurzfristigen **Finanz- bzw. Liquiditätsplan** erfasst werden. Die Erstellung wird im Unternehmen vom Disponenten wahrgenommen, der anhand der Kontoauszüge einen Abgleich der fälligen Zahlungen mit den tatsächlich eingegangenen vornimmt. Eine wesentliche Voraussetzung ist die Implementierung einer funktionsfähigen **Debitoren- und Kreditorenbuchhaltung**, um festzustellen, wer, wie viel, bis zu welchem Termin schuldig ist. Fehlen entsprechende Zahlungseingänge, ist anzuraten, in geeigneter Form an den noch ausstehenden Betrag zu erinnern bzw. zu mahnen.

Wenn sich allerdings herausstellen sollte, dass alle eingeleiteten Maßnahmen einer qualifizierten Erinnerung oder Mahnung nicht zum gewünschten Geldeingang führen, wären Lieferungen oder Beratungsleitungen einzustellen. So kann beispielsweise ein EDV-Dienstleister die entsprechenden Wartungs- oder Betreuungsleistungen erst einmal bis auf Weiteres aussetzen. Erfahrungsgemäß kann mit einer derartigen Maßnahme der Zahlungsfluss der säumigen Debitoren erheblich gesteigert werden. Ein konsequentes **Debitorenmanagement** ist gerade für kleine und mittlere Unternehmen ein unverzichtbares Controllinginstrument.

Bei einer **drohenden Zahlungsunfähigkeit** oder einer sich abzeichnenden Überschuldung bzw. Insolvenz müssen einzelne Vermogensgegenstände liquidiert werden, um die erforderliche Liquidität zur Aufrechterhaltung der Zahlungsbereitschaft zu gewährleisten. Als erstes veräußert werden diejenigen, die nicht in einem unmittelbaren Zusammenhang mit dem operativen Geschäft stehen und als geldnahe Vermögenswerte einzustufen sind. Im Wesentlichen sind das die Finanzanlagen in Form von Kapitalbeteiligungen oder auch die festverzinslichen Wertpapiere des Anlage- oder Umlaufvermögens. Die im Betriebsvermögen gehaltenen Grundstücke, die zukünftig keine Nutzung erfahren, wären genauso zu veräußern wie alle übrigen Gegenstände des Sachanlagevermögens, die für die eigentliche betriebliche Leistungserstellung nicht mehr gebraucht werden. Konsequenterweise sind auch die im Umlaufvermögen gehaltenen Teile der Roh- und auch Fertigwaren zu liquidieren, mit deren Verarbeitung bzw. marktgerechten Verwertung nicht mehr zu rechnen ist.

FALL „FINANZBUCHHALTUNG" (FORTS. 3): WORKING CAPITAL-RATIO

Lösung:

Da das Umlaufvermögen, bestehend aus 10 T€ Vorräte, 62 T€ Forderungen aus LuL sowie 5 T€ Kassenbestand und Bankguthaben das 6-fache der kurzfristigen Kreditoren mit 6 T€ Verbindlichkeiten aus LuL und 6 T€ sonstige Verbindlichkeiten darstellt, ist für das operative Geschäft ausreichend Liquidität vorhanden.

3.3 Vermögenslage

Bis jetzt haben wir einzelne Größen der Vermögens- und Kapitalseite gegenübergestellt. In den folgenden Ausführungen wird eine vertikale Betrachtung vorgenommen, die es erlaubt, die jeweilige Zusammensetzung festzustellen und unter Berücksichtigung der jeweiligen operativen Tätigkeit eines Unternehmens zu hinterfragen.

3.3.1 Anlagenintensität

Die **Anlagenintensität**, als Quotient aus Anlagevermögen und Gesamtvermögen,

$$\frac{\text{Anlagevermögen}}{\text{Gesamtvermögen}} \times 100$$

drückt den Anteil des Anlagevermögens an der Gesamtaktiva aus. Für den Investor wird deutlich, wie viel der Vermögenswerte innerhalb des leistungswirtschaftlichen Bereichs langfristig als Infrastruktur dient. Von besonderem Interesse ist der Anteil des Sachanlagevermögens, da die Entwicklung der **planmäßigen Abschreibungen** durchaus auch als ein Erfolgsindikator herangezogen werden kann. Insbesondere bei anlagenintensiven Betrieben ist die permanente Investition in neue Technologien kennzeichnend für ein prosperierendes Wirtschaften. Demzufolge werden auch stetig steigende Abschreibungsgrößen verursacht, die in der Gewinn- und Verlustrechnung erfolgsmindernd gebucht werden. Die aber gleichzeitig zu erwarteten Umsatzerlöse, möglicherweise kombiniert mit abnehmenden Personalaufwandsgrößen, können für zukünftige Renditesteigerungen beitragen.

Getätigte planmäßige Abschreibungen schaffen handels- und steuerrechtlich auch Raum für die Bildung von **stillen Reserven**, da der Investitionsgegenstand durchaus auch einen höheren aktuellen Marktwert erzielen kann. Je anlagenintensiver ein Unternehmen ist, ist demnach ein höherer Anteil an stillen Reserven zu vermuten. Hingegen sind bei anlageintensiven Unternehmen abnehmende Abschreibungsgrößen sehr häufig als ein **Negativmerkmal** zu beurteilen, da entweder ein mangelndes Vertrauen des Managements in die zukünftige Leistungsfähigkeit des Unternehmens oder mangelnde Umsätze konstatiert werden könnten. Zwar fällt das in der GuV erscheinende Jahresergebnis mit weniger Abschreibungsgrößen in der Gegenwart positiver aus, das Management muss aber auch für die zukünftige Leistungsfähigkeit des Unternehmens Sorge tragen. Ein Investitionsstau ist nur sehr schwer wieder in den Griff zu bekommen.

Die gebuchten **außerplanmäßigen Abschreibungen** im Anlagevermögen sind ein durchaus legitimes Instrument, bilanzpolitische Entscheidungsspielräume auszunutzen, auf der anderen Seite wiederum sind diese aber auch das Eingeständnis des Managements für getätigte Fehlinvestitionen. Besonders im Zusammenhang mit der Veröffentlichung des Jahresabschlusses börsennotierter Gesellschaften fallen darunter sehr häufig die abgeschriebenen Firmenwerte der Bilanzposition „Immaterielle Vermögensgegenstände", die demzufolge eine Korrektur von gezahlten überhöhten Unternehmenskaufpreise zum Ausdruck bringen.

Eine Besonderheit ist bei eigentümergeführten Unternehmen häufig, dass es eine **Betriebsaufspaltung** in eine Besitz- und eine Betreibergesellschaft gibt. Während in der Besitzgesellschaft die für die Wertschöpfung relevanten Vermögensgegenstände wie die Betriebsimmobilie und möglicherweise auch die maschinellen Anlagen für die Produktion gebucht sind, ist in der Betreibergesellschaft ausschließlich das operative Geschäft. Der Vermögensausweis beschränkt sich bei Letzterer dann im Wesentlichen auf die Vorräte und auf die Forderungen. In der Gewinn- und Verlustrechnung sind dann entsprechende Miet- bzw. Pachtaufwandsgrößen, welche die Überlassung vergüten, verbucht. Für die Jahresabschlussanalyse empfiehlt sich die konsolidierte Betrachtung der gesamten wirtschaftlichen Einheit.

FALL „FINANZBUCHHALTUNG" (FORTS. 4): ANLAGENINTENSITÄT

Lösung:

Das gesamte im Unternehmen gebundene Vermögen besteht zu 33 % aus Gegenständen des Anlagevermögens (38 T€ x 100 / 115 T€). Aufgrund der Zusammensetzung können neben den planmäßigen Abschreibungen auch außerplanmäßige vermutet werden.

3.3.2 Umlaufintensität

Dem gegenüber stehen Unternehmen, deren Aktiva durch ein größeres Umlaufvermögen geprägt ist, also mit Vermögensgegenständen, die im Wesentlichen nur kurzfristig zur betrieblichen Leistungserstellung gebraucht werden und demzufolge den Wertschöpfungsprozess abbilden. Im Vordergrund steht die Liquidation des Vorratsvermögens in Forderungen sowie letztlich in liquide Mittel, die als Kassen- und Bankbestände aktiviert werden. Wir drücken das mit einer höheren **Umlaufintensität** aus. Notwendig werdende **außerplanmäßige Abschreibungen** zeigen dem Analysten auf, dass der Wertschöpfungsprozess behindert wird.

$$\frac{\text{Umlaufvermögen}}{\text{Gesamtvermögen}} \times 100$$

Die Abwertung der Bestände des Vorrats- oder Fertigwarenlagers sowie der Forderungen lassen den Schluss für eine eher angespannte **Liquiditätslage** zu, welche die Handlungsfähigkeit des Unternehmens beeinträchtigen könnte. Wird aber über den Betrachtungszeitraum mehrerer Geschäftsperioden bei den Vorratsbeständen oder bei den Kundenforderungen ganz auf eine außerplanmäßige Abschreibung verzichtet, muss auch diesem Umstand mit einer gesunden Skepsis begegnet werden. Es gehört zum normalen Geschäftsverlauf, dass Warenbestände veralten und auch nicht alle Forderungen von den Kunden bezahlt werden. Waren- oder auch Leistungsmängel sind ebenso alltäglich wie eine fehlende Liquidität sowie drohende Insolvenz der Kundschaft.

Zusammenfassend kann festgehalten werden, dass die Interpretation der ermittelten Intensitäten eher schwierig ist, da diese sehr stark branchenabhängig sind. Auch ist die Gefahr groß, dass möglicherweise falsche Schlussfolgerungen gezogen werden. Beispielsweise kann eine niedrige Anlagenintensität zum einen eine Produktion mit abgeschriebenen bzw. veralteten Maschinen bedeuten, die in naher Zukunft einen hohen zusätzlichen Investitionsbedarf erwarten lassen. Zum anderen kann aber auch der Wertschöpfungsprozess mit überwiegend gemieteten oder geleasten Vermögensgegenständen organisiert sein, die demzufolge nicht in der Bilanz des Unternehmens gebucht sein müssen. Auch die Auslagerung von Produktionsprozessen induziert ein geringeres Anlage- und Umlaufvermögen.

3.3.3 Krisenindikatoren Aktiva

Kann aber sinkendes Sachanlagevermögen, verursacht durch planmäßige Abschreibung, bei gleichzeitigem Fehlen von Neuinvestitionen beobachtet werden, dann stellt sich für das Controlling die Frage, ob das unter Umständen auf den **Verzicht von Ersatzinvestitionen** zurückzuführen ist. Das kann hervorgerufen sein aufgrund der wirtschaftlichen Situation des Unternehmens oder auch aufgrund pessimistischer Zukunftseinschätzungen des Managements bzw. der Eigentümer. Im Umlaufvermögen könnten **ansteigende Vorratsbestände** auf Störungen im Leistungserstellungsprozess oder auch auf eine schlechtere Marktgängigkeit der Fertigprodukte hinweisen. Auch zu beobachtende **ansteigende Kundenziele** muss nicht unbedingt eine grundsätzliche schlechtere Zahlungsmoral der Debitoren signalisieren, sondern kann auch auf eine Unzufriedenheit der gelieferten Produkte hinweisen. Bei einer **fehlenden Liquidität**, die mit Hilfe der Cashflow-Rechnung recht schön dargestellt werden kann, wären zusammenfassend verschiedene Warnstufen zu beobachten:

▶	Warnstufe 1:	Ausschüttung wird mit Kreditaufnahme finanziert!
▶	Warnstufe 2:	Verzicht auf Ersatzinvestitionen!
▶	Warnstufe 3:	Engpässe im operativen Geschäft sind zu beobachten!
▶	Warnstufe 4:	Verzicht auf Erweiterungsinvestitionen!

Für den externen Analysten muss darüber hinaus auch grundsätzlich ein Augenmerk darauf gelegt werden, ob möglicherweise Ansatz- und Bewertungsfreiräume ganz bewusst im Sinne einer eher **progressiven Bilanzpolitik** ausgenutzt wurden. Hinweise könnten sein, dass Verluste tendenziell in die Zukunft transferiert werden. Der höhere bzw. auch gleichbleibende Erfolgsausweis in der Gewinn- und Verlustrechnung hat aufgrund einer höheren Aktivierung in aller Regel eine Verlängerung der Handels- bzw. Steuerbilanz zur Folge. Mögliche **Indikatoren** für ergebniserhöhende Maßnahmen wären:

(1) Aktivierung von Bilanzierungshilfen,

(2) Aktivierung von Verwaltungsgemeinkosten und Fremdkapitalzinsen bei den Herstellungskosten,

(3) Aktivierung von selbsterstellten immateriellen Firmenwerten (Aktivierungsverbot) über den Verkauf an eine Tochtergesellschaft (Scheingeschäft bspw. bei einer GmbH & Co. KG)

(4) grundsätzliche Aufwandsverlagerung in die Zukunft (Forschung- und Entwicklung, Personal- sowie Instandhaltungsaufwand),

(5) Abschreibungspotential wird nicht ausgenutzt (Verzicht auf steuerlich bedingte Abschreibungsmöglichkeiten, Verzicht auf Abschreibung bei vorübergehender Wertminderung des Finanzanlagevermögens sowie Verzicht auf Vollabschreibung bei geringwertigen Wirtschaftsgütern in der Steuerbilanz),

(6) Zuschreibungsmöglichkeiten werden herangezogen,

(7) Verzicht auf zulässige wertmindernde Bewertungsvereinfachungsverfahren im Vorratsvermögen oder auch Ungereimtheiten bei der Erfassung der Inventarwerte,

(8) zurückgehende Wertberichtigung bei Forderungen aus Lieferungen und Leistungen (auch bei festgestellten zweifelhaften oder wertlosen Forderungen) sowie

(9) Auflösung stiller Reserven (progressives Desinvestitionsmanagement).

Zu beobachtende Auffälligkeiten müssen noch keine sich abzeichnende Unternehmenskrise bedeuten, wichtig ist aber, gewisse Trends zu erkennen und im Folgenden auch die Passivseite, welche die Finanzlage des Unternehmens offenlegt, etwas kritischer zu betrachten.

3.4 Finanzlage

Lassen sich die Vermögensanteile relativ einfach der Bilanz entnehmen, kann die eindeutige Zuordnung der passivierten Positionen ohne Kenntnis der zugrunde liegenden Vertragsinhalte nicht immer gewährleistet werden. Es geht um die Zusammensetzung der **Kapitalstruktur** in Eigentümer- und Gläubigerkapital, welche die **Finanzlage** des Unternehmens zum Ausdruck bringt und den finanzwirtschaftlichen Bereich repräsentiert. In der betriebswirtschaftlichen Literatur wird zutreffend darauf hingewiesen, dass die mit der Einlagenfinanzierung zusammenhängenden Folgen der Kapitalaufbringung, des Kapitalschutzes und der Kapitalerhaltung vielfach mit einer haftenden Vermögensmasse assoziiert werden, die dann als haftendes Kapital interpretiert werden. Das gesamte auf der Passivseite gebuchte Kapital aber ist nichts Gegenständliches, sondern ist zum einen die abstrakte Abbildung der real im Unternehmen vorhandenen Vermögenswerte und zum anderen wird die Zusammensetzung der Kapitalgeber aufgezeigt. Es repräsentiert die Kapitaleinlagen und die thesaurierten Gewinne der Gesellschafter, die Rückstellungen und Verbindlichkeiten als die möglichen und verbrieften Zahlungsverpflichtungen der Gläubiger.

3.4.1 Eigenkapital

Die grundsätzlichen Merkmale für das **Eigenkapital** sind die prinzipielle Gewährung von den **Eigentümern bzw. Gesellschaftern**, die Gebundenheit an eingelegte Bar- oder Sacheinlagen sowie bei Kapitalgesellschaften die Unmöglichkeit einer Kündigung (§ 30 Abs. 1 GmbHG). Darüber hinaus hat es die Eigenschaft als Haftungssubstrat, welches bei einer möglichen Unternehmensinsolvenz vom Gesellschafter nicht als Insolvenzforderung geltend gemacht werden kann. Anders ist das bei Gesellschaftern von Personenhandelsgesellschaften, denen ein gesetzliches Kündigungsrecht eingeräumt ist (§ 132 HGB). Dieses darf zwar durch den Gesellschaftsvertrag gestaltet, nicht aber grundsätzlich ausgeschlossen werden.

Neben der gesellschaftsrechtlichen Notwendigkeit der **Haftungsfunktion** des Eigenkapitals und damit auch in seinem Beitrag zur Unternehmenserhaltung, dient es buchhalterisch als **Verlustauffangpotential**. Die in der GuV erfassten Jahresfehlbeträge werden dem Eigenkapital gegen gebucht, mit der Folge der Minderung bzw. einer sukzessiven Überschuldung, welche auf der Bilanzpassiva als Negativkapital gebucht wird. Schon bei einer erkennbaren Tendenz hierzu werden die kreditgebenden Banken reagieren und die Kündigung der Kontokorrentlinien androhen. Weitere Maßnahmen wären eine Zinsanpassung nach oben oder eine Fälligstellung der Darlehen. Das Risiko des Investors als Eigenkapitalgeber ist der Verlust der Kapitaleinlage, welches über eine entsprechend hohe Rendite vergütet wird, die allerdings von der Höhe des ausschüttungsfähigen Jahresüberschusses abhängig ist.

3.4.2 Fremdkapital

Eine andere Risikosituation kennzeichnen die Kreditgeber, da das überlassene **Fremdkapital** ausschließlich wirtschaftlich entwertet wird. Für die **Gläubiger** besteht die Möglichkeit der Insolvenzforderung. Im Wesentlichen sind es die Banken, die ihre verbrieften Forderungsansprüche geltend machen, da diese vor allem bei vielen kleinen inhabergeführten Unternehmen einen wesentlichen Anteil der Verbindlichkeiten ausmachen. Beim Einbringen von Darlehen der Gesellschafter in das Unternehmen wird dieses üblicherweise mit einer Rangrücktrittserklärung ausgestattet. Während das Steuerrecht schon relativ frühzeitig zu der Frage Stellung genommen hat, ob diese Darlehen im Zusammenhang mit der Gewinnermittlung als Fremd- oder als Eigenkapital einzuordnen sind, war die gesellschafts- und insolvenzrechtliche Situation lange ungeklärt.

Die Rechtsunsicherheit besteht darin, ob im Zusammenhang mit einer Überschuldungsprüfung das dann sog. Eigenkapital ersetzende **Gesellschafterdarlehen** in einer Überschuldungsbilanz zu passivieren ist. Der § 32a Abs. 1 GmbHG konstatiert, dass die in einer Krise der Gesellschaft gewährten Darlehen in einem Insolvenzverfahren über das Vermögen nur als nachrangiger Insolvenzgläubiger geltend gemacht werden kann. Nach Auffassung der herrschenden Rechtsmeinung sind die Forderungen eines Gesellschafters aus der Gewährung Eigenkapital ersetzender Leistungen, soweit für diese keine Rangrücktrittserklärungen abgegeben worden sind, in einer entsprechenden Überschuldungsbilanz als Verbindlichkeiten zu interpretieren. Ein entsprechender Forderungsanspruch kann daraus abgeleitet werden.

3.4.3 Mezzanine

Anders ist der Anspruch, wenn der Gesellschafter in der Eigenschaft als Darlehensgläubiger eine qualifizierte **Rangrücktrittserklärung** abgegeben hat. In einem Verschuldungsfall wäre das Darlehen nicht als Fremdkapital zu passivieren. Die Forderung wird erst nach der Befriedigung sämtlicher Gesellschaftsgläubiger und bis zur Abwendung der Krise auch nicht vor, sondern gleich der Einlagerückgewährsansprüche der übrigen Ansprüche der Eigenkapitalgeber befriedigt. Der Gesellschafter verzichtet ausdrücklich auf den Gläubigerstatus, damit der abzuleitende Forderungsanspruch nicht in den Überschuldungsstatus aufgenommen werden muss. Das formal in der Bilanz stehende Fremdkapital, erfasst unter den „sonstigen Verbindlichkeiten", wird funktional zum Eigenkapital. Auch auf die Zinszahlung des Unternehmens hat das eine Auswirkung, da diese nur bei einem positiven Jahresergebnis zu entrichten ist. Demzufolge muss im Zusammenhang mit der Berechnung der Eigenkapitalquote die Bilanzpassiva in ihre Eigen- und Fremdkapitalkomponenten unterteilt werden, die durchaus von dem formalen Ausweis abweichen können.

3.4.4 Eigenkapitalquote

Eindeutig dem Eigenkapital zu subsumieren sind das Haftungskapital, bei den Aktiengesellschaften welches als Grundkapital und bei den GmbHs als Stammkapital gebucht wird sowie die Kapital- und Gewinnrücklagen. Darüber hinaus gibt es Positionen, die zwar formal dem Eigenkapital subsumiert werden, funktional doch aber Fremdkapitalcharakter haben. So sind beispielsweise Gesellschafterdarlehen als verbriefte Rückzahlungsverpflichtungen gegenüber den

Gläubigern formal als Fremdkapital bilanziert, bei einer entsprechend qualifizierten Rangrücktrittserklärung funktional aber dem Eigenkapital zuzuordnen.

Auch die gängigen Varianten der **Mezzanine-Finanzierung**, wie die stille Beteiligung, das nachrangig besicherte Darlehen oder der Genussschein, werden zumindest teilweise dem **wirtschaftlichen Eigenkapital** zugeordnet, wenn die Verträge sehr eindeutig die Interpretation einer eigentümerähnlichen Kapitalform zulassen. Der Eigenkapitalcharakter wird von der „IFD, Initiative Finanzstandort Deutschland" mit den Vertragskomponenten „langfristig", „ohne Kündigung des Kreditgebers" sowie „nachrangig" ausgedrückt. Letzteres hat im Falle einer Insolvenz zur Folge, dass die Bedienungsansprüche im Nachrang zu allen Gläubigern der Gesellschaft befriedigt werden.

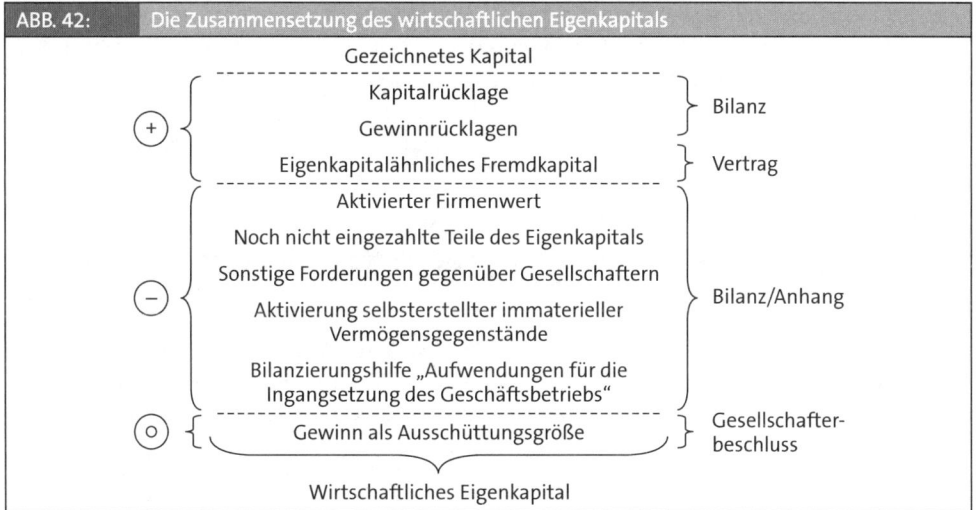

ABB. 42: Die Zusammensetzung des wirtschaftlichen Eigenkapitals

Umgekehrt verhält es sich hingegen mit dem formal im Eigenkapital gebuchten **Bilanzgewinn**, der im Falle einer geplanten Ausschüttung funktional dem kurzfristigen Fremdkapital (im Sinne von Verbindlichkeiten gegenüber Gesellschaftern) zu subsumieren wäre, da dieser nach einer Gesellschafterversammlung in liquider Form das Unternehmen verlässt. Sollten Nennkapitaleinlagen noch ausständig oder zusätzlich Forderungen gegenüber den Gesellschaftern bilanziert sein, wären diese konsequenterweise abzuziehen.

Ein aktivierter **Geschäfts- oder Firmenwert** wird bei der Bilanzanalyse, aufgrund der Problematik um die Werthaltigkeit vom Eigenkapital gekürzt. Die entstandenen Abschreibungen werden in der Erfolgsrechnung entsprechend eliminiert. Darüber hinaus werden bei IFRS-Abschlüssen, aufgrund des doch sehr häufig problematischen Wertansatzes auch die in der Bilanz erfassten **Entwicklungskosten** der immateriellen Vermögensgegenstände, unter Bereinigung der getätigten Abschreibungen, zum Abzug gebracht. Handelsrechtlich ist diese Problematik bisher noch nicht entstanden, da bis zur Umsetzung des BilMoG zum Frühjahr 2009 ein striktes Aktivierungsverbot für selbsterstellte immaterielle Vermögensgegenstände gegolten hat. Zukünftig wird sich die Praxis diesem Phänomen gezielt stellen müssen.

Für die Berechnung der **Eigenkapitalquote**, als Quotient aus dem **Eigenkapital** als durchschnittlich im Unternehmen gebundenes wirtschaftliches Eigenkapital und dem **Gesamtkapital**,

$$\frac{\varnothing \text{ Eigenkapital}_{\text{wirtschaftlich}}}{\text{Gesamtkapital}} \times 100$$

muss demzufolge die Zugehörigkeit erfasst werden, also auch diejenigen Positionen berücksichtigt werden, die formal im Fremdkapital bilanziert werden. Die aktivierten Forderungen an die Gesellschafter, wie beispielsweise noch ausstehende Kapitaleinlagen, gehören nicht zum wirtschaftlichen Eigenkapital und werden diesem abgezogen.

Unternehmer sind gut beraten, für den Ansatz einer Eigenkapitalgröße einen über die Jahre zu beobachtenden Durchschnittswert anzusetzen, der auch die Daten einer geplanten **Zielkapitalstruktur** beinhalten sollte. Das entsprechende Soll für den **Eigenkapitalanteil** am Gesamtkapital liegt für kleine und mittlere Unternehmen im bundesdeutschen Durchschnitt bei etwa 20 %. Die Geschäftsbanken legen bei der Bonitätsprüfung für ein „AAA-Rating" eine Mindestgrößenordnung von 30 % Eigenkapitalanteil zugrunde. Aus der Sicht der Investoren muss mit dem Kapitalengagement auch eine entsprechende Rentabilität erreicht werden, die mittels Quotientenbildung einer Erfolgs- mit einer Kapitalgröße quantifiziert wird und die Ertragslage zum Ausdruck bringt.

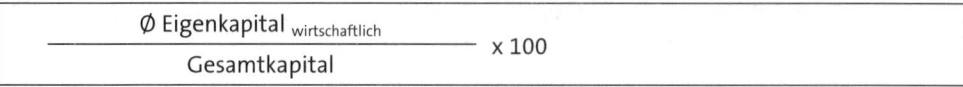

FALL „FINANZBUCHHALTUNG" (FORTS. 5): EIGENKAPITALQUOTE

Lösung:

Die Eigenkapitalquote (49 T€ Stammkapital + 27 T€ Gewinnrücklagen + 1 T€ Gewinnvortrag) mit 67 % weist zum einen auf eine große Unabhängigkeit hin, zum anderen aber müssen hohe Kapitalkosten berücksichtigt werden, da die Eigentümer ihr eingegangenes Unternehmerrisiko adäquat vergütet haben möchten.

3.4.5 Krisenindikatoren Passiva

Wenn zu beobachten ist, dass sich einzelne Größenordnungen oder sogar die gesamte Kapitalstruktur über die letzten Jahre auffällig negativ verändert hat, sollte der externe Bilanzleser bei entsprechenden **Beobachtungen** die folgenden Fragen stellen:

(1) **Zurückgehende Eigenkapitalquote:**

Ist eine höhere Kreditaufnahme erfolgt oder wird das Eigenkapital durch ein Gesellschafterdarlehen ersetzt?

Zwar mag man demgegenüber einwenden, dass diese bei einer möglichen Insolvenz aufgrund der Rechtsregeln des Eigenkapitalersatzes (§ 32a Abs. 1 GmbHG) eine zweifelhafte Überlegung ist, der dafür gezahlte Zinsaufwand belastet das Ergebnis aber zusätzlich, während Eigenkapital nur bei einer positiven Wirtschaftslage vergütet wird. Darüber hinaus sehen es die kreditgebenden Banken sehr ungern und werden in der Regel mit Maßnahmen wie Nichtprolongation der Kontokorrentverbindlichkeiten, Androhung der Fälligstellung von Darlehen, einer weiteren Kreditbesicherung oder mit höheren Kreditkosten drohen.

Liegt eine Überschuldung nach § 19 Abs. 2 InsO (Die Liquidationswerte der Vermögensgegenstände, inkl. der stillen Reserven sind kleiner als die ausstehenden Verbindlichkeiten) vor?

(2) **Unzureichende Fristenkongruenz zwischen Kapitalbindung und Kapitalüberlassung:** Wird die „Horizontale Finanzierungsregel" verletzt?

(3) **Zurückgehende Gewinnthesaurierung:** Hat sich das Verhältnis zwischen Ausschüttung und Gewinnthesaurierung verändert? Sind die Ausschüttungsbeträge im Verhältnis zum erwirtschafteten nachsteuerlichen Gewinn überzogen? Wird für die Ausschüttung möglicherweise ein Kredit aufgenommen?

(4) **Steigende kurzfristige Fremdfinanzierung:** Ist eine verlängerte Inanspruchnahme von Zahlungszielen zu beobachten? Gibt es Nachlässigkeiten beim Begleichen von Lieferantenrechnungen? Mehren sich die Mahnungen von Lieferanten? Hat sich das Kreditorenmanagement verändert, beispielsweise mit einer Veränderung der Skontoinanspruchnahme? Gibt es möglicherweise Engpässe bei der Zulieferung von Fertigungsmaterial?

(5) **Ungleichgewicht im Working Capital:** Ist das Zahlungsmittelpotential (Liquide Mittel, Forderungen aus Lieferungen und Leistungen sowie auch das Vorratsvermögen) geringer als die Zahlungsverpflichtungen gegenüber den Kreditoren und der Kontokorrentverbindlichkeiten?

(6) **Zurückgehende Rückstellungsbildung**: Werden im Betrachtungsjahr weniger Aufwendungen für Pensionsrückstellungen gebildet? Werden sonstige Rückstellungen sehr vorsichtig bzw. nicht in der vollen Höhe angesetzt?

(7) **Hoher Anteil „sonstiger Verbindlichkeiten"**: Liegen Rückstände bei der Abführung von Steuern oder Sozialversicherungsbeträgen vor?

Wurde bis jetzt der Fokus auf die Analyse der Bilanz gelegt, kommt der Einschätzung der Ertragslage mit Hilfe der Analyse der Gewinn- und Verlustrechnung eine besondere Bedeutung zu.

3.5 Ertragslage

Die Vielzahl der von den Unternehmen verwendeten Begriffe zur Kommunikation ihrer Erfolgsgrößen macht es selbst dem kundigen Interessierten nicht immer leicht, die tatsächliche Erfolgssituation des Unternehmens zu erfassen. In der Regel ist es alleine nur aus der Begrifflichkeit sehr schwer nachzuvollziehen, um welches Ergebnis es sich handelt. Neben den Kennzahlen, welche die Ertragslage des Unternehmens zum Ausdruck bringen, sollen die folgenden Ausführungen auch als Hilfestellung dienen, die Differenzierung einzelner Erfolgsgrößen, die sehr ähnlich klingen, wie beispielsweise Betriebsergebnis, betriebliches Ergebnis, betriebsbedingtes Ergebnis, betrieblich bedingtes Ergebnis, operatives Ergebnis, Ergebnis der gewöhnlichen Geschäftstätigkeit, Ergebnis der betrieblichen Tätigkeit sowie die Erscheinung bereinigter bzw. adjustierter Erfolgsgrößen ein wenig transparenter zu machen. In der Gewinn- und Verlustrechnung nach § 275 Abs. 2 HGB sind als Zwischen- bzw. Endergebnis das Ergebnis der gewöhnlichen Geschäftstätigkeit (EGT), das außerordentliche Ergebnis sowie der Jahresüberschuss bzw. Jahresfehlbetrag direkt abzulesen.

Die Erfolgsgröße **EGT** als das **Ergebnis der gewöhnlichen Geschäftstätigkeit** (§ 275 Abs. 2 Nr. 14 HGB) berücksichtigt die aus dem unternehmerischen Handeln hervorgegangenen Umsatzerlöse, vermindert um die in einem direkten Zusammenhang stehenden Aufwandspositionen sowie um das Finanzergebnis. Letzteres ist bezogen auf die Veränderung der Unternehmensliquidität interessant, da beispielsweise Kredit- oder Guthabenzinsen als tatsächliche Geldflüsse verbucht werden, die dann auch eine Veränderung der Bilanzaktiva zur Folge haben. Eine Besonderheit stellen die Abschreibungen und die Zuführungen zu den Rückstellungen dar. Als reine buchhalterische, nicht aber liquiditätswirksame Größen der Finanzbuchhaltung vermindern diese die Ausschüttungsmöglichkeiten der Eigentümer. Damit einhergehend bleiben die liquiden Mittel im Unternehmen, die dann im Weiteren für die Investitionen des Anlage- und Umlaufvermögens zur Verfügung stehen. Vorausgesetzt, die Assetallokation ist sinnvoll gewählt, ist der Folgeeffekt eine Rendite- und auch Wertsteigerung des Unternehmens.

Das **außerordentliche Ergebnis** (§ 275 Abs. 2 Nr. 17 HGB), welches ausschließlich in der Handels- und auch Steuerbilanz, nicht aber in der internationalen Rechnungslegung nach IFRS oder US-GAAP erfasst wird, ist, neben dem **Betriebs- und Finanzergebnis** sowie dem **Steueraufwand** das vierte Zwischenergebnis der GuV-Rechnung. Das EGT, zusammen mit dem außerordentlichen Ergebnis und dem Steueraufwand wiederum formen den **Jahresüberschuss** (§ 275 Abs. 2 Nr. 20 HGB). Wären die direkt in der GuV-Rechnung erfassten Erfolgsgrößen ohne Probleme zu entnehmen, sind diejenigen wesentlich interessanter, die rechnerisch ermittelt werden müssen, da in aller Regel eine Abgrenzung der betrieblichen und außerbetrieblichen Wertschöpfung vorgenommen werden muss. Im Folgenden werden die Erfolgsgrößen EBIT, EBITDA und operativer Cashflow-Größen sowie im Kapitel „Wertmanagement" NOPAT und Free Cashflow inklusive der zu beachtenden Bereinigungsgrößen (Neutrale Erfolgsgrößen und kalkulatorische Kosten) vorgestellt.

3.5.1 Eigenkapitalrendite

Für die Berechnung der Erfolgskennzahl Eigenkapitalrendite bzw. **ROE** (*Return on Equity*), welche die Verzinsung des Eigenkapitals zum Ausdruck bringt, wird der **nachhaltige Jahresüberschuss** als die ausschüttungsfähige Größe durch das durchschnittlich im Unternehmen gebundene **wirtschaftliche Eigenkapital** dividiert.

$$\text{ROE} = \frac{\text{Nachhaltiger Jahresüberschuss}}{\varnothing \text{ Eigenkapital }_{\text{wirtschaftlich}}} \times 100$$

Auch wenn im Schrifttum sehr häufig die Erfolgsgröße **EBT** (*Earnings before Taxes*), also das vorsteuerliche Jahresergebnis, herangezogen wird, steht erst der nachsteuerliche Gewinn den Investoren als Entgelt für ihre Kapitalüberlassung zu (§ 29 Abs. 1 Satz 1 GmbHG), jedoch ohne möglicherweise gebuchten Zuschreibungsbeträge. Als Benchmark-Größen sind für einen strategisch interessierten Investor als Untergrenze jährlich etwa 12 % bis 15 % anzusetzen. Ein Finanzinvestor, wie beispielsweise ein Private Equity-Geber, erwartet als jährliches Entgelt für die eingesetzten Eigenmittel einen ROE von mindestens 20 %. Da in Deutschland üblicherweise die Fremdkapitalfinanzierung dominiert, ist die Rentabilität des im Unternehmen eingesetzten Gesamtkapitals für viele Kapitalgeber die interessantere Kennziffer.

3.5.2 Gesamtkapitalrendite

Der **ROI** (*Return on Investment*) errechnet sich, indem der **EBIT** (*Earnings before Interest and Taxes*), der gemäß § 275 Abs. 2 HGB dem Betriebsergebnis entspricht, durch das **Gesamtkapital** im Nenner dividiert wird.

$$\text{ROI} = \frac{\text{EBIT}_{bereinigt}}{\text{Gesamtkapital}} \times 100$$

Für die Berechnung der Erfolgsgröße **EBIT**, welche dem handelsrechtlichen **Betriebsergebnis** entspricht ($\sum$ §§ 275 Abs. 2 Nr. 1 bis 8 HGB), werden dem Betriebserfolg, der mit Hilfe von Investitionen innerhalb des Unternehmens erzielt wird, die Aufwandspositionen, die innerhalb des Unternehmens verursacht wurden, abgezogen. Diese setzen sich aus den Umsatzerlösen, den sonstigen betrieblichen Erträgen, dem Materialaufwand, dem Personalaufwand, den sonstigen betrieblichen Aufwendungen sowie den Abschreibungen zusammen. Nicht berücksichtigt werden die Ergebnisse, welche die Investitionen außerhalb des Unternehmens, genauso aber auch die, welche durch Investitionen Unternehmensfremder im Unternehmen erreicht wurden. Gemeint ist das **Finanzergebnis** ($\sum$ §§ 275 Abs. 2 Nr. 9 bis 13 HGB), welches bei nichtbörsennotierten Unternehmen im Wesentlichen aus der Differenz von Zinsaufwand und Zinsertrag (auch unter Berücksichtigung der Abschreibungen auf Finanzanlagen und Wertpapiere des Umlaufvermögens) Einzug in die GuV-Rechnung hält. Dieses wird außerhalb der unternehmerischen Tätigkeit erwirtschaftet bzw. ausgegeben, wie das beispielsweise bei der Zahlung von Kreditzinsen der Fall ist.

Zwar werden keine Fremdkapitalzinsen in die Betrachtung mit einbezogen, die Finanzierungskosten der sog. **Off-Balance-Finanzierungen**, also die außerhalb der Bilanz stehenden Verbindlichkeiten, wie beispielsweise das Leasing oder das Factoring, werden im EBIT aber dennoch berücksichtigt und belasten dieses. Da auch der **Steueraufwand** ($\sum$ §§ 275 Abs. 2 Nr. 18 und 19 HGB) nicht direkt mit Investitionen innerhalb des Unternehmens verbunden ist, wird auch dieser nicht erfasst. Ein positiver EBIT berücksichtigt auch alle Abschreibungen, welche die im Unternehmen umgesetzten Investitionsentscheidungen und damit die entsprechenden operativen Rückflüsse, die in den Umsatzerlösen enthalten sind, abbilden. Jede Investition muss demzufolge als Desinvestition wieder liquidiert werden können.

Der **Materialaufwand** setzt sich im Wesentlichen aus den Einkaufspreisen der Roh-, Hilfs- und Betriebsstoffe zusammen, die für die Produktion benötigt werden. Auch etwaige Fremdleistungen, die beispielsweise im Kontext von Ausgliederungen bezogen werden, sind darin enthalten. Als **Personalaufwand** sind die fixen und variablen Bestandteile der Fertigungslöhne für die Mitarbeiter, die direkt dem Produktionsprozess zugeordnet werden können und die Gehälter der Vertriebs- und Verwaltungsmitarbeiter zu erfassen. Es empfiehlt sich, die aktuellen Aufwandspositionen um die zukünftigen Planungsgrößen zusätzlicher Stellen bzw. abzüglich abgebauter Stellen anzupassen. Ferner ist es sinnvoll, mögliche Lohn- und Gehaltserhöhungen sowie Pensionszusagen mit in die Betrachtung einzubeziehen. Aus dem Investitionsplan entnommen werden die **Abschreibungen** für die Ersatz- und Erweiterungsinvestitionen, die als nicht zahlungswirksame Aufwandspositionen, die ausschüttungsfähige Größe des Jahresüberschusses reduzieren.

Mit einzubeziehen sind ferner sämtliche anderen Aufwendungen, die in einem direkten und indirekten Zusammenhang mit den getätigten Investitionen stehen, wie beispielsweise alle Varianten der Investitionsfolgekosten als Wartungs- oder Instandhaltungsaufwand. Als eine Besonderheit der **sonstigen betrieblichen Aufwendungen** wären die Zuführungen zu den Rückstellungen zu erwähnen, da sich die Aufwandsbildung zwar Gewinn reduzierend auswirkt, der tatsächliche Liquiditätsabfluss aber erst in den Folgeperioden eintritt. Da der **Steueraufwand** für das jeweilige Herkunftsland und auch das gesamte **Finanzergebnis**, bei der Unterstellung einer vollständigen Eigenmittelfinanzierung, unberücksichtigt bleiben, wird der EBIT auch bevorzugt bei internationalen Unternehmensvergleichen herangezogen.

FALL „FINANZBUCHHALTUNG" (FORTS. 6): GESAMTKAPITALRENDITE (ROI)

Lösung:

Die Gesamtkapitalverzinsung (ROI) in Höhe von 28 %, die sich auf dem EBIT (31.984 € + Finanzergebnis 0 T€ + Steueraufwand 0 T€) ergibt, ist für die Kapitalgeber hochgradig attraktiv. Insbesondere die von den Eigentümern eingegangenen Risiken werden sehr gut abgegolten.

Die durchschnittliche Performance einer Gesamtkapitalrendite liegt beispielsweise bei den Private Equity-Engagements bei jährlich etwa 14 %. Ein AAA-Rating wird mit einer Gesamtkapitalverzinsung von mehr als 20 % erreicht.

3.5.3 Zinsdeckungsquote

Für die Darstellung des eigentlichen „**operativen**" bzw. „**betriebsbedingten Ergebnisses**", wird gerne der **EBITDA** (*Earnings before Interest, Taxes, Depreciation and Amortisation*) herangezogen. Für Unternehmen, die einen hohen Anteil an Finanzverbindlichkeiten aufweisen, ist es sehr interessant zu erfahren, ob das operative Ergebnis in einem ausreichenden Maß die Deckung der zu zahlenden Fremdkapitalzinsen gewährleisten kann. Die im Zusammenhang mit der Kreditvergabe vor allen von Banken gerechnete **Zinsdeckungsquote** (ZDQ) wird aus dem Quotienten **EBITDA** und dem **Netto-Zinsaufwand** (Zinsaufwand abzüglich Zinserträge) gerechnet.

$$ZDQ = \frac{EBITDA_{\,bereinigt}}{Netto\text{-}Zinsaufwand}$$

Für ein AAA-Rating ist ein Quotient von mindestens 19 notwendig. Zur Bestimmung der Erfolgsgröße **EBITDA** wird auch der Betriebserfolg erfasst, der mit Hilfe von Investitionen innerhalb des Unternehmens erzielt wird, abzüglich derjenigen betrieblichen Aufwandspositionen, die innerhalb des Unternehmens verursacht wurden. Zwar ist das Nichtberücksichtigen der **Abschreibungen** auf die Sachanlagen (*depreciation*) und die der immateriellen Vermögensgegenstände (*amortisation*) eine durchaus legitime Darstellungsweise, unumstritten ist das aber nicht. Da die gebildeten Abschreibungen mit der Investitionstätigkeit des Unternehmens in Zusammenhang stehen, muss angemerkt werden, dass speziell die Größen der gebildeten Abschreibungen in den operativen Rückflüssen der Umsatzerlöse enthalten und in liquider Form in das Unternehmen fließen müssen. Sollte demzufolge die Erfolgsgröße EBIT die Abschreibungen nicht vollständig erfassen können, wäre die Folgerung, eine Fehlinvestition zu konstatieren.

ABB. 43:	Die Abgrenzung von Erfolgsgrößen
Betriebsertrag (durch Investitionen innerhalb des Unternehmens erzielt)	

- Betriebsaufwand (durch Investitionen innerhalb des Unternehmens verursacht, in Form von Materialaufwand, Personalaufwand sowie dem sonstigen betrieblichen Aufwand)

= EBITDA (Eigentliches „operatives Ergebnis")

- Abschreibungen (als planmäßige und außerplanmäßige Abschreibungen des Anlage- und Umlaufvermögens)

= EBIT (Handelsrechtliches „Betriebsergebnis", also Positionen, die ausschließlich innerhalb des Unternehmens erwirtschaftet werden)

+ Finanzertrag (durch Investitionen außerhalb des Unternehmens erzielt)

- Finanzaufwand (durch Investitionen außerhalb des Unternehmens und Investitionen Unternehmensfremder im Unternehmen verursacht; inkl. auch der Abschreibungen auf Finanzanlagen und Wertpapiere des Umlaufvermögens)

= EGT („Ergebnis der gewöhnlichen Geschäftstätigkeit")

+/- Außerordentliches Ergebnis

= EBT (Vorsteuerergebnis)

- Steueraufwand

= Jahresüberschuss / Jahresfehlbetrag (Ausschüttungsfähige Größe)

Im Zusammenhang mit der Erfolgsgrößendarstellung börsennotierter Unternehmen, die aufgrund ihrer Veröffentlichungspflicht Adhoc-Meldungen kommunizieren müssen, wird sehr gerne auf den EBITDA ausgewichen, da häufig, wahrscheinlich ganz bewusst, die doch recht hohen Abschreibungen ausgeblendet werden sollen. Gerade dann, wenn im Zusammenhang mit Unternehmensakquisitionen hohe, manchmal sogar überhöhte Kaufpreise gezahlt wurden, die sich nur unzureichend über das operative Geschäft amortisieren, wird bevorzugt nur das „operative Ergebnis" – also die Erfolgsgröße EBITDA – veröffentlicht.

Eine zweite Erfolgsgröße, welche die Abschreibungen als einen ausschließlich buchhalterischen Aufwand ausblendet, ist der **Cashflow**. Mit diesem kann die Kennziffer **Schuldentilgungsdauer** als Indikator für die Möglichkeit der Kredittilgung sehr schön transparent gemacht werden.

3.5.4 Schuldentilgungsdauer

Die Kennziffer Schuldentilgungsdauer (STD) gibt Auskunft über die Anzahl der Jahre, die benötigt werden, um die Verbindlichkeiten mit einem Zinsanspruch mit Hilfe der entsprechenden Rückflüsse aus dem operativen Geschäft heraus tilgen zu können. Die **Schuldentilgungsdauer** ergibt sich mit dem Quotienten der **Netto-Finanzverbindlichkeiten** im Zähler, die im Wesentlichen die Bankverbindlichkeiten als zinstragende Verbindlichkeiten darstellen und mit den liquiden Mitteln des Unternehmens (Kasse, Bankguthaben sowie Wertpapiere des Umlaufvermögens) gegen gerechnet werden *(Net debt)*, und dem **operativen Cashflow** im Nenner.

$$\text{STD} = \frac{\text{Finanzverbindlichkeiten} + \text{Liquide Mittel} + \text{Wertpapiere}}{\text{operativer Cashflow}}$$

Eine nachhaltige Unternehmensführung unter dem Primat der Ausrichtung auf die Unternehmensziele Rentabilitäts- und Wertsteigerung sowie Liquiditätssicherung setzt das Wissen über die funktionalen Zusammenhänge im Unternehmen voraus. Insbesondere im Zusammenhang mit der Darstellung eines „echten" Gewinns bzw. Wertzuwachs sollten die **stillen Reserven** aus den Investitions- und Desinvestitionsvorgängen transparent gemacht werden, um den Informationsansprüchen möglicher Kapitalgeber gerecht werden zu können. Der Jahresüberschuss ist die für den Erfolgsausweis von Unternehmen sowie für die Gewinnausschüttung handelsrechtlich legitimierte Größe. Für einen Kapitalgeber ist aber in der Regel der tatsächliche Kassenfluss ein wichtigeres Analysekriterium, welcher mit dem **Cashflow** zum Ausdruck gebracht wird. Bei der **direkten** Berechnung werden ausschließlich die Einzahlungen den Auszahlungen eines Geschäftsjahres des Unternehmens gegenübergestellt.

Für die **indirekte** Berechnung werden die in der GuV erfassten nicht liquiditätswirksamen Zahlungsströme dem Jahresüberschuss addiert und damit neutralisiert. Zu diesen gehören die plan- und außerplanmäßigen Abschreibungen des Anlage- und Umlaufvermögens sowie die langfristigen Rückstellungen, die im Wesentlichen von den Pensionsrückstellungen repräsentiert werden. Im Gegenzug sind Buchgewinne aus Zuschreibungen und die Erträge aus der Auflösung von Rückstellungen vom Jahresüberschuss abzuziehen. Darüber hinaus werden auch alle sonstigen zahlungsunwirksamen Aufwendungen und Erträge, wie beispielsweise die Bildung und Auflösungsgrößen der Sonderposten mit Rücklageanteil als Additions- bzw. Abzugsgrößen für die Berechnung des **operativen Cashflow** erfasst. In der Ausweisung vieler Geschäftsberichte börsennotierter Unternehmen wird der operative Cashflow auch als der erwirtschaftete Mittelzufluss aus dem Ergebnis bezeichnet.

ABB. 44:   Die indirekte Ermittlung des operativen Cashflows

Bilanzgewinn (Bilanzverlust)

+ Einstellung in Gewinnrücklagen

- Entnahme aus Gewinnrücklagen

- Gewinnvortrag

+ Verlustvortrag

= **Jahresüberschuss**

+ Abschreibungen

- Zuschreibungen

+ Zuführung langfristiger Rückstellungen

- Erträge aus der Auflösung langfristiger Rückstellungen

+/- Sonstige zahlungsunwirksame Aufwendungen / Erträge

= **Operativer Cashflow**

Als Orientierungsgröße für einen Soll-Ist-Vergleich wäre zu konstatieren, dass die Verschuldung mit Bankkrediten bzw. den gesamten zinstragenden Verbindlichkeiten das 7,5-fache der jährlichen operativen Cashflow-Rückflüsse nicht übersteigen sollte. Standard & Poor´s legt für ein AAA-Rating die Obergrenze für die Schuldentilgungsdauer auf unter drei Jahre.

Eine weiterführende Überlegung wäre, dass der Cashflow als der eigentliche liquide Zahlungsfluss bei den nach § 4 Abs. 3 EStG veranlagten **Einnahmenüberschussrechner** den Kontoauszügen zu entnehmen ist, da bei diesen die Umsätze erst erfasst werden, wenn sie in liquider Form in das Unternehmen fließen. Demzufolge wäre die gerechnete Cashflowgröße auf Basis der Liquidation der nur buchhalterischen Verluste und Erträge, wie Abschreibungen und Zuschreibungen, abzüglich der noch nicht realisierten Kundenforderungen und zuzüglich der Lieferantenverbindlichkeiten zu präzisieren.

FALL „FINANZBUCHHALTUNG" (FORTS. 7): SCHULDENTILGUNGSDAUER

Lösung:

Die aufgenommenen Netto-Finanzverbindlichkeiten (20 T€ Darlehen - 5 T€ liquide Mittel) können aus den laufenden Cashflows (31.984 € Jahresüberschuss + 8.000 € Abschreibungen) innerhalb eines Jahres getilgt werden.

In einer Kapitalflussrechnung wird in diesem Zusammenhang der Cashflow aus der betrieblichen Tätigkeit bzw. aus der laufenden Geschäftstätigkeit zum Ausdruck gebracht, der darüber hinaus das Working Capital erfasst und demzufolge die mögliche Tilgungsleistung aus dem Cashflow heraus einschränkt (vgl. hierzu Kapitel E.3.3.2 „Kapitalflussrechnung"). Weitere interessante Kennziffern für einen praxisgerechten Soll-Ist-Vergleich wären das Innenfinanzierungspotential, die Umsatzrendite (ROS), die Debitorenfrist, der Lagerumschlag, die Personalaufwandsquote, der Umsatz pro Mitarbeiter sowie die Materialaufwandsquote.

3.5.5 Sonstige Kennzahlen

Ziel der unternehmerischen Tätigkeit soll auch sein, dass die Abschreibungen in den Preisen einkalkuliert und über den Absatzmarkt zu liquiden Rückflüssen in das Unternehmen führen, um notwendige Ersatz- und möglicherweise auch Erweiterungsinvestitionen aus den operativen Rückflüssen bedienen zu können. Aus dem Quotienten operativer Cashflow und der Netto-Investitionsleistung ist die Größe **Innenfinanzierungspotential** gerade für anlagenintensive Unternehmen eine wichtige Controlling-Kennzahl.

$$\text{Innenfinanzierungspotential} = \frac{\text{Netto-Investitionen}}{\text{operative Cashflow}}$$

Über die Ermittlung einer Kapitalflussrechnung (*Cashflow Statement*) wird dem Cashflow aus der betrieblichen Tätigkeit der Cashflow aus Investitionstätigkeit abgezogen. Die Differenz bildet den freien Cashflow (*Free Cashflow*), der wiederum zur Bedienung der Kapitalgeberansprüche herangezogen werden kann. Da bei dieser Größe sowohl die Auszahlungen für das Umlaufvermögen (*Working Capital*) und auch die für die Anlageinvestitionen zur Aufrechterhaltung der operativen Leistungsfähigkeit abgegolten sind, wird mit der Ausschüttung die Substanz des Unternehmens nicht gefährdet. Die Liquidität, dargestellt über den operativen Cashflow oder auch über den Cashflow aus laufender Geschäftstätigkeit muss demzufolge für die Investitionsleistung und zur Kapitalbedienung herangezogen werden können.

Das eigentliche operative Ergebnis, welches als EBITDA vorgestellt wurde, wird auch sehr häufig im Zusammenhang mit der Kennzahl **ROS** (*Return on Sales*) bzw. der „Umsatzrendite", als Quotient aus dem EBITDA dividiert durch die Umsatzerlöse bzw. durch die Gesamtleistung von den Analysten verwendet.

$$\text{ROS} = \frac{\text{EBITDA}}{\text{Umsatzerlöse}} \times 100$$

Diese wird von den Finanzanalysten besonders gerne bei sehr „Leverage intensiven" Finanzierungsvarianten herangezogen, wie das beispielsweise im Immobiliengeschäft üblich ist. Sie gibt an, wie hoch der Kapitalertrag ist, der pro Einheit erwirtschaftetem Umsatz erzielt wird. In den Geschäftsberichten börsennotierter Unternehmen ist diese eine der Schlüsselkennzahlen.

Die **Debitorenfrist** ist das im Unternehmen gewährte Zahlungsziel an die Kunden, welches in Bezug auf den Erhalt der Liquidität 30 Tage nicht übersteigen sollte. Gerechnet wird der Quotient (multipliziert mit 365) aus den durchschnittlichen Forderungen aus Lieferungen und Leistungen dividiert durch die Umsatzerlöse bzw. die Gesamtleistung,

$$\text{Debitorenfrist} = \frac{\emptyset \text{ Forderungen aus LuL}}{\text{Umsatzerlöse}} \times 365$$

welcher dann die Anzahl der Tage für das Kundenziel ergibt. Für die meisten Branchen kann ein Käufermarkt konstatiert werden, demzufolge die Gewährung von Zahlungszielen ein zunehmender Bestandteil der Absatzpolitik der Unternehmen ist. Um den Forderungsbestand entsprechend eingrenzen zu können, muss innerhalb des Controllings ein funktionierendes Debitorenmanagement implementiert werden. Dazu gehören ein Erinnerungs- und Mahnwesen oder auch das Auslagern von Forderungen an ein Factoringinstitut.

Für Handelsunternehmen besonders interessant ist die Kennziffer **Lager- bzw. Vorratsumschlag**, da diese durchaus Rückschlüsse auf die Marktgängigkeit der Produkte zulässt. Gerechnet wird diese aus dem Quotienten (multipliziert mit 365) durchschnittlicher Vorratsbestand und dem Materialaufwand.

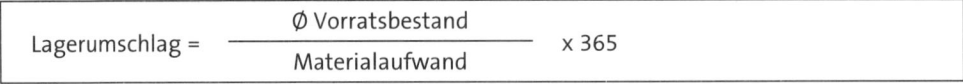

$$\text{Lagerumschlag} = \frac{\emptyset \text{ Vorratsbestand}}{\text{Materialaufwand}} \times 365$$

Das durchschnittlich gebundene Vorratsvermögen kann vereinfacht als arithmetisches Mittel aus Anfangs- und Endbestand bestimmt werden. Bei Produktionsunternehmen lässt sich der Vorratsumschlag nur sehr schwer einschätzen, da in der Regel kein verlässlicher Überblick über den Fertigungsgrad der unfertigen Erzeugnisse besteht. Eine Verbesserung des Lagerumschlags wirkt sich positiv auf den Erfolg aus, da mit der Finanzierung des Lagers und der sich ergebenden Kapitalbindung gerade für kleine Unternehmen sehr häufig die Grenze ihrer Finanzierungsmöglichkeiten erreicht ist.

Häufig wird argumentiert, dass auch kleinere und mittlere Unternehmen sich weniger Bevorratung leisten sollen und stattdessen auf Just-in-Time-Anlieferung umrüsten sollen. Das funktioniert bei großen Produktionsunternehmen, speziell in der Automobilindustrie, da sich die Zulieferer quasi Zaun an Zaun zum Produzenten ansiedeln. Für den klassischen Mittelstand ist das nur bedingt möglich, da die entsprechenden Größendegressionen in der Regel nicht erreicht werden. Eine sinnvolle Lagerhaltung erfüllt darüber hinaus sehr häufig wichtige Servicefunktionen, die durchaus von der Kundschaft wertgeschätzt und auch entsprechend vergütet wird. Insgesamt sollte die Lagerhaltung vielmehr an die spezifischen Produktions- und auch Absatzbedingungen angepasst werden.

Der Personalaufwand in der Relation zu den Umsatzerlösen bzw. zur Gesamtleistung, erfasst über die Kennzahl **Personalaufwandsquote**, vermittelt einen Überblick über die Personalkostenintensität.

$$\text{Personalaufwandsquote} = \frac{\text{Personalaufwand}}{\text{Umsatzerlöse}} \times 100$$

Wechselwirkungen bestehen zur Investitionsleistung in das Sachanlagevermögen und zur Materialkostenintensität, denn ein höherer Automatisierungsgrad der Fertigung und ein höherer Anteil an Fremdbezug von Systemkomponenten lassen die Unternehmen mit weniger Personal auskommen. Die Fixkostenbelastung über die Abschreibung leistungsfähiger Produktionsmittel und auch eines hohen Personalbestandes kann durchaus ähnlich groß sein. Zukünftige Lohnforderungen werden den Wettbewerbsdruck aber erhöhen, während Teile des Sachanlagevermögens am Ende der wirtschaftlichen Nutzungszeit keine Belastung in der GuV-Rechnung mehr darstellen.

Insbesondere nach dem Abschluss von Restrukturierungsmaßnahmen bietet sich an, die Produktivität der Mitarbeiter zu erfassen, die in einem Mehrjahresvergleich über die Kennzahl **Umsatz pro Mitarbeiter** bestimmt wird.

$$\text{Umsatz pro Mitarbeiter} = \frac{\text{Gesamtumsatz}}{\text{Anzahl der Mitarbeiter}}$$

Um darüber hinaus in den Unternehmen echte Rationalisierungserfolge nachzuweisen, werden die Personal- und auch die Materialkostenintensität im Mehrperiodenvergleich ermittelt. Die **Materialaufwandsquote** wird über den Quotienten aus Materialaufwand und Umsatzerlöse bzw. Gesamtleistung dargestellt.

$$\text{Materialaufwandsquote} = \frac{\text{Materialaufwand}}{\text{Umsatzerlöse}} \times 100$$

Der Rohertrag oder auch die Handelsspanne kann auf der Basis der Gewinn- und Verlustrechnung nach dem Abzug der Materialkosten von den Umsatzerlösen bzw. der Gesamtleistung ermittelt werden. Materialkostenintensive Unternehmen, deren Handelsspanne darüber hinaus auch gering ausfällt, geraten durch notwendige Lagerhaltung oder auch preispolitischer Zwänge wie Rabattgewährungen unter zunehmenden Kostendruck. Interessant ist auch die absolute Entwicklung der Personal- und Materialaufwandsgrößen in Relation zu den Umsatzerlösen bzw. zur Gesamtleistung. Würde die Gesamtleistung stärker ansteigen, könnte das als Nachweis für erfolgreiche Investitions- und auch Personalmaßnahmen sowie einer erfolgreichen Restrukturierung des Unternehmens sein.

3.5.6 Krisenindikatoren GuV-Rechnung

Werden zusätzlich zu den negativen Veränderungen der Bestandsgrößen bei einem Periodenvergleich auch bei den Erfolgskennzahlen Abweichungen bzw. unzureichende Kapitalverzinsungen beobachtet, müssen entsprechende finanz- oder auch leistungswirtschaftliche Maßnahmen getroffen werden, um einer möglichen Krise begegnen zu können. Konstatiert werden könnten die folgenden Fragen, die **Indikatoren** einer möglichen Krise aufspüren können:

(1)   **Negative Umsatzentwicklung**: Musste das Unternehmen Umsatzeinbußen aufgrund einer schlechteren Konjunktur oder einer zunehmenden Konkurrenz hinnehmen? Fehlen dem Unternehmen innovative Produkte oder Dienstleistungen? Ist die Kosten- bzw. Aufwandssituation im Zusammenhang mit geringeren operativen Umsätzen konstant geblieben? Werden positive Deckungsbeiträge erzielt?

(2)   **Unzureichende Kapitalverzinsung**: Hat sich das Verhältnis Kapitalaufnahme und operative Geschäftsentwicklung negativ verändert? Anzumerken ist, dass beispielsweise bei der Substitution des Eigenkapitals mit einem Gesellschafterdarlehen, bei gleicher Erfolgsgröße die Eigenkapitalrendite logischerweise ansteigt. Zu empfehlen wäre demzufolge die Berechnung der Gesamtkapitalrendite.

(3)   **Negative Cashflow-Entwicklung**: Ist der Cashflow geringer geworden, die Verbindlichkeiten im Gegenzug aber angestiegen? Kann ein Sinken des Cashflows bei gleichzeitigem Ansteigen des Jahresüberschusses beobachtet werden? (Vgl. hierzu die Ausführungen in Kap. E.3.3.2.5 „Interpretation der Cashflow-Größen.")

(4)   **Sonstige Erfolgsgrößen** mit hohen Beträgen: Gibt es im Geschäftsbericht oder in den Erläuterungen zum Jahresabschluss entsprechend nachvollziehbare Erklärungen?

Neben den Daten, die der kundige Leser eines Jahresabschlusses über einen Mehrjahresvergleich gegenüberstellen und entsprechende Schlüsse daraus ziehen kann, könnten von Seiten des Steuerberaters oder der kreditgebenden Bank auch außerhalb der Analyse **Indikatoren** für eine mögliche sich abzeichnende Krise bzw. in den Worten der Judikative „**drohende Zahlungsunfähigkeit**" beobachtet werden. Demzufolge könnten sich die Fragen wie

(5)   Gibt es Fehlinvestitionen des Anlagevermögens oder auch in der strategischen Ausrichtung, wie beispielsweise das Kürzen des Werbebudgets?

(6)   Sind wichtige Ersatzinvestitionen nicht verwirklicht worden?

(7)   Gibt es sehr viele verkaufsfördernde Maßnahmen wie beispielsweise Sonderangebote?

(8)   Wurde notwendiges Betriebsvermögen veräußert, um die Liquidität zu gewährleisten?

(9)   Sind die kurzfristigen Verbindlichkeiten sehr stark angestiegen?

(10)   Gibt es Zins- und Tilgungsrückstände sowie zunehmende Bonitätsanfragen?

(11)   Werden Unterlagen an die Bank oder an den Steuerberater verspätet oder unvollständig eingereicht? Ist die Informationsbereitschaft grundsätzlich ungenügend?

(12)   Gibt es Ungereimtheiten in der Führung des Unternehmens?

(13)   Ist eine starke Umstrukturierung beim Personalbestand wie beispielsweise die Freiset-
       zung von langjährigen bzw. qualifizierten Mitarbeitern zu beobachten?

(14)   Häufen sich die Beschwerden von Kunden oder Gesprächspartnern?

(15)   Weicht der Geschäftsführer bzw. Eigentümer dem persönlichen Gespräch aus oder ist er
       seltener erreichbar?

einer durchgeführten Jahresabschlussanalyse anschließen. Konstatiert werden muss aber auch,
dass jeder Jahresabschluss eine Vielzahl Informationsdefizite hat, die es gilt auszugleichen.
Komplettiert wird eine Analyse über die betrieblichen Vorgänge mit dem Heranziehen von zusätzlichen Unterlagen. Zu diesen gehören Miet-, Pacht- und Leasingverträge, Gesellschaftervertrag, mögliche Satzungsbeschlüsse, Kreditverträge und freie Kreditlinien, Liquiditäts- und Finanzplan, Investitions- und Personalplanung, Debitoren- und Kreditorenlisten, Übersicht über
die wichtigsten Kunden und Lieferanten, Verträge der leitenden Angestellten, Betriebsaufspal-
tungen sowie speziell bei eigentümergeführten Unternehmen Szenarien über die Nachfolgeregelung.

3.6   Bilanz- und Ausschüttungspolitik

Abgeschlossen wird das Kapitel „Jahresabschlussanalyse" mit Überlegungen für eine Optimierung der vorgestellten Kennzahlen, da insbesondere die Banken im Zusammenhang mit der Kreditgewährung, aufgrund der unter Basel II geforderten Bonitätsanforderungen zur systematischen Erfassung von Unternehmensrisiken, diese zur hausinternen Kreditwürdigkeitsprüfung
heranziehen.

Dreh- und Angelpunkt ist sehr häufig die eher mäßige Ausstattung der Unternehmen mit Eigenkapital, die über die Kennzahl **Eigenkapitalquote** erfasst wurde. Unter der Voraussetzung unver-
änderbarer Eigentümerverhältnisse bleibt den Unternehmen sehr häufig nur das Einbehalten
der Gewinne über eine entsprechende Rücklagenbildung (Gewinnthesaurierung). Auf der anderen Seite ist aber insbesondere bei sehr heterogenen Eigentümerverhältnissen und einer entsprechenden Ertragslage keine falsche Bescheidenheit notwendig, da die Eigentümer in ertrags-
schwachen Geschäftsjahren oder auch im Zusammenhang mit größeren Investitionen mit einer
Erhöhung ihrer Einlagen (Beteiligungsfinanzierung) in die Pflicht genommen werden. Auch
kann eine Steigerung der Ausschüttung ein durchaus positives Signal für die Fremdkapitalgeber
sein, vorausgesetzt, dass die Ausschüttungsgröße auf der Basis konservativer Bewertungen der
Bestände beruht. Grundsätzlich aber muss sich das Unternehmen die Ausschüttung an die Eigentümer auch leisten können, also die notwendige Liquidität vorausgesetzt.

Insgesamt sind nicht nur börsennotierte, sondern auch inhabergeführte Unternehmen aufgefordert, eine optimierte **Kapitalstruktur** zu entwickeln, um den Anforderungen aller Kapitalgeber
gerecht zu werden. Bilanzpolitische Entscheidungen hängen zum einen mit der Ausnutzung der
handels- und steuerrechtlichen Wahlrechte der Ansatz- und Bewertungsvorschriften, den Ausschüttungspräferenzen und mit dem Aufgreifen verschiedener Finanzierungsvarianten des Unternehmens zusammen. Bevor wir im nächsten Kapitel „Finanzwirtschaftliche Aspekte" die einzelnen Finanzierungsformen vorstellen und diskutieren, soll die abschließende Übersicht den

Zusammenhang zwischen den möglichen Krisenindikatoren, den dazugehörigen Kennzahlen mit ihren Benchmarkgrößen sowie die dann notwendigen finanz- und auch leistungswirtschaftlichen Optimierungsmaßnahmen aufgreifen.

ABB. 45:	Die Bonitätsoptimierung über Bilanzstrukturveränderungen		
Krisenindikator	Kennzahl	Ist-Größe	Optimierungsmaßnahmen
Unzureichende Größe d. wirtschaftlichen EKs!	**Eigenkapitalquote**	< 15 %	▶ Beteiligungsfinanzierung ▶ Gewinnthesaurierung ▶ Varianten hybrider Formen wie Mezzanine-Kapital
Kapitalbedienung erfolgt nur unzureichend aus den operativen Umsätzen!	**Schuldentilgungsdauer**	> 7,5 x	▶ Langfristige Kreditlaufzeiten ▶ Tilgungsstreckung und Stundung
	Zinsdeckungsquote	< 7 x	▶ Umschuldung teurer Kontokorrentkredite in zinsgünstigere Darlehen ▶ Desinvestitionsmanagement zur Liquiditätssicherung ▶ Sanierungsmaßnahmen zur Rationalisierung
Unzureichende Kapitalverzinsung!	**Gesamtkapitalrendite**	< 8,0 %	▶ Operative Erträge steigern ▶ Kosten senken (Keine Einkommenserhöhung, Vermeiden von Neueinstellungen; Diversifizierter Materialbezug)
	Eigenkapitalrendite	< 10,0 %	▶ Abschreibungen reduzieren
Kurzfristiges Zahlungsmittelpotential < als kurzfristige Zahlungsverpflichtungen!	**Working Capital-Ratio**	< 130 %	▶ Debitoren- und Kreditorenmanagement ▶ Lagerbestandsoptimierung ▶ Umfinanzierung bestehender Kontokorrentkredite
Ansteigende Kundenziele!	**Debitorenfrist**	> 30 Tage	▶ Zeitnah Rechnungen stellen ▶ Zahlungskonditionen (An-, Barzahlung, Skonto, Zahlungsziel) ▶ Mahnwesen ▶ Factoring
Ansteigende Vorratsbestände!	**Lagerumschlag**	branchenabhängig	▶ Bestandsoptimierung ▶ Qualitätssichernde Maßnahmen in der Produktion zur Vermeidung von Fertigungsfehlern ▶ Beschaffungskonditionen

Das vorgestellte Instrumentarium zur Analyse von Jahresabschlüssen kann mit Sicherheit nur eine Annäherung an die Erfassung der realen Vorkommen leisten. Doch trotz der Mängel wie das ausschließliche Erfassen von quantitativen Daten der Vergangenheit, der schwierige Vergleich mit Referenzdaten und auch die Bewertungsansätze unter dem Primat des Gläubigerschutzes, gilt es als Controller oder externer Analyst zumindest die richtigen Fragen stellen sowie Trends und Hinweise aufzeigen zu können. Im Folgenden soll die Jahresabschlussanalyse innerhalb der integrativen Fallstudie dargestellt werden, die dann in den nächsten Kapiteln fortgesetzt wird.

4. Integrative Fallstudie, Teil 1

Um das Ineinandergreifen des leistungswirtschaftlichen Bereichs mit den einzelnen Teilbereichen des finanzwirtschaftlichen Bereichs darzustellen, wird die **Reha & Care GmbH**[16] am Ende aller Hauptkapitel als Fallbeispiel herangezogen. Ziel soll sein, die für die betriebliche Praxis wichtigen operativen und strategischen Ansätze der einzelnen betriebswirtschaftlichen Funktionalbereiche wie Jahresabschlussanalyse, finanzwirtschaftliche Aspekte, Kosten-, Finanz- und Wertmanagement sowie Unternehmensbewertung zu einem ganzheitlichen Ansatz einer wertorientierten Unternehmensführung formulieren zu können. Ein disziplinübergreifender Gesamtzusammenhang soll möglich gemacht werden. Die Fallstudie besteht aus den Teilbereichen

► Teil 1: Jahresabschlussanalyse

► Teil 2: Finanzwirtschaftliche Aspekte

► Teil 3: Controlling & Finanzierung

► Teil 4: Wertmanagement

► Teil 5: Unternehmensbewertung

Die **Reha & Care GmbH**, als ein typisches mittelständisches bzw. eigentümergeführtes Unternehmen wurde als ein Spin-off eines Konzerns ausgegründet. Die Geschäftätigkeit besteht aus der Entwicklung, der Fertigung und dem Vertrieb von medizinischen Hilfsmitteln wie Pflegebetten, Scooter und Badezimmerhilfen. Die 46 tätigen Mitarbeiter erwirtschaften einen Umsatz von etwa 21,0 Mio. €, bei einem Jahresüberschuss von etwa 1,2 Mio. €. Der geschäftsführende Gesellschafter möchte ein neues Betriebsgebäude in einem am Stadtrand gelegenen Gewerbegebiet errichten. Die dafür relevanten Bestands- und Erfolgsgrößen wurden im **Plan-Jahresabschluss** berücksichtigt. Das Investitionsvolumen beträgt 1,8 Mio. €. Einen Großteil davon würde die Hausbank mit einem Betriebskredit zu 5,8 % Zinsen, bei einer Laufzeit von 12 Jahren, als Finanzierung bereitstellen.

ABB. 46:	Die Bilanz der Reha & Care GmbH						
Ist- und Plan-Bilanz (in T€)							
	Plan	Ist				Plan	Ist
A. Anlagevermögen			**A. Eigenkapital**				
I. Immaterielle Vermögensgegenstände			I. Stammkapital			878	878
1.Konzessionen und Schutzrechte	137	75	II. Gewinnrücklagen			680	680
II. Sachanlagen			III. Jahresüberschuss			1.214	0
1. Grundstücke und Gebäude	2.459	184	**B. Rückstellungen**				
2. Technische Anlagen u. Maschinen	10	15	1. Steuerrückstellungen			119	98
3. Betriebs- u. Geschäftsausstattung	540	144	2. Sonstige Rückstellungen			332	139

---

16 Die Reha & Care GmbH wurde vom Verfasser bis zur Veräußerung beratend begleitet. Der Unternehmensname und verschiedene sehr individuelle Jahresabschlusspositionen wurden aus Gründen der Vertraulichkeit gegenüber dem Mandanten geändert.

			C. Verbindlichkeiten		
4. Geleistete Anzahlungen und Anlagen im Bau	0	266	1. Bankdarlehen	3.190	908
B. Umlaufvermögen			2. Kontokorrentkredite	1.183	427
I. Fertige Erzeugnisse und Waren	1.853	1.217	3. Verbindlichkeiten aus LuL	871	1.056
II. Forderungen und sonstige Vermögensgegenstände			4. Sonstige Verbindlich- keiten	5	12
1. Forderungen aus LuL	2.227	1.622			
2. Sonstige Vermögensgegenstände	907	188			
III. Kassenbestand und Bankguthaben	271	419			
C. Rechnungsabgrenzung	68	47			
Summe	8.472	4.198	Summe	8.472	4.196

ABB. 47:	Die Gewinn- und Verlustrechnung der Reha & Care GmbH

Ist- und Plan-Gewinn- und Verlustrechnung (in T€)

	Plan	Ist
1. Umsatzerlöse	20.786	14.393
2. Erhöhung des Bestandes an fertigen und unfertigen Erzeugnissen	95	0
3. Gesamtleistung	**20.881**	**14.393**
4. Sonstige betriebliche Erträge		
a. Sonstige Erträge im Rahmen der gewöhnlichen Geschäftstätigkeit	90	22
b. Erträge aus der Auflösung von Rückstellungen	10	0
c. Erträge aus dem Abgang von Vermögensgegenständen	300	0
5. Materialaufwand		
a. Aufwendungen für Roh-, Hilfs- und Betriebsstoffe und für bezogene Waren	13.308	8.835
b. Aufwendungen für bezogene Leistungen	35	37
6. Personalaufwand		
a. Löhne und Gehälter	1.331	857
b. Soziale Abgaben und Aufwendungen für Altersversorgung und Unterstützung	268	161
7. Abschreibungen auf immaterielle Vermögensgegenstände und Sachanlagen	233	129
8. Sonstige betriebliche Aufwendungen		
a. Sonstige Aufwendungen im Rahmen der gewöhnlichen Geschäfts- tätigkeit	4.269	3.226
b. Verluste aus dem Abgang von Vermögensgegenständen	162	300

9. Betriebsergebnis	**1.675**	**870**
10. Zinsen und ähnliche Erträge	9	8
11. Zinsen und ähnliche Aufwendungen	227	157
12. Ergebnis der gewöhnlichen Geschäftstätigkeit	**1.457**	**721**
13. Steuern vom Einkommen und vom Ertrag	242	98
14. Sonstige Steuern	1	2
15. Jahresüberschuss	**1.214**	**621**

Erläuterungen zum Jahresabschluss:

▶ Das Unternehmen investiert im Plan-Geschäftsjahr 1,8 Mio. € in ein Firmengebäude mit Büro und Produktionshalle.

▶ Die Bankverbindlichkeiten bestehen mit 3,2 Mio. € aus Darlehen, von denen ein Teil zur Finanzierung der Investition von der Hausbank bereitgestellt wird.

▶ Im Ist-Geschäftsjahr wurde aufgrund von Verkäufen verschiedener Vermögensgestände des Anlagevermögens, dessen Verkaufspreise unter dem bilanzierten Buchwert waren, ein buchhalterischer Verlust erfasst, der in der GuV-Rechnung mit der Position „Verluste aus dem Abgang von Vermögensgegenständen" in Höhe von 300 T€ gebucht wurde. Die Geschäftsleitung erwartet im Plan-Geschäftsjahr im Zusammenhang mit der Veräußerung weiterer Bestände eine gewisse Kompensation, demzufolge ein entsprechender Ertrag mit 300 T€ berücksichtigt wird.

▶ In der Position „Sonstige Vermögensgegenstände" der Plan-Bilanz sind Forderungen gegenüber Gesellschaftern in Höhe von 91.530 € gebucht.

AUFGABE

Problemstellung „Jahresabschlussanalyse"

Aus der Perspektive einer controllingorientierten Rechnungslegung soll auf der Basis einer **Kennzahlenanalyse** eine Einschätzung des geplanten Geschäftsverlaufs vorgenommen werden. Die zugrunde gelegten Daten wurden vom geschäftsführenden Gesellschafter aufbereitet und in einem **Plan-Jahresabschluss** formuliert. Die Erfolgsplanung wird jeweils für die einzelnen Monate erstellt und ist sehr eng an die Finanzbuchhaltung gebunden. In dieser werden auf der Einnahmenseite alle potentiellen Rückflüsse aus der laufenden operativen Tätigkeit mit Hilfe von Umsatzschätzung auf der Basis von abgeschlossenen Abnahmeverträgen, Erfahrungswerten aus der Vergangenheit oder anderen realistisch einschätzbaren Parametern erfasst und den Zahlungsabflüssen aus den Bereichen Material-, Personal- und anderen Investitionsleistungen gegenübergestellt.

In diesem Zusammenhang ist es notwendig, die aus der Finanzbuchhaltung entnommenen Daten um die entsprechenden liquiditäts- und nicht erfolgswirksamen Bestandteile zu bereinigen. Anhand einer Kennzahlenanalyse können dann die Plan-Daten mit den entsprechenden Soll-Werten verglichen werden. Die unten stehenden Fragen dienen als eine Möglichkeit für eine strukturierte Herangehensweise. Manchmal bietet sich auch ein Vergleich mit den Daten der aktuellen Bilanz an. Darüber hinaus sind auch die unterschiedlichen Verwendungsmöglichkeiten des Jahresüberschusses zu berücksichtigen. In den Folgekapiteln wird die integrative Fallstudie, die im Zusammenhang mit der Jahresabschlussanalyse aufbereiteten Daten, zu einer Finanz- und Wertmanagementanalyse weiterentwickelt.

Horizontale Finanzierungsregel

1. Wie kann die Finanzierungsdauer der Investition im Sachanlagevermögen beurteilt werden?

2. Ist die Liquidität anhand der Liquiditätsgrade zufrieden stellend?

Vermögenslage

3. Wie lässt sich die Vermögensstruktur interpretieren?

4. Wie wäre die Struktur des Umlaufvermögens zu beurteilen?

Finanzlage

5. Wie könnte die Kapitalstruktur in Bezug auf die Investitionsfähigkeit beurteilt werden?

6. Hat das Unternehmen ausreichend Eigenkapital?

7. Ist die Höhe der gebildeten Gewinnrücklagen vernünftig?

8. Wie wäre die Verschuldungssituation einzuschätzen?

Erfolgsquellenanalyse

9. Welche Beziehung besteht zwischen Materialaufwand und Gesamtleistung?

10. Anhand welcher Größen könnte man Rationalisierungserfolge nachweisen?

11. Wie verhält sich der Zinsaufwand und was könnte die Ursache für die Entwicklung sein?

Ertragslage

12. Lohnt sich die unternehmerische Tätigkeit für den geschäftsführenden Gesellschafter, für mögliche Investoren und für die Gläubiger?

13. Wie entwickelt sich der Cashflow?

14. Wie wäre die Höhe des operativen Cashflows in Bezug auf die Rückführung der Bankschulden einzuschätzen?

15. Ist das operative Ergebnis in Bezug auf die laufende Kapitaldienstfähigkeit ausreichend?

Zusatzinformationen

16. Welche Informationen und Unterlagen wären für einen Analysten noch von Vorteil?

Einschätzung der Gesamtsituation

17. Welche Gesamteinschätzung ließe sich in der Zusammenfassung eines Gutachtens festhalten?

(1) Finanzierungsdauer

Gefragt wird, ob die langfristig gebundenen Vermögenswerte auch **fristenkongruent** mit langfristigem Kapital finanziert werden. Der Quotient aus dem langfristigen Kapital, bestehend aus Stammkapital (878 T€), Gewinnrücklagen (680 T€), Jahresüberschuss (1.214 T€), Darlehen (3.190 T€), und dem Sachanlagevermögen (Grundstücke und Gebäude 2.459 T€, Technische Anlagen und Maschinen 10 T€ sowie Betriebs- und Geschäftsausstattung 540 T€) muss größer oder zumindest gleich 1 sein. Mit einem Quotienten von 2,0 ist das auch gewährleistet. Selbst unter der Berücksichtigung einer Ausschüttung des Jahresüberschusses, wird das Sachanlagevermögen ausschließlich mit langfristigem Kapital finanziert. In Bezug auf die Finanzierung des Sachanlagevermögens, insbesondere unter der Berücksichtigung der angestrebten Investition in Höhe von 1,8 Mio. €, die das Betriebsgebäude kosten wird, kann in Bezug auf die Einhaltung der Fristenkongruenz eine solide Kapitalstruktur konstatiert werden.

(2) Liquidität

Die **Liquidität 1. Grades** als das prozentuale Verhältnis der liquiden Mittel (271 T€) und den kurzfristigen Verbindlichkeiten, bestehend aus den Kontokorrentverbindlichkeiten (1.183 T€), den Verbindlichkeiten aus Lieferungen und Leistungen (871 T€) sowie der sonstigen Verbindlichkeiten (5 T€), ergibt einen Wert von 13 %. Demzufolge kann 13 % der kurzfristigen Gläubigeransprüche mit liquiden Mitteln sofort befriedigt werden. Für die Kennziffer **Liquidität 2. Grades** wird der Zählerwert um die Größe der „Forderungen aus Lieferungen und Leistungen" (2.227 T€) erhöht. Eine Größe von 121 % kann entsprechend erfasst werden.

Für das **Working Capital-Ratio**, also der Liquidität 3. Grades, lässt sich aus der Division des gesamten Umlaufvermögens mit den kurzfristigen Verbindlichkeiten ein Quotient von 255 % bestimmen, welches ein AAA-Rating bzw. ein „außergewöhnlich gut" konstatieren lässt. Bei geplanter Ausschüttung allerdings erhöhen sich die kurzfristigen Verbindlichkeiten um die Ausschüttungsgröße „Verbindlichkeiten gegenüber Gesellschaftern" mit 1.214 T€, das Working Capital verändert sich demzufolge auf 161 % auf ein „gut" bis „befriedigend". Auffällig allerdings ist die Höhe der noch ausstehenden Forderungen, die etwa ein Viertel des Gesamtvermögens ausmachen. Dem Unternehmer wäre zu raten, anhand der **Debitorenliste** die Zusammensetzung der Forderungen zu prüfen, also zu fragen, ob es sich um einige wenige große oder sehr viele kleinere handelt. Auch wie lange diese Forderungen schon bestehen und wie denn bei jeder Forderung der aktuelle Staus Quo bezüglich Erinnerung bzw. Mahnung aussieht, sollte Gegenstand der Betrachtung sein. Forderungen, die das Dezembergeschäft betreffen sind verständlicherweise als weniger problematisch einzuschätzen. Selbstverständlich ist aber auch die Bonität der einzelnen Debitoren für die individuelle Beurteilung der Forderung ausschlaggebend.

(3) Vermögensstruktur

Das **Anlagevermögen** wird im Wesentlichen durch die Investition des Betriebsgebäudes in Höhe von 1,8 Mio. € im Sachanlagevermögen geprägt. Demzufolge ist auch das Ansteigen der Abschreibungsgrößen, denen eine etwa 20- bis 30-jährige wirtschafltiche Nutzungsdauer zugrunde liegt, eine konsequente Erscheinung. Für die Folgeperioden könnten sich in diesem Zusammenhang durchaus stille Reserven ergeben, die dann zu relativieren wären. Da aber anteilig am Gesamtvermögen das Umlaufvermögen einen höheren Anteil ausmacht, sollte eher dieses einer intensiveren Betrachtung unterzogen werden.

(4) Umlaufvermögen

Das Unternehmen weist eine zu etwa zwei Dritteln höhere **Umlaufintensität** auf. Alleine das Vorratsvermögen und die Kundenforderungen machen etwa die Hälfte der gesamten Bilanzsumme aus. In Bezug auf das Vorratsvermögen an Roh- und Fertigwarenbeständen sollte der Bestandsverlauf für das gesamte Geschäftsjahr transparent gemacht werden können, um möglicherweise Ungereimtheiten im Wertschöpfungsprozess offen zu legen. Auf der anderen Seite aber ist der deutliche Zuwachs des Umlaufvermögens gegenüber dem Vorjahr ein Beleg für die prosperierenden Absatzaktivitäten des Unternehmens.

Wie viel Tage der durchschnittliche Lagerbestand im Unternehmen ist und wie lange durchschnittlich die Kundenforderungen bis zur Liquidation gebunden sind, können mit den Kennzahlen **Lagerumschlag** und **Debitorenfrist** eruiert werden. Während der Umschlag des Vorratsvermögens mit etwa 32 Tagen durchaus im Normalbereich liegt, ist der durchschnittliche Forderungseingang erst bei etwa 39 Tagen. Für beide kann eine 4-wöchige Verweildauer durchaus als eine solide Benchmarkgröße angenommen werden. Auf die Tatsache, dass die Umsätze aber nicht in der gewünschten liquiden Form ins Unternehmen fließen, sondern ein mit etwa 42 % auffällig hoher Anteil des gesamten Umlaufvermögens aus Kundenforderungen besteht, wurde bereits in den obigen Ausführungen kritisch hingewiesen.

(5) Kapitalstruktur

Die Kapitalüberlassungsfristen in Bezug auf die Finanzierung der langfristigen Investitionen können als solide eingestuft werden. Auch die Zunahme der **Darlehensverbindlichkeiten** gegenüber den Banken steht in einem unmittelbaren Zusammenhang mit den Investitionen des Betriebsgebäudes in Höhe von 1,8 Mio. €. Dieses wäre durchaus als ein Indikator für eine positive Konjunktureinschätzung des Managements zu interpretieren. Die hohen **Kundenforderungen** hingegen sind entweder ein Beleg für ein operativ starkes viertes Quartal oder der Indikator für eine zögerliche Zahlungsfähigkeit der Kunden. Sehr interessante Einschätzungen ergeben sich auch bezüglich der Eigenkapitalzusammensetzung.

(6) Eigenkapital

Mit einer **Eigenkapitalquote** des zugrunde gelegten bilanzierten Eigenkapitals, welches eine Thesaurierung des erwirtschafteten Jahresüberschusses zugrunde legt, in Höhe von 33 % kann nicht nur ein für deutsche mittelständische Unternehmen überdurchschnittlicher Wert konstatiert werden, sondern darüber hinaus wird bei der Bonitätsprüfung von den Banken auch ein AAA-Wert erreicht, der es dem Unternehmen ermöglicht, benötigte Kreditmittel zu soliden Konditionen ausgereicht zu bekommen. Bei einer alternativ betrachteten Gewinnausschüttung und einem Gegenrechnen der „Forderungen gegenüber Gesellschaftern" in Höhe von etwa 91 T€, die in den sonstigen Vermögensgegenständen enthalten sind, erreicht die Eigenkapitalquote nur einen unterdurchschnittlichen Wert von 17 %, was mit einem eher befriedigenden BBB-Ratingwert eingestuft wird. Demzufolge determiniert die von den Gesellschaftern bevorzugte Ausschüttungspolitik die für das Geschäftsjahr zugrunde gelegte Eigenkapitalausstattung.

Anhand dieser Ausführungen lässt sich sehr schön erkennen, dass das bilanzierte Eigenkapital in Bezug auf die wirkliche Eigenkapitalausstattung des Unternehmens nur bedingt Auskunft gibt. Vielmehr wäre zu raten, das durchschnittlich im Unternehmen gebundene aktuelle und zukünftige wirtschaftlich zur Verfügung stehende Eigenkapital zu betrachten. Für die Betrachtung der Reha & Care GmbH würde sich beispielsweise anbieten, das arithmetische Mittel aus Ist- und Planbilanz, unter Zugrundelegung einer Teilthesaurierung in Höhe von 50 % des Jahresüberschusses als **wirtschaftliches Eigenkapital** in Höhe von 1.816 T€ zu definieren. Aus der Quotientenbildung von [(878 T€ + 680 T€ + 878 T€ + 680 T€ + 607 T€ - 91 T€) / (4.498 T€ + 8.472 T€)] x 100 lässt sich eine zukünftige durchschnittliche Quote des wirtschaftlichen Eigenkapitals in Höhe von 28 % abbilden, welche dann wiederum einem erstklassigen Rating sehr nahe kommt. In direktem Zusammenhang mit der Höhe des Eigenkapitals muss auch der Anteil der thesaurierten Gewinne einer Betrachtung unterzogen werden.

(7) Gewinnrücklagen

Legt man die oben skizzierte Größe des durchschnittlich gebundenen wirtschaftlichen Eigenkapitals mit 1,8 Mio. € (bei einer hälftigen Ausschüttung des Jahresüberschusses) zugrunde, läge der Anteil der eingestellten Rücklagen bei etwa 67 %, der auch als **Selbstfinanzierungsquote** bezeichnet werden kann. Eine doch eher preiswerte Finanzierungsvariante kann konstatiert werden. Damit wird die Eigenkapitalfinanzierung überwiegend als Innenfinanzierung mit der Thesaurierung von Gewinnen durchgeführt. Demzufolge tritt für das Unternehmen die eher aufwendige und auch teure Variante der Beteiligungsfinanzierung in den Hintergrund.

(8) Verschuldungssituation

Mit einer Fremdkapitalquote von etwa 70 % ist der **Verschuldungsgrad** des Unternehmens als solide einzustufen. Die etwa 2 Mio. € kurzfristigen Verbindlichkeiten Kontokorrentkredite und Lieferantenverbindlichkeiten können mit höheren Vorratsbeständen und Kundenforderungen kompensiert werden. Bezüglich der Kreditkosten muss konstatiert werden, dass kurzfristige Kredite aber wesentlich teurer sind als langfristige. Ein Bankkredit kostet um die 5,0 % an Jahreszins, ein Lieferantenkredit je nach eingeräumtem Skonto zwischen 36 % und 54 %. Den etwa

3,2 Mio. € Darlehen als langfristige Kreditengagements stehen Sachanlagevermögenswerte, bei einer jährlichen Kreditverzinsung von etwa 6 % gegenüber.

(9) Materialaufwand und Gesamtleistung

Im Wesentlichen ist der Materialaufwand mit etwa 50 % im gleichen Maß angestiegen wie die Umsatzerlöse mit etwa 44 %. Geringfügige Unterschiede können auf normale Preissteigerungen für die Materialbeschaffung zurückzuführen sein. Mit der zusätzlichen Betrachtung des Personalaufwands könnte der Frage einer möglicherweise stattgefundenen Rationalisierung nachgegangen werden.

(10) Rationalisierungserfolge

Da der Personalaufwand mit etwa 57 % stärker angestiegen ist als die Umsatzerlöse mit etwa 44 %, kann kein Rationalisierungserfolg konstatiert werden. Gegengerechnet werden könnte diese Behauptung mit der Entwicklung der Kennzahlen Material- und Personalaufwandsquote. Sowohl die Materialaufwandsquote mit etwa 62 % als auch die Personalaufwandsquote mit 7 % bleiben unverändert

(11) Zinsaufwand

Aufgrund der getätigten Investitionen im Sachanlagevermögen, die überwiegend mit Krediten finanziert wurden, ist ein Anstieg des Zinsaufwandes zu beobachten. Die durchschnittlichen Kreditkosten betragen für das Planjahr etwa 5,2 %, während die Kreditengagements bei den Banken in der Vorperiode etwa 12 % betrugen. Das ist darauf zurückzuführen, dass der Anteil der Darlehen aufgrund der Investition zugenommen hat. Flankierend dazu könnten aber auch durchaus Zinsniveauentlastungen an den Kapitalmärkten zu beobachten sein. Die Verzinsung des Eigen- und Gesamtkapitals soll Gegenstand der Renditebetrachtung sein.

(12) Rentabilität

Das Entgelt für die Kapitalüberlassung des geschäftsführenden Gesellschafters wird mit dem **ROE** bzw. der Verzinsung des Eigenkapitals dargestellt. Dieses rechnet sich aus dem Quotienten des ausschüttungsfähigen Jahresüberschusses (1.214 T€) und dem durchschnittlich gebundenen wirtschaftlichen Eigenkapital in Höhe von 1.816 T€, welches als das über die zwei Geschäftsjahre durchschnittlich bilanzierte Eigenkapital berechnet wird. Mit einer Eigenkapitalrendite von 67 % kann für den Gesellschafter ein überdurchschnittlicher Wert konstatiert werden.

Die Private Equity-Investoren und auch die Gläubiger im Zusammenhang mit der Bonitätsprüfung bei der Vergabe von Krediten messen die Performance des Engagements sehr gerne an der Rendite des Gesamtkapitals, die wir als **ROI** kennen gelernt haben. Hierfür wird der EBIT (1.675 T€) ins prozentuale Verhältnis zum Gesamtkapital (8.472 T€) gesetzt. Mit etwa 20 % Gesamtkapitalrendite leistet das Unternehmen eine durchaus überdurchschnittliche ROI-Performance, insbesondere unter dem Hintergrund einer durchschnittlichen Portfolioverzinsung von 14 % der Private Equity-Branche. In Anlehnung an ein Standard & Poor´s Rating könnte ein AA+ bis AA- konstatiert werden.

Die Umsatzrendite, beziehungsweise die Kennziffer **ROS** (*Return on Sales*), als der prozentuale Quotient aus EBITDA (1.908 T€) und Gesamtleitung (20.881 T€) liegt bei etwa 9 %, was durchaus zufrieden stellend ist.

(13) Cashflow

Wie in obigen Ausführungen beschrieben, werden bei der Darstellung des „echten" Gewinns, den wir als Cashflow vorgestellt haben, die stillen Reserven über die Addition der Abschreibungsgrößen relativiert. Der **operative Cashflow** in Höhe von 1.437 T€ setzt sich aus dem Jahresüberschuss in Höhe von 1.214 T€ zuzüglich der Abschreibungen (233 T€) und abzüglich der Erträge aus der Auflösung von Rückstellungen (10 T€) zusammen. Eine für die **Erfolgsanalyse** interessante Gegenüberstellung sind die Entwicklungen der Größen Jahresüberschuss und operativer Cashflow. Da bei prosperierenden Unternehmen die Investitionsleistung stetig zunimmt, treten im gleichen Maß zusätzliche Abschreibungen auf, die den Jahresüberschuss entsprechend schmälern.

Bei der Cashflow-Berechnung aber werden diese mit der Addition neutralisiert. Die Folge ist ein Ansteigen der Cashflow-Größen über den Betrachtungsraum bei gleichzeitig sinkendem Jahresüberschussverlauf. Eine umgekehrte Entwicklung, die als ein Warnsignal verstanden werden muss, könnte auf weniger Abschreibungen aufgrund mangelnder Investitionstätigkeit oder auf Zuschreibungen sowie auf die Ertragsbildung über die Auflösung von Rückstellungen bzw. Sonderposten mit Rücklageanteil zurückzuführen sein. Sowohl der **Jahresüberschuss** als auch der operative **Cashflow** sind um knapp 90 % gestiegen. Da die Erhöhung des Sachanlagevermögens auch höhere Abschreibungen verursachen, können diese mittels zusätzlicher Umsätze kompensiert werden.

Ein spezieller Cashflow, der den **Mittelzufluss aus der betrieblichen Tätigkeit bzw. laufendern Geschäftstätigkeit** anzeigt, berücksichtigt die als Umsatz erfassten, aber noch zu- bzw. abgeflossenen Kapitalströme. Unter Berücksichtung der in der GuV-Rechnung gebuchten Umsatzerlöse, denen aber noch kein liquider Zahlungsfluss als Bilanzgröße entgegensteht, wären die Erhöhung der Kundenforderungen in Höhe von 605 T€ und die Abnahme der Lieferantenverbindlichkeiten in Höhe von 185 T€ abzuziehen. Unter Berücksichtigung der Erhöhung der Vorräte in Höhe von 636 T€ beträgt der tatsächliche liquide Zufluss aus der betrieblichen Tätigkeit 11 T€ (1.214 T€ Jahresüberschuss + 233 T€ Abschreibungen - 10 T€ Rückstellungserträge - 605 T€ Kundenforderungen - 185 T€ Lieferverbindlichkeiten - 636 T€ Vorräte)[17]. Die hohen Bestände an Vorräten und Forderungen aus Lieferungen und Leistungen sind für die hohe Kapitalbindung und für die geringen liquiden Rückflüsse verantwortlich. Für die beiden sehr bedeutenden Kennzahlen wie die Schuldentilgungsdauer und die Zinsdeckungsquote wird im Folgenden der operative Cashflow zugrunde gelegt.

---

17 Eine Erhöhung der Kundenforderungen, ein Senken der Lieferantenverbindlichkeiten und ein Ansteigen der Vorräte entziehen dem Unternehmen Liquidität und umgekehrt. Diese Größen, genannt Working Capital bzw. Netto-Umlaufvermögen, sind ein unverzichtbarer Bestandteil für die Liquiditätsbestimmung.

(14) Schuldentilgungsdauer

Die Tilgungsdauer der zinstragenden Verbindlichkeiten wird mit der Kennzahl **Schuldentilgungsdauer** mit dem Quotienten der Netto-Finanzverbindlichkeiten in Höhe von 4.102 T€ (3.190 T€ + 1.183 T€ - 271 T€) und dem operativen Cashflow (1.437 T€) zum Ausdruck gebracht. Unter Zugrundelegung einer auch für die Zukunft konstanten Cashflow-Entwicklung könnten in knapp 3 Jahren die Bankschulden aus den liquiditätswirksamen Unternehmensaktivitäten zurückgeführt werden. Demzufolge wäre ein AAA-Rating zu konstatieren. Unter der Berücksichtung der echten liquiden Rückflüsse, wie das oben im Zusammenhang mit der Bestimmung des Working Capital dargestellt wurde, würde sich die Rückführungsmöglichkeit aus der Liquidität heraus erheblich schlechter darstellen.

(15) Zinsdeckungsquote

Die Benchmarkgröße für ein AAA-Rating würde bedeuten, dass das operative Ergebnis, welches mit dem EBITDA dargestellt wird, 19 Mal dem Netto-Zinsaufwand entspricht. Zwar ist die **Kapitaldienstfähigkeit** gegeben, der prozentuale Quotient aus EBITDA (1.908 T€) und dem Netto-Zinsaufwand in Höhe von 218 T€ liegt hingegen bei nur 8,7. Diese Kennzahl zeigt sehr deutlich auf, dass sich die Finanzierungskosten für die geplante Investition nur sehr unzureichend über das operative Geschäft verdienen lassen. Ein Wert von A+ bis BBB müsste konstatiert werden. In Bezug auf die Kapitalkosten ist die Kreditaufnahme zur Finanzierung des Investments eine günstigere Variante als das mit der Zuführung von Eigenkapital erreicht werden kann.

(16) Zusatzinformationen

Zur Unterstützung der Controllingaktivitäten des Managements und gegebenenfalls auch für eine weiterführende Informationsbeschaffung eines potentiellen Investors wäre die Erstellung der folgenden Unterlagen noch von Vorteil: Bericht der letzten Betriebsprüfung, betriebswirtschaftliche Auswertung des laufenden Jahres, Finanz- und Investitionsplanung sowie Kredit- und Mietverträge. Langfristig angelegte Plan-Jahresabschlüsse, Finanz- und Budgetpläne sowie eine Plan-Kapitalflussrechnung sind von inhabergeführten Unternehmen in der Regel eher nicht zu erwarten. Die betriebswirtschaftliche Auswertung (BWA) des laufenden Jahres ist sehr häufig die einzige Quelle, mit der die Daten zumindest für die Gegenwart bestimmt werden können. Trotzdem muss an dieser Stelle auf die Bedeutung einer **Kapitalflussrechnung** (vgl. Kapitel E.3.3.2) hingewiesen werden, da insbesondere die Liquiditätssituation über das Working Capital beobachtet werden muss.

(17) Gesamteinschätzung

Anhand der 5 wichtigsten Kennziffern wie Eigenkapitalquote (EK_{Quote}), Working Capital-Ratio (WC), Gesamtkapitalrendite (ROI), Schuldentilgungsdauer (STD) und Zinsdeckungsquote (ZDQ) lässt sich recht schön eine Gesamteinschätzung der Unternehmenssituation einleiten (vgl. in diesem Zusammenhang auch Kap. D.4.1.2 „Basel II").

ABB. 48:	Das Ratingprofil der Reha & Care GmbH					
IFD-Ratingstufe	I	II	III	IV	V	VI
S&P	AAA	AA+ bis AA-	A+ bis BBB	BB+ bis BB-	B+ bis C-	DDD bis D
Noten	sehr gut	gut	befriedigend	ausreichend	mangelhaft	ungenügend
EK_{Quote}	X					
WC	X					
ROI		X				
STD	X					
ZDQ			X			
Gesamtbeurteilung: 1,6 => IFD-Ratingstufe 2						

Die durchschnittliche Gesamtbeurteilung liegt bei 1,6, was anhand der **IFD-Ratingskala** (vgl. Benchmark-Größen in ABB. 41) der Ratingstufe 2 entspricht. Über die möglichen Risiken, die sich im Zusammenhang mit den doch recht hohen **Kundenforderungen** und auch **Vorratsbeständen** ergeben, wurde bereits mehrfach kritisch hingewiesen. Würden aber die Gesellschafter eine vollständige Ausschüttung des Jahresüberschusses bevorzugen und würde der Cashflow nicht nur die reinen buchhalterischen Größen eliminieren, sondern darüber hinaus auch noch Teile des Working Capital wie Kundenforderungen und Lieferantenverbindlichkeiten herausrechnen, dann wäre eine Ratingstufe 3 die Folge.

Um die Daten der externen Rechnungslegung für einen aussagekräftigen Controllingeinsatz heranziehen zu können, empfiehlt sich das Arbeiten mit sog. **„bereinigten" Daten**[18], also Wertansätze, die um alle nicht liquiditätswirksamen sowie betriebs- und periodenfremden Aufwands- und Ertragspositionen, die auf der Grundlage handels- und steuerpolitischer Ansatzvorschriften zustande kommen, korrigiert werden müssen. Besonders auffällig in den herangezogenen GuV-Rechnungen der Reha & Care GmbH sind die mit 300 T€ angesetzten „Erträge aus dem Abgang von Vermögensgegenständen", denen im Geschäftsjahr davor ein Buchaufwand in der gleichen Höhe gegenübersteht. Im Kontext einer **controllingorientierten Rechnungslegung** führt das dazu, dass im Planjahr 300 T€ als **neutrale Erträge** in Abzug gebracht werden müssen, während dem Ist-Ergebnis dieser Betrag als **neutraler Aufwand** addiert wird. Für die Analyse des Plan-Abschlusses reduzieren sich die Erfolgsgrößen EBITDA, EBIT, Jahresüberschuss sowie der Cashflow um 300 T€.

ABB. 49:	Die bereinigten Erfolgsgrößen der Plan-GuV (Werte in T€)	
	Betriebsertrag	21.281
-	Betriebsaufwand (ohne Abschreibungen)	19.373
=	**EBITDA**	**1.908**
-	Neutraler Ertrag	300
=	**Bereinigter EBITDA**	**1.608**

---

18 Das Arbeiten mit bereinigten Daten für das Herausarbeiten nachhaltiger Erfolgsgrößen und den wertorientierten Kennzahlen wird im Kapitel F. „Wertmanagement" ausführlich besprochen.

-	Abschreibungen	233
=	**Bereinigter EBIT**	**1.375**
-	Netto-Finanzaufwand	218
-	Steueraufwand	243
=	**Bereinigter Jahresüberschuss**	**914**
+	Abschreibungen	233
-	Erträge aus der Auflösung von Rückstellungen	10
=	**Bereinigter operativer Cashflow**	**1.137**

Da die Kennzahlen Eigenkapitalquote und Working Capital nur aus Bestandsgrößen bestehen, bleiben diese unbeeinflusst. Zwar sinkt der bereinigte ROI auf 16,2 %, das Rating mit AA+ bis AA- bleibt aber unverändert. Auch für die Zinsdeckungsquote mit jetzt 7,4 kann ein unverändertes Rating mit A+ bis BBB konstatiert werden. Bei der Schuldentilgungsdauer mit jetzt 3,6 Jahren allerdings verschlechtert sich der Ratingwert auf ein AA+ bis AA-. Auch wenn sich der bereinigte operative Cashflow auf 1.137 T€ deutlich verringert hat, kann das Unternehmen die anstehende Investition mit einem Volumen von 1,8 Mio. € teilweise aus den eigenen Umsätzen finanzieren, so genanntes Innenfinanzierungspotential. In einem der Folgekapitel werden wir diesen Sachverhalt im Zusammenhang mit der Innenfinanzierung noch näher vorstellen. Die aber oben im Zusammenhang mit der Investition festgestellte eher niedrige Zinsdeckungsquote lässt sich abschließend recht schön mit dem Sensibilisieren auf das Arbeiten mit **bereinigten Daten** verdeutlichen.

Betrachten wir die **Umsatzentwicklung** der beiden Geschäftsjahre, dann lässt sich ein Zuwachs um 44 % von 14.393 T€ auf 20.786 T€ feststellen. Da sich im gleichen Betrachtungszeitraum die **Jahresüberschüsse** mit etwa 90 % beinahe verdoppelt haben, könnte der eilige Leser eines Jahresabschlusses eine gesteigerte Wertschöpfung vermuten. Wird aber der Plan-Jahresüberschuss um den **neutralen Ertrag** 300 T€ „Erträge aus dem Abgang von Vermögensgegenständen" reduziert, gleichzeitig aber der Ist-Jahreswert mit dem **neutralen Aufwand** 300 T€ "Verluste aus dem Abgang von Vermögensgegenständen" angehoben, entstehen mit 914 T€ und 942 T€ beinahe gleiche Ergebnisse. Damit muss abschließend festgehalten werden, dass trotz eines kräftigen Anstiegs der Umsatzerlöse, der Jahresüberschuss als die für Kapitalgeber relevante ausschüttungsfähige Größe für die Gesellschafter sich beinahe unverändert entwickelt.

Das Management ist gut beraten auf der Basis bereinigter **Plan-Jahresabschlüsse** die vorgestellten Kennzahlen mittels **Soll-ist-Vergleich** mit den entsprechenden Benchmarkwerten regelmäßig abzugleichen, um bei möglichen Fehlentwicklungen gegen steuern zu können. Dafür ist es notwendig, die Daten aus der Finanzbuchhaltung im Kontext einer controllingorientierten Rechnungslegung aufzuarbeiten und mit den entsprechenden finanzwirtschaftlichen Möglichkeiten zu optimieren. Demzufolge stehen im Zusammenhang mit einer wertorientierten Steuerung von Unternehmen in den Folgekapiteln die finanzwirtschaftlichen Aspekte im Mittelpunkt der Betrachtung.

LITERATURHINWEISE:

Born, K., Bilanzanalyse International, Deutsche und ausländische Jahresabschlüsse lesen und beurteilen, Stuttgart 2008.

Coenenberg, A./Haller, A./Schultze W., Jahresabschluss und Jahresabschlussanalyse, Betriebswirtschaftliche, handelsrechtliche, steuerrechtliche und internationale Grundsätze – HGB, IFRS und US-GAAP, Stuttgart 2009.

Exler, M., Umsetzung und Kontrolle des Business-Plans: Soll-Ist-Vergleich. In: Rottke, N./Rebitzer, D. (Hrsg.) Handbuch Real Estate Private Equity, S. 493 - 510, Köln 2006.

Göllert, K., Bilanzrechtsreform, Unternehmensbonität unter der Lupe, Die Bank, H. 3, S. 47 - 50, 2008.

IFD, Initiative Finanzstandort Deutschland, Rating Broschüre, München 2009.

Kreditanstalt für Wiederaufbau, KfW, Ratingarten, Ratingfaktoren sowie Ratingergebnis, unter www.kfw-mittelstandsbank.de, abgerufen am 12. 3. 2009.

Küting, K./Weber, C.-P., Die Bilanzanalyse nach HGB und IFRS, Stuttgart 2009.

Küting, K., Konzerne spielen Verstecken, Transparenz für Aktionäre, Handelsblatt vom 25. 10. 2005, Nr. 206, S. 20.

Scheffler, E., Bilanzen richtig lesen, Was Bilanzen aussagen und verschweigen, München 2006.

Standard & Poor´s (2009), www.standardandpoors.de

Uhlig, S., Working Capital, Stille Wasser gründen tief, Controller Magazin, H. 2, S. 176 - 181, 2007.

D. Finanzwirtschaftliche Aspekte

Vorgestellt werden verschiedene Finanzierungsvarianten, die im Kontext einer bonitätsgerechten Kapitalstruktur von mittelständischen Unternehmen interpretiert werden. Finanzwirtschaftliche Maßnahmen sollen dazu beitragen, das Unternehmen wieder erfolgreich machen zu können, um von den Kapitalgebern als ein interessantes Investitionsobjekt wahrgenommen zu werden. Damit einher sollen auch die wichtigsten Fachbegriffe im Zusammenhang mit börsennotierten Unternehmen dargestellt werden, um die Wirtschaftspresse oder auch einen Geschäftsbericht fundiert lesen zu können.

Inhalt: Wertumlaufmodell, Beteiligungs- bzw. Einlagenfinanzierung (Kapitalerhöhung, Börsengang und Private Equity), Private Debt als Mezzanine Finanzierung, Kreditfinanzierung (Bonitätsprüfung, Basel II, Kreditsicherheiten und Kreditarten), Innenfinanzierung (Gewinnthesaurierung und Desinvestitionsmanagement) sowie Leverage Effekt.

1. Struktur der betrieblichen Finanzwirtschaft

Die Aktivseite mit der Erfassung der Investitionen und die Passivseite mit den Finanzierungsaktivitäten prägen die Bilanz. Bei der Aufnahme einer unternehmerischen Tätigkeit wird das Gründungskapital von den Eigentümern geleistet, in dem von außen Eigenkapital zugeführt wird, was wir unter die Finanzierungsvariante **Beteiligungs-** oder auch **Einlagenfinanzierung** subsumieren. Darunter fallen auch Kapitalerhöhungen, Börsengänge, Private Equity- sowie teilweise auch Private Debt-Finanzierungsvarianten.

1.1 Finanzierungs- und Investitionskreislauf

Auf dem Beschaffungsmarkt werden die für die betriebliche Wertschöpfung notwendigen Ressourcen erworben. Da die Kapitalgeber sehr genau die Allokation des eingesetzten Kapitals verfolgen, müssen die anstehenden Investitionen auf ihre Werthaltigkeit geprüft werden. Jede Investition in Gegenstände des Anlagevermögens entzieht dem Unternehmen nicht nur die notwendige Dispositionsfreiheit liquider Mittel, sondern induziert darüber hinaus auch zusätzliche Folgeinvestitionen in Gegenstände des Umlaufvermögens. Da die in Deutschland durchschnittliche Kapitalisierung mittelständischer Unternehmen mit Eigenkapital bei etwa 20 % liegt, kommt der **Kreditfinanzierung** von Banken und Lieferanten eine große Bedeutung zu. Bei börsennotierten Unternehmen ist auch die Emission einer Anleihe eine durchaus gängige Finanzierungsalternative. Als Merkmale für die **Außenfinanzierung** gelten die Aufnahme von Eigen- bzw. Fremdkapital von außen mit bestimmten Überlassungsfristen sowie die Festlegung von genauen Beträge, die auch vertraglich festgehalten werden.

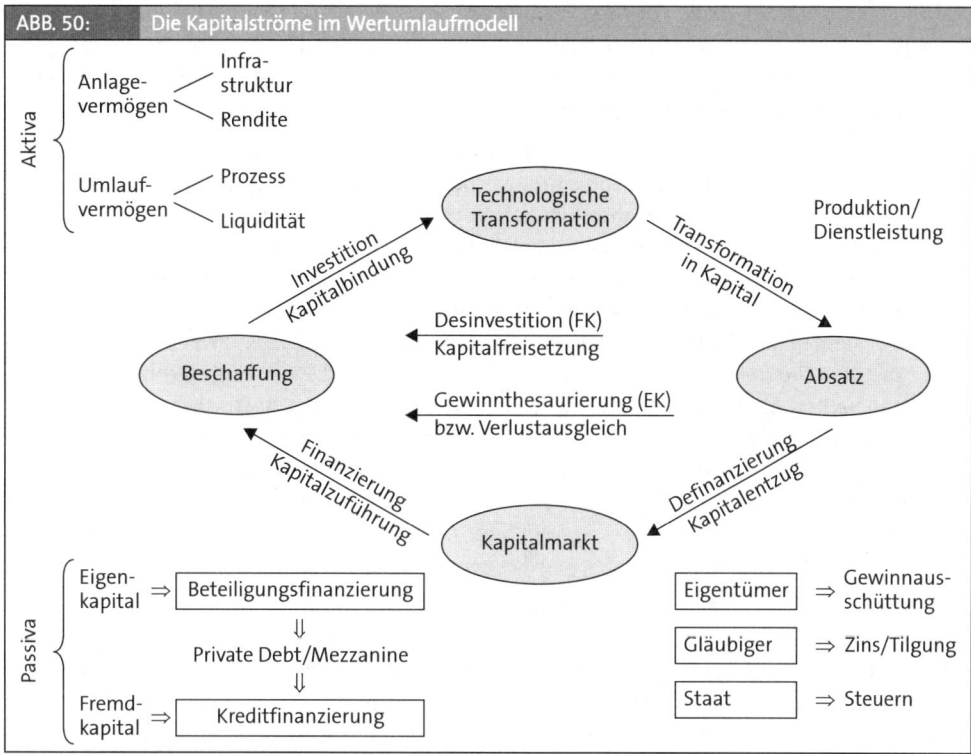

ABB. 50:   Die Kapitalströme im Wertumlaufmodell

Neben den externen Finanzierungsformen ist insbesondere für kleinere Unternehmen die **In-nenfinanzierung** sehr häufig die einzige Variante, die finanzielle Ausstattung zu gewährleisten. Die Ausprägungsformen sind die **Gewinnthesaurierung** mit der Einbehaltung bzw. Nichtaus-schüttung von Gewinnen, die auf der Passivseite als Gewinnrücklagen gebucht werden, und die **Desinvestition** von Vermögensgegenständen. Das Desinvestitionsmanagement umfasst alle auf der Aktivseite wirksamen Liquidationsvorgänge mittels Abschreibung oder Veräußerungspro-zesse. Die **Definanzierung** ist das Entgelt für die Kapitalüberlassung in Form von Dividenden bzw. Tantiemen an die Eigentümer sowie Zinsen und Tilgungsleistungen an die Gläubiger. Die Vorgänge der Innenfinanzierung sind laufend und sehr oft erst am Ende einer Abrechnungsperi-ode konkret absehbar, oft sogar ungewiss, da durchaus noch Ansprüche Dritter auftreten kön-nen, wie beispielsweise durch das Finanzamt oder auch die Inanspruchnahme durch Gewähr-leistungen.

1.2 Finanzierungsalternativen und ihre Systematisierung

Die betriebswirtschaftliche Literatur beschäftigt sich in Bezug auf Unternehmensfinanzierun-gen sehr häufig mit Großunternehmen, die emissionsfähig sind und demzufolge die Berechti-gung an der Teilnahme an einem geregelten Kapitalmarkt haben. Die Kapitalbeschaffung eigen-tümergeführter Unternehmen in Deutschland ist aber mehrheitlich durch eine Dominanz des **Fremdkapitals** geprägt. Über die letzten 25 bis 30 Jahre hinweg war die Kreditversorgung der mittelständischen Wirtschaft durch eine enge Beziehung zu den einzelnen Hausbanken gesichert, die Kreditmittel zu einem relativ günstigen Preis bereitstellten. **Eigenkapital** wurde im Wesentlichen nur über das Einbehalten von Gewinnen generiert. Der Beschaffung von zusätzlichem Eigenkapital von außen wurde von einem Großteil der mittelständischen Unternehmer keine sehr große Aufmerksamkeit gewidmet.

Aus vielen Gesprächen mit mittelständischen Unternehmern und aus Veröffentlichungen von einzelnen Daten kann insgesamt beobachtet werden, dass im deutschsprachigen Raum die Zahl der Kreditverweigerungen, der Nichtprolongation von Krediten und sogar die Fälligstellung bestehender Kreditengagements vor dem vereinbarten Rückzahlungstermin sehr drastisch zugenommen hat. Das Auftreten der Finanzkrise seit Mitte 2008 hat diese Situation noch verschärft, da die Kreditinstitute ihrerseits über Refinanzierungsprobleme klagen bzw. diese aufgrund der Marktunsicherheit nicht immer gewährleistet ist. Innerhalb der letzten zwei Jahre stieg diese Quote in einer Größenordnung um etwa 15 % bis 20 %. Unter diesem Hintergrund müssen die mittelständischen Unternehmen, die in der Regel nicht an einem organisierten Kapitalmarkt teilnehmen, sich zunehmend mit dem Thema **alternativer Finanzierungsformen** bzw. zusätzlicher Eigenkapitalbeschaffungsmöglichkeiten beschäftigen. Die Ressource Kapital wird für den Mittelstand zunehmend zum Engpassfaktor. Unternehmensgründungen folgen in der Regel einer unternehmerischen Vision, der ein konkreter Gründungsprozess folgt. Ein entscheidender Faktor ist die Finanzierung, die in der Regel nach der Investition der eigenen Finanzmittel die Aufnahme von Fremdkapital nach sich zieht.

Eine Alternative hierzu wäre die Hereinnahme von zusätzlichem Eigenkapital in Form einer **Venture Capital** Finanzierung. Für etablierte mittelständische Unternehmen wäre die Möglichkeit der Aufnahme eines „echten" **Private Equity**-Gebers zu untersuchen. Geniert werden Private Equity-Fonds über Kapitalbeteiligungsgesellschaften, die in der Regel an einer mehrheitlichen Übernahme der Gesellschaftsanteile interessiert sind. In einem ersten Schritt wäre das eine qualifizierte Mehrheitsbeteiligung mit 51 %, die dann im Verlauf der nächsten drei bis fünf Jahre sukzessive auf 100 % erhöht werden würde. Mit der Darstellung der **Finanzierungsmatrix** soll in Bezug auf Kapitalgesellschaften die Zuordnung der einzelnen Kapitalquellen, die jeweilige Rechtsstellung der Kapitalgeber sowie die mehrheitlich auf der Passivseite vorkommenden Bilanzpositionen transparent gemacht werden.

ABB. 51:	Die Finanzierungsmatrix	
	Außenfinanzierung	Innenfinanzierung
Eigenkapital	**Beteiligungs- / Einlagenfinanzierung** ▶ Nennkapital (Grund- oder Stammkapital) ▶ Kapitalrücklagen ▶ Alternativ auch mit Private Equity	**Offene Selbstfinanzierung / Gewinnthesaurierung** ▶ Gewinnrücklagen
Mezzanine	**Private Debt als hybride Finanzierung** ▶ Stille Gesellschaft ▶ Gesellschafterdarlehen	
Fremdkapital	**Kreditfinanzierung** ▶ Bankverbindlichkeiten ▶ Verbindlichkeiten aus Lieferung und Leistung	**Sonstige Formen der Innenfinanzierung / Desinvestitionsmanagement** ▶ Liquidation von Vermögensgegenständen

Neuere Kapitalbeschaffungsmaßnahmen in der betrieblichen Praxis konzentrieren sich neben dem Bereich des Private Equity, deren Generierung die Veräußerung von Unternehmensanteilen mit sich bringt, zunehmend auf den Bereich des **Private Debt**, bei dessen Hereinnahme die unternehmensrechtliche Eigentümerstruktur bestehen bleibt. Private Debt-Lösungen sind nachrangige bzw. unbesicherte Fremdkapital- und Mezzanine-Finanzierungen, die nicht gehandelt werden.

Die gewählte Reihenfolge der vorzustellenden Finanzierungsalternativen orientiert sich am Wertschöpfungsprozess der Unternehmen, die mit den Varianten der **Außenfinanzierung**, der **Beteiligungsfinanzierung** erst unbelastetes Eigenkapital und gegebenenfalls Risikokapital generieren müssen, um in einem Folgeschritt an die Gläubiger mit dem Ansuchen um einen Kredit heranzutreten (**Kreditfinanzierung**). Die weitere Finanzierung kann dann als **Innenfinanzierung** aus dem Wertschöpfungsprozess erfolgen, Gewinne im Unternehmen belassen zu können (**Gewinnthesaurierung**) oder die Finanzierung aus den laufenden Umsätzen (**Desinvestitionsmanagement**) anzuregen.

2. Beteiligungsfinanzierung

Die Möglichkeiten der **Beteiligungs- bzw. Einlagenfinanzierung** als eine **Außenfinanzierung** mit **Eigenkapital** werden über die Wahl der Rechtsform determiniert. Passiviert werden Beträge des **Nennkapitals** und gegebenenfalls der **Kapitalrücklage**, denen auf der Aktiva Einlagen in Form von Geld, Sachmittel oder auch Rechte wie Patente oder Lizenzen gegenüberstehen. Dem von den Eigentümern zur Verfügung gestellten Kapital können verschiedene Funktionen zugeordnet werden:

► **Haftungsfunktion**: Mit der Höhe des Eigenkapitals werden den Gläubigern die Beteiligungs- und Haftungsverhältnisse angezeigt.

► **Verlustauffangfunktion**: Mögliche Verluste, die in der Gewinn- und Verlustrechnung als Jahresfehlbeträge aufgezeigt sind, werden in der Bilanz dem Eigenkapital gegengebucht.

► **Kreditgewährungsfunktion**: Die Höhe des vorhandenen Eigenkapitals wird von den Gläubigern als ein wichtiges Kriterium für die Vergabe von Krediten herangezogen.

► **Gewinnverteilungsfunktion**: Der Anteil des einzelnen Gesellschafters am Eigenkapital entscheidet über die individuelle Zuordnung des Gewinns. Auch beinhaltet die Kapitaleinlage eine entsprechende Vermögensallokation, um ein entsprechendes Kapitalentgelt in Form von Rentabilität und Wertsteigerung generieren zu können.

2.1 Eigenkapitalbeschaffung nichtemissionsfähiger Unternehmen

Bei eigentümergeführten Unternehmen ist die Finanzierung über Kredite immer noch die häufigste Kapitalbeschaffung, eine Eigenkapitalquote von durchschnittlich 20 % ist für deutsche mittelständische Unternehmen die Regel. Im Vergleich dazu liegen Unternehmen in Japan mit 22 %, in Frankreich mit 34 %, in Großbritannien mit 40 %, in Spanien mit 41 % und in den USA mit 45 %. Als Hauptgründe für die eher geringe Eigenkapitalquote für deutsche Unternehmen gelten

▶ eine im Vergleich zum angelsächsischen Wirtschaftsraum wesentlich **geringere Risikobereitschaft** bezüglich des Einsatzes von Eigenkapital zur Investitionsfinanzierung,

▶ eine in der Vergangenheit eher **großzügige Kreditausreichung** der Banken zu Konditionen, die das individuelle Ausfallrisiko des Schuldners unzureichend berücksichtigt haben,

▶ die Ansatz- und **Bewertungsvorschriften** des HGB, die aufgrund der Gläubigerorientierung und der damit verbundenen geringeren Ausschüttungsmöglichkeit einen niedrigen Gewinnausweis provozieren, sowie

▶ die Möglichkeit der steuerlichen **Abzugsfähigkeit** der Fremdkapitalkosten, die ihrerseits nicht gerade dazu beigetragen hat, die Verschuldungssituation der Unternehmen maßgeblich zu verändern.

Grundsätzlich gilt für **Personengesellschaften** die mit dem Privat- und Geschäftsvermögen veranlagte Haftung gegenüber den Gläubigern. Die Kapitalzu- und Kapitalabführung wird laufend vollzogen und nur buchhalterisch, nicht aber formaljuristisch erfasst. Zwar ist gerade bei der **Einzelunternehmung** der Grad der Flexibilität einer Eigenkapitalausstattung aus dem Privatbereich sehr hoch, die Möglichkeiten der externen Kapitalzuführung sind aber aufgrund der Endlichkeit des Privatvermögens sehr beschränkt. Das Gründungskapital wird üblicherweise mit den Ersparnissen bzw. aus kumulierten Einkünften oder größeren Abfindungszahlungen aus nichtselbstständiger Arbeit bereitgestellt. Die Folgefinanzierung ist dann schon etwas schwieriger. Neben einem Lottogewinn bleiben, bei der Unterstellung einer unveränderten Unternehmensstruktur, nur die Erbschaft und das Heiraten vermögender Partner für die weitere Zuführung externer Kapitalgrößen. Bei einer Kapitalerhöhung mittels Aufnahme eines neuen Gesellschafters verändert sich dagegen die Unternehmensstruktur, da im Zusammenhang mit der Kapitaleinlage auch die Mitwirkung an der Geschäftsführung verpflichtend ist. Im Falle nicht lösbarer Meinungsverschiedenheiten kann durchaus die Existenz des Unternehmens gefährdet werden. Handelsrechtlich werden Personengesellschaften neben den Einzelunternehmen in **offene Handelsgesellschaften** (OHG) und **Kommanditgesellschaften** (KG) unterteilt.

2.1.1 Offene Handelsgesellschaften (OHG)

Kennzeichen einer offenen Handelsgesellschaft nach § 105 Abs. 1 HGB ist das gemeinsame Führen eines Unternehmens, bei dem alle Gesellschafter eine unbeschränkte und auch gesamtschuldnerische Haftung übernehmen müssen. Die Gesellschafter sind handelsrechtlich zur Geschäftsführung nicht nur berechtigt, sondern auch verpflichtet. Manchmal ist das ein wenig schmunzelnd zu beobachten, wenn man von einem OHG-Gesellschafter eine Visitenkarte mit dem Titel „Geschäftsführer" vorgelegt bekommt, da dieser diese Funktion per Gesetz auch unausgesprochen innehat. Aus Gläubigersicht ist eine OHG durchaus von hoher Bonität, da aufgrund der persönlichen und auch gesamtschuldnerischen Haftung der Gesellschafter jederzeit auf einen der Eigentümer mit der gesamten noch ausstehenden Schuld zurückgegriffen werden kann. Natürlich ist die individuelle Bonität auch ein ausschlaggebender Erfolgsfaktor für die Vergabe von Krediten. Der wirtschaftliche Erfolg des Unternehmens hängt demzufolge von den individuellen und von den finanziellen Verhältnissen der Gesellschafter ab. Dadurch ist auch die Möglichkeit einer weiteren Einlagenfinanzierung begrenzt, gerade dann, wenn aufgrund der Branchen- oder Unternehmensattraktivität keine weiteren Gesellschafter aufgenommen werden können.

2.1.2 Kommanditgesellschaft (KG)

Die Rechtsform der Kommanditgesellschaft nach § 161 ff. HGB bietet neben den vollhaftenden Gesellschaftern, den **Komplementären**, auch die Möglichkeit der Kapitalbeteiligung von teilhaftenden Gesellschaftern, den **Kommanditisten**. Dadurch kann der Gesellschafterkreis bzw. die Möglichkeit zusätzliches Eigenkapital zu generieren, erheblich erleichtert werden, da sich die persönliche Haftung der Komplementäre ausschließlich auf die Höhe der Einlage beschränkt. Mit dieser Konstruktion ist die Nähe zu den Kapitalgesellschaften wie beispielsweise eine GmbH oder AG gegeben, da deren Charakteristik eine ausdrücklich gewollte Trennung zwischen Kapitalaufbringung und Geschäftsführung ausmacht.

Die **Fremdorganschaft** bei Kapitalgesellschaften, also die Möglichkeit einen gesellschaftsfremden Dritten zum organschaftlichen Vertreter zu bestellen, lässt sog. anteilslose Geschäftsleiter als Geschäftsführer oder Vorstandsmitglieder zu. Mit dieser Konstruktion wird die Willensbildung über die Entwicklung der Gesellschaft, vor allem in Bezug auf die Kapitalverwendung von den Eigentümern vollzogen, die dann auf der Gesellschafter- oder Hauptversammlung artikuliert wird. Die Rolle der Geschäftsleiter wird auf die Vertretung und das Führen der Gesellschaft, nach dem Willen der Eigentümer, reduziert. Das schließt selbstverständlich nicht aus, dass die Geschäftsleiter ihrerseits auch am Nennkapital mitbeteiligt sein können.

2.1.3 Gesellschaft mit beschränkter Haftung (GmbH)

Die Zielverwirklichung von Kapitalgesellschaften, die als Körperschaften zugleich auch juristische Personen sind, ist losgelöst von den Gründern, was als **Trennungsprinzip** bezeichnet wird. Zwar ist bei der Rechtsform der GmbH die formale Trennung von Kapitalgebern und Management gewährleistet, das Generieren von zusätzlich von außen zugeführtem Eigenkapital ist aber auch bei diesen wegen der fehlenden organisierten Handelbarkeit der Anteile nicht einfacher, wie das bei den Personengesellschaften bereits konstatiert wurde. Nach § 5 Abs. 1 GmbHG werden die als **Stammkapital** passivierten Nominaleinlagen mittels Bargeld oder Sacheinlagen als Vermögenszugang erfasst. Die Mindesthöhe ist vom Gesetzgeber bestimmt und gleicht die für die Personengesellschaften kennzeichnende persönliche Haftung der Gesellschafter aus.

Demzufolge haftet die Institution mit den aktivierten Vermögenswerten, die mit der Gründungseinlage, nach § 5 Abs. 1 GmbHG mindestens 25.000 €, und demzufolge mit den erwirtschafteten Vermögenszugängen, die real im Unternehmen vorhanden sind. Das nominal erfasste Eigenkapital repräsentiert, gemäß der individuellen Anteilsverhältnisse, die Verlustobergrenze der einzelnen Gesellschafter. Eine Rückzahlung des zur Erhaltung des Stammkapitals erforderliche Vermögen der Gesellschaft darf nicht an die Gesellschafter durchgeführt werden (§ 30 Abs. 1 GmbHG). Kapitalerhöhungen werden durch weitere private Einlagen der Altgesellschafter oder durch Aufnahme weiterer Gesellschafter generiert. Bedarf es bei einem Verkauf von

GmbH-Gesellschaftsanteilen der notariellen Beurkundung (§ 15 Abs. 3 GmbHG), ist bei börsennotierten Unternehmen, die Veräußerung von Aktien mehrheitlich mittels formloser Einigung und Übergabe möglich. Wir bezeichnen das als die Fungibilität, d. h. Handelbarkeit des einzelnen Anteils.

2.2 Börsengang

Das Motiv von Unternehmen, einen **Börsengang** bzw. **IPO** (*Initial Public Offering*) als die Umwandlung einer privaten Aktiengesellschaft hin zu einer Publikumsgesellschaft zu initiieren, ist in der Regel die Bereitstellung größerer Kapitalbeträge, die als **Grundkapital** und **Kapitalrücklage** passiviert werden. Langfristige Wachstumsfinanzierungen von Investitionen bzw. Akquisitionen sollen generiert werden können. Es ist das erstmalige Angebot von Aktien eines Unternehmens auf dem organisierten Kapitalmarkt. Die größten Börsengänge in Deutschland waren 1996 die Platzierung der **Deutschen Telekom** mit einem Volumen von 13,0 Mrd. €, 2000 **Deutsche Post** mit 5,8 Mrd. €, die Siemenstochter **Infineon** mit 5,4 Mrd. €, **T-Online** mit 3,1 Mrd. € sowie 2004 die **Deutsche Postbank** mit 1,6 Mrd. €. Mit der Entscheidung, ein Unternehmen an die Börse zu bringen, wird nicht nur der Zugang einer **Beteiligungsfinanzierung** über den Kapitalmarkt erleichtert, die zukünftig mittels der Ausgabe junger Aktien generiert werden kann. Damit verbunden ist auch eine stärkere Transparenz des Unternehmens gegenüber den Shareholdern sowie den Stakeholdern.

Mit der Verpflichtung einer quartalsweisen bzw. regelmäßigen Veröffentlichung der Umsatzentwicklung und der Ertragssituation wird das Unternehmen in den Blickpunkt des öffentlichen Interesses gerückt. Zusätzliche Kosten entstehen für das gesamte Dienstleistungsspektrum rund um die **Investor Relations**, wie das Abhalten von Hauptversammlungen, Bilanzpressekonferenzen, regelmäßige Berichterstattung oder die Erstellung von Geschäftsberichten und sonstigen für die Kapitalgeber relevanten Daten. Auch beinhaltet der Gang an die Börse ein Umdenken der Gesellschafter, da die persönlichen Einflussmöglichkeiten eingeschränkt werden. Im Folgenden sollen die einzelnen Schritte für eine erfolgreiche Platzierung genannt und erläutert sowie facheinschlägige Fragen für den Unternehmer formuliert werden:

ABB. 52:	Die IPO-Checkliste

Die einzelnen Schritte für die Durchführung eines Börsengangs:

1. Schritt: Prüfung des Unternehmens auf **Börsenfähigkeit**

▶ Kann von der zukünftigen Geschäftstätigkeit eine risikogerechte Verzinsung für die potentiellen Aktionäre erwartet werden?

▶ Hat das gesamte Management das entsprechende Fachwissen für die zu besetzenden Vorstandsressorts und können die Repräsentationsaufgaben gegenüber dem Kapitalmarkt gewährleistet werden?

2. Schritt: Auswahl der **Emissionsbank**

▶ Welche Bank verfügt über das notwendige Know-how?

▶ Welche Bankberater passen als Personen zu den Altgesellschaftern?

3. Schritt: Formulierung einer **Equity Story**

► Welche Investitionen werden mit den zufließenden Kapitalgrößen verwirklicht und welche Rolle spielen die Altgesellschafter?

► Gibt es bereits an der Börse notierte Unternehmen mit einem ähnlichen Produkt- bzw. Dienstleistungsportfolio und welche Differenzierungsstrategie kann gegebenenfalls formuliert werden?

4. Schritt: Bewertung des Unternehmens sowie Festlegen des **Emissionspreises** pro Aktie und des Börsensegments

► Welche Cashflow-Größen können zukünftig erreicht werden?

► Welcher Preis pro Aktie gilt als fair?

5. Schritt: **Due Diligence**-Prüfung

► Welche Themenbereiche sollen erfasst werden?

► Welchen möglichen Ungereimtheiten sollte vorab begegnet werden?

6. Schritt: Erstellung des **Verkaufsprospekts** und die Durchführung einer Road Show zur Gewinnung von Investoren

► Welches konkrete Angebot soll an die potentiellen Investoren abgegeben werden?

► Welche konkrete Vermarktungsstrategie soll Anwendung finden?

7. Schritt: Bekanntgabe der **Bookbuilding**-Spanne, Zeichnung der Aktie mittels Kaufangebote und Erstnotiz an der Wertpapierbörse

► Soll ein Festpreis- oder ein Bookbuilding-Verfahren durchgeführt werden?

► Welcher konkrete Emissionspreis soll festgelegt werden?

8. Schritt: **Investition** des Emissionserlöses

► Welche Sachinvestitionen führen zu einer Steigerung der Rentabilität? (Financial Performance Management)

► Welche Akquisitionen gewährleisten die erforderliche Wertsteigerung? (Value Management/Shareholder Value)

2.2.1 Erster Schritt: Prüfung des Unternehmens auf Börsenfähigkeit

In der **Vorbereitungsphase** eines Börsenganges wird den in Frage kommenden Banken eine Unternehmensdokumentation zur Verfügung gestellt. So ein **Fact Book** beinhaltet einen Business-Plan, mit den Bestandteilen Geschäftstätigkeit, Management, Personalbestand, Produkte bzw. Dienstleistungen, Zulieferbeziehungen, Kunden, Markt- und Wettbewerbssituation, Finanzplanung, Plan-Bestands- und -erfolgsgrößen, Verbindlichkeiten, zukünftige Positionierung sowie Wachstumsstrategie. Mit Hilfe der Datenlage sollte der Empfänger in der Lage sein, eine erste indikative Bewertung des Unternehmens und eine Einschätzung eines möglichen Börsengangs vornehmen zu können. Die grundlegende Voraussetzung für einen funktionierenden Börsengang ist die Aussicht auf eine ansprechende Verzinsung des eingesetzten Kapitals.

Im Zusammenhang mit einem an der Börse notierten Unternehmen muss der Begriff Verzinsung etwas breiter interpretiert werden. Die von den Unternehmen in ihren Geschäftsberichten veröffentlichte **Dividendenrendite** ist die Höhe der auszuschüttenden Dividende im prozentualen Verhältnis zum durchschnittlichen Börsenkurs des zugrunde gelegten Geschäftsjahres. So hat beispielsweise die **RWE AG** für das Geschäftsjahr 2008 mit einer Dividende von 4,50 € für ihre Stammaktien, im Verhältnis zum durchschnittlichen Börsenkurs eine Dividendenrendite von 6,4 % veröffentlicht. Dies darf aber nicht mit einem Verzinsungsanspruch eines festverzinslichen Wertpapiers verwechselt werden, wohl aber kann diese durchaus als eine Vergleichsgröße mit anderen an der Börse notierten Unternehmen herangezogen werden. Es muss aber daran erinnert werden, dass der Aktionär die Rolle eines Eigentümers und nicht die eines Gläubigers hat, demnach das unternehmerische Risiko in voller Höhe trägt.

Eine andere Renditeorientierung ist das nachhaltige **Ergebnis je Aktie** (Quotient aus dem nachhaltigen Unternehmensergebnis und der Anzahl der in Umlauf befindlichen Aktien) in Relation zum individuellen Einstiegskurs des Aktionärs, unabhängig der Ausschüttungspolitik der Gesellschaft. Das **nachhaltige Ergebnis** wird unter Zugrundelegung des „bereinigten" Ergebnisses berechnet, welches die eigentlich vertretbare Ausschüttungsgröße der Gesellschaft an ihre Aktionäre darstellt. Bereinigte oder adjustierte Erfolgsgrößen berücksichtigen die **neutralen Erfolgsgrößen** sowie die **kalkulatorischen Kosten**. Bei börsennotierten Unternehmen setzen sich die neutralen Positionen im Wesentlichen aus Wertberichtigungen bzw. Abschreibungen auf immaterielle Vermögenswerte, Restrukturierungsaufwendungen sowie Erträgen bzw. Verlusten aus der Veräußerung von Vermögensgegenständen zusammen.

Die **Marktkapitalisierung** als das Produkt aus Börsenkurs und der Anzahl der Aktien ist der Unternehmenswert, der an der Börse durch Angebot und Nachfrage zustande kommt. In Bezug zum erwirtschafteten Gewinn des Unternehmens wird das **KGV** (Kurs-Gewinn-Verhältnis) ermittelt, das bei den im DAX notierten Unternehmen bei einem soliden Marktumfeld in der Regel zwischen 12 und 15 ausfällt. Ist es wesentlich höher, gilt die Aktie als überbewertet; die Kapitalgeber versehen das Unternehmen und dessen Management mit einem **Vertrauensvorschuss**, während ein geringeres KGV eine Unterbewertung, also eine **Vertrauenslücke** zum Ausdruck bringt. Bei Letzterem ist das in aller Regel nur eine Frage der Zeit bis das Papier auf der Empfehlungsliste der Investment- und Geschäftsbanken steht und die Investoren mit entsprechenden Kauforders den Aktienkurs anheizen und damit die Marktkapitalisierung in die Höhe bringen.

Eine interessante Entwicklung hatte der Börsengang der **Air Berlin AG**, die im Frühjahr 2006 in dem Prime Standard aufgenommen wurde. Bei einer damaligen Marktkapitalisierung von etwa 700 Mio. € und einem durchschnittlichen KGV notierter Unternehmen der Branche zwischen 12 und 15, war das Unternehmen maßlos überbewertet. In Bezug auf die operative Entwicklung der Air Berlin hätte das einen von den Aktionären zu erwarteten Gewinn vor Zinsen und Steuern (EBIT) von etwa 50 Mio. € bis 60 Mio. € bedeutet. Dies war echte Utopie. Die Gesellschaft hatte im Geschäftsjahr 2005 einen Verlust in Höhe von etwa 116 Mio. €, die Treibstoffpreise entwickelten sich rasant nach oben, es herrschte eine weltweite Verunsicherung durch Terrorismus und das Marktsegment „Billigflieger" war von sämtlichen Fluglinien stark umkämpft. Die Aktie notierte zu Handelsbeginn mit 11,25 €, das war sogar unterhalb der unteren Preisspanne von 12 €, und konnte nur durch massive **Stützungskaufe** der beiden führenden **Konsortialbanken** Morgan Stanley und Commerzbank den unteren Rand der Handelsspanne halten. Der aktuelle Börsenkurs liegt bei gut 3 € (Juni 2009), was einer Marktkapitalisierung von etwa 236 Mio. € entspricht. Grundsätzlich sollte unter der Berücksichtigung einer risikogerechten Verzinsung des vom Eigentümer im Unternehmen eingesetzten Kapitals über die Haltedauer hinweg eine Rendite von durchaus 12 %, die sich aus der jährlichen Dividendenzahlung und der Wertsteigerung des Aktienanteils ergibt, erreicht werden.

Ein Börsengang aus einem inhabergeführten Unternehmen heraus bedeutet auch eine Veränderung der **Managementstruktur**. Das Topmanagement muss über ein komplementäres Wissen verfügen, auch sollte eine zweite Führungsebene eingerichtet werden, um eine kompetente Entscheidungsvorbereitung bündeln zu können. Da das Unternehmen nach der Platzierung in einem ständigen Dialog mit den Akteuren des Kapitalmarktes ist, müssen sehr viele Repräsentationsaufgaben übernommen werden. Demzufolge sollte ein Hinzuziehen von Managern mit einer entsprechenden Börsenerfahrung in Erwägung gezogen werden. Das setzt natürlich die Bereitschaft der Altgesellschafter voraus, ihren Einfluss zum Teil an Fremdmanager abgeben zu können. Genauso muss das gesamte Rechnungs- und Berichtswesen auf die notwendigen Transparenzanforderungen angepasst werden. Zukünftige Kapitalgeber orientieren sich aber auch an der belegbaren Erfahrung des Managements. Im Gegensatz zum Parlament, in der die personelle Besetzung der einzelnen Ressorts doch sehr willkürlich erscheint, ist es für erfolgreiche Unternehmen wichtig, die notwenige Fachexpertise zielgerichtet bereitstellen zu können.

2.2.2 Zweiter Schritt: Auswahl der Emissionsbank

Für die Veräußerung der Anteile an der Börse braucht das Unternehmen einzelne **Emissionsbanken**. Da der führenden Konsortialbank eine hohe Verantwortung zukommt, die letztlich über den Erfolg einer Börsenplatzierung entscheidet, muss diese von den Unternehmensverantwortlichen sehr sorgfältig ausgesucht werden. So ein Auswahlverfahren, was durchaus einem Bewerbungsgespräch gleicht, wird als **Beauty Contest** bezeichnet. In diesem geben die Banken eine Einschätzung in Bezug auf eine mögliche Marktkapitalisierung ab, machen einen Vorschlag für ein entsprechendes Börsensegment und präsentieren ihre Konditionen für den Börsengang. Da ein IPO ein für die Bank sehr lukratives Geschäft ist, das, je nach Volumen der Emission, ein Honorarvolumen zwischen 3 % bis 5 % von diesem ausmachen kann, sollte dieser Prozess sehr besonnen und sorgfältig durchgeführt werden. Als Beurteilungskriterien wäre die Erfahrung der Geschäftsbank, der Kontakt zu größeren Investoren, die regionale Reichweite sowie die handelnden Personen heranzuziehen. In der von beiden Seiten unterzeichneten Mandatsvereinbarung wird üblicherweise auch eine sog. **Incentive-Fee**, also eine erfolgsabhängige auf die Erstnotierung basierende Vergütungsvariante, festgelegt, die zusätzlich durchaus mit bis zu 1 % vom Emissionsvolumen ausfallen kann.

Neben der Platzierungsprovision der Banken fallen darüber hinaus Kosten für Finanzkommunikation, Haftpflichtversicherung für Comfort Letter, Börseneinführungsprovision, Road Show,

Due Diligence Prüfung sowie sonstige IPO-, Rechts- und Steuerberatung an. Bösl[19] konstatiert als Faustgröße für einen Börsengang in Deutschland mit einem Emissionsvolumen von etwa 50 Mio. € die Gesamtkosten bis zu 7,5 % des Emissionsvolumens. Diese werden bei der Platzierung über eine **Kapitalerhöhung** vom Unternehmen übernommen, müssen aber wegen ihrer nicht zu vernachlässigten Größenordnung in die laufende Liquiditäts- und Finanzplanung des Unternehmens aufgenommen werden. Werden darüber hinaus auch Anteile der Altaktionäre über die Börse verkauft, also mittels **Umplatzierung**, werden diese an den Kosten mitbeteiligt. In diesem Zusammenhang muss aber erwähnt werden, dass dieser Sachverhalt bei einer steuerlichen Betriebsprüfung der Finanzverwaltung im Hinblick auf eine mögliche verdeckte Gewinnausschüttung in der Regel sehr genau geprüft wird.

Neben der Offenlegung der Konditionen und einer Einschätzung über den Wert des Unternehmens gibt die Bank Empfehlungen zur Strukturierung der Transaktion, insbesondere zu einem möglichen Börsensegment, zur Struktur des begleitenden Bankenkonsortiums, zur Marketingstrategie sowie zu den einzelnen Arbeitsschritten innerhalb eines Zeitplans bis zur Erstnotiz. Auch ist es üblich, Entwürfe von einzelnen Verträgen vorzulegen. Hat sich das Management der Emittentin für die konsortialführende Bank entschieden, wird ein **Kick-off-Meeting** mit allen am Prozess beteiligten Akteuren wie Management, Bankvertreter, Wirtschaftsprüfer, Rechtsanwälte und den Investor Relations-Verantwortlichen veranstaltet.

2.2.3 Dritter Schritt: Formulierung einer Equity Story

Der erste gemeinsame Schritt in Richtung Börsengang ist das Formulieren einer Vermarktungsstrategie, die sog. **Equity Story**, mit dem Herausstellen einer renditeversprechenden Verwendung des IPO-Erlöses im Einklang mit der Marktposition und dem vorliegenden Geschäftsmodell. Die Investition für eine konkrete Produktentwicklung, eine spezielle regionale Ausdehnung oder auch die Akquisition von Unternehmen oder einzelnen Anteilen könnte artikuliert werden, um das Interesse potentieller Investoren zu erzeugen. So hat beispielsweise die auf die Entwicklung und Implementierung von Softwarelösungen spezialisierte **SHS Informationssysteme AG** angekündigt, nach ihrem Börsengang die Expansion ihres Geschäfts im südeuropäischen Wirtschaftsraum zu verwirklichen, die mit der Akquisition von einzelnen Unternehmen generiert werden soll. Neben einem schlüssigen operativen Vermarktungskonzept wird die Positionierung der Altgesellschafter von potentiellen Investoren sehr genau betrachtet. Bei einem Börsengang zum Wohl des Unternehmens wird der mit einer **Kapitalerhöhung** mittels Ausgabe neuer Aktien unter Ausschluss des Bezugsrechts der bisherigen Aktionäre zusätzliche Gesellschaftsanteile am Börsenparkett platziert. Üblicherweise werden in einem ersten Schritt 25 % bis 49 % des zukünftigen Gesamtgrundkapitals öffentlich untergebracht. Buchhalterisch wird eine Bilanzverlängerung mit einem gesteigerten Anteil an Eigenkapital wirksam. Auf der Aktiva können die zusätzlichen liquiden Mittel in Gegenstände des Anlagevermögens investiert werden, die wiederum zu einer zukünftigen Wertsteigerung des Unternehmens beitragen.

Werden hingegen Teile der **Anteile der Altgesellschafter** platziert (**Umplatzierung** bestehender Aktien), fließt der Verkaufserlös nicht in die Kasse des Unternehmens, sondern in die Hosentaschen bisheriger Aktionäre. Die Finanzierung der berühmten Finca auf Mallorca ist mit Sicher-

---

19 *Bösl, K.* (2007), S. 30 f.

heit nicht im Sinne der Investoren, die an einer Verzinsung ihres investierten Kapitals interessiert sind. Beim Börsengang der **Air Berlin** wurde beispielsweise der größere Teil des gesamten Emissionsvolumens von den Altaktionären rund um den Vorstandsvorsitzenden generiert. Damit könnte für Air Berlin eine Unternehmenspolitik konstatiert werden, die nicht etwa dem Wohl des Unternehmens und damit zur Wertsteigerung zukünftiger Aktionärsportfolios dient, sondern darauf abzielt, den privaten Geldbeutel der Altaktionäre zu füllen und dem prominenten Werbeträger für den Börsengang, Herrn Johannes B. Kerner, mit großer Sicherheit sehr lukrative Werbeeinnahmen ermöglicht hat. Der Vorstandsvorsitzende hat sich verpflichtet, für einen Zeitraum von achtzehn Monaten nach der Zulassung keine Aktien der Gesellschaft zu verkaufen. Derartige Verkaufsrestriktionen werden **Lock-up-period** genannt.

Genauso wie auf eine seriöse Haltung der Altgesellschafter bezüglich der Veräußerung ihrer eigenen Anteile und einer möglichen operativen Einbindung innerhalb des Managements achten potentielle Kapitalgeber auch auf eine gewisse **Historie des Unternehmens**. Die Gemeinsamkeit der Börsencrashs des berühmten schwarzen Freitags am 25. Oktober des Jahres 1929 und dem Ende der New Economy, die beginnend im Frühjahr 2001 eine treppenförmige Abwärtsentwicklung und einen endgültigen Kursrutsch mit den Terroranschlägen am 11. September 2001 hatten, ist, dass in der Endphase der Börsenbooms die Zeitspanne zwischen Unternehmensgründung und Börsengang immer kürzer wurde. Diese zu beobachtenden Gründungen hatten nicht etwa das Ziel, eine unternehmerische Vision mit der Befriedigung von Kundenbedürfnissen in Einklang zu bringen, sondern einzig und allein das Vehikel Unternehmen an der Börse zu platzieren, abzukassieren und möglichst schnell sukzessive die eigenen Anteile zu veräußern. Der Gerichtsprozess um die Gebrüder Haffa, der Münchener **EM.TV**, ist mit Sicherheit noch vielen Anlegern in sehr guter Erinnerung.

Der DAX verlor übrigens im Geschäftsjahr 2001 mit einem Kursrutsch von 6.429 Punkten zu Beginn des Jahres auf 5.160 zum Ende des Jahres etwa 20 %. Das bedeutet auch einen entsprechenden Verfall der Marktkapitalisierung vieler Unternehmen. Zwar hat auch die oben erwähnte **SHS AG** Kursrückgänge verzeichnen müssen, da ihr Kurs von 33 € im Sommer 2000 auf 1,25 € im Sommer 2002 gefallen ist. Der Börsengang aber wurde seriös durchgeführt, da das Unternehmen bis zur Erstnotiz im Frühjahr 1999 bereits seit gut 10 Jahren bestand und die Altgesellschafter ausschließlich den über die Kapitalerhöhung generierten Teil zum Erwerb über die Börse angeboten hatten und nicht ihre eigenen Anteile. Der Börsengang war demzufolge nur eine logische Konsequenz bezüglich der Erweiterung des operativen Geschäfts, dessen Initialzündung mit dem Blick auf vergleichbare Unternehmen der Branche motiviert war.

2.2.4 Vierter Schritt: Unternehmensbewertung, Emissionspreis und Börsensegment

Ziel eines seriösen Börsengangs ist die Kapitalbeschaffung von außen zur Finanzierung größerer Investitionen bzw. Akquisitionen, die alleine mit den bisherigen Eigen- und Fremdmitteln nicht gewährleistet werden kann. Die Eigentümer erwarten aber zukünftig mehr Kapitalrendite und letztlich einen höheren Unternehmenswert als den der Gegenwart. Im Fokus zur Ermittlung des Unternehmenswertes und der Wert des **Emissionspreises** des einzelnen an die Börse zu bringenden Anteils stehen demzufolge die zukünftigen Cashflows. Ausgehend von den Planzahlen des Unternehmens für die nächsten 5 bis 7 Jahre wird eine Wertermittlung über die diskontierten

Einzahlungsüberschüsse der zukünftigen operativen Geschäftstätigkeit aufgestellt, was als eine Bewertung nach dem Ertragswert definiert wird.

Der **Unternehmenswert** kann zum einen mittels Abzinsung der um die Fremdkapitalkosten verminderten finanziellen Überschüsse, wie beispielsweise anhand des Ertragswertverfahrens nach dem IDW S1 oder auch über den Equity-Ansatz als eine Variante der **Discounted Cashflow-Methode** (DCF), rechnerisch erfasst werden. Das bedeutet, dass die ausschüttungsfähigen Unternehmensgewinne, also der bereinigte Jahresüberschuss als Abzinsungsgröße zur Wertermittlung herangezogen wird. Bei dem Konzept der gewogenen Kapitalkosten, dem *Weighted Average Cost of Capital-Ansatz* (WACC), der Bruttovariante der DCF-Methode werden die finanziellen Überschüsse der Planjahre aus der operativen Geschäftstätigkeit komplett diskontiert und anschließend um den Marktwert des Fremdkapitals (*Net debt*) gemindert. Als Diskontierungsgröße werden die aus den Planzahlen gerechneten **freien Cashflows**, also diejenigen Werte, die nach Abzug aller liquiditätswirksamen Zahlungsströme des Unternehmens, wie beispielsweise die Investitionsleistungen, als Nettogröße verbleiben, herangezogen, die dann mit einem **risikoadäquaten Zinssatz** (WACC) kapitalisiert werden (Vgl. hierzu Kap. F.2.3 „Unternehmensbewertung").

Vom Unternehmenswert abgeleitet wird der Wert der einzelnen Aktie, der den interessierten Investoren vorgestellt wird. Eruiert werden muss ein Preis, der von den Adressaten als fair beurteilt wird, da der Erfolg eines Börsengangs im Wesentlichen über die Höhe des generierten Kapitaleingangs beurteilt wird. Buchhalterisch wird eine Bilanzverlängerung gebucht mit einer Zunahme der liquiden Mittel auf der Aktiva und einer entsprechenden Abbildung mit dem Nennwert im **Grundkapital** und dem erreichten Agio in der **Kapitalrücklage**. Die Chance für das Generieren von Eigenkapital liegt ausschließlich innerhalb der festgelegten Handelszeit. Ist der Preis für die Aktie zu niedrig angesetzt (**underpricing**), wird zwar die Nachfrage recht hoch ausfallen, die gesamte Platzierung letztlich aber nicht den gewünschten Kapitalerfolg ausmachen. Ein zu ambitionierter Preis (**overpricing**) hingegen wird einen Teil der potentiellen Investoren nicht zum Kauf motivieren können. Insgesamt muss aber konstatiert werden, dass es den „richtigen" Ausgabepreis letztlich nicht geben kann. Auch sind insgesamt sehr viele andere Parameter entscheidend, um einen für das Unternehmen langfristigen Erfolg generieren zu können.

Die Verantwortlichen von **Air Berlin** senkten wenige Tage vor dem Börsengang die Preisspanne von 15 € bis 17,50 € auf 11,50 € bis 14,50 €. Der Eröffnungskurs mit 12,65 € am 11. Mai 2006 zeigte dann auch sehr deutlich diese Berechtigung. Eine Blamage konnte damit verhindert werden. Ähnlich war es im Sommer 2004 beim Börsengang der **Postbank AG**. Die Aktie wurde auf dem Parkett zu einem Emissionspreis von 29 € untergebracht. Quasi über Nacht hat sich der damalige Vorstandvorsitzende des Mutterkonzerns, der **Deutsche Post AG**, auf Anraten der begleitenden Investmentbanken entschieden, die Ausgabespanne von ursprünglich 31,50 € bis 36,50 € auf 28 € bis 32 € zu senken. Schon im Vorfeld des Börsengangs hatten die Analysten mehrheitlich die Bewertung des Unternehmens, welche die ursprüngliche Preisspanne rechtfertigte, als überzogen angesehen. Die Emissionsbanken richten sich bei ihrer Bewertung auch am Wert börsennotierter Unternehmen, die in einem ähnlichen Geschäftssegment tätig sind. Als Vergleichsparameter einer sog. **Peer Group** wird sehr häufig das KGV (Kurs-Gewinn-Verhältnis) herangezogen.

Der Wert des Unternehmens und auch die Branche sind die relevanten Parameter für die Zuordnung in ein bestimmtes Börsensegment. Die einzelnen Börsensegmente, die insgesamt von der

Europäischen Union reguliert werden, unterscheiden sich primär aufgrund ihrer unterschiedlichen Transparenzanforderungen. Der **Entry Standard**, der im Oktober 2005 etabliert wurde und das gescheiterte Börsensegment **Neuer Markt** abgelöst hat, hat relativ geringe Anforderungen und ist demzufolge ein durchaus kostengünstiges Segment für ein „going public" von renditeorientierten mittelständischen Unternehmen. Die in Deutschland wichtigsten Indizes wie DAX, MDAX, TecDAX oder auch SDAX sind ausschließlich dem sog. **Prime Standard** zugeordnet.

2.2.5 Fünfter Schritt: Due Diligence-Prüfung

Als eine wesentliche Voraussetzung für die Festlegung der konkreten Transaktionsstruktur lassen die Emissionsbanken eine **Due Diligence-Prüfung** durchführen, für welche eine der großen Wirtschaftsprüfungsgesellschaften (wie beispielsweise Price Waterhouse Coopers, KPMG, Ernst & Young, Deloitte & Touche sowie BDO Deutsche Warentreuhand) mit einer „**Financial**" und einer „**Legal**" Due Diligence beauftragt wird. Aus der angelsächsischen Rechtswissenschaft bedeutet Due Diligence wörtlich übersetzt „erforderliche Sorgfalt", die eine detaillierte Prüfung der für die Investitionsentscheidung relevanten Unterlagen umfasst. Die Informationsgewinnung steht vollständig unter dem Primat der Bewertung der Ertragskraft des Unternehmens.

Im Einzelnen bedeutet das, anhand von Prüflisten die Daten des Rechnungswesens auf die gegenwärtigen und zukünftigen Erfolgsfaktoren zu überprüfen und in Bezug auf ein realistisches Erfolgspotential einzuschätzen. Am Ende der Prüfung wird ein so genannter **Comfort Letter** erstellt, mit dem die Prüfer für die Richtigkeit des Inhalts bzw. Zahlenangaben bürgen und auch haften. Mit den Erkenntnissen der Due Diligence-Prüfung können die Prozessverantwortlichen ein spezifisches Stärken/Schwächen- sowie ein Chancen/Risiko-Profil des Börsenaspiranten gewinnen. Auf der Grundlage der Ergebnisse des Due Diligence-Reports der Wirtschaftsprüfer erstellen die Banken den für den Börsengang notwendigen Verkaufs- bzw. Börseneinführungsprospekt.

2.2.6 Sechster Schritt: Verkaufsprospekt und Road Show zur Investorengewinnung

Damit potentielle Investoren das Unternehmen einschätzen können, wird von den beratenden Banken ein Emissionsprospekt, dessen Inhalt durch eine EU-Richtlinie geregelt ist, erstellt, der alle wesentlichen Informationen über den Ist- und Planzustand enthält. Im Umfang von etwa 100 bis 120 Seiten, bei großen Unternehmen aber auch deutlich umfangreicher (beispielsweise **Postbank** mit über 450 Seiten), sind als Bestandteile enthalten:

► Geschäftstätigkeit,
► Wettbewerbsstärken,
► Strategie,
► Ausgewählte Finanzinformationen der Bilanz sowie Gewinn- und Verlustrechnung, Kapitalausstattung und Schulden,
► Risikofaktoren der Branche, des Unternehmens sowie des Angebots,
► Erlösverwendung,
► bisherige Aktionärsstruktur sowie
► konkrete Angebotsparameter.

Das eigentliche **Angebot** beinhaltet die Konditionen der Emission für den potentiellen Investor, beispielsweise wie viele Aktien von den Anlegern gezeichnet werden können, welcher Anteil davon von den Altaktionären kommt und wie viele aus einer Kapitalerhöhung kommen. Das Angebot aus dem Emissionsprospekt der **Air Berlin** soll auszugsweise im Folgenden als Referenzbeispiel herangezogen werden.

ABB. 53:	Der Emissionsprospekt der Air Berlin AG[20]

„Das Angebot, durch das ein Emissionserlös von ca. € 350 Mio. für die Gesellschaft erzielt werden soll (auf der Basis eines Angebotspreises am unteren Rand der Preisspanne und bei Ausgabe sämtlicher Neuer Aktien im Rahmen des Angebots), besteht aus der Ausgabe und dem Verkauf von bis zu 23.333.333 Neuen Aktien durch die Gesellschaft und dem Verkauf von bis zu 20.000.000 Altaktien durch die Abgebenden Aktionäre. Die genaue Anzahl der Neuen Aktien, die von der Gesellschaft ausgegeben werden, und die genaue Anzahl der Altaktien, die von den Abgebenden Aktionären verkauft werden, hängt vom Angebotspreis ab. Das Angebot wurde vollumfänglich (mit Ausnahme der Aktien für Mitarbeiter und Geschäftspartner) von der Commerzbank Aktiengesellschaft, Morgan Stanley Bank AG sowie Nord/LB Norddeutsche Landesbank Girozentrale und Société Générale übernommen. Commerzbank Aktiengesellschaft und Morgan Stanley Bank AG werden im Rahmen des Angebots als Joint Global Coordinators handeln.

...

Die Angebotsfrist wird am 28. April 2006 beginnen und frühestens am 4. Mai 2006 enden. Die Preisspanne, innerhalb derer während der Angebotsfrist Anträge zum Kauf von Aktien abgegeben werden können, beträgt € 15,00 bis € 17,50.

...

Nach Ablauf der Angebotsfrist bestimmen die Gesellschaft, die Abgebenden Aktionäre und die Joint Global Coordinators den Angebotspreis für die Aktien aufgrund des Bookbuilding. Der Angebotspreis soll frühestens am 4. Mai 2006 durch Bekanntmachung über einen elektronischen Informationsdienst (wie z. B. Reuters oder Bloomberg) und auf Air Berlins Website veröffentlicht werden.

...

Die Gesellschaft geht davon aus, dass die Frankfurter Wertpapierbörse am 4. Mai 2006 die Zulassung zum Handel erteilen wird, sodass die Handelsaufnahme im Amtlichen Markt der Frankfurter Wertpapierbörse (Prime Standard) voraussichtlich am 5. Mai 2006 erfolgen wird. Die buchmäßige Lieferung der Aktien gegen Zahlung des Angebotspreises erfolgt voraussichtlich am 9. Mai 2006.“

Selbstverständlich müssen die Angaben im Verkaufsprospekt richtig und auch vollständig sein, da sonst gegenüber den Banken und Wirtschaftsprüfern Schadenersatzansprüche geltend gemacht werden können. Ist der **Börseneinführungs**- und **-zulassungsprospekt**, der mehrheitlich auf die Veröffentlichung von Plandaten und Aussagen über die Zukunft verzichtet, fertig gestellt, kann die Zulassung der Aktien zum amtlichen Handel beantragt werden. Darüber hinaus erstellen unabhängige Finanzanalysten sog. **Research Reports** (i. d. R. 70 bis 100 Seiten) mit der Beschreibung der Marktstellung des Unternehmens und des daraus abgeleiteten möglichen

---

20 Quelle: Air Berlin (2006), Supplementary Prospectus of 27 April 2006, London.

Marktpotentials. Insbesondere die Unternehmensbewertung, die auf der Basis abgezinster freier Cashflows (*Discounted Cashflow-Methode*) dargestellt wird, soll den Beteiligten eine erste Wertindikation des Emissionspreises vermitteln.

Die eigentliche Vermarktung des Vorhabens IPO wird als **Road Show** bezeichnet. Zusammen mit den konsortialführenden Banken präsentiert der Vorstand einem ausgewählten Kreis von institutionellen Investoren die Equity Story, die Finanzeckdaten, den konkreten Zeitplan sowie den Research Report der Emission. In dieser sog. **Pre-Marketing**-Phase wird versucht, die institutionellen Anleger für den Erwerb der Aktien aus dem Emissionsvolumen zu interessieren und möglichen Bedenken der Investoren zu begegnen. Neben sachlichen Aspekten wird von diesen vor allem das Management begutachtet, ob dieses die formulierten Ziele auch glaubhaft vermitteln kann. In der darauf folgenden **Bookbuilding-Phase** geht es nun darum, die unterschiedlichen Einschätzungen der einzelnen Investorengruppen auszuwerten, um daraufhin eine konkrete Preisspanne, also eine festgelegte Bandbreite des Emissionspreises, festlegen zu können. Parallel dazu wird in der **Emissionsphase** eine strukturierte Pressearbeit initiiert wie die Ankündigung der Börseneinführung, die Verwendung des Emissionserlöses sowie konkrete Finanzdaten und den genauen Zeitplan.

2.2.7 Siebter Schritt: Bookbuilding-Spanne, Aktienzeichnung und Erstnotiz

Wie oben angesprochen ist einer der wichtigsten Aufgaben der emissionsführenden Banken die Festlegung des Emissionspreises der Aktie, um den Investoren einen fairen Preis für ihr Engagement anbieten zu können. Grundsätzlich wird zwischen dem Festpreis- und dem Bookbuilding-Verfahren unterschieden. Beim **Festpreisverfahren** wird auf der Basis einer Unternehmensbewertung und unter Berücksichtigung der Bewertung vergleichbarer Marktteilnehmer (*Peer Group*) zwischen dem Emittenten und den Emissionsbanken ein Emissionspreis verhandelt. Die konkrete Nachfrage kann mit diesem Verfahren aber nur sehr unzureichend abgebildet werden, da die beteiligten Banken keine genaue Kenntnis der Preiselastizität der Investoren haben können. Letztlich kann die Akzeptanz des Preises erst mit der Handelseröffnung festgestellt werden, eine Korrektur ist dann aber nicht mehr möglich. Um diesem Umstand entgegenzuwirken, kommt in Deutschland seit Mitte der 1990er Jahre das **Bookbuilding-Verfahren** mehrheitlich zur Anwendung. Bei diesem treten die Emissionsbanken an potentielle institutionelle Investoren wie Pensionsfonds, Banken, Versicherungen, etc. heran, um deren mögliche Kaufpreiseinschätzung zu erfahren. Im Rahmen der **Road Show** werden potentielle Erwerber kontaktiert, zu einer Unternehmenspräsentation eingeladen, individuelle Gespräche geführt sowie erste vorbörsliche Kaufaufträge entgegengenommen. Das Ziel ist das Annähern an einen marktgerechten Preis der einzelnen Anteile sowie letztlich eine Festlegung des Platzierungs- bzw. Emissionspreises.

Innerhalb der Angebots- oder **Zeichnungsfrist** geben institutionelle und private Anleger ihre Kaufangebote ab. Diese legen sich verpflichtend fest, wie viele Aktien sie zu welchem Maximalpreis erwerben möchten. Werden dabei mehr Aktien nachgefragt als zur Platzierung vorgesehen sind, wird von einer Überzeichnung gesprochen. In einem derartigen Fall legen die Konsortialbanken fest, ob aus dem sog. **Greenshoe**[21], einer Mehrzuteilungsoption noch weitere Aktien aus-

---

21 Der Name *Greenshoe* stammt von dem 1963 durchgeführten Börsengang der Green Shoe Manufacturing Inc., Boston/ USA.

gegeben werden. Dieser ist eine Zuteilungsreserve, meist aus den Beständen der Altgesellschaf-ter oder der Konsortialbanken, die für den Ausgleich eines Nachfrageüberhangs herangezogen werden und demzufolge zu einer Stabilisierung des Kurses genutzt werden kann. Auch überneh-men sie die Zuteilung der Aktien auf die einzelnen Anleger. Eine besonders gute Chance für eine Zuteilung haben Anleger, die Kunden bei einer der Emissionsbanken sind. Nach der Eintragung ins Handelsregister und einer abschließenden Genehmigung des Emissionsprospektes erfolgt die **Erstnotiz** auf dem Parkett.

Die **Sekundärmarktphase** ist damit eröffnet, der laufende Börsenhandel zur täglichen Fest-legung des Kurses. Je nach dessen Entwicklung greift die konsortialführende Bank ein. Sinkt bei-spielsweise der Börsenkurs am ersten Handelstag unterhalb des unteren Randes der Bookbuil-ding-Spanne, wie das beim Börsengang der **Air Berlin** der Fall war, greifen die Emissionsbanken mit **Stützungskäufen** ein, um den Kurs zu stabilisieren. Sehr häufig verpflichten sich die konsor-tialführenden Banken für die darauffolgenden vier Wochen zur Kurspflege, für die sie bei wei-terer Nachfrage auch auf den Greenshoe zugreifen können. Um aber den Kurs nicht willkürlich beeinflussen zu können, legt das Wertpapierhandelsgesetz für diese allerdings Einschränkungen fest. Wie sich nun aber zukünftig die Aktie entwickelt, hängt von der weiteren Situation von Angebot und Nachfrage ab. Ein positiver Kursverlauf, der einher geht mit der Gewinnung von Investorenvertrauen, wird mit Aktivitäten der Investor Relation-Verantwortlichen erreicht.

2.2.8 Achter Schritt: Investition des Emissionserlöses

Jeder geglückte Börsengang sorgt erst einmal für Hochstimmung. Das Unternehmen hat die nö-tige Liquidität für die weitere Expansion, ein Teil der Altgesellschafter konnte erfolgreich Kasse machen und die Berater können ihre Rechnungen stellen. Kurz, es wird erst einmal ordentlich gefeiert. Ist die Party aber vorbei, kann sich der Vorstand nicht etwa zurücklehnen und die Dinge auf sich zukommen lassen. Die Investoren erwarten zeitnah die Investition des generierten Ka-pitals. Es geht um die zukünftige **Rentabilität** und um die **Wertsteigerung** des Unternehmens, der Aktie, des Investments sowie dem **Shareholder Value**. Die Vorhaben, die in der Equity Story formuliert und auf den Road Shows versprochen wurden, müssen jetzt umgesetzt werden.

So hat beispielsweise die **SHS AG**, die im Börsengang generierten 15 Mio. €, mit der Akquisition eines Unternehmens in Spanien investiert. Der Kaufpreis, der die eingespielten Mittel des Bör-sengangs weit übertroffen hat, wurde je zu einem Drittel mit Bargeld, mit einer Akquisitions-finanzierung und mit Aktien aufgebracht. Ging das Unternehmen mit einer Erstnotiz von 21 € auf das Börsenparkett, stieg die Aktie etwa ein Jahr später mit der **Adhoc-Meldung** über die Un-terzeichnung des Letter-of-Intent auf 37 €. Nach dem Zusammenbrechen der sog. New Econo-my hat auch die **SHS** Federn lassen müssen. Die darauf folgenden Abschreibungen auf den Fir-menwert des spanischen Investments belastete das Ergebnis sehr stark. War das operative Er-gebnis, kommuniziert mit dem EBITDA, noch recht positiv, musste aber für das Ergebnis nach Abschreibungen (EBIT) ein größerer einstelliger Millionenverlust dem Kapitalmarkt kommuni-ziert werden. Die dann notwendigen Restrukturierungsmaßnahmen konnten zwar eine Insol-venz verhindern, der Börsenkurs hat sich aber dramatisch nach unten bewegt. Die heutige **SHS Viveon AG** notiert aktuell weit unter dem damaligen Emissionskurs. Die spanische Tochterge-sellschaft Polar wurde zum 15.5.2009 zu einem symbolischen Preis von 5.000 € und damit zu einem Bruchteil des damaligen Kaufpreises verkauft.

Wie steht es etwa drei Jahre nach der Börseneinführung um **Air Berlin**? Von den im Vorfeld prognostizierten insgesamt 300 Mio. € aus der Kapitalerhöhung waren es dann am Ende des Handelszeitraumes im Mai 2006, bei einem Börsenkurs von gerade einmal 12 €, nur 195 Mio. € Nettokapitalzugang. Der Börsengang mit der Kapitalerhöhung und der Umplatzierung der Altgesellschafteranteile kostete dagegen etwa 40 Mio. €. Die erste größere Akquisition zur Steigerung der Marktkapitalisierung wurde noch im August 2006 mit dem Kauf der **DBA**, Deutschen British Airways, einst verlustreiche Tochtergesellschaft der British Airways, die auf den Geschäftskundenbereich spezialisiert ist, generiert. Der Kaufpreis wurde nicht bekannt gegeben, der Verkauf dürfte aber für den Nürnberger Unternehmer Hans-Rudolf Wöhrl als Mehrheitsgesellschafter nicht von Nachteil gewesen sein. Als weitere Investition wurde im November der Kauf von 85 Boeing-Flugzeugen bekannt gegeben. Der Börsenkurs reagierte positiv und notierte im Frühjahr 2007 mit rund 20 €.

Etwas verhoben haben könnte sich Air Berlin mit dem Erwerb der **LTU** Lufttransport-Unternehmen GmbH im März 2007, die mit 55 % Mehrheitsanteil ebenfalls dem Textilunternehmer Wöhrl gehörte. Das Motiv für diese Akquisition war der Einstieg in den Geschäftsbereich Langstreckenverbindungen. Die damals wichtigsten Destinationen waren die USA, die Dominikanische Republik, Thailand, die Kanarischen Inseln, Nordafrika und die Türkei. Das bereits etablierte innereuropäische Flugnetz von Air Berlin sollte die Zubringerdienste dafür übernehmen. Zwischen 70 Mio. € und 100 Mio. € wurden die jährlichen Synergie-Effekte prognostiziert, die über einen gemeinsamen Einkauf für Flugzeuge, Flugplanabstimmung sowie über Mengenrabatte an Flughäfen zu generieren wären. Die LTU schloss das Geschäftsjahr 2006 mit einem Verlust in Höhe von 14 Mio. € und Verbindlichkeiten von etwa 200 Mio. €. Der vereinbarte Gesamtkaufpreis von etwa 340 Mio. € (bestehend aus 140 Mio. € für das Eigenkapital und weitere 200 Mio. € für die Übernahme der Verbindlichkeiten) und auch die Refinanzierung der Verbindlichkeiten der LTU wurde größtenteils mit der Ausgabe einer Wandelanleihe mit einem Volumen von etwa 150 Mio. € sowie über eine Kapitalerhöhung über 100 Mio. € mit der Ausgabe neuer Aktien finanziert.

Die Integration der LTU und auch das schwierigere operative Geschäft, insbesondere aufgrund eines zunehmenden Wettbewerbs auf der Langstrecke sowie u. a. verbunden mit hohen Treibstoffpreisen und steigenden Zinsen, ließen das Geschäftsjahr 2007 mit einem EBIT in Höhe von 21,5 Mio. € gegenüber 62,2 Mio. € im Vorjahr abschließen. Mit einem Börsenkurs von 9 € im Frühjahr 2008 halbierte sich dieser gegenüber dem Vorjahreszeitraum. Insgesamt muss der Aktie von Air Berlin etwa drei Jahren nach dem Debüt auf dem Börsenparkett mit aktuell 3,23 € (Juni 2009) ein etwa 75 %iger Verlust gegenüber dem Ausgabekurs von 12 € konstatiert werden. Die Investition des über die Börse generierten Beteiligungskapitals in wertschaffende Akquisitionen scheint dem Air Berlin Konzern noch nicht wirklich gelungen zu sein.

Zusammenfassend lassen sich für den Börsengang mittelständischer Unternehmen als eine mögliche Finanzierungsalternative zum Generieren von Eigenkapital die folgenden **Pro- und Contra-Argumente** gegenüberstellen:

ABB. 54:	Die Vor- und Nachteile eines IPO
Vorteile	**Nachteile**
▶ Beschaffung von unbefristetem Eigenkapital für größere Investitionen bzw. Akquisitionen;	▶ Hohe Einmalkosten bei der Platzierung, da durchschnittlich etwa 7 % bis 8 % des Emissionsvolumens an Honorare für die Dienstleistungen der Banken und anderer eingerechnet werden müssen
▶ Langfristiger Zugang zum Kapitalmarkt, der weitere Kapitalerhöhungen möglich macht;	▶ Hohe Folgekosten aufgrund der Kommunikationsansprüche gegenüber dem Kapitalmarkt (Investor Relations, Berichtswesen, Analysteninformationen, Bilanzpressekonferenzen, Hauptversammlungen) sowie Vergütungen für den Aufsichtsrat;
▶ Bessere Gestaltungsmöglichkeit einer günstigen Kapitalstruktur;	
▶ Verbesserung der Fremdkapitalkosten durch eine Verbesserung der Bonität;	▶ Konsequente Trennung der betrieblichen Bereiche von den privaten, da bei eigentümergeführten Unternehmen sehr häufig gewisse Vermischungen stattfinden;
▶ Höhere Transparenz der Strukturen und Vorgänge nach außen und auch nach innen;	
▶ Höherer Bekanntheitsgrad für die Nutzung des operativen Geschäfts;	▶ Steuerliche Aspekte, sehr häufig in Verbindung der Erbschafts- und Schenkungssteuer in Bezug auf die Bewertung der einzelnen Anteile (bspw. Stuttgarter Verfahren);
▶ Steigerung der Attraktivität für Mitarbeiter und Führungskräfte;	
▶ Steigerung der Wettbewerbsfähigkeit auf der Beschaffungs- und Absatzseite;	▶ Da nach dem AktG für den Beschluss einer Kapitalerhöhung eine 75 % Präsenzmehrheit zustimmen muss, kann das in einer finanziellen Schieflage des Unternehmens durchaus zu unerwünschten Verzögerungen kommen. Sehr häufig wird dafür auch eine außerordentliche Hauptversammlung einberufen. In einer derartigen Situation werden Formfehler sehr gerne für Anfechtungsklagen bzw. zumindest für deren Möglichkeit herangezogen.
▶ Möglichkeit für die Altgesellschafter der teilweisen Umplatzierung ihrer Beteiligungen (für die ist in der Regel aber eine Lockup-period vorgesehen);	
▶ Alternative für die Lösung der Unternehmensnachfolge	

Zwar ist der Börsengang eines Unternehmens nicht immer der Weisheit letzter Schluss, jedoch in vielen Fällen eine durchaus zu überlegende Möglichkeit in Bezug auf das Generieren von Eigenkapital von außen zur Erhöhung der Eigenkapitalquote. Eine Grundvoraussetzung für eine erfolgreiche Platzierung auf dem Parkett ist, dass das Unternehmen die dafür notwendigen Strukturen eingerichtet hat und auch das entsprechende **Börsenklima** für die Aufnahme eines Debütanten vorhanden ist. Mit der Erstnotiz sind die Zeiten der Alleinherrschaft eines Unternehmers bzw. einer Unternehmerfamilie vorbei. Das zwingt zum Umdenken, da die Akteure des

Kapitalmarktes die Entwicklung des Unternehmens sehr genau beobachten. Im Fokus der Investoren und Analysten stehen der **Börsenkurs**, die **Marktkapitalisierung** sowie die **Dividendenpolitik**, kurz der **Shareholder Value**. Das Management steht sehr häufig, gerade in Zeiten eines fallenden bzw. auch stagnierenden Börsenkurses unter dem Druck, Maßnahmen zur Performancesteigerung zu kommunizieren. Manche Investitionsentscheidung oder auch Personalmaßnahmen werden unter dem Druck des Kapitalmarktes eher getroffen, als zu Zeiten der Nichtnotierung. Entscheidungsträger von inhabergeführten Unternehmen überlegen sich Maßnahmen zu einem Personalabbau in der Regel sehr genau. Genauso wird auch die Höhe der Ausschüttung an die wirtschaftliche Entwicklung des Unternehmens angepasst.

Interessant in diesem Zusammenhang ist auch die **Ausschüttungspolitik** vieler börsennotierter Unternehmen in der jüngeren Vergangenheit. Zwar war das operative Ergebnis, also vor Abschreibungen, bei vielen Unternehmen durchaus recht positiv; um aber den Aktionären einen mehrstelligen Milliardenbetrag ausschütten zu können, musste sich manches Unternehmen zusätzlich verschulden. Dieses Handeln kann unterschiedlich diskutiert werden. Jede Ausschüttung entzieht dem Unternehmen liquide Mittel, die für eine Investitionsleistung als wertschaffende Maßnahme nicht mehr zur Verfügung stehen. Auf der anderen Seite kann aber mit der Ausschüttung auch eine Optimierung der Kapitalstruktur erreicht werden.

BEISPIEL: ▶ Der Vorstand legt der Hauptversammlung die folgende Bilanz zum 31.12. vor. Wie ist die Bilanzstruktur nach der Hauptversammlung, wenn die Aktionäre beschließen, den gesamten Jahresüberschuss

Bilanz (in T€)

Aktiva		Passiva	
Sachanlagen	51.000	Grundkapital	22.000
Vorräte	10.000	Kapitalrücklage	8.000
Forderungen aus LuL	4.000	Gewinnrücklagen	10.000
Kasse, Bank	2.000	Jahresüberschuss	4.000
		Bankverbindlichkeiten	22.000
		Verbindlichkeiten aus LuL	1.000
Summe	67.000	Summe	67.000

(1) auszuschütten?

(2) zu thesaurieren?

LÖSUNG (1): ▶ *Bilanzverkürzung (Jahresüberschuss an Bank 4.000 T€)*

LÖSUNG (2): ▶ *Passivtausch (Jahresüberschuss an Gewinnrücklagen 4.000 T€). Die Gewinnrücklagen werden mit 14.000 T€ ausgewiesen.*

Folgeinvestitionen werden bewusst mit der Aufnahme von zusätzlichen Verbindlichkeiten finanziert. Das ist in der Phase niedriger Marktzinsen durchaus von Vorteil. Wenn allerdings, aufgrund von Finanzierungsengpässen mit Fremdkapital das Generieren von Unternehmensakquisitionen oder anderen Erweiterungsinvestitionen zur Steigerung des Unternehmenswertes unterbleiben muss, werden die Investoren in aller Regel mit dem Verkauf ihrer Anteile reagieren. Auch können die dann auftretenden höheren Zinsbelastungen zukünftig zu einer Einschränkung der Ertragslage kommen. Die notwendige Reaktion ist dann sehr häufig das Einsparen von weiteren Aufwendungen über den Abbau von Personal. In den Zeitungen wird dann zeitgleich der Rekordgewinn und der Personalabbau kommuniziert. Für den Kleinanleger ist das in aller Regel nur sehr schwer nachzuvollziehen.

Insgesamt stellt der Börsengang von inhabergeführten mittelständischen Unternehmen eine überlegenswerte Alternative dar. Die wichtigsten Parameter für einen erfolgreichen Verlauf sind die Erfüllung der genannten Mindestkriterien des Unternehmens in Bezug auf die Börsenfähigkeit, die Qualität des Managements sowie eine Kommunikationsbereitschaft, die auch in den schwierigen Phasen professionell erfolgen muss. Ist das Börsendebüt geglückt, kann auch das zukünftige Wachstum mit weiteren Kapitalerhöhungen mit Eigenkapital finanziert werden.

2.3 Kapitalerhöhung börsennotierter Aktiengesellschaften

Rechtsgrundlage für Kapitalgesellschaften, deren **Grundkapital** nach § 1 Abs. 2 AktG in Aktien zerlegt ist, ist das **Aktiengesetz** (AktG), das in seiner heutigen Form seit 1965 als Grundlage besteht. Werden darüber hinaus Aktien als Wertpapiere nach § 2 Abs. 1 WpHG (**Wertpapierhandelsgesetz**) an einem geregelten Markt zugelassen, dann gilt außerdem verpflichtend das **Börsengesetz** (BörsG), das **Verkaufsprospektgesetz** (VerkProspG), das **Publizitätsgesetz** (PublG), **Wertpapiererwerbs- und Übernahmegesetz** sowie in Bezug auf die Rechnungslegung das **Handelsgesetz** (HGB) und die seit dem 1. 1. 2005 verpflichtenden internationalen Rechnungslegungsstandards nach IFRS (**International Financial Reporting Standards**). Zusätzlich gelten die Regelwerke der Marktteilnehmer oder Börsen mit einzelnen Vorgaben für die Satzungsgestaltung und die transparente Informationspolitik für die Eigentümer, wie beispielsweise der deutsche **Corporate Governance Kodex**.

Im Gegensatz zur GmbH ist bei der Aktiengesellschaft das Etablieren eines **Aufsichtsrates** (§§ 95 ff. AktG) als Überwachungsorgan für die Geschäftsleitung gesetzlich verpflichtend. Gegenüber dem angelsächsischen Wirtschaftsraum, in dem nur ein monistisches Leitungsorgan vorherrschend ist, werden die in Deutschland etablierten Aktiengesellschaften dualistisch geführt. Die Eigenart einer Aktiengesellschaft ist die wertmäßige Verbriefung des Anteils als Aktie. In diesem Zusammenhang muss konstatiert werden, dass nicht mehr jeder einzelne Anteil verbrieft wird, sondern nach § 9a **Depotgesetz** (DepotG) nur noch eine Sammelurkunde, die sämtliche Aktien einer Gesellschaft bzw. einen Großteil davon, inklusive aller Kapitalerhöhungen repräsentiert. Nach § 10 Abs. 5 AktG muss für eine Sammelverbriefung ein entsprechender Satzungsbeschluss gefasst werden.

2.3.1 Aktienarten

Wir wollen im Folgenden einzelne Aktienarten nach ihren speziellen **Ausstattungsmerkmalen** unterscheiden, die sich jedoch nicht gegenseitig ausschließen. Die Normalform einer Aktie wäre eine Stammaktie, die als Inhaber-, als Nennwert- und als Altaktie den einzelnen Gesellschaftsanteil repräsentiert.

► **Stammaktie/Vorzugsaktie**

Als verbriefte Rechte des Stammaktionärs (**Stammaktien**, kurz Stämme) gelten das Recht auf Gewinnausschüttung in Form einer Dividende, das Recht auf Bezugsrechte und ein Stimmrecht pro Aktie auf der Hauptversammlung. Letzteres ist auf eins beschränkt, Mehrstimmrechte sind nach § 12 Abs. 2 AktG unzulässig. Die Ausgabe von **Vorzugsaktien** (kurz Vorzüge) ohne Stimmrechte ist nach § 12 Abs. 1 AktG legitim und auch ein gängiges Ausstattungsmerkmal. Sehr häufig wird das fehlende Stimmrecht mit einer, gegenüber der Stammaktie, attraktiveren Dividende, wie beispielsweise einer Vorabdividende, einer Überdividende oder einer kumulierten Dividende kompensiert. Die einzelnen Ausstattungsmerkmale liegen im Ermessen des emittierenden Unternehmens. Die Vorzugsaktie ist für an die Börse geführte Familienunternehmen ein sehr interessantes Instrument, da mit diesen der Einfluss auf unternehmerische Entscheidungen begrenzt werden kann. Dieser Sachverhalt wurde von der Europäischen Union als Vorwurf gegenüber der Ferdinand **Porsche AG** eingebracht, da der gewollte internationale Kapitalverkehr nicht uneingeschränkt funktionieren kann.

An der Börse werden Vorzugsaktien mehrheitlich gegenüber der Stammaktie mit einem Abschlag von bis zu 20 % gehandelt, da das Stimmrecht gerade für institutionelle Anleger ein sehr wichtiges und auch häufig unverzichtbares Ausstattungsmerkmal darstellt. Vielfach wird in Bezug auf die Differenzierung zwischen Stamm- und Vorzugsaktien von einem ausschließlich deutschen System gesprochen. Aus der Perspektive international agierender Investoren ist die Trennung dieser beiden Aktiengattungen wenig attraktiv. Wegen des fehlenden Stimmrechts werden die Vorzüge gemieden, was das Gesamtengagement von ausländischen Investoren auf dem deutschen Aktienmarkt sehr einschränkt. Wahrscheinlich ist es nur eine Frage der Zeit, bis Vorzugsaktien von den Kurszetteln der Börse verschwinden.

► **Inhaberaktie/Namensaktie**

Nach § 10 Abs. 1 AktG können Aktien auf den Inhaber oder auf den Namen lauten. Für Aktien, die als **Inhaberaktien** verbrieft sind, wird die Übertragung mit der Bekundung auf Einigung und Übergabe (§ 929 BGB) vollzogen. Der einzelne Aktionär ist der Gesellschaft namentlich nicht bekannt. Nur die jeweilige depotführende Bank ist im Kontakt mit dem Aktionär, der bei der Zusendung einer Eintrittskarte für die Hauptversammlung im Teilnehmerverzeichnis geführt wird, welches der Aktiengesellschaft vorliegt. Diese Form der Ausstattung ist die in Deutschland weitgehend verbreitete Form, wobei aber gerade in den letzten Jahren ein zunehmender Anteil hin zu Namensaktien zu erkennen ist.

Bei **Namensaktien** (§ 67 AktG) wird der Aktionär namentlich im Aktionärsbuch bzw. in einem Aktienregister der Gesellschaft geführt. Diese Form der Erfassung ist bei den im DAX notierten Werten wie BASF, Daimler, Deutsche Bank, Deutsche Börse, E.ON, Infineon, Post, Postbank, Siemens sowie Telekom vorzufinden. Die Anteilsübertragung kommt mittels Indossament, Begebungsvertrag und Übergabe zustande. Eine Besonderheit ist die **vinkulierte Namensaktie** (§ 68 Abs. 2 AktG), für deren Übertragung die Zustimmung der Gesellschaft erforderlich ist. Anzutreffen ist diese Form bei Aktiengesellschaften, deren Anteile mehrheitlich im Familienbesitz sind. Mit vinkulierten Namensaktien im DAX notiert sind nur Allianz und Lufthansa. Insgesamt ist diese Form der Aktienausstattung weniger für die Unternehmen, die als Publikumsgesellschaften im DAX oder dem österreichischen ATX gelistet sind, sondern eher für die Nebensegmente wie MDAX, Tec DAX, SDAX oder auch Entry Standard.

► **Nennwertaktie/Stückaktien**

Nennwertaktien, im Kurszettel ohne Nennwert als „O.N." geführt, müssen einen Nennwert von mindestens einem Euro haben (§ 8 Abs. 2 AktG). Demzufolge ergibt sich der Gesamtwert des Grundkapitals mit der Multiplikation der Anzahl der in Umlauf befindlichen Aktien. Nach einer erfolgten Kapitalerhöhung haben sich demzufolge die Bestandsgrößen in der Bilanz wie folgt verändert:

ABB. 55:	Die Bilanzveränderung bei einer Kapitalerhöhung	
Aktiva	Bilanzveränderung	Passiva
Bank + (Gesamter Emissionspreis)	Grundkapital + (1€ x Anzahl der Aktien) Kapitalrücklage + Agio (Kurswert - Nennwert) x Anzahl	

Stückaktien hingegen lauten auf keinen Nennbetrag, sondern sind nach § 8 Abs. 3 AktG in gleichem Umfang am Grundkapital beteiligt. In den USA war es früher durchaus üblich, sog. **Quotenaktien** zu emittieren, die eine prozentuale Quote am Grundkapital repräsentiert hat.

► **Altaktie/Neue Aktie**

Je nach Dauer der Markteinführung befinden sich die **Altaktien** bereits im Umlauf, während die jungen oder **neuen Aktien** nach § 182 Abs. 1 AktG im Zuge einer Kapitalerhöhung platziert werden. Da die neuen Aktien einen niedrigeren Emissionspreis haben als die Altaktien an der Börse notiert sind, wird das, bei einem entsprechend attraktiven Unternehmen die Nachfrage stimulieren und einen Kursanstieg nach sich ziehen. Gleichzeitig wird der Kurs der Altaktie fallen. Nach der technischen Angleichung wird die separate Notierung eingestellt. **Kapitalerhöhungen** mit der Ausgabe neuer Aktien zur Erhöhung des Grundkapitals werden nach § 182 Abs. 1 AktG auf der Grundlage operativer Erfordernisse von der Geschäftsleitung vorgeschlagen und von der Hauptversammlung mit einer 75 % Mehrheit des bei der Beschlussfassung vertretenen Grundkapitals genehmigt.

2.3.2 Kapitalerhöhungsarten

Eine durchgeführte **ordentliche** Kapitalerhöhung bzw. eine nach § 182 Abs. 1 AktG bezeichnete Kapitalerhöhung gegen Einlagen wird buchhalterisch mit der Aktivierung liquider Mittel und der Passivierung des Grundkapitals sowie der Kapitalrücklagen als Bilanzverlängerung erfasst. Für die Durchführung notwendig ist ein entsprechender Satzungsbeschluss der Hauptversammlung, also des bei der Beschlussfassung vertretenen Grundkapitals mit mindestens 75 % und einer Stimme. In der Verantwortung des Vorstands liegt es dann, die eingenommenen Kapitalbeträge sinnvoll zu investieren, um für die Kapitalgeber eine angemessene Verzinsung zu erwirtschaften sowie langfristig eine Wertsteigerung der einzelnen Anteile zu erzielen. Treten diese Effekte aber nicht auf, dann droht den Altaktionären die Gefahr der **Verwässerung** ihres Anteils, da zukünftige Ausschüttungsgrößen auf eine größere Zahl von Miteigentümer verteilt werden muss.

Gesetzt den Fall, dass kein unmittelbares Investitions- bzw. Akquisitionsobjekt zur Verfügung steht, ist der Vorstand gut beraten, von den Eigentümern über einen sog. Vorratsbeschluss für eine Kapitalerhöhung abstimmen zu lassen. Nach § 202 Abs. 1 AktG kann der Vorstand eine **genehmigte** Kapitalerhöhung jedoch höchstens für die Dauer von fünf Jahren eingeräumt bekommen. Im Normalfall ist ein derartiger operativer Handlungsspielraum aber ausreichend, um entsprechende Investitionen durchführen zu können. Eine **bedingte** Kapitalerhöhung (§§ 192 ff. AktG) steht dagegen im Zusammenhang mit der Gewährung von Umtausch- oder Bezugsrechten an Gläubiger von Wandelschuldverschreibungen, mit der Vorbereitung des Zusammenschlusses mehrerer Unternehmen sowie mit der Gewährung von Bezugsrechten an Arbeitnehmer und Mitglieder der Geschäftsleitung des Unternehmens.

Eine Kapitalerhöhung ohne eine zusätzliche Kapitalzuführung ist die in den §§ 207 ff. AktG dargestellte **Kapitalerhöhung aus Gesellschaftsmitteln**, die eine Umwandlung von Kapital- oder auch Gewinnrücklagen in Grundkapital vorsieht. Damit ist sie kein Instrument der Beteiligungsfinanzierung, sondern wird der Innenfinanzierung subsumiert. Buchhalterisch erfolgt ein Passivtausch ohne eine Aktivierung von Vermögensgegenständen. Der einzelne Aktionär hat jetzt zwar eine größere Anzahl von Aktien im Depot, dessen Wert bleibt aber unverändert, da sich nur der Gesamtwert auf eine größere Anzahl von Aktien verteilt. Der sich nach einer Kapitalerhöhung aus Gesellschaftsmitteln einstellende niedrigere Kurswert der Aktie ist möglicherweise für manchen Investor ein Anreiz für einen entsprechenden Zukauf. Für den einzelnen Aktionär wird dieser Vorgang mit der Ausgabe von **Gratis-** bzw. **Berichtigungsaktien** im Verhältnis der Anteile am bisherigen Grundkapital sichtbar. Dieser hat nach der Kapitalerhöhung mehr Aktien im Depot; da der einzelne Anteil aber im Kurs sinkt, bleibt der Wert des Gesamtdepots und auch die Marktkapitalisierung des Unternehmens gleich. In boomenden Börsenphasen trägt eine optische Verbilligung der Anteile auch durchaus zum weiteren Investieren auf Aktionärsebene bei.

Der Vollständigkeit halber soll in diesem Zusammenhang abschließend die **Dividendenkapitalerhöhung** erwähnt werden. Diese bezeichnet den Vorgang einer Dividendenausschüttung an die Aktionäre bei gleichzeitiger Kapitalerhöhung. Eingegangen in die Literatur ist dieser Vorgang unter dem Namen „Schütt-aus-hol-zurück-Verfahren", welches in der Zeit einer unterschiedlichen Einkommensbesteuerung für die Ausschüttung und die Thesaurierung seine Anwendung fand. Bis in die 1990er Jahre wurde in Deutschland die Ausschüttung mit 30 % Körperschaftsteuer niedriger besteuert als die Thesaurierung mit 45 %. Um als Aktionär die Konditionen des Angebots einer Kapitalerhöhung beurteilen zu können, werden wir uns im Folgenden mit den einzelnen Emissionsparametern wie Bezugsrecht, Bezugsrechtsverhältnis, Bezugsfrist, Bezugsrechtswert, Bezugsrechtshandel sowie Dividendenberechtigung vertraut machen.

2.3.3 Ausgabeparameter

Die operative Durchführung einer ordentlichen oder genehmigten Kapitalerhöhung wird mit dem Zeichnen von jungen Aktien vollzogen. Ein entsprechendes Angebot wird primär für die Altaktionäre entwickelt, die dafür ihre **Bezugsrechte** einsetzen können. Das **Bezugsrechtsverhältnis**, als Quotient der in Umlauf befindlichen Anzahl von Aktien zu der Anzahl der über die Neuemission herausgegebenen Aktien, gibt an, wie viele Bezugsrechte der einzelne Aktionär braucht, um eine entsprechende Zahl junger Aktien zu erwerben. Da jede Stammaktie mit einem Stimm- und einem Bezugsrecht ausgestattet ist, wird dem Aktionär die Chance eingeräumt, mit einer vollständigen Teilnahme an der Kapitalerhöhung keine Nachteile in Bezug auf die Einflussnahme im Unternehmen sowie auf die Höhe der Gewinnausschüttung zu erleiden.

Gehandelt werden die neuen Aktien innerhalb einer festgelegten **Bezugsfrist**, die in der Regel mindestens zwei, manchmal drei Wochen umfasst (§ 186 Abs. 1 AktG). Das Ermitteln des Bezugsrechtsverhältnisses drückt das technische Entgegensteuern aus, um Verwässerungseffekte einzuschränken. Nimmt der Aktionär nicht oder nicht im vollen Umfang seiner Bezugsrechtsmöglichkeiten an der Kapitalerhöhung teil, kann er seine Bezugsrechte auch verkaufen. Die Aktien, die nicht von den Altaktionären bezogen werden, können über die Börse oder von institutionellen Anlegern im Rahmen einer Privatplatzierung zum Bezugspreis erworben werden. Ein **Bezugsrechtswert** (BRW) wäre für die Preisfeststellung mit der folgenden Formel zu ermitteln:

$$BRW = \frac{K_A - K_N}{BRV + 1}$$

K_A = Kurs der Altaktie

K_N = Kurs der neuen Aktie

BRV = Bezugsrechtsverhältnis (Anzahl der Altaktien / Anzahl der jungen Aktien)

Der Bezugsrechtswert

Aus der Sicht der Altaktionäre ist eine Kapitalerhöhung nicht ganz unproblematisch, da die Ansprüche der Anteilseigner mit zunehmender Menge ansteigen. In der Verantwortung des Managements liegt die Investition des aufgenommenen Kapitals in wertschaffende Objekte und Akquisitionen, da das Kapitalentgelt für eine größere Zahl von Aktionären verdient werden muss. Um die Gunst der Aktionäre und auch potentieller Investoren zu gewinnen, wird, ähnlich wie das beim Börsengang schon vorgestellt wurde, auch eine **Equity Story** formuliert, welche die wertschaffenden Investitionen in Aussicht stellt.

BEISPIEL: Das Aktienkapital einer Aktiengesellschaft soll um 60 Mio. € auf 180 Mio. € erhöht werden, wobei der Nominalwert von 1 € pro Aktie beibehalten wird. Der Kurs der alten Aktien beträgt vor der Kapitalerhöhung 3 €. Der Emissionskurs der jungen Aktien liegt bei 1,25 € je Aktie.

Wie hoch ist der rechnerische Wert des Bezugsrechts?

LÖSUNG: *Der Wert des Bezugsrechts beträgt 0,58 € => {(3-1,25) / (120/60) + 1}.*

Zum besseren Verständnis wollen wir uns die durchgeführte Kapitalerhöhung der in Österreich ansässigen **Wienerberger AG** einmal näher ansehen (vgl. hierzu auch die Buchung der Kapitalerhöhung, Kap. B.3.3.1.2).

| ABB. 56: | Die Kapitalerhöhung der Wienerberger AG[22] |

„Im September und Oktober des vergangenen Jahres hat Wienerberger eine Kapitalerhöhung mit Bezugsrechten im Verhältnis 15:2 durchgeführt. Ziel war es, mit dem Kapitalzufluss den Expansionskurs zu beschleunigen und gleichzeitig das Investmentgrade Rating beizubehalten. 40 % der 9,8 Mio. jungen Aktien haben bisherige Aktionäre über ihre Bezugsrechte zu einem Ausgabepreis von 45 € gezeichnet. Die restlichen 60 % der neuen Aktien wurden bei internationalen und österreichischen Investoren zu 45 € breit gestreut platziert. Die Kapitalerhöhung mit einem Nettoerlös von rund 424 Mio. € wurde von Morgan Stanley und UniCredit als Joint Global Coordinator und Joint Bookrunner durchgeführt."

Bei einem Bezugsrechtsverhältnis von 15:2 haben demzufolge die Altaktionäre die Möglichkeit, für 15 Altaktien mit je einem Bezugsrecht 2 junge Aktien zu einem **Ausgabepreis** von 45 € zu erwerben. Dieser wird von der Gesellschaft festgelegt und orientiert sich an der Kursentwicklung der bereits an der Börse notierten Altaktie innerhalb der letzten 90 Handelstage. Er sollte niedrig genug sein, um als attraktiv eingestuft zu werden, andererseits soll das Generieren von Kapital innerhalb der Bezugsfrist optimiert werden, um möglichst viel liquide Mittel zur Disposition bzw. Investition zur Verfügung zu haben. Ist der Ausgabepreis aber in der Nähe des Kurses der Altaktie, kann es passieren, dass dieser übertroffen wird und demzufolge die Nachfrage nach jungen Aktien nachlässt bzw. ausbleibt. Für die Emittentin wäre das ein Flop, der dann in keinem Verhältnis zu den sehr hohen Emissionskosten stünden würde, die selbst bei eher kleineren Kapitalerhöhungen im zweistelligen Millionenbereich liegen. Für den Ausgleich von Bezugsrechtspitzen, die gekauft oder auch verkauft werden können, kann der Wert für ein Bezugsrecht mit 1,53 € veranschlagt werden.

$$BRW = \frac{58\,€ - 45\,€}{7,5 + 1} = 1,53\,€$$

K_A = 58 € als veröffentlichter Höchstkurs des Geschäftsjahres
K_N = 45 €
BRV = 15:2 = 7,5

Der gerechnete Bezugsrechtswert der Wienerberger Kapitalerhöhung

Bei **Publikumsgesellschaften**, also börsennotierter Unternehmen ohne einen dominierenden Großaktionär, der 20 % oder mehr Kapitalbeteiligung hält, wie das bei DAX- oder ATX-Unternehmen mehrheitlich der Fall ist, wird der **Bezugsrechtshandel** und damit auch die Preisbildung über die Börse abgewickelt. Der dann täglich ermittelte Wert aus Angebot und Nachfrage kann dann durchaus deutlich von dem rechnerischen Bezugsrechtswert abweichen, denn ein Teil der Aktionäre gibt seine zur Verfügung stehenden Bezugsrechte ganz oder teilweise zum Verkauf. Andere Marktteilnehmer wiederum kaufen weitere Bezugsrechte hinzu, um ihren Bestand entsprechend der von ihnen gewünschten Aktienanzahl aufzustocken. Nicht in Anspruch genommene Bezugsrechte werden dann „bestens" über die Börse verkauft. Bei Nebenwerten ist es aber auch durchaus üblich, dass aus Kostengründen auf eine öffentliche Handelbarkeit des Bezugsrechts verzichtet wird. Bei der 2006 durchgeführten genehmigten Kapitalerhöhung der **SHS AG** war ein Börsenhandel der Bezugsrechte nicht vorgesehen. Die Bezugsrechte konnten inner-

22 Quelle: Geschäftsbericht 2007 der Wienerberger AG, S. 61 f.

halb des Aktionärskreises übertragen werden. Nicht ausgeübte Bezugsrechte sind ohne einen entsprechenden Ausgleich verfallen.

Wienerberger konnte nominal, passiviert im Grundkapital und in den Kapitalrücklagen, ein Kapital in Höhe von 441 Mio. € aufnehmen, wovon dem Unternehmen nur 424 Mio. € zur Verfügung stehen. Etwa 17 Mio. € musste Wienerberger für Bankprovisionen, sonstige Beratungshonorare, Registergebühren, etc. aufwenden, die erfolgswirksam in der GuV-Rechnung verbucht wurden. Als **Equity Story** wurde formuliert, dass die zufließenden Mittel aus der Emission in erster Linie der Weiterführung der auf Profitabilität und Wertschaffung ausgerichteten Wachstumsstrategie dienen. Die Wienerberger Wachstumsstrategie basiert auf Kapazitätserweiterungen, Werksneubauten und selektiven strategischen Akquisitionen. Der geographische Fokus liegt in der Region Zentral-Osteuropa. Ersatzinvestitionen, also Investitionen zur Werterhaltung, werden mit Bankkrediten und Anleihen fremdfinanziert, da deren Kapitalbedienung keine so große Wertschöpfung erforderlich macht.

Der guten Ordnung halber schließen wir das Kapitel Kapitalerhöhung mit der Möglichkeit des **Aktienrückkaufs** bzw. dem Erwerb eigener Aktien nach § 71 AktG (Share-buy-back-Verfahren). Bis zu 10 % des Grundkapitals dürfen ohne Begründung an die Finanzaufsicht, mit einem mehrheitlichen Beschluss der Hauptversammlung, herabgesetzt werden. Als Gründe nennt das Aktiengesetz Schadensabwendung, Arbeitnehmerbeteiligung sowie Abfindung von Aktionären und Gesamtrechtsnachfolge. Ein sehr häufiges Ziel ist die Minderung der Eigenkapitalquote, um die Passivseite der Bilanz kostenoptimal zu gestalten. Die finanzwirtschaftlichen Motive für einen Aktienrückkauf sind die Ausschüttung überschüssiger Liquidität, die Steigerung des Ertragspotentials pro Aktie, Nutzung der eigenen Aktien zur Finanzierung von Akquisitionen, Möglichkeiten zur Durchführung einer Mitarbeiterbeteiligung sowie eine positive Signalwirkung für den Kapitalmarkt.

Auch wenn jede Bank bei der Bonitätsprüfung ihr individuelles Ratingverfahren einsetzt, ist die Eigenkapitalquote bei der Analyse des Jahresabschlusses eine der relevantesten Größen. Mit den Instrumenten Private Equity und Private Debt sollen im Folgenden **außerbörsliche Finanzierungsformen** vorgestellt werden, deren Exit (Ausstieg aus dem Investment) von den Investoren nach der Haltedauer auch sehr häufig über einen Börsengang generiert wird.

2.4 Private Equity

Der Oberbegriff für institutionalisiertes außerbörsliches Beteiligungskapital ist Private Equity. Finanzinvestoren wie Stiftungen, Pensionskassen, Versicherungen und vermögende Privatpersonen stellen über einen Fonds Kapital für einen Zeitraum von üblicherweise drei bis sieben Jahren zur Verfügung, der von Fonds-Managern verwaltet wird. Wenn eine Unterbewertung des Unternehmens erkannt wird, werden reife Unternehmen oder auch Konzernteile mehrheitlich übernommen, umstrukturiert und zu einem höheren Preis über die Börse (*IPO*) oder an einen strategischen Käufer (*Trade Sale*) wieder verkauft.

2.4.1 Profil des Zielunternehmens

Damit ein Private Equity-Engagement für die Beteiligten erfolgreich verläuft, speziell mit der Vision einer Steigerung des Unternehmenswertes, sollte das zu erwerbende Zielunternehmen eine solide Marktstellung haben und über ein kontinuierliches Wachstum verfügen (**Track Record**). In diesem Zusammenhang ist die Analyse der betrieblichen Umweltfaktoren ein unverzichtbarer Bestandteil, denn insbesondere in Käufer dominierten Märkten unterstützt die **Marktanalyse** das Erkennen der eigenen Positionierung. Bevor realistische Absatzziele formuliert werden können, müssen die Ist-Daten des Marktes zur Verfügung stehen, denen auch eine Konkurrentenanalyse zugeordnet ist. Die Bedrohung durch neue Konkurrenten wird von den vorhandenen Eintrittsbarrieren bestimmt. Eine wesentliche Rolle spielen Innovationsvorsprünge in Bezug auf die erstellte Leistung, die durch Patente, Lizenzen, Produktmarken sowie Einzigartigkeit belegt werden.

Die **Wertsteigerung** der Unternehmensanteile wird durch stabile bzw. ansteigende freie Cashflow-Größen erreicht, die nach Abzug aller Ersatz- und Erweiterungsinvestitionen in das Sachanlagevermögen zur Bedienung der Kapitalgeberansprüche herangezogen werden können. Sämtliche Investitionsleistungen müssen die quantifizierbaren Erwartungen der Kapitalgeber befriedigen können. Über die Beobachtung der Entwicklung der planmäßigen Abschreibungen im Sachanlagevermögen muss eindeutig zu erkennen sein, dass das Unternehmen keinen Investitionsstau verursacht hat, sondern die laufenden Rückflüsse für die erforderlichen Investitionsleistungen herangezogen werden. Da die zuletzt angeschafften Investitionsgüter meistens teurer sind als die abgeschriebenen, sind die Abschreibungsaufwendungen bei erfolgreichen Unternehmen in der Regel stetig steigend. Anders hingegen verhält es sich bei Abschreibungen für das Umlaufvermögen, da diese aufgrund ihres außerplanmäßigen Auftretens mit einer Entwertung des Unternehmensprozesses bzw. des operativen Geschäfts einhergehen, wie das bei der Wertberichtigung der Vorräte und der Forderungen der Fall ist.

Wertvernichtung tritt dann ein, wenn der gebuchte Abschreibungsaufwand nicht mit höheren Umsatzerlösen, verbunden mit entsprechenden liquiden Zuflüssen, kompensiert werden kann, und demzufolge die operative Handlungsfähigkeit beeinträchtigen würde. Der zu erwartende Wertbeitrag muss demzufolge mindestens die Bedienungsansprüche der Kapitalgeber decken, darüber hinaus aber auch sukzessive zu einer Steigerung des Unternehmenswertes beitragen können. In der Gegenwart muss ein erfolgsversprechender Ausstieg des Investors aus dem Engagement, ein so genannter Exit zu erkennen sein.

ABB. 57:	Das gewünschte Unternehmensprofil

► Nachhaltige Cashflows

► Marktnischenpositionierung

► Hohes Entwicklungspotential

► Geringer Verschuldungsgrad

► Angemessene Kaufpreisvorstellung des Verkäufers

► Realistische Chance auf einen erfolgreichen Exit

► Wertsteigerungspotential

2.4.2   Profil des Finanzinvestors

Professionelle Fondsmanager akquirieren die von den Kapitalgebern zur Investition stehenden Fondsmittel (**Fundraising**), die in ausgewählte Unternehmen mit einem hohen zukünftigen Rendite- und Wertpotential investiert werden. Am Ende der Fondslaufzeit muss der Fonds alle Investments abgewickelt haben, um das Kapital mit einem entsprechenden Agio an die Investoren zurückzahlen zu können. Demzufolge stehen die agierenden Fonds-Manager unter einem erheblichen Zeit- und Erfolgsdruck in Bezug auf die zu generierende Performance der bereitgestellten Kapitalbeträge. Die in Deutschland in den letzten Jahren bei größeren Private Equity-Transaktionen auftretenden Fonds sind Apax, Bain Capital, Blackstone, Carlyle, Cerberus, Cinven, CVC Capital, Fortress, KKR, Permira, Platinum, Ripplewood, Terra Firma sowie Texas Pacific. Für das Durchführen von kleineren Transaktionen können durchaus die Beteiligungsgesellschaften der Bundesländer angesprochen werden, wie beispielsweise die Bayerische Beteiligungsgesellschaft, die Mittelständische Beteiligungsgesellschaft Baden-Württemberg oder auch die Westdeutsche Kapitalbeteiligungsgesellschaft.

Entschließt sich ein Unternehmer, sein Unternehmen an einen Private Equity-Fonds zu verkaufen, sollte dieser stets berücksichtigen, dass ein **Finanzkäufer** im Wesentlichen ausschließlich an der Rendite des Zielunternehmens interessiert ist. Synergieeffekte, komparative Kostenvorteile und Ähnliches spielen mehrheitlich so gut wie keine Rolle. Die **risikoadäquate Kapitalverzinsung** für das Engagement wird üblicherweise über den Wieder- bzw. Weiterverkauf realisiert (**Exit**), der ein fester Strategiebestandteil von Finanzinvestoren darstellt. Die vier gängigen Exit-Varianten sind der Börsengang (**IPO**), der Verkauf an einen strategischen Käufer (**Trade Sale**), der Weiterverkauf an eine andere Kapitalbeteiligungsgesellschaft (**Secondary Purchase**) oder der Rückkauf von den Altgesellschaftern (**Buy-back**).

Zwar gilt der Börsengang als die Königsdisziplin für einen gelungenen Exit, mehrheitlich werden aber Trade Sales generiert. Eine unerfreuliche, aber doch auch sehr häufig vorkommende Form des Exits sind **Totalabschreibungen** des Investments. Als Rendite konnten die Private Equity-Fonds in den letzten Jahren mit ihren Portfoliounternehmen durchschnittlich eine jährliche Rendite von etwa 14 % generieren. Da es eben auch Engagements gibt, die im Sinne eines Totalverlusts vollständig abgeschrieben werden, müssen andere wiederum eine entsprechend hohe Wertschöpfung des Agios, also der Differenz zwischen Ein- und Verkaufspreis erzielen. Die gezahlten Kaufpreise sind demzufolge bei Finanzkäufern tendenziell niedriger als es bei strategischen Käufern der Fall ist.

Finanziert wird der Kaufpreis etwa zu einem Drittel mit Eigenkapital, welches über das Fundraising eingesammelt wurde, sowie mit Fremdkapital. Demzufolge liegt das Transaktionsvolumen immer weit höher als der Kapitaleinsatz der Beteiligungsfonds. Die aufgenommenen Verbindlichkeiten werden in den Folgeperioden von den akquirierten Zielunternehmen getragen. Auf die Entwicklung der Gesamtkapitalrendite bleibt die zusätzliche Verschuldung erst einmal ohne Einfluss, da diese mit dem EBIT, also dem Betriebsergebnis vor Zinsen und Steuern gerechnet wird. In Schwierigkeiten kann das Zielunternehmen aber geraten, wenn ein überhöhter Kaufpreis gezahlt wurde und sich das Zinsniveau deutlich nach oben verändert.

Sehr häufig aber können die Investoren nur in der **Hausse** (nachhaltiger Anstieg der Aktienkurse) agieren. Hohe Börsenkurse erleichtern das Platzieren von Unternehmen auf dem Börsenparkett, dessen liquide Mittel wieder in weitere Zukäufe investiert werden können. Allerdings stehen dem auch hohe Preise und bei Zukäufen ein höheres Zinsniveau entgegen. In der **Baisse** (anhaltende starke Kursrückgänge) sind zwar die Unternehmenswerte und demzufolge die Preise für Zukäufe niedriger, die Unternehmer sind aber gerade deswegen mit entsprechenden Vorhaben in Bezug auf die Veräußerung ihres Unternehmens restriktiver. In den Geschäftsjahren 2002 und 2003 konnte das sehr schön beobachtet werden.

Den Fonds wiederum fehlte es an Exit-Möglichkeiten, sodass ihr finanzieller Handlungsspielraum auch sehr massiv eingeschränkt ist. Und auch die Banken zeigen in einer Baisse wenig Finanzierungsengagement, da sie ihrerseits auch sehr viele Wertberichtigungen in ihren Portfolios verkraften müssen. Bei einem Erwerb der Private Equity-Fonds eines Unternehmens geht der vereinbarte Kaufpreis an den Altgesellschafter und nicht als Kapitalzuführung in das Unternehmen. Diese muss darüber hinaus noch geleistet werden. Eine **Expansionsfinanzierung** des Investors kommt dem Unternehmen zugute, den Wachstumskurs in Richtung Wertsteigerung des Unternehmens zu begleiten.

ABB. 58:	Das gewünschte Finanzinvestorprofil

- ► Hohe Renditeerwartung (> 20 % p. a.)
- ► Hohe operative Erwartungshaltung an das Management
- ► Finanzierung des Wachstumspotentials
- ► Zusätzlich zum eingebrachten Eigenkapital wird der Kauf mit der Aufnahme von Fremdkapital finanziert, welches den Verschuldungsgrad des Zielunternehmens erhöht
- ► Exit-Orientierung als Börsengang bzw. Trade Sale
- ► Unternehmensengagement auf Zeit

2.4.3 Kapitalausstattung des Unternehmens

Um die gewünschte Zielrendite erreichen zu können, werden Restrukturierungs- und Geschäftserweiterungsmaßnahmen notwendig sein, die auch entsprechend finanziert werden müssen. Über eine Eigenkapitalerhöhung wird das Beteiligungskapital erhöht, was in der Regel auch eine Satzungsänderung mit sich bringt, da sich auch der Finanzinvestor eine entsprechende Stimme im Aufsichts- bzw. Beirat sichern möchte. Die verstärkte Mitbestimmung wird forciert, wenn mögliche weitere Mitgesellschafter an einer Kapitalerhöhung nicht teilnehmen möchten oder können. Eine andere Alternative einer gewinnabhängigen Kapitalzuführung ist das **Mezzanine-Kapital**, welches sich zwischen dem Eigen- und Fremdkapital positioniert. Rechtlich gilt Mezzanine als Fremdkapital, wirtschaftlich jedoch wegen der Nachrangigkeit bei der Insolvenz des Unternehmens im Wesentlichen als wirtschaftliches Eigenkapital. Die gängigen Formen sind stille Beteiligungen, nachrangige Darlehen sowie Genussscheine. Im Folgekapitel **Private Debt** wird dieses Finanzierungsinstrument näher vorgestellt.

Da all diese Kapitalmaßnahmen sehr teuer sind, muss eine entsprechend hohe Wertschöpfung erreicht werden. Die Steigerung des Unternehmenswertes steht dabei in unmittelbarem Fokus. In aller Regel stehen die Altgesellschafter dem Unternehmen nur für eine begrenzte Zeit zur Verfügung, um den reibungslosen Übergang zu gewährleisten. Der gleitende Übergang der Nachfolge wird üblicherweise in einem Beratervertrag für den Altgesellschafter vereinbart, der eine Laufzeit zwischen ein bis drei Jahre vorsieht. Da der Finanzinvestor in aller Regel keine branchenkundigen Managementressourcen zur Verfügung hat, um die operative Fortführung des Unternehmens zu gewährleisten und natürlich auch die entsprechende Performance zu erreichen, werden Private Equity-Engagements sehr häufig in Verbindung mit Buy-out-Lösungen generiert.

2.4.4 Buy-out-Lösungen

Im angelsächsischen Kontext versteht man unter einem „Buy-out" einen Unternehmenskauf mit einer mehrheitlichen Beteiligung von Private Equity-Fonds. Die mit Sicherheit populärste Variante ist das **Management-Buy-out** (MBO), bei der das bisherige Management mit einer Beteiligungsfinanzierung Teil einer Gesamtfinanzierungslösung ist. Damit wird neben dem Finanzkäufer das Eigentum am Unternehmen erworben und als Kapitalanteil gehalten. Wird der Erwerb eines Private Equity-Fonds anstelle des eigenen von einem fremden Management begleitet, spricht man dagegen von einem **Management-Buy-in** (MBI). Die Kandidaten für ein MBI zeichnen sich häufig dadurch aus, dass sie das dafür notwendige Investitionskapital geerbt haben oder diese über Abfindungszahlungen früherer Arbeitgeber generieren können und eine Mitbeteiligung, genauso wie der MBO-Kandidat, als eine Chance zur Selbstständigkeit sehen.

Die Mischform, d. h. die Übernahme durch bisherige und externe Manager, wird mit dem Begriff **Buy-in-Management-Buy-out** (BIMBO) bezeichnet. Diese ist allerdings in der betrieblichen Praxis eher selten anzutreffen. Eine weitere nicht sehr häufige Übernahmevariante ist das sog. **Employee-Buy-out** (EBO), bei dem die Mehrheit der Belegschaft Eigenkapital am Unternehmen erwirbt. Der Auftritt einer Private Equity-Gesellschaft ist hierbei unwahrscheinlich, da eine renditeorientierte Zusammenarbeit mit mehr als drei operativ tätigen Managern von den Finanzinvestoren als eher schwierig eingeschätzt wird. Letztere geben die strategische Ausrichtung zwar weitgehend vor, überlassen das operative Tagesgeschäft aber dem Management. Das Ergebnis wird dann monatlich oder pro Quartal abgestimmt. Genauso wenig wird sich ein Finanzinvestor bei einem **Owner-Buy-out** (OBO) engagieren, bei dem die Eigenkapitalanteile mehrerer Altgesellschafter bei wenigen oder auch einem einzelnen Gesellschafter gebündelt werden, der das Unternehmen selbstständig fortführt.

2.4.5 Profil des Managements

Der MBO-Kandidat ist in der Regel ein bisher an der Zielgesellschaft anteilsloser Geschäftsführer oder sonstiger Manager, der mit eigenen finanziellen Mitteln, meist nicht höher als ein Jahresgehalt, einen Minderheitsanteil in einer Größenordnung von 10 % bis 40 % am Unternehmen erwirbt. Ein Großteil des zum Erwerb der Unternehmensanteile notwendigen Kapitalbedarfs muss demzufolge mit Bankdarlehen oder auch mit Varianten von Mezzanine-Kapital fremdfinanziert werden. Die Hauptanlässe für einen MBO in Verbindung mit Private Equity-Engagements sind:

▶ **Unternehmensnachfolgelösungen**, wenn bei familiengeführten mittelständischen Unternehmen keine Nachfolger aus dem Familienkreis in Frage kommen.

▶ **Spin-off**, wenn Großunternehmen Unternehmensteile aus ihrer Konzernstruktur ausgliedern.

▶ **Delisting**, wenn börsennotierte Unternehmen vom Kurszettel genommen werden und außerhalb des geregelten Kapitalmarktes finanziert werden müssen.

► **Unternehmenssanierung**, wenn in einer Krisensituation Restrukturierungsmaßnahmen finanziert werden müssen. Dieses Geschäftssegment wird unter „Distressed M&A" subsumiert.

Zusätzlich zu den mit Sicherheit grundsätzlichen betriebswirtschaftlichen Voraussetzungen ist die **Managementperformance** eines potentiellen MBO-Kandidaten der eigentliche Schlüssel zu einer erfolgreichen Unternehmensfortführung. Da der mehrheitlich übernehmende Finanzkäufer sich üblicherweise verpflichtet, nicht in das Tagesgeschäft einzugreifen, wird dieser das Profil des MBO-Kandidaten sehr genau prüfen. Sowohl fachliche als auch persönliche Eigenschaften werden detailliert hinterfragt. Beim Anteilserwerb mehrerer Minderheitseigentümer müssen darüber hinaus entsprechende komplementäre Fertigkeiten erkennbar sein, also ein Mix aus technischem Produktverständnis, strategischem Verkaufsgeschick und betriebswirtschaftlicher Kompetenz.

ABB. 59:	Das gewünschte MBO-Kandidatenprofil

► Unternehmerisches Denken und Handeln

► Finanzielle Unabhängigkeit, da das gesamte Engagement in der Regel nicht unter einem Jahresgehalt zu verwirklichen ist

► „Psychisches" umgehen können mit einer hohen Schuldenlast wegen der Aufnahme zusätzlichen Fremdkapitals

► Rendite- und Exit-Orientierung

► Zusammenpassen des Managements und des Private Equity-Investors

Bevor ein Finanzinvestor und ein potentieller MBO-Kandidat die Verhandlungen über eine Transaktion aufnehmen, sollten die folgenden Positionen geklärt werden:

► Ist-Analyse des Zielunternehmens;

► Beurteilung der Managementerfahrung des Kandidaten, bei mehreren Kandidaten, Vereinbarung über den Sitz in der Geschäftsführung;

► Produkt- bzw. Dienstleistungsanalyse, deren Positionierung am Markt, das Erkennen von Marktnischen sowie die Möglichkeiten für das Einführen neuer Produkte;

► Analyse der Vermögens-, Finanz- und Ertragslage
(die ersten beiden Bereiche mit Hilfe der Bilanz, die Ertragslage mit Hilfe der GuV);

► Budgetierung und Kalkulation;

► Personalbestand und Potential zur Mitarbeiterentwicklung;

► Kaufpreisvorstellung der Altgesellschafter eruieren;

► Verhandeln eines Letter of Intent (Absichtserklärung);

► Due Diligence (Detaillierte Prüfung aller relevanter Unterlagen);

► Transaktionsdesign und Finanzierungsstruktur

Sind sich nach einer längeren Vorbereitungs- und Überprüfungsphase die beteiligten Parteien über die grundsätzlichen Spielregeln ihres Engagements einig, geht es bei der eigentlichen

Transaktionsabwicklung im Speziellen um die Festlegung des Kaufpreises und um die Ausfertigung der Beteiligungsverträge.

2.4.6 Transaktionsabwicklung

Ein nicht unerheblicher Faktor bei der Veräußerung von mittelständischen Unternehmen, die außerbörslich veräußert werden, ist die Frage der „gerechten" **Kaufpreisfindung**. Der verkaufende Alteigentümer möchte mit dem Entgelt seinen Lebensabend finanziert bekommen, der potentielle Minderheitseigentümer muss die aufgenommene Verschuldung monetär und auch emotional verkraften. Demzufolge wird dieser an einem niedrigen Kaufpreis interessiert sein. Um Interessenskonflikten vorzubeugen, sollte der Kaufpreis käuferseitig federführend von den Managern der Private Equity-Fonds, die ihrerseits auch an einem tendenziell eher niedrigen Kaufpreis interessiert sind, verhandelt werden. Auch gehen diese aufgrund ihrer Routine wesentlich nüchterner an eine **Unternehmensbewertung** zur Kaufpreisfindung heran.

ABB. 60:	Der idealtypische Verlauf einer Private Equity- / MBO-Transaktion
1.	Erste Kontaktaufnahme der Beteiligten
2.	Erste Kaufpreisindikation auf der Basis von Planzahlen
3.	Herausarbeiten einer „Equity Story" für den Finanzinvestor
4.	Letter of Intent
5.	Due Diligence
6.	Unternehmensbewertung
7.	Kaufpreiseinigung
8.	Transaktions- & Finanzierungsdesign
9.	Erstellung der Übernahmeverträge
10.	Notarielle Beurkundung

In einem **Beteiligungsvertrag** werden die grundsätzlichen Konditionen der Private Equity-Transaktion unter Einbezug eines MBO fixiert. Bezüglich des zu zahlenden Preises wird sehr häufig die Vereinbarung einer mehrstufigen Kaufpreisauszahlung an die Altgesellschafter getroffen. Die erste Kaufpreistranche wird als feststehende Größe bei der Vertragsunterzeichnung geleistet. Ein zusätzlicher so genannter **Besserungsschein** umfasst einen ausschließlich variablen Teil, der sich zukünftig an der Ist-Abweichung der zugrunde liegenden Planwerte orientiert. Die Auszahlung erfolgt in den Folgeperioden entsprechend der vertraglich vereinbarten Kaufpreisregelung.

ABB. 61:	Ein möglicher Vertragsentwurf für einen Besserungsschein

„Die variable Vergütung wird von der zukünftigen tatsächlichen operativen Entwicklung, welche auf der Basis eines bereinigten Jahresabschlusses ermittelt wird, abhängig gemacht und erreicht eine Größenordnung von 0 € bis maximal 500 T€. Auf der Basis der im Business-Plan prognostizierten EBIT-Werte (nachhaltiges Betriebsergebnis) erfolgt die Vergütung der variabel gehaltenen Kaufpreiskomponente wie folgt:

EBIT > 2,0 Mio. € und < 2,1 Mio. €: 200 T€

EBIT > 2,1 Mio. € und < 2,2 Mio. €: 300 T€

EBIT > 2,2 Mio. € und < 2,3 Mio. €: 400 T€

EBIT > 2,3 Mio. €: 500 T€"

Um im Vorfeld eine Regelung für den vorzeitigen Ausstieg eines Vertragspartners zu finden, empfehlen sich Kündigungsrechte, die im Zusammenhang mit einer **Put-** und **Call-Option** auch eine Regelung der zukünftigen Kaufpreiszahlung enthalten. Damit werden das verkäuferseitige Angebot und die käuferseitige Abnahme sichergestellt. Die jeweilige Gegenseite hat aus der vereinbarten Option eine vertragliche Abnahme- bzw. eine Lieferverpflichtung von Anteilen, um die eigenständige Weiterentwicklung des unternehmerischen Vorhabens zu gewährleisten.

ABB. 62:	Ein möglicher Vertragsentwurf für eine Put- und Call-Option

„Die verbleibenden 25,1 % der Unternehmensanteile können ab dem Jahresabschluss des dritten Jahres nach der notariellen Beurkundung zu einem Drittel, also mit 8,4 % mit einer Put- und Call-Option verkäuferseitig angeboten und käuferseitig verlangt werden. Die jeweilige Gegenseite hat aus der vereinbarten Option eine Abnahme- bzw. Lieferverpflichtung. Weitere 8,4 % können zum Ende des darauf folgenden Geschäftsjahres, die restlichen 8,3 % ein weiteres Geschäftsjahr später angeboten oder verlangt werden."

Weitere übliche Regelungen sind umfangreiche **Informationsrechte**, die gerade für den Private Equity-Geber von großer Bedeutung sind. Im Gegensatz zum MBO-Erwerber gehört dieser zwar dem operativen Geschäft nicht an, muss aber aufgrund des größeren Kapitalinvestments und aufgrund der Renditeverantwortung umfangreiche Kontroll- und Einsichtrechte erhalten, um das Engagement permanent beurteilen zu können. Institutionalisiert wird dieses Recht sehr häufig mit einem Sitz im Aufsichtsrat bzw. Beirat. Ein mit Sicherheit zentrales Vereinbarungselement ist die Regelung des geplanten Ausstiegs aus dem Investment, die **Exit-Vereinbarung**. Da ein Private Equity-Engagement zeitlich begrenzt ist, werden die Investitionsdauer und auch die in Frage kommenden Alternativen eines Exits vertraglich aufgenommen. Konsequenterweise sollte aber auch die Möglichkeit des Totalverlustes geregelt werden, also die Liquidation. Sehr häufig ist zugunsten des Private Equity-Gebers eine sog. **Liquidation Preference** vorgesehen. Mit diesem Erlösvorzug wird der institutionelle Eigenkapitalinvestor bis zur Höhe seines Engagements bei der Verteilung des Liquidationserlöses bevorzugt.

ABB. 63:	Die Kosten für eine Private Equity- / MBO-Transaktion

► Bereitstellung der Höhe des Beteiligungsbetrages aus Eigen- und Fremdmitteln

► Erstellung einer Unternehmensbewertung

► Due Diligence, als Kaufprüfung durch die Wirtschaftsprüfer

► Kosten für die Ausarbeitung der rechtlichen und steuerlichen Gestaltung der Transaktion

► Notariatskosten

2.4.7 Hürden nach der Transaktion

Nach dem erfolgreichen Abschluss der Transaktion wird mit den Vertretern des Private Equity-Fonds, der in der Regel die Mehrheit am erworbenen Unternehmen hält, und dem MBO-Erwerber eine Zielvereinbarung über die künftige Zusammenarbeit getroffen. Für beide Erwerber, die zukünftig aufeinander angewiesen sind, ist die Trennung von Kapitalmehrheit (Finanzinvestor) und operativ tätiger Managerfunktion (MBO-Erwerber) in vielen Fällen mit einigen Anlaufschwierigkeiten verbunden. Für den jetzt selbstständigen Manager ist erfahrungsgemäß der Wechsel auf die Eigentümerseite mit einer sehr großen Umstellung verbunden. Er wird sich zum einen der persönlichen finanziellen Verantwortung bewusst, insbesondere wenn hohe Kapitalsummen aufgenommen wurden, um die Beteiligung finanzieren zu können. Zum anderen fallen in der Regel anspruchsvolle und gewohnte soziale Leistungen sowie die auch häufige Aura eines Großunternehmens weg. Von dem Mitgesellschafter wird dann sehr häufig die Überlegung ins Spiel gebracht, dass der Manager alle Zügel in der Hand hält, den Unternehmenswert so zu steigern, dass dann bei einer Weiterveräußerung der Anteile seine finanzielle Zukunft als gesichert angesehen werden kann.

ABB. 64:	Die Weiterentwicklung des Unternehmens

► Strategische und operative Zielvereinbarung

► Budgeterstellung für die nächsten drei Geschäftsjahre

► Abstimmung des Rechnungswesens mit der Gesamtorganisation

► Abstimmung der Kapitalstruktur auf die operativen Erfordernisse

► Abstimmung des Personalbedarfs auf die getroffene Zielvereinbarung

► Etablieren eines operativen Controllingsystems wie Kostenrechnung, Liquiditäts-, Finanz- und Investitionsplanung sowie eines Wertmanagement-Konzepts zur Überprüfung der Steigerung des Unternehmenswerts

► Vereinbarung einer periodischen Berichterstattung

Finanzelle Engagements von **Private Equity-Fonds** werden häufig in Verbindung mit einem Management-Buy-out generiert. Die Umstellung von einem komfortablen Status als angestellter Manager mit festen monatlichen Bezügen, sozialen Extras und gesicherter Altersversorgung zu einer ungesicherten unternehmerischen Verantwortung, welche mit einer zusätzlichen persönlichen Verschuldung einher geht, ist für einen MBO-Gesellschafter erfahrungsgemäß eine große psychologische Last, die im Wesentlichen von der Familie mitgetragen werden muss. Sehr sinnvoll ist bei derartig komplexen Transaktionsvorhaben die Mandatierung eines M&A-Beraters, der, neben der Aufbereitung der relevanten Daten, sehr häufig auch eine Mittlerrolle zwischen den Beteiligten einnimmt. Während die Signalwirkung eines MBI eine Aufbruchstimmung ist, wird mit dem Generieren eines MBO nach außen hin unternehmerische Kontinuität kommuniziert. Ein Finanzinvestor als Private Equity-Geber investiert eben nicht nur in Unternehmen, sondern im Wesentlichen in Menschen, denen zugetraut wird, eine risikoadäquate Rendite zu erwirtschaften, also das berühmte Gestalten des „People Business".

ABB. 65: Die Finanzierungsvarianten mit ihren Auswirkungen auf die Bilanz

3. Private Debt

Im Zusammenhang mit der Bilanzanalyse, insbesondere bei der Erfassung der Kapitalstruktur, ist in der Regel nicht nur das bilanzierte, sondern darüber hinaus auch das interpretierte **wirtschaftliche Eigenkapital** von Bedeutung. Als eine weitere Finanzierungsalternative ist es häufig sinnvoll, Überlegungen bezüglich hybrider Finanzierungsformen, wie das sog. **Private Debt** anzustellen. Dieses ist der Bilanz gewöhnlich nicht zu entnehmen, sondern lässt sich ausschließlich aus der Interpretation der zugrunde liegenden Vertragsverhältnisse erschließen. Im Folgenden sollen die zwei gebräuchlichsten Formen des Private Debt als außerbörsliches Fremdkapital, die stille Beteiligung und das nachrangige Darlehen, vorgestellt werden. Private Debt-Finanzierungsvarianten werden formaljuristisch zwischen dem Eigen- und dem langfristigen Fremdkapital erfasst und vereint gewissermaßen auch die Eigenschaften beider Kapitalarten:

▶ Die Attribute langfristig, unbesichert und nachrangig drücken den **Eigenkapitalcharakter** aus. Letzteres hat im Falle der Insolvenz zur Folge, dass die Bedienungsansprüche im Nachrang zu allen Gläubigern der Gesellschaft befriedigt werden.

▶ Der **Fremdkapitalcharakter** hingegen wird durch die laufende ergebnisunabhängige Verzinsung und aufgrund der gänzlichen Rückzahlung zum Ausdruck gebracht.

Anhand eines kleinen Beispiels soll die Ausgangsüberlegung formuliert werden, die dann mit dem Einsatz von Private Debt begegnet werden kann.

3.1 Ausgangslage

BEISPIEL (PROBLEMSTELLUNG) ▶ Bei einem produzierenden Unternehmen mit guter Marktstellung sollen in den nächsten drei Jahren 9 Mio. € investiert werden. Aufgrund der hohen Summe ist die Finanzierung allein durch einen Bankkredit nicht möglich.

Ebenso wie Private Equity ist auch das Private Debt ein Finanzierungsinstrument, welches nicht an der Börse gehandelt wird, ganz im Gegensatz zum Public Debt, wie beispielsweise einer Anleihefinanzierung mit einer vereinbarten Laufzeit. Da die zeitliche Begrenzung aber auch ein wesentliches Merkmal eines traditionellen Bankkredits ist, wäre dieser durchaus auch als Private Debt im weiteren Sinn zu klassifizieren. Hingegen wird Private Debt im engeren Sinn, wie es dem angelsächsischen Ursprung entspricht, als ein nicht handelbares illiquides Fremdkapital mit regelmäßiger, aber teilweise erfolgsabhängiger Zinszahlung sowie einem vereinbarten Rückzahlungstermin definiert. Um aber als Manager im Unternehmen grundsätzlich über die Aufnahme einer Finanzierungsvariante mit Private Debt nachzudenken, sollen die folgenden Vorüberlegungen angestellt werden:

ABB. 66:	Die Vorüberlegungen einer Private Debt-Finanzierung

► Hat das Unternehmen ein Alleinstellungsmerkmal?

► Ist die wirtschaftliche Entwicklung des Unternehmens stabil?

► Kann die Entwicklung in einem Business-Plan über die nächsten drei Folgejahre solide dargestellt werden?

► Welcher Investor passt am besten zu den Interessen des Unternehmers?

► Wäre der Bilanzausweis unter „Sonstigen Verbindlichkeiten" angemessen?

► Mit wie viel Prozent würde die Kredit gebende Bank den Private Debt-Anteil dem wirtschaftlichen Eigenkapital zurechnen?

► Ist die Investorenvergütung steuerlich abzugsfähig?

► Welche Vertragsbestandteile sind besonders hervorzuheben?

Die Kapitalgeber sind institutionelle Investoren außerhalb des Kerngeschäfts des Bankensektors, sehr häufig aber durchaus unter der Beteiligung eigenständiger Tochtergesellschaften von Banken, die speziell zugeschnittene Finanzierungslösungen anbieten und aufgrund der doch sehr stark eingeschränkten Handelbarkeit bzw. der faktischen Nichthandelbarkeit bis zum Ende der festgelegten Vertragslaufzeit gehalten werden. Charakterisierend ist die Ausreichung als **erstrangiges** (*Senior Loan*) und **nachrangiges** (*Junior Loan*) Fremdkapital- sowie als Mezzanine-Finanzierungsinstrument. Die einzelnen Varianten lassen sich anhand der folgenden Parameter unterscheiden:

ABB. 67:	Der Investorenvergleich

► Laufzeiten,

► Sicherheiten,

► Tilgung,

► Kostenkomponenten,

► Rang,

► Kündigungsrecht seitens des Kapitalgebers,

► Vorzeitige Rückführung durch das Unternehmen,

► Mitspracherechte des Kapitalgebers sowie

► Informationspflichten des Unternehmens.

Da sich Private Debt-Finanzierungen in den kontinentaleuropäischen Ländern nicht deckungsgleich zu den angelsächsischen abbilden lassen, werden speziell in Deutschland und auch in Österreich sämtliche Finanzierungsvarianten, die nicht eindeutig dem Fremdkapital zu subsumieren sind, als Mezzanine-Kapital bezeichnet.

3.2 Mezzanine-Finanzierung

Bei einem Spaziergang im ersten Wiener Gemeindebezirk fällt bei Stadtgebäuden das Mezzanine als das Stockwerk zwischen dem Erdgeschoss und dem ersten Stock auf. Bei Finanzierungslösungen ist Mezzanine ein Fremdkapitalprodukt mit eigenkapitalähnlichen Ausstattungsmerkmalen, bezeichnet als sog. **hybrides Finanzierungsinstrument**. In der Bilanz wird es zwischen dem Eigenkapital und dem langfristigen Fremdkapital zum Ansatz gebracht (vgl. ABB. 65) und im Wesentlichen für Wachstumsfinanzierungen wie Expansion, Unternehmensakquisitionen sowie Pre-IPO-Finanzierungen eingesetzt. Die für mittelständische Unternehmen bedeutendsten Erscheinungsformen von Mezzanine-Produkten sind die **stille Beteiligung**, die als ausschließliche Innengesellschaft funktioniert, sowie einzelne Varianten **nachrangiger Darlehen**. Letztere werden als Festzinsdarlehen, als partiarisches Darlehen (Kapitalentgelt mit Gewinnbeteiligung) oder als Gesellschafterdarlehen diskutiert. Die Zuordnung in der Handelsbilanz in die Nähe von Eigen- oder Fremdkapital wird anhand der Vertragsdetails Laufzeit, Kündigungsmöglichkeiten, Rückzahlungsmodalitäten sowie der Gewinn- und Verlustregelungen bestimmt. Als grundsätzliche Vorteile einer derartigen „Zwischenstockfinanzierung" sind besonders hervorzuheben:

► Rechtsformunabhängige Generierung,

► keine Abgabe von Kapitalanteilen der Altgesellschafter,

► Aufnahme von wirtschaftlichem Eigenkapital ohne Änderung der Mitbestimmung bzw. Gesellschafterstruktur,

► höhere Bonität durch eine Erhöhung des wirtschaftlichen Eigenkapitals,

► keine Bereitstellung von Kreditsicherheiten wie Hypotheken, Bürgschaften, Zessionen etc.,

► Konditionen lassen sich den Erfordernissen des operativen Geschäfts anpassen,

► flexible und stärkere erfolgsorientierte Vergütung an die Kapitalgeber,

► steuerliche Abzugsfähigkeit von Zinszahlungen trotz Eigenkapitalcharakter,

► nachrangige Bedienung im Falle der Insolvenz,

► Diversifikation der Kapitalbeschaffung und -struktur,

► Schonung bzw. Ausweitung des Spielraums für zusätzliche Kredite sowie

► unkündbar während der Vertragslaufzeit.

Da der Mezzanine-Investor mit einem höheren Risiko behaftet ist als ein Kreditgeber, wird das Entgelt für die Kapitalüberlassung vor allem im Erfolgsfall wesentlich höher ausfallen. Um das laufende Ergebnis nicht zu stark zu belasten, wird die periodische Verzinsung eher moderat gewählt. Bei vielen Engagements wird mit einem Zinssatz von 4 % über Euribor abgerechnet sowie ein prozentualer Anteil am Eigenkapital vereinbart (**Equity Kicker**), wenn nach Beendigung des Engagements (Exit) an einen einzelnen Käufer (Trade Sale) oder über die Börse (IPO) verkauft werden soll. Für den Kapitalnehmer hat ein Equity Kicker den positiven Effekt einer geringeren periodischen Zinsbelastung. Allerdings führt die Inanspruchnahme zu einer späteren Veränderung der Gesellschafterverhältnisse, weshalb diese Variante bei vielen Altgesellschaftern tendenziell auf Ablehnung stößt.

Eine andere Alternative bei einer möglichen Fälligkeit des Equity Kickers wäre die Wahl einer Prämienzahlung, da bei dieser die Anteilsverhältnisse unberührt bleiben würden. Bei einer Haltedauer der Mezzanine-Beteiligung zwischen drei bis fünf Jahren erwartet der Investor üblicherweise eine durchschnittliche Verzinsung des eingesetzten Kapitals von jährlich 16 % bis 18 %. Mögliche Vertragsbestandteile im Zusammenhang mit einem Private Debt-Engagement wären:

► Betrag, Laufzeit, Struktur der Aus- und Rückzahlung,
► Auszahlungsvoraussetzungen,
► fixe und variable Konditionen,
► Rangrücktritt, Erfolgsvergütungskomponente und Verlustbeteiligung,
► Informations- und Berichtspflichten,
► Kündigungsrechte,
► Gewährleistungen,
► Syndizierungspartner,
► Aufsichtsrat- bzw. Beiratsposition des Investors,
► Laufendes Reporting an den Investor,
► Kosten der Due Diligence Prüfung.

3.2.1 Stille Beteiligung

BEISPIEL (1. LÖSUNGSANSATZ) Da die Altgesellschafter keine Anteilsverwässerung wünschen, erfolgt die Eigenmittelzufuhr über die Variante einer stillen Beteiligung. Dies hat gleichzeitig den Effekt, dass der Fremdkapitalspielraum mittels Verbesserung der Finanzkennzahlen erweitert wird.

Bei der „typischen" stillen Gesellschaft, wie sie im HGB in den §§ 230 ff. gesetzlich geregelt ist und in der betrieblichen Praxis üblicherweise auch so erfasst wird, beteiligt sich der Gesellschafter innerhalb eines vertraglich bestimmten Zeitraums ausschließlich mit einer Kapitaleinlage an einem Unternehmen. Die typische stille Gesellschaft zeichnet sich durch die folgenden Merkmale aus:

► Das Unternehmen ist an keine bestimmte Rechtsform gebunden.
► Der typische stille Gesellschafter ist operativ nicht eingebunden.
► Es ist eine prozentuale Gewinnbeteiligung sowie eine Verlustbeteiligung in Höhe der Einlage vorgesehen. Eine Verlustbeteiligung kann jedoch ausgeschlossen werden.

Bilanziert wird diese Einlagenform als gesonderte Position „Typische stille Gesellschaft" zwischen den Rückstellungen und den Bankdarlehen (vgl. ABB. 65). Alternativ erfolgt der Ausweis unter den „sonstigen Verbindlichkeiten". Die funktionale Betrachtung, beispielsweise im Zusammenhang mit einer Jahresabschlussanalyse, ist im Wesentlichen von der individuellen Gestaltung des Gesellschaftsvertrages der Innengesellschaft abhängig. In Bezug auf die Einkommensteuer werden die Einkünfte beim stillen Gesellschafter als „Einkünfte aus Kapitalvermögen" und nicht als „Einkommen aus selbstständiger Tätigkeit" erfasst.

Als **institutionelle Investoren** kommen öffentliche Förderinstitute, wie beispielsweise die einzelnen, den Bundesländern angehörenden, Mittelstandsbeteiligungsgesellschaften und auch die zur KfW-Gruppe gehörende tbg Technologie-Beteiligungs-Gesellschaft mbH in Betracht. In jüngster Zeit ist auch zu beobachten, dass sich Private Equity-Fonds, Tochtergesellschaften von Banken sowie Versicherungsgesellschaften verstärkt diesem Finanzierungssegment widmen. Pro Einlage werden von diesen üblicherweise zwischen 100.000 € und 5 Mio. € bereitgestellt. Der größere Anteil der stillen Kapitalgeber dürfte allerdings im nicht-institutionellen Bereich von privaten Investoren liegen, wie beispielsweise bei der Bindung von Familienmitgliedern an das Unternehmen bei gleichzeitiger Nichtteilnahme am operativen Geschäft.

ABB. 68:	Der Vertragsentwurf für eine typische stille Gesellschaft

In Auszügen am Beispiel einer GmbH

§ 1 Vertragspartner

Zwischen der Muster GmbH, Adresse, vertreten durch den Geschäftsführer, Herrn …
-nachfolgend GmbH genannt-
und
Herrn …
-nachfolgend Investor genannt-
wird folgender Gesellschaftsvertrag einer typischen stillen Gesellschaft geschlossen:

§ 2 Einlage, Konten

… Der Investor beteiligt sich im Wege einer typischen stillen Beteiligung mit einer Einlage von € …

§ 3 Beginn, Dauer

… Die stille Gesellschaft beginnt mit Leistung der Einlage und endet am …

§ 4 Geschäftsführung, Pflichten der GmbH

… Folgende Maßnahmen bedürfen der vorherigen schriftlichen Zustimmung des Investors…

§ 5 Gewinn- und Verlustbeteiligung

… Der Investor erhält auf die Kapitaleinlage eine gewinnunabhängige Mindestvergütung in Höhe von
… % p. a. und darüber hinaus eine gewinnabhängige Vergütung in Höhe von … %, wenn die GmbH einen entsprechenden Gewinn erwirtschaftet. …
… Der Investor ist an dem Gewinn und Verlust der GmbH beteiligt, am Verlust jedoch nur in Höhe seiner Einlage. …
…Das Jahresergebnis wird zur Ermittlung der Gewinn- und Verlustbeteiligung um folgende Aufwendungen erhöht bzw. um folgende Erträge gemindert:
- Außerordentliche Erträge und Aufwendungen aus Geschäftsvorfällen, die vor diesem Vertragsabschluss begründet worden sind
- Erträge aus Veräußerungen von Anlagevermögen, das vor Vertragsabschluss bereits vorhanden war
- Die Gewinn- und Verlustbeteiligung, die auf den stillen Gesellschafter entfällt
- Erträge aus der Auflösung von Rückstellungen und Rücklagen, die vor Vertragsabschluss gebildet worden sind. …

§ 6 Informations- und Kontrollrechte

… Dem Investor stehen die Informations- und Kontrollrechte gemäß §§ 233 Abs. 1 HGB und 716 BGB zu …

§ 7 Geheimhaltungspflicht

§ 8 Geschäftspolitische Entscheidungen, Wettbewerbsverbot

§ 9 Kündigung

> ... *Die Kündigung hat durch eingeschriebenen Brief gegenüber den anderen Gesellschaftern zu erfolgen.*
> *...*
>
> **§ 10 Rangrücktritt**
>
> **§ 11 Vertragsänderungen, Rechtsgültigkeit**
>
> ... *Sofern das Gesetz nicht die notarielle Beurkundung vorschreibt, bedürfen Änderungen und Ergänzungen dieses Vertrages der Schriftform.* ...
>
> **§ 12 Erfüllungsort und Gerichtsstand**
>
> **§ 13 Sonstiges**
>
> *Ort, Datum, Unterschriften*

Die Eigenschaft als Mitunternehmer, mit der Folge der steuerlichen Behandlung der Einkünfte als „Einkünfte aus selbstständiger Tätigkeit" bekommt der stille Gesellschafter mit der sog. **„atypischen" Form der stillen Beteiligung**, bei der dem stillen Gesellschafter, neben der Bereitstellung der notwendigen Informationen auch ein echter Einfluss auf die Geschäftsführung eingeräumt wird, was in aller Regel gleichzeitig eine Beteiligung an den Verlusten (Unternehmerrisiko) der GmbH und an den geschaffenen stillen Reserven (Unternehmerchance) mit sich bringt. Bei Letzterem wird ihm am Liquidationsgewinn der einzelnen Vermögensgegenstände eine Beteiligung eingeräumt. Um den funktionalen Status bezüglich einer vollständigen **Eigenkapitalzurechnung** zu erlangen, wird üblicherweise eine entsprechende **Rangrücktrittserklärung** vereinbart, welche den Investor an das Ende aller anderen Gläubiger stellt.

ABB. 69:   Der Vertragsentwurf für eine atypische stille Gesellschaft

Beispiel einer GmbH (in Ergänzung zu den Ausführungen des obigen Vertragsentwurfs)

§ 5 Gewinn- und Verlustbeteiligung

... *Außer am Ergebnis der GmbH ist der Investor auch am Vermögen und Geschäftswert der GmbH beteiligt.* ...
... *Künftige Gewinnanteile des stillen Gesellschafters werden dem Verlustkonto so lange gutgeschrieben, bis die Verluste ausgeglichen sind.* ...

§ 10 Rangrücktritt

... *Zur Vermeidung einer etwaigen Überschuldung der GmbH tritt der Investor unwiderruflich mit seiner Forderung auf Rückzahlung der Einlage hinter alle gegenwärtigen und zukünftigen Forderungen und Ansprüchen anderer Gläubiger als der Gesellschafter der GmbH gegen die Gesellschaft im Rang zurück. Die Rückzahlung der Einlage kann nur insoweit verlangt werden, als sie ausschließlich aus freien Vermögenswerten und nach Befriedigung sämtlicher nicht nachrangiger Gläubigeransprüche möglich ist.* ...

Für das Beispielunternehmen bietet sich die folgende optimale Finanzierungsstruktur an:

BEISPIEL (2. LÖSUNGSANSATZ)

Senior Debt	
als kurzfristige Bankkredite	*bis 10,0 %*
als langfristige Bankkredite	*bis 30,0 %*
Sonstige Verbindlichkeiten	*20,0 % bis 40,0 %*
Mezzanine Kapital	*10,0 % bis 20,0 %*
als stille Beteiligung	
Eigenkapital	*20,0 % bis 30,0 %*
als Stammkapital	
als thesaurierte Gewinne	
Gesamtkapital	*100,0 %*

Üblicherweise wird eine stille Beteiligung auf die Dauer von fünf bis zehn Jahren eingegangen. Die **Renditeerwartung** der Investoren beträgt mehr als 15 % und ist mehrheitlich von dem unternehmensspezifischen Risiko der GmbH abhängig. Die Private Debt-Beteiligungsform über die Konstruktion einer stillen Gesellschaft ist teurer als eine klassisch initiierte Kreditfinanzierung, hat aber gleichzeitig für das Unternehmen und deren Nennkapital-Gesellschafter den Charme einer fehlenden operativen Einflussnahme, eines Verzichts auf eine Bereitstellung von Sicherheiten sowie der Möglichkeit einer ausschließlich gewinnabhängigen Zahlung der Ausschüttungsgröße. Da aber auch wie bei jeder Kreditfinanzierung, im Gegensatz zu einer Zuführung von Beteiligungskapital, eine zeitliche Befristung der Kapitaleinlage vorhanden ist, müssen sich die Verantwortlichen im Unternehmen um eine mögliche Anschlussfinanzierung kümmern. Eine weitere Variante einer Mezzanine-Finanzierung ist das Generieren eines nachrangigen Darlehens.

3.2.2 Nachrangige Darlehen

Eher dem Fremdkapital zugeordnet wird die Mezzanine-Variante als **nachrangiges Darlehen**, das im Gegensatz zu einer klassischen Kreditfinanzierung nicht zusätzlich besichert wird. Da diese Form der Kapitalüberlassung für den Kreditgeber mit einem höheren Risiko einhergeht, ist demzufolge nicht nur die laufende Verzinsung entsprechend höher, sondern es wird darüber hinaus auch eine an der Steigerung des Unternehmenswertes erfolgsabhängige Prämie am Ende der Vertragslaufzeit gezahlt (**Equity Kicker**). Eine Beteiligung am Gesamtverlust des Unternehmens wird für den Darlehensgeber ausgeschlossen, das Risiko beschränkt sich auf die Höhe des Darlehensbetrages. Eine Sonderform des klassischen nachrangigen Darlehens ist das **partiarische Darlehen**, das nicht mit einer laufenden Verzinsung, sondern ausschließlich mit einer erfolgsabhängigen Vergütung bedient wird. Auch bei dieser wird die Verlustbeteiligung ausschließlich auf den Darlehensbetrag beschränkt, da die Zuführung eines partiarischen Darlehens keinen echten Gesellschafterstatus begründet.

Wird von den Gesellschaftern Fremdkapital in Form eines Darlehens (**Gesellschafterdarlehen**) eingebracht, wird dieses üblicherweise mit einer **Rangrücktrittserklärung** versehen. Damit wird dieser Teil des Fremdkapitals funktional zum Eigenkapital, obwohl es in der Bilanz in den Verbindlichkeiten gebucht wird. Zu empfehlen wäre ein Darlehensvertrag mit der Nennung des

Kreditbetrags, der Laufzeit, der Rückführungsmodalitäten, des Zinssatzes und einer qualifizierten Rangrücktrittserklärung, die wie folgt aussehen könnte.

ABB. 70:	Der Vertragsentwurf für eine qualifizierte Rangrücktrittserklärung

„Ich, Vorname Nachname, habe als Gesellschafter gegen die Firma Name Rechtsform Forderungen in Höhe von … €. Für diese Forderungen gegen die Gesellschaft erkläre ich hiermit den Rangrücktritt in der Weise, dass ich für meine Forderungen nur dann Befriedigung verlangen kann, wenn diese aus einem Bilanzgewinn, einem Liquidationsüberschuss oder aus weiterem, die sonstigen Schulden der Gesellschaft übersteigendem Vermögen der Gesellschaft beglichen werden können."

Ort, Datum, Unterschrift

3.3 Transaktionsablauf und Bankenrating

Die einzelnen Varianten einer Mezzanine-Finanzierung sind in aller Regel ein integraler Bestandteil eines Gesamtfinanzierungskonzepts der Banken, welche in Ergänzung zu den Kreditengagements eingesetzt werden. Die Bank rechnet sich auf der Basis eines Business-Plans den maximal möglichen Kreditrahmen aus, der innerhalb einer bestimmten Laufzeit zurückgeführt werden kann. Nach diesem Prozess sollte ein geeigneter Mezzanine-Investor, der zu den finanziellen und operativen Erfordernissen des Unternehmens passt, ausgewählt werden. Grundsätzlich lassen sich die acht wichtigsten Schritte einer **Mezzanine-Finanzierung** in ihrem Zeitablauf wie folgt aneinanderreihen:

1. Analyse des Finanzierungsbedarfs,
2. Plausibilitätsprüfung des Mezzanine-Investors (1. Woche),
3. Erarbeitung eines Finanzierungskonzeptes,
4. Term Sheet über die wesentlichen Konditionen (3. Woche),
5. Due Diligence-Prüfung (8. Woche),
    als Commercial Due Diligence mit der Prüfung von Markt/Wettbewerber, Vertrieb/Marketing, Personal/EDV, Einkauf/Logistik, Technik/Produktion und als Financial Due Diligence mit der Prüfung der Vermögens-, Finanz- und Ertragslage, der Planungsrechnungen sowie der Steuern,
6. Vertragsgestaltung (12. Woche),
7. Monitoring während der Vertragslaufzeit,
8. Exit des Mezzanine-Investors am Ende der vertraglich festgelegten Laufzeit.

Bei der Prüfung des Finanzierungsengagements seitens des Mezzanine-Investors wird der Analyse der prognostizierten freien Cashflows, die nach der Bedienung aller wichtigen Unternehmensfunktionen übrig bleibt, eine große Bedeutung eingeräumt. Die individuelle Vertragsgestaltung wiederum ist bei den Kredit gebenden Banken ausschlaggebend, ob bei der **Bonitätsprüfung** innerhalb des Ratingprozesses anlässlich der Kreditvergabe, die Private Debt-Finanzierung dem Eigen- oder dem Fremdkapital zugeordnet wird.

Der dem IFD „**Initiative Finanzstandort Deutschland**"[23] zugehörige Arbeitskreis „Ausbau Mittel-standsfinanzierung" hat in diesem Zusammenhang drei wesentliche Kriterien der Kreditinstitu-te für eigenkapitalnahe Finanzierungsinstrumente herausgearbeitet. Sind alle Kriterien vollstän-dig erfüllt, wird das Mezzanine-Kapital dem wirtschaftlichen Eigenkapital zugeordnet:

1. Kriterium „**Langfristigkeit**"

Es werden ursprüngliche Mindestlaufzeiten von 5 bis 7 Jahren und Restlaufzeiten von 1 bis 2 Jahren zugrunde gelegt. Von Letzteren wird auch häufig ein Übersteigen der Laufzeiten der bestehenden Kreditengagements gefordert.

2. Kriterium „**Kündigungsrechte**"

Keine Vereinbarung einer ordentlichen Kündigung, insbesondere bei einer Verschlechterung der wirtschaftlichen Verhältnisse oder des Zahlungsverzugs.

3. Kriterium „**Nachrangigkeit**"

In der Regel wird Folgendes gefordert: Eine Rangrücktrittserklärung, die dann die gesamten Be-dienungsansprüche (Tilgung und Zinsen) in der Reihenfolge (1. Vorrangige Gläubiger, 2. Nach-rangige Gläubiger und 3. Eigentümer) festlegt, sowie eine Nichtbesicherung.

Für börsennotierte Unternehmen besteht die Möglichkeit für die Emission einer **Hybrid-Anleihe**, die eine Mischform einer Anleihe mit einem ergebnisabhängigen Kapitalentgelt darstellt. Auch die weiter oben schon vorgestellte **Wienerberger AG** hat im Geschäftsjahr 2007 mit einem Vo lumen von 500 Mio. € von dieser Möglichkeit der Finanzierung Gebrauch gemacht. Die Ausstat-tungsmerkmale waren gegenüber allen sonstigen Gläubigern nachrangig, unbefristet sowie mit einem Fixzins-Kupon von 6,5 %. Die Zinszahlung kann bei Entfall der Dividende ausgesetzt wer-den. Nach zehn Jahren Laufzeit hat Wienerberger erstmals das Recht, die Anleihe einseitig zu kündigen oder zu einem höheren variablen Zinssatz beizubehalten. Diese Anleihe wird gemäß IFRS als Eigenkapital betrachtet, erhält aber von den Rating Agenturen nur eine 50 %ige Anrech-nung als Eigenkapital. Abschließend sollen im Folgenden die Vor- und Nachteile einer Mezzani-ne-Finanzierung zusammenfassend dargestellt werden.

ABB. 71:	Die Vor- und Nachteile einer Mezzanine-Finanzierung
Vorteile	**Nachteile**
▶ Erhöhung des wirtschaftlichen Eigenkapi-tals (demzufolge besseres Unternehmens-rating und günstigere Konditionen bei Kre-ditfinanzierungen)	▶ Sehr teure Finanzierungsform (Risikoauf-schlag von 6 % bis 8 % bei einer Gesamtver-zinsung von 16 % bis 18 %)
▶ Unveränderte Gesellschafterstruktur (keine Beeinflussung unternehmerischer Entschei-dungen)	▶ Kleinere Beträge werden von institutionel-len Kapitalgebern eher nicht generiert, so-dass die Kapitalgeber im näheren betrieb-lichen Umfeld des Unternehmens zu suchen wären.

---

23 Vgl. *Plankensteiner & Rehbock* (2005) und Arbeitskreis „Eigenkapitalnahe Finanzierungsformen" des IFD, Initiative Fi-nanzstandort Deutschland, www.finanzstandort.de.

Die Zuführung von Private Debt als Mezzanine-Kapital konzentriert sich bei Wachstumsfinanzierungen auf die späteren Entwicklungsphasen des Unternehmens. Wenn auch nicht immer vollständig, so wird bei der Berechnung der Eigenkapitalquote das Mezzanine-Kapital doch zumindest mit 50 % dem **wirtschaftlichen Eigenkapital** zugerechnet. Je nach gewünschter Zielkapitalstruktur wird das entsprechende Instrument des Private Debt herangezogen. Liegt der Eigenkapitalanteil unter 20 %, wäre die Zuführung Eigenkapital näheren Formen, wie beispielsweise die **atypische stille Gesellschaft**, für das Unternehmen von Vorteil. Ist der Verschuldungsgrad dagegen niedrig, können Formen, die dem Fremdkapital nahe sind, wie das beispielsweise bei **nachrangigen Darlehen** der Fall ist, einer strukturierten Gesamtfinanzierung beigefügt werden. Der größte Teil der Kapitalbeschaffung von außen wird mittelständischen Unternehmen, die nicht an der Börse notiert sind, nach wie vor über die klassische Kreditfinanzierung bereitgestellt.

4. Kreditfinanzierung

In der Bilanz werden Kredite als **Verbindlichkeiten** verbucht, also als eine von außen zugeführte, verbriefte und schuldrechtliche Überlassung von Fremdkapital mit vereinbarter Laufzeit und Kapitalentgelt in Form von Zins und Tilgung. Die wichtigsten Gläubiger sind die Banken, die Lieferanten oder auch der Staat im Zusammenhang mit einer Steuerstundung. Börsennotierte Unternehmen haben darüber hinaus die Möglichkeit für die Emission von **Industrieanleihen** als Möglichkeit der Fremdkapitalbeschaffung über den organisierten Kapitalmarkt, sog. **Public Debt**. Wir wollen im Folgenden den Prozess der Kreditgewährung vorstellen, der in die Schritte Kreditprüfung sowie Auswahl der Kreditsicherheiten und Kreditarten unterteilt wird.

4.1 Kreditprüfung

Jedes Kreditengagement beginnt mit einer Kreditprüfung bezüglich der Kreditfähigkeit und Bonität des kreditansuchenden Unternehmens.

4.1.1 Bonitätsprüfung

Die **Kreditfähigkeit** zielt im Wesentlichen auf die Legitimation der ansuchenden Person. Diese wird bei der Vergabe von Bankkrediten mit der Vorlage des Handelsregisterauszuges geprüft. Bei Personengesellschaften, deren Vollhafter eine Geschäftsführungspflicht haben, wird die Kompetenz für das Ansuchen eines Kredits unterstellt, außer es gibt betragsmäßige Einschränkungen, die eine gemeinsame Zeichnung erforderlich macht. Bei Kapitalgesellschaften, die im Mittelstand mehrheitlich mit der Rechtsform der GmbH repräsentiert werden, ist es üblicherweise der Geschäftsführer, der die nötige Handlungskompetenz hat. Etwaige Einschränkungen oder auch das Einbeziehen von Prokuristen kann auch wiederum dem Handelsregisterauszug entnommen werden. Da die Kreditinstitute mittels Online-Verbindungen sich sehr schnell einen Überblick über die rechtsgeschäftlichen Zusammenhänge des um einen Kredit ansuchenden Unternehmens verschaffen können, ist dagegen die Prüfung der **Kreditwürdigkeit** bzw. die der **Bonität** mit einem erheblichen Mehraufwand verbunden.

ABB. 72:   Der Kreditprüfungsprozess

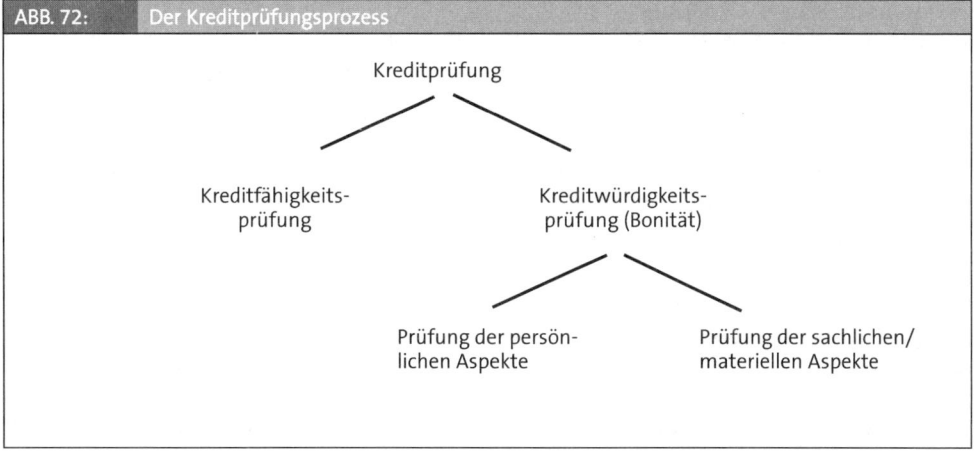

Für die **Bonitätsprüfung** werden persönliche und sachliche Aspekte einbezogen. **Persönliche** Aspekte setzen sich mit der Einschätzung in Bezug auf die Geschäftsleitung auseinander, ob diese die grundsätzliche Kompetenz zur Lösung der betrieblichen Aufgaben haben. Fachliche Expertise in Bezug auf Markteinschätzung, Produktinnovationen und Investitionsstrategie wird genauso hinterfragt wie die Fähigkeit zur Personalauswahl und Mitarbeiterführung. Unter die **sachlichen** Aspekte werden die betriebswirtschaftlichen Vorgänge im Unternehmen subsumiert. Eine Offenlegung der Auftragslage, der Vertriebsaktivitäten, der Kundenstruktur, der Lieferantenbeziehungen, der Struktur der Deckungsbeiträge des Produkt- oder Dienstleistungsprogramms, der Mitarbeiterstruktur bezüglich Beschäftigungsdauer, Tätigkeitsbeschreibung und Gehaltstruktur sowie die grundsätzliche zukünftige Geschäftsentwicklung wird von einer Bank als Kreditgeber erwartet. Eine besondere Bedeutung bekommt die Bewertung des Jahresabschlusses. Mit Hilfe einer sog. **MABILA** (Maschinelle Bilanzanalyse) werden die Bestands- und Erfolgsgrößen gegenübergestellt und als Kennzahlen formuliert, die dann wiederum mit den entsprechenden Benchmarkdaten der Kreditinstitute verglichen werden und über die Kreditgewährung entscheiden.

Im Mittelpunkt der **Kennzahlenanalyse** steht die Betrachtung des Cashflows, da der Kredit primär aus den Rückflüssen der Investition bedient werden sollte. Der operative Cashflow, der die Umsatzerlöse um die nicht liquiditätswirksamen Größen reduziert, wird den Finanzverbindlichkeiten gegenübergestellt. Der Quotient, die **Schuldentilgungsdauer**, zeigt die Dauer in Jahren bis der Bankkredit aus den eigenen operativen Rückflüssen bedient werden kann. Höchste Bonitätsstufen werden mit weniger als dem 3,5-fachen konstatiert. Auch aus dem Cashflow Statement kann eine Indikation herausgelesen werden. Der Cashflow aus der Finanzierungstätigkeit (Saldo aus Finanzierung und Definanzierung) wird in Bezug zu dem Cashflow aus der betrieblichen Geschäftstätigkeit gestellt. Bei Letzterem wird der operative Cashflow um das **Working Capital** reduziert, um ausschließlich die Umsatzvorgänge zu erfassen, die auch mit den tatsächlichen Liquiditätszuflüssen verbunden sind. Werden diesem darüber hinaus der Cashflow aus der Investitionstätigkeit (Netto-Investitionen als Saldo der Investitionen und Desinvestitionen) abgezogen, erhält man den **Free Cashflow**, der dann für die Bedienungsansprüche der Kapitalgeber herangezogen werden kann.

Der Quotient des operativen Ergebnisses (EBITDA) und dem Netto-Zinsaufwand ergibt die **Zinsdeckungsquote**, die eine Einschätzung gewährleistet, ob die laufende Kapitalbedienung des Gläubigerkapitals auch über die operativen Rückflüsse verdient werden können. Ein Quotient von mehr als 20 erlaubt die höchste Bonitätseinschätzung, d.h. das operative Geschäft muss mindestens den 20-fachen Zinsaufwand erwirtschaften. Die höchste Präferenz bei einer Bonitätsprüfung wird der Kapitalstruktur einräumt. Bei einer **Eigenkapitalquote**, für die in der Regel auch eine künftige Zielkapitalstruktur zugrunde gelegt wird, die auch die Mezzanine-Finanzierungen und die individuellen Ausschüttungsszenarien beinhalten, von weniger als 20 % wird in der Regel von einer weiteren Kreditgewährung abgesehen.

Eine erstklassige Bonitätseinschätzung bekommen Unternehmen mit einer Eigenkapitalquote von mindestens 30 %. Zwar kann man in Deutschland quer über alle Branchen und Unternehmensgrößen von einer durchschnittlichen Eigenkapitalquote von 20 % ausgehen, doch gerade bei kleineren Unternehmen liegt diese sehr häufig weit darunter. Unabhängig der Verschuldungssituation wird die **Gesamtkapitalrendite** berechnet, da für diese als Erfolgsgröße der EBIT, also der Gewinn vor Finanzergebnis und Steuern herangezogen wird. Als Benchmarkgröße für eine hohe Kreditwürdigkeit kann von einer Rendite von 20 % und mehr ausgegangen werden.

Ein sehr moderner Ansatz zur Beurteilung von Kreditengagements wird über die **Unternehmensbewertung** formuliert. Bei der **Discounted Cashflow-Methode** (DCF) wird auf der Basis zukünftiger abgezinster freier Cashflow-Größen und unter Abzug der zinstragenden Verbindlichkeiten der Unternehmenswert bestimmt. Lassen sich im Planverlauf ansteigende Unternehmenswerte konstatieren, die dann auch unter der Hinzunahme einer Plausibilitätsprüfung mit Hilfe von **Vergleichsverfahren** wie beispielsweise der **Multiplikatorenmethode** oder über vergleichbare Kurs-Gewinn-Verhältnisse (KGV oder PER) als hoch eingeschätzt werden, können die für die Investitionen zusätzlich aufgenommenen Kreditmittel mit der betrieblichen Leistungserstellung amortisiert werden. Bei der Verwendung von Plandaten wäre mit unterschiedlichen Szenarien im Sinne von Best- und Worst-Case-Betrachtungen zu arbeiten. Auch sollten **adjustierte Größen** (Vgl. Kap. F.2.1) vom kreditansuchenden Geschäftsführer für die Bank nachvollziehbar aufbereitet werden, da dann auch im Zusammenhang mit der Erstellung einer MABILA nachhaltigere Analyseergebnisse konstatiert werden können.

ABB. 73:	Die Unterlagen zur Offenlegung der wirtschaftlichen Situation

► Jahresabschlüsse der letzten 3 Jahre

► Bericht der letzten Betriebsprüfung

► Cashflow Statement bzw. Cashflow-Analyse

► Liquiditäts- und Finanzplan

► Aktuelle Betriebswirtschaftliche Auswertung

► Plandaten für die GuV

► Investitionsplanung

► Absatzplanung

► Personalplanung

► Debitoren- und Kreditorenaufstellung

► Auftragsbestand

▶ Inventarlisten und Zeitwerte der Vermögenspositionen

▶ Bewertungsgutachten der Liegenschaften

▶ Leasingverträge

▶ Bestehende Kreditverträge

▶ Gesellschaftsverträge

▶ Handelsregisterauszüge

▶ Grundbuchauszüge

▶ Organigramm

▶ Produktkataloge

▶ Firmenprospekte, Festschriften und Pressemappen

Das Ziel einer insgesamt doch sehr aufwendigen Kreditprüfung ist die Minimierung des Ausfallrisikos für die Kapitalbedienung an Zins und Tilgung. Andere Risiken sind Konzentrationsrisiken bei der Kreditvergabe für spezielle Branchen bzw. Unternehmenstypen oder auch Besicherungsrisiken bei auftretenden Wertminderungen des Sicherungsobjekts. Für das Durchführen einer Bonitätsprüfung bei der Kreditvergabeentscheidung sind die Kreditinstitute nach § 18 KWG (Kreditwesengesetz) verpflichtet, auch wenn immer geglaubt wird, dass dies erst seit der Einführung von Basel II der Fall ist.

4.1.2 Basel II

Basel II ist nichts grundsätzlich Neues, denn es ist im Wesentlichen die Weiterentwicklung von **Basel I**, welches 1988 konstituiert wurde. Aus der 1975 gegründeten BIZ (Bank für internationalen Zahlungsausgleich mit Hauptsitz in Basel) ging der Baseler Ausschuss für Bankenaufsicht (Aufsichtsbehörde für die Einhaltung des KWG) hervor, dem Vertreter der damaligen 12 wichtigsten europäischen Zentralbanken[24]. Man traf sich in Basel und unterzeichnete eine für die Banken gültige **Eigenkapitalregelung**, dass diese bei Kreditvergaben verpflichtet sind, eine einheitliche Eigenkapitalhinterlegung von 8 % zu leisten. In der Bankbilanz wird der ausgereichte Kreditbetrag unter der Position „Forderung an Kunden" aktiviert und 8 % davon als Eigenkapital passiviert.

1999 wurde unter dem Begriff **Basel II** ein Konsultationspapier verabschiedet, welches beginnend zum 1.1.2007 die bisherige Eigenkapitalvereinbarung weiterentwickelt und eine **risikogewichtete Eigenkapitalhinterlegung** vorsieht. Die Europäische Union hat diese in die europäischen Rechtsvorschriften eingegliedert, die dann von den jeweiligen Mitgliedsländern in nationales Recht umgesetzt wurden. Die **individuelle Bonität** der Kreditnehmer bestimmt die Größenordnung der Eigenkapitalhinterlegung für die Bank. Wenn also die Banken risikoreichere Kredite vergeben, müssen diese demzufolge einen höheren Anteil an Eigenkapital hinterlegen. Diese verteuern ihre Kreditengagements, die sie dann mit einem Aufschlag auf die Basisverzinsung mit bis zu 5 %-Punkten an die ansuchenden Unternehmen weitergeben. Dadurch können dann einzelne Investitionsprojekte durchaus unrentabel werden. Kreditnehmer mit guter Bonität zah-

---

24 Eine davon war die Deutsche Bundesbank, während Österreich nicht vertreten war.

len im Gegenzug tendenziell weniger an Kreditzinsen, sodass sich ihre Position tendenziell verbessert hat.

ABB. 74:	Die Neuerungen von Basel II

▶ Differenzierung der Risikosätze je nach Bonität des Kreditnehmers im Rahmen unterschiedlicher Risikoklassen:
0 %, 20 %, 50 %, 100 % und 150 %;

▶ Ausweitung des Anwendungsbereiches der Eigenkapitalvereinbarung auf alle relevanten Bank- und Finanzdienstleistungsinstitute;

▶ Gleichstellung der Bonitätsbewertungen bankinterner Ratings und externer Rating-Agenturen.

Einen größeren Entscheidungsspielraum haben die Kreditinstitute allerdings bei der Kreditausreichung mit einem Volumen von bis zu 1 Mio. € und bei Kreditnehmern bis zu einem Jahresumsatz von 50 Mio. €, da deren Zuordnung zum bankenaufsichtsrechtlichen Retailportfolio zugeordnet werden. Aus der Sicht der Bankenaufsicht werden diese dann wie ein Privatkundenkredit (Retail Loan) behandelt, der eine deutlich niedrigere Eigenmittelunterlegung seitens der Bank verlangt. Die Ermittlung risikoadjustierter Kreditkonditionen erfordert von den Firmenkunden eine größere Aktualität und Transparenz der betrieblichen Vorgänge.

Mit der Einführung der Neuerungen unter Basel II werden die Kreditinstitute verpflichtet, eine systematische **Bewertung** der **Unternehmensrisiken** in Form eines standardisierten Verfahrens zur Beurteilung der wirtschaftlichen Lage und der zukünftigen Zahlungsfähigkeit eines Unternehmens vorzunehmen, was als **Rating** bezeichnet wird. Grundsätzlich unterscheidet man das **interne** Rating, welches von den Kreditinstituten selbst erstellt und das **externe** Rating, welches von den Ratingagenturen wie Standard & Poor´s (S&P), Fitch oder Moody´s erstellt wird. Für die Bank wiederum dient das Rating-Ergebnis auch für die Festlegung der individuellen Kreditkonditionen für den Kreditnehmer. Je mehr Eigenkapital aufgrund der individuellen Risikoeinschätzung des Kreditengagements die Bank hinterlegen muss, desto höher wird auch der Kreditzins für den Kunden kalkuliert werden. Wie der folgenden Abbildung zu entnehmen ist, kann sich der einzelne Kredit durchaus bis zu 5 %-Punkte verteuern. Ein für die Bank höheres Risiko belastet aufgrund der höheren Zinsen auch die Erfolgsrechnung des Unternehmens. Auch wenn jedes Kreditinstitut ihre individuellen Rating-Kategorisierungen zugrunde legt, kann das folgende Basisschema durchaus für eine allgemeingültige Indikation herangezogen werden.

ABB. 75:	Die Ratingkategorien zur Kalkulation der Kreditkosten[25]					
IFD-Ratingstufe	I	II	III	IV	V	VI
Deutsche Bank	iAAA - iBBB	iBBB - iBB+	iBB+ - iBB-	iBB - iB+	iB+ - iB-	ab iB-
S&P	AAA	AA+ bis AA-	A+ bis BBB	BB+ bis BB-	B+ bis C-	DDD bis D
Noten	sehr gut	gut	befriedigend	ausreichend	mangelhaft	ungenügend
EK_{Quote}	> 30 %	25 % - 30 %	15 % - 25 %	10 % - 15 %	0 % - 10 %	< 0 %
WC	> 200 %	175 % - 200 %	130 % - 175 %	120 % - 130 %	100 % - 120 %	< 100 %
ROI	> 20 %	15 % - 20 %	8 % - 15 %	6 % - 8 %	1 % - 6 %	< 1 %
STD	< 3 Jahre	3 - 5 Jahre	5 - 10 Jahre	10 - 15 Jahre	15 - 30 Jahre	> 30 Jahre
ZDQ	> 19 mal	14 - 19 mal	7 - 14 mal	4 – 7 mal	0,5 - 4 mal	< 0,5 mal

EK_{Bank}	20 %	50 %	100 %	120 %	Kein Kredit!

Zins Aufschlag	Ohne	0,6 % 1,6 % 3,8 % 5,5 %	Kein Kredit!

Neben den im Zusammenhang mit der Bonitätsprüfung vorgestellten Kennziffern wie Eigenkapitalquote, Schuldentilgungsdauer, Zinsdeckungsquote, Gesamtkapitalrendite und Working Capital-Ratio, die als sog. **Hard Facts**, bestehend aus quantitativen Kennziffern, etwa 70 % des Ratings ausmachen, werden die verbleibenden 30 % mit **Soft Facts** gewichtet. Zugrunde gelegt wird eine Analyse der Unternehmensführung und Organisation.

---

25 Quelle: In Anlehnung an die Veröffentlichungen: Initiative Finanzstandort Deutschland (IFD) Rating Broschüre, 2009, www.finanzstandort.de, Kreditanstalt für Wiederaufbau (KfW), 2009, www.kfw-mittelstandsbank.de, Standard & Poor´s, www.standardandpoors.de.

ABB. 76:	Die Ratingkategorien der Soft Facts					
IFD-Ratingstufe	I	II	III	IV	V	VI
Deutsche Bank	iAAA - iBBB	iBBB - iBB+	iBB+ - iBB-	iBB - iB+	iB+ - iB-	ab iB-
S&P	AAA	AA+ bis AA-	A+ bis BBB	BB+ bis BB-	B+ bis C-	DDD bis D
Noten	sehr gut	gut	befriedigend	ausreichend	mangelhaft	ungenügend
Unternehmensführung						
Controlling						
Planung						
Branche / Markt						
Produkte / Wettbewerb						
Kontoführung						
Offenlegung						
Marketing / Vertrieb						
Unternehmensentwicklung						

Darunter werden die Parameter Tätigkeit und Branche, Rechtsform und Gesellschafterhaftung, Markt und Wettbewerb, Standort, Führungspersonal und Belegschaft, Vermögens-, Finanz- und Ertragslage, Rechnungswesen und Controlling, Kontoverbindung und Kontoführung, Zukunftsrisiken sowie Management und eine mögliche Nachfolgeregelung mit Punkten auf einer Skala erfasst.

BEISPIEL für eine risikoadjustierte Eigenkapitalbestimmung bei einer Kreditausreichung von 100 T€:

1. Fall: Der Kreditnehmer ist die öffentliche Hand
   -> Keine Eigenkapitalhinterlegung! (100 T€ * 0,08 * 0 % Risikogewichtung).
2. Fall: Der Kreditnehmer ist eine Geschäftsbank mit sehr guter Bonität
   -> Eigenkapitalhinterlegung von 1.600 € (100 T€ * 0,08 * 0,2 Risikogewichtung)
3. Fall: Der Kreditnehmer ist ein Unternehmen mit sehr guter Bonität
   -> Eigenkapitalhinterlegung von 4.000 € (100 T€ * 0,08 * 0,5 Risikogewichtung)
4. Fall: Der Kreditnehmer ist ein Unternehmen mit schlechter Bonität
   -> Eigenkapitalhinterlegung von 12.000 € (100 T€ * 0,08 * 1,5 Risikogewichtung)
5. Fall: Der Kreditnehmer ist ein Unternehmen mit unzureichender Bonität
   -> Keine Kreditausreichung!

Die Neugestaltung der Baseler Eigenkapitalübereinkunft fordert von den Firmenkunden eine größere Transparenz der Informationsaufbereitung gegenüber den Kreditinstituten. Doch die ausfallrisikoabhängige Unterlegung der Kredite führt nicht zwingend zu einer restriktiveren Kreditvergabe seitens des Bankensektors. Untersuchungen der KfW und auch der KPMG konnten das belegen. Die rückläufigen Kreditengagements der Geschäftsjahre 2002 und 2003 waren im Wesentlichen konjunkturell bedingt. Eine **Bonitätsanalyse** als Vorbereitung für eine Kreditentscheidung haben die Kreditinstitute schon immer durchgeführt. Neu aber ist die aktivere Informationspolitik seitens der Unternehmen, die mit dem zeitnahen Abgeben des Jahresabschlusses und der Aufbereitung verschiedener Plandaten begegnet wird. Die wichtigsten Stellschrauben des Unternehmens, um risikoadjustierten Kreditkonditionen positiv zu begegnen, sind:

▶ Optimierung der Eigenkapitalausstattung mittels Beteiligungsfinanzierung und Gewinnthesaurierung, auch mit der Hinzunahme von Mezzanine-Produkten zur Optimierung des wirtschaftlichen Eigenkapitals;

▶ Abbau bestehender Verschuldung, vor allem bei Kontokorrentkrediten, mit möglichen Alternativen wie Factoring oder auch Lieferantenkredite;

▶ Optimierung der Rentabilität der anstehenden Investitionen, möglicherweise auch mit Einsatz von Leasingvarianten;

▶ Optimierung der Cashflow-Größen zur Rückführung der Schulden;

▶ Einsatz von Controllingsystemen zur Früherkennung von Chancen und Risiken, auch mit dem Hintergrund einer Steigerung des Unternehmenswertes;

▶ Offene und proaktive Kommunikation zu allen relevanten betriebswirtschaftlichen Aktivitäten der Vergangenheit und Zukunft, die dem Unternehmer langfristig das Herausarbeiten eines Stärken-Schwäche-Profils ermöglicht.

Jede angedachte Maßnahme zur Optimierung des Ratings muss erst umgesetzt werden und wird demzufolge erst in den Folgeperioden sichtbar. Grundsätzlich können aber auch schlechtere Bonitätseinschätzungen mit banküblichen Sicherheiten bzw. Kreditsicherheiten kompensiert werden, da diese sich für die Kreditinstitute risikomindernd auswirken.

4.2 Kreditsicherheiten

Grundsätzlich werden alle Kreditengagements der Unternehmen über die laufenden Rückflüsse besichert. Getätigte Investitionen bilden die für das Unternehmen notwendige Infrastruktur, um aus der operativen Tätigkeit heraus Cashflows zu generieren, die dann wiederum zur Kapitalbedienung herangezogen werden können. Demzufolge wird mit dem Begriff **Blankokredit** der betriebswirtschaftliche Sachverhalt nur sehr unzureichend dargestellt. Gemeint ist eine Kreditvergabe ohne das Hereinnehmen von zusätzlichen Sicherheiten, die wir im Folgenden vorstellen und auch auf ihre Brauchbarkeit in Verbindung mit Bankkrediten hinterfragen.

ABB. 77:	Die Kreditsicherheiten

Kreditsicherheiten

Personalsicherheiten
(Schuldrechtliche Ansprüche)
- Bürgschaft
- Garantie
- Patronatserklärung
- Wechselhaftung
- Kreditversicherung
- Schuldbeitritt

Realsicherheiten
(Sachenrechtliche Ansprüche)
- Eigentumsvorbehalt
- Sicherungsabtretung
- Verpfändung
- Sicherungsübereignung
- Grundpfandrechte
- Kreditauftrag

Üblicherweise besteht zwischen den Interessen des Gläubigers und denen des Kreditnehmers ein Zielkonflikt über die Höhe der zu generierenden Sicherheiten. Möchte der Gläubiger eine möglichst komfortable Höhe an Kreditsicherheiten erreichen, so hat der Kreditnehmer ein Interesse, möglichst wenige Vermögenspositionen dafür zu binden. Die Kreditsicherheiten für Unternehmen lassen sich grundsätzlich in Personal- und in Realsicherheiten unterteilen.

4.2.1 Personalsicherheiten

Ein besonderes Merkmal für das Generieren von Personalsicherheiten ist das Involvieren einer weiteren natürlichen oder juristischen Person innerhalb des Kreditierungsprozesses.

4.2.1.1 Bürgschaft

Die **Bürgschaft** ist ein einseitig verpflichtender Vertrag, in dem sich der Bürge verpflichtet, dem Gläubiger für die Erfüllung der Verbindlichkeiten des Schuldners einzustehen. Eine entsprechende gesetzliche Regelung ist in den §§ 765 ff. BGB. Der Kreditgeber (Gläubiger) vereinbart mit dem Kreditnehmer (Schuldner) einen Kreditvertrag aus dem sich der Anspruch auf Kreditrückzahlung ergibt. Mit dem Bürgen wird ein Bürgschaftsvertrag abgeschlossen, aus dem der Gläubiger auch wiederum einen Anspruch auf Kreditrückzahlung erhält. Demzufolge muss sich der Bürge auch einer Bonitätsprüfung durch den Kreditgeber unterziehen, da er für eine fremde Schuld eine Haftung übernimmt. Um ein willkürliches schadlos halten des Gläubigers am Bürgen zu verhindern, trägt die Bürgschaft nach § 767 Abs. 1 BGB die Eigenschaft als „**streng akzessorisch**", d. h. sie ist vom Bestehen einer bestimmten Forderung abhängig und erlischt auch, wenn die Hauptschuld an Gültigkeit verliert.

Es liegt in der Natur der Sache, dass der Gläubiger eine betraglich unbegrenzte, zeitlich unbefristete sowie auch für künftige Forderungen heranziehbare Bürgschaft bevorzugen würde, dessen Interesse aber im Gegensatz zu dem des Bürgen steht. Seine Präferenzen wären die Einengung seiner Eventualverpflichtung auf eine Höchst-, Zeit-, Mit- (Gesamtschuldnerische Haftung mehrerer Bürgen) oder einer Nachbürgschaft (Ein weiterer Bürge haftet für den Bürgen). Die betriebliche Praxis unterscheidet im Wesentlichen zwischen der **Ausfallbürgschaft** (§ 771 BGB) und der selbstschuldnerischen Bürgschaft (§ 773 Abs. 1 BGB). Bei der Ausfallbürgschaft muss erst die nach § 771 Satz 1 BGB definierte „Einrede der Vorausklage" geltend gemacht werden, was bedeutet, dass der Bürge erst nach erfolgter Zwangsvollstreckung des Schuldners in Regress genommen werden kann.

Anders ist das bei einer **selbstschuldnerischen Bürgschaft**[26]. Die „Einrede der Vorausklage" muss nicht erst geltend gemacht werden. Der Gläubiger könnte sich schon bei einer Zahlungsunwilligkeit des Hauptschuldners am Bürgen schadlos halten. Demzufolge können mit dieser langwierige Prozessverfahren vermieden werden. Die Bürgschaft ist die klassische Form einer banküblichen Sicherheit und findet eine breite Anwendung. Insbesondere bei der Kreditgewährung von Unternehmen mit der Rechtsform der GmbH wird vom Geschäftsführer sehr gerne eine selbstschuldnerische Bürgschaft verlangt, um die gesellschaftsrechtlich begrenzten Haftungsverhältnisse von Kapitalgesellschaften, den wesentlich weiteren der Personengesellschaften an-

---

26 In Österreich „Bürge & Zahler Haftung".

zugleichen. Sehr häufig kann das auch mit einer zusätzliche Form einer **Höchstbetragsbürg-schaft** eingegrenzt werden.

Im Zusammenhang mit der Kreditgewährung mittelständische Unternehmen bieten sich ins-besondere auch die Ausfallbürgschaften der **Bürgschaftsbanken** an. Diese Art der staatlichen Haftung ist im Interesse der Mittelstandsförderung der Bundesrepublik Deutschland, die auch aufsichtsrechtlich im Kontext der Baseler Eigenkapitalübereinkunft als Kreditsicherheiten aner-kannt sind.

4.2.1.2 Garantie

Im Gegensatz zur Bürgschaft ist die **Garantie** eine „**abstrakte Schuld**", also unabhängig von ei-ner bestehenden Forderung. Das zugrunde gelegte Rechtsgeschäft spielt keine Rolle, demzufol-ge wird sie von den Kreditinstituten wohlwollend akzeptiert. Die Garantie ist ein Vertrag, durch den sich ein Dritter, der Garantiegeber bzw. **Garant** verpflichtet, für einen bestimmten Erfolg einzustehen und insbesondere den Schaden zu übernehmen, der sich aus einem bestimmten unternehmerischen Handeln ergeben kann. Ein typischer Garant ist die öffentliche Hand wie Bund, Länder sowie Gemeinden. Garantien werden als Vertragserfüllungs-, Bietungs- oder als Gewährleistungsgarantie vergeben.

4.2.1.3 Patronatserklärung

Um die Bonität für die Tochtergesellschaft zu erhöhen, gibt die Muttergesellschaft gegenüber deren Kreditgeber eine Erklärung bzw. eine **Patronatserklärung** ab, die von einer einfachen

Goodwill-Erklärung

„*Wir haben von der Kreditaufnahme unserer Tochtergesellschaft Kenntnis genommen.*"

über eine **moralische Verpflichtung**

„*Zu den Grundsätzen unserer Geschäftspolitik gehört es, Verbindlichkeiten unserer Tochtergesell-schaften ebenso zu behandeln wie unsere eigenen.*"

bis zur Abgabe einer **Garantie**

„*Wir verpflichten uns, für die jederzeitige Zahlungsfähigkeit unserer Tochtergesellschaften zu sor-gen.*"

reicht. Im Zusammenhang mit der Kreditgewährung von mittelständischen Unternehmen wird eine Patronatserklärung der Bank beispielsweise auch gegenüber handwerklichen Einkaufs-genossenschaften abgegeben.

4.2.1.4 Wechselhaftung

Die **Wechselhaftung** ist neben der Bürgschaft, die im Zusammenhang mit Bankfinanzierungen von eigentümergeführten Unternehmen, die am häufigste präferierte Personalsicherheit, die ei-nen schuldrechtlichen Anspruch ableiten lässt. Die zeichnungsberechtigten Vertreter des Kredit ansuchenden Unternehmens unterschreiben einen **Blankowechsel** als Bezogener bzw. Haupt-schuldner. Zwar hat seit dem Etablieren der Europäischen Zentralbank der Wechsel seine Zah-lungs- und Kreditfunktion weitgehend eingebüßt, die Sicherungsfunktion ist aber nach wie vor geblieben. Die Eigenschaft der Verbriefung einer **abstrakten** Verbindlichkeit erlaubt es dem Kreditinstitut als Aussteller des Wechsels, dem Kreditnehmer als Bezogener bei Zahlungsversäumnissen des Unternehmens, betreffend der Kapitalbedienung, den Wechsel zur Zahlung vorzulegen.

Die sog. **Wechselstrenge** ermöglicht dem Kreditgeber innerhalb weniger Tage einen vollstreckbaren Titel. Das Wechselgesetz gestattet einen **Wechselprotest**, der beim Amtsgericht eingereicht wird. Bei mehreren Bezogenen kann sich die Bank wahlweise an einem der Bezogenen schadlos halten, was als Sprungregress bezeichnet wird und die im Kreditvertrag vereinbarten Außenstände einklagen. Es folgt ein entsprechender Eintrag in der **Protestliste**, eine Art „schwarze Liste", welche die Banken untereinander austauschen. Die dort Erfassten haben dann den Ruf der Nichtkreditwürdigkeit. Im Grunde genommen kann es sich kein ehrlicher Unternehmer oder Manager leisten, es auf einen Wechselprotest ankommen zu lassen. Die über das Wechselgesetz wirkende Wechselstrenge ermöglicht der Bank als Kreditgeber ein sehr schnelles und wirkungsvolles Agieren.

4.2.1.5   Kreditauftrag

Wenn jemand ein Kreditinstitut beauftragt, einem Dritten im eigenen Namen und für eigene Rechnung einen Kredit zu gewähren, ist das nach § 778 BGB ein bürgschaftsähnliches Vertragsverhältnis, was als **Kreditauftrag** bezeichnet wird. Der Auftraggeber hat aus diesem heraus die Position eines Bürgen. Als banktübliche Sicherheit wird diese Vertragskonstruktion sehr gerne in Verbindung einer Muttergesellschaft als Auftraggeberin in Verbindung mit Kreditierungsprozessen für das Tochterunternehmen als Kreditempfängerin herangezogen.

4.2.1.6   Schuldbeitritt

Bei einer Schuldmitübernahme oder einem **Schuldbeitritt** (§ 421 BGB) verpflichtet sich ein Dritter gegenüber dem Gläubiger an die Stelle des bisherigen Schuldners zu treten oder zusätzlich im Sinne einer gesamtschuldnerischen Haftung zum Schuldner für dieselbe Verbindlichkeit zu haften. Als Kreditsicherheit in Verbindung mit Firmenkunden kommt auch der Schuldbeitritt sehr häufig bei Konzernstrukturen im Zusammenhang mit Mutter- und Tochtergesellschaften zum Einsatz. Auch bei der Vergabe von Privatkrediten an natürliche Personen zur Finanzierung von Konsumgütern wie das Auto, die Wohnungseinrichtung oder der Urlaub, die als Ratenkredite abgewickelt werden, wird vom Ehe- oder auch Lebenspartner die Mitunterschrift für eine Schuldübernahme als Mitantragsteller von den Kreditinstituten forciert. Im Gegensatz zum Bürgen, der für eine fremde Schuld die Haftung übernimmt, haftet der Mitantragsteller bei einem Schuldbeitritt für seine eigene Schuld.

4.2.2   Realsicherheiten

Im Folgenden sollen die Realsicherheiten besprochen werden, bei denen die persönliche Sicherheit des Kreditnehmers in den Hintergrund tritt. Demzufolge können vom Gläubiger sachenrechtliche Ansprüche geltend gemacht werden.

4.2.2.1 Eigentumsvorbehalt

Der **Eigentumsvorbehalt** (§ 449 Abs. 1 BGB) ist in Verbindung mit **Lieferantenkrediten** eine klassische Kreditsicherheit. In diesem sichert sich der Käufer das Eigentum bis zur vollständigen Bezahlung der Lieferung. Charakteristisch ist, dass es keinen expliziten Kreditvertrag gibt, der von den Geschäftsparteien unterfertigt wird. In der Regel ist der Eigentumsvorbehalt Gegenstand der Lieferbedingungen und auch integraler Bestandteil der ausgestellten Rechnung (Vgl. hierzu Abb. 12, Kap. B.2.4.3). Die Zugriffsmöglichkeit des Lieferanten ist abhängig von der gewählten Art bzw. von der Formulierung.

ABB. 78: Die verschiedenen Formen eines Eigentumsvorbehalts

▶ **Einfacher Eigentumsvorbehalt**

„Die gelieferte Ware bleibt bis zu ihrer Bezahlung Eigentum des Verkäufers."

▶ **Verlängerter EV => Weiterverkauf/Vorabtretungsklausel**

„Der Käufer ist zur Weiterveräußerung der Vorbehaltsware im normalen Geschäftsverkehr berechtigt. Die Forderungen des Abnehmers aus der Weiterveräußerung der Vorbehaltsware tritt der Käufer schon jetzt an uns in Höhe des mit uns vereinbarten Faktura-Endbetrages (einschließlich Umsatzsteuer) ab. Diese Abtretung gilt unabhängig davon, ob die Kaufsache ohne oder nach Verarbeitung weiterverkauft worden ist. Der Käufer bleibt zur Einziehung der Forderung auch nach der Abtretung ermächtigt. Unsere Befugnis, die Forderung selbst einzuziehen, bleibt davon unberührt. Wir werden jedoch die Forderung nicht einziehen, solange der Käufer seinen Zahlungsverpflichtungen aus den vereinnahmten Erlösen nachkommt, nicht in Zahlungsverzug ist und insbesondere kein Antrag auf Eröffnung eines Insolvenzverfahrens gestellt ist oder Zahlungseinstellung vorliegt."[27]

4.2.2.2 Sicherungsabtretung

Eine klassische bankübliche Sicherheit, vor allem im Zusammenhang mit der Vergabe von Kontokorrentkrediten, ist die **Abtretung** (Zession) von Forderungen und Rechten. Der Kreditnehmer (Zedent bzw. bisheriger Gläubiger einer Forderung) tritt die Forderung eines Drittschuldners an den Kreditgeber (Zessionar bzw. neuer Gläubiger einer Forderung) ab. Wird der Drittschuldner über die Sicherungsabtretung nicht in Kenntnis gesetzt, wird dies als **stille Zession** bezeichnet. Eingelöste Leistungsversprechen, wie zu begleichende Forderungen im Zusammenhang mit der betrieblichen Leistungserstellung, werden vertragsgemäß vom Drittschuldner an den Begünstigten, dem Kreditnehmer bezahlt. Die Bank als Kreditgeber muss sich mit möglichen Ansprüchen aus der Zession am Kreditnehmer schadlos halten.

Bei der **offenen Zession** hingegen wird der Drittschuldner mit Hilfe einer **Abtretungsanzeige** über die Abtretung informiert. Die **schuldbefreiende Wirkung** der Zahlung, beispielsweise die fällige Lebensversicherung, wird mit Umgehung des Kreditnehmers ausschließlich mit dem Zahlungsfluss an den Kreditgeber erreicht. Demzufolge wird die Entscheidung über das Akzeptieren einer Zession als Kreditsicherheit von der Bonitätsprüfung des Drittschuldners abhängig gemacht. Das Risiko für den Kreditgeber ist die „Einrede der Vorausklage" (Abwarten der Zwangs-

---

27 Quelle: Industrie- und Handelskammer, Frankfurt 2009.

vollstreckung des Schuldners) beim Zessionar, die Gefahr der Mehrfachabtretung sowie die Gefahr des verlängerten Eigentumsvorbehalts. Klassische Abtretungsleistungen sind Forderungen und Rechte aus Lebensversicherungen und Bausparverträgen, Guthaben bei Kreditinstituten, Forderungen aus Lieferungen und Leistungen, Miet- und Pachtverträgen sowie Ansprüche von Lohn- und Gehaltszahlungen. Letztere hingegen sind eher umstritten, da in vielen Arbeitsverträgen Abtretungen von Lohn- und Gehaltszahlungen mit einem Abtretungsverbot versehen sind.

Als eine wirklich klassische Form der Zession ist die Abtretung von Ansprüchen aus fälligen Lebensversicherungsverträgen, die bei der Endfälligkeit eines Darlehens für die Tilgung herangezogen werden. Im Zusammenhang mit der Abtretung von Kundenforderungen wird zwischen einer Mantel- und einer Globalzession unterschieden. Bei der **Mantelzession** werden vom Kreditnehmer (Zedent) laufend Forderungen in einer bestimmen Höhe abgetreten, die bereits bei Rechnungslegung gegenüber dem Kreditgeber (Zessionar) gilt. Dem Zedent bleibt die Möglichkeit der Selektion von Forderungen, die abgetreten werden. Hingegen gelten bei der **Globalzession** die Forderungen bereits beim Entstehen als abgetreten. Es ist durchaus üblich, sämtliche gegenwärtige und zukünftige Forderungen, die abgetreten werden, zu bündeln, beispielsweise nach Kundenkreis, anhand einer bestimmten Region oder auch alphabetisch, in dem ein Gläubigerwechsel beispielsweise bei einer definierten alphabetischen Gruppierung stattfindet.

4.2.2.3 Verpfändung

Im Gegensatz zur Sicherungsabtretung findet bei der **Verpfändung** (§ 232 Abs. 1 BGB) kein Gläubigerwechsel statt. Bei der Verpfändung von beweglichen Sachen durch den Kreditnehmer erfolgt eine Übergabe an den Kreditgeber (Pfandgläubiger), sog. **Faustpfandprinzip**. Der Gläubiger erwirbt den unmittelbaren Besitz und ein dingliches Recht an einer Sache, was eine Verwertungsmöglichkeit des Pfandgutes mit einschließt (Verwertungsrecht). Eine willkürliche Verwertung wird aufgrund des **streng akzessorischen** Charakters des Pfandrechts an Sachen und Rechten eingeschränkt. Für die bankmäßige Absicherung von Unternehmenskrediten ist die Verpfändung von beweglichen Sachen nur bedingt geeignet, da es wenig sinnvoll ist, wenn die für die betriebliche Leistungserstellung notwendigen Vermögensgegenstände in den Tresorräumen der Banken verschlossen werden. Gleiches gilt aber auch für Schmuck, Kunstgegenstände oder Ähnlichem, da diese Dinge vom Eigentümer selbst zur Schau gestellt werden sollten.

Anders ist das bei der Verpfändung von Rechten wie beispielsweise Forderungen, Gesellschaftsanteilen oder Wertpapieren. Letztere werden im Zusammenhang mit einem Effektenkredit, der sog. **Lombardierung** von Wertpapieren generiert. Da diese Kreditsicherheiten Markt- bzw. Börsenpreise haben, ist die Verwertung, im Gegensatz zu den meisten dinglichen Pfandrechten eher unproblematisch. Eine mögliche Verwertung findet über den Verkauf an der Wertpapierbörse statt. Die Voraussetzungen dafür sind das Eintreten einer **Pfandreife**, d. h. die Forderung des Gläubigers muss fällig sein, die Verwertung des Pfandes muss dem Eigentümer angedroht werden und eine Wartefrist eingehalten werden. Von dieser haben sich die Kreditinstitute aber üblicherweise in den Sicherungsverträgen oder ihren Allgemeinen Geschäftsbedingungen (AGB) befreit. Dingliche Vermögensgegenstände werden im Zuge einer öffentlichen Versteigerung liquidiert, bei der auch dem Kreditnehmer ein Mitbieten gestattet ist.

Die Verpfändung von Grundstücken wird als **Grundpfandrechte** gesondert behandelt, die in der Kreditwirtschaft als Grundschulden und Hypotheken ihren betrieblichen Einsatz finden. Abschließend wäre noch ein gesetzliches Pfandrecht, nämlich das **Vermieterpfandrecht** (§ 562

Abs. 1 BGB) zu erwähnen, dessen Verwertungsrecht sich aus rückständigen Mietzahlungen ableiten lässt. Um das Risiko für den Mieter eines Gewerbeobjekts in Grenzen zu halten, kann es durchaus sinnvoll sein, eine entsprechende Verzichterklärung vom Vermieter einzuholen. Im Einzelfall ist das natürlich von der jeweiligen Verhandlungsposition abhängig.

4.2.2.4 Sicherungsübereignung

Um den bei der Verpfändung von dinglichen Sicherheiten angesprochenen Nachteilen zu begegnen, wurde innerhalb der betrieblichen Praxis der Banken die **Sicherungsübereignung** entwickelt. Anstelle der physischen Übergabe des Faustpfandes tritt die Vereinbarung über ein sog. **Besitzkonstitut**. Der Kreditgeber bleibt unmittelbarer Besitzer (§ 854 BGB), der Gläubiger wird mittelbarer Besitzer und treuhänderischer Eigentümer (§ 868 BGB). Zur Sicherung einer Forderung wird zwischen Kreditnehmer und Gläubiger ein Leih- bzw. Verwahrungsvertrag geschlossen. Die Sicherungsübereignung als eine abstrakte Kreditsicherheit wurde aus den praktischen Erfordernissen entwickelt. Obwohl das Risiko für den Gläubiger größer ist als bei der Verpfändung, wird diese Variante der Kreditsicherung, im Gegensatz zu österreichischen Banken, von den deutschen Banken durchaus sehr häufig verwendet.

Für die Sicherungsübereignung eines einzelnen Vermögensgegenstands, im Wesentlichen des Sachanlagevermögens, beispielsweise eine Fertigungsmaschine, wird ein sog. **Markierungsvertrag** abgeschlossen. Der Vermögensgegenstand wird anhand seiner Fabrikations- und Inventarnummer genauestens erfasst. Bei Gegenständen des Umlaufvermögens, wie Lagerbeständen, wird ein **Raumsicherungsvertrag** abgeschlossen. Der Kreditnehmer verpflichtet sich bei wechselnden Lagerbeständen zur Einhaltung eines Mindestbestandes, der mittels monatlichen Bestandsmeldungen an das Kreditinstitut kontrolliert wird. Für den Gläubiger besteht ein Risiko, wenn eine festgelegte Mindestmenge nicht eingehalten wird, wenn der Lagebestand mehrfach übereignet wird, wenn ein Wertverlust eintritt sowie beim Auftreten von Schwierigkeiten in Bezug auf die Verwertung.

4.2.2.5 Grundpfandrechte

Eine weitere **streng akzessorische** Kreditsicherheit zur Sicherung einer bestehenden Forderung ist die **Hypothek** (§ 1113 BGB), die im Grundbuch auf ein Grundstück eingetragen wird. Das Erwirken eines dinglichen Anspruchs des Kreditgebers am Grundstück bzw. den sich daraus ergebenden Miet- oder Pachtforderungen setzt einen persönlichen Anspruch an den Kreditnehmer voraus. Als banktübliche Sicherheiten, die in Verbindung mit der Finanzierung von Grundstücken und Gebäuden herangezogen werden, kann zwischen einer Verkehrs-, Sicherungs- und Höchstbetragshypothek unterschieden werden. Der Normalfall ist die **Verkehrshypothek**, die als Brief-[28] oder als Buchhypothek eingetragen wird. Während bei der Briefhypothek auch ausschließlich die Urkunde (Hypothekenbrief) abgetreten oder verpfändet werden kann, ist bei der Buchhypothek die Abtretung nur mittels Grundbuchumschreibung möglich.

Bei der **Sicherungshypothek** (§ 1184 BGB) kann sich der Gläubiger zum Beweis der Forderung nicht auf die Eintragung berufen. Wird die Haftung des Hypothekenschuldners bis zu einem eingetragenen Höchstbetrag begrenzt, ist das eine **Höchstbetragshypothek** (§ 1190 BGB). Im Zu-

---

28 Das Grundbuchamt erstellt einen Hypothekenbrief als Auszug aus dem Grundbuch.

sammenhang mit der Finanzierung von Grundstücken und Gebäuden wird von den Banken ein **Hypothekarkredit** ausgereicht, auch wenn zur Besicherung statt einer Hypothek eine Grundschuld für den Gläubiger eingetragen wird. Bei einer **Grundschuld** (§ 1191 BGB) erfolgt eine Belastung des Grundstücks, in dem an den Grundschuldgläubiger eine bestimmte Geldsumme aus dem Grundstück zu zahlen ist. Sie kann als verzinsliche Verpflichtung im Grundbuch eingetragen werden. Aufgrund ihrer **Abstraktheit** ist diese nicht vom Bestehen einer bestimmten Forderung abhängig.

Allerdings ist eine Grundschuld mit einer **Zweckerklärung** versehen, auch wenn die Banken versuchen, diese für möglichst alle Forderungen auszulegen. Im Zusammenhang mit der Grundbucheintragung bestehen Hypothekenbanken üblicherweise auf eine **Erstrangigkeit** im Grundbuch, sodass im Falle eines Schadloshaltens der Gläubigeranspruch der Bank als Erstes befriedigt wird. Bei einer derartigen 1a-Hypothek beträgt die Darlehenshöhe bis zu 60 % des Beleihungswertes, was in der Praxis etwa 45 % bis 50 % des Objektkaufpreises ausmacht. Hingegen ist die Nachrangigkeit im Grundbuch das Kennzeichen für eine 1b-Hypothek, deren Beleihungswert bis zu 80 % ausmacht und der Kredit häufig um etwa 1%-Punkt teurer ist. In der Regel verzichten Bausparkassen zu Gunsten einer Geschäftsbank auf die Erstrangigkeit im Grundbuch und leisten einen **Rangrücktritt**.

4.2.2.6 Kreditversicherung

Abschließend soll noch eine für mittelständische Unternehmen typische Kreditsicherheit erwähnt werden, nämlich die **Kreditversicherung**. Eine Versicherungsleistung tritt ein, wenn der Kreditnehmer seinen Zahlungsverpflichtungen gegenüber dem Kreditgeber nicht nachkommt. Keine Versicherungsleistung gibt es in Deutschland gegen den Ausfall von Bank- oder Finanzkrediten. Bei einer **Warenkreditversicherung** leistet die Versicherung, beispielsweise die Euler Hermes Kreditversicherungs-AG, Hamburg, bei Insolvenz des Kreditnehmers den vereinbarten Betrag. **Ausfuhrkreditversicherungen**, die ihrerseits durch Bundesbürgschaften und Garantien abgesichert sind, besichern das politische Risiko. Geht es um die Absicherung mittelfristiger Forderungen aus dem Verkauf von Investitionsgütern, kann vom mittelständischen Unternehmer eine **Teilzahlungskreditversicherung** abgeschlossen werden.

Alle oben genannten Kreditsicherheiten haben sowohl für den Gläubiger, als auch für den Kreditnehmer ihre Stärken und Schwächen. Die vom Gläubiger für jedes Kreditengagement präferierte Sicherung ist im Wesentlichen von der dem Kreditnehmer ausgereichten Kreditart abhängig.

4.3 Kreditarten

Nachdem der Kreditgeber eine Bonitätsprüfung durchgeführt hat und auch die wichtigsten Kreditsicherheiten angesprochen wurden, sollen im Folgenden einzelne unterschiedliche Kreditprodukte vorgestellt werden. Die Verbindlichkeitsstruktur muss den Erfordernissen der einzelnen Investitionsleistungen angepasst werden, die dann vom Unternehmen je nach Erfordernis generiert wird.

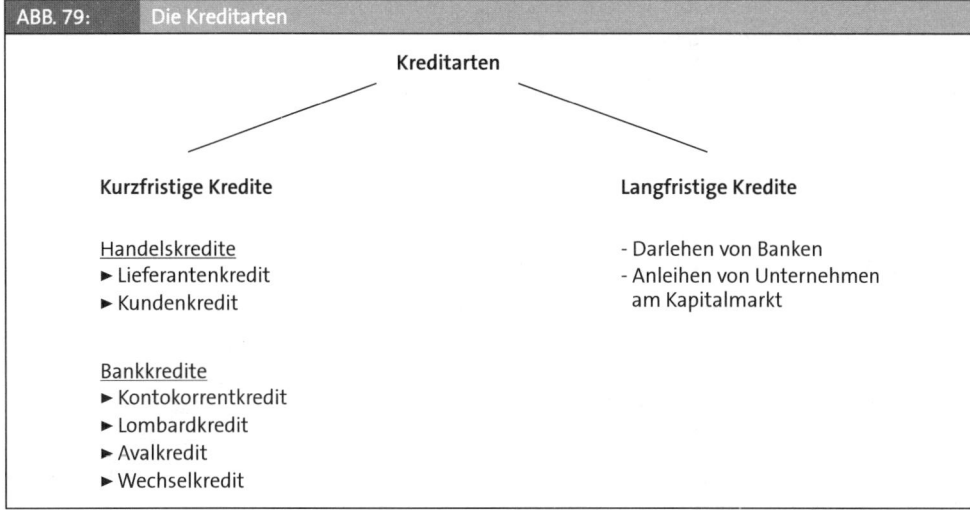

ABB. 79: Die Kreditarten

Kreditarten

Kurzfristige Kredite

Handelskredite
► Lieferantenkredit
► Kundenkredit

Bankkredite
► Kontokorrentkredit
► Lombardkredit
► Avalkredit
► Wechselkredit

Langfristige Kredite

- Darlehen von Banken
- Anleihen von Unternehmen
  am Kapitalmarkt

Bei der Segmentierung der unterschiedlichen Kreditengagements können diese nach der Art des Gläubigers und nach der Fristigkeit eingeteilt werden. Kurzfristig bedeutet bis zu 1 Jahr, mittelfristig von 1 bis 5 Jahren und langfristig ab 5 Jahren.

4.3.1 Kurzfristige Kredite

Mit Bezug auf die Gläubigerstruktur sind die beiden wichtigsten Kreditgeber im Zusammenhang mit der Ausreichung von Krediten an mittelständische Unternehmen die Lieferanten und die Geschäftsbanken bzw. Sparkassen, die mit **kurzfristigen Krediten** die Investitionen des **Umlaufvermögens** finanzieren.

4.3.1.1 Lieferantenkredit

Geschäftsbeziehungen beginnen in der Regel mit der Einigung auf Lieferung bzw. Vollzug einer Dienstleistung. Nur in wenigen Fällen erfolgt die Vergütung unmittelbar nach der Leistungserstellung, wie das beispielsweise im Einzelhandel zu beobachten ist, wenn der Kunde sofort an der Kasse bezahlt. Auf der Prozessstufe Einzel- und Großhandel, zwischen Großhandel und Produzent sowie zwischen Produzent und den vielen Zulieferfirmen, ist der Zahlungsfluss zeitlich versetzt zur Leistungserstellung. Demzufolge werden bei einem **Lieferantenkredit** keine zusätzlichen liquiden Mittel bereitgestellt, sondern es erfolgt die Stundung der noch ausstehenden Beträge. Der Lieferant hat demzufolge Gläubigerstatus. Die übliche **Kreditbesicherung** ist der Eigentumsvorbehalt. Eine Bonitätsprüfung, wie sie oben im Zusammenhang mit Bankkrediten vorgestellt wurde, findet eher nicht statt. Der Gewährung eines Lieferantenkredits in Form von Kaufpreisstundungen, die im Folgenden diversifiziert dargestellt wird, ist beim Verkäufer Teil der Absatzstrategie, die je nach Marktmacht ausgereicht werden muss.

► Der "**Postlaufkredit**" wird für die Stundungsdauer vom Zeitpunkt der Lieferung bis zum tatsächlichen Rechnungseingang beim Zahlungspflichtigen wirksam.

► Der **eigentliche „verzinste" Lieferantenkredit**, der mit einem Skonto ausgestattet ist, wird mit der Formulierung auf der Rechnung

„… Zahlung innerhalb von 10 Tagen mit 3 % Skonto oder bis 30 Tage netto …"

zum Ausdruck gebracht.

Die offen gelegten Konditionen für die Kaufpreisstundung bedeuten die folgende Differenzierung:

< 10 Tage:	Zielpreis – Skonto = Barverkaufspreis	=>	Skontofrist
10 – 30 Tage:	Barpreis + Skonto = Zielverkaufspreis	=>	Zahlungsziel
> 30 Tage:	Zielverkaufspreis + Verzugszins	=>	Zahlungszielüberschreitung

Mit der Gewährung eines Skontos handelt es sich nur bedingt um einen Zahlungsvorteil, da der eigentliche Preis auf der Kalkulation des Barpreises fußt. Vielmehr bedeutet das Nichtausnützen des angebotenen Skontoabzugs das in Rechnung stellen der **Kreditkosten** für die Bedienung des Lieferantenkredits, die wie folgt berechnet werden:

$$\frac{360}{\text{Zahlungsziel} - \text{Skontofrist}} \times \frac{\text{Skontosatz}}{100 - \text{Skontosatz}}$$

Bei einem Skonto von 3 % ergibt das **Kreditkosten** in Höhe von 56 % p. a.:

$$\frac{360}{30 - 10} \times \frac{3}{100 - 3} => 56\,\%$$

Die Kosten des Lieferantenkredits

► Der **„atypische" verzinsliche Lieferantenkredit** ist eine vereinbarte Stundung der aufgelaufenen Beträge aus der Geschäftsbeziehung zwischen Lieferanten und Abnehmer. Stundungszeiträume von 3 bis 6 Monaten sind durchaus üblich, wobei aber konstatiert werden muss, dass diese Form in der betrieblichen Praxis eher selten vorkommt.

► Der **„erzwungene" Lieferantenkredit** ist die im Geschäftsleben durchaus häufigste Variante des Lieferantenkredits. Es werden nicht nur die Zahlungsziele überschritten, sondern darüber hinaus vom Zahlungsbetrag auch noch Skontobeträge abgezogen. Der Lieferant hat häufig nicht die Marktposition, um dem Kunden bei Überschreitung des vereinbarten Zahlungsziels, Verzugszinsen oder Verzugsprovisionen in Rechnung zu stellen. Dass eine derartige Variante für eine Geschäftsbeziehung nicht gerade förderlich ist, versteht sich von selbst.

Der Lieferantenkredit gehört bei mittelständischen Unternehmen zu den teuersten Finanzierungsformen, deren genaue Höhe den Unternehmern sehr häufig nicht oder nur sehr unzureichend bewusst ist. Skontoeffekte verschaffen in der Regel keine Zahlungsvorteile, sondern das Nichtausnutzen schafft zusätzliche Kosten für den Abnehmer. Die Aufgabe des Controllings muss sein, die Kreditkosten transparent zu machen und entsprechende Alternativen vorzuschlagen. Eine könnte die zusätzliche Inanspruchnahme eines Kontokorrentkredits sein.

4.3.1.2 Kontokorrentkredit

Mit der Hausbank wird eine Kreditlinie vereinbart, bis zu der auf dem Konto verfügt werden kann. Demzufolge ist der **Kontokorrentkredit** eine vereinbarte Kontoüberziehung. Als revolvierender Kredit dient er im Wesentlichen der Finanzierung des für die betriebliche Wertschöpfung notwendigen Umlaufvermögens, dessen Rückführung aus dem laufenden Umsatz generiert wird. Zwar ist dieser als kurzfristiger Kredit konzipiert, bei der laufenden Beanspruchung einer bestimmten Größenordnung kann er aber durchaus zu einer langfristigen Kapitalbeschaffung mutieren. Das Kreditwesengesetz (KWG) verlangt eine einmal jährliche Führung des Bankkontos im Guthabenbereich. Nichtsdestotrotz ist natürlich auch hier die Bonität des einzelnen Firmenkunden in Bezug auf die Prolongation und die Besicherung des Kreditengagements ausschlaggebend.

Die **Gesamtkosten** für einen Kontokorrentkredit setzen sich aus den laufenden Kreditzinsen sowie möglicherweise aus einem **Überziehungszins** und einer **Überziehungsprovision** zusammen. Für die Festlegung der Sollzinsen werden die von der Europäischen Zentralbank bestimmten Leitzinsen als Basis herangezogen, die dann mit einem Aufschlag versehen, den Kreditzins abbilden. Wird die vereinbarte Kreditlinie überzogen, stellt die Kredit gebende Bank dem Kreditnehmer auf den überzogenen Betrag weitere 3 bis 5 Prozentpunkte in Rechnung. Insgesamt können die jährlichen Kosten für diesen Kredit dann durchaus bei 10 % liegen. In Anbetracht einer derzeit beinahe zinslosen Refinanzierung der Geschäftsbanken bei den Zentralbanken, werden Neuengagements zwischen 3 % und 5 % ausgereicht. Dieser Zustand ist aber nur vorübergehend und sollte nach Beendigung der Wirtschaftskrise sich wieder auf einem normalen Niveau stabilisieren.

BEISPIEL: ▶ Die Geschäftsleitung muss zwischen folgenden Finanzierungsalternativen unterscheiden:

▶ Lieferantenkredit: 20 Tage Zahlungsziel, 5 Tage Skontofrist und 1 % Skontosatz

▶ Kontokorrentkredit: 10 % Zinssatz, 2 % Kreditprovision, 250 T€ Kreditlinie bei 80 % Ausnutzung

Welche Variante sollte unter Kostengesichtspunkten präferiert werden?

LÖSUNG: ▶ *Der Lieferantenkredit kostet 24,2 % [(360 / 15) x (1 / 99)], der Kontokorrentkredit 12,5 % (2 % Provision auf die Kreditlinie 250 T€ und 10 % auf die 200 T€ Inanspruchnahme, beides prozentual zur Kreditlinie.) Demzufolge sollte der Kontokorrentkredit in Anspruch genommen werden, um die Lieferanten innerhalb der Skontofrist bezahlen zu können.*

Auf das Hereinnehmen von **Kreditsicherheiten** kann bei Kunden mit erstklassiger Bonität, bei denen die Rückführung der Verbindlichkeiten problemlos aus den laufenden Cashflows generiert werden kann, durchaus verzichtet werden. Umgangssprachlich wird dafür gerne der Begriff **Blankokredit** verwendet. Bei eher angespannter Liquiditätslage, bei Neugründungen von Unternehmen oder beim Eingehen einer neuen Bankverbindung sind die Bürgschaft oder die Wechselhaftung der geschäftsführenden Gesellschafter die präferierten Besicherungsalternativen. Diese sind aus der Sicht des Kreditinstituts relativ einfach zu generieren, erlauben aber gleichzeitig eine schnelle und unkomplizierte Zugriffsmöglichkeit auf das Privatvermögen. Sicherungsübereignungen und auch die Abtretung von Forderungen gelten zwar als klassische Sicherheiten, das Schadloshalten seitens der Bank ist aber wesentlich aufwendiger. Wird der Kontokorrentkredit gegen eine Verpfändung von börsennotierten Wertpapieren, wie Aktien oder Anleihen verpfändet, wird dieser als **Lombardkredit** bezeichnet. Die Höhe der entsprechenden Kreditausreichung ist vom jeweiligen Beleihungswert abhängig. Für mündelsicherere Anleihen gilt ein Beleihungswert bis 80 %, für Aktien und Industrieanleihen 60 %.

4.3.2 Langfristige Kredite

Damit die Fristenkongruenz zwischen der Kapitalbeschaffung mit der Kapitalverwendung übereinstimmt, wird das **Anlagevermögen** mit langfristigen Krediten finanziert. Die häufigste Form der langfristigen Kreditfinanzierung bei kleinen und mittleren Unternehmen sind **Darlehen**, die im Wesentlichen von Kreditinstituten und Kapitalsammelstellen ausgereicht werden. Die Konditionen sind üblicherweise niedriger als die von Kontokorrentkrediten, da die Kreditinstitute mit diesen eine andere Refinanzierungsgrundlage haben. Unternehmen, die am organisierten Kapitalmarkt teilnehmen, haben darüber hinaus die Möglichkeit, über die Börse relativ preisgünstig Fremdkapital über die Emission von **Anleihen** aufzunehmen. Beide Varianten der **Außenfinanzierung** mit **Fremdkapital** sollen im Folgenden Gegenstand der Betrachtung sein.

4.3.2.1 Bankdarlehen

Neben den Geschäftsbanken und den Sparkassen gewähren auch Kreditinstitute der öffentlichen Hand, wie die Landesbanken einzelner Bundesländer, die Deutsche Ausgleichbank oder die Kreditanstalt für Wiederaufbau (KfW) gerade für die mittelständischen Unternehmensstruktur eine Vielzahl von Kreditprodukten.

4.3.2.1.1 Investitionskredite

Die für die Finanzierung von Vermögensgegenständen herangezogenen **Investitionsdarlehen** sind sehr häufig eine Mischung aus den eigenen Mitteln der Kreditinstitute in Verbindung mit Mitteln öffentlicher Förderungsprogramme, wie beispielsweise der Kreditanstalt für Wiederaufbau (KfW), der Landesanstalt für Aufbaufinanzierung oder der Lastenausgleichsbank, die als sog. weitergeleitete Kredite von der Hausbank abgewickelt werden. Die Laufzeit richtet sich häufig an der Abschreibungsdauer der zu finanzierenden Investitionsobjekte, da eine Fristenkongruenz gewährleistet sein muss.

Zu den jährlich zu zahlenden Kreditzinsen, diese liegen etwa 2 %-Punkte über dem Referenzzinssatz der Europäischen Zentralbank, können zusätzlich auch noch **Bereitstellungszinsen** anfallen. Wird der vereinbarte und auch von der Bank bereitgestellte Kreditbetrag vom Kreditnehmer nicht abgerufen, können darüber hinaus bis zu 3 % der Kreditsumme in Rechnung gestellt werden. Für das Kredit ansuchende Unternehmen ist das Verhandeln dieser zusätzlichen Zinsen wesentlich zielführender als über den Nominalzins, da die Kreditinstitute bei den Nebenkonditionen wesentlich mehr eigenen Spielraum zur Verfügung haben. Die klassischen **Kreditsicherheiten** bei Industriedarlehen sind Bürgschaften, Garantien, Abtretungen sowie vereinzelt Sicherungsübereignungen, während die Besicherung mit Grundpfandrechten im Wesentlichen nur bei der Ausreichung von Realkrediten üblich ist.

4.3.2.1.2 Realkredite

Der **Realkredit** als ein erstrangig besicherter Hypothekarkredit ist ein zweck- und objektgebundenes Darlehen zur Finanzierung von Grundstücken und Immobilienobjekten wie Büro-, Geschäfts- und Lagerhäuser, zu dessen Ausnahme die Finanzierung von Industrieobjekten gehört. Die Laufzeit ist auf 12 Jahre und mehr angelegt, wobei die Auszahlung des Kredits nach fertig gestellten Bauabschnitten erfolgt. Besichert wird der Kredit durch die Eintragung eines erstrangigen Grundpfandrechts als Hypothek oder Grundschuld. Für die Bestimmung der Beleihungsgrenze, d. h. für die Höhe der Kreditausreichung, wird der **Beleihungswert** herangezogen. Dieser ist der Wert, der einem Grundstück oder einem grundstücksgleichen Recht von einem Kreditinstitut eingeräumt wird. Grundlagen für die Ermittlung des Beleihungswertes, der näherungsweise als ein Mittelwert aus Sach- und Ertragswert ermittelt wird, sind der **Bau- und Bodenwert** als Sach- oder Substanzwert, der **Ertragswert** als der diskontierte zukünftige Jahresertrag sowie der **Verkehrswert** als der jederzeit erzielbare Verkaufswert.

Die beizubringenden **Unterlagen**, die für die Beleihungswertermittlung herangezogen werden, sind ein aktueller Grundbuchauszug, Lageplan, Kaufvertrag bzw. Baukostenaufstellung, Baupläne, Baubeschreibungen, Baugenehmigungen, Fotos sowie bei Ertragsobjekten, bei denen der Kapitaldienst mit den Mieterträgen generiert werden, ein Mietenverzeichnis mit der Unterteilung nach Wohn- und Gewerbeeinheiten und der Ausweis umlagefähiger Nebenkosten. Als **Kreditkosten** werden dem Kunden die folgenden Positionen in Rechnung gestellt:

▶ Einmal jährlich zu zahlender **Nominalzinssatz**, der als **variabler** Zinssatz oder als **Zinsfestschreibung** für einen Zeitraum von fünf oder zehn Jahren festgeschrieben ist. Obwohl dieser vertraglich vereinbart ist, behält sich die Bank mit einer sog. **Zinsgleitklausel** das Recht vor, die Vereinbarung des Kreditzinssatzes bei einer Änderung des Zinsniveaus am Markt dem Kunden gegenüber zu kündigen.

▶ Ruft der Firmenkunde den von der Bank für die Investition bereitgestellten Kreditbetrag nicht ab, weil möglicherweise der vereinbarte Bauabschnitt noch nicht fertig gestellt werden konnte, verlangt die Bank **Bereitstellungszinsen**, da sie den Betrag ihrerseits refinanzieren muss. Da die Kreditinstitute bei Konditionen außerhalb des Nominalzinssatzes einen größeren Gestaltungsspielraum haben, sollte der Kreditnehmer versuchen, mögliche Bereitstellungs- und gegebenenfalls auch Vorfälligkeitszinsen mit dem Kreditinstitut zu verhandeln.

▶ Eine **Vorfälligkeitsentschädigung** wird in Rechnung gestellt, wenn das Darlehen vor dem vereinbarten Laufzeitende getilgt werden soll. Auch dieser Zins hängt mit der Refinanzierung der Kreditinstitute auf dem Kapitalmarkt zusammen, wobei aber auch angemerkt werden muss, dass in Deutschland im Vergleich zu anderen europäischen Ländern, dem Kreditnehmer sehr hohe Beträge in Rechnung gestellt werden. Die Refinanzierung der Kreditinstitute erfolgt bei Hypothekenbanken über die Emission von Pfandbriefen und bei Sparkassen über Sparbriefe sowie über sonstige Spareinlagen.

Für die **Tilgung** von Darlehen, die an die Bankkundschaft als Realkredite ausgereicht werden, sind drei grundsätzliche Varianten, wie das Annuitäten-, das Abzahlungs- sowie das Zinsdarlehen zu unterscheiden. Im Folgenden sollen die einzelnen Tilgungsvarianten vorgestellt und auch anhand von einzelnen Tilgungsplänen gegenübergestellt werden.

Das **Annuitätendarlehen** als Tilgungs- bzw. Amortisationsdarlehen, kennzeichnet eine gleichbleibende Zahlungshöhe für den Kunden, nur die Zusammensetzung von Zins- und Tilgungsanteilen verändert sich. Die Annuität berechnet sich mittels Multiplikation des Darlehenswerts zum Zeitpunkt der Kapitalüberlassung mit dem Wiedergewinnungsfaktor des Kapitals.

Annuität (A) = Darlehensbetrag (D) x Wiedergewinnungsfaktor (WGF)

$$WGF = \frac{i\,(1+i)^n}{(1+i)^n - 1} = \frac{0,05 \times 1,05^5}{1,05^5 - 1}$$

n = Laufzeit; i = Zinssatz

A = 500.000 x 0,230974 = 115.487

Die Berechnung der Annuität

FALL „TILGUNGSVARIANTEN VON DARLEHEN"

Für die Finanzierung eines Bauprojekts soll eine Entscheidungshilfe vorbereitet werden, bei der die einzelnen Tilgungsvarianten Annuitäten-, Abzahlungs- und Zinsdarlehen verglichen werden. Die folgenden Daten ergeben sich aufgrund der Erfordernisse der Investition: Darlehenssumme 500 T€, zu einem Zinssatz von 5 % p. a. und 5 Jahren Laufzeit.

Annuitätendarlehen

Jahre	Darlehensschuld am Jahresanfang	Zinsen	Tilgung	Annuität	Darlehensschuld am Jahresende
1	500.000	25.000	90.487	**115.487**	409.513
2	409.513	20.476	95.011	**115.487**	314.502
3	314.502	15.725	99.762	**115.487**	214.740
4	214.740	10.737	104.750	**115.487**	109.990
5	109.990	5.500	109.987	**115.487**	0
Summe		77.438	500.000	**577.435**	

Bei einem **Abzahlungsdarlehen** als Ratendarlehen wird eine in jeder Periode gleichbleibende Tilgungsleistung vereinbart. Die Zinsen werden auf gleichbleibend kleiner werdende Restschuldgrößen berechnet, demzufolge die Beträge der Zinszahlung sinken und auch die Gesamtbelastung des Kreditnehmers abnimmt. Da die Tilgungsleistung nicht entsprechend ansteigt, ergeben sich bei Abzahlungsdarlehen wesentlich längere Laufzeiten, als diese bei Annuitätendarlehen anfallen, weshalb von Anfang an mit höheren Tilgungsleistungen kalkuliert werden muss.

Jahre	Darlehensschuld am Jahresanfang	Zinsen	Tilgung	Annuität	Darlehensschuld am Jahresende
1	500.000	25.000	**100.000**		400.000
2	400.000	20.000	**100.000**		300.000
3	300.000	15.000	**100.000**		200.000
4	200.000	10.000	**100.000**		100.000
5	100.000	5.000	**100.000**		0
Summe		75.000	500.000	**575.000**	

Eine weitere Variante der Kredittilgung ist das **Zinsdarlehen** als Festsatz- bzw. Fälligkeitsdarlehen, bei dem eine jährlich konstante Zinsgröße auf den Kreditbetrag vereinbart wird. Für die Tilgung des Darlehens wird ein Tilgungsträger, beispielsweise mittels einer fondsgebundenen Lebensversicherung aufgebaut und am Ende der Laufzeit mit einem Betrag getilgt. Diese Form der Kapitalbedienung eignet sich im Zusammenhang mit der Finanzierung von Personengesellschaften und Gesellschaften mit beschränkter Haftung, bei denen die Kapitallebensversicherung auf den Gesellschafter abgeschlossen werden kann und die Laufzeit mit der des Kredits identisch ist. Bei Fälligkeit wird der Auszahlungsbetrag der Lebensversicherung zur Tilgung des Darlehens herangezogen. Die Zinsen werden gewinnmindernd in der Gewinn- und Verlustrechnung des Unternehmens gebucht.

Jahre	Darlehensschuld am Jahresanfang	Zinsen	Tilgung	Annuität	Darlehensschuld am Jahresende
1	500.000	25.000	0		500.000
2	500.000	25.000	0		500.000
3	500.000	25.000	0		500.000
4	500.000	25.000	0		500.000
5	500.000	25.000	500.000		0
Summe		125.000	500.000	**625.000**	

Der rechnerische Vergleich der unterschiedlichen Tilgungsmodalitäten verdeutlicht die höchste Gesamtbelastung für den Kreditnehmer beim Zinsdarlehen. Da diese Variante der Kapitalbedienung im Vergleich zu den beiden anderen wesentlich teurer ist, kann sie für das Kredit ansuchende Unternehmen nur empfohlen werden, wenn sich steuerliche Vorteile in Verbindung mit dem Aufbau des Tilgungsträgers generieren lassen.

4.3.2.2 Schuldscheindarlehen

Eine besondere Form langfristiger Darlehen ist das **Schuldscheindarlehen**, welches als Großdarlehen außerhalb des organisierten Kapitalmarktes auch bei Nichtbanken, sog. Kapitalsammelstellen, wie die privaten oder öffentlich-rechtlichen Versicherungsgesellschaften, die Sozialversicherungsträger oder die Bundesanstalt für Arbeit aufgenommen werden kann. Gegen einen Schuldschein wird ein Darlehen gewährt, welches zur Finanzierung von Investitionen im Industriebereich eingesetzt wird. Die Laufzeit ist in der Regel zwischen 5 bis 15 Jahren und wird ab einem Volumen in Höhe eines zweistelligen Millionenbetrages ausgereicht. Günstige Konditionen sowie die Besicherung durch erstrangige Grundpfandrechte oder einer Bürgschaft des Bundes bzw. der Länder sind die markantesten Kennzeichen. Die Bonitätsprüfung, das Hereinholen von Kreditsicherheiten und auch die gesamte sonstige Abwicklung der Kreditgewährung gegen Schuldscheine werden mehrheitlich über die Kreditinstitute abgewickelt. Während der Schuldschein nur ein Vertragsdokument repräsentiert, ist demgegenüber die Anleihe ein echtes Wertpapier, also eine Urkunde mit einem verbrieften Leistungsversprechen.

4.3.2.3 Anleihen

Emissionsfähige Unternehmen, also mit einer Zulassung zur Wertpapierbörse, haben neben der Aufnahme von langfristigen Bankdarlehen auch die Möglichkeit, **Anleihen**, die mit oder ohne Sonderrechte ausgestattet sind, zur Finanzierung von langfristigen Investitionen bzw. Akquisitionen zu emittieren.

4.3.2.3.1 Industrieanleihe

Als eine klassische Kapitalmarktfinanzierung von Unternehmen des Nichtbankensektors ist die Anleihe bzw. **Industrieanleihe**, auch -**schuldverschreibung** oder -**obligation** genannt, eine Form der langfristigen Kreditfinanzierung über die Börse. Für den einzelnen Gläubiger (Obligationär oder auch Bondholder) sind eine regelmäßige Nominalverzinsung und der Anspruch auf Rückzahlung „**zu pari**" (100 % des Nennwertes) verbrieft. Aufgrund der Handelbarkeit des Wertpapiers über die Börse kann es durchaus vorkommen, dass der aktuelle Kurs „über pari" (versehen mit einem Aufgeld bzw. Agio) oder auch „unter pari" (versehen mit einem Abgeld bzw. Disagio) ausfällt, was einen Einfluss auf die Effektivverzinsung hat. Emittiert werden die Anleihen über ein Bankenkonsortium, welches den Gesamtbetrag der Anleihe, meistens mehrere hundert Millionen Euro, in kleinere **Teilschuldverschreibungen** aufteilt und an die einzelnen Sparer bzw. Kreditgeber verkauft.

Unternehmen, die für eine Platzierung von Industrieanleihen in Frage kommen, müssen eine erstklassige Bonität aufweisen, was über die Ratings der Ratingagenturen (Standard & Poor's oder Moody's) abgebildet wird. Die Ratings wiederum haben einen unmittelbaren Einfluss auf die Kosten der Anleihe, da der Kapitalmarkt von Unternehmen mit einem schlechten Rating höhere Zinsen fordert. Für börsennotierte Unternehmen ist die Kapitalbeschaffung als **Außenfinanzierung** über den organisierten Kapitalmarkt sowohl mit der Emission von Stammaktien (Eigenkapital) als **Beteiligungsfinanzierung** oder mit der Platzierung einer Industrieanleihe (Fremdkapital) als Form der **Kreditfinanzierung** möglich, die im Folgenden eine Gegenüberstellung erfahren.

ABB. 80:	Der Vergleich Aktie und Anleihe	
Vergleichsparameter	**Stammaktie**	**Industrieanleihe**
Rechtsstellung	Miteigentümer	Gläubiger
Kapitalart	Eigenkapital	Fremdkapital
Finanzierungsart	Beteiligungsfinanzierung	Kreditfinanzierung
Kapitalentstehung	Außenfinanzierung	Außenfinanzierung
Finanzierungsdauer	Unbegrenzt/ keine Rückzahlung	Laufzeit abhängig/ Tilgungsanspruch
Mitbestimmung	Stimmrecht	Kein Stimmrecht
Kapitalentgelt	Variable Dividende als Teil des Jahresüberschusses	Fester Zinssatz
GuV-Rechnung	Gewinnverwendung nach Ertragsteuern	Aufwand/Kosten vor Ertragsteuern
Inflationsabhängigkeit	Sachwertpapier	Geldwertpapier
Risiko	Unternehmer-/Kursrisiko	Gläubiger-/ Zinsänderungsrisiko

Der guten Ordnung halber muss an dieser Stelle angemerkt werden, dass auch der Staat mit der Emission von Anleihen, nämlich den **Bundesobligationen** (in Österreich Staatsanleihen) als Schuldner auftritt. Mit diesem Instrument werden die vielen Milliarden, die der Staat 2009 zur Bekämpfung der Finanz- und Wirtschaftskrise ausgibt, langfristig finanziert. Auch der Bankensektor emittiert festverzinsliche Wertpapiere. Zur Refinanzierung von Hypothekardarlehen emittieren die Hypothekenbanken den **Pfandbrief**, während über den Sparkassensektor **Kommunalschuldverschreibungen** zur Finanzierung von Vorhaben der öffentlichen Hand herangezogen werden. Damit Unternehmen, die als Emittent von Industrieanleihen auftreten eine Anpassung der Kapitalaufnahme an die Erfordernisse der Gestaltung der Passivseite ihrer Bilanz vornehmen zu können, ist die Platzierung von Anleihen mit der Ausstattung von Sonderrechten eine zu überlegende Alternative der Fremdkapitalbeschaffung.

4.3.2.3.2 Wandelanleihe

Zusätzlich zu den Ausstattungsmerkmalen einer Industrieanleihe (feste Nominalverzinsung und Rückzahlung des Kapitals) gewährt die **Wandelanleihe** die verbriefte Möglichkeit, innerhalb eines vom Unternehmen definierten Wandlungszeitraums, die gehaltene Teilschuldverschreibung in Aktien umzuwandeln. Das emittierende Unternehmen hat den Vorteil einer anfänglich recht preiswerten Fremdkapitalfinanzierung, da, bei tendenziell niedrigen Aktienkursen und einem hohen Zinsniveau bei festverzinslichen Wertpapieren, die laufende Verzinsung von Wandelschuldverschreibungen sehr häufig bis zu 2 %-Punkten unter dem Zinssatz der Darlehen oder auch gegenüber den Nominalverzinsungsansprüchen der Anleihegläubiger liegt. Wenn die generierten Cashflows der mit diesem Instrument finanzierten Investition oder auch Akquisition eintreten und das Unternehmen demzufolge über einen größeren Handlungsspielraum verfügt, wird die Umwandlung von befristetem Fremdkapital (Kreditfinanzierung) in unbefristetes Eigenkapital (Beteiligungsfinanzierung) vollzogen.

Der ausbleibenden Kapitalbedienung mit Zins und Tilgung sowie einer jetzt besseren Eigenkapitalsituation stehen eine veränderte Stimmrechtssituation und ein höherer Anspruch des laufenden Kapitalentgelts gegenüber. Für den Bondholder ist der zum Wandlungszeitpunkt herrschende Aktienkurs entscheidend, ob dieser vom Angebot des Umtauschs Gebrauch macht, da eine komfortable Gläubigerposition zu Gunsten einer risikoreicheren Eigentümerposition aufgegeben wird. Da für die Altaktionäre die Gefahr der **Stimmrechts- und Ausschüttungsverwässerung** besteht, braucht es für die Zustimmung dieser Kapitalerhöhung auch mindestens drei Viertel des bei der Beschlussfassung anwesenden Grundkapitals (§ 221 Abs. 1 AktG). Nach § 192 AktG wird eine **bedingte Kapitalerhöhung** im Zusammenhang mit der Wandlung einer Wandelanleihe oder auch bei der Ausübung von Optionen im Zusammenhang mit Optionsanleihen durchgeführt.

4.3.2.3.3 Optionsanleihe

Beide Anleihen mit Sonderrechten haben den Bezug von Aktien gemeinsam. Wird bei der Wandelanleihe ein Gläubiger- in ein Teilhaberpapier umgetauscht, ist das Ausstattungsmerkmal einer **Optionsanleihe** die Möglichkeit des zusätzlichen Bezugs einer Aktie, bei dem neben den Gläubiger- der Eigentümerstatus tritt. Das Optionsrecht zum Bezug von Aktien wird mit einem separaten Wertpapier, dem **Optionsschein** verbrieft. Da dieser selbstständig, also ohne die Anleihe handelbar ist, kommen drei Kursnotierungen wie der Kurs der Anleihe mit dem Optionsschein („cum"), der Kurs der Anleihe ohne Optionsschein („ex") sowie der Kurs bzw. der Preis des Optionsscheins zustande. Für das emittierende Unternehmen wird bei der Ausübung des Optionsrechts über die bedingte Kapitalerhöhung eine Bilanzverlängerung mit zusätzlichem Beteiligungskapital generiert.

Hauptmerkmal der **Außenfinanzierung** ist die externe Zuführung von Eigen- und Fremdkapital, welches außerhalb des Unternehmens erwirtschaftet wird. Von den Eigentümern wird frei gewordenes Kapital im Unternehmen investiert, auch für die Bank als Hauptgläubiger mittelständischer Unternehmen ist die Kreditgewährung ihrerseits eine Investition, die einen Teil ihrer eigenen Vermögensallokation bildet. Die zusätzliche Kapitalgenerierung ist aber bei nicht emissionsfähigen Unternehmen recht schnell begrenzt, da potentielle Eigentümer sich nicht gerade aufdrängen und auch die Verschuldung über Bankkredite, in Bezug auf die Fremdkapitalquote oder über die Höhe des operativen Cashflows an ihre Grenzen stößt.

5. Innenfinanzierung

Demzufolge bleibt für viele, sehr häufig vor allem kleine Unternehmen, nur die Variante der **Innenfinanzierung**, deren Kapital durch innerbetriebliche Vorgänge generiert wird. Der Finanzierungseffekt kommt über die Verhinderung des Kapitalabflusses von Eigenkapital (**Gewinnthesaurierung**) und über die Liquidation von Vermögenswerten mit Fremdkapital (**Desinvestitionsmanagement**) zustande. Die Unterscheidung nach der Rechtsstellung des Kapitalgebers in Eigen- und Fremdkapital ist auch für die Varianten der Selbstfinanzierung der Unternehmen von Bedeutung. In einem direkten Zusammenhang mit der Kapitalstrukturierung der Passivseite der Bilanz steht die **offene Selbstfinanzierung**, die als Eigenfinanzierung bei Kapitalgesellschaften mit der Bildung von Gewinnrücklagen einen Abfluss an Eigenkapital verhindert und als Gewinn-thesaurierung bezeichnet wird.

5.1 Gewinnthesaurierung

Grundsätzliche Voraussetzung für einen Finanzierungseffekt aus der **Einbehaltung von Gewinnen** sind entsprechende Jahresüberschüsse. Demzufolge muss der leistungswirtschaftliche Bereich der Unternehmen die erforderlichen Umsatzerlöse generieren.

5.1.1 Finanzierungseffekt

Die Entscheidungsgewalt über die Gewinnverwendung liegt bei den Eigentümern, die ihre Präferenzen in Bezug auf die Höhe der Ausschüttung (Definanzierung) bzw. Einbehaltung (Finanzierung) artikulieren müssen. So ist beispielsweise im § 29 Abs. 1 GmbHG der Anspruch der Gesellschafter auf den Jahresüberschuss geregelt. Die Verteilung erfolgt je nach Verhältnis der Gesellschaftsanteile; auch kann der Gesellschaftsvertrag ein anderes vorsehen, was auch eine Einstellung in mögliche **satzungsmäßige** Rücklagen mit einschließt.

Das Aktiengesetz reglementiert im § 233 Abs. 1 die Gewinnausschüttung, die erst dann erfolgen darf, wenn der Einstellung in die **gesetzliche** Rücklage nach § 150 Abs. 2 AktG[29] genüge getan wurde. Im Gegensatz zu den Präferenzen der Gläubiger, die an der Thesaurierung interessiert sind, wird im § 58 Abs. 2 AktG die Höhe der Thesaurierung auf die Hälfte des Jahresüberschusses begrenzt. Über eine von der Hauptversammlung beschlossene Satzungsänderung können darüber hinaus auch weitere Beträge in **die anderen Gewinnrücklagen** eingestellt werden, wie das beispielsweise in der Satzung der **Allianz** festgelegt wurde.

ABB. 81:	Der Satzungsbeschluss der Allianz SE[30]

„Stellen Vorstand und Aufsichtsrat den Jahresabschluss fest, können sie einen die Hälfte übersteigenden Teil des Jahresüberschusses in andere Gewinnrücklagen einstellen, bis die Hälfte des Grundkapitals erreicht ist."

Der **Bilanzgewinn** (§ 158 Abs. 1 AktG) als die tatsächliche Ausschüttungsgröße, die finanzwirtschaftlich die eigentliche **Definanzierung** darstellt, wird buchhalterisch aus der Differenz aus Jahresüberschuss abzüglich der **Finanzierung** aus der Einstellung in die Gewinnrücklagen bestimmt. Obwohl der Bilanzgewinn formal im Eigenkapital gebucht ist, wird dieser im Zusammenhang mit der Jahresabschlussanalyse funktional den **kurzfristigen Verbindlichkeiten** zugeordnet, da dieser relativ zeitnah zur Bilanzerstellung nach der Gesellschafterversammlung in liquider Form das Unternehmen verlässt und in die Hosentaschen der Eigentümer wandert. Für die Höhe der **Ausschüttung** gibt es keine Faustformel. Sie richtet sich nach der Höhe der verfüg-

---

29 § 150 Abs. 2 AktG: 5 % des Jahresüberschusses, vermindert um den Verlustvortrag aus dem Vorjahr, müssen in die gesetzliche Rücklage eingestellt werden, bis die gesetzliche Rücklage und die Kapitalrücklage zusammen 10 % des Grundkapitals ausmachen.

30 Quelle: Allianz SE, Einladung zur Hauptversammlung der Allianz SE am 29. April 2009, München.

baren Barbestände, nach den Investitionsmöglichkeiten sowie nach den Konditionen für die alternative Kapitalbeschaffung. Auf Vorschlag des Vorstandes wird die Höhe der **Dividende** von den Aktionären auf der Hauptversammlung beschlossen. Die eigentliche Auszahlung erfolgt in Deutschland einmal im Jahr, im Regelfall ein paar Tage nach der Hauptversammlung. Das Finanzmanagement des Unternehmens ist gefordert, den erforderlichen Betrag auch termingerecht zu disponieren.

BEISPIEL: Eine börsennotierte Aktiengesellschaft, bei der es keinen Satzungsbeschluss bezüglich einer möglichen höheren Gewinnrücklagenzuführung gibt, möchte die Möglichkeiten einer größtmöglichen gesetzeskonformen Thesaurierung bestimmen. Das Eigenkapital ist wie folgt strukturiert:

Passiva

Grundkapital	20.000 T€
Kapitalrücklage	1.000 T€
Gesetzliche Rücklage	300 T€
Jahresüberschuss	1.600 T€
Verlustvortrag	400 T€

In welcher Höhe muss der Bilanzgewinn, als Ausschüttungsgröße für die Aktionäre, ausgewiesen werden?

LÖSUNG: *Da der Mindestausweis der gesetzlichen Rücklagen nicht erfüllt ist, werden, ausgehend vom Jahresüberschuss in Höhe von 1,2 Mio. €, der um den Verlustvortrag reduziert ist, 60 T€ (5 %) in die Gewinnrücklagen gebucht (§ 150 Abs. 2 AktG). Die verbleibenden 1.140 T€ können bis maximal zur Hälfte in die Position andere Gewinnrücklagen eingestellt werden (§ 58 Abs. 2 AktG). Der Vorstand muss den Aktionären mindestens 570 T€ zur Ausschüttung vorschlagen.*

Für einen Vergleich der Dividendenzahlungen einzelner Unternehmen eignet sich die **Dividendenrendite**, die aus dem Quotient der angekündigten Dividende im Zähler durch den Durchschnitts- oder Schlusskurs des Geschäftsjahres im Nenner berechnet wird. Da fallende Aktienkurse aber zu entsprechend höheren Verzinsungsgrößen führen, ist diese nur sehr bedingt aussagefähig. Ein für den Investor alternativer Vergleichsparameter ist die **Dividendenkontinuität**, wenn sich in der Vergangenheit eine stabile Ausschüttungsgröße konstatieren lässt. Wenn also auch in den Geschäftsjahren mit weniger Prosperität gleichbleibend an die Eigentümer ausgeschüttet wurde, wird das möglicherweise auch in der Zukunft fortgesetzt werden können. Grundsätzlich ist die Ausschüttung das Entgelt für die Kapitalüberlassung der Eigentümer, die auch entsprechend vergütet werden muss. Zu Übertreibungen kommt es immer dann, wenn institutionelle Investoren mit einem entsprechend hohen Kapitalanteil einen entsprechenden Druck ausüben oder das Management keine Phantasie bezüglich der Investition liquider Mittel hat, die künftig zu einer entsprechenden Wertsteigerung beitragen können.

Bei der Thesaurierung von Gewinnen wird in der Bilanz, im Gegensatz zur Außenfinanzierung keine Bilanzverlängerung gebucht, sondern ein Passivtausch aus Jahresüberschuss gegen Gewinnrücklagen. Da aus dem Jahresabschluss die Höhe der einbehaltenen Gewinne herausgelesen werden kann, wird dieser Prozess auch als **offene Selbstfinanzierung** bezeichnet. Abgestimmt und formal beschlossen wird die Höhe der Ausschüttung auf der einberufenen Gesellschafterversammlung bei der GmbH bzw. der Hauptversammlung bei Aktiengesellschaften. Während die Höhe der offenen Selbstfinanzierung von der **Ausschüttungspolitik** bestimmt wird,

wird die verdeckte bzw. **stille Selbstfinanzierung** über die **Abschreibungspolitik** determiniert. Aufgrund des handelsrechtlichen Vorsichtsprinzips kann es bei der Unterbewertung der Vermögensgegenstände, bei entsprechend höheren aktuellen Marktwerten, zur Bildung von **stillen Reserven** kommen. Sehr häufig wird die Auflösung von stillen Reserven kritisiert, da ein schlechter gewordenes Jahresergebnis bis zu einem gewissen Maß verschleiert werden kann.

ABB. 82:	Die Gewinnthesaurierung und die Kapitalstruktur
Gewinnthesaurierung → beeinflusst →	**Kapitalstruktur** (§ 266 Abs. 3 HGB)
1. Phase: Überschusserzielung	*Gewinnrücklagen*
2. Phase: Verhinderung des Kapitalabflusses	- Gesetzliche Rücklage (gemäß § 150 Abs. 2 AktG)
	- Rücklage für eigene Anteile (gemäß § 71 AktG)
	- Satzungsmäßige Rücklagen (gemäß Satzung)
	- Andere Gewinnrücklagen (gemäß Beschluss an der Gesellschafterversammlung; § 58 Abs. 2 AktG)
	Gewinnvortrag (Dividendenkontinuität)
	Bilanzgewinn (Tatsächliche Ausschüttungsgröße; § 158 Abs. 1 AktG)

Zwar wird bei der Gewinnthesaurierung zusätzliches haftendes Eigenkapital gebucht, die Beteiligungsverhältnisse und auch die vorhandene Liquidität bleiben aber unverändert. Darüber hinaus ist die Höhe dieser Finanzierung für potentielle Investoren ein guter Indikator für die Einschätzung des einzugehenden Risikos, welches wiederum einen unmittelbaren Einfluss auf die Höhe des Kapitalentgelts hat und auch die Ausschüttungspolitik des Unternehmens bestimmt.

5.1.2 Ausschüttungspolitik

In Bezug auf die von den Eigentümern beschlossene Höhe der **Gewinnausschüttung** lassen sich verschiedene Sichtweisen einnehmen, die besonders im Zusammenhang mit börsennotierten Unternehmen sehr kontrovers diskutiert werden können. Sehr häufig werden ein **eigentümer-** und ein **gesellschaftsorientierter Ansatz** formuliert und gegenübergestellt. Der jetzige Vorstandsvorsitzende der Deutschen Bank, Josef Ackermann[31], hat Mitte der 1990er Jahre in einem Beitrag in der Neuen Zürcher Zeitung „Wie viel Gewinn für wen?" den Share- und Stakeholder-

---

31 *Ackermann* war von 1990 bis 1996 in der Generaldirektion der Schweizerischen Kreditanstalt und ist heute Vorstandsvorsitzender der Deutschen Bank AG.

Ansatz aufgegriffen und diskutiert, die gerade jetzt, im Zusammenhang mit einer Finanz- bzw. Wirtschaftskrise wieder ins Zentrum der öffentlichen Diskussion einfließen. Eine immer wieder artikulierte Forderung ist, das Management sei nicht ausschließlich für die Bedürfnisse der Aktionäre verantwortlich.

Die eigentümerbezogene Sichtweise für börsennotierte Unternehmen wird über den **Shareholder Value** quantifiziert. Im Fokus dieses Wertansatzes steht die Verzinsung des eingesetzten Kapitals, da die Eigentümer an einer risikoadäquaten Rendite interessiert sind. Der zu erwartende Wertbeitrag muss über den aktuellen Bedienungsansprüchen liegen und demzufolge zu einer Wertsteigerung beitragen können, um auch künftig als ein attraktives Investitionsobjekt wahrgenommen zu werden. Die Unternehmensführung muss auf der Kosten- und Ertragsseite alle Potentiale ausschöpfen, diese permanent überprüfen und entsprechende Strategien zur Steigerung der Rendite entwickeln. Als renditestark gilt ein operativer Gewinn von durchaus 20 % bis 25 % des Umsatzes. Alle kapitalbindenden Maßnahmen müssen auf ihre werterhöhende Wirkung hinterfragt werden, da damit einhergehend auch die Ansprüche der **Stakeholder** wie die Sicherung der Arbeitsplätze, die Kundenbedienung oder auch eine Erhöhung des gesamtwirtschaftlichen Gemeinwohls als gesichert gelten.

Grundsätzlich ist dieser Ansatz durchaus vernünftig, der Vorwurf, der aber erhoben wird, ist der, dass das Management börsennotierter Unternehmen von institutionellen Vermögensverwaltern unter Druck gesetzt wird, eine bestimmte Größenordnung ausschütten zu müssen. So hat beispielsweise der Mehrheitseigentümer von **Hugo Boss**, der Finanzinvestor **Permira** an der Hauptversammlung 2008 eine Sonderausschüttung von 345 Mio. € durchgesetzt. Die Kleinaktionäre, also die restlichen 12 % Kapitalbeteiligung, sind entsprechend Sturm gelaufen, da sie eine für die Ausschüttung zusätzlich notwendige Verschuldung befürchten, welche die Eigenkapitalquote von 50 % auf 20 % senkt. Zwar ist diese im Vergleich zu anderen an der Börse notierten Unternehmen durchaus zu vertreten, betriebswirtschaftlich fragwürdig ist allerdings, dass die an einem nachhaltigen Jahresüberschuss orientierte Dividende bei Boss nur bei etwa 100 Mio. € liegen dürfte, die für die Ausschüttung zu finanzierende Kreditaufnahme zukünftig Zinsen kostet und das die ausgeschütteten Beträge für zukünftige Investitionen fehlen werden.

Galt früher die **Ausschüttungshypothese** eher für Kleinsparer und die **Thesaurierungshypothese** tendenziell für institutionelle Anleger, hat sich das in den letzten Jahren grundlegend geändert. Vereinzelt werden Manager zu Erfüllungsgehilfen für Großinvestoren degradiert. Im Vordergrund der Managementaktivitäten börsennotierter Konzerne steht immer weniger das operative Geschäft im Zusammenhang mit dem Aufspüren von Problemlösungen für den Kunden, sondern die Optimierung der Portfolios, um möglichst viel ausschütten zu können. Investitionen, vor allem in Forschungs- und Entwicklungsaktivitäten werden nur bedingt durchgeführt, da deren Geldwerdungsdauer bzw. Amortisation nicht abgewartet werden kann. Die Haltedauer der Investoren ist häufig auf einen Zeitraum von 3 bis 5 Jahren angelegt, in dem entsprechend Kasse gemacht werden muss.

Gerade wenn der Börsenkurs keine Wertsteigerung des Investments erwarten lässt, wie das auf der Hauptversammlung 2008 für die **Deutsche Telekom** konstatiert werden kann, wird der Druck von institutionellen Kapitalanlegern auf das Management bezüglich der Ausschüttung entsprechend groß. Bei einer Ausschüttungsgröße von 3,4 Mrd. €, also einem sechsfachen des nachhaltigen Gewinns, ist diese doch sehr fragwürdig, auch der Bezug auf die gemachten Erklärungsversuche des Managements, den Ausschüttungsbetrag nicht mehr am Nettogewinn, sondern am Cashflow anzulehnen. Das ist grundsätzlich vernünftig, da der **Free Cashflow** als die Differenz des Cashflows aus der betrieblichen Geschäftstätigkeit abzüglich der Netto-Investitionen, aufgrund der vollständigen Elimination der nicht cash-wirksamen Buchungen, durchaus als die eigentliche Ausschüttungsgröße herangezogen werden kann. Damit aber der freie Cashflow größer ausfällt als der Jahresüberschuss, müssen die Desinvestitionen größer sein als die anstehenden Investitionsleistungen. Ob eingeschränkte Investitionsleistungen aber die erforderliche Wettbewerbsfähigkeit mit sich bringen, ist fraglich. Auch sieht die Berechnung einer nachhaltigen Erfolgsgröße in aller Regel anders aus. **Blackstone** aber, der als Finanzinvestor bei der Telekom engagiert ist, kann sich jedenfalls mit 150 Mio. € Ausschüttungsbetrag freuen, die gemessen am Einstiegskurs etwa 6 % Wert ist.

Vielleicht sind die für den außenstehenden Betrachter irrationalen Ausschüttungen auch eine Art Branchenkrankheit, da auch die britische **Vodafone** zu ähnlichen Mitteln gegriffen hat. Trotz enormer Wertberichtigungen auf immaterielle Vermögenswerte in Höhe von 34 Mrd. € (davon alleine 28 Mrd. € auf die im Jahr 2000 durchgeführte 190 Mrd. € teure Akquisition von Mannesmann) und einem sich daraus ergebenen Verlust in Höhe von 32 Mrd. €, stieg die Dividendenausschüttung 2006 um etwa die Hälfte gegenüber dem Vorjahr. Um diese zu finanzieren, musste sich das Unternehmen auf einen Gesamtbetrag von knapp 30 Mrd. € verschulden, was einen für die Zukunft höheren Zinsaufwand verursacht hat.

Unabhängig der **Bemessungsgrundlage**, die als Jahresüberschuss oder als Varianten von Cashflows auf jeden Fall eine nachhaltige Erfolgsgröße zur Bestimmung der Ausschüttung darstellen sollte, wäre eine Fremdregulierung durch den Gesetzgeber mit Sicherheit sehr kontraproduktiv, da trotz aller negativen Beispiele und Übertreibungen in der Vergangenheit die Höhe des Kapitalentgelts auch der individuellen Risikoeinschätzung des Investors Rechnung tragen muss. **Shareholder Value** zielt auf das Entgelt für die Überlassung von Eigenkapital ab und dient auch dessen Mindestverzinsungsanspruch. Könnte das nicht gewährleistet werden, wären Kapitalabwanderungen hin zu anderen Investitionsobjekten die Konsequenz, mit der institutionelle Investoren reagieren würden. Sinkende Börsenkurse mit einhergehender niedriger Marktkapitalisierung würden die weitere Kapitalaufnahme des Unternehmens gefährden. Die geringere Handlungsfähigkeit würde sich dann künftig auch auf die Beschäftigungslage und auf den Erhalt von Arbeitsplätzen auswirken.

In diesem Zusammenhang kann auch in Diskussion gebracht werden, dass in der Vergangenheit der größere Teil der erwirtschafteten Umsätze als Gehalts- und Materialkosten als **operatives Entgelt** den Arbeitnehmern und Lieferanten zugute gekommen ist, während nur etwa 5 % bis 10 % der getätigten Umsätze als **Kapitalentgelt** an die Eigentümer abgeführt wurden. Zwischen der ausschließlichen Shareholder- und Stakeholderorientierung muss eine hoch entwickelte Gesellschaft zukünftig verbindende Elemente hervorbringen können. Ackermann[32] postuliert in seinem Beitrag den Ansatz zur „gewinnverantwortlichen Führung", bei dem Unternehmen mit dem Shareholder Value zwar grundsätzlich den Eigentümern verpflichtend sind, doch es muss auch im Interesse des Aktionärs liegen, dass auch die Stakeholder am Gewinn des Unternehmens partizipieren können.

---

32 *Ackermann, Josef* (1995) Wie viel Gewinn für wen? Unternehmen zwischen Aktionären und Öffentlichkeit, Neue Zürcher Zeitung vom 15./16. 1. 1995, Nr. 11, S. 15.

BEISPIEL ▶ Eine Aktiengesellschaft hat für das abgelaufene Geschäftsjahr von der Hauptversammlung den auf der Basis eines handelsrechtlichen Jahresabschlusses folgenden Gewinnverwendungsvorschlag angenommen. Vom Jahresüberschuss sollen 180 T€ in die Gewinnrücklagen eingestellt werden, als Dividende sollen 0,20 € je Aktie im Nennwert von 1 € ausgeschüttet werden.

Bilanz (in T€)

Aktiva		Passiva	
Sachanlagen	12.300	Grundkapital	2.000
Finanzanlagen	910	Kapitalrücklage	1.300
Vorräte	660	Gewinnrücklage	980
Forderungen aus LuL	1.360	Jahresüberschuss	600
Kasse, Bank	620	Rückstellungen	4.900
Rechnungsabgrenzung	17	Bankverbindlichkeiten	4.120
		Verbindlichkeiten aus LuL	925
		Sonstige Verbindlichkeiten	1.042
Summe	15.867	Summe	15.867

Welche Beträge werden als Beteiligungsfinanzierung und welche als offene Selbstfinanzierung in der Bilanz ausgewiesen? In welchem Zusammenhang könnten stille Reserven vermutet werden?

LÖSUNG: ▶ *Die Höhe der Beteiligungsfinanzierung als Form der Außenfinanzierung mit Eigenkapital beträgt im Geschäftsjahr 3.300 T€. Für die offene Selbstfinanzierung gilt eine Höhe von:*

	Jahresüberschuss	*600 T€*
-	*Dividende an die Aktionäre*	*400 T€ (0,20 € x 2 Mio. Aktionäre)*
-	*Gewinnthesaurierung*	*180 T€*
=	*Gewinnvortrag*	*20 T€*

Die offene Selbstfinanzierung wäre mit 1.180 T€ (Gewinnrücklage alt 980 T€ + Gewinnrücklage neu 180 T€ + Gewinnvortrag 20 T€) dem Bilanzleser ersichtlich. Stille Reserven kommen mit der Unterbewertung der Aktiva oder mittels Überbewertung der Passiva zustande. Vermutet werden könnten auf der Aktiva Grundstücke oder Finanzanlagen mit einem höheren Marktwert, die aufgrund des Realisationsprinzips und der Deckelung der Anschaffungskosten einen niedrigeren Wert erfahren. Auf der Passiva könnten möglicherweise Pensionsrückstellungen aufgrund eines niedrigen Diskontierungssatzes zu hoch angesetzt sein.

Abschließend soll mit Bezug zur **Jahresabschlussanalyse** festhalten werden, dass jede Ausschüttung an die Eigentümer zum einen hilft, bei der Finanzierung von Investitionen zukünftig teures Eigenkapital mit preiswerterem Fremdkapital zu ersetzen. Zum anderen wird aber die möglicherweise zukünftige zusätzliche Verschuldung die zinstragenden Verbindlichkeiten erhöhen, die dann über den Wertansatz der DCF-Methode zu niedrigeren Unternehmenswerten führen. Während die offene Selbstfinanzierung mit der Thesaurierung von Gewinnen ausschließlich über die Ausschüttungspolitik der Eigentümer determiniert wird, sind die **sonstigen Formen der Innenfinanzierung** als Teilbereich der Investitions- bzw. Desinvestitionspolitik in der direkten Verantwortung des Managements.

5.2 Desinvestitionsmanagement

Die betriebswirtschaftliche Logik einer **Investition** ist die sukzessive Liquidation. Neben den Herstellungskosten werden auch die Abschreibungen des Sachanlagevermögens in der Preisgestaltung berücksichtigt, die über die Umsatzerlöse wieder in liquider Form in das Unternehmen zurückfließen (natürliche Liquidation), was wir als **Desinvestition** bezeichnen (vgl. Abb. 50).

5.2.1 Finanzierung aus Umsatzerlösen

Die Variante der **Finanzierung mit Abschreibungsgegenwerten** wird in der Literatur als Lohmann-Ruchti-Effekt[33] dargestellt, bei dem die Finanzierung der Ersatz- und Erweiterungsinvestitionen ausschließlich über die in den Umsatzerlösen enthaltenen Abschreibungsgegenwerten generiert wird. Voraussetzung ist, dass die Verrechnung der kalkulatorischen Abschreibungen dem tatsächlichen Werteverzehr des Vermögensgegenstandes entspricht und diese auch vollständig über die Umsatzerlöse in liquider Form in das Unternehmen zurückfließen. Im Zusammenhang mit der Erstellung eines Jahresabschlusses haben wir die Abschreibung als Instrument für einen gelebten handelsrechtlichen Gläubigerschutz kennen gelernt, da mit diesem die Ausschüttungsmöglichkeit determiniert werden kann.

Die Bildung von stillen Reserven ist dabei eine durchaus willkommene Erscheinung, da sich die jährliche Abschreibungsgröße an der wirtschaftlichen Nutzungsdauer des aktivierten Vermögensgegenstands orientiert. Die steuerrechtlich relevanten AfA-Tabellen der Finanzverwaltung werden im Wesentlichen auch für den handelsrechtlichen Jahresabschluss zugrunde gelegt. Hingegen fußt die Bewertungsgröße kalkulatorischer Abschreibungen, die für die Preisfestlegung der Produkte herangezogen wird, auf der Dauer des tatsächlichen Nutzungseinsatzes, unabhängig der Aktivierungssituation, da auch bereits in der Bilanz abgeschriebene Vermögenswerte in der Preiskalkulation berücksichtigt werden sollten. Eine Gegenüberstellung einer bilanziellen und einer kalkulatorischen Abschreibung veranschaulicht die Tabelle in Abbildung 83.

ABB. 83:	Die Abschreibungsvarianten	
Vergleichsparameter	**Bilanzielle Abschreibung**	**Kalkulatorische Abschreibung**
Unternehmensbereich	Externes Rechnungswesen	Kostenrechnung / Controlling
Medium	Erfolgsrechnung	Kalkulation
Erfolgsgröße	Aufwand	Kalkulatorische Kosten
Bemessungswert	Anschaffungs-/Herstellkosten	Wiederbeschaffungswert
Nutzungsdauer	Wirtschaftliche Nutzungsdauer	Technische Nutzungsdauer
Abschreibungsvariante	Verteilungsabschreibung	Tatsächliche Wertminderung
Abschreibungspolitik	Bilanzpolitische Zweckmäßigkeit	Operativer Einsatz
Kapitalverzehr	Nominale Kapitalerhaltung	Reale Kapitalerhaltung

---

33 Erstmalig wurde der Kapazitätserweiterungseffekt 1953 von *Martin Lohmann* und *Hans Ruchti* dargestellt.

Um eine vollständige Finanzierung der Vermögensgegenstände ausschließlich mit den Gegenwerten aus Abschreibungen finanzieren zu können, müsste eine Vielzahl von Bedingungen, wie

▶ vollständige Berücksichtigung der Abschreibungsgrößen in den Absatzpreisen,

▶ vollständige liquide Rückflüsse,

▶ keine steigenden Wiederbeschaffungspreise der Vermögensgegenstände,

▶ komplette Reinvestition etc.

erfüllt sein. Damit ist das Modell des Kapazitätserweiterungseffekts mit der ausschließlichen Finanzierung über die Abschreibungsgegenwerte zwar recht anschaulich nachzuvollziehen, in der betrieblichen Praxis aber nicht vollständig umzusetzen. Letztlich geht es bei der Finanzierung aus **Abschreibungsgegenwerten** um die Finanzierung aus den eigenen Cashflows heraus, die über die **Umsatzerlöse** auf dem Absatzmarkt zustande kommen und die Abschreibungen wenigstens zum Teil in der Preiskalkulation Berücksichtigung finden.

BEISPIEL: ▶ Aufgabe des Controllings soll sein, anhand der Bilanzwerte, den Kapitalbedarf zu bestimmen, der mit internen und externen Finanzierungsalternativen gedeckt werden kann. Im Geschäftsjahr vom 1. 1. bis zum 31. 12. veränderte sich die Bilanz eines Unternehmens wie folgt:

Bilanz (in T€)

Aktiva	1.1.	31.12.	Passiva	1.1.	31.12.
Sachanlagen	8.400	11.300	Grundkapital	6.000	6.000
Vorräte	6.400	6.600	Kapitalrücklage	1.400	1.400
Kundenforderungen	8.000	7.800	Gewinnrücklagen	400	400
Kasse, Bank	3.000	3.100	Jahresüberschuss	0	500
			Pensionsrückstellungen	6.700	7.300
			Darlehen	3.100	5.100
			Kontokorrentverbindlichkeiten	3.000	2.400
			Lieferantenverbindlichkeiten	5.200	5.700
Summe	25.800	28.800	Summe	25.800	28.800

Anlagenspiegel (in T€)

Anfangsbestand	Zugänge	Abgänge	Abschreibungen	Buchwert
8.400	4.200	200	1.100	11.300

Kann das Unternehmen aus der laufenden Geschäftstätigkeit heraus die Investitionen und die Kredittilgung bedienen? Herausgestellt werden soll auch, warum zur Berechnung des Cashflow aus Bilanzpositionen die bilanziellen und nicht die kalkulatorischen Abschreibungen verwendet werden sollten.

LÖSUNG: ▶ *Die im Geschäftsjahr getätigten Investitionen in Höhe von 4,2 Mio. € können zu einem großen Teil aus den Umsatzerlösen von innen heraus finanziert werden. Mit dem Heranziehen des operativen Cashflows in Höhe von 2,2 Mio. € (500 T€ + 1.100 T€ + 600 T€) verbleiben 2,0 Mio. €, die über die Ausreichung von Darlehen finanziert werden. Eine entsprechende Erhöhung kann konstatiert werden. In Bezug auf das Working Capital in Höhe von 500 T€ (-200 T€ Anstieg Vorräte + 200 T€ Abnahme Kundenforde-*

rungen + 500 T€ Zunahme Lieferantenverbindlichkeiten) ist die Aktiva ausgeglichen, da der Kapitalbedarf für das Vorratsvermögen mit dem Liquidieren von einem Teil der Forderungen kompensiert werden kann. Offen sind zusätzliche Lieferantenrechnungen in Höhe von 500 T€. Der Kontokorrentkredit konnte vom Unternehmen teilweise ausgeglichen werden.

Der Cashflow aus der betrieblichen Tätigkeit, wie er über eine Kapitalflussrechnung ermittelt wird, schließt das Working Capital mit ein und beträgt 2,7 Mio. €, was die teilweise Finanzierung der langfristigen Investitionen von innen heraus ermöglicht. Für die Ermittlung der einzelnen Cashflow-Größen werden die bilanziellen Abschreibungen herangezogen, da diese die stillen Reserven gegenüber den aktivierten Buchwerten zum Ausdruck bringen.

5.2.2 Finanzierung aus Vermögensumschichtung

Ist es dem Unternehmer nicht möglich, eine entsprechende Kalkulation auf dem Absatzmarkt durchzusetzen oder kann sich das Unternehmen die geschaffene Infrastruktur in Form des gesamten **Anlagevermögens** nicht mehr vollständig leisten, wird die natürliche Geldwerdungsdauer abgekürzt (künstliche Liquidation). Innerhalb des **finanzwirtschaftlichen Bereichs** wird der Finanzbedarf mit dem Verkauf nicht benötigter Vermögensgegenstände gedeckt, wie beispielsweise die Veräußerung von

► Finanzanlagen,

► immaterieller Vermögensgegenstände,

► Sachanlagen wie nicht benötigte Grundstücke oder das

► Einbeziehen von Leasing bzw. „Sale-and-lease-back" des Sachanlagevermögens.

Der Finanzierungseffekt wird über die **Vermögensumschichtung** generiert und in der Bilanz als Aktivtausch gebucht, weswegen wir diese Variante auch als **aktivische Finanzierung** bezeichnen. Da diese Maßnahmen gleichzeitig zu einer Optimierung der Vermögensstruktur beitragen, wird sich die Vermögensrendite auch dementsprechend erhöhen, die wir mit der Kennziffer ROCE (Return on Capital Employed) quantifizieren können. Bei Verkaufserlösen über den Buchwerten muss berücksichtigt werden, dass damit das Offenlegen von stillen Reserven verbunden ist, die dann in der Gewinn- und Verlustrechnung als „Erlöse aus der Veräußerung von Vermögensgegenstände" erfolgswirksam erfasst und bei der Bestimmung des nachhaltigen Erfolgs als neutrale Erträge wieder abzuziehen wären.

BEISPIEL: ► Zu Beginn des neuen Geschäftsjahres verlangt die Hausbank einen Ausgleich des Kontokorrentkontos in Höhe von 100 T€ eines Großhändlers. Dieser hat weder die Möglichkeit, seinem Unternehmen weiteres Eigenkapital zuzuführen, noch sieht er eine Gelegenheit, zur Umschuldung woanders Kredite aufzunehmen. Die Bilanz zum 31. 12. ist wie folgt strukturiert:

Bilanz (in T€)

Aktiva		Passiva	
1. Sachanlagen	40	1. Eigenkapital	100
2. Vorräte	180	2. Bankverbindlichkeiten	120
Summe	220	Summe	220

Welche Möglichkeiten der Kapitalbeschaffung wären denkbar?

LÖSUNG: *Da sowohl die Beteiligungs-, als auch die Kreditfinanzierung nicht in Frage kommen, bleibt nur die Möglichkeit der aktivischen Finanzierung mittels Vermögensumschichtung. Empfohlen werden könnte die teilweise Liquidation der bestehenden Positionen des Vorratsvermögens.*

Zwar sollte das **Umlaufvermögen** sich ständig erneuern, um den laufenden Liquiditätszufluss zu gewährleisten, doch Störungen bei der Leistungsverwertung können auftreten. Die Sicherung der Liquidität ist eine der Kernaufgaben des Managements, da versäumte Zahlungen den Wertschöpfungsprozess unterbrechen und es zu sehr unerfreulichen Folgewirkungen kommen kann. Nicht bezahlte Materiallieferungen führen künftig zu Ausfällen in der Materialversorgung, eine Wertschöpfung kann nicht stattfinden, demzufolge leidet der Verkauf, sodass das Ausbleiben von Umsatzerlösen die Folge ist. Sehr schnell werden die Kredit gebenden Banken mit der Nichtprolongation der ausgereichten Kontokorrentlinien und auch das Fälligstellen der Darlehen androhen. Um es nicht so weit kommen zu lassen, sollte auch die Zusammensetzung des Umlaufvermögens optimiert und zeitig genug entsprechende **Desinvestitionsmaßnahmen** eingeleitet werden, wie

▶ **Debitorenmanagement** wie z. B. Rechnung schreiben, Zahlungskonditionen verhandeln (An-, Barzahlung, Skonto und Zahlungsziel), Mahnwesen (Intern/Inkassoinstitut) sowie Factoring;

▶ **Lagerbestandsbindung** verkürzen (Bestandsoptimierung und Just-in-Time-Lösungen);

▶ **Wertpapierveräußerung** und

▶ **Reduzierung der Auszahlungen** durch Zahlungszielverlängerung und Skontoausnutzung bei den Lieferanten, Verschieben der Ersatz- und Erweiterungsinvestitionen, Steuerstundung, Kürzung von Sozialleistungen an die Mitarbeiter, Kostensenkungs- und Rationalisierungsmaßnahmen bei der Ressourcenbeschaffung gegenüber den Zulieferern, moderate Gewinnausschüttung an die Eigentümer sowie eine generelle Neugestaltung bestehender und künftiger Verträge.

Das **Factoring** ist der Verkauf von Forderungen an eine Bank oder an Institute, die auf das Management von Forderungen spezialisiert sind. Nach dem Abzug einer Factoringgebühr, die sich für das Inland zwischen 0,5 % und 2,5 % der Rechnungssumme bemisst, schreibt der Factor dem Unternehmen den Betrag gut. Für das Unternehmen bedeutet das den Vorteil einer schnelleren Liquidität sowie die Absicherung des Ausfallrisikos, denn der Factor übernimmt auch die Haftung für die Bezahlung der Forderungen, das sog. **Delkredererisiko**. Darüber hinaus können weitere Serviceleistungen, wie die gesamte **Debitorenbuchhaltung**, das **Inkasso-** und das **Mahnwesen** sowie die Rechtsverfolgung übernommen werden. Üblicherweise wird ein Vertrag über ein offenes Factoring abgeschlossen, bei dem das Unternehmen seine Schuldner/Debitoren über den Forderungsverkauf informieren muss, da diese den ausstehenden Rechnungsbetrag direkt an den Factor bezahlen. Da dieses Procedere auf der Kundenseite tendenziell auf wenig Akzeptanz stößt und auch die Art der Finanzierung relativ teuer ist, hat sich dieses Instrument bei inhabergeführten Unternehmen noch nicht sehr breit durchgesetzt.

5.3 Beurteilung

Da bei mittelständischen Unternehmen, die nicht an der Börse notiert sind, die Zuführung von Beteiligungskapital aufgrund der fehlenden Handelbarkeit der Gesellschaftsanteile nur sehr eingeschränkt möglich ist, bleibt sehr häufig nur die Generierung von Eigenkapital auf dem Weg der **Thesaurierung von Gewinnen**. Bei Kapitalgesellschaften ist das Buchen von Gewinnrücklagen nur von Bedeutung, da die Möglichkeit der Ausschüttung besteht. Auch bei einer Auflösung in den Folgeperioden dürfen diese nicht an die Eigentümer weitergegeben werden. Im Wesentlichen richtet sich die Ausschüttungsgröße an den artikulierten Präferenzen der Gesellschafter, am Investitionsvolumen, an der aktuellen Liquiditätslage und an den Konditionen einer alternativen Kreditaufnahme. Bei Unternehmen, dessen Jahresüberschuss aufgrund einer angespannten wirtschaftlichen Lage keine Verteilung zulässt, bleibt nur die Optimierung der Vermögensstruktur.

Insbesondere bei Kleinstunternehmen kommt das **Desinvestitionsmanagement** in Bezug auf das Anlagevermögen aber sehr schnell an seine physischen Grenzen. Im Zusammenhang mit dem Liquiditätsfluss im Umlaufvermögen besteht bei vielen Unternehmen im Umgang mit den Forderungen gegenüber Kunden oftmals großes Optimierungspotential. Gerade bei Handwerksunternehmen kann vielfach beobachtet werden, dass die Auftragsbücher gefüllt und die Mitarbeiter ausgelastet sind, die Unternehmen aber trotzdem Liquiditätsengpässe konstatieren müssen. Auch so banale Vorgänge wie ein zeitnahes Stellen von Rechnungen, Erinnerungsschreiben verschicken sowie das Mahnen der ausstehenden Forderungen zur Chefsache zu erklären wäre durchaus ein erster Schritt, den Liquiditätsfluss anzuregen. Die betriebswirtschaftliche Literatur formuliert im Zusammenhang mit der Beurteilung der Innenfinanzierung sehr häufig Merkmale wie

► Unabhängigkeit gegenüber dem Kapitalmarkt,

► keine Kapitalkosten, dadurch Kalkulation günstigerer Absatzpreise,

► sofortige Verfügbarkeit,

► keine Abhängigkeit gegenüber Kapitalgebern,

► keine Offenlegung der Vermögens-, Finanz- und Ertragsverhältnisse,

► Verbesserung der Bonität sowie

► Gefahr der Kapitalfehlleitung.

Derartige Einschätzungen der Innenfinanzierung haben ihre Berechtigung, da es im Gegensatz zur Außenfinanzierung keine vertraglichen Verpflichtungen in Bezug auf Prospektgestaltung, Kapitalentgelt, Überlassungsdauer, Sicherheiten sowie über Honorare und Gebühren gibt. Die Kapitalgeber von Beteiligungs- und Kreditkapital knüpfen Bedingungen an das Eingehen ihres Engagements. Die Finanzierung über das Einbehalten von Gewinnen ist aber nur mit der Zustimmung der Eigentümer möglich, denn ihnen gehört der Jahresüberschuss als Entgelt für die Kapitalüberlassung. Dieses Spannungsverhältnis gilt es auszuloten, soviel Gewinne zu thesaurieren, dass für das Unternehmen die Finanzierung wertorientierter Investitionen gewährleistet werden kann und trotzdem die Eigentümer angemessen am Erfolg partizipieren lässt.

BEISPIEL: ▶ Eine Personengesellschaft muss für die Realisierung ihrer Investitionsstrategie ein Finanzierungskonzept erarbeiten. Die Bilanz zum 31. 12. weist die folgenden Zahlen aus:

Bilanz (in T€)

Aktiva		Passiva	
Sachanlagen	1.600	Kapitalkonto Markmann	210
Vorräte	550	Kapitalkonto Müller	150
Kasse, Bank	100	Privatkonto Markmann	50
		Privatkonto Müller	40
		Bankverbindlichkeiten	1.800
Summe	2.250	Summe	2.250

Ergänzende Informationen, die dem Controlling-Bericht entnommen werden:

▶ Unter der Position Sachanlagevermögen befinden sich Liegenschaften im Wert von knapp 1,2 Mio. €, die zu 60 % mit Hypotheken belastet sind.

▶ Wertpapierbesitz ist nicht vorhanden.

▶ Der Jahresüberschuss beträgt etwa 200 T€, bei einem Umsatz von 4,0 Mio. €, der auch in den nächsten Jahren nicht wesentlich gesteigert werden kann.

▶ Um den Anforderungen des Marktes auch zukünftig gerecht zu werden, muss das Unternehmen mittelfristig größere Investitionen im Gesamtwert von 1,5 Mio. € tätigen.

Welche Kapital- und Finanzierungssituation kann konstatiert werden?

LÖSUNG: ▶ *Da das Unternehmen bereits mit 80 % verschuldet ist, erscheint die Möglichkeit einer weiteren Kreditaufnahme unwahrscheinlich. Aufgrund der eher mäßigen Gewinnsituation ist auch die Finanzierung über das Thesaurieren von Gewinnen nur schwer möglich, vor allem unter dem Hintergrund, dass die Belastung der Einkommensteuer auch noch zu tragen wäre. Die Möglichkeit der Liquidation des Sachanlagevermögens ist wegen der Kreditbesicherung mit dinglichen Sicherheiten nicht gegeben. Das Vorratsvermögen hat keinen nennenswerten Vermögenswert. Die Investitionsstrategie wird ausschließlich über das Instrument der Beteiligungsfinanzierung erreicht werden können. Bleiben die Möglichkeiten einer gutsituierten Heirat, einer Erbschaft oder eines Lottogewinns außen vor, muss zur weiteren Finanzierung des Unternehmens ein zusätzlicher Gesellschafter aufgenommen werden. Auch wäre die Variante einer stillen Beteiligung eines Dritten durchaus überlegenswert.*

6. Optimierung der Kapitalstruktur

Die **Außenfinanzierung** ist die Kapitalzuführung von außen, welches auch außerhalb des Unternehmens erwirtschaftet wurde. Während die Gläubiger bei der Finanzierung über die Kreditgewährung aufgrund vertraglicher Vereinbarungen die Kapitalbedienung der Zins- und Tilgungsleistungen festlegen und Mitbestimmung keine Rolle spielt, ist der Anspruch der Eigentümer, die Einflussnahme bei unternehmerischen Entscheidungen, die je nach Rechtsform und Unternehmensgröße unterschiedlich stark ausgeprägt ist. Damit verbunden ist auch das Tragen eines unternehmerischen Risikos, welches demzufolge auch besser vergütet sein muss, als für das Gläubigerkapital. Dem unternehmerischen Vergütungsanspruch in direkter Konkurrenz steht die Finanzierung über das Einbehalten von Gewinnen, also das Kapital, welches als **Innenfinanzierung** durch innerbetriebliche Vorgänge erwirtschaftet wurde. Zwar ist die Gewinnthesaurierung eine für das Unternehmen preiswerte und auch unkomplizierte Variante, auf der anderen

Seite muss aber dem Eingehen eines unternehmerischen Risikos der Eigentümer Rechnung getragen werden.

Gibt es bei börsennotierten Aktiengesellschaften eine klare Trennung zwischen Kapitalgeber und Management, ist der Gesellschafter einer Personengesellschaft oder der geschäftsführende Gesellschafter einer GmbH in Personalunion Kapitalgeber und Manager. Eine Reihe von mittelständischen Unternehmern, die diese Rolle ausüben, halten ihr jährliches Geschäftsführergehalt vergleichsweise moderat und kompensieren dies in ertragsreichen Geschäftsjahren über eine höhere Ausschüttung. Gerade Unternehmer, welche die **Beteiligungsfinanzierung** in Verbindung mit der Aufnahme weiterer Gesellschafter verhindern, können zusätzliches Eigenkapital nur über die **Gewinnthesaurierung** generieren. Darüber hinaus erhöht die Eigenkapitalquote die Bonität bzw. das Rating und demzufolge die Chance auf eine höhere **Kreditfinanzierung**. Das häufig ins Spiel gebrachte Argument in Bezug auf die Ausschüttungspolitik börsennotierter Unternehmen, mit der Ausschüttung die Kapitalkosten zu reduzieren, ist insoweit unpräzise, da die Anteile der Aktionäre im Beteiligungskapital, also dem Grundkapital und den Kapitalrücklagen gebunden sind und nicht in den Gewinnrücklagen, die mit der Verbuchung der Thesaurierung angesprochen werden. Eine elegantere Variante zur Reduzierung hoher Eigenkapitalanteile wäre der Erwerb eigener Aktien nach § 71 AktG.

Da die **Rentabilität** des Gesamtkapitals (r_{GK}) sich aus den Eigen- (EK) und Fremdkapitalanteilen (FK) zusammensetzt und sehr häufig auch höher ist als die Fremdkapitalkosten (r_{FK}), kann mit der weiteren Aufnahme von Fremdkapital die Eigenkapitalrendite (r_{EK}) gesteigert werden, was als **Leverage-Effekt** bezeichnet wird. Die Eigenkapitalrendite kann demnach mit der Aufnahme zusätzlicher Kredite gesteigert werden. Der Anteil des Eigenkapitals nimmt ab und bei gleichbleibender Erfolgsgröße, in der Regel der ausschüttungsfähige handelsrechtliche Jahresüberschuss, nimmt die Rendite zu.

$$r_{EK} = (JÜ / EK) \times 100$$

Da die Gesamtkapitalrendite sich aus der Rendite des Eigen- und des Fremdkapitals zusammensetzt, funktioniert diese „Hebelwirkung" nur, solange die Rendite des Gesamtkapitals größer ist als der Zinssatz für das Fremdkapital. Die folgende Formel soll diesen Zusammenhang belegen:

$$r_{EK} = r_{GK} + {}^{FK}/_{EK} \times (r_{GK} - r_{FK})$$

Bei einem Ansteigen des allgemeinen Zinsniveaus, was auch sehr schnell eine Anpassung der Kreditzinsen nach sich zieht und auch die Banken vermehrt von ihrer Zinsgleitklausel Gebrauch machen, kippt der Effekt sehr schnell ins Gegenteil. Gerade die Finanzierung der Engagements von Private Equity-Fonds machen sich den Leverage-Effekt zunutze und reizen ihn bei der Verschuldung ihrer Zielunternehmen in der Regel auch bis zur Grenze aus.

Eine abschließende Empfehlung über die richtige Kapitalstruktur wird nicht gegeben werden können, zu differenziert sind die einzelnen Aspekte des Eigen- und Fremdkapitals. Das Management sollte sich aber bewusst sein, dass bei der Betrachtung der Kapitalkosten nicht nur die zu zahlenden Zinsen für das Fremdkapital zu berücksichtigen sind, sondern auch das Eigenkapital seinen Preis hat. Auf der anderen Seite verursacht die Tilgung bzw. auch die Teiltilgung von Krediten einen Liquiditätsabfluss, der möglicherweise in eine Phase angespannter Liquidität fehlen könnte. Auf jeden Fall aber muss eine Fristenkongruenz zwischen Kapitalüberlassung und Vermögen hergestellt werden, die wir in den obigen Ausführungen mit der Horizontalen Finanzierungsregel kennen gelernt haben. Auch kann konstatiert werden, dass die Beurteilung der Boni-tät und auch die Ratingkategorisierung zu einem großen Teil von der Höhe des bilanzierten und auch wirtschaftlichen Eigenkapitals abhängen. Das darüber hinaus das Management für die Steuerung des Unternehmens auch noch andere Erfordernisse zu berücksichtigen hat, wie Preis-kalkulation, Finanzplanung, Treffen von Investitionsentscheidungen sowie die Einschätzung des Unternehmenswertes, soll in den Folgekapiteln Controlling und Wertmanagement besprochen werden.

7. Integrative Fallstudie, Teil 2

Die mit der Entwicklung und Fertigung von medizinischen Hilfsmitteln agierende Reha & Care GmbH, deren Jahresabschluss wir im Kapitel C.vorgestellt haben, hat als Plangrößen einen Um-satz von 20,8 Mio. € und einen Jahresüberschuss in Höhe von 1,2 Mio. €.

Ist- und Plan-Bilanz (in T€)					
	Plan	Ist		Plan	Ist
A. Anlagevermögen			**A. Eigenkapital**		
I. Immaterielle Vermögens-gegenstände			I. Stammkapital	878	878
			II. Gewinnrücklagen	680	680
1.Konzessionen und Schutzrechte	137	75	III. Jahresüberschuss	1.214	0
II. Sachanlagen			**B. Rückstellungen**		
1. Grundstücke und Gebäude	2.459	184	1. Steuerrückstellungen	119	98
2. Technische Anlagen u. Maschinen	10	15	2. Sonstige Rückstellungen	332	139
			C. Verbindlichkeiten		
3. Betriebs- u. Geschäftsaus-stattung	540	144	1. Bankdarlehen	3.190	908
			2. Kontokorrentkredite	1.183	427
4. Geleistete Anzahlungen und Anlagen im Bau	0	266	3. Verbindlichkeiten aus LuL	871	1.056
			4. Sonstige Verbindlichkeiten	5	12
B. Umlaufvermögen					
I. Fertige Erzeugnisse und Waren	1.853	1.217			
II. Forderungen und sonstige Vermögensgegenstände					
1. Forderungen aus LuL	2.227	1.622			
2. Sonstige Vermögensgegen-stände	907	188			
III. Kassenbestand und Bankguthaben	271	419			
C. Rechnungsabgrenzung	68	47			
Summe	8.472	4.198	Summe	8.472	4.198

Die Bilanz der Reha & Care GmbH

Problemstellung „Finanzwirtschaftliche Aspekte"

Zur Unterstützung der Finanzierungsaktivitäten soll eine Einschätzung über die vorhandene Kapitalstruktur des Unternehmens gegeben werden.

Beteiligungsfinanzierung

1. Wie hoch ist das über die Beteiligungsfinanzierung aufgenommene Kapital? Welche Varianten einer zusätzlichen Aufnahme operativer und reiner kapitalbeteiligter Gesellschafter sowie so genannter Eigenkapital ersetzender Finanzierungsinstrumente wie Mezzanine-Finanzierungsformen könnten von den Gesellschaftern in Erwägung gezogen werden?

Kreditfinanzierung

2. Wie hoch ist das bereitgestellte Gläubigerkapital? Welche Einschätzungen ließen sich für die Kreditarten Darlehen, Kontokorrent- und Lieferantenkredit bezüglich der Parameter Bonitätsprüfung, Sicherheiten, Laufzeit, Konditionen und Tilgungsmodalitäten formulieren?

Innenfinanzierung

3. Wie verändert sich bei einer vollständigen Ausschüttung des Jahresgewinns die Struktur der Bilanz? Welche strategischen Auswirkungen muss die Geschäftsleitung in diesem Zusammenhang berücksichtigen? Wie könnte die Gewinnverwendung in einem Gesellschaftervertrag geregelt werden?

Desinvestitionsmanagement

4. Zur Verbesserung der Liquidität wären welche Varianten möglicher aktivischer Finanzierungsformen denkbar?

Finanzierungsmix

5. Welche grundsätzlichen Unterschiede ergeben sich aus den dargestellten Finanzierungsalternativen anhand der Parameter Erhältlichkeit, Laufzeit, Kosten sowie Auswirkungen auf die Bilanzstruktur?

Ratingoptimierung

6. Welche finanzpolitischen Maßnahmen könnten getroffen werden, um die Bilanzstruktur bezüglich einer Bonitätsverbesserung zu gestalten (vgl. Ratingprofil Reha & Care GmbH, Fallstudie, Teil 1)?

Beteiligungsfinanzierung

Das von den Eigentümern zugeführte Kapital beträgt 878 T€ und liegt zum einen weit über den gesetzlichen Vorgaben, zum anderen, kann auch ein hohes Verlustauffangpotential konstatiert werden. Möglicherweise wäre an die Aufnahme eines stillen Gesellschafters zu denken, was aber bei einer Eigenkapitalquote, berechnet auf das durchschnittlich gebundene wirtschaftliche Eigenkapital in Höhe von 28 % erst einmal nicht nötig erscheint.

Kreditfinanzierung

Das von den Hausbanken zur Verfügung gestellte Kapital beträgt 4,4 Mio. €. In Anbetracht der anstehenden Investitionsleistung, die einen vernünftigen Schritt in Bezug auf die künftige wirtschaftliche Wertschöpfung darstellt, wäre die Gesamthöhe durchaus zu rechtfertigen. Die 3,2 Mio. € Darlehensanteil kosten zurzeit etwa 5,0 %, als Sicherheiten dienen entsprechende Grundschulden auf die Betriebsimmobilie. Der Kontokorrentkredit wird mit einer selbstschuldnerischen Bürgschaft des geschäftsführenden Gesellschafters unterlegt. Aufgrund des derzeitigen schwachen Kapitalmarktes werden auch Kontokorrentkredite aktuell mit etwa 4 % bis 5 % ausgereicht. Die Inanspruchnahme der Lieferantenkredite ist im Betrachtungszeitraum rückläufig.

Innenfinanzierung

Bei einer vollständigen Ausschüttung, die anlässlich der Gesellschafterversammlung beschlossen wird, kommt es zu einer Bilanzverkürzung in Höhe von 1.214 T€. Mit der Buchung „Gewinn bzw. Eigenkapital an Bank" muss dafür gesorgt werden, dass auch die benötigten liquiden Mittel vorhanden sind. Das betrachtete Unternehmen hat 271 T€ liquide Mittel aktiviert. Sollte die zum Ausschüttungszeitpunkt benötigte Größe aus den operativen Rückflüssen nicht vorliegen, wäre ein Kredit aufzunehmen, um die Ausschüttung finanzieren zu können. Dem Unternehmen würden dadurch zusätzliche Kosten mit etwa 60 T€ anfallen, welche die GuV-Rechnung erfolgswirksam belasten würde. Eine entsprechende Vereinbarung sollte im Gesellschaftervertrag geregelt sein, beispielsweise, dass nur ausgeschüttet werden darf, wenn es die Liquiditätssituation des Unternehmens ermöglicht. In Anbetracht der ohnehin schon eher angespannten Liquiditätssituation sollten die Gesellschafter auf eine Gewinnausschüttung verzichten.

Desinvestitionsmanagement

Auf den hohen Forderungsbestand und das hohe Vorratsvermögen mit etwa der Hälfte der Bilanzsumme wurde bereits sehr deutlich im ersten Teil der Fallstudie hingewiesen. Das Liquidieren der bestehenden Forderungen sollte bei der Reha & Care GmbH innerhalb des Desinvestitionsmanagements die oberste Priorität erhalten. Sollte es in den Folgejahren zu Engpässen kommen, beispielsweise aufgrund einer restriktiven Kontokorrentausreichung der Banken, wäre möglicherweise an den Verkauf der Betriebsimmobilie zu denken. Eine Verwertung erscheint durchaus plausibel, da diese in einem prosperierenden Gewerbegebiet steht.

Finanzierungsmix

Im Gegensatz zu börsennotierten Unternehmen, bei denen das Beteiligungskapital mit sehr hohen Kapitalkosten verbunden ist, wäre bei eigentümergeführten Unternehmen eher der Parameter Unabhängigkeit hervorzuheben. Sehr häufig scheitert die Kreditaufnahme aufgrund einer zu geringen Eigenkapitalquote. Ziel des Unternehmens sollte sein, die Eigenkapitalquote nicht absinken zu lassen. Zu empfehlen wäre die Thesaurierung zukünftiger Gewinne.

Ratingoptimierung

Die Schwachstelle der Reha & Care GmbH ist nicht die Kapitalstruktur. Diese liegt eher beim gesamten Warenfluss von der Akquisition der Aufträge bis zur vollständigen Bezahlung. Dem Unternehmen wäre zu raten, alle Möglichkeiten einzuräumen, den gesamten Wertschöpfungsprozess genauestens zu untersuchen und auf Schwachstellen zu überprüfen. Zu empfehlen wäre auch die Datenerfassung einer Kapitalflussrechnung, um insbesondere die Liquidität besser beurteilen zu können und im Folgenden zu optimieren.

LITERATURHINWEISE:

Achleitner, A.-K./von Einem, C./von Schröder, B. (Hrsg.), Private Debt – alternative Finanzierung für den Mittelstand, Finanzmanagement, Rekapitalisierung, Institutionelles Fremdkapital, Stuttgart 2004.

Ackermann, J., Wie viel Gewinn für wen? Unternehmen zwischen Aktionären und Öffentlichkeit, Neue Zürcher Zeitung vom 15./16.1.1995, Nr.11, S.15.

Air Berlin, Investor-Relation-News vom 28.3.2007, Berlin 2007.

Air Berlin, Supplementary Prospectus of 27 April 2006, London 2006.

Allianz SE, Einladung zur Hauptversammlung der Allianz SE am 29.April 2009, München 2009.

Beermann, E., Der Börsengang, eine Finanzierungsalternative für den Mittelstand? Der Steuerberater als Vorbereiter und Begleiter eines „Going Public", BBB, Zeitschrift für betriebswirtschaftliche Fragen rund um das Mandat des Steuerberaters, H.6, S.172 – 177, 2007.

Bösl, K., Kosten des Börsengangs, Ein Überblick, Institutional Real Estate Magazin, H.3, S.29 – 32, 2007.

Burkhardt, K./Gaumert, U., Zentrale Fragen der Kreditfinanzierung, Die Bank, Zeitschrift für Bankpolitik und Praxis, H.4, S.60 – 63, 2006.

Busse, F.-J., Grundlagen der betrieblichen Finanzwirtschaft, München 2003.

Deutsche Telekom AG, Geschäftsbericht 2008, Bonn 2009.

Ehren, M., Wie ein Börsengang funktioniert, unter www.boerse.ard.de/content. jsp?key=dokument_54723, abgerufen am 30.4.2004.

Härtl, H., Besonderheiten des Ablaufs und der Zeitplanung eines Börsengangs, Emittenten müssen Mindestkriterien erfüllen, um auf Aufnahmebereitschaft des Kapitalmarktes zu stoßen, Institutional Investment Real Estate Magazin, H.3, S.24 – 28, 2007.

Heilmann, D./Louven, S., Vodafone schreibt Milliarden ab, Handelsblatt vom 15.11.2006, Nr.221, S.16.

Hofnagel, J., Private Equity, eine Option für den Mittelstand? Bei diesen typischen Problemen Ihrer Mandanten können Finanzinvestoren unterstützen, BBB, Zeitschrift für betriebswirtschaftliche Fragen rund um das Mandat des Steuerberaters, H.2, S.60 – 64, 2007.

IHK Industrie- und Handelskammer, Eigentumsvorbehalt, Frankfurt 2009.

IFD, Initiative Finanzstandort Deutschland, Rating Broschüre, München 2009.

Kreditanstalt für Wiederaufbau, KfW, Ratingarten, Ratingfaktoren sowie Ratingergebnis, unter www.kfw-mittelstandsbank.de, abgerufen am 12.3.2009.

Krummheuer, E., Rheinisch, aber knallhart im Geschäft, Handelsblatt vom 28.3.2007, Nr.62, S.16.

Lohmann, M., Abschreibungen, was sie sind und was sie nicht sind, Der Wirtschaftsprüfer, S.353 ff., 1949.

Perridon, L./Steiner, M., Finanzwirtschaft der Unternehmung, München 2007.

Plankenstein, D./Ehrhart, N., Wie Mezzanine-Kapital die Bonität verbessert, Handelsblatt vom 14.11.2006, Nr.220, S.26.

Plankensteiner, D./Rehbock, T., Die Bedeutung von Mezzanine-Finanzierungen in Deutschland, Zeitschrift für das gesamte Kreditwesen, Jg.58, H.15, S.790 - 794, 2005.

Rottke, N./Rebitzer, D. (Hrsg.), Handbuch Real Estate Private Equity, Köln 2006.

RWE AG, Geschäftsbericht 2008, Essen 2009.

Standard & Poor´s, www.standardandpoors.de, 2009.

Thommen, J.-P./Achleitner, A.-K., Allgemeine Betriebswirtschaftslehre, Umfassende Einführung aus managementorientierter Sicht, Wiesbaden 2009.

Tirole, J., The Theory of Corporate Finance, New Jersey 2006.

Wienerberger, Geschäftsbericht 2007, Wien 2008.

Wienerberger AG, Wienerberger gibt Beschluss zur Kapitalerhöhung bekannt, Wienerberger Ad-hoc Information vom 21.9.2007, Wien.

E. Operatives Controlling

Vorgestellt werden verschiedene Instrumente, um ein internes Rechnungswesensystem für die Steuerung des Unternehmens aufzubauen. Die Daten der Finanzbuchhaltung sollen entsprechend aufbereitet werden können, um im Zusammenhang mit der Preiskalkulation und verschiedener anderer Planungsinstrumente für das Controlling herangezogen werden zu können. Das Quantifizieren von Investitionen rundet das Kapitel ab und legt die Grundlage für das im Folgekapitel zu diskutierende Wertmanagement-Konzept.

Inhalt: Einführung in das operative Controlling mit den aus der Bilanzrechnung ableitbaren Instrumenten Kostenrechnung (Vollkosten- und Deckungsbeitragsrechnung sowie moderne Verfahren wie die Prozess- und Zielkostenrechnung), Finanzrechnung (Kapitalbedarfs-, Liquiditäts- und Finanzplanung sowie Kapitalflussrechnung) zuzüglich verschiedener Aspekte zu unternehmerischen Investitionsentscheidungen.

1. Struktur des Controlling

Das Controlling als Summe eines Aufgabenfeldes, welches von der gesamten Unternehmensorganisation zur Bewältigung der gestellten Aufgaben wahrgenommen werden muss, bedeutet für die Verantwortlichen auch, entsprechende Strukturen einzurichten.

1.1 Wirkungskreis

Die geschäftsführenden Gesellschafter kleinerer und mittlerer Unternehmen (KMU) füllen bei der Ausübung ihrer Tätigkeit in der Regel eine Doppelrolle aus. Sie sind in ihrer Eigenschaft als **Kapitalgeber** Eigentümer und demzufolge Risikoträger in Bezug auf das eingesetzte eigene Kapital, gleichzeitig in der Ausübung ihrer Funktion als **Manager** auch verantwortlich für die erfolgreiche Unternehmenssteuerung mit Blick auf den richtigen Mix für das Hinzuziehen einzelner Finanzierungs- und Controlling-Instrumente. Im kaufmännischen Bereich für ein KMU verantwortlich zu zeichnen heißt, die Instrumente der Unternehmenssteuerung und die Gestaltung der optimalen Finanzierungs- und Vermögensstruktur zu beherrschen. Dazu gehört auch, Kennzahlen zur Früherkennung von Liquiditätsengpässen im Unternehmen zu implementieren und zu interpretieren. Sich abzeichnende Unternehmenskrisen sind aber keine vernichtenden Schicksale des Unternehmens, sondern normale Entwicklungsprozesse in einem Unternehmenslebenszyklus. Da die Kredit gebenden Banken in derartigen Situationen entweder die Verfügung über die laufenden Konten gesperrt oder zumindest dieses angedroht haben, sind mit dem Hinzuziehen von Controlling-Daten entsprechende fundierte Gespräche mit den Gläubigern eines der wichtigsten Schritte.

Konzerne zeichnen sich dahingehend aus, dass das Finanzmanagement in ein Cash- und ein Treasury-Management segmentiert ist. Das **Cash-Management** ist im Wesentlichen für die optimale Gestaltung des Finanzflusses im Unternehmen zuständig. Das bedeutet im einzelnen Lenkung, Organisation, Planung und Kontrolle der Kapitalzu- und -abflüsse, während das **Treasury-Management** die Vorbereitung und Durchführung von Maßnahmen zur Aufnahme des Kredit- und Eigenkapitals beinhaltet. Der Treasurer ist im Wesentlichen für das **Finanzstrukturmanagement** verantwortlich, was im Tagesgeschäft mit der Ermittlung des betriebsnotwendigen Finanzierungsvolumens, mit dem Aufzeigen alternativer Finanzierungsmöglichkeiten und mit der ganzheitlichen Optimierung der zu bilanzierenden Kapital- und Vermögensstruktur der im Unternehmen definierten Zielkriterien bewältigt werden muss. Das **Controlling** wiederum ist ein institutionalisiertes Informationssystem, das alle wirtschaftlich auswertbaren Vorgänge abbildet. Vom Controller werden die Budgetierung und die Abstimmung aller im Unternehmen vorkommenden Teilpläne erstellt, um auf der Basis funktionsübergreifender Steuerungsgrundlagen Entscheidungshilfen für das Management vorzubereiten. Insgesamt gestaltet und begleitet dieser den Managementprozess der Zielfindung, die Planung und die Steuerung und trägt demzufolge Mitverantwortung für die unternehmerische Zielerreichung.

1.2 Systematisierung

Während die betriebliche Finanzwirtschaft in die oben dargestellten Bereiche Beteiligungs-, Kredit- und Innenfinanzierung recht klassisch aufgeteilt werden kann, ist die Segmentierung für das Controlling nicht so eindeutig durchzuführen. Beispielsweise sind die Instrumente **Kapitalbedarfs- und Finanzplanung** sowie die **Investitionsrechnungen** auf der einen Seite sehr klassisch der Finanzwirtschaft zu subsumieren, auf der anderen Seite sind aber auch gerade diese mit Bezug auf die optimale Vermögensallokation für die Steuerung der Unternehmen heranzuziehen und demzufolge dem Controlling zu subsumieren. Genauso ist die **Kapitalflussrechnung** einerseits die logische Ergänzung eines Jahresabschlusses, gleichzeitig zeigt es aber auch dem Management, ob die Investitions- und Definanzierungsleistungen aus den laufenden Cashflows bedient werden können, also analog der oben genannten Instrumente gleichzeitig auch ein legitimer Bestandteil des **operativen** Controllings.

Dem **strategischen** Controlling zugeordnet werden, kann die **Unternehmensbewertung**, die dem Management eine Indikation über die Wertentwicklung des gesamten Vermögensportfolios gibt. Unternehmerische Entscheidungen werden unter Berücksichtigung der Wertentwicklung einzelner Geschäftsfelder getroffen. Präferiert werden diejenigen Aktivitäten, die den höchsten Wertzuwachs für die Anteile der Eigentümer ermöglichen. Im Umkehrschluss bedeutet dies die Desinvestition von Geschäftsfeldern, die das nicht erreichen können. War bis etwa Mitte der 1990er Jahre die Unternehmensbewertung nur in der deutschsprachigen Spezialliteratur der Betriebswirtschaftslehre oder in der angelsächsischen Literatur zu finden, gehört dieses Thema inzwischen zum Standardrepertoire einer betriebswirtschaftlichen Ausbildung. Mehrheitlich wird diese der Finanzwirtschaft als Erweiterung der Investitionsrechnung oder auch dem Wertmanagement als Kernbereich des strategischen Controllings subsumiert.

Zwar ist eine wertorientierte Steuerung von Unternehmen mit allen ihren Facetten des Shareholder Value-Denkens eher eine Erscheinung der jüngeren Vergangenheit. **Controlling** als **Unternehmensfunktion** geht aber bis ins 19. Jahrhundert zurück, als die ersten US-amerikanischen Unternehmen in Form der großen Eisenbahngesellschaften entstanden sind. Allerdings waren damit eher finanzwirtschaftliche Aufgaben verbunden. Erst im Zusammenhang mit der Weltwirtschaftskrise in den 1930er Jahren, als es eine Vielzahl von Unternehmenszusammenbrüchen gab und auch die Vernachlässigung des Rechnungswesens erkannt wurde, musste einer stärkeren Transparenz genüge getan werden. Für Deutschland kann eine breitere Anwendung des Controlling aufgrund einer bis dahin herrschenden internationalen Isolation erst ab den 1950er Jahren konstatiert werden. Das Etablieren von Divisionseinheiten und auch Tochtergesellschaften sowie die vor allem in den 1980er Jahren vorherrschende Insolvenzwelle von Unternehmen machte das Implementieren des Controlling, also ein Set an Aufgaben in Bezug auf **Planungs- und Steuerungsaufgaben**, unumgänglich. Mit dem Einrichten von Controlling-Lehrstühlen an den Universitäten ist das Controlling in den Folgejahren dann auch in Deutschland als eine wissenschaftliche Disziplin ernst genommen worden.[34]

Während innerhalb der letzten 30 Jahre niedrige gesamtwirtschaftliche Wachstumsraten, weltwirtschaftliche Veränderungen, die Tendenz zu käuferdominierten Wettbewerbsstrukturen sowie ständig kürzer werdende Innovationszeiten der Produkte als eher **makroökonomische** Einflussfaktoren für den Einsatz von Controllinginstrumenten genannt werden können, tragen auch unternehmensintern **Rationalisierungsmaßnahmen** innerhalb des leistungswirtschaftlichen Bereichs wie Outsourcing, Just-in-Time-Lösungen u. Ä. zu einer breiteren Anwendung bei. Darüber hinaus haben auch die Kapitalgeber in den letzten Jahren einen stärkeren **Informationsbedarf** von Unternehmensdaten gefordert, der vom Unternehmen befriedigt werden muss. Dabei geht es nicht nur um die Transparenzanforderungen von börsennotierten Unternehmen gegenüber den Aktionären zur Evaluierung des Shareholder Value, sondern auch um die Offenlegung von Planungsrechnungen eigentümergeführter Unternehmen gegenüber den Banken im Zusammenhang mit der Gewährung von Krediten. Innerhalb des einzelnen Unternehmens müssen demzufolge Organisationseinheiten geschaffen werden, die in der Lage sind, die für das Management notwendigen Entscheidungsvorlagen vorzubereiten.

In kleinen und mittleren Unternehmen ist die Stellung des Controllings eher selten als eigene **Organisationseinheit** definiert. Auf der einen Seite ist ein Teil der Daten, insbesondere die eher vergangenheitsbezogenen, wie die Daten für das Debitoren- und Kreditorenmanagement sowie die der Lohn- und Gehaltsabrechnung in den Händen der Buchhaltung, auf der anderen Seite sind Planungsrechnungen bezüglich Absatzzahlen oder Investitionsleistungen auf dem Schreibtisch bzw. in den Köpfen der Geschäftsleitung. Eine Informations- und Koordinationsfunktion mit Bezug auf die Gesamtsteuerung des Unternehmens kann das Controlling aber nur einnehmen, wenn eine entsprechende Bündelung der Aufgaben mit den dazugehörigen Instrumenten vorgenommen wird.

Diese kann durchaus einer **Stabsstelle** übertragen werden, allerdings mit dem Makel des fehlenden direkten Bezugs zum operativen Geschäft. Die jeweiligen Befindlichkeiten des Marktes der Abnehmer und auch der Lieferanten können nur indirekt wahrgenommen werden. Demzufolge bleibt mehr oder weniger nur das Etablieren einer Controllingeinheit in der Schnittstelle Kunde bzw. Produktmanagement und den funktionalen Ressorts, welches als **zentrales Controlling** dargestellt werden kann. Dass der Controller bei dieser Organisationsform zwischen zwei Stühlen, nämlich der disziplinarischen und der funktionalen Zuordnung sitzt, kann dann durchaus zu Reibungen bzw. zu einer Einschränkung der erforderlichen Aufgaben führen. Das **dezentrale Controlling** wiederum, welches in den einzelnen Funktionalbereichen untergebracht ist, trägt ähn-

---

34 Die Entwicklung des Controllings hat *Peemöller* (2005) recht umfangreich aufgegriffen.

lich der Stabstelle die Gefahr der Informationsisolation. In einem direkten Zusammenhang mit dem Schaffen eigener Organisationseinheiten für das Controlling steht die gewählte Segmentierung der Disziplin Controlling, die vom jeweiligen Einsatzbereich abhängig ist. Grob unterteilen lässt sich Controlling

► nach **Funktionalbereichen** wie Beschaffungs-, Produktions-, Lagerhaltungs-, Transport-, Absatz-, Finanzierungs- und Investitions- sowie Personalcontrolling;

► nach **Branchen** wie Produktions-, Handelsbetriebs- und Bankencontrolling, etc.;

► nach **Lebenszyklusphasen** wie Gründungs-, Mergers & Acquisitions-, Integrations-, Sanierungs- und Veräußerungscontrolling;

► nach **Organisationseinheiten** wie Sparten-, Auslands-, Beteiligungs- oder Projektcontrolling oder auch

► nach der **Ausrichtung des internen Rechnungswesens** im Kontext eines entscheidungs- oder wertorientierten Ansatzes.

Innerhalb des Controllingsystems trägt das **entscheidungsorientierte** Rechnungswesen die Verantwortung in Bezug auf die Liquiditäts- und Gewinnsicherung des Unternehmens. Deren zentrales Instrument ist die **Kosten- und Leistungsrechnung**, welche die Preis- und Umsatzkalkulation über die Kosten und Erlöse zum Ausdruck bringt. Auch Auftrags- und Projektabrechnungen gehören ebenso zum Leistungsspektrum wie die Entscheidungsvorbereitung zur Auslagerung von einzelnen Prozesseinheiten im Kontext einer Make-or-buy-Entscheidung. Konkrete Zahlungsströme als Ein- und Auszahlungen werden in der **Finanzierungsrechnung** erfasst, deren wesentliche Teilbereiche die Kapitalbedarfs-, Liquiditäts- und Finanzplanung sowie die Kapitalflussrechnung sind. Die **Bilanzrechnung** erfasst im Gegensatz zur externen Jahresabschlusserstellung Planungsinstrumente wie Planbilanzen und Plan-GuV-Rechnungen, welche die gegenwärtigen Aufwände und Erträge aus der Finanzbuchhaltung bereinigen und in Bezug auf zukünftige Szenarien anpassen. Auch ist das Herausarbeiten eines nachhaltigen Gewinns in Bezug auf die Kommunikation mit den Kapitalgebern ein zentrales Element.

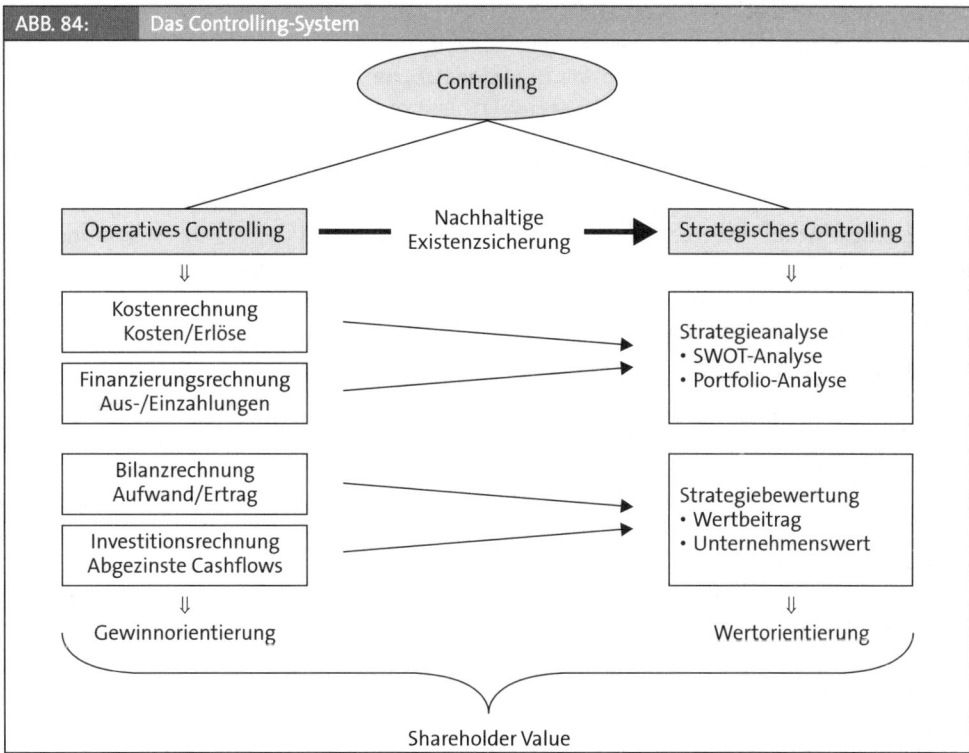

ABB. 84:   Das Controlling-System

Da die Unternehmen eine Optimierung ihrer Vermögensallokation anstreben, werden verschiedene Alternativen mit der **Investitionsrechnung** quantifiziert, die mit der Abzinsung zukünftiger Cashflows mathematisch mit der **Unternehmensbewertung** einher geht, die als das Herzstück des **wertorientierten** Controllings bezeichnet werden kann. Eine wertorientierte Unternehmensführung schafft die notwendige Transparenz, um den Vergleichen der Kapitalgeber bei der Überlassung von Eigen- und Fremdkapital Stand zu halten. Insgesamt sollte Controlling natürlich mehr als nur die Buchhaltung, aber im Idealfall auch nicht Bestandteil der Geschäftsleitung sein, da der Controller primär seine Rolle als Vorbereiter von Entscheidungen und demzufolge auch eine gesunde Distanz zu den Analyseergebnissen einnehmen muss. Aus den verschiedenen Disziplinen sollte sich der Controller ein Instrumentenset formen, um anstehende Entscheidungen im Unternehmen fundiert aufzubereiten und als eine Organisationseinheit zur **ergebnisorientierten Steuerung** des Unternehmens wahrgenommen zu werden.

2. Kostenrechnung

Die **Kosten- und Leistungsrechnung**[35] als Instrument des internen Rechnungswesens und zentrales Controllinginstrument verantwortet die Erfassung sowie die Systematisierung von Kosten als der bewertete Werteverzehr für die betriebliche Leistungserstellung. Diese sind als eine Vor-

---

35 Kosten- und Leistungsrechnung wird neuerdings auch gerne Kosten- und Wirtschaftlichkeitsrechnung oder nur Kostenrechnung genannt.

leistung des Unternehmens anzusehen, die nicht negativ beurteilt werden dürfen, sondern einen Ertragsbetrieb erst ermöglichen. Ziel des Kostenmanagements ist es demzufolge nicht, Kosten zu vermeiden, sondern ihren Einsatz zu optimieren, um die liquiden Mittel für renditeträchtige Investitionen zu verwenden. Im Gegensatz zur externen Rechnungslegung, welche die Erstellung des Jahresabschlusses zum Ziel hat, besteht bei der Kostenrechnung keine Rechenschaftspflicht gegenüber den Adressaten, sondern muss ausschließlich der internen Informationsnachfrage nachkommen. Externe Belege, die zunächst in der Finanzbuchhaltung bearbeitet und verbucht wurden, werden auch für die interne Rechnungslegung herangezogen und nach individuellen Kalkulationsgrundsätzen eingesetzt. In diesem Zusammenhang ist zu berücksichtigen, dass die Strukturierung der Gewinn- und Verlustrechnung überwiegend nach dem Gesamtkostenverfahren, also nach Kostenarten gegliedert ist.

Eine funktionsfähige Kostenrechnung, die als Steuerungsinstrument für Managemententscheidungen tauglich sein soll, muss aber die Kosten nach dem Ort ihrer Entstehung erfassen können, also nach den Kostenstellen. Im angelsächsischen Wirtschaftsraum hat sich für die interne Anwendung der Begriff **Management Accounting** durchgesetzt, also das Gegenstück zum **Financial Accounting**, welches einer gesetzlichen Regelung unterzogen ist und für die Zielgruppe Kapitalgeber entwickelt wurde. Ein funktionsfähiges Management Accounting sollte für jede Führungsebene im Unternehmen als eine innerbetriebliche Dienstleistungseinrichtung für die Aufarbeitung und Bereitstellung der für die anstehenden unternehmerischen Entscheidungen notwendigen Daten darstellen. Demzufolge fungiert die Kostenrechnung als Nebenrechnung zur Finanzbuchhaltung. Die Integration der Vollkostenrechnung, die schon immer eine Schlüsselung der Kosten nach Kostenstellen beinhaltet, in ein funktionsfähiges Management Accounting System, kann demzufolge gewährleistet werden. Damit könnte die traditionelle Trennung externer und interner Datenerfassung zunehmend aufgehoben werden.

2.1 Vollkostenrechnung

Für die Preiskalkulation bedient sich die Vollkostenrechnung der Erfassung aller im Unternehmen anfallenden Kosten, die ihre Systematisierung anhand der Fragen

- ► **Welche** Kosten sind angefallen?   =>   Kostenartenrechnung
- ► **Wo** sind Kosten angefallen?   =>   Kostenstellenrechnung
- ► **Wofür** sind Kosten angefallen?   =>   Kostenträgerrechnung

erfahren.

2.1.1 Kostenartenrechnung

Mit der Bestimmung einzelner Kostenarten ist der unmittelbare Bezug zur externen Rechnungslegung erkennbar, da auch die Finanzbuchhaltung die Erfolgsgrößen nach Arten segmentiert. Ist der **Aufwand** als gesamter Werteverzehr innerhalb der unternehmerischen Tätigkeit definiert, sind **Kosten** ausschließlich der bewertete Werteverzehr, der in einem unmittelbaren Bezug zur betrieblichen Leistungserstellung steht. Demzufolge erfüllt die Erfassung einzelner Kostenarten die Zuordnung zur extern ausgerichteten Gewinn- und Verlustrechnung, gleichzeitig ist diese aber auch der Datenlieferant für die Kostenrechnung, auch unabhängig der zugrunde gelegten Kostenrechnungsmethode.

ABB. 85:	Die Gegenüberstellung von Aufwand und Kosten
Finanzbuchhaltung -> **Aufwand**	Kostenrechnung -> **Kosten**
Materialaufwand	Materialkosten
Personalaufwand	Personalkosten
Sonstiger betrieblicher Aufwand	Einzelne Kosten wie bspw. Raumkosten, Instand- haltungskosten etc.
Zinsaufwand (Finanzaufwand)	Zins- und sonstige Kapitalkosten (Finanzkosten)
Steueraufwand	Kosten für Zwangsabgaben
Abschreibungsaufwand	Erfassung über den Ansatz von kalkulatorischen Kosten

Bei der Unterstellung einer Deckungsgleichheit aller erfassten Aufwandspositionen und Kosten müssen diese auf dem Absatzmarkt generiert werden und über die Umsatzerlöse in das Unternehmen zurückkommen. Demzufolge finden die Kosten in der Preisgestaltung bzw. Kalkulation ihre Berücksichtigung. Auch erlaubt ihre Differenzierung dem Management einen Überblick über mögliche sinnvolle Ansätze für die Einsparung bzw. Optimierung von Kosten. Die wesentliche Unterscheidung der Kosten wird nach der Art der Verrechnung auf die einzelnen Produkte bzw. Kostenstellen vorgenommen, nämlich in Einzel- und Gemeinkosten.

Als **Einzelkosten** werden diejenigen Kosten erfasst, die außerhalb des Unternehmens beschafft werden und einem einzelnen Kostenträger direkt zugeordnet werden können. Hervorzuheben wären zum einen die **Materialeinzelkosten** für das im Produkt enthaltene Material wie Werkstoffe, Instandhaltungsmaterial, Verpackungsstoffe, Fremdbauteile sowie Energiezuführung. Zum anderen sind das die **Fertigungseinzelkosten**, die sich aus den Lohn- oder auch Gehaltskosten der unmittelbar im Produktionsprozess zurechenbaren Mitarbeiterentgelte zusammensetzen. Darunter subsumiert werden die aus der Lohn- und Gehaltsbuchhaltung zu entnehmenden Bruttoentgelte sowie der Arbeitgeberanteil zur Sozialversicherung. Die genaue Erfassung wird über einen Kostenartenplan erreicht, der wiederum mehrheitlich anhand der zum Einsatz kommenden Produktionsfaktoren gegliedert ist.

Hingegen ist die fehlende direkte Zurechenbarkeit das wesentliche Kennzeichen von **Gemeinkosten**. Die Bereitstellung und die Inanspruchnahme sind von unterschiedlichen Organisationseinheiten, demzufolge eine direkte Zurechnung auf ein Produkt nicht möglich ist. Unterschieden werden **Material**- (bspw. Materiallagerkosten), **Fertigungs**- (bspw. Betriebsleitergehalt), **Verwaltungs**- (bspw. Gehalt der Geschäftsleitung) und **Vertriebsgemeinkosten** (bspw. Kosten für die Vertriebsaktivitäten, Vertreterdienst sowie Werbung). Während die Einzelkosten direkt den verschiedenen Produkten als die jeweiligen Kostenträger zugeordnet werden können, müssen die Gemeinkosten mittels einer Schlüsselung aufgeteilt werden. Im Grunde kann die Aufteilung der Gemeinkosten auf die einzelnen Kostenträger auch willkürlich erfolgen. Nichtsdestotrotz ist es aber eine wesentliche Aufgabe der Vollkostenrechnung in einem nächsten Schritt die Zuordnung einzelner Gemeinkosten auf die Kostenstellen als räumliche Einheiten zu erfassen, in der die Kosten angefallen sind.

2.1.2 Kostenstellenrechnung

Da die Gemeinkosten für die einzelnen Kostenträger unterschiedlich anfallen, werden diese in einem ersten Schritt in selbstständigen, abgrenzbaren Verantwortungsbereichen erfasst, um dann in einem zweiten Schritt entsprechende Zuschlagsätze bestimmen zu können, deren Basis dann die jeweiligen Einzelkosten darstellen. Primäre Gemeinkosten entstehen innerhalb der im Unternehmen definierten **Hauptkostenstellen**, in der Regel räumlich abgrenzbare Organisationseinheiten, die einen direkten Bezug zur eigentlichen Leistungserstellung haben. Die erbrachte Leistung wird an den Absatzmarkt abgegeben. Demgegenüber stehen **Hilfskostenstellen** im Zusammenhang mit der Verrechnung der innerbetrieblichen Leistungserstellung, die in der Kostenrechnung als sekundäre Gemeinkosten erfasst werden. Beispiele wären Kantinenbetrieb, Wachdienst oder eine Sanitätsstation. Um eine sachgerechte Umlage der sekundären auf die primären Gemeinkosten zu gewährleisten, empfiehlt sich deren Zurechnung nach dem **Verursachungsprinzip** (Grad der Inanspruchnahme der Produktionsfaktoren), dem **Tragfähigkeitsprinzip** (Grad der Wertschöpfung am Absatzmarkt) oder dem **Durchschnittsprinzip** (Division durch die Anzahl der Produkte).

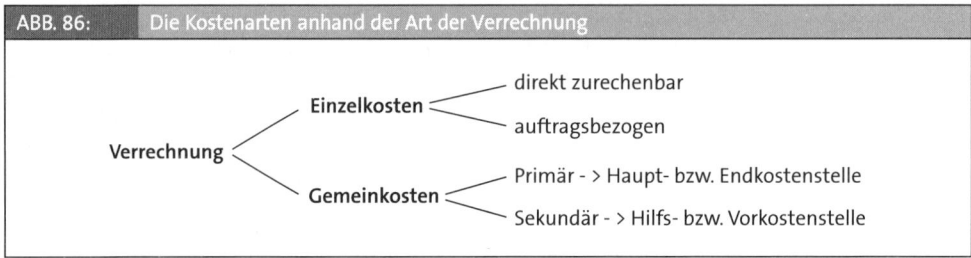

ABB. 86:	Die Kostenarten anhand der Art der Verrechnung

Verrechnung
— Einzelkosten
 — direkt zurechenbar
 — auftragsbezogen
— Gemeinkosten
 — Primär - > Haupt- bzw. Endkostenstelle
 — Sekundär - > Hilfs- bzw. Vorkostenstelle

Da die Gemeinkosten als ganzes zwar kalkuliert werden können, der unmittelbare Bezug zu den einzelnen Kostenträgern aber fehlt, behilft sich die betriebliche Praxis mit entsprechenden Zuschlagsätzen, die den jeweiligen Einzelkosten addiert werden. Die Verwendung eines **Betriebsabrechnungsbogens** (BAB) zur tabellarischen Erfassung der Zuschlagsätze ist in diesem Zusammenhang ein nützliches Hilfsmittel. Als Matrix werden vertikal die einzelnen Kostenarten und horizontal die gemäß des Leistungserstellungsprozesses gegliederten Kostenstellen erfasst. Die einzelnen Daten werden aus der **Finanzbuchhaltung** in die für die Kostenrechnung relevante **Betriebsbuchhaltung** übernommen. Falls bei der Übernahme nicht von aufwandsgleichen Kosten ausgegangen werden kann, muss mit Hilfe eines **Überleitungsbogens** eine Wertkorrektur vorgenommen werden.

Bei der innerbetrieblichen Leistungsverrechnung werden die Hilfs- bzw. Vorkostenstellen als abgebende Kostenstellen entlastet und die Haupt- bzw. Endkostenstellen stufenweise von links nach rechts als empfangene belastet. Nach erfolgter Leistungsverrechnung werden auf der Basis des prozentualen Verhältnisses zwischen den jeweiligen Einzel- und den übrig bleibenden primären Gemeinkosten entsprechende **Zuschlagsätze** gebildet. Eine Besonderheit sind die Zuschlagsätze für die Verwaltungs- und Vertriebsgemeinkosten, da deren Basis, aufgrund des Fehlens von Einzelkosten, die Herstellkosten sind.

$$\text{Zuschlagsatz Materialgemeinkosten} = \frac{\text{Materialgemeinkosten (MGK)}}{\text{Materialeinzelkosten (MEK)}} \times 100$$

$$\text{Zuschlagsatz Fertigungsgemeinkosten} = \frac{\text{Fertigungsgemeinkosten (FGK)}}{\text{Fertigungseinzelkosten (FEK)}} \times 100$$

$$\text{Zuschlagsatz Verwaltungsgemeinkosten} = \frac{\text{Verwaltungsgemeinkosten (VwGK)}}{\text{Herstellkosten (HK)}} \times 100$$

$$\text{Zuschlagsatz Vertriebsgemeinkosten} = \frac{\text{Vertriebsgemeinkosten (VtGK)}}{\text{Herstellkosten (HK)}} \times 100$$

Die in einem Betriebsabrechnungsbogen ermittelten jeweiligen Zuschlagsätze wiederum dienen dann in der Kostenträgerrechnung zur Kalkulation der Verkaufspreise.

Nachdem in der Betriebsbuchhaltung verschiedene Kostenarten nach Beleg auf die Kostenstellen verteilt wurden, ergibt sich für ein Produktionsunternehmen folgender monatlicher Betriebsabrechnungsbogen (BAB):

Kostenstellen / Kostenarten	Gesamt	Allgemeine Hilfskostenstelle	Fertigungshilfskostenstelle	Fertigungshauptkostenstellen		Materialkostenstelle	Verwaltungskostenstelle	Vertriebskostenstelle
				A	B			
Materialgemeinkosten	73.800	400	900	30.000	40.000	500	1.000	1.000
Zeitlöhne und Gehälter	67.200	1.200	3.000	12.000	18.000	6.000	12.000	15.000
Personalzusatzkosten								
Kalkulatorische Abschreibung								
Kalkulatorische Zinsen								
Fremdleistungskosten	15.100	600	1.000	2.033	2.467	2.000	3.000	4.000
Summe Gemeinkosten								
Umlage Allgemeine Hilfskostenstelle								
Umlage Fertigungshilfskostenstelle								
Summe Gemeinkosten								
Fertigungslöhne	135.000			60.000	75.000			
Fertigungsmaterial	150.000					150.000		
Herstellkosten								
Ist-Zuschlagsätze in %								
Tageswert d. abnutzbaren AV	825.000	600.000	30.000	60.000	75.000	15.000	30.000	15.000
Betriebsnotwendiges Kapital	555.000	360.000	15.000	40.000	57.500	7.500	45.000	30.000

Die übrigen **Gemeinkostenarten** sollen nach Umlageschlüsseln auf die Kostenstellen verteilt werden, wobei bekannt ist, dass

1. die Personalzusatzkosten bei 60,0 % der Fertigungs- und Zeitlöhnen sowie der Gehälter liegen,

2. der auf die Tageswerte des abnutzbaren Anlagevermögens bezogene Abschreibungssatz 20,0 % p. a. beträgt,

3. die kalkulatorischen Zinsen 8,0 % p. a. vom betriebsnotwendigen Kapital ausmachen,

4. die Kosten der allgemeinen Hilfskostenstelle nach der Quadratmeterfläche im Verhältnis 1:2:3:1:2:1 auf die übrigen Kostenstellen verteilt werden und

5. die Fertigungshilfskostenstelle im Verhältnis 2 : 3 auf die Fertigungshauptkostenstellen A und B verteilt werden.

6. Ermittlung der Ist-Gemeinkostenzuschlagsätze (in %) als Kalkulationsgrundlage.

Kostenstellen / Kostenarten	Gesamt	Allge- meine Hilfskos- tenstelle	Ferti- gungs- hilfs- kosten- stelle	Fertigungshaupt- kostenstellen		Material- kosten- stelle	Verwal- tungs- kosten- stelle	Ver- triebs- kosten- stelle
				A	B			
Materialgemein- kosten	73.800	400	900	30.000	40.000	500	1.000	1.000
Zeitlöhne und Gehälter	67.200	1.200	3.000	12.000	18.000	6.000	12.000	15.000
Personalzusatz- kosten	121.320	720	1.800	42.200	55.800	3.600	7.200	9.000
Kalkulatorische Abschreibung	13.750	10.000	500	1.000	1.250	250	500	250
Kalkulatorische Zinsen	3.700	2.400	100	267	383	50	300	200
Fremdleistungs- kosten	15.100	600	1.000	2.033	2.467	2.000	3.000	4.000
Summe Gemeinkosten	294.870	15.320	7.300	88.500	117.900	12.400	24.000	29.450
Umlage Allgemeine Hilfskostenstelle			1.532	3.064	4.596	1.532	3.064	1.532
Umlage Fertigungs- hilfskostenstelle				3.533	5.299			
Summe Gemeinkosten	294.870			95.097	127.795	13.932	27.064	30.982
Fertigungslöhne	135.000			60.000	75.000			
Fertigungsmaterial	150.000					150.000		
Herstellkosten	521.824							
Ist-Zuschlag- sätze in %				158,5	170,4	9,3	5,2	5,9

Die in der Kostenstellenrechnung hervorgegangenen Zuschlagsätze können dann in die letzte Stufe der Vollkostenrechnung, in die Kostenträgerrechnung überführt werden. Deren Ziel ist die die Ermittlung der Selbstkosten, welche wiederum die Kostengrundlage für die Preiskalkulation bildet.

2.1.3 Kostenträgerrechnung

Unter einem Kostenträger wird das Ergebnis des Wertschöpfungsprozesses verstanden, welches ein stoffliches Produkt oder auch eine Dienstleistung sein kann. Für die Preiskalkulation können verschiedene Verfahren herangezogen werden, wobei die Zuschlagskalkulation als **Kostenträgerstückrechnung**[36] sehr häufig verwendet wird. Als Grundlage zur Kalkulation der Selbstkosten werden die auf die Kostenträger fallenden Einzelkosten herangezogen, denen unter Hinzunehmen der ermittelten Zuschlagssätze die jeweiligen Gemeinkosten addiert werden. Anhand der Fortsetzung des obigen Beispiels soll die Preiskalkulation mit der Verwendung einer **differenzierten Zuschlagskalkulation**, also mit separaten Zuschlagssätzen für jede Kostenstelle, veranschaulicht werden.

FALL (FORTSETZUNG 1) „ZUSCHLAGSKALKULATION"

Das Produktionsunternehmen kalkuliert für die Fertigung einen Materialverbrauch in Höhe von 20.000 €. An Fertigungslöhnen fallen für das Fräsen (Fertigungshauptkostenstelle A) 800 € und für die Montage (Fertigungshauptkostenstelle B) 500 € an. Die Gemeinkosten werden anhand der aus der Kostenstellenrechnung bzw. dem BAB ermittelten Zuschlagssätze kalkuliert. Berechnet werden sollen die Selbstkosten (SK) für das Produkt.

MEK	*20.000,00 €*	
+ MGK	*1.860,00 €*	*(9,3 %)*
+ FFK$_A$	*800,00 €*	
+ FGK$_A$	*1.268,00 €*	*(158,5 %)*
+ FEK$_B$	*500,00 €*	
+ FGK$_B$	*852,00 €*	*(170,4 %)*
= HK	*25.280,00 €*	
+ VwGK	*1.314,56 €*	*(5,2 %)*
+ VtGK	*1.491,52 €*	*(5,9 %)*
= SK	*28.086,08 €*	

Geben die Selbstkosten eine Übersicht über die Erfassung der Einzel- und Gemeinkosten, müssen für die Kalkulation des Verkaufspreises noch Größen wie Gewinnzuschlag, Skonto, Mengenrabatte sowie Umsatzsteuer berücksichtigt werden. Dem nachfragenden Kunden kann dann das vollständige Angebot wie folgt unterbreitet werden:

---

36 Die Kostenträgerzeitrechnung legt für einen Kostenträger einen Abrechnungszeitraum zugrunde, sodass bei sonst gleicher Methode auch die auftretenden Veränderungen des Lagerbestands berücksichtigt werden.

= SK	28.086,08 €

+ Gewinnaufschlag

= Barverkaufspreis

+ Skonto

= Zielverkaufspreis

- Mengenrabatte

= Kalkulierter Netto-Verkaufspreis

+ Umsatzsteuer

= Kalkulierter Brutto-Verkaufspreis

Der Vorteil einer Zuschlagskalkulation liegt mit Sicherheit in der relativ einfachen Handhabung, vorausgesetzt die Gemeinkosten können transparent gemacht werden, um über diese in einem Betriebsabrechnungsbogen als Instrument der Kostenstellenrechnung die Zuschlagsätze erfassen zu können.

2.1.4 Kritische Reflexion

Als eine grundsätzliche Schwäche muss die unterstellte **Proportionalität** zwischen den Gemeinkosten und den Einzelkosten als deren Bezugsgröße konstatiert werden. Demzufolge kann sie als Entscheidungshilfe nur bedingt herangezogen werden. Da sowohl in den Einzel- wie auch in den Gemeinkosten fixe und variable Kostenanteile enthalten sind, werden bei einer Steigerung der Ausbringungsmenge nicht nur die Einzelkosten, sondern auch die Gemeinkosten erhöht. Da sich die Gemeinkosten zu einem großen Teil aus beschäftigungsunabhängigen Kosten (Fixkosten) zusammensetzen, führt das unweigerlich zu verfälschten Ergebnissen. Eine Unterscheidung der Kostenarten in variable und fixe Kosten ist in der Vollkostenrechnung nicht vorgesehen, da als Entscheidungsgrundlage alle anfallenden Kosten einbezogen werden. Aufgrund des Nichterfassens von Zwischenergebnissen kann keine detaillierte Kalkulation vorgenommen werden. Einzelne für die Geschäftsleitung relevante Informationen wie die Break-Even-Menge, die Gewinnschwelle, das Feststellen von Preisuntergrenzen oder eines alternativen Fremdbezugs von Leistungen werden nicht bereitgestellt.

Auch wenn das Kostenstelleninstrument Betriebsabrechnungsbogen eine analytische Vorgehensweise suggeriert, werden die **Verteilungsschlüssel** der Hilfskostenstellen auf die entsprechenden Hauptkostenstellen doch eher willkürlich gewählt. Zwar erscheinen die Prinzipien der Verursachung, der Tragfähigkeit sowie des Durchschnitts recht plausibel, eine kaufmännisch richtige Aufteilung zwischen Kostentreiber und Kostenträger kann aber nur unzureichend verlässlich ermittelt werden. Im unternehmerischen Alltag geht diese Sensibilisierung häufig verloren, da in der Regel nicht für jeden neuen Auftrag die Zuschlagsätze bzw. auch die dazugehörige Schlüsselungen für die Gemeinkostenumlage erfasst und kalkuliert werden.

Eine weitere grundsätzliche Kritik muss im Zusammenhang mit tendenziell **steigenden Gemeinkostenanteilen** konstatiert werden. Zu beobachten ist die grundsätzliche Veränderung der betrieblichen Wertschöpfung, bei der die Mitarbeiter zunehmend losgelöst von der eigentlichen Produktionsstätte eingesetzt werden. Damit einher geht aus der Sicht der Kostenrechnung ein verstärktes Schwinden der direkt zurechenbaren Einzelkosten, da gerade die Personalkosten zunehmend weniger mit einem bestimmten Kostenträger in Einklang zu bringen sind. Der verstärkte Einsatz automatisierter Produktionsabläufe oder das Arbeiten der Mitarbeiter in einzelnen sich verändernden Projektteams in tendenziell eher dienstleistungsorientierten Volkswirtschaften lässt den Anteil der Gemeinkosten an den Gesamtkosten zunehmend größer werden. Eine marktgerechte Preispolitik kann demzufolge mit der Vollkostenrechnung nicht zur Gänze geleistet werden.

2.2 Deckungsbeitragsrechnung

Eine Unterscheidung der Kostenarten bei Beschäftigungsänderungen wird mit der **Teilkostenrechnung** vorgenommen, die es erlaubt, nur einen Teil der Kosten auf die Kostenträger zu verrechnen. Bei anstehenden betrieblichen Entscheidungen werden erst einmal die beschäftigungsabhängigen bzw. **variablen Kosten** (bspw. Materialkosten, variable Lohn- und Gehaltsteile, Energiekosten etc.) herangezogen. Diese bestehen mehrheitlich aus Einzelkostenbestandteilen und werden in der Regel proportional zur Ausbringungsmenge erfasst. Auch wenn es unter- oder überproportionale Kostenverläufe in der betrieblichen Praxis gibt, die sich beispielsweise aufgrund von Mengenrabatten oder bei einem verstärkten Ressourceneinsatz bei Produktionen an der Kapazitätsgrenze konstatieren lassen, wird mehrheitlich vereinfachend ein proportionaler Verlauf der beschäftigungsabhängigen Kosten unterstellt.

Die **Fixkosten** als beschäftigungsunabhängige Kosten (bspw. fixe Lohn- und Gehaltsteile, Abschreibungen, Miete, Pacht etc.) können teilweise oder auch vollständig für bestimmte unternehmerische Entscheidungen ausgeblendet werden, um dem Kunden ein wettbewerbsfähiges Angebot kalkulieren zu können. Konstatiert werden muss, dass Fixkosten nur für den Kalkulationszeitraum als beschäftigungsunabhängige Größe angenommen werden, da diese je nach vertraglicher Bindung mittel- und langfristig auch vollständig abbaubar sind. Vermögensgegenstände können verkauft, Miet- oder Arbeitsverträge können gekündigt werden. Der Begriff Bereitstellungskosten pro Kalkulationsperiode wäre wahrscheinlich passender.

Die variablen Kosten werden von den Stückerlösen abgezogen, dessen Saldo dann den **Deckungsbeitrag** darstellt. In Bezug zur Gesamtkalkulation trägt dieser zur teilweisen Deckung der vorhandenen Fixkosten bei. Eine pauschale Auflistung von eindeutig variablen und fixen Kosten kann es nicht geben, sondern nur eine tendenzielle Zuordnung. Dem Controlling bleibt nichts anderes übrig, als eine **Kostenstrukturanalyse** vorzunehmen. Hinterfragt werden muss, ob die im Unternehmen auftretenden Kosten auch bei kurzfristigen Beschäftigungsausfällen trotzdem anfallen. Vertragliche Verpflichtungen gegenüber Mitarbeitern oder aus Leasingverträgen sowie ein erschwerter Verkauf von Vermögensgegenständen aufgrund einer fehlenden Fungibilität sind eher beschäftigungsunabhängige Parameter. Gut beraten sind Manager und Unternehmer, die ihre Kostenstruktur flexibel halten und dementsprechend auch die Vertragsgestaltung entsprechend vornehmen. Denn sobald der Absatzpreis über den variablen Kosten liegt, kann zumindest ein Teil der beschäftigungsunabhängigen Kosten gedeckt werden.

Umsatz (E)

    - Variable Materialkosten (K_v)

    - Variable Fertigungskosten (K_v)

    - <u>Variable Vertriebskosten (K_v)</u>

    = Deckungsbeitrag (DB)

    - <u>Fixkosten (K_f)</u>

    = <u>Betriebsergebnis (BE)</u>

Demzufolge werden aus der Sicht der Kostenrechnung diejenigen Produkte im Sortiment gelassen, die einen positiven Deckungsbeitrag erwirtschaften und zumindest Teile der Fixkosten tragen können. Denn jeder Beitrag zur Deckung der Fixkosten trägt dazu bei, einen möglichen Verlust zu verringern, da die Fixkosten in den meisten Fällen nur zeitverzögernd abgebaut werden können. Die Fertigung eines Produktes sollte aber eingestellt werden, wenn dessen variable Kosten nicht mit dem Absatzpreis gedeckt werden können. Im Folgenden sollen die klassischen betrieblichen Entscheidungsprobleme des Controllings wie die Bestimmung einer Break-Even-Menge, das Quantifizieren von Outsourcing, die Annahme eines Zusatzauftrags sowie das Festlegen einer Preisuntergrenze vorgestellt werden.

2.2.1 Break-Even-Menge

Die Teilkostenrechnung erlaubt die Gegenüberstellung von Umsatzerlösen und den fixen sowie variablen Kosten, mit der die kritische Menge, ab der ein Produkt in die Gewinnzone kommt, ermittelt werden kann. Es gilt:

Umsatzerlöse = Gesamtkosten

Stückkosten (e) mal Menge (x) = Fixkosten (K_f) + Variable Kosten (k_v mal x)

$ex = K_f + k_v\, x$

$$x = \frac{k_f}{e - k_v} \quad \Rightarrow \quad \frac{k_f}{db}$$

Die Break-Even-Menge

Die kritische Menge ist demzufolge der Quotient aus den Fixkosten (K_f) und dem Stückdeckungsbeitrag (db). Anhand der folgenden Abbildung kann der Sachverhalt graphisch dargestellt werden.

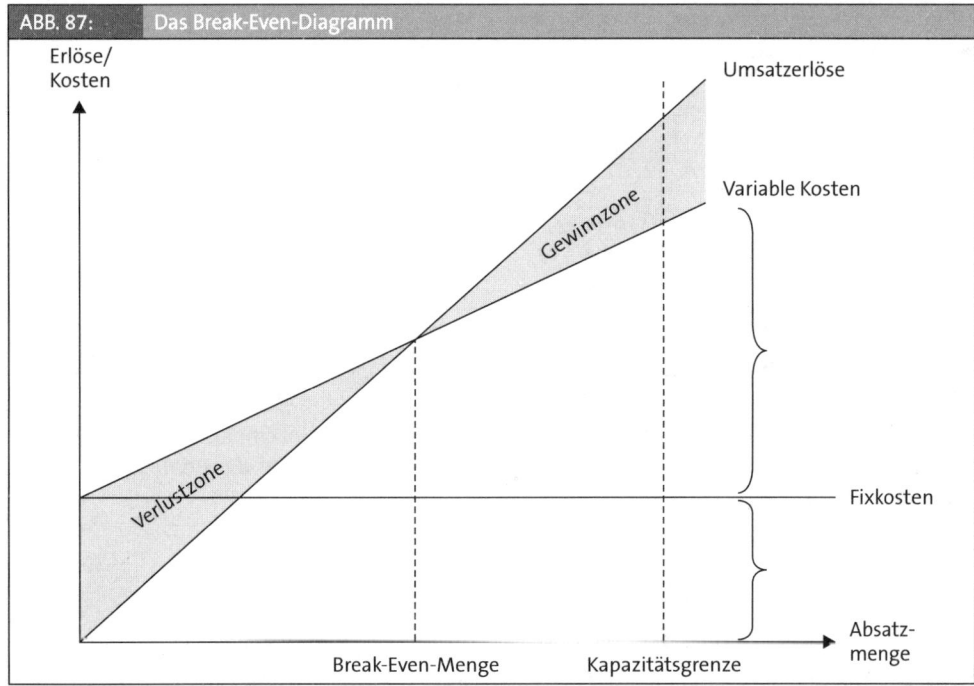

ABB. 87: Das Break-Even-Diagramm

Das Management eines Produktionsunternehmens möchte anhand der Daten aus dem Controlling verschiedene Aspekte wie die **Break-Even-Menge**, die Entscheidung über **Eigen- oder Fremdbezug** von Produkten, die Annahme eines **Zusatzauftrags** und die Bestimmung von **Preisuntergrenzen** mit Hilfe der Deckungsbeitragsrechnung beantwortet bekommen. Die variablen Kostenanteile je Stück sind wie folgt:

Fertigungsmaterial	30,00 €
Fertigungslöhne	25,00 €
Materialgemeinkosten	1,50 €
Fertigungsgemeinkosten	12,75 €
Vertriebskosten	9,75 €

Weitere Angaben:

Stückpreis	135,00 €
Fixkosten	545.000,00 €
Maximale Kapazität	13.000 Stück
Derzeitige Auslastung	86,50 %

Lösung:

► **Break-Even-Menge** (BEM):

Produktionsmenge:	*13.000 Stück x 0,865 (Auslastung) = 11.245 Stück*
Stückdeckungsbeitrag:	*135 € – 79 € = 56 €*
BEM:	*545 T€ : 56 = 9.732 Stück*

► *Betriebsergebnis (BE) und* **Stückgewinn** *(g):*

BE:	*(135 € - 79 €) x 11.245 = 629.720 € - 545.000 € = 84.720 €*
g:	*84.720 : 11.245 = 7,53 €*

Da die Deckungsbeiträge über den beschäftigungsunabhängigen Kosten liegen, werden eine vollständige Kostendeckung und ein Gewinn erreicht. Engpässe in der betrieblichen Leistungserstellung, Kostendruck und zunehmender Wettbewerb zwingen Unternehmen über die Kostenstruktur nachzudenken und auch die Alternative von Outsourcing über das Controlling eruieren und quantifizieren zu lassen.

2.2.2 Make-or-buy-Entscheidung

In den Unternehmen stellt sich die Fragestellung der **Eigen- oder Fremdfertigung** (Make-or-buy-Entscheidung) zum einen in Bezug auf Systemkomponenten, die für das Hauptprodukt benötigt werden, zum anderen auch um die grundsätzliche Auslagerung ganzer Produktionslinien, insbesondere, wie es immer so schön heißt, in das kostengünstigere Ausland. Sehr häufig spielt bei mittelständischen Unternehmern die Überlegung eine Rolle, ob es bei einer teilweisen Auslagerung von Produktionseinheiten gelingt, den Großteil der eigenen Belegschaft weiterhin beschäftigen zu können. Unsinnige negative Äußerungen mancher Politiker bezüglich der Produktionsverlagerung ins Ausland werden den betrieblichen Zwängen mancher Unternehmer nicht gerecht. In der Regel hat kein mittelständischer Unternehmer die Lust, Zulieferbeziehungen ins Ausland zu unterhalten, in der er der Sprache und auch der Gepflogenheiten häufig nicht mächtig ist. Viel lieber würde er alles Notwendige in heimischer Produktion abwickeln. Die wirtschaftliche Situation bestimmter Branchen, einhergehend mit einem verstärkten Kostendruck, zwingt verantwortungsvolle Unternehmer häufig zu einem derartigen Handeln als Alternative zum Zusperren des Betriebs.

Vielfach sind es aber auch ganz pragmatische Gründe, die ein Nachdenken über einen möglichen Fremdbezug erforderlich macht. Beispielsweise das Fremdvergeben von Druckereierzeugnissen, die Marketingaktivitäten, Schulungsleistungen oder auch die Betriebskantine. Derartige **Wirtschaftlichkeitsüberlegungen** werden auf der Basis der vorhanden betrieblichen Infrastruktur angestellt. Es wird erst einmal davon ausgegangen, dass die ungenutzten Kapazitäten nicht kurzfristig abgebaut werden können und keine weiteren zusätzlichen Fixkosten anfallen. Die Beurteilung erfolgt demnach ausschließlich anhand der Grenzkosten, also der Kosten für die zuletzt produzierte Einheit. Eine Eigenfertigung ist dann vorzuziehen, wenn die Grenzkosten geringer sind als der Einstandspreis beim Fremdbezug. Neben den Empfehlungen, die auf Basis von Controllingdaten abgegeben werden, müssen darüber hinaus auch zusätzliche Überlegungen wie Fertigungsqualität, Liefertreue, Markenimage, Kernkompetenz oder auch eine mögliche Abhängigkeit gegenüber Zulieferanten vom Management mit in die Diskussion eingebracht werden.

Ein Zulieferer bietet gleichartige Artikel zu einem Preis von 70,- € je Stück an, wobei noch 4,50 € Bezugskosten je Einheit hinzukommen. Welche Kostenstruktur haben die Varianten Eigenfertigung und **Fremdbezug**, wenn unterstellt wird, dass die Fixkosten aufgrund von vertraglichen Bindungen kurzfristig nicht abgebaut werden können?

Lösung:

Freie Kapazität ist vorhanden. Die anteiligen Fixkosten werden nicht berücksichtigt, da diese erst einmal vorhanden sind.

Eigenfertigung:	*MEK 30,00 € + MGK 1,50 € + FEK 25,00 € + FGK 12,75 € = 69,25 €*
	zzgl. 9,75 € Sondereinzelkosten des Vertriebs = 79,00 €
Fremdbezug:	*70,00 € + 4,50 = 74,50 €*
	zzgl. 9,75 € Sondereinzelkosten des Vertriebs = 84,25 €

Mittels Gleichsetzen der beiden Funktionen lässt sich in einem Folgeschritt die kritische Menge ausrechnen, ab der ein Wechsel der Bezugsform unter den Aspekten der Kostenrechnung interessant wird.

$$K_{Fremdbezug} = K_{Eigenfertigung}$$
$$74,50 € x = 545.000 € + 69,25 € x$$
$$5,25 x = 545.000 €$$
$$X = \underline{103.809\ Stück}$$

Unter der Voraussetzung kurzfristig nicht abbaubarer Fixkosten und demzufolge einer ausschließlichen Betrachtung der variablen Kosten sollte die Eigenfertigung präferiert werden. Ein ausschließlicher Fremdbezug wird ab einer Ausbringungsmenge von 103.809 Stück interessant.

2.2.3 Zusatzauftragsannahme

Ein weiteres klassisches unternehmerisches Entscheidungsproblem ist die Kalkulation eines weiteren Auftrages, vor allem dann, wenn dieser von den üblichen Konditionen nach unten hin abweicht. In einem ersten Schritt muss geprüft werden, ob genügend freie Fertigungskapazitäten vorhanden sind und ein positiver Deckungsbeitrag ermittelt werden kann. Genauso wichtig ist in einem zweiten Schritt das Prüfen, ob ein Sonderpreis den Verkaufspreis gegenüber der Stammkundschaft gefährdet. Dies ist gerade bei Produkten wichtig, die durch wenige Nachfrager gekennzeichnet sind und sich die einzelnen Kunden möglicherweise kennen. Auch gilt es herauszufinden, ob gegenüber der Stammkundschaft ein gewisser Teil an Reservekapazität für das Annehmen weiterer Aufträge vorgehalten werden soll, um ein Abwandern zu anderen Anbietern zu verhindern. Ein Produzieren an der Kapazitätsgrenze kann mittel- und langfristig zu einer stärkeren Abnutzung der Betriebsmittel führen, welche unter Umständen eine Anpassung der kalkulatorischen Abschreibungsgrößen als Fixkostenbestandteil notwendig werden lässt.

Wir unterstellen die Entscheidung zur Eigenfertigung, sodass sich an der eingangs gestellten Auslastung nichts ändert. In dieser Situation möchte ein neuer ausländischer Kunde einen größeren Posten von diesem Artikel zu einem Preis von 90,00 € kaufen. Eine Entscheidung über den Zusatzauftrag soll getroffen werden.

Lösung:

Freie Kapazität?	=>	*13.000 Stück – 11.245 Stück =*	*1.755 Stück freie Kapazität!*
Deckungsbeitrag?	=>	*90 € - 79 € =*	*11,00 € positiver DB!*

Aufgrund freier Fertigungskapazitäten und einem positiven Deckungsbeitrag sollte aus der Sicht der Kostenrechnung der Auftrag angenommen werden, da sich mit diesem das Gesamtergebnis verbessern lässt. Mit dem Hinweis auf einen ausländischen Kunden, wäre das Risiko in Bezug auf die Beeinflussung des Verkaufspreises gegenüber der Stammkundschaft als eher gering einzuschätzen. Ob es sinnvoll ist, zusätzliche Kapazitäten für ein mögliches Bedienen der Stammkundschaft frei zu halten, muss von der Geschäftsleitung entschieden werden.

Unter Ausnutzung der vollständigen Kapazität mit dem Zusatzauftrag soll das Betriebsergebnis (BE) und der Stückgewinn (g) berechnet werden.

E	*= 11.245 x 135 €*	=>	*1.518.075 €*
+ E_{Zusatz}	*= 1.755 x 90 €*	=>	*157.950 €*
= E_{Gesamt}		=>	*1.676.025 €*
- K_v	*= 13.000 x 79 €*	=>	*1.027.000 €*
= DB		=>	*649.025 €*
- K_f		=>	*545.000 €*
= BE		=>	*104.025 €*

g = 104.025 € : 13.000 = 8,00 €

Abschließend sollen für das maximale Ausreizen von Angeboten die kalkulatorischen Untergrenzen bestimmt werden.

2.2.4 Preisuntergrenzen

Wir haben den Deckungsbeitrag als Differenz zwischen den Erlösen und den variablen Kosten kennen gelernt,

► $E - K_v = DB - K_f = BE$ bzw.

► $e - k_v = db - k_f = g$

der dann für die Deckung der Fixkosten herangezogen werden kann. Grundsätzlich wird zwischen der kurz- und langfristigen Preisuntergrenze unterschieden. Bei der **kurzfristigen** Preisuntergrenze ist der Deckungsbeitrag Null,

► e = k_v oder db = 0

d. h. die variablen Kosten entsprechen den auf dem Absatzmarkt durchzusetzenden Stückerlösen. Demzufolge müssen die anderen Produkte für die vollständige Deckung der Fixkosten aufkommen. Entsprechend hohe Deckungsbeiträge müssen erwirtschaftet werden, um eine Gesamtdeckung der Kosten zu erreichen. Die **langfristige** Preisuntergrenze kennzeichnet einen Deckungsbeitrag in Höhe der Fixkosten,

► e = k_v + k_f oder db = k_f

demzufolge die Gesamtkosten erwirtschaftet werden können. Ein betriebswirtschaftliches Optimum mit dem Generieren eines Gewinns ist erreicht, wenn die Deckungsbeiträge die Fixkosten übersteigen,

► e > k_v + k_f oder db > k_f

sodass auch die Entgeltansprüche der Eigentümer bedient werden können. Ein aus der Perspektive des Controllings abzulehnendes Angebot ist mit einem negativen Deckungsbeitrag behaftet,

► e < k_v oder db < 0

da die verbleibenden Produkte nicht nur vollständig für die Deckung der Fixkosten aufkommen, sondern darüber hinaus Teile der variablen Kosten subventioniert werden müssen. Unabhängig der Einschätzung bezüglich der Kostenrechnung werden derartige Angebote durchaus gemacht. Gründe dafür könnten sein, das Unternehmen möchte sich in einem neuen Markt positionieren, einem wichtigen Kunden werden Zugeständnisse gemacht oder das Unternehmen braucht den Markteinstieg, um darüber hinaus Komplementärprodukte verkaufen zu können. Sehr schön kann dieser Sachverhalt im Einzelhandel beobachtet werden. Derartige Strategien können aber nur funktionieren, wenn das Unternehmen andere erfolgreich positionierte Produkte auf dem Markt hat. Die Preiskalkulation auf der Basis kurz- oder auch langfristiger Preisuntergrenzen kann für das Unternehmen aber nur eine vorübergehende Situation darstellen. Auf Dauer müssen Gewinne erwirtschaftet werden können, um die langfristige Präsenz des Unternehmens zu gewährleisten, welches auch den Eigentümern genug Freude machen kann.

FALL (FORTSETZUNG 3) „PREISUNTERGRENZEN"

Aus längerfristigen Beobachtungen kann mit einer durchschnittlichen Kapazitätsauslastung von 80,0 % gerechnet werden. Es sollen die kurzfristige und die langfristige **Preisuntergrenze** ermittelt werden.

Lösung:

Kurzfristige Preisuntergrenze:	db = 0	=>	e = <u>79,- €</u>
Langfristige Preisuntergrenze:	db = k_f	=>	e = 79 € + (545 T€ : 10.400) = <u>131,40 €</u>

In den obigen Ausführungen haben wir nur bei der Erfassung der Einzelkosten eine Segmentie-rung der einzelnen Kostenbestandteile verschiedener Produkte vorgenommen. Die Fixkosten wurden aber nur als Ganzes betrachtet, deshalb auch der Name **einstufige** Deckungsbeitrags-rechnung oder auch **Direct Costing**. Da eine Änderung der beschäftigungsunabhängigen Kosten in dieser nicht erfasst wird, müssen die Zeiträume für die Kalkulation eher kurz gewählt werden. Eine Segmentierung der Fixkosten wird mit einer **mehrstufigen Teilkostenrechnung** bzw. der Fixkostendeckungsrechnung durchgeführt.

2.2.5 Fixkostendeckungsrechnung

Viele Unternehmen sind mit der Situation eines starken Wettbewerbs konfrontiert, was eine di-versifizierte Angebotserstellung notwendig macht. Die Fixkosten werden unterschieden in **Er-zeugnisfixkosten** (Spezifische Kosten für ein einzelnes Produkt wie beispielsweise die Miete für eine Produktionshalle), **Erzeugnisgruppenfixkosten** (Spezifische Kosten für eine Gruppe von Pro-dukten wie beispielsweise das Gehalt eines Produktgruppenleiters), **Kostenstellenfixkosten** (Kosten, die innerhalb einer räumlichen Einheit anfallen, wie das Gehalt eines Werksmeisters), **Bereichskosten** (Kosten für einen abgrenzbaren Geschäftsbereich wie das Gehalt eines Bereichs-Geschäftsführers) und **sonstige Fixkosten** des Unternehmens (Kosten, bei denen keine Zuord-nung auf einzelne Bereiche möglich ist, wie beispielsweise das Gehalt der Gesamt-Geschäftslei-tung).

So wird zum Beispiel in der Gebäudereinigungsbranche mit **diversifizierten Deckungsbeiträgen** kalkuliert, die eine zielgerichtete Kalkulation möglich macht. Gerade im Zusammenhang mit der öffentlichen Ausschreibung von Aufträgen, die mit einem großen Anbieterwettbewerb ge-kennzeichnet sind, muss das Controlling eine individuelle Kostenanpassung vornehmen können. Das folgende Beispiel eines in Wien ansässigen mittelständigen Gebäudereinigers soll diesen Transparenzanspruch verdeutlichen.

ABB. 88: Die Objektkalkulation einer Gebäudereinigungsfirma	
Erlöse / Kosten	Planwerte
Bruttoerlöse	1.032.470
abzgl. Skonto	-360
Nettoerlöse	**1.032.110**
Eigene Personalkosten	-801.370
Fremdpersonal	-7.620
Fahrtkosten	-12.660
Sonstige Kfz-Kosten	-1.640
Materialkosten	-25.940
Kalkulatorische Abschreibungen	-7.390
Reparatur- und Wartungskosten	-3.130
Berufskleidung	-2.490
Summe Objektkosten als Erzeugnisfixkosten	**-862.240**
Deckungsbeitrag 1	**169.870**
Objektleitung	-22.690
Bereichsleitung	-28.270
Summe Kostenstellenfixkosten sowie anteiliger Bereichskosten	**-50.960**
Deckungsbeitrag 2	**118.910**
EDV-Kosten	-380
Verkauf	-13.730
Werbung	-4.950
Verwaltung	-36.780
Anteilige Hauptverwaltung	-14.550
Summe sonstige Fixkosten 1	**-70.390**
Deckungsbeitrag 3	**48.520**
Kosten des Geldverkehrs	-7.280
Geschäftsführung	-4.830
Summe sonstige Fixkosten 2	**-12.110**
Operative Ergebnis	**36.410**

Für Unternehmen, die sich in einem strengen Wettbewerb positionieren müssen, erlaubt die mehrstufige Deckungsbeitragsrechnung eine bessere Transparenz der aus dem Controlling aufbereiteten Daten. Jedes einzelne Produkt oder wie im obigen Beispiel jedes einzelne Projekt hat seine „eigenen" Fixkosten. Dadurch können die Fixkosten direkt einzelnen Erzeugnisarten bzw. Gruppen zugeordnet werden. Die Kalkulation von Angebotspreisen auf Vollkostenbasis und eine verursachungsgerechtere Aufteilung der Kosten wird mit diesem Instrument ermöglicht. Eine genauere Erfolgsanalyse sowie Wirtschaftlichkeitsvergleiche lassen sich durchführen. Dafür notwendig ist eine **Fixkostenstrukturanalyse**, um vor allem bei wechselnden Marktverhältnissen entsprechende Anpassungsmöglichkeiten durchführen zu können. Es empfiehlt sich eine Einteilung in Kategorien, beispielsweise, ob diese innerhalb eines Jahres aufgrund der gegebenen Vertrags- und Eigentumsverhältnisse abbaubar wären oder ob die Kapitalbindung für einen größeren Zeitraum disponiert werden muss. Zusätzlich müssen auch entsprechende Reaktions- und Verwertungszeiträume berücksichtigt werden. Wenn sich die Geschäftsleitung aufgrund von Nachfragerückgängen zu einem Abbau von Fixkosten entschieden hat, sollte bei der Umsetzung immer auch berücksichtigt werden, dass darüber hinaus auch Folgekosten wie Abstandszahlungen, Konventionalstrafen oder Stilllegungskosten anfallen können.

2.2.6 Kritische Reflexion

Die Kalkulation auf Basis der **Deckungsbeitragsrechnung** kann gegenüber der Vollkostenrechnung herausfinden, ob auch Produkte bzw. Dienstleistungen trotz einer unzureichenden Kostendeckung zu einer Produktivität des Unternehmens beitragen können. Solange mit einem Produkt ein positiver Deckungsbeitrag erzielt werden kann, also der Absatzpreis über den variablen Kosten liegt, wird zumindest ein Teil der Fixkosten gedeckt. Den Entscheidungsträgern wird transparent gemacht, wie hoch der Beitrag der einzelnen Wertschöpfung zur Deckung der Fixkosten ist. Allerdings lassen sich nicht immer alle anfallenden Kosten eindeutig in die Kategorien fix oder variabel einordnen. Eine Zuordnung anhand der Tendenz muss dann durchgeführt werden. Der konsequente proportionale Verlauf der variablen Kosten und auch der Verkaufserlöse vereinfacht die rechnerische Erfassung, dem eigentlichen Verlauf wird diese Prämisse aber nicht gerecht. Auch das Unterstellen einer direkten Zurechenbarkeit der variablen Kosten auf einen Kostenträger muss kritisch angemerkt werden, vor allem mit dem Hintergrund, dass manche variablen Anteile der Gemeinkosten auf mehrere Kostenträger verteilt werden müssten.

Bei der **Vollkostenrechnung** hingegen werden sämtliche Kosten dem einzelnen Kostenträger zugerechnet. Alle Kosten werden vollständig als Einzel- oder Gemeinkosten mit Hilfe der Kostenartenrechnung erfasst, in der Kostenstellenrechnung verteilt und innerhalb der Kostenträgerrechnung den einzelnen Kostenträgern zugeordnet. Resümierend muss aber konstatiert werden, dass sich die beiden vorgestellten Varianten der sog. traditionellen Kostenrechnung nicht gegenseitig ausschließen und auch in der betrieblichen Praxis parallel zum Einsatz kommen. Das folgende Beispiel soll das verdeutlichen.

BEISPIEL: Der Inhaber eines Schreibwarenladens mietet sich ein Kopiergerät, um Fotokopien herzustellen. Er kann diese zu einem Stückpreis von 0,40 € verkaufen. An den Kopiergerätehersteller ist eine monatliche und stückzahlenunabhängige Miete von 170,00 € und für jede angefertigte Kopie 0,10 € zu zahlen. Andere Kosten, das sei der Einfachheit halber angenommen, entstehen nicht. Innerhalb eines Monats wurden 1.000 Kopien verkauft.

Wie ist die Kalkulation auf der Basis der Teil- und der Vollkostenrechnung aufgebaut?

LÖSUNG:

►   *Deckungsbeitragsrechnung*

   $e - k_v = db \times Menge = DB - K_f = Nettogewinn$

   0,40 € - 0,10 € = 0,30 € x 1.000 = 300 € - 170 = 130 €

►   *Vollkostenrechnung*

   $E - K = Nettogewinn$

   0,40 € x 1.000 = 400 € - (170 € + 0,10 € x 1.000) = 130 €

Letztlich zeichnen sich erfolgreiche Unternehmen darin aus, dass alle anfallenden Kosten in der Preisgestaltung berücksichtigt werden können und auch in liquider Form über den Absatzmarkt ins Unternehmen zurückfließen. Die Kostenrechnung beinhaltet die Erfassung und die Systematisierung von Kosten, also Positionen, die in einem unmittelbaren Zusammenhang zur betrieblichen Leistungserstellung stehen. Bei der Verwendung von Ist-Größen dient die Kostenrechnung dem Controlling primär der Preiskalkulation, während das Verwenden von Plan-Größen der Geschäftsleitung zur Erstellung des Budgets und zur strategischen Unternehmensplanung dient.

2.3 Plankostenrechnung

Plandaten basieren auf erwarteten Preisen und Mengen, die bei der Plankostenrechnung auf **Vollkostenbasis** mit einem Plankostenverrechnungssatz (PKVS) zum Ausdruck gebracht werden. Dieser ergibt sich aus dem Quotienten der Plankosten einer Kostenstelle und der Planbeschäftigung. Getrennt nach der Segmentierung in variable und fixe Plankosten wird ein

$$\text{variabler PKVS} = \frac{\text{Variable Plankosten}}{\text{Planbeschäftigung}}$$

und ein

$$\text{fixer PKVS} = \frac{\text{Fixe Plankosten}}{\text{Planbeschäftigung}}$$

berechnet. Die Kostenkontrolle wird mit einem Soll-Ist-Vergleich durchgeführt, wobei aber die gleichen Nachteile wie bei der Vollkostenrechnung auf Ist-Kostenbasis konstatiert werden müssen. Eine Alternative ist die **Grenzplankostenrechnung**, die ähnlich der Teilkostenrechnung mit der konsequenten Trennung von fixen und den proportional verlaufenden variablen Kosten gerechnet wird. Es gilt:

$$\text{Proportionaler PKVS} = \frac{\text{Proportionale Plankosten}}{\text{Planbeschäftigung}}$$

Der gesamte Sachverhalt soll im Folgenden an einem Fallbeispiel verdeutlicht werden.

FALL „PLANKOSTEN PKW-SERVICE"

Die Geschäftsleitung möchte sich einen Überblick über die einzelnen Kostenstellen im Unternehmen verschaffen und beauftragt das Controlling, zunächst die Kostenstelle PKW-Service mit der Erstellung eines monatlichen Kostenplans mit Plankalkulationssätzen auf Voll- und Teilkostenbasis zu prüfen.

- ▶   Leistung: 5.000 km pro Monat,
- ▶   Personal: 1 Fahrer mit einem monatlichen Bruttogehalt von 2.000,00 €,
- ▶   Betriebsmittel: 1er BMW für 21.000,00 € Anschaffungskosten, geschätzte Fahrleistung 200.000 km, Abschreibungsdauer linear auf 3 Jahre, Instandhaltungs- und Wartungskosten bei jährlich 15,0 % der Anschaffungskosten, Benzinverbrauch 8 Liter auf 100 km, Benzinpreis pro Liter 1,20 €, Ölverbrauch 4 Liter auf 5.000 km pro Fahrzeug, 1 Liter zu 6,20 €, Hilfs-, und Betriebskosten 60,00 € auf 10.000 km sowie Reifenverbrauch 560,00 € auf 25.000 km.
- ▶   Garagenmiete: 100 € pro Monat,
- ▶   Versicherung: 1.680,00 € p. a.,
- ▶   Steuern: 360,00 € p. a. und
- ▶   Zinsen: 8,0 % p. a. bzw. 70,00 € als kalkulatorische Zinsen

Kostenart	Rechenschritt	Fixkosten (€)	Variable Kosten (€)
Personal		2.000,00	
Abschreibung	(21.000 / 3) / 12	583,00	
Instandhaltung	(21.000 x 0,15) / 12	262,00	
Benzin	(8 x 0,012) x 5.000		480,00
Öl	4 x 6,20		25,00
Hilfsstoffe	60 x 0,50		30,00
Reifen	(560 x 5.000) / 25.000		112,00
Miete	100,00	100,00	
Versicherung	1.680 / 12	140,00	
Steuer	360 / 12	30,00	
Zinsen		70,00	
Gesamt:		3.185,00	647,00

- ▶   *Vollkostensatz: (3.185 + 647) / 5.000 = 0,77 €/km Plankostenverrechnungssatz*
- ▶   *Teilkostensatz: 647 / 5.000 = 0,13 € Grenzkostenverrechnungssatz*

Auch für die Anwendung der Plankostenrechnung gilt als Prämisse, dass eine Differenzierung zwischen proportionalen und fixen Kosten vorgenommen werden kann, dass periodische Bezugsgrößen geplant und auch abgerechnet werden können sowie das Gewährleisten von Soll-Ist-Vergleichen. Gehören die Voll- und Teilkostenrechnung auf der Basis von Ist- und Plandaten eher zu den klassischen Varianten der Kostenrechnung, werden im Folgenden zwei eher modernere Verfahren skizziert, die sich aber aufgrund der tendenziell aufwendigen Erfassung der anfallenden Kosten noch nicht vollständig bei den Unternehmen durchgesetzt haben.

2.4 Prozesskostenrechnung

Moderne Industrie- und Dienstleistungsgesellschaften kennzeichnen einen immer geringeren Anteil an Arbeitsleistungen mit unmittelbarer Produktzugehörigkeit. Eine tendenzielle Entwicklung zur dienstleistungsorientierten Wertschöpfung ist gekennzeichnet mit der Abnahme klassischer Industriearbeit, der zunehmenden Automatisierung des Produktionsprozesses, dem Arbeiten in Projektteams sowie einer generell immer schwieriger werdenden Zuordnung von einzelnen Kosten auf die Kostenträger. Die große Herausforderung für ein funktionierendes Kostencontrolling ist der damit einhergehende verstärkte Anstieg der Gemeinkosten, der mit dem zugrunde gelegten Proportionalitätsprinzip traditioneller Kostenrechnungssysteme nicht mehr begegnet werden kann. Diese müssen verursachungsgerecht den einzelnen Kostenstellen entnommen werden können und entsprechend für die Kostenträger kalkuliert werden. Die **Prozesskostenrechnung** (*Activity based costing*) betrachtet die Gemeinkosten der einzelnen Kostenstelle nicht isoliert, sondern kostenstellenübergreifend entlang des Wertschöpfungsprozesses.

Demzufolge müssen in einem ersten Schritt über eine Tätigkeitsanalyse die einzelnen Prozesse definiert, in Teilprozesse (Anzahl der bearbeitbaren Vorgänge) zerlegt und mit Kostendaten bewertet werden. Ähnlich wie die Deckungsbeitragsrechnung in fixe und variable Kosten unterscheidet, segmentiert die Prozesskostenrechnung in **leistungsmengenneutrale** (lmn) und in **leistungsmengeninduzierte** (lmi) **Gemeinkostenanteile**. Für Letztere werden sog. **Kostentreiber**, also Kostenteile, welche die Inanspruchnahme der Leistung zum Ausdruck bringen bestimmt. Die Kalkulation der Materialkosten erfolgt nicht wie bei der Vollkostenrechnung über Zuschläge auf die entsprechenden Einzelkosten, sondern über die zugrunde gelegten Kostentreiber. Aus dem Quotient Prozesskosten und geplante Menge lassen sich dann als Input-Output-Relation der Prozesskostensatz ermitteln:

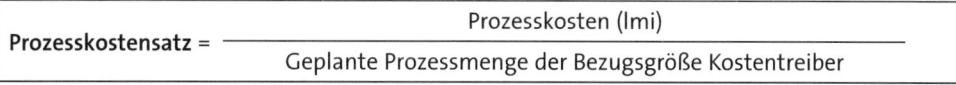

$$\text{Prozesskostensatz} = \frac{\text{Prozesskosten (lmi)}}{\text{Geplante Prozessmenge der Bezugsgröße Kostentreiber}}$$

Während im Zusammenhang mit der **Kostenartenrechnung** analog der Vollkostenrechnung vorgegangen wird, differenziert die **Kostenstellenrechnung** mit den Schritten

► Erfassung der Gemeinkosten,

► Bestimmung der Teilprozesse innerhalb einzelner Kostenstellen,

► Bestimmung der Kosten pro Teilprozesseinheit (Kostentreiber),

► Zusammenführen der bewerteten Teilprozesse zu kostenstellenübergreifenden Hauptprozessen sowie

► Zurechnung der Gemeinkosten anhand der Inanspruchnahme der Hauptprozesse auf die **Kostenträger**.

Eine Eventagentur möchte für ihre Kalkulationsgrundlage die Teilkostensätze der Kostenstelle Projektorganisation ermitteln. Im Abrechnungszeitraum vom 1.1. bis 31.12. sind die folgenden Kosten und Teilprozesse bekannt:

Kostenart	Wert in €
Gehälter	317.360
Sozialleistungen	54.340
Fortbildung	14.000
Büromaterial	8.300
Strom und Wasser	2.500
Kommunikationskosten	4.600
Kraftfahrzeuge	45.000
Miete	18.000
Abschreibungen	16.000
Summe der Primärumlage	**480.100**
Geschäftsleitung	9.400
Gebäudereinigung	2.000
Sozialeinrichtungen	2.500
EDV	26.000
Summe der Sekundärumlage	**39.900**
Gesamtkosten	**520.000**

Mitarbeiterzahl	4
Fläche in m²	105

Teilprozesse	Kostentreiber	Menge	Inanspruchnahme der Belegschaft
Sponsorengewinnung	Akquisitionsgespräche	100	0,4
Qualitätsprüfung	Einzelne Projektphasen	3.250	2,0
Dokumentation	Verfahrensanweisungen	100	0,8
Nachhaltigkeitsmanagement	Ohne Kostentreiber		0,4
Abteilungsleitung	Ohne Kostentreiber		0,4

Mitarbeiterbedarf (lmi):

(520.000 : 4) x 0,4 = 52.000 €

(520.000 : 4) x 2,0 = 260.000 €

(520.000 : 4) x 0,8 = 104.000 €

Teilprozesskosten (lmn):

(104.000[1] : 3,2[2]) x 0,4 = 13.000 €

(104.000 : 3,2) x 2,0 = 65.000 €

(104.000 : 3,2) x 0,8 = 26.000 €

[1]*52.000 € + 52.000 € = 104.000 €*

[2]*0,4 + 2,0 + 0,8 = 3,2*

Teilprozesskostensatz (lmi):   =>   *Prozesskostensatz:*

52.000 : 100 = 520 €   *65.000 : 100 = 650 €*

260.000 : 3.250 = 80 €   *325.000 : 3.250 = 100 €*

104.000 : 100 = 1.040 €   *130.000 : 100 = 1.300 €*

Teilprozesse	Kostentreiber	Mitarbeiterbedarf	Teilprozess-kosten (in €)	Teilprozess-kostensatz (in €)
	Art / Menge	MA / lmi	lmn / gesamt	lmi / gesamt
Sponsoren	Akquisition / 100	0,4 / 52.000	13.000 / 65.000	520 / **650**
Qualitätsprüfung	Phasen / 3.250	2,0 / 260.000	65.000 / 325.000	80 / **100**
Dokumentation	Verfahren / 100	0,8 / 104.000	26.000 / 130.000	1.040 / **1.300**
Nachhaltigkeit		0,4 / -	52.000 / 52.000	
Abteilungsleitung		0,4 / -	52.000 / 52.000	
			→ **104.000**	
Summe		4,0		

Die Kostentreiber bringen für die einzelnen Teilprozesse die Inanspruchnahme der Leistung zum Ausdruck, während die Kosten der Teilprozesse der übergreifenden Leistungen auf die Teilprozesse mit den Kostentreibern umgelegt werden müssen. Demzufolge müssen bei der Preiskalkulation für den Kunden für das Aufgabenspektrum rund um die Sponsorengewinnung 650 € miteinbezogen werden. Die Kosten für die Teilprozesse Qualitätsprüfung und Dokumentation werden auch entsprechend kalkuliert.

Konstatiert werden muss allerdings, dass die Prozesskostenrechnung nicht isoliert von anderen Kostenrechnungsverfahren zum Einsatz kommt. Eine fundierte Bestimmung und Zuordnung der einzelnen Kostenarten ist genauso wichtig, wie das grundsätzliche Bestimmen einzelner Teilprozesse und Kostentreiber. Gegenüber der Vollkostenrechnung ist die Betrachtungsweise nicht vertikal anhand der Kostenstellen, sondern horizontal innerhalb definierter Prozesse. Ihre Wertschätzung bekommt sie auf alle Fälle aufgrund der höheren Transparenz der Gemeinkosten, vor allem die des Verwaltungsbereichs. Voraussetzung dafür ist allerdings die präzise Erfassung der benötigten Arbeitszeit für jeden Teilprozess, also die zeitliche Inanspruchnahme der Belegschaft.

Da die Quantifizierung von der Geschäftsleitung bestimmt wird, aber von Mitarbeitern, die dem Controlling angehören, mittels zeitlicher Erfassung einzelner Arbeitsprozesse umgesetzt werden muss, verläuft dieser Prozess in der Regel nicht ohne Wiederstände der Belegschaft. Derartige Messverfahren werden sehr häufig als individuelle Kontrolle der Arbeitsleistung verstanden, sodass die Gefahr manipulierter Daten besteht. Eine Arbeitsleistung, die unter Beobachtung des Controllings durchgeführt wird, kann eben anders ausfallen, als im normalen Geschäftsalltag ohne quantitative Erfassung. Die Geschäftsleitung ist gut beraten, wenn sie bei der Einführung der Prozesskostenrechnung die gesamte Belegschaft in einem ersten Schritt umfassend informiert und die Datenerfassung in einem Folgeschritt entsprechend sachlich durchgeführt werden kann.

2.5 Zielkostenrechnung

Bei den bisher vorgestellten Methoden der Kostenrechnung wurde der Absatzpreis auf der Basis der entstandenen Kosten kalkuliert. Die **Zielkostenrechnung** (*Target costing*) dagegen stellt konsequent den Absatzpreis in den Mittelpunkt der Betrachtung, die Kosten werden dann dementsprechend ausgerichtet. Das setzt aber voraus, dass der Anbieter eines Produktes die subjektive **Preiseinschätzung** und die **Produktpräferenzen** der Nachfrager kennt. Für das Controlling bedeutet das die Notwendigkeit einer ganzheitlichen Betrachtung unter Einbeziehung der Unternehmensbereiche Marktforschung, Vertrieb, Marketing, Entwicklung, Konstruktion und Fertigungsplanung. Die Rolle des Controllings ist eher die eines Koordinators. In einer frühen Phase des Produktlebenszyklusses wird vor allem in der Elektro- und Automobilindustrie die Entwicklung, Konstruktion und Prozessgestaltung festgelegt. Anhand der Frage, was ein Produkt kosten darf, wird ein entsprechendes Kostenmanagement eingerichtet. Bevor mit einer Kostenkalkulation begonnen werden kann, werden mit Hilfe einer **Marktanalyse** die Kundenwünsche und die Positionierung gegenüber den Konkurrenzprodukten in Erfahrung gebracht.

Auf der Basis der von den Kunden erwarteten Produktmerkmale wird der zu erzielende Zielpreis angesetzt. Von diesem subtrahiert wird die vom Unternehmen für dieses Produkt erwartete **Zielrendite**, die anhand der mittelfristigen Planung abgeleitet wird. Damit bleiben die vom Markt akzeptierten Kosten, die einer **Plausibilitätsprüfung** auf der Basis hochgerechneter Standardkosten und Benchmarkanalysen unterzogen werden. Bei entstandener Differenz zwischen den Zielkosten (vom Markt erlaubt Kosten, sog. „allowable costs") und den Standardkosten (Plankosten des Unternehmens, sog. „drifting costs") entsteht eine **Zielkostenlücke**, die geschlossen werden muss. Jetzt gilt es, anhand der artikulierten Kundenpräferenzen diejenigen Produktmerkmale günstiger zu gestalten, die der Kunde weniger wertschätzt. Dem sind selbstverständlich gewisse Grenzen gesetzt. Bei dem Bau eines Autos darf, auch wenn der Kunde das nicht explizit erwähnt, nicht auf das Bremssystem verzichtet werden, Ausbauten im Interieur hingegen können entsprechend mit preiswerteren Alternativen versehen werden, wie beispielsweise das Ersetzen einer Lederausstattung mit preiswerterem Kunststoff.

Für die Kostenrechnung wird das Produkt in seine Teilfunktionen zerlegt. In einem **Zielkostendiagramm** werden die Kosten und der Nutzen der einzelnen Teilfunktionen gegenübergestellt. Der Quotient aus der prozentualen Bedeutung der Produktkomponente und dem prozentualen Kostenanteil bildet den **Zielkostenindex** (ZKI).

$$ZKI = \frac{\text{Prozentuale Bedeutung je Produktkomponente}}{\text{Prozentualer Kostenanteil je Produktkomponente}}$$

Dieser zeigt an, inwieweit die Kosten in Bezug auf die Kundenpräferenzen gerechtfertigt sind, was bei einem Zielkostenindex von 1 auch der Fall ist. Ein ZKI kleiner 1 signalisiert einen Bedarf an Kostenreduzierung, da die entsprechende Produktkomponente mit hohen Kosten hergestellt wird, diese aber vom Kunden nicht entsprechend präferiert wird. In der betrieblichen Praxis wird ein ausgeglichener Quotient selten erreicht. Vielmehr geht es um das Feststellen einer Reihenfolge, um zumindest bei den Produktkomponenten mit den kleinsten ZKI-Werten entsprechende Maßnahmen zur Kostenreduktion einzuleiten. Die Zielkostenvorgaben werden mit dem Controlling und den Zulieferanten abgestimmt, sodass in einem nächsten Schritt eine Präferenzreihenfolge der vom Kunden definierten Produktmerkmale erfolgen kann. Der Kalkulationsprozess wird abgeschlossen, indem die Zielkosten nach den einzelnen Produktkomponenten und Verantwortungsbereichen budgetiert werden, was natürlich eine weitere Kostensenkung der Fertigung und auch Vertriebsaktivitäten nicht ausschließt.

FALL „ZIELKOSTENRECHNUNG HAUSHALTSGERÄTEHERSTELLER"

Ein Hersteller von Haushaltsgeräten möchte ein Kostenrechnungssystem auf der Basis der Zielkostenrechnung implementieren. Über das Händlernetz wurden mittels geführter Interviews und Fragebögen die Kundenpräferenzen in Bezug auf die Produktfunktionen eruiert. Zusammen mit den Daten der Konstruktionsabteilung und des Controlling wird eine Matrix in Form eines Zielkostendiagramms[37] erstellt.

▶ **1. Schritt:** Einzelne Baugruppen und Produktionsfunktionen werden erfasst. Die dafür relevanten Daten liegen aus dem Controlling vor.

Baugruppen der Kostenrechnung		Produktions- bzw. Nutzenfunktionen des Marketing	
B1 Gehäuse	40 %	F1 Zuverlässigkeit	15 %
B2 Verkabelung	3 %	F2 Verarbeitung	15 %
B3 Technischer Antrieb	12 %	F3 Umweltverträglichkeit	15 %
B4 Abwärmekanal	18 %	F4 Bedienungskomfort	20 %
B5 Elektronik	9 %	F5 Sicherheit	10 %
B6 Zubehör	18 %	F6 Energieverbrauch	15 %
		F7 Design	10 %
Σ	100 %	Σ	100 %

---

37 Einzelne Zahlenwerte in Anlehnung an *Olfert* (2003, S. 403 ff.).

► **2. Schritt:** Zuordnung des Beitrages der Baugruppen zu den Produktionsfunktionen. Die relevanten Daten liegen aus dem Controlling vor.

Produktions-funktionen	F1	F2	F3	F4	F5	F6	F7
Baugruppen	Zuverläs-sigkeit	Verarbei-tung	Umwelt-verträglich-keit	Bedie-nungs-komfort	Sicherheit	Energie-verbrauch	Design
B1 Gehäuse	10 %	70 %	40 %	30 %	55 %	10 %	80 %
B2 Verkabelung	5 %				15 %		
B3 Technischer Antrieb	30 %		10 %	30 %	4 %	80 %	
B4 Abwärmekanal	5 %		20 %	30 %	8 %		5 %
B5 Elektronik	40 %		10 %		4 %		
B6 Zubehör	10 %	30 %	20 %	10 %	14 %	10 %	15 %
	100 %	100 %	100 %	100 %	100 %	100 %	100 %

► **3. Schritt:** Erstellung eines **Zielkostendiagramms** zur Ermittlung des **individuellen Kundennutzens** durch Zuordnung des Beitrages der Baugruppen zum Kundennutzen. Vom Controlling wird mit der Summe in der letzten Spalte der individuelle Kundennutzen nach Baugruppen bestimmt. Die einzelnen Zellen sind das Produkt aus der Nutzenfunktion des Marketing und den einzelnen Baugruppen, bspw. B1/F1 = (10 x 15) : 100 = 1,5 %

Produktfunktionen Baugruppen	F1	F2	F3	F4	F5	F6	F7	Σ
B1	1,5 %	10,5 %	6,0 %	6,0 %	5,5 %	1,5 %	8,0 %	39,0 %
B2	0,8 %	-	-	-	1,5 %	-	-	2,3 %
B3	4,5 %	-	1,5 %	6,0 %	0,4 %	12,0 %	-	24,4 %
B4	0,7 %	-	3,0 %	6,0 %	0,8 %	-	0,5 %	11,0 %
B5	6,0 %	-	1,5 %	-	0,4 %	-	-	7,9 %
B6	1,5 %	4,5 %	3,0 %	2,0 %	1,4 %	1,5 %	1,5 %	15,4 %
Produktfunktion im Marketing	15,0 %	15,0 %	15,0 %	20,0 %	10,0 %	15,0 %	10,0 %	100,0 %

▶ **4. Schritt:** Ermittlung des **Zielkostenindex** durch Gegenüberstellung von Kundennutzen und Kosten (Quotient aus Kundennutzen und Kostenanteil). Er gibt Auskunft, bei welcher Baugruppe Kosten senkende Maßnahmen erforderlich und vertretbar sind.

Baugruppe	Kundennutzen je Baugruppen (Ergebnis aus Schritt 3)	Kostenanteil der Baugruppen (Angaben aus Schritt 1)	Zielkostenindex
B1	39,0 %	40,0 %	0,98
B2	2,3 %	3,0 %	0,77
B3	24,4 %	12,0 %	2,03
B4	11,0 %	18,0 %	0,61
B5	7,9 %	9,0 %	0,88
B6	15,4 %	18,0 %	0,86
Σ	100,0 %	100,0 %	

Bei einem **Zielkostenindex > 1** ist der Kundennutzen der Baugruppe größer als der Anteil an den Kosten des Produkts. Demzufolge sind die Kosten im Rahmen der Kalkulation vertretbar. Ein **Zielkostenindex < 1** bedeutet die Möglichkeit von Einsparungen an der Baugruppe, ohne dass es zu Verkaufsnachteilen kommt, da die Kundenpräferenzen für diese zu wenig ausgeprägt sind.

▶ **5. Schritt:** Vergleich der Ist- und Zielkosten zur Festlegung von Einsparungen. Vom Controlling werden die einzelnen Ist-Kosten und die Gesamtzielkosten bereitgestellt. Letztere wurden von der potentiellen Kundschaft als Höchstwert signalisiert. Die Segmentierung der Zielkosten ergibt sich aus dem prozentualen Verhältnis der Zielverteilung.

Baugruppe	Ist-Kosten €[1]	Zielverteilung (Kundennutzen aus Schritt 3)	Zielkosten	Über- / Unterdeckung
B1	1.250,00 €	39,0 %	1.111,50 €	-138,50 €
B2	150,00 €	2,3 %	65,55 €	-84,45 €
B3	580,00 €	24,4 %	695,40 €	+115,40 €
B4	400,00 €	11,0 %	313,50 €	-86,50 €
B5	310,00 €	7,9 %	225,15 €	-84,85 €
B6	350,00 €	15,4 %	438,90 €	+88,90 €
Σ	3.040,00 €	100,0 %	2.850 €[1]	-190,00 €

[1]Die Daten liegen aus dem Controlling vor.

▶ **6. Schritt:** Im Folgenden müssen für die einzelnen Baugruppen mit zu hohen Ist-Kosten (B1, B2, B4, B5) diese an die Zielkosten angepasst werden. Hierfür werden vorhandene Kostensenkungspotentiale ausgenutzt. Auch entsprechende Maßnahmen zur Optimierung der Fertigungsabläufe oder eine mögliche Reduzierung der Fremdbezugskosten sollten in Erwägung gezogen werden. Aus Sicherheitsgründen wird das Potential bei der Baugruppe 2 tendenziell eher gering ausfallen. Keine Einsparungen müssen bei den Baugruppen 3 und 6 vorgenommen werden, da deren Ist-Kosten unter dem Niveau der Zielkosten liegen.

Das in den 1970er Jahren von der japanischen Automobilindustrie entwickelte **Target costing** in Verbindung mit einer revolutionierenden Fertigungsphilosophie, dem **Lean Management**, einer ganzheitlichen Betrachtung des Wertschöpfungsprozesses, hat in der Anfangszeit insbesondere den Automobilsektor verändert. Auf den europäischen Markt kamen Kleinwagen mit der Ausstattung von Oberklassefahrzeuge wie Klimaanlagen oder elektrische Fensterheber. Alles Produkteigenschaften, die für uns heute selbstverständlich sind. Die Zielkostenrechnung trägt dazu bei, dass der vom Verbraucher akzeptierte Preis und auch die Eigenschaften eines Produkts nicht nur erfasst, sondern auch permanent im Mittelpunkt stehen. Die für das Unternehmen tätigen Ingenieure und Kaufleute müssen sich an einen Tisch setzen, um die vom Kunden weniger präferierten Details kostengünstig fertigen zu können. Gerade für komplexe Produkte, die in Großserien hergestellt werden können, bietet sich dieses Verfahren an. Der Nachteil ist allerdings das doch sehr aufwendige Erfassen der Kundenbedürfnisse, welche nur mit Hilfe einer qualifizierten Marktforschung zu brauchbaren Informationen und Daten führt.

3. Finanzrechnung

Die dem Rechnungswesen zugehörigen Größen **Kosten** und Erlöse (Kostenrechnung) sowie **Aufwand** und Ertrag (Bilanzrechnung), mit denen wir uns in den obigen Kapiteln beschäftigt haben, beeinflussen den für das Controlling relevanten Plan-Jahresabschluss. Der Großteil dieser Stromgrößen ist liquiditätswirksam wie beispielsweise die Zahlungen der Löhne und Gehälter sowie des Fertigungsmaterials und reduzieren demzufolge die auf der Aktiva bilanzierten liquiden Mittel. Die dazugehörigen relevanten Stromgrößen sind Auszahlungen und Ausgaben, denen konsequenterweise Einzahlungen und Einnahmen gegenüberstehen. Während die **Auszahlungen** den physischen Abfluss liquider Mittel darstellen, sind **Ausgaben** das beim Vertragsabschluss schuldrechtliche Entstehen einer Verbindlichkeit. Innerhalb des Controllings werden diese im Zusammenhang mit der Finanzrechnung erfasst.

Das Planen von Ein- und Auszahlungsströmen setzt zum einen die Kenntnis des **Kapitalbedarfs** für die Finanzierung des Anlage- und Umlaufvermögens des Unternehmens voraus, der dann mit einer **Liquiditäts- und Finanzplanung** als Gegenüberstellung der einzelnen Ein- und Auszahlungen in ihrer zeitlichen Abfolge erfasst werden und einzelne Zeiträume mit Kapitalunter- oder auch -überdeckungen transparent macht. Als eine mehrjährige Finanzvorschau zeigt die **Kapitalbindungsplanung**, ob die getätigten Investitionen auch mit den dazugehörigen Fristigkeiten finanziert werden. Die **Kapitalflussrechnung** (*Cashflow Statement*) als ein wichtiges Instrument der dynamischen Finanzkontrolle und demzufolge eine für die Kapitalgeber wichtige Ergänzung des Jahresabschlusses eliminiert die für die Bilanzierung notwendigen nicht liquiditätswirksamen Größen und legt gleichermaßen für diese und auch für das Management die Aspekte des Innenfinanzierungspotentials und der Kapitalbedienung offen.

3.1 Kapitalbedarfsplanung

Die Determinanten für eine sachgerechte Kapitalbedarfsplanung des Anlagevermögens sind die Prozessanordnung der einzelnen Betriebsmittel, die Betriebsgröße sowie das spezifische Leistungsprogramm. Eine **quantitative** Anpassung der Betriebsmittel an auftretende Beschäftigungsschwankungen ist in der Regel nur mit einer entsprechenden Zeitverzögerung möglich, da sowohl die Beschaffung als auch die Veräußerung entsprechende Vorlaufzeiten benötigen. In den Zeiten der Unterbeschäftigung reagieren Unternehmen mit vorübergehender **zeitlicher** Anpassung der Produktionsfaktoren wie Stillstand der Produktionsmittel oder Kurzarbeit für die Belegschaft. Derartige Maßnahmen können aber nur kurzfristigen Charakter haben, da auch das Aufrechterhalten der Produktionsbereitschaft häufig nicht unerhebliche Kosten verursacht. Volle Auftragsbücher werden hingegen, zumindest vorübergehend, mit der **intensitätsmäßigen** Anpassung begegnet. Überstunden der Mitarbeiter und eine Betriebsmittelauslastung bis zur Kapazitätsgrenze sind die üblichen Reaktionen zur Erfüllung der Lieferverpflichtungen, denen dann in aller Regel eine quantitative Anpassung folgt.

Der Kapitalbedarf für das Anlagevermögen wird auf der Basis von Preisen und Kostenvoranschlägen festgesetzt und ist über eine längere Periode eine feststehende Größe. Für die Disposition des Umlaufvermögens müssen sehr häufig kurzfristige Änderungen und Anpassungen vorgenommen werden. Da Unternehmen eher nur in Ausnahmefällen Vorauszahlungen durchsetzen können, müssen diese ihren Wertschöpfungsprozess, der sich im Umlaufvermögen abbildet, vorfinanzieren. Kapitalbedarf entsteht im Wesentlichen für Zahlungen an das Personal, an die Lieferanten sowie aufgrund von Kaufpreisstundungen gegenüber den Abnehmern. Auch ist die Dauer des gesamten Produktionsprozesses inklusive der Transport- und Lagerzeiten für das Rohmaterial und der fertigen Erzeugnisse für die Höhe des Gesamtkapitalbedarfs ausschlaggebend. Die Schwierigkeit bei der **Kapitalbedarfsplanung** ist zum einen die Höhe und der mögliche Zeitraum, welches sehr viel unternehmerischer Erfahrung bedarf. Das folgende Fallbeispiel soll die Komplexität und auch den Bezug zur Kostenrechnung erfassen.

FALL „KAPITALBEDARFSPLANUNG BETRIEBSSTÄTTE"

Die Geschäftsleitung möchte für ein neu zu gründendes Tochterwerk den betriebsnotwendigen Kapitalbedarf für das Anlage- und das Umlaufvermögen für den Zeitraum bis zum erstmaligen Rückfluss der Finanzmittel durch Umsatzerlöse berechnen. Darüber hinaus soll das Controlling Vorschläge zur Finanzierung unterbreiten.

► Das Unternehmen benötigt für den Erwerb eines geeigneten Grundstücks 520.000 €; für eine Produktionshalle mit Büroräumen hat der Bauträger einen Gesamtpreis von 410.000 € errechnet; für maschinelle Anlagen werden 1.350.000 € benötigt; für neue Patente und Lizenzen werden 330.000 € veranschlagt.

► Die Unternehmenskapazität ist zunächst so ausgelegt, dass für die Produktion durchschnittlich acht Kalendertage benötigt werden. Die durchschnittliche Lagerdauer der Fertigungsmaterialien beträgt 20 Tage; das Zahlungsziel der Lieferanten (Kreditoren) 30 Tage; die durchschnittliche Lagerdauer der fertigen Geräte 25 Tage. Der Debitorenbuchhaltung ist zu entnehmen, dass das Unternehmen den Kunden einen Lieferantenkredit gewährt, dessen Konditionen wie folgt auf der Rechnung vermerkt ist: „Die Rechnung ist zahlbar mit einem Abzug von 2 % Skonto innerhalb von 10 Tagen oder bis 30 Tage netto." Die täglich anfallenden Fertigungslöhne (FEK) betragen 4.500 €, die Fertigungsgemeinkosten (FGK) 200 % (davon sind 65 % ausgabewirksam), die täglichen Kosten für Fertigungsmaterial (MEK) belaufen sich auf 6.000 €, die Materialgemeinkosten (MGK) auf 25 % (komplett ausgabewirksam). Ferner sind den ausgabewirksamen Herstellkosten 10 % für Verwaltungs- und Vertriebsgemeinkosten (alle ausgabewirksam) zuzurechnen. Es soll davon ausgegangen werden, dass alle Kunden den Abzug des Skontos in Anspruch nehmen, auch die Skontofrist vollständig ausnutzen. Die Produktionszeit setzt nach Ablauf der durchschnittlichen Fertigungsmateriallagerdauer ein.

Lösung:

Anlagevermögen:		520 T€ + 410 T€ + 1.350 T€ + 330 T€	=	2.610.000 €
Umlaufvermögen:	MEK	6.000 € x 33 Tage (20 + 8 + 25 + 10 – 30)	=	198.000 €
	MGK	1.500 € x 63 Tage (20 + 8 + 25 + 10)	=	94.500 €
	FEK	4.500 € x 43 Tage (8 + 25 + 10)	=	193.500 €
	FGK	5.850 € x 43 Tage (8 + 25 + 10)	=	251.550 €
	Herstellkosten		=	737.550 €
	VwG/VtG		=	73.755 €
	Selbstkosten		=	811.305 €

Die Kapitalbedarfsplanung des Anlagevermögens wird anhand der tatsächlich anfallenden Anschaffungs- und Herstellungskosten ausgerichtet, die auch im Zusammenhang mit der Bilanzerstellung eine Rolle spielen. Hingegen wird die Höhe des zu finanzierenden Umlaufvermögens über die Kalkulation bestimmt, die in der Kostenrechnung ihren funktionalen Zusammenhang findet. Innerhalb des Controllings wird beides der sog. **statischen** Finanzplanung subsumiert. Zur Aufgabe einer liquiditätsorientierten Unternehmenssteuerung gehört aber darüber hinaus eine dynamische Aufbereitung der anfallenden Zahlungsströme, die vom Controlling mit dem Liquiditäts- und Finanzplan dargestellt wird.

3.2 Liquiditäts- und Finanzplanung

Eine grundsätzliche Voraussetzung eines **dynamisch** aufbereiteten Kapitalbedarfs ist die Kenntnis der Ein- und Auszahlungen zu bestimmten Terminen bzw. Zeiträumen. Sichert die Tagesdisposition liquider Mittel die aktuelle Zahlungsfähigkeit des Unternehmens und demzufolge das Vertrauen der Mitarbeiter (Personalkosten) und Lieferanten (Materialkosten), dient die langfristige Finanzplanung der Vertrauensbildung der Eigen- und Fremdkapitalgeber. Im Zusammenhang mit der Bonitätsprüfung der Kreditinstitute wird neben der sachgerechten Erfassung der Jahresabschlussdaten auch die Finanzplanung des laufenden Jahres und die zukünftiger Planperioden verlangt, um die Kapitalbindung der Investitionen und demzufolge den daraus resultierenden Kapitalbedarf beurteilen zu können. Je nach Planungshorizont werden demnach unterschiedliche Varianten von Finanzplänen erstellt, dessen kürzeste Disposition die Liquiditätsplanung darstellt.

3.2.1 Liquiditätsplan

Vom Disponenten wird der **tägliche Liquiditätsstatus** anhand der Kontoauszüge ermittelt, also die Geldeingänge der Debitoren und die terminierten Ausgänge an die Kreditoren sowie die Lohn- und Gehaltszahlungen an die Mitarbeiter gegenübergestellt. Eine wesentliche Voraussetzung hierfür ist die Implementierung einer funktionierenden **Debitoren- und Kreditorenbuchhaltung**, um festzustellen, wer, wie viel, bis zu welchem Termin dem Unternehmen schuldig ist. Fehlen entsprechende Zahlungseingänge, ist anzuraten, in geeigneter Form an den noch ausstehenden Betrag zu erinnern. Eine Reihe von Unternehmen ist dazu übergegangen, standardisierte Erinnerungs- und Mahnschreiben an die säumigen Zahlungspflichtigen zu versenden, was mit Sicherheit eine unkomplizierte und schnelle Adressierung mit sich bringt.

In vielen Gesprächen mit Unternehmern zeichnet sich immer wieder ab, dass gerade bei Kleinstunternehmen, vor allem im Handwerk, die Auftragsbücher zwar voll sind, tatsächlich kein oder zu wenig Geld verdient wird. Sehr häufig wird schlicht weg versäumt, zeitnah Rechnungen zu stellen. Deshalb gilt es, möglichst unmittelbar nach der Auftragsabwicklung eine entsprechende Rechnung zu stellen und diese in ein **Debitorenbuchhaltungssystem** zu integrieren. Die Zahlungserinnerung der größten Außenstände sollte, wenn es organisatorisch möglich gemacht werden kann, zur „Chefsache" erklärt werden. Die Chance auf einen erfolgreichen Zahlungseingang ist dann um ein Vielfaches höher.

Größere Unternehmen bündeln alle Maßnahmen der täglichen Finanzdisposition im Aufgabenbereich des **Cash Management**. Dessen Aufgabe ist nicht nur die Überwachung von Zahlungsterminen, sondern auch das Ergreifen entsprechender Maßnahmen bei Unter- oder auch Überdeckung der Liquidität. Gewährleistet werden kostengünstige Möglichkeiten zur Kapitalbeschaffung wie Kontokorrentkredite sowie eine vorübergehende renditeorientierte Anlage liquider Mittel auf dem Kapitalmarkt in Form von Fest- oder Tagesgelddispositionen. Für jeden Disponenten gilt zur Optimierung der Liquidität „so viel wie nötig, so wenig wie möglich", da eine zu großzügige Liquiditätsdisposition zu Lasten der Rendite- und Wertentwicklung des Unternehmens geht.

3.2.2 Finanzplan

Wird die Liquiditätsplanung als eine Vorstufe zur eigentlichen Finanzplanung charakterisiert, kann eine über die Feststellung des aktuellen Finanzstatus hinausgehende Planung der Liquidität mit einem wöchentlichen Betrachtungshorizont den **kurzfristigen** Finanzplänen, die üblicherweise einen Planungshorizont bis zu einem Jahr haben, subsumiert werden.

FALL „FINANZPLANUNG KREDITGESPRÄCH"

Die Kredit gebende Bank fordert vom Geschäftsführer einen kurzfristigen Finanzplan für die Monate Januar bis März. Das Unternehmen wickelt seinen gesamten Zahlungsverkehr über ein Girokonto bei der Bank ab. Zur Deckung von Finanzierungslücken kann ein Kontokorrentkredit in Anspruch genommen werden. Der Finanzstatus zum 31. 12. enthält folgende Plandaten:

▶ In Anspruch genommene Kontokorrentlinie 8.000 €;

▶ Forderungsbestand 240.000 €, die vereinbarungsgemäß von den Kunden in den Monaten Januar mit 170.000 €, Februar mit 30.000 € und März mit 40.000 € bezahlt werden;

▶ Eigene Verbindlichkeiten entstehen mit insgesamt 190.000 €. Entsprechende Zahlungen erfolgen in Höhe von 120.000 (Jan.), 20.000 (Feb.) und 50.000 (März);

▶ Dem Absatzplan sind für das erste Quartal monatliche Umsätze in Höhe von 180.000 € zu entnehmen, die jeweils innerhalb des laufenden Monats bezahlt werden. Im Februar und März rechnet man noch mit Einnahmen aus Erträgen von 70.000 € und 5.000 €.

▶ Die Ausgaben setzen sich nach den Plandaten wie folgt zusammen: Roh-, Hilfs- und Betriebsstoffe 120.000 € pro Monat, Personalkosten 60.000 € pro Monat, Zinsen 3.500 € für Januar, Versicherungen 6.000 € für März sowie sonstige Kosten und Aufwendungen mit 7.000 € pro Monat.

Finanzplan (in €)	Januar	Februar	März
Zahlungsmittelbestand am Monatsanfang	-8.000	31.500	104.500
Einzahlungen			
Forderungen aus LuL	170.000	30.000	40.000
Geplanter Absatz	180.000	180.000	180.000
Sonstige	0	70.000	5.000
Auszahlungen			
Verbindlichkeiten aus LuL	-120.000	-20.000	-50.000
R-H-B-Stoffe	-120.000	-120.000	-120.000
Personal	-60.000	-60.000	-60.000
Zinsen	-3.500	0	0
Versicherung	0	0	-6.000
Sonstige	-7.000	-7.000	-7.000
Monatssaldo	**39.500**	**73.000**	**-18.000**
Gesamtbestand	**31.500**	**104.500**	**86.500**

Die **langfristige** Finanzplanung mit einem üblichen Zielhorizont mit fünf Jahren und mehr ist ein wesentlicher Bestandteil der strategischen Unternehmensplanung, da die gesamten zukünftigen Zahlungsströme erfasst werden müssen. Eine große Herausforderung für die Geschäftsleitung ist das Feststellen des genauen Betrages, der sich im Wesentlichen aus der Investitions-, Material-, Absatz- und Personalplanung ableiten lässt. Die **Umsatzplanung** des operativen Kerngeschäfts wird auf den individuellen Absatzerwartungen und möglichen Planvorgaben der Vertriebsmitarbeiter aufgebaut, was auch für die Material- und Personalkostenplanung entsprechende Planungsgrößen impliziert. Entsprechende Indikationen im Zusammenhang mit der Finanzplanung für das Umlaufvermögen leistet auch die besprochene Kapitalbedarfsrechnung. Immer wieder interessant zu beobachten ist die für die Gemeinkosten notwendige Ermittlung der Zuschlagssätze für die einzelnen Planperioden, die nicht immer basierend auf konkret vorhandenen Daten aufgebaut werden, sondern von den im Unternehmen Verantwortlichen eher gefühlsmäßig angesetzt werden.

Weitere Einnahmen des Unternehmens werden im Vermögens- und Finanzbereich generiert. Dazu zählen im Wesentlichen alle **Desinvestitionen** wie die Veräußerung von Wertpapieren, von nicht benötigten Warenbeständen, Forderungsverkäufe sowie Veräußerungen von Gegenständen des Anlagevermögens. **Finanzierungen** aus Kapitalerhöhungen der Gesellschafter und Kreditaufnahmen werden genauso subsumiert wie alle laufenden **Erlöspositionen**, die nicht in einem direkten Zusammenhang zur betrieblichen Leistungserstellung stehen, wie Zins-, Miet- und Pachteinnahmen, öffentliche Investitionshilfen sowie Fördergelder für Forschung und Entwicklung. Aufgrund der vorhandenen Planungsunsicherheit bei der Erfassung von Einnahmen, avanciert diese auch manchmal in Richtung Kaffeesatz lesen. Die **Ausgabenplanung** für die **Kreditoren** ergibt sich aus den erhaltenen Rechnungen, deren Fälligkeit aus den vereinbarten Zahlungsbedingungen hervorgeht. Je weiter der Planungshorizont ist, desto mehr muss sich der Ersteller auf Erfahrungswerte stützen. Für die Planung der **Personalkosten** werden die monatlichen Bruttobezüge sowie die Abgaben zur Sozialversicherung aller tätigen Arbeitnehmer und auch derer, die mittelfristig den Personalbestand erweitern sollen.

Die Segmentierung der **Kapitalkosten** ist zum einen die Kapitalbedienung in Form von Zins und Tilgung der von den Banken ausgereichten Kreditengagements, deren Termine den Kreditverträgen zu entnehmen sind. Zum anderen müssen auch geplante Entgelte für die Eigenkapitalgeber mit in den Finanzplan aufgenommen werden, da mit diesen auch die Liquidität belastet wird. Ein entsprechend hoher Jahresüberschuss der GuV-Rechnung reicht alleine nicht, die notwendige Liquidität muss auch auf dem Konto vorhanden sein. Bei einer möglichen Kreditaufnahme zur Finanzierung der Ausschüttung muss diese ebenfalls im Finanzplan disponiert werden. Auch entstehende **sonstige Kosten** wie Energiekosten, Reparatur- und Fremdleistungen, Werbemaßnahmen, Kommunikationskosten, Büromaterial, Beratungskosten sowie für die Beträge der Steuerzahlungen wären die Höhe und die einzelnen Fälligkeitstermine zu bestimmen.

Eine mögliche **Überdeckung** wäre zum einen mit der Investition in Finanzanlagen wie festverzinsliche Wertpapiere sowie als Tages- oder Festgeld und zum anderen mit dem Abbau von Verbindlichkeiten oder dem Vorziehen von längerfristig geplanten Sachinvestitionen zu begegnen. Letzteres muss aber mit der strategischen Ausrichtung des Unternehmens übereinstimmen. Während das Ziel der Liquiditätsplanung mehr oder weniger auf die Gegenüberstellung der Debitoren- und Kreditorenpositionen ausgerichtet ist und deren mögliche **Unterdeckung** mehrheitlich mit einem **Kontokorrentkredit** begegnet wird, sind längerfristig auftretende mit den in Kapitel D. diskutierten Finanzierungsmaßnahmen auszugleichen. Aufgrund der relativ schnellen Umsetzung kommt dem **Desinvestionsmanagement** (vgl. Kapitel D.5.2) eine besondere Bedeutung zu. Neben den finanzwirtschaftlichen Anpassungsmaßnahmen können darüber hinaus auch entsprechende **leistungswirtschaftliche Maßnahmen** mit in die Überlegungen aufgenommen werden, wie

► **Kostensenkung** mittels Optimierung der Arbeitsabläufe, Outsourcing von Teilbereichen, Lohnkostenreduzierung bei Neueinstellungen und Überführung von Fixkosten in variable Bestandteile;

► **Umsatzsteigerung** mittels „Cross Selling" bei bestehenden Kunden, Akquisition von Neukunden und Zurückgewinnung von früheren Kunden sowie

► **Leistungssteigerung** mittels Anstreben kürzerer Durchlaufzeiten, Ausgliederung umsatzschwacher Segmente, Einrichten eines Qualitätsmanagements, effizientere Bearbeitung der Anfragen und Reklamationen und durch eine Erhöhung der Eigenverantwortlichkeit der Mitarbeiter. Entsprechende Kennzahlen des Produktionsbereichs zur Quantifizierung des Ist-Zustands wären Bestandskennzahlen (Lagerbestände, Werkstattbestände, Umschlagshäufigkeiten), Liegezeiten im Lager und in der Fertigung, Durchlaufzeiten in Abhängigkeit von der Maschinenauslastung und Losgröße, Auslastungskennzahlen (Maschinen, Personal, etc.) unter Berücksichtigung der anfallenden Kosten (Herstellung, Logistik, Ausschuss, Stillstand, Umrüstung, etc.).

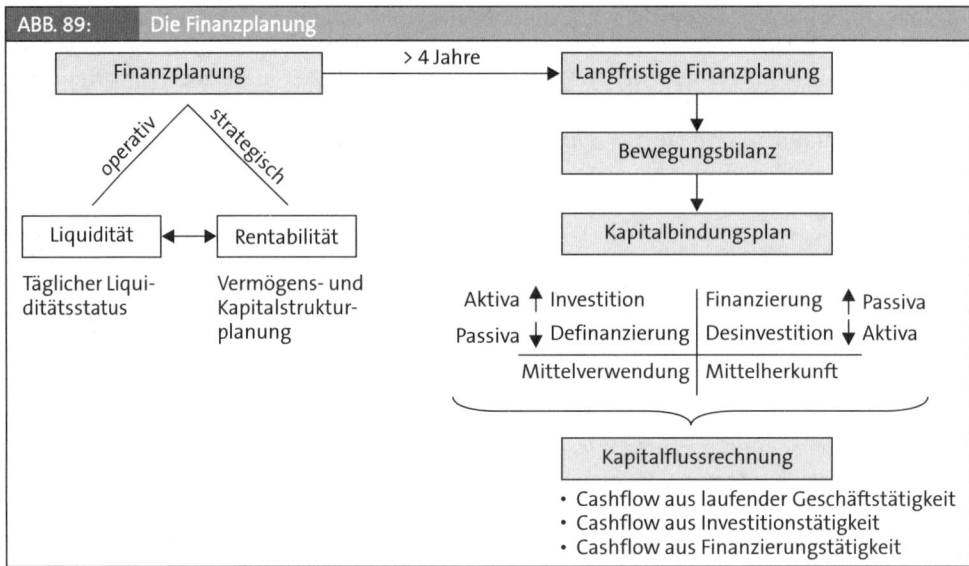

ABB. 89: Die Finanzplanung

Für jedes Unternehmen bedeutet die Sicherung der Liquidität das Aufrechterhalten des Wertschöpfungsprozesses. Auftretende **Liquiditätsengpässe** des Unternehmens dürfen von den Verantwortlichen nicht auf die leichte Schulter genommen werden, da aufgrund von Vertrauensverlusten der Lieferanten, Abnehmer, Belegschaft und Kapitalgeber Störungen des Leistungserstellungsprozesses auftreten können, die sich in Folge zu einer ernst zunehmenden Krise entwickeln können. Die Kredit gebenden Banken reagieren relativ schnell mit der Nichtprolongation bestehender Kontokorrentverbindlichkeiten und auch mit der Androhung der Kündigung der Darlehensverträge, die dann mit einem Betrag zurückzuzahlen wären.

Kommt es dazu, ist die Geschäftsleitung aufgefordert, sehr schnell zu handeln, um das Unternehmen vor einem größeren Schaden zu bewahren. Zeitgleich müssen auch Gespräche mit den übrigen Gläubigern, in der Regel den drei bis fünf größten Kreditoren, denen noch die Verbindlichkeiten aus Lieferungen und Leistungen ausständig sind, geführt werden. Die Debitorenliste ist in Bezug auf die drei bis fünf größten Forderungspositionen auszuwerten, um entsprechend auf einen zügigen Forderungseingang hinwirken zu können. Um derartige Situationen frühzeitig erfassen zu können, braucht es eine entsprechende Kontrolle der Finanzplanung.

3.3 Finanzkontrolle

Für die Steuerung von Unternehmen müssen Kontrollinstrumente eingerichtet werden, welche die Finanzierungsstruktur offen legen. Über die Analyse und Aufbereitung der Bilanz können zum einen die **statischen** Varianten wie die Kennzahlenanalyse, die Bewegungsbilanz und die Kapitalbindungsplanung erstellt werden. Zum anderen ist mit einer Kapitalflussrechnung eine **dynamische** Betrachtung der Finanzierungs- und Definanzierungsleistung über die Cashflow-Entwicklung des Unternehmens möglich.

3.3.1 Analyse mit Bilanzdaten

Der Treasurer übernimmt im Unternehmen den finanzwirtschaftlichen Aufgabenbereich und kümmert sich demzufolge um die Kapitalaufnahme bzw. um die sachgerechte Finanzierungsstruktur der Passivseite, während der Controller die Steuerung der erfolgswirtschaftlichen Komponenten zum Gegenstand hat. Eine Bündelung beider Aktivitäten wird im **Finanzcontrolling** zum Ausdruck gebracht, welches ein für die Unternehmensleitung aufbereitetes Kennzahlensystem zur permanenten Überprüfung der Kapitalstruktur bereithält.

3.3.1.1 Finanzkennzahlen

In Kapitel C. wurde die **horizontale Finanzierungsregel** als Quotient aus langfristigem Vermögen und langfristigem Kapital vorgestellt, welche die Fristenkongruenz der Finanzierungsdauer zur Kapitalbindung zum Ausdruck bringt. Die einzelnen **Liquiditätsgrade** haben den gleichen Analyseanspruch für das kurzfristige Kapital. Auch wenn diese im Rahmen einer Jahresabschlussanalyse aufgrund der sich täglich ändernden liquiden Positionen recht wenig an Aussagekraft bereithält, ist es für die Geschäftsleitung unumgänglich, die Liquiditätsgrade über den wöchentlichen Finanzstatus von der EDV abzurufen. Insbesondere der Liquiditätsgrad 3, als **Working Capital-Ratio** oder auch als Differenz der Größen

> +/- Erhöhung / Senkung des Umlaufvermögens
>
> - (+/- Erhöhung / Senkung der kurzfristigen Verbindlichkeiten)

sollte regelmäßig aufgerufen werden, um anhand einer Liquiditätslinie Abweichungen erkennen zu können.

Da die Kapitalstruktur nicht nur einen Einfluss auf die Fristigkeit der einzelnen Finanzierungsvarianten ausübt, sondern darüber hinaus auch die Kapitalkosten beeinflusst, bekommt auch im Zusammenhang mit der Finanzkontrolle die

$$\text{Eigenkapitalquote} = \frac{\varnothing \text{ wirtschaftliches Eigenkapital}}{\text{Gesamtkapital}} \times 100$$

einen hohen Stellenwert. Sollen Bestandsveränderungen einzelner Betrachtungsperioden transparent gemacht werden, empfiehlt sich das Arbeiten mit Veränderungs- bzw. Bewegungsbilanzen.

BEISPIEL: ▶ Anlässlich der Jahresabschlussbesprechung legt der Geschäftsführer der Eigentümerfamilie die folgende Bilanz vor.

Bilanz zum 31. 12. (in T€)

Aktiva		Passiva	
Grundstücke	400	Eigenkapital	990
Maschinen	2.200	Darlehen	3.050
Finanzanlagen	900	Kontokorrentkredite	1.360
Vorräte	1.600		
Forderungen	200		
Kasse, Bank	100		
Summe	5.400	Summe	5.400

Ist das Unternehmen überschuldet?

Lösung:

Überschuldung im Sinne des § 19 Abs. 2 Insolvenzgesetzes liegt erst vor, wenn die Liquidationswerte der Vermögensgegenstände die vorhandenen Verbindlichkeiten nicht mehr decken. Zwar sind die Verbindlichkeiten recht hoch, doch eine Eigenkapitalquote von 18 % ist im Wunschbereich vieler kleiner eigentümergeführter Unternehmen.

3.3.1.2 Bewegungsbilanz

Für die Erstellung einer Bewegungsbilanz werden nur die Zu- und Abgänge der Vermögens- und Kapitalbestände erfasst, die mit entsprechenden Vorzeichen Investitions- (+), Desinvestitions- (-), Finanzierungs- (+) und Definanzierungsvorgänge (-) zum Ausdruck bringen.

FALL „DYNAMISCHE FINANZKONTROLLE" BEWEGUNGSBILANZ, KAPITALBINDUNGSPLANUNG SOWIE KAPITALFLUSSRECHNUNG

Im Zuge der Optimierung des Finanzmanagements stellt der Steuerberater der Geschäftsleitung die aufgeführten Angaben aus der Finanzbuchhaltung für das abgelaufene Geschäftsjahr zur Verfügung, mit der ein entsprechender Jahresabschluss erstellt wurde. Vom Controlling wird als Entscheidungsvorlage für die Geschäftsleitung die finanzwirtschaftliche Situation erfasst und die folgenden Unterlagen aufbereitet:

▶ eine Bewegungsbilanz (Fallbeispiel, Forts. 1),

▶ einen Kapitalbindungsplan nach dem Brutto- und Nettoprinzip (Fallbeispiel, Forts. 2)

sowie

▶ eine Kapitalflussrechnung (Fallbeispiel, Forts. 3 bis 7)

Aktiva	Aktuell	Vorjahr	Passiva	Aktuell	Vorjahr
Sachanlagen	4.500	3.950	Stammkapital	2.850	2.850
Finanzanlagen	340	450	Jahresüberschuss	330	0
Vorräte	2.420	2.310	Pensionsrückstellungen	1.100	1.100
Forderungen aus LuL	990	1.375	Bankdarlehen	2.650	2.650
Kasse, Bank	330	605	Kontokorrentkredite	720	980
			Verbindlichkeiten aus LuL	930	1.110
Summe	8.580	8.690	Summe	8.580	8.690

Bilanz (in T€)

Umsatzerlöse	14.300	14.795
Veränderung der Bestände an fertigen und unfertigen Erzeugnissen	110	-165
Sonstige betriebliche Erträge	1.100	1.210
Gesamtleistung	15.510	15.840
Materialaufwand	5.665	5.830
Personalaufwand	5.335	5.390
Zuführung Pensionsrückstellungen	330	330
Abschreibungen	550	715
Sonstige betriebliche Aufwendungen	3.300	3.575
Jahresüberschuss	330	0

Gewinn- und Verlustrechnung (in T€)

FALL „DYNAMISCHE FINANZKONTROLLE" (FORTS. 1) „BEWEGUNGSBILANZ"

Sortiert nach Vermögens- und Kapitalpositionen lassen sich in der **Bewegungsbilanz** für jede Bilanzseite die Zu- und Abgänge entnehmen.

Aktiva	(T€)	Passiva	(T€)
Anlagevermögen		*Eigenkapital*	
Sachanlagen	*550*	*Stammkapital*	*0*
Finanzanlagen	*- 110*	*Jahresüberschuss*	*330*
Umlaufvermögen		*Rückstellungen*	
Vorräte	*110*	*Pensionsrückstellungen*	*0*
Forderungen aus LuL	*- 385*	*Verbindlichkeiten*	
Kassenbestand und Bankguthaben	*- 275*	*Bankdarlehen*	*0*
		Kontokorrentkredite	*- 260*
		Verbindlichkeiten aus LuL	*- 180*
Summe	*- 110*	*Summe*	*- 110*

Bewegungsbilanz

Um eine Gesamtdarstellung zu entwickeln, werden den Bestandsveränderungen die Erfolgsveränderungen, die in der Gewinn- und Verlustrechnung erfasst werden, einer Kapitalbindungsplanung zugeführt.

3.3.1.3 Kapitalbindungsplanung

Aus der Bewegungsbilanz wird die Kapitalbindungsplanung entwickelt und nach **Mittelherkunft** und **Mittelverwendung** erfasst. Mit der Eingliederung der Daten der Gewinn- und Verlustrechnung sowie durch Eliminieren der ausschließlich buchhalterischen Größen, die nur für die externe Rechnungslegung aufgrund von gesetzlicher Vorschriften von Bedeutung sind, kann mit einer **Kapitalbindungsplanung** auf statischer Basis der Liquiditätsfluss erfasst und sichtbar gemacht werden.

Mittelverwendung	Mittelherkunft
Investition (Zugang der Aktiva)	Finanzierung (Zugang der Passiva)
Definanzierung (Abgang der Passiva)	Desinvestition (Abgang der Aktiva)
► **Kapitalabfluss**	► **Kapitalzufluss**

Struktur einer Kapitalbindungsplanung

FALL „DYNAMISCHE FINANZKONTROLLE" (FORTS. 2) „KAPITALBINDUNGSPLANUNG"

Mittelverwendung	T€	Mittelherkunft	T€
Sachanlagen	550	Finanzanlagen	110
Vorräte	110	Forderungen aus LuL	385
Kontokorrentkredite	260	Kassenbestand und Bankguthaben	275
Verbindlichkeiten aus LuL	180	Umsatzerlöse	14.300
Materialaufwand	5.665	Bestandsveränderungen Erzeugnisse	110
Personalaufwand	5.335	Sonstige betriebliche Erträge	1.100
Zuführung Pensionsrückstellungen	330		
Abschreibungen	550		
Sonstige betriebliche Aufwendungen	3.300		
Summe	16.280	Summe	16.280

Kapitalbindungsplan (brutto)

Lösung:

In der Bruttodarstellung sind noch alle aus der externen Rechnungslegung stammenden nicht liquiditätswirksamen Buchungen der Erfolge und Bestände erfasst, welche es zu eliminieren gilt. Im Einzelnen sind das die Abschreibungen, die Zuführung zu den Pensionsrückstellungen und die Veränderungen des Warenbestands:

► *Die **Abschreibungen** in Höhe von 550 T€ werden rückgängig gemacht und dem Restbuchwert addiert, da der Abfluss an Liquidität vor der Abschreibungsbuchung vollzogen wurde und 1,1 Mio. € betrug.*

► *Die Zuführung zu den **Pensionsrückstellungen** bringt in der Bilanz eine Erhöhung der Passivposition Pensionsrückstellungen mit sich. Da der Bestand aber unverändert geblieben ist, muss in gleicher Höhe eine entsprechende Auszahlung von Pensionsansprüchen stattgefunden haben. Demzufolge wird eine Definanzierung bei der Mittelverwendung erfasst.*

► *Die Erfolgsbuchung **Erzeugnisbestandsveränderungen** im aktuellen Geschäftsjahr mit 110 T€ ist eine Kompensation, da ein Materialaufwand gebucht wurde, dem in dieser Periode aber keine Umsatzerlöse gegenüberstehen. Demzufolge kann auch der Warenbestand nicht ausgebucht werden. Für die transparente Gestaltung des Kapitalflusses können beide Positionen eliminiert werden.*

Mittelverwendung	T€	Mittelherkunft	T€
Sachanlagen	1.100	Finanzanlagen	110
Kontokorrentkredite	260	Forderungen aus LuL	385
Verbindlichkeiten aus LuL	180	Kassenbestand und Bankguthaben	275
Definanzierung Pensionsrückstellungen	330	Umsatzerlöse	14.300
Materialaufwand	5.665	Sonstige betriebliche Erträge	1.100
Personalaufwand	5.335		
Sonstige betriebliche Aufwendungen	3.300		
Summe	16.170	Summe	16.170

Kapitalbindungsplan (netto)

Die statische Finanzkontrolle wird im Wesentlichen über die Werterfassung zu einem bestimmten Zeitpunkt generiert, deren Aussagefähigkeit deswegen begrenzt ist, nichtsdestotrotz aufgrund der relativen einfachen Handhabung sehr gut für in den betrieblichen Alltag des Managements aufgenommen werden kann. Bewegungsbilanzen und Kapitalbindungsplanungen sind darüber hinaus auch geeignete Instrumente als Vorbereitung zur Erstellung einer **dynamischen** Finanzkontrolle über einen Zeitraum hinweg, deren wichtigstes Instrument die Kapitalflussrechnung ist.

3.3.2 Kapitalflussrechnung

Gemäß internationaler Rechnungslegungsstandards nach IAS 1.8 ist eine Kapitalflussrechnung bzw. ein **Cashflow Statement** Bestandteil des Jahresabschlusses. Nach § 297 Abs. 1 Satz 1 HGB ist diese nur für den Konzernabschluss zu zeigen bzw. für eine kapitalmarktorientierte Gesellschaft, die nicht zur Aufstellung eines Konzernabschlusses verpflichtet ist (§ 264 Abs. 1 HGB). Als Datenbasis für die Erstellung einer Kapitalflussrechnung dienen zwei aufeinander folgende Bilanzen bzw. die **Bewegungsbilanz**. In einem ersten Schritt werden die Veränderungen der einzelnen Bilanzpositionen gegenüber dem Vorjahr ermittelt und in einem zweiten Schritt den einzelnen Bereichen der Kapitalflussrechnung zugeordnet.

Die Abschlussadressaten eines Unternehmens sind daran interessiert, zu erfahren, auf welche Weise die Zahlungsmittel und Zahlungsmitteläquivalente erwirtschaftet und verwendet werden (IAS 7.3). Die Kapitalflussrechnung ist zum einen Fondsveränderungs- und Ursachenrechnung, d. h. es werden Liquiditätsveränderungen über die Cashflows der **betrieblichen Tätigkeit** sowie der **Investitions- und Finanzierungstätigkeit** gebildet (IAS 7.10). Demzufolge werden nur diejenigen Geschäftsfälle erfasst, die den Fonds verändern. Darüber hinaus dienen diese Informationen als Basis für unternehmerische Finanzplanungen, als Grundlage für die Unternehmensplanung und -steuerung sowie als Grundlage für eine fundierte **Unternehmensbewertung** auf der Basis einer Discounted Cashflow-Methode.

3.3.2.1 Cashflow aus der betrieblichen Tätigkeit

Der Cashflow aus der betrieblichen Tätigkeit[38] (IAS 7.13) ist ein Schlüsselindikator, in welchem Ausmaß es gelungen ist, Zahlungsüberschüsse zu erwirtschaften, die ausreichen, um den laufenden Auszahlungen des operativen Geschäfts nachzukommen, Verbindlichkeiten zu tilgen, Dividenden zu zahlen und Investitionen aus der eigenen Leistungsfähigkeit zu generieren, was bereits als Innenfinanzierungspotential diskutiert wurde. Den Unternehmen wird empfohlen, die Darstellung über die **direkte Methode**, also aus der Buchhaltung oder mittels Korrekturen der Umsatzerlöse und Umsatzkosten durchzuführen. Bei der Anwendung der **indirekten Methode** wird der Netto-Cashflow mittels Korrektur des Jahresüberschusses ermittelt:

▶ Zahlungsunwirksame Positionen wie Abschreibungen, Zuschreibungen sowie Zuführung und Auflösung von Rückstellungen, nicht ausgeschüttete Gewinne von assoziierten Unternehmen, etc.,

▶ Bestandsveränderungen der Periode bei den Vorräten sowie den Forderungen und Verbindlichkeiten aus Lieferungen und Leistungen (Netto-Umlaufvermögen) und den

▶ Positionen, die dem Investitions- und Finanzierungs-Cashflow zu subsumieren sind.

▶ Gezahlte und erhaltene **Zinsen** sowie **Dividenden** können nach IFRS als Cashflow aus der Finanzierungstätigkeit oder als Cashflow aus der betrieblichen Tätigkeit klassifiziert werden (IAS 7.33 und 34).

▶ Häufig werden auch Steuerzahlungen subsumiert.

ABB. 90:   Die indirekte Ermittlung des Cashflows aus der betrieblichen Tätigkeit

Jahresüberschuss

+/- Abschreibungen / Zuschreibungen

+/- Zuführung / Auflösung langfristiger Rückstellungen

+/- Zuführung / Auflösung unversteuerter Rücklagen

+/- Sonstige zahlungsunwirksame Aufwendungen / Erträge

= **Operativer Cashflow**

+/- Ab-/Zunahme der Vorräte

+/- Ab-/Zunahme der Forderungen aus Lieferungen und Leistungen

+/- Ab-/Zunahme der sonstigen Forderungen

+/- Veränderungen der aktiven Rechnungsabgrenzungsposten

+/- Zu-/Abnahme der kurzfristigen Rückstellungen

+/- Zu-/Abnahme der erhaltenen Anzahlungen

+/- Zu-/Abnahme der Verbindlichkeiten aus Lieferungen und Leistungen

---

38 Der Begriff „Cashflow aus laufender Geschäftstätigkeit" wird in der Praxis synonym verwendet.

> +/- Zu-/Abnahme der Kontokorrentkredite (bzw. Erfassung im Cashflow aus Finanzierungs-
> tätigkeit)
>
> +/- Sonstige kurzfristige Verbindlichkeiten
>
> +/- Veränderungen der passiven Rechnungsabgrenzungen
>
> +/- nicht realisierte Fremdwährungsverluste/-gewinne
>
>   + abgezogener Gewinnanteil Minderheitsgesellschafter von Tochterunternehmen
>
> +/- Zahlungswirksame Aufwendungen / Erträge aus Investitions- und Finanzierungsbereich
>
> **= Cashflow aus der betrieblichen Tätigkeit**

Aufgrund der Tatsache, dass Auszahlungen in der Kapitalflussrechnung ein negatives Vorzeichen haben und Einzahlungen ein positives, führen Bestandserhöhungen der kurzfristigen Verbindlichkeiten zu einem Anstieg des Cashflows aus der betrieblichen Tätigkeit, eine Bestandserhöhung der Forderungen aus Lieferungen und Leistungen entsprechend zu einem Rückgang.

Vergleichen wir den Erfolgsausweis bilanzierungspflichtiger Unternehmen mit dem einer Einnahmenüberschussrechnung, dann fällt auf, dass mit der Buchung Kundenforderungen an Umsatzerlöse, ausschüttungsfähige Jahresüberschüsse ausgewiesen werden können, ohne einen liquiden Zufluss haben zu müssen. Dieser Umstand wird in dem Cashflow aus der betrieblichen Tätigkeit mittels Abzug genauso korrigiert, wie die Tatsache des Kapitalabflusses im Zusammenhang mit dem Kauf von Vorratsvermögen.

FALL „DYNAMISCHE FINANZKONTROLLE" (FORTS. 3) „KAPITALFLUSSRECHNUNG"

Jahresüberschuss	*330*
+ Abschreibungen	*+ 550*
+ Zuführung Pensionsrückstellungen	*+ 330*
- Auflösung Pensionsrückstellungen	*- 330*
= Operativer Cashflow	*880*
- Zunahme der Vorräte	*- 110*
+ Abnahme der Forderungen aus Lieferungen und Leistungen	*+ 385*
- Abnahme der Verbindlichkeiten aus Lieferungen und Leistungen	*- 180*
= Cashflow aus der betrieblichen Tätigkeit	*975*

Ermittlung des Cashflows aus der betrieblichen Tätigkeit (in T€)

Im Gegensatz zum Cashflow aus der betrieblichen Tätigkeit werden die Cashflows aus der Investitions- und Finanzierungstätigkeit mit der direkten Methode ermittelt.

3.3.2.2 Cashflow aus der Investitionstätigkeit

Der Cashflow aus der Investitionstätigkeit (IAS 7.16) hingegen zeigt die Auszahlungen für den Ressourceneinsatz, der künftige Erträge und Cashflows generieren soll. Gegenüber gestellt werden die **Investitionen** mit minus und die **Desinvestitionen** mit plus. Beispiele wären:

▶ Auszahlungen/Einzahlungen für Beschaffung/Verkauf von Sachanlagen, immateriellen Vermögen und Finanzanlagevermögen (sofern diese nicht als Zahlungsmitteläquivalente betrachtet oder zu Handelszwecken gehalten werden) sowie anderen langfristigen Vermögenswerten oder

▶ Auszahlungen/Einzahlungen für Dritten gewährte Kredite und Darlehen (mit Ausnahme der von einer Finanzinstitution gewährten Kredite und Darlehen)

ABB. 91:	Die direkte Ermittlung des Cashflows aus der Investitionstätigkeit
- Investitionen im Anlagevermögen	
+ Abgänge im Anlagevermögen zu Buchwerten	
+/- Erträge / Verluste aus dem Abgang von Vermögensgegenständen	
= Cashflow aus der Investitionstätigkeit	

Die Daten werden dem Anlagenspiegel unter Berücksichtigung der möglichen Veränderungen der Kaufpreisverbindlichkeiten sowie der in der Gewinn- und Verlustrechnung erfassten Erträge oder Verluste aus dem Abgang von Vermögensgegenständen entnommen.

FALL „DYNAMISCHE FINANZKONTROLLE" (FORTS. 4) KAPITALFLUSSRECHNUNG"

- Investitionen Sachanlagevermögen	*-1.100*
+ Abgänge Finanzanlagevermögen	*+110*
= Cashflow aus der Investitionstätigkeit	**-990**

Ermittlung des Cashflows aus der Investitionstätigkeit (in T€)

Der Investitions-Cashflow repräsentiert die **Netto-Investitionsleistung** und bildet zusammen mit dem Netto-Umlaufvermögen (Working Capital) die Abzugsgröße zur Ermittlung des Free Cashflow, der wiederum als die freie Cashflow-Größe für die Bedienung der gesamten Kapitalgeberansprüche herangezogen werden kann.

Cashflow aus der betrieblichen Tätigkeit
- Netto-Investitionsleistung (Cashflow aus der Investitionstätigkeit)
+ Netto-Zinsaufwand (Entgelt für die Fremdkapitalüberlassung), wenn diese nicht im Cashflow aus der Finanzierungstätigkeit erfasst ist.
= Free Cashflow
+/- Neutrale Erfolgsgrößen
- Kalkulatorische Kosten
= Bereinigter Free Cashflow

Die Ermittlung des bereinigten Free Cashflow

3.3.2.3 Cashflow aus der Finanzierungstätigkeit

Der Cashflow aus der Finanzierungstätigkeit (IAS 7.17) erfasst ausschließlich die Zahlungsströme der **Finanzierung** und **Definanzierung** im Zusammenhang mit der **Außenfinanzierung** sowohl mit Eigenkapital (Beteiligungsfinanzierung), als auch mit Fremdkapital (Kreditfinanzierung) und macht die Ansprüche der Kapitalgeber gegenüber dem Unternehmen transparent. Beispiele wären:

▶ Einzahlungen aus der Ausgabe von Anteilen oder anderen Eigenkapitalinstrumenten,

▶ Einzahlungen aus der Ausgabe von Schuldverschreibungen, Schuldscheinen und Rentenpapieren sowie aus der Aufnahme von Darlehen und Hypotheken oder aus der Aufnahme anderer kurz- oder langfristiger Ausleihungen,

▶ Auszahlungen an Eigentümer zum Erwerb oder Rückerwerb von (eigenen) Anteilen an dem Unternehmen,

▶ Auszahlungen für die Rückzahlung von Ausleihungen,

▶ Auszahlungen von Leasingnehmern zur Tilgung von Verbindlichkeiten aus Finanzierungs-Leasingverträgen und

▶ gezahlte und erhaltene Zinsen sowie Dividenden, wenn diese nicht im Cashflow aus der betrieblichen Tätigkeit erfasst wurden.

ABB. 92:	Die Ermittlung des Cashflows aus der Finanzierungstätigkeit
+/- Eigenkapitalerhöhung / -herabsetzung	
+/- Privateinlagen / -entnahmen	
- Gewinnausschüttung als Dividenden oder Tantiemen	
+/- Aufnahme / Tilgung von Industrieanleihen	
+/- Aufnahme / Tilgung langfristiger Bankverbindlichkeiten (falls nicht im Cashflow aus der betrieblichen Tätigkeit erfasst)	
+/- Aufnahme / Tilgung von Kontokorrentkrediten	
+/- Fremdwährungskursgewinne / -verluste	
+ Subventionen	
= Cashflow aus der Finanzierungstätigkeit	

Verbindlichkeiten gegenüber Banken gehören zwar grundsätzlich zu den Finanzierungstätigkeiten (IAS 7.8), **Kontokorrentkredite**, die auf Anforderung zurückzuzahlen sind, wie das in Deutschland oder auch in Österreich der Fall ist, sind jedoch ein integraler Bestandteil der Zahlungsmitteldisposition der Unternehmen. In diesen Fällen werden diese zumindest in der Auslegung der internationalen Rechnungslegung nach IFRS den Zahlungsmitteln zugerechnet. Ein Merkmal solcher Vereinbarungen sind häufige Schwankungen des Kontosaldos zwischen Soll- und Haben-Beständen. Demnach wäre die Erfassung im **Cashflow aus der betrieblichen Tätigkeit**, um das **Working Capital** darstellen zu können. Bei der Jahresabschlusserstellung ausschließlich nationaler Standards nach HGB oder EStG wird dieser mehrheitlich dem Finanzierungsbereich subsumiert.

+/- Darlehen	*0*
- Tilgung von Kontokorrentkrediten	*-260*
= Cashflow aus der Finanzierungstätigkeit	**-260**

Ermittlung des Cashflows aus der Finanzierungstätigkeit (in T€)

3.3.2.4 Veränderung des Fonds liquider Mittel

Den Abschluss einer Kapitalflussrechnung bildet eine Zusammenfassung der drei Bereiche zum Finanzmittelbestand, welcher die Veränderung des Fonds liquider Mittel darstellt.

ABB. 93:	Die Ermittlung des Geldfonds
Anfangsbestand liquider Mittel zum 1.1.	
Endbestand liquider Mittel zum 31.12.	
= Veränderung des Fonds liquider Mittel	
Cashflow aus der betrieblichen Tätigkeit	
Cashflow aus der Investitionstätigkeit	
Cashflow aus der Finanzierungstätigkeit	
= Geldfonds	

Anfangsbestand liquider Mittel zum 1.1.	605
Endbestand liquider Mittel zum 31.12.	330
= Veränderung des Fonds liquider Mittel	**-275**
Cashflow aus der betrieblichen Tätigkeit	975
Cashflow aus der Investitionstätigkeit	-990
Cashflow aus der Finanzierungstätigkeit	-260
= Geldfonds	**-275**

Ermittlung des Geldfonds (in T€)

3.3.2.5 Interpretation der Cashflow-Größen

Grundsätzlich soll die Kapital- oder auch Geldflussrechnung Zahlungsströme darstellen und darüber hinaus eine Transparenz herstellen, wie das Unternehmen die finanziellen Mittel erwirtschaftet hat und wie diese für die Investitionsleistung und die Kapitalbedienung herangezogen werden können. Demzufolge ist nicht nur die absolute Höhe des Cashflows interessant, sondern auch die Struktur. Einige Fragen sollen eine Einschätzung erleichtern:

▶ In welchem Verhältnis steht der **Cashflow aus der betrieblichen Tätigkeit** zum Gesamtumsatz und zum Jahresüberschuss?

Da bei prosperierenden Unternehmen kontinuierlich stärker investiert wird, treten im gleichen Maß zusätzliche planmäßige Abschreibungen auf, die den Jahresüberschuss entsprechend schmälern. Bei der Cashflow-Berechnung aber werden diese mit der Addition neutralisiert. Die Folge ist ein Ansteigen der Cashflow-Größen über den Betrachtungszeitraum bei gleichzeitig sinkendem Jahresüberschussverlauf. Eine umgekehrte Entwicklung ist dagegen ein Warnsignal. Sie könnte auf weniger planmäßige Abschreibungen aufgrund mangelnder Investitionstätigkeit oder auf Zuschreibungen sowie auf die Ertragsbildung über die Auflösung von Rückstellungen bzw. Sonderposten mit Rücklageanteil zurückzuführen sein.

Im Weiteren wird die Struktur offengelegt, ob der Cashflow aus den liquide zugeführten Umsatzerlösen am Absatzmarkt oder über Desinvestitionsvorgänge der Vorräte und Forderungen sowie über Finanzierungsvorgänge aus Lieferverbindlichkeiten zustande kommt.

▶ In welchem Verhältnis steht der Cashflow aus der betrieblichen Tätigkeit zu den **Investitionsleistungen** und zur **Kapitalbedienung**?

Der Saldo aus dem Cashflow der betrieblichen Tätigkeit und dem in der Regel negativen Cashflow aus der Investitionstätigkeit wird als **Free Cashflow** bezeichnet, da er nach Abzug aller im Unternehmen anstehenden Investitionen des Anlage- und auch Umlaufvermögens zur Kapitalbedienung der Kredittilgung und Ausschüttungszahlungen herangezogen werden kann.

▶ Kann aus dem **Cashflow aus der Investitionstätigkeit** eine Wachstumsstrategie abgeleitet werden?

Mit einem Vergleich der bisherigen Abschreibungsgrößen kann ermittelt werden, ob grundsätzlich Ersatz- oder darüber hinaus Erweiterungsinvestitionen getätigt wurden. Bei einem Cashflow mit niedriger werdenden Abschreibungsgrößen müssten entsprechende Desinvestitionen konstatiert werden. Damit ein Verdacht auf mögliche vorher bestehende Liquiditätsengpässe ausgeräumt werden kann, sollten das Working Capital und auch der Verschuldungsgrad flankierend angesehen werden.

▶ Ist das Anlagevermögen mit langfristigem Kapital finanziert (Horizontale Finanzierungsregel)? Mit welchem Anteil können die Investitionen mit aus den Cashflows der betrieblichen Tätigkeit, also mit der **Innenfinanzierung** begegnet werden und inwieweit müssen Instrumente der **Außenfinanzierung** hinzugezogen werden?

Zu beachten ist aber, dass hohe Cashflows zwar grundsätzlich auf ein hohes Innenfinanzierungspotential hinweisen, das für Ersatz- oder Erweiterungsinvestitionen genutzt werden kann.

Andererseits können aber auch erhöhte Abschreibungen auf einen in der Zukunft höheren Finanzierungsbedarf zur Aufrechterhaltung der Betriebsbereitschaft erwarten lassen.

▶ Wie setzt sich der **Cashflow aus der Finanzierungstätigkeit** zusammen?

Wachstumsprozesse gehen in der Regel einher mit verstärkten Finanzierungsaktivitäten, wobei aber gerade in prosperierenden Wirtschaftjahren Kredite getilgt und auch Eigentümer mit einer höheren Ausschüttung bedacht werden. Die Folge wäre ein negativer Saldo des Cashflows.

▶ Wie ist die grundsätzliche Verteilung zwischen **Eigentümer- und Gläubigerkapital** (Eigenkapitalquote)?

▶ Welche Variante der Außenfinanzierung wurde im Betrachtungsjahr gewählt? Wie hoch ist der Anteil der **Finanzverbindlichkeiten** am Gesamtkapital?

▶ Steht der **Ausschüttungsbetrag** in einem vernünftigen Verhältnis zum Jahresüberschuss und zu den aufgenommenen Krediten?

FALL „DYNAMISCHE FINANZKONTROLLE" (FORTS. 7) „GESAMTBEURTEILUNG"

Die für die betriebliche Wertschöpfung notwendigen Netto-Investitionen in Höhe von 990 T€ können mit einem Cashflow aus der betrieblichen Tätigkeit in Höhe von 975 T€ beinahe vollständig über die Innenfinanzierung, *also* ausschließlich über das operative Geschäft generiert werden. Darüber hinaus werden teilweise auch die kurzfristigen Bankverbindlichkeiten in einer Größenordnung von 260 T€ abgebaut, was sich das Unternehmen aufgrund der vorhandenen Liquidität auch leisten kann. Eine weitere Kapitalaufstockung mittels Außenfinanzierung wäre erst einmal nicht notwendig.

Das **Working Capital**[39], welches die Verhältnisse des operativen Geschäfts mittels Gegenüberstellung kurzfristiger Vermögens- und Kapitalpositionen zum Ausdruck bringt, beträgt - 95 T€. Als Hauptursache kann die Liquidierung eines Anteils der Forderungen aus Lieferungen und Leistungen dafür herangezogen werden. Zwar hat das Unternehmen im laufenden Geschäftsjahr aufgrund der Investitionsleistung und teilweisen Rückzahlung der Kontokorrentkredite einen hohen Anteil an Liquiditätsabgängen zu verzeichnen, aufgrund des doch sehr hohen Bestandes an liquiden Mitteln in Form von Kassenbeständen und Bankguthaben, kann insgesamt aber eine ausreichende Liquiditätslage konstatiert werden.

Aktiva:	Bestandszunahme (+) => Liquiditätsabfluss (-)
	Bestandsabnahme (-) => Liquiditätszufluss (+)
Passiva:	Bestandszunahme (+) => Liquiditätszufluss (+)
	Bestandsabnahme (-) => Liquiditätsabfluss (-)

---

39 Das Working Capital in Höhe von - 95 T€ berechnet sich aus der Zunahme der Vorräte (110 T€), zzgl. Abnahme der Forderungen aus Lieferungen und Leistungen (-385 T€), abzgl. Abnahme der Verbindlichkeiten aus Lieferungen und Leistungen (- (- 180 T€)). Die Liquidität erhöht sich demzufolge um 95 T€.

Zusammenfassend kann festgehalten werden, dass die Kapitalflussrechnung (Cashflow Statement) mögliche Gewinnregulierungsmaßnahmen offenlegt. Die **bilanzpolitischen Gestaltungsspielräume** werden über die handels- und steuerrechtlichen Wahlrechte legitim eingeräumt und über die Instrumente Abschreibungen und Rückstellungen ausgedrückt, die den Unternehmenserfolg verändern, ohne aber einen Einfluss auf die Liquiditätssituation zu haben. Es findet ausschließlich eine indirekte Veränderung in Form einer dadurch niedrigeren Ausschüttungsmöglichkeit an die Eigentümer statt. Die **Kapitalflussrechnung** leistet die Darstellung der echten Liquiditätsflüsse. Demzufolge werden steuerlich motivierte Gewinnregulierungsmaßnahmen wie Abschreibungen oder die Zuführung von langfristigen Rückstellungen eliminiert. Der operative Geldfluss wird offengelegt, indem die Gewinne aus dem Abgang der Vermögensgegenstände dem operativen Umsatz abgezogen und dem Cashflow aus der Investitionstätigkeit subsumiert werden.

Da die Zunahme von **Debitorenforderungen** auch in den Umsatzerlösen enthalten ist, aber kein Liquiditätsfluss entgegensteht, wird dieser dem Jahresüberschuss abgezogen und auch mit den **Kreditorenverbindlichkeiten** verrechnet. In Zusammenhang mit den Auszahlungen für den Kauf des **Vorratsvermögens** ist es unbedeutend, ob dieser unterjährig bestands- oder erfolgswirksam gebucht wurde. Zwar wird in der betrieblichen Praxis der Zugang mehrheitlich als Aufwand erfasst, die Korrekturbuchungen zum Ende des Geschäftsjahres, unter der Berücksichtigung der aktuellen Inventarbestände, leisten den entsprechenden Kontenausgleich im Jahresabschluss. Demzufolge wird in der Kapitalflussrechnung die Erhöhung des Vorratsvermögens mit einem Liquiditätsabfluss berücksichtigt. Über die insgesamt zentrale Bedeutung des Cashflows aus der „betrieblichen Tätigkeit" bzw. „laufenden Geschäftstätigkeit" wurde einleitend zu diesem Kapitel bereits hingewiesen. Die Entscheidungsgrundlage für die im Unternehmen notwendige Infrastruktur kann mit Hilfe von Investitionsrechnungen quantifiziert werden, die im Folgenden besprochen werden.

4. Investitionsrechnung

Eine wertorientierte Unternehmensführung setzt die Investition in renditeträchtige Objekte voraus, um die von den Kapitalgebern geforderte Verzinsung des eingesetzten Kapitals zu gewährleisten. Herangezogen wird der Begriff **Investition** im Zusammenhang mit der Kapitalbindung in den einzelnen Gegenständen des Anlagevermögens wie immaterielle Vermögensgegenstände, Sach- sowie Finanzanlagen. Darüber hinaus ließen sich Ersatz-, Erweiterungs-, Rationalisierungs- oder auch Diversifikationsinvestitionen differenzieren. Entsprechende Alternativen werden auf Messen, auf Ausstellungen, über das Sichten von Prospektmaterial, über eine Internetrecherche oder auch über Konkurrenzbeobachtung herausgefunden. Da jede Investitionsleistung dem Unternehmen nicht nur in der Gegenwart liquide Mittel entzieht, sondern auch in Folge die notwendige Liquidität zur Bezahlung des Umlaufvermögens bereitgestellt werden muss, ist eine entsprechende Prüfung und Beurteilung einzelner Alternativen notwendig.

4.1 Investitionsbeurteilung

Kennzeichnend für jeden Investitionsprozess ist das Formulieren von Annahmen über die aus der Investition zu erwartenden cash-wirksamen Zahlungsströme. Anhand der aktuellen Auftragslage, die mehrheitlich vertraglich festgehalten ist, des eingeschätzten Marktanteils, der konjunkturellen Markteinschätzung und möglicher Neuverträge wird die potentielle Absatzleistung in entsprechenden Planungsrechnungen erfasst. Gegenübergestellt werden die liquiden Abflüsse für Personal, Material und sonstigen Erfordernissen. Selbst bei noch so detaillierter Branchen- und Marktkenntnis bleibt für den im Unternehmen Verantwortlichen immer die Unsicherheit, dass sich der tatsächliche operative Geschäftsverlauf anders als die prognostizierten Planwerte entwickelt. Aufgrund des Zustands der unvollkommenen Information ist demzufolge jede Investitionsentscheidung mit einem **unternehmerischen Risiko** verbunden. Mehrheitlich werden darüber hinaus von den Marktteilnehmern die zukünftigen Risiken stärker gewichtet als die zukünftigen Chancen, was mit **Risikoaversion** bezeichnet wird.

Eine entsprechende Risikoberücksichtigung ist Gegenstand der Investitionsrechnungen, die als mathematische Korrekturverfahren dieses entsprechend quantifizieren. In der betrieblichen Praxis bedient man sich bei der Herangehensweise mit zwei üblichen Verfahren. Zum einen können vom Erwartungswert Abschläge gebildet und mit einem risikofreien Zinssatz abgezinst werden (**Sicherheitsäquivalenz-Methode**), zum anderen werden die Erwartungswerte auf den Beurteilungszeitpunkt mit einem risikoäquivalenten Zinssatz diskontiert, was als **Risikozuschlagsmethode** bezeichnet wird. Je nach Investitionsobjekt wird auch der Planungszeitraum prognostiziert, bis zu dem der Vermögensgegenstand für das Unternehmen einen Ertragswert stiftet. Ein Wiederverkaufs- oder auch Verschrottungswert beendet den Lebenszyklus eines Investitionsgegenstandes, der wiederum auch auf den Entscheidungszeitpunkt abgezinst wird.

Bei der Erstellung von Plandaten wird von einem risikoaversen Investor die Risikoprämie mit jeder einzelnen weiteren Planperiode ansteigen. Das kann durchaus zu einer Überkompensation führen, da weiter entfernte Einzahlungsüberschüsse nicht nur zunehmend potenzierend diskontiert, sondern auch vorsichtigere Plandaten in das Bewertungskalkül mit einbezogen werden. Best- und Worst-Case-Szenarien sind in dem Zusammenhang eine sehr nützliche Variante, um auch sehr heterogene Datenkonstellationen einzugrenzen. Um eine Investitionsentscheidung auch quantifizieren zu können, sollen im Folgenden verschiedene Verfahren zur **Investitionsrechnung** vorgestellt und auf ihre praktische Anwendung hin diskutiert werden.

4.2 Investitionsentscheidung

Basisgrößen der **dynamischen** Verfahren sind zukünftige Erträge, die einem einzelnen Investitionsobjekt während einer definierten Nutzungszeit zugeordnet werden können. Die Planungsunsicherheit und das einzugehende unternehmerische Risiko werden mit einem entsprechenden Kapitalisierungszinssatz berücksichtigt. Demgegenüber werden im Zusammenhang mit **statischen** Verfahren, wie der Kosten-, der Gewinn-, der Rentabilitäts- sowie der Amortisationsrechnung Vergleiche von Ist-Daten herangezogen. Der Vorteil ist die relativ unkomplizierte Datenerfassung, sodass diese durchaus häufig bei kleineren Investitionsobjekten zum Einsatz kommen.

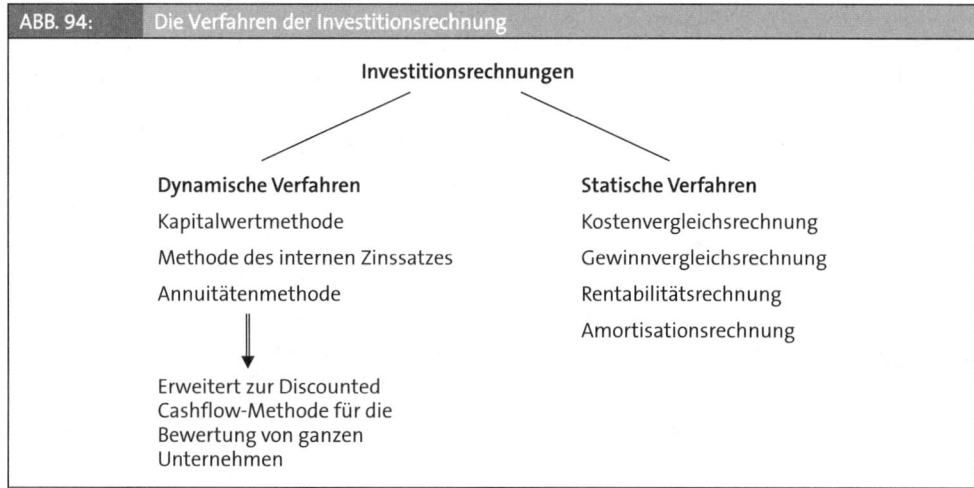

ABB. 94:   Die Verfahren der Investitionsrechnung

Größere Vorhaben wie Immobilienprojekte oder auch Kraftwerke werden, auch unter dem Hintergrund dem Investor Kapitalverzinsungen darstellen zu können, mit den **dynamischen Investitionsrechenverfahren** quantifiziert. Die Kapitalwertmethode (*Net Present Value-Method*) ist mit Sicherheit *State of the Art* in der Controlling-Praxis, die um die Methode des internen Zinsfußes ergänzt werden kann.

4.2.1 Kapitalwertmethode

Für einen Investor von Interesse sind zukünftige Einzahlungsüberschüsse, die er mit einem individuellen Zinssatz, der seine Erwartungshaltung widerspiegelt, diskontiert. Demzufolge wird die Entscheidungsgröße, der **Kapitalwert** (C_0), über die Summe aus den einzelnen Planungsperioden (t) und mit dem Kapitalisierungszinssatz (i) diskontierten Erwartungswerte (E_t) in Form von Einzahlungsüberschüssen gebildet.

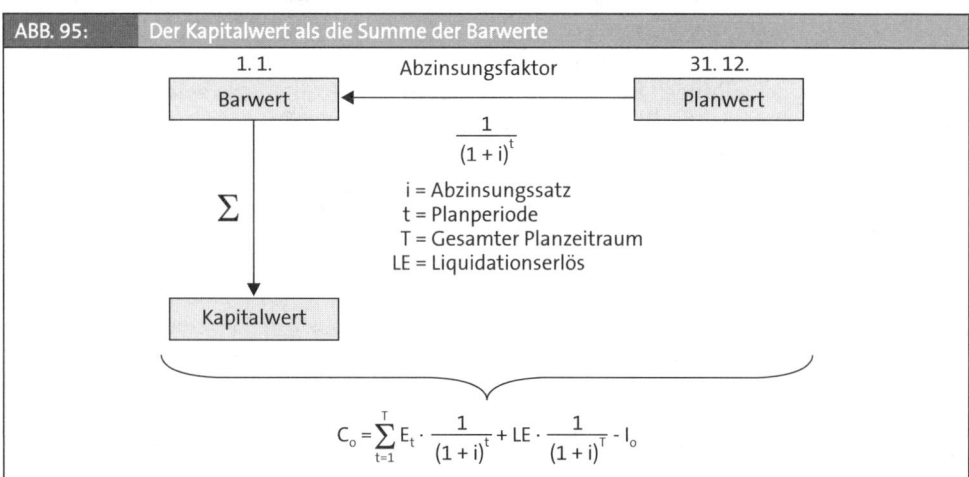

ABB. 95:   Der Kapitalwert als die Summe der Barwerte

Unter der **Planungsperiode** (T) wird der gesamte kalkulierte Planungszeitraum des Investors verstanden, der mit Planzahlen belegt werden kann. Dabei wird mit zunehmender Planungsdauer der Abzinsungsfaktor größer, mit der Folge einer stärkeren Diskontierung der weiter in der Zukunft liegenden Erwartungswerte, was auch immer kleinere Barwerte entstehen lässt. Damit wird der Einstellung eines risikoaversen Investors Rechnung getragen. Der **Kapitalisierungszinssatz** (i) repräsentiert die Opportunitätskosten einer zum Investitionsobjekt adäquaten Alternativanlage, die dem kapitalisierenden Zahlungsstrom bezüglich Fristigkeit, Risiko und auch Besteuerung gleichwertig sein muss. Selbstverständlich lassen sich die entstehenden Kapitalkosten, die im Kapitel F. „Wertmanagement" besprochen und auch quantifiziert werden, für die Diskontierung heranziehen.

BEISPIEL: Die Geschäftsleitung beabsichtigt die Anschaffung einer maschinellen Anlage im Wert von 100.000 €. Diese wird nach der Nutzungsdauer zu einem Wert von 30.000 € vom Hersteller zurückgenommen. Die Investition soll auf der Basis eines Kalkulationszinssatzes mit 12,0 % mit einer Kapitalwertmethode quantifiziert werden. Während der dreijährigen Nutzungsdauer werden folgende Ein- und Auszahlungen erwartet:

Jahr	Einzahlungen (€)	Auszahlungen (€)
1	50.000	20.000
2	60.000	40.000
3	60.000	20.000

Kann die Investition dem Unternehmen empfohlen werden?

LÖSUNG: *Der Kapitalwert beträgt mit C_0 = -7446 € {(30T€ / 1,12) + (20T€ / 1,12^2) + (40T€ / 1,12^3) + (30T€ / 1,12^3) - 100T€). Da die vom Investor zugrunde gelegte Mindestverzinsung mit 12,0 % für das Objekt nicht erreicht wird, ist die Investition für diesen nicht interessant.*

Am Ende der Planungsperiode wird der **Liquidationserlös** (LE) angesetzt, der sich aus der Verwertung des Vermögensgegenstandes ergibt. Handelt es sich um Entsorgung oder Rekultivierung, welche entsprechende Kosten verursachen, kann dieser auch negativ sein. Er wird auf jeden Fall zum Entscheidungszeitpunkt diskontiert. Die **Anschaffungsauszahlung** (I_0), die in aller Regel zu Beginn der Planungsperiode ihre Fälligkeit hat, wird abgezogen. Die sich ergebenden Barwerte drücken den Wert der künftigen Rückflüsse aus der Investition (zum 31. 12. eines jeden Planjahres) zum Bezugszeitpunkt (1. 1. des Betrachtungsjahres) aus. Ist der Kapitalwert (C_0) größer als die Summe der diskontierten Plan-Größen mit

C_0 > 0, wird die vom Investor zugrunde gelegte Mindestverzinsung übertroffen. Das Investitionsvorhaben sollte demzufolge aus der Sicht des Controllings realisiert werden. Ist der Kapitalwert mit

C_0 = 0, entspricht die Verzinsung des Investitionsobjektes der vom Investor gewünschten Verzinsung, welches auch seine Freigabe bekommen wird. Ist hingegen der Kapitalwert mit

C_0 < 0, wird die vom Investor angestrebte Rendite nicht erreicht. Von dem potentiellen Investitionsvorhaben sollte demzufolge Abstand genommen werden. Es empfiehlt sich aber auch durchaus, die für die Investitionsrechnung erarbeitete Planung zu überarbeiten und auch auf seine Plausibilität hin zu überprüfen oder auch die Höhe des Kapitalisierungszinssatzes grundsätzlich in Frage zu stellen. Stehen verschiedene Investitionsobjekte zur Auswahl, wird, bei Zugrundele-gung eines einheitlichen Kapitalisierungszinssatzes, jenes mit dem höchsten Kapitalwert präfe-riert, der aber in jedem Fall positiv sein sollte.

FALL „KAPITALWERTMETHODE GOLFANLAGE"

Eine Gruppe von Investoren plant südlich von München den Bau einer Golfanlage. Die Projekt-entwicklung hat eine in der Branche angesehene Consultingfirma übernommen, die auf der Ba-sis von Erfahrungswerten sowie dem Einholen entsprechender Plandaten und Szenarien ein Konzept ausgearbeitet hat. Das Gesamtprojekt umfasst einen 18-Loch Golfplatz mit Übungs-anlage und ein Clubhaus mit Restaurant. Beide Investitionsobjekte sollen für die Investoren un-abhängig voneinander eine Rendite erwirtschaften. Die entsprechenden Verhandlungen zum Grundstückserwerb und das Einholen von entsprechenden Genehmigungen inklusive einer Um-weltverträglichkeitsprüfung sind abgeschlossen. Damit kann das Projekt zügig umgesetzt wer-den.

Der 18-Loch Golfplatz hat 1,6 Mio. € Gestehungskosten, welche den Erwerb der Grundstücke, die gesamten Erdabraumarbeiten, die Geländemodellierung sowie die Begrünung der Spielbah-nen beinhalten. Die laufende Pflege und auch die notwendigen Reparaturarbeiten werden von 5 Greenkeepern übernommen, die jeweils ein Brutto-Jahresgehalt von 30 T€ bekommen. Auf der Einnahmenseite wird ab der zweiten Saison mit einer Auslastung von 500 Mitgliedern aus-gegangen, deren Mitgliedsbeitrag jährlich 1.000 € beträgt. Da die Anlage in einer für Golfspieler reizvollen Umgebung liegt, werden schon ab der ersten Saison in den Monaten Mai bis Septem-ber auch sehr viele Greenfee-Spieler auf der Anlage erwartet. Eine Golfrunde kostet 60 €. Es wird davon ausgegangen, dass sich täglich in der Zeit zwischen 9 h und 15 h durchschnittlich 120 zahlende Gäste Abschlagzeiten reservieren lassen.

Für den Bau des Clubhauses mit Restaurant und dem gesamten Interieur werden 750 T€ ver-anschlagt. Die Bewirtschaftung in der Küche und im Restaurant wird mit festangestellten Mit-arbeitern gewährleistet, für die zusammen jährliche Personalkosten in Höhe von 150 T€ kalku-liert werden. In den Monaten, in denen die Greenfee-Spieler erwartet werden, wird die Stamm-belegschaft von fünf Servicekräften unterstützt, die mit 10 € pro Arbeitsstunde bezahlt werden und täglich sechs Stunden zum Einsatz kommen. Die sonstigen Kosten für die Bewirtschaftung werden mit 70 T€ p. a. veranschlagt. Für die Kalkulation der Erträge wird zugrunde gelegt, dass die Hälfte der auf der Anlage spielenden Greenfee-Gäste nach der Golfrunde durchschnittlich für 30 € im Restaurant konsumieren. Zusätzliche Einnahmen können ganzjährig bei größeren Events wie mit Sponsoren unterstützten Turnieren oder mit der Durchführung von Festlichkei-ten auch außerhalb des Golfsports generiert werden, sodass mit zusätzlich monatlichen Netto-Umsätzen in Höhe von 15 T€ gerechnet werden kann.

Alternativ zur obigen Ausgangslage bezüglich des Restaurants wird vom Teamleiter des Projekt-entwicklers vorgeschlagen, dass das Restaurant auch von den Betreibern des Golfplatzes gebaut und mit einer jährlichen Pacht in Höhe von 100 T€ an einen Gastronomen verpachtet wird. Die gesamte Golfanlage hat 7 Tage die Woche geöffnet, jeder Saisonmonat soll mit 30 Tagen ange-setzt werden und alle Zahlungen fallen am Jahresende an. Da die Investoren auch andere Objek-te dieser Art prüfen, legen sie für die Kalkulation des Golfplatzes und auch für das Restaurant einheitlich 5 Geschäftsjahre als Planungszeitraum sowie einen Kapitalisierungszinssatz mit 9,0 % fest. Auf der Basis einer Kapitalwertmethode können die einzelnen Investitionsobjekte wie folgt beurteilt werden:

Jahre (in T€)	1.1.	1. Jahr	2. Jahr	3. Jahr	4. Jahr	5. Jahr
Greenfee		*1.080*	*1.080*	*1.080*	*1.080*	*1.080*
Mitglieder		*0*	*500*	*500*	*500*	*500*
Lohnkosten		*-150*	*-150*	*-150*	*-150*	*-150*
E_t (Golfplatz)		*930*	*1.430*	*1.430*	*1.430*	*1.430*
$1,09^t$		*1,09*	*1,1881*	*1,295029*	*1,411582*	*1,538624*
Barwert		*853*	*1.204*	*1.104*	*1.013*	*929*
C_0 (brutto)	*5.103*					
I_0 (Golfplatz)	*-1.600*					
C_0 (netto)	**3.503**					

Kapitalwertmethode Golfplatz

Da für den Golfplatz unter Berücksichtigung der vom Projektentwickler zugrunde gelegten Plandaten und dem von den Investoren veranschlagten Kapitalisierungszinssatz mit 9,0 %, ein positiver Kapitalwert in Höhe von 3,5 Mio. € herauskommt, der den aktuellen Wert der erwarteten operativen Rückflüsse, unter Berücksichtigung der Investitionskosten, repräsentiert, kann zu dieser Investition geraten werden. Ungünstiger fallen dagegen die diskontierten Rückflüsse für das Restaurant aus.

Jahre (in T€)	1.1.	1. Jahr	2. Jahr	3. Jahr	4. Jahr	5. Jahr
Gäste		*270*	*270*	*270*	*270*	*270*
Events		*180*	*180*	*180*	*180*	*180*
Personalkosten fix		*-150*	*-150*	*-150*	*-150*	*-150*
Personalkosten variabel		*-45*	*-45*	*-45*	*-45*	*-45*
Sonstige Kosten		*-70*	*-70*	*-70*	*-70*	*-70*
E_t (Restaurant)		*185*	*185*	*185*	*185*	*185*
$1,09^t$		*1,09*	*1,1881*	*1,295029*	*1,411582*	*1,538624*
Barwert		*170*	*156*	*143*	*131*	*120*
C_0 (brutto)	*720*					
I_0 (Restaurant)	*-750*					
C_0 (netto)	*-30*					

Kapitalwertmethode Restaurant

Die Investitionskosten des Restaurants in Höhe von 750 T€ können nicht vollständig mit dem Gegenwartswert der Investitionsüberschüsse kompensiert werden. Mit dem Konstatieren eines negativen Kapitalwerts kann zu diesem Vorhaben nicht geraten werden, da die von den Investoren zugrunde gelegte Renditeerwartung nicht erfüllt werden kann. Aufgrund der hohen abgezinsten operativen Rückflüsse aus den Einnahmen des Golfplatzes lässt sich die Alternative einer kombinierten Nutzung und einer Bewirtschaftung durch einen Pächter möglicherweise besser darstellen.

Jahre (in T€)	1.1.	1. Jahr	2. Jahr	3. Jahr	4. Jahr	5. Jahr
Pachtkosten		-100	-100	-100	-100	-100
$1{,}09^t$		1,09	1,1881	1,295029	1,411582	1,538624
Barwerte Pacht		-92	-84	-77	-71	-65
Barwerte Restaurant		170	156	143	131	120
Barwerte Gesamt		78	72	66	60	55
C_0	331					

Kapitalwertmethode aus der Sicht des Pächters

Die Alternative über die Verpachtung des Restaurants bringt den Investoren des Golfplatzes auf einen Planungszeitraum von 5 Jahren zusätzlich diskontierte Pachteinnahmen in einer Gesamthöhe von 389 T€, denen aber auch die Investitionskosten in Höhe von 750 T€ gegenüberstehen. Diese können mit den positiven Kapitalwerten der Golfanlage kompensiert werden. Der Pächter kann auf der Basis diskontierter Einnahmen in Höhe von 331 T€ von einer positiven Bewirtschaftung ausgehen.

Da sich eine Reihe Investoren unter Kapitalwerten eher weniger vorstellen kann, soll im Folgenden die erwirtschaftete Rendite der Golfanlage berechnet werden.

4.2.2 Methode des internen Zinssatzes

Bei dem Verfahren zur Berechnung des **internen Zinssatzes** (*Internal Rate of Return-Method*) werden die Ergebnisse der Kapitalwertmethode herangezogen und derjenige Zinssatz ermittelt, bei dem sich ein Kapitalwert von Null ergibt. Da ein „nach Null Auflösen" der Kapitalwertgleichung mathematisch nicht möglich ist, muss der interne Zinssatz mit einem **Näherungsverfahren** ermittelt werden:

1. Schritt: Es wird ein Kapitalisierungszinssatz (i) herangezogen, bei dem der berechnete Kapitalwert (C_0) gerade noch positiv ist.

2. Schritt: Es wird ein i bestimmt, bei dem C_0 knapp negativ wird.

3. Schritt: Mittels Interpolieren wird sich an einen Kapitalwert von Null genähert.

$$i_{IZM} = \frac{i_2 \cdot C_{01} - i_1 \, C_{02}}{C_{01} - C_{02}}$$

Interne Zinsfußmethode (IZM)

Der interne Zinssatz drückt die Verzinsung der zukünftigen operativen Rückflüsse aus. Demzufolge muss dieser größer sein, als die vom Investor veranschlagte Renditevorstellung.

Die mit einem Kapitalisierungszinssatz von 9,0 % diskontierten Erwartungswerte des Investitionsobjekts Restaurant hat einen knapp unter Null liegenden Kapitalwert. Knapp darüber liegt C_0 mit r = 7,0 %.

Jahre (in T€)	1. Jahr	2. Jahr	3. Jahr	4. Jahr	5. Jahr
E_t (Restaurant)	185	185	185	185	185
$1,07^t$	1,07	1,1449	1,225043	1,310796	1,402552
Barwert	173	162	151	141	132
C_0 (brutto)					759
I_0 (Restaurant)					-750
C_0 (netto)					9

Kapitalwertmethode Restaurant mit r = 7,0 %

Werden die Kapitalwerte C_{01} mit 9 T€ und C_{02} mit -30 T€ sowie die Kapitalisierungszinssätze i_1 mit 7,0 % (0,07) und i_2 mit 9,0 % (0,09) in die Formel eingesetzt, kann der interne Zinssatz mit 7,5 % veranschlagt werden.

Zwar rechnet sich für die Kapitalgeber das Restaurant als eigenständige Investition mit der eingangs formulierten Renditeerwartung nicht, da aber das Objekt 7,5 % Rendite erwirtschaften kann, könnte eine Überarbeitung der erwarteten Überschüsse durchaus hilfreich sein. Demzufolge kann die Methode des internen Zinssatzes auch als **Plausibilitätskontrolle** für die Kapitalwertmethode herangezogen werden.

4.2.3 Annuitätenmethode

Eine weitere Adaption der Kapitalwertmethode ist die **Annuitätenmethode**, die den Kapitalwert in über die Planperiode gleich große jährliche Einzahlungsüberschüsse (Annuität) umwandelt. Die Annuität wiederum ist das Produkt aus dem Kapitalwert (C_0) und dem Wiedergewinnungsfaktor (WGF), der bereits im Zusammenhang mit dem Annuitätendarlehen vorgestellt wurde. Der Investor präferiert demzufolge diejenigen Investitionsobjekte, deren Annuität größer Null ist. Im Gegensatz zur Kapitalwertmethode und ihren Adaptierungen, die allein betrachtet ausschließlich über die Höhe des Kapitalwerts beurteilt werden kann, ist der Kostenvergleich als Beurteilungskriterium nur mittels Gegenüberstellung zweier Objekte zu gewährleisten.

4.2.4 Kostenvergleichsrechnung

Als eine sehr pragmatische Variante der Investitionsrechnung kann die **Kostenvergleichsrechnung** angesehen werden, da ein großer Teil der dafür notwendigen Daten aus der Buchhaltung oder auch dem Informationsmaterial der Hersteller gewonnen werden kann. Die Kostenstrukturen der Investitionsobjekte wie die fixen und variablen Bestandteile werden für einen Vergleich herangezogen. Insbesondere für **Ersatzinvestitionen** wird das ausschließliche Kriterium der niedrigeren Kosten vom Controlling herangezogen, da die Erlöse für alle betrachteten Investiti-

onsalternativen gleich groß sind und diese auch eher schwierig einem einzelnen Objekt zugeordnet werden können. Erfasst werden die fixen und variablen Komponenten der **Betriebskosten** wie Material- und Fertigungskosten sowie die **Kapitalkosten**, die sich aus den Abschreibungen und Zinsen zusammensetzen.

FALL „KOSTENVERGLEICHSRECHNUNG FIRMENFAHRZEUG"

Der Geschäftsführer einer Eventagentur möchte sich ein neues Firmenauto kaufen, welches
auch aus Imagegründen eines der Mittelklasse sein soll. In die engere Wahl fasst er einen 5er
BMW und einen Audi A6, da diese bei einer Jahresfahrleistung von etwa 60.000 Kilometer den
notwendigen Komfort bieten. Für den Benzinpreis werden 1,20 € für die gesamte Nutzungszeit
kalkuliert. Um die Liquidität des Unternehmens zu schonen, wird das Fahrzeug über das jeweilige Kreditinstitut der Automarke zu 100 % über die gesamte Nutzungszeit finanziert. Da beide
Händler keine vertragliche Zusicherung über einen möglichen Rückkaufpreis zum Ende der Nutzungsdauer abgeben möchten, soll ein Liquidationserlös unberücksichtigt bleiben. Die für die
Gegenüberstellung notwendigen Daten werden aus der Buchhaltung und aus dem Einholen
von Informationen bei den Händlern eruiert:

Erfasste Daten	5er BMW	Audi A6
Anschaffungskosten	60.000 €	50.000 €
Erwartete Nutzungsdauer	5 Jahre	5 Jahre
Versicherungsschutz p. a.	1.700 €	1.600 €
Kfz-Steuer p. a.	200 €	200 €
Garagenmiete pro Monat	100 €	100 €
Zinsen p. a.	4,0 %	5,0 %
Kosten für Pflichtservice p. a.	2.000 €	2.500 €
Servicekosten pro 100 km	3,0 €	5,0 €
Benzinverbrauch pro 100 km	7 l	9 l

Die erfassten Daten für den Kostenvergleich

Für die Datenaufbereitung einer Kostenvergleichsrechnung werden

▶ die **Gesamtkosten** pro Jahr bei gleicher Mengenleistung,

▶ die leistungsabhängigen **Stückkosten** sowie

▶ die Break-Even-Menge (Jahresleistung mit den gleichen Kosten) als rechnerische und grafische Lösung

erfasst. In einem ersten Schritt werden die Kosten in fixe und variable Bestandteile separiert,
um dann in einem zweiten Schritt die leistungsabhängigen Kosten bestimmen zu können.

Kosten (in €)	5er BMW	Audi A6
Abschreibung	12.000	10.000
Zinsen	2.400	2.500
Versicherung	1.700	1.600
Steuer	200	200
Garagenmiete	1.200	1.200
Pflichtservice	2.000	2.500
$\sum$ *Fixkosten (k_f)*	19.500	18.000
Service	1.800	3.000
Benzin	5.040	6.480
$\sum$ *Variable Kosten (K_v)*	6.840	9.480
Leistungsabhängige variable Kosten (k_v) pro km	0,11	0,16
Gesamtkosten p. a.	26.340	27.480

Die Kostenbestimmung pro Jahr

Bei einer jährlichen Fahrleistung von 60.000 km wäre aus der Sicht des Controlling der 5er BMW zu präferieren, da er die niedrigeren jährlichen Gesamtkosten verursacht. Bei einer Jahresleistung bis zu 30.000 gefahrenen Kilometern würde allerdings der Audi aufgrund der geringeren Anschaffungskosten die kostengünstigere Investitionsalternative darstellen. Das dafür notwendige Rechenverfahren wurde bereits im Kapitel „Deckungsbeitragsrechnung" im Zusammenhang mit der Berechnung der „Break-Even-Analyse" vorgestellt. Es gilt:

$$K_{BMW} = K_{Audi}$$
$$K_{f\ BMW} + k_{v\ BMW} * x = K_{f\ Audi} + k_{v\ Audi} * x$$
$$19.500 + 0,11\ x = 18.000 + 0,16\ x$$
$$0,05\ x = 1.500$$
$$x = 30.000$$

Für die grafische Darstellung der Ergebnisse der zugrunde gelegten **Kostenvergleichsrechnung** werden die entsprechenden Fix- und Gesamtkosten in ein Koordinatensystem eingezeichnet.

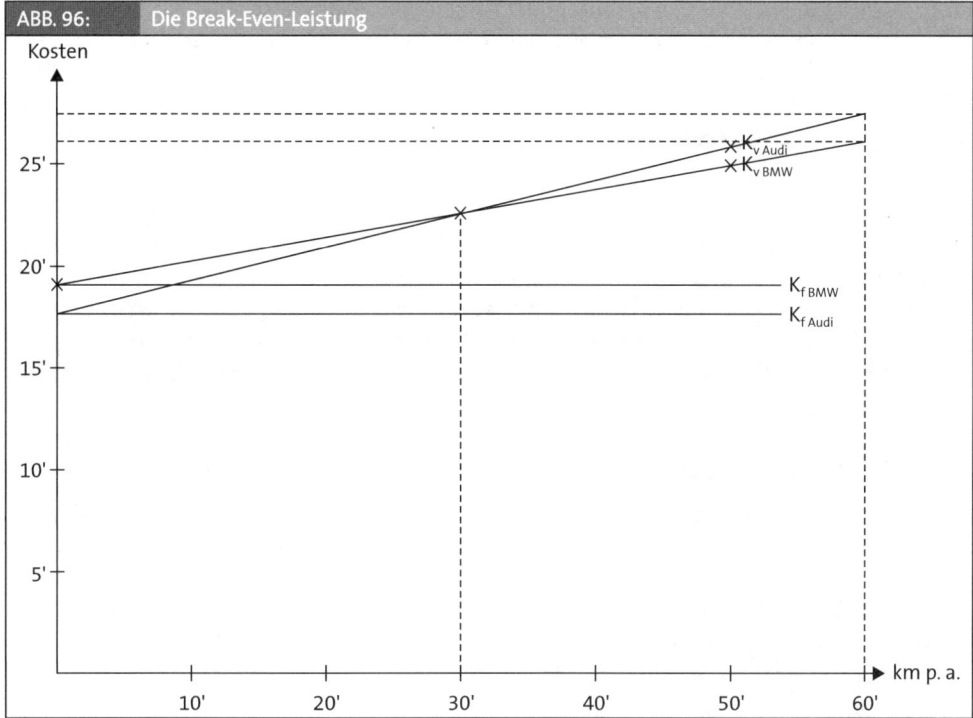

ABB. 96: Die Break-Even-Leistung

4.2.5 Gewinnvergleichsrechnung

Werden zusätzlich zu den Kosten auch die Erlöse mit in die Überlegungen einbezogen, wäre mit einer **Gewinnvergleichsrechnung** die Investitionsentscheidung zu treffen. Insbesondere im Zusammenhang mit **Erweiterungsinvestitionen** wird diese herangezogen, um eine veränderte Umsatzerwartung zu berücksichtigen. Allerdings muss konstatiert werden, dass sich auch bei dieser Variante der Investitionsbeurteilung die Betrachtung sich ausschließlich auf die Ist-Situation beschränkt. Demzufolge wäre beim Einbeziehen von möglichen Erlösen, die sich im Zusammenhang mit dem Investitionsobjekt ableiten lassen, wiederum die Kapitalwertmethode vorzuziehen.

4.2.6 Rentabilitätsrechnung

Ein Herangehen über die Verzinsung des für die Investition bereitgestellten Kapitals wäre über eine **Rentabilitätsrechnung** herbeizuführen, die im Rahmen der Jahresabschlussanalyse schon vorgestellt wurde. Werden sowohl Eigen- als auch Fremdkapital zur Finanzierung herangezogen, bietet die **Gesamtkapitalrendite** (ROI), die sich aus dem Quotienten des nachhaltigen EBIT und dem eingesetzten Gesamtkapital zusammensetzt, die entsprechende Erfolgskennziffer. Entschieden wird über die Alternative, welche die höchste Rendite für das Unternehmen erwirtschaften kann. Wiederum problematisch ist das Zuordnen von Erfolgsgrößen auf ein einzelnes

Investitionsobjekt, welches sich im Zusammenhang mit der Jahresabschlussanalyse nicht stellt. Das Unternehmen wird mit Hilfe der Bilanz- und GuV-Daten als Ganzes betrachtet.

4.2.7 Amortisationsrechnung

Eine Methode, welche neben den monetären Rückflüssen die Zeit in den Mittelpunkt der Betrachtung stellt, ist die **Amortisationsrechnung** oder auch Pay-back-Methode. Berechnet werden die Anzahl der Jahre, die notwendig sind, um den für die Investition notwendigen Kapitaleinsatz sowie dessen Verzinsung zum Kapitalisierungszinssatz aus den operativen Rückflüssen zurückzuerhalten. Die Entscheidung für ein Investitionsobjekt wird demzufolge nach der Wiedergewinnungszeit des eingesetzten Kapitals getroffen. Konstatiert werden muss aber, dass eine kurze Amortisationszeit relativ wenig über die konkrete Wirtschaftlichkeit der Investition aussagt.

4.2.8 Kritische Reflexion

Die vorgestellten **statischen** Verfahren werden in eigentümergeführten Unternehmen aufgrund ihrer pragmatischen Datenerfassung aus der Finanzbuchhaltung oder Informationsbroschüren der Hersteller sehr gerne herangezogen, um zumindest eine erste Indikation für eine Investitionsentscheidung zu bekommen. Nichtsdestotrotz lassen sich auch entscheidende **Nachteile** in Bezug auf die Anwendung, wie

► Nichtberücksichtigung zukünftiger Ein- und Auszahlungsströme,

► keine Differenzierung des Zeitpunktes der Zahlungen,

► unzureichende Aufgliederung einzelner Positionen bei komplexeren Investitionsvorhaben,

► unzureichende Berücksichtigung der Zusammenhänge mit anderen Vermögenswerten sowie

► das Problem der Zuordnung von Ein- und Auszahlungsströmen auf ein einzelnes Investitionsobjekt

festhalten. Letzteres kann auch mit den **dynamischen** Verfahren wie der Kapitalwertmethode und ihrer Modifikationen nicht hinreichend gelöst werden, da sich der unternehmerische Erfolg in der Regel aus der komplementären Nutzung aller im Unternehmen eingesetzten Vermögensgegenstände einstellt. Demzufolge können eigentlich nur gesamte wirtschaftliche Einheiten für eine Bewertung herangezogen werden. Die Kapitalwertmethode greift eine Reihe der bei den statischen Verfahren konstatierten Nachteilen zu ihrem Vorteil auf, insbesondere die Erfassung der zukünftigen Zahlungsströme. Denn ein Investor muss mit seiner Investition einen zukünftigen Nutzen in Form von Einzahlungsüberschüssen generieren, den es auch zu quantifizieren gilt. Als eher nachteilig wären

► die möglichen Ungenauigkeiten beim Prognostizieren von zukünftigen Ein- und Auszahlungsströmen,

► der Ansatz des „richtigen" Kapitalisierungszinssatzes sowie möglicherweise auch

► eine vorgetäuschte mathematische Genauigkeit

anzusehen. Konstatiert werden soll abschließend, dass nicht alle Investitionen nach objektivierten Kriterien einer Investitionsrechnung getätigt werden. So ist beispielsweise der Kauf eines Firmenfahrzeugs in Bezug auf die Entscheidungsparameter wie Marke, Farbe oder Komfort genauso entscheidend wie die persönliche Beziehung zu einem Händler oder auch die Rangordnung in der Firmenhierarchie. Bevor aber alle Investitionen nur aus dem Bauch heraus entschieden werden, sollte auf den Einsatz der einzelnen Varianten zur Investitionsrechnung zurückgegriffen werden, die das Controlling auch den Kapitalgebern gegenüber offenlegen kann.

5. Integrative Fallstudie, Teil 3

Die mit der Entwicklung und Fertigung von medizinischen Hilfsmitteln agierende Reha & Care GmbH hat als Plangrößen einen Umsatz von 20,8 Mio. € und einen Jahresüberschuss in Höhe von 1,2 Mio. €. Im Zuge der Expansionsstrategie wird über die Erweiterung der Kapazität nachgedacht.

AUFGABE

Problemstellung „Controlling & Finanzierung"

Zur Vorbereitung auf ein anstehendes Bankgespräch möchte die Geschäftsleitung die geplante Investition einer Produktionsmaschine kalkulieren. Mit Hilfe einer **Investitionsrechnung** auf der Basis der Kapitalwertmethode soll das Investitionsobjekt mit der vom Investor veranschlagten Verzinsung geprüft werden. Im Weiteren sollen auf der Basis eines **Finanzplans** die Zahlungsströme der Investition sowie die eines **Darlehens** (abzgl. eines Damnums) und eines **Kontokorrentkredits** abgebildet werden. Der Betrag des Damnums, um den das Darlehen weniger ausgezahlt wird, soll mit einem Kontokorrentkredit zwischenfinanziert werden. Die Rückzahlung des Darlehens ist zu 100 % zu leisten. Der Planungszeitraum ist auf die nächsten 4 Jahre angelegt.

Ausgangsdaten

Plandaten (in €)	Perioden-beginn	1. Jahr (31. 12.)	2. Jahr (31. 12.)	3. Jahr (31. 12.)	4. Jahr (31. 12.)
Anschaffungsauszahlung mit linearer Abschreibung auf 10 Jahre	70.000				
Liquidationserlös (LE)					54.000
Desinvestitionskosten					-1.000
Auszahlungswirksame Kosten		13.800	36.000	62.500	54.600
Jährliche Betriebskosten der Anlage, jährliche Steigerung mit 10,0 %		5.000			
Umsatzentwicklung		23.000	81.000	132.500	109.200
Guthaben Investitionskonto	10.000				

Investitions- und Kreditkonditionen

Investitionsrechnung

►   Kapitalwertmethode

►   Diskontierungszinssatz: 12 %

►   Planungszeitraum: 4 Jahre

►   Anschaffung: Zu Beginn des Planungszeitraums

Darlehenskonditionen

►   Nominalbetrag: 60.000 €

►   Zinssatz: 5,0 %

►   Disagio: 15,0 %

►   Laufzeit: 4 Jahre

►   Tilgung: Am Ende der Laufzeit in einer Summe

Kontokorrentkredit

►   Zinssatz: 10,0 %

►   Die Inanspruchnahme erfolgt zum Jahresbeginn, die Kapitalbedienung zum Jahresende für ein ganzes Jahr.

LÖSUNGSVORSCHLAG: FINANZPLANUNG

Unter Zugrundelegung der Ein- und Auszahlungsströme lässt sich mit Hilfe der **Kapitalwertmethode** das grundsätzliche Erreichen der vom Investor gewünschten Mindestverzinsung bestimmen, um eine entsprechende Investitionsentscheidung treffen zu können.

Investitionsrechnung => Kapitalwertmethode

Jahre (in T€)	1. 1.	1. Jahr	2. Jahr	3. Jahr	4. Jahr	LE
Einzahlungen		23.000	81.000	132.500	109.200	54.000
Auszahlungen		-18.800	-41.500	-68.550	-61.255	-1.000
E_t		4.200	39.500	63.950	47.945	53.000
$1,12^t$		1,12	1,2544	1,404928	1,573519	1,573519
Barwert		3.750	31.489	45.518	30.470	33.682
$C_{0\ (brutto)}$	144.909					
I_0	-70.000					
C_0	74.909					

Kapitalwertmethode

Auf der Basis prognostizierter Einzahlungsüberschüsse und einem vom Investor festgelegten Diskontierungszinssatz von 12,0 % kann mit einem Kapitalwert als der diskontierte Wert zukünftiger Einzahlungsüberschüsse in Höhe von 74.909 € das Übertreffen der zugelegten Mindestverzinsung erreicht werden. Zu dieser Investition wäre aus der Sicht des Controllings grundsätzlich zu raten. Der Kapitalfluss über die nächsten vier Geschäftsjahre kann in einem Finanzplan abgebildet werden. Ermittelt werden soll je Geschäftsjahr und als Summe über alle Geschäftsjahre jeweils die Auswirkungen der Investition auf die Liquidität, die Bilanzbestände und den betrieblichen Erfolg.

Finanzplan

Pos.	Ein- / Auszahlungen (€)	0	1. Jahr	2. Jahr	3. Jahr	4. Jahr	Summe
1	**Zahlungsströme aus der Geschäftstätigkeit**						
2	Anschaffungskosten	-70.000					-70.000
3	Liquidationserlös					53.000	53.000
4	Nettoeinzahlungen		23.000	81.000	132.500	109.200	345.700
5	Nettoauszahlungen		-18.800	-41.500	-68.550	-61.255	-190.105
6	Operatives Ergebnis	-70.000	4.200	39.500	63.950	100.945	**138.595**
7	*Innenfinanzierung*						
8	Guthaben Investitionskonto	10.000					10.000
9	**Darlehensfinanzierung**						
10	Kreditaufnahme	60.000					60.000
11	Tilgung					-60.000	-60.000
12	Disagio und Kreditzinsen	-9.000	-3.000	-3.000	-3.000	-3.000	**-21.000**
13	**Kontokorrentkredit**						
14	Kreditaufnahme	9.000	8.700	0			9.000
15	Tilgung		-300	-8.700			-9.000
16	Sollzinsen		-900	-870			-1.770
17	**Zahlungssaldo** (Liquide Mittel pro Periode)		0	26.930	60.950	37.945	**125.825**

Veränderung Plan-Bilanz

	Plan-Bilanz zum 31. 12. (€)	1. Jahr	2. Jahr	3. Jahr	4. Jahr	
	Aktiva					
18	Sachanlagen	63.000	56.000	49.000	0	
19	Kasse	0	26.930	87.880	**125.825**	
	Passiva					
20	Darlehen	60.000	60.000	60.000	0	
21	Kontokorrentkredit	8.700	0			

Beurteilung

Mit einer Investitionsleistung von 70.000 € wäre das Unternehmen nach 4 Jahren in der Lage, operative Rückflüsse von insgesamt 138.595 € zu erwirtschaften. Angenommen werden kann, dass die jährlichen Abschreibungsgrößen in den Preisen kalkuliert werden können und über die jeweiligen Umsatzerlöse in das Unternehmen zurückfließen. Eine weitere **Innenfinanzierung** ist das Guthaben auf dem Investitionskonto, welches in den Vorperioden thesauriert wurde. Der größte Teil des Investitionsvolumens wurde von außen über die **Kreditfinanzierung** bereitgestellt. Nach Abzug der Kapitalkosten in Höhe von insgesamt 22.770 € und unter Berücksichtigung der vor der Planungsperiode erwirtschafteten 10.000 € auf dem Investitionskonto, kann ein Gesamtzufluss liquider Mittel in Höhe von 125.825 € konstatiert werden. In der Bilanz zum 31.12. des vierten Jahres werden diese entsprechend aktiviert. Über die Erfolgsrechnung wird die **Ausschüttungsgröße** des vierten Geschäftsjahres aus Betriebsertrag in Höhe von 109.200 € minus Betriebsaufwand 61.255 € sowie Zinsaufwand 3.000 € bestimmt. Die Differenz aus Liquidationserlös (53 T€) und dem nach Abschreibung erfassten Restbuchwert (49 T€) in Höhe von 4.000 € wird in Folge als neutraler Ertrag bereinigt, um für die Eigentümer ein **nachhaltiges Ergebnis** von 44.945 € ausweisen zu können. (vgl. Fortsetzung der integrativen Fallstudie „Controlling & Finanzierung" im Kap. F.2.1.1). Darüber hinaus sind die liquiden Rückflüsse der Gesamtperiode hoch genug, um die Finanzierung der Ersatzinvestition im fünften Geschäftsjahr zu gewährleisten.

LITERATURHINWEISE:

DIHK-Gesellschaft für Berufliche Bildung (Hrsg.), Controller IHK/Controllerin IHK, Frühjahrsprüfung 2003, Bonn 2003.

Exler, M./Zimmer, U., Unternehmenswertorientiertes Controlling. Kufsteiner Hochschulhefte, Nr. 5, Kufstein 2005.

Graumann, M., Einführung einer einstufigen Deckungsbeitragsrechnung, BBB, Zeitschrift für betriebswirtschaftliche Fragen rund um das Mandat des Steuerberaters, H. 4, S. 111 - 117, 2006.

Haeseler, H./Hörmann, F., Controlling, quo vadis? Neuartiges Controlling versus konventionelle Unternehmenssteuerung?, RWZ, Rechnungswesen, H. 10, Artikel-Nr. 76, S. 312 - 318, 2004.

Horváth & Partners, Das Controllingkonzept, Der Weg zu einem wirkungsvollen Controllingsystem, München 2006.

Jossé, G., Basiswissen Kostenrechnung – Kostenarten, Kostenstellen, Kostenträger, Kostenmanagement, München 2007.

Kicherer, H.-P./Neuhäuser, S./Nicolini, H./Witt, J., Controllertraining, Prüfungsaufgaben, Übungen und Fallstudien zur Prüfungsvorbereitung, München 2001.

Klett, C./Pivernetz, M., Controlling in kleinen und mittleren Unternehmen, Ein Handbuch mit Auswertungen auf der Basis der Finanzbuchhaltung, Herne 2004.

Krey, A./Ruchhöft, S., Controlling-Konzept für Kleinunternehmen, Controller Magazin, Jg. 31, H. 3, S. 230 - 238, 2006.

Müller, W., Management Accounting, BBK, Buchführung, Bilanzierung, Kostenrechnung, Nr. 2, S. 67 - 72, 1995.

Olfert, K., Kostenrechnung, Ludwigshafen 2003.

Peemöller, V., Controlling, Grundlagen und Einsatzgebiete, Herne 2005.

Schierenbeck, H., Grundzüge der Betriebswirtschaftslehre, München 2003.

Shapiro, A., Capital Budgeting and Investment Analysis, New Jersey 2005.

Witt, F.-J./Witt, K., Controlling für Mittel- und Kleinbetriebe, Bausteine und Handwerkszeug für Ihren Controllingleitstand, München 1996.

Ziegenbein, K., Controlling, Ludwigshafen 2007.

F. Wertmanagement

Vorgestellt wird in einem ersten Schritt die Strategieanalyse, also der Gebrauch einzelner Analyse- und Planungsinstrumente, um auf der Basis quantitativer Ergebnisse die strategischen Unternehmensziele zu bestimmen, zu koordinieren und zu kontrollieren. Für die Bewertung der Strategien werden einzelne Instrumente der in Mode gekommenen wertorientierten Unternehmenssteuerung vorgestellt, um die für den Unternehmenserfolg relevanten Werttreiber zu erfassen. Die zunehmende Kapitalmarktorientierung der Unternehmen zwingt das Management zur Sicherung einer langfristig nachhaltigen Unternehmenswertsteigerung. Neben dem nachhaltigen Periodengewinn als Erfolgsgröße tritt hierbei häufig der zusätzliche Wertbeitrag in den Vordergrund, der die Unternehmenswertsteigerung pro Periode ausweist.

Inhalt: SWOT- und Portfolio-Analyse zur Strategieanalyse, Financial Performance Management auf der Basis adjustierter Erfolgsgrößen, Value Management mit den Steuerungsgrößen Economic Value Added (EVA) und Cash Value Added (CVA) sowie den Bewertungsmethoden Discounted Cashflow-Methode (DCF) als Ertragswert- und die Multiplikatorenmethode als Vergleichswertverfahren im Rahmen der Strategiebewertung.

1. Strategieanalyse

Das vergangene Kapitel hatte das Vorstellen der klassischen Instrumente des **operativen** Controllings zum Gegenstand. Verschiedene Varianten der Preiskalkulation, der Planung und der Aufbereitung einzelner Zahlungsflüsse wurden ebenso thematisiert wie das Quantifizieren von Investitionsvorhaben. Tätigkeiten, die zur Bewältigung des Tagesgeschäfts gehören, um den Unternehmensprozess aufrecht zu erhalten. Parallel dazu müssen die Verkaufsleiter bzw. die Geschäftsführung Sorge tragen, dass mit einer permanenten Akquisition die Auftragslage und auch zukünftige Umsätze gesichert werden können. Dazu gehört die Produktentwicklung sowie das Erkennen und Bedienen von Marktnischen.

Das Controlling unterstützt diese Prozesse, indem die dafür notwendigen Daten aufbereitet werden und auch den Handelnden zeitnah zur Verfügung stehen. Darüber hinaus hält das Controlling aber auch auf der **strategischen** Ebene ein entsprechendes Set an Instrumenten bereit, damit das Unternehmen den Ansprüchen der Kapitalgeber und auch der Mitarbeiter gerecht wird. Grundlegend gehört zur **Strategieentwicklung** die Vorstellung bezüglich der Positionierung, damit das Unternehmen innerhalb des Wettbewerbs auch langfristig bestehen kann. *Porter*[40] beispielsweise unterscheidet zwischen Kostenführerschaft mittels strenger Kostenkontrolle und entsprechender Minimierung auf der einen sowie Produktdifferenzierung mittels Technologievorsprung, Design, Markenname und Händlernetz auf der anderen Seite.

---

[40] *Porter*, Wettbewerbsstrategie, Frankfurt 1983.

Die Festlegung auf die Produktdifferenzierung bedeutet neben Produktinnovationen auch die entsprechenden Serviceleistungen mit anbieten zu können. Eine ganzheitliche Betrachtung der gesamten Wertschöpfungskette von der Produktidee mit ihrer Vermarktungsstrategie, den Bezugsquellen sowie der Bestimmung der verschiedenen Absatzmöglichkeiten ist auf der Ebene der Geschäftsleitung anzusiedeln, unterstützt aber mit den entsprechend aufbereiteten Daten der Verantwortlichen im Controlling. Um die **Strategieanalyse** in seiner Ganzheitlichkeit im Unternehmen entwickeln zu können, sollen im Rahmen der strategischen Planung die beiden Instrumente, die SWOT-Analyse und die Portfolio-Analyse im Folgenden vorgestellt werden.

1.1 SWOT-Analyse

Die Konzentration des Unternehmens auf seine Kernkompetenz macht es primär erforderlich, diese auch zu erkennen und herauszuarbeiten. Funktionieren kann das nur, wenn die Wettbewerbssituation und auch die direkten Konkurrenten eingeschätzt werden. Grundsätzlich können mit dem Instrument der **SWOT-Analyse** die Stärken (*Strengths*), Schwächen (*Weaknesses*), Chancen (*Opportunities*) und Risiken (*Threats*) erfasst werden. Während die Stärken und Schwächen primär auf die Analyse des Unternehmens ausgerichtet sind, liegt der Fokus bei den Chancen und Risiken in der Analyse und Beurteilung des Umfelds des Unternehmens. Für die Durchführung der Analyse muss die gesamte Belegschaft involviert werden können. Zentrale Aufgabe des Controllings ist die Organisation der Durchführung und das Bereitstellen bzw. die Koordination der dafür relevanten Daten.

ABB. 97:	Die SWOT-Analyse
Strategie ▶ Externen Chancen mit internen Stärken begegnen!	**Strategie** ▶ Externe Chancen zur Kompensation interner Schwächen nutzen!
Strategie ▶ Externe Bedrohungen mit internen Chancen vermeiden!	**Strategie** ▶ Externe Bedrohungen mit zumindest einer Verringerung der internen Schwächen begegnen!

Die Geschäftsleitung sollte hier keine dominierende Rolle einnehmen, damit Ergebnisse nicht möglicherweise aufgrund von Hierarchieunterschieden verfälscht werden. Neben dem tatsächlichen Erfassen der Ergebnisse, die dann die entsprechenden Maßnahmen zur Folge haben, ist das Bewusstmachen der im Unternehmen stattfindenden Prozesse und Kommunikationsinhalte eine weitere durchaus wichtige Funktion. Aufgedeckte Schwächen werden auch künftig nicht vollständig abgebaut werden können, den Beschäftigten im Unternehmen können diese aber bewusst gemacht werden, um auf Störungen zumindest vorbereitet zu sein. In einem nächsten Schritt kann mit Hilfe der Analyse des im Unternehmen eingesetzten Produktportfolios herausgefunden werden, welche Produkte bzw. Dienstleistungen eine entsprechende Aufmerksamkeit erfahren sollen und welche möglicherweise eher nicht.

1.2 Portfolio-Analyse

Der Unternehmenserfolg setzt sich aus dem Zusammenwirken verschiedener strategischer Geschäftseinheiten zusammen, deren Marktpositionierung der Geschäftsleitung bekannt sein muss, um entsprechende Strategien für die Marktbearbeitung formulieren zu können. Mit der **Portfolio-Analyse**[41] kann das Controlling die dafür notwendige Transparenz herstellen, indem für einzelne Geschäftsbereiche oder auch Produkte der relative **Marktanteil** (dargestellt auf der x-Achse) und das **Marktwachstum** (dargestellt auf der y-Achse) gegenübergestellt werden, den es zunächst zu eruieren gilt. Im Weiteren kann auf der Basis eines Ist-Zustands ein Soll-Portfolio bestimmt werden, was eine Bündelung der unternehmerischen Ressourcen auf Kerngeschäftsfelder oder Konzentrationsprodukte mit sich bringt.

ABB. 98:	Die Portfolio-Analyse	
„Fragezeichen" ► Investition oder Desinvestition!	„Sterne" ► Progressive Investition!
„Arme Hunde" ► Liquidation und Desinvestition!	„Melkkühe" ► Gewinne mitnehmen!

Die strategischen Geschäftseinheiten, die bei einem geringen relativen Marktanteil auch ein geringes Marktwachstum aufweisen, die sog. „**Poor Dogs**", wären zu eliminieren. Zu hoch dürften die finanziellen Aufwendungen sein, um diese aufrecht zu erhalten. Bei Geschäftseinheiten oder Produkte, deren relativer Marktanteil sehr hoch bei gleichzeitig niedrigem Wachstumspotential ist, erfordert die Strategie der Abschöpfung von Gewinnen. Zusätzliche größere Investitionen werden die „**Cash Cows**" eher nicht erhalten, da deren Marktpräsenz begrenzt sein wird. Bei den „**Question Marks**", Geschäftseinheiten mit noch geringem Marktanteil aber hohem Marktwachstum bzw. dessen Potential dazu, muss die Geschäftsleitung eine strategische Entscheidung über die richtige Unterstützung treffen. Sinnvoll wäre das Fördern mit hohen Investitionsmaßnahmen, mit dem Ziel, den relativen Marktanteil zu steigern oder sich für den Rückzug vom Markt zu entscheiden. Dagegen sollte den „**Stars**" (hoher relativer Marktanteil bei einem hohen Marktwachstum) eine konsequente Investitionsbereitschaft zuteil werden, da es auch gilt, diesen Status zu verteidigen.

Im Zusammenhang mit der Beurteilung und der Klassifizierung einzelner Geschäftseinheiten, die im Rahmen der **Strategieanalyse** betrachtet werden, spielen neben den unternehmensspezifischen Stärken und Schwächen sowie dem Marktanteil auch die individuelle **Lebenszyklusphase** eine Rolle. Denn Produkte, die sich in einer Wachstums- oder Reifephase befinden, müssen eine andere Investitionsbereitschaft erfahren als jene, die tendenziell in einer Abschwungphase sind. Eine weitere Operationalisierung kann auch über die erreichten **Deckungsbeiträge**, die der Kostenrechnung zu entnehmen sind, vorgenommen werden. Die komplementäre Beziehung in Bezug auf die Konzentration auf einzelne Geschäftsfelder und Produkte, in Verbindung mit der richtigen Zusammensetzung der für die betriebliche Wertschöpfung notwendigen Vermögens-

---

41 Entwickelt wurde diese 1973 von der Unternehmensberatungsgesellschaft Boston Consulting Group und ist auch häufig in der Literatur unter dem Begriff BCP, Boston Consulting Portfolio, zu finden.

gegenstände, müssen eine dem Risiko adäquate Verzinsung erwirtschaften und darüber hinaus auf lange Sicht den **Unternehmenswert** steigern können, damit auch in Zukunft die Kapitalgeber befriedigt und die Mitarbeiter entlohnt werden können. Die dafür notwendige Transparenz, ob sich die aus der Strategieanalyse abgeleiteten strategischen Vorgaben und Realisierungen auch entsprechend lohnen, soll mit einzelnen Instrumenten der Strategiebewertung umgesetzt werden.

2. Strategiebewertung

Um unternehmerische Maßnahmen quantifizieren und letztlich auch beurteilen zu können, empfiehlt sich eine ganzheitliche **Strategiebewertung**, die über den Wert des Unternehmens zum Ausdruck gebracht werden kann. Zwar bringen mittelständische Unternehmer üblicherweise die Unternehmensbewertung ausschließlich im Zusammenhang mit der Veräußerung von Unternehmensanteilen in Verbindung, dennoch muss sich jede unternehmerische Tätigkeit für die Kapitalgeber rechnen.

Die wertorientierte Unternehmensführung orientiert sich am **Shareholder Value-Konzept**, wobei Shareholder nicht nur im Kontext von Aktionären börsennotierter Gesellschaften, sondern durchaus auch für eigentümergeführte Unternehmen abseits des organisierten Kapitalmarkts gelten kann. Als Wegbereiter gilt Alfred Rappaport, Professor der Universität Harvard, sowie die großen Consulting Unternehmen, wie beispielsweise Stern Stewart & Co. oder auch die Boston Consulting Group, die das Grundkonzept Rappaport's durchaus weiterentwickelt haben und für ihre eigene Beratungsstrategie heranziehen. *Rappaport*[42] schlägt für die Steigerung der freien Cashflows, welche für die Bedienung der Kapitalgeber herangezogen werden, die Größen Umsatzwachstum, Gewinnmarge, Investitionen und Kapitalkosten vor, die er als **Value Drivers** bezeichnet.

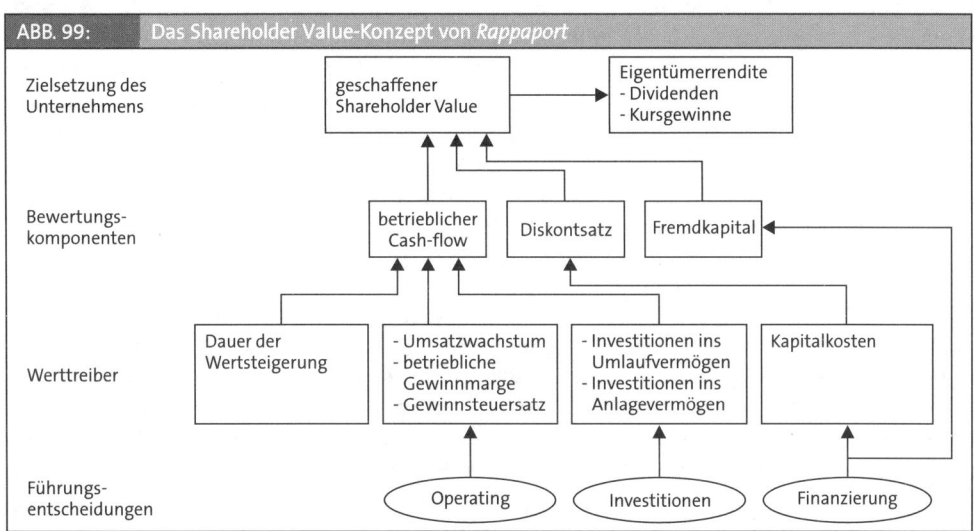

ABB. 99:   Das Shareholder Value-Konzept von *Rappaport*

---

42 *Rappaport*, 1986 und 1995, S. 79.

Auch wenn der Shareholder Value in Verbindung mit dem Agieren börsennotierter Unternehmen im Zusammenhang mit der aktuellen Finanzkrise eher negativ diskutiert wird, da eine Reihe von Vorständen großer börsennotierter Unternehmen den Shareholder Value mit dem Füllen der eigenen Hosentasche verwechseln, möchten nach wie vor die Banken eine marktübliche Verzinsung ihrer ausgereichten Kredite und die Investoren eine risikoadäquate Rendite ihres erworbenen oder auch geschaffenen Eigentümeranteils. Demzufolge muss der erwirtschaftete **Wertbeitrag** des Unternehmens über den Bedienungsansprüchen der Kapitalgeber liegen. Dieser wird im Rahmen einer wertorientierten Unternehmensführung über **Steuerungsverfahren** (Wertmanagement-Konzepte) quantifiziert. Mit **Bewertungsverfahren** (Unternehmensbewertungs-Methoden) kann die darüber hinaus erreichte sukzessive Substanzsteigerung des Unternehmens rechnerisch erfasst werden.

Das Unternehmen wird als Ganzes bewertet, da sich der Erfolg aus der komplementären Nutzung der im Unternehmen eingesetzten Vermögensgegenstände einstellt. Demzufolge ist der Unternehmenswert in der Regel höher als die Summe der einzelnen aktivierten Vermögensgegenstände und reflektiert die Zahlungsströme zukünftiger Erwartungswerte. Die Differenz wäre der **Goodwill**, der die „Wertschöpfungstreiber" wie Kundenstamm, Marke, Mitarbeiter etc. als die in der Bilanz nicht erscheinende immaterielle Vermögens-Größe offen legt. Um dem Anspruch einer **wertorientierten Unternehmensführung** gerecht werden zu können, müssen demzufolge alle Investitionen als kapitalbindende Maßnahmen auf ihre werterhöhenden Wirkungen hinterfragt sowie die Daten der Bilanzrechnung fachgerecht aufbereitet werden, um die wirklich nachhaltigen bzw. adjustierten Erfolgsgrößen bestimmen zu können.

2.1 Bilanzrechnung mit adjustierten Kennzahlen

Eine langfristige erfolgreiche Präsenz auf einem Markt wird einem Unternehmen nur gelingen, wenn die entsprechenden besseren Problemlösungen für die Kundschaft generiert werden können und diese sich konsequenterweise auch in entsprechend hohen Umsatzrückflüssen niederschlagen. Die auf dem Absatzmarkt realisierten Preise müssen im Idealfall nicht nur die liquiditätswirksamen Kosten, sondern darüber hinaus auch die rein buchhalterischen Größen erwirtschaften können. Das in den Investitionen gebundene Kapital ist nur dann gerechtfertigt eingesetzt, wenn die gebildeten Abschreibungsbeträge vollständig in den Verkaufspreisen berücksichtigt und über die Umsätze in liquider Form in das Unternehmen zurückfließen, was mit einem positiven Betriebsergebnis bzw. EBIT zum Ausdruck gebracht wird.

Im Rahmen der **Innenfinanzierung** sind als Abschreibungsgegenwerte kalkulatorische Größen in den Absatzpreisen enthalten, deren Berechnungsbasis im Gegensatz zur externen Rechnungslegung nicht auf die Anschaffungs- und Herstellungskosten sowie auf eine wirtschaftliche Nutzungsdauer begrenzt werden muss. Auch wenn der im Kapitel Finanzierung vorgestellte Kapazitätserweiterungseffekt sich in der betrieblichen Praxis nicht vollständig verwirklichen lässt, wie es die Protagonisten Martin Lohmann und Hans Ruchti[43] in ihrem Modell veranschaulichen, die Tatsache, dass eine Investition sich nur rechnet, wenn die Abschreibungen auch vollständig in die Preise einkalkuliert werden können, ist das Primat jeder vernünftigen Investitionsent-

---

43   Vgl. hierzu *Perridon & Steiner*, 2007, S. 484 - 488.

scheidung. Höhere Umsatzerlöse wiederum generieren einen positiveren Jahresüberschuss und das Ausschüttungspotential für die Eigentümer.

Unter dem Zugrundelegen des Gläubigerschutzes, dessen Intention die Substanzerhaltung des Unternehmens ist, werden Buchverluste in Form von bilanziellen Abschreibungen gebildet, die ihrerseits das Jahresergebnis und entsprechend die Ausschüttungsmöglichkeit reduzieren. Die Verhinderung des Kapitalabflusses ist demzufolge das Investitionspotential für renditestarke Vermögenswerte und leistet gleichzeitig einen weiteren positiven Wertbeitrag, der zu einer Steigerung des Unternehmenswertes führt. Die folgende Abbildung verdeutlicht den Zusammenhang zwischen Investitionsleistung, Umsatzerlöse, Abschreibungen sowie Unternehmenswertsteigerung.

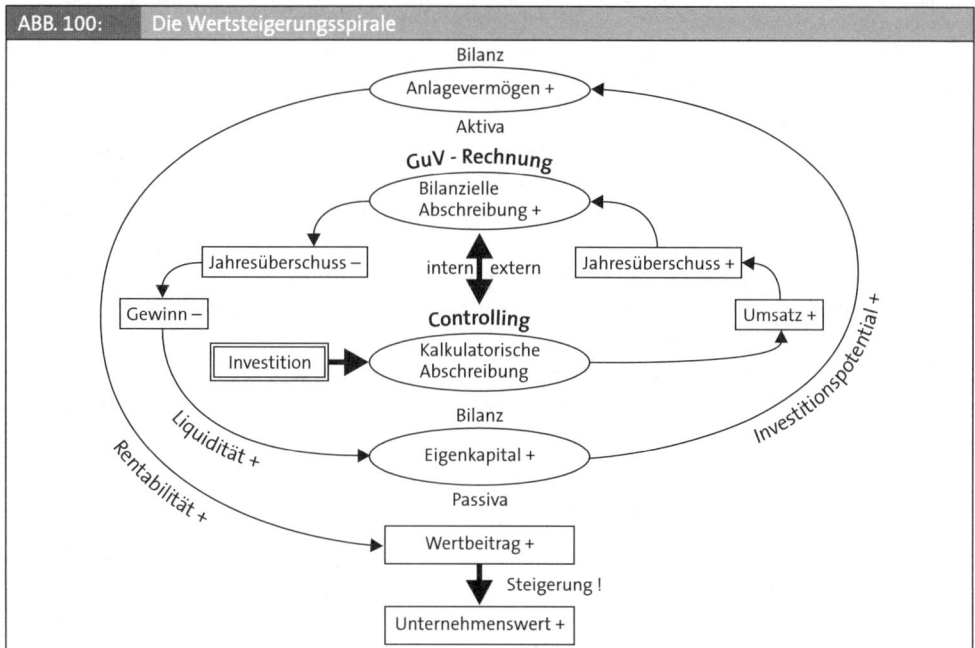

ABB. 100: Die Wertsteigerungsspirale

Das strategische Ziel muss es sein, den Unternehmenswert über die Folgeperioden sukzessive steigern zu können. In diesem Zusammenhang wäre mit dem Periodenerfolg bzw. dem Betriebsergebnis nur eine kurzfristige Betrachtungsweise möglich, da diese in Bezug auf eine langfristige Wertsteigerung sehr häufig ein gegenläufiges Bild aufweisen. Denn liquide Mittel können zum einen für weitere Sachanlagen, zum anderen für Forschungs- und Entwicklungstätigkeiten investiert werden. Beide Investitionen würden langfristig zu einer gewünschten Wertsteigerung beitragen können.

Untersuchen wir diesen Sacherhalt aber auf ihre bilanzpolitischen Auswirkungen, dann würde die Investition in das Sachanlagevermögen, im Gegensatz der Forschungs- und Entwicklungsaktivitäten auf jeden Fall auch kurzfristig zu höheren Periodenerfolgen führen. Die nach geltendem Handels- und Steuerrecht fehlende Aktivierung der Forschungskosten zum Zeitpunkt des Kapitalabflusses lässt die Verluste in der Gegenwart sichtbar werden. Hingegen bietet die Möglichkeit der Aktivierung, die Verlustbildung sukzessive über die Abschreibung in die Zukunft zu transferieren, also einen höheren Erfolgsausweis in der Gegenwart. Demzufolge muss die Geschäftsleitung eine **controllingorientierte Bilanzrechnung** implementieren, welche eine Abkehr von einer eher kurzfristigen Gewinnbetrachtung, hin zu einer langfristigen Wertorientierung leisten kann.

Für die Entwicklung eines **kalkulatorischen** Wertansatzes der Erfolgsplanung, mit dem das Controlling arbeitet, ist es notwendig, die einzelnen Daten der Finanzbuchhaltung, entsprechend ihrer nicht erfolgswirksamen Bestandteile hin zu bereinigen. Auf der Einnahmeseite werden alle potentiellen Rückflüsse aus der laufenden operativen Tätigkeit, die mittels Umsatzschätzung auf der Basis abgeschlossener Abnahmeverträge, Erfahrungswerten aus der Vergangenheit oder anderer realistisch einschätzbarer Parameter aufgereiht und den entsprechenden liquiditätswirksamen Zahlungsströmen des Material-, Personal- und Investitionsbereichs gegenübergestellt.

Um ein wirksames Planungs- und Steuerungsinstrument zu bekommen, sollte darauf geachtet werden, dass – wie bei jeder Planungsrechnung üblich – dieses auch als ein dynamisches System eingerichtet und gepflegt wird und einzelne Parameter und Wertgrößen ständig den sich ergebenden Bedingungen angepasst werden können. Bezug nehmend auf den erstellten Jahresabschluss ist es für die kalkulatorische Erfassung der finanzwirtschaftlichen Unternehmenssituation erforderlich, die bilanz- und steuerpolitischen Bewertungsgrößen zu hinterfragen und gegebenenfalls zu bereinigen. Mit der ausschließlichen Darstellung **aufwandsgleicher Kosten**, die in der Literatur als **Zweckaufwand oder Grundkosten** bezeichnet werden, wird der Übergang von der externen Rechnungslegung zur internen bzw. zum Controlling gewährleistet. Eine entsprechend adaptierte Bilanzrechnung kann diesen Anspruch realisieren. Um dem Ziel der Darstellung eines **nachhaltigen Erfolgsausweises** näher zu kommen, wird die Gewinn- und Verlustrechnung um die neutralen Erfolgsgrößen und um die kalkulatorischen Kosten bereinigt.

2.1.1 Neutrale Erfolgsgrößen

An dieser Stelle muss in Erinnerung gerufen werden, dass der Begriff **Aufwand** der externen Rechnungslegung, also dem Jahresabschluss zu subsumieren ist, während der Begriff **Kosten** sich aus der Kalkulation bzw. der Kostenrechnung, demzufolge aus der internen Rechnungslegung begründet. Zwar sind die neutralen Erfolgsgrößen in der externen Erfolgsrechnung als Aufwand bzw. Ertrag verbucht, kennzeichnend ist aber der fehlende betriebsbedingte Bezug zur aktuellen Geschäftsperiode bzw. eine andere Größenordnung als sie kalkulatorisch vorgenommen werden würde. **Neutrale Aufwendungen** wären zu unterscheiden in betriebsfremde, periodenfremde, bewertungsbedingte und außerordentliche Größen, die zwar bei mittelständischen Unternehmen nach handels- und steuerrechtlichen Grundsätzen von der Finanzverwaltung anerkannt sind, jedoch auf kalkulatorischer Basis wird die finanzwirtschaftliche Situation eher unzureichend abgebildet. Für einen Controllingansatz werden diese dann als Additionsgrößen berücksichtigt. Demnach werden Aufwandspositionen, die nicht direkt dem betrieblichen Leistungserstellungsprozess zugeordnet werden können als

▶ **betriebsfremde** Aufwandsgrößen erfasst. Typische Beispiele wären Aufwandsteile für diejenigen Kraftfahrzeuge, die zwar formal im Firmenvermögen gebucht sind, funktional aber doch eher einer mehrheitlichen privaten Nutzung unterliegen. Auch die Gehaltsteile einer im Unternehmen nicht wirklich mitarbeitenden Unternehmergattin wären in diesem Zusammenhang zu nennen. Diejenigen Aufwandsbuchungen, deren Relevanz aus einer vergangenen Geschäftsperiode herrühren, werden als

▶ **periodenfremde** Aufwandsgrößen in Ansatz gebracht. Die Beispielklassiker sind die Steuernachzahlung an das Finanzamt, Tantiemeabflüsse oder die periodengerechte Berichtigung von Halbfertigfabrikaten. In den Fällen, in denen das Steuerrecht bewertungsbedingt größere Spielräume für die Aufwandsbildung zulässt, ist es darüber hinaus sinnvoll, dem kalkulatorischen Ergebnis

▶ **bewertungsbedingte** Aufwandsgrößen zu addieren. Bei der aus dem EStG hergeleiteten Erfolgsgröße „Zuführung zu den Sonderposten mit Rücklageanteil" sind sehr häufig signifikant hohe Beträge zu berücksichtigen, da diese als reine buchhalterische Größen keinen Liquiditätsabfluss erfahren. Zwar gilt dieser Sachverhalt auch für die in der GuV erfassten Abschreibungen, diese müssen aber notwendigerweise über die Umsatzerlöse abgedeckt werden und sind demzufolge keine Bereinigungsgrößen, auch wenn sehr häufig der EBITDA als das eigentliche operative Ergebnis kommuniziert wird. Mit der Aufwandsbildung für die buchhalterische Erfassung der betrieblichen Abnutzung des Vermögensgegenstandes wird der ausschüttungsfähige Gewinn geschmälert, um die notwendig werdenden Ersatzinvestitionen gewährleisten zu können. Auftretende Beträge, die aufgrund ihrer Erscheinung oder ihrer Höhe einmalig von der üblichen Größenordnung abweichen, wären kalkulatorisch in Form von

▶ **außerordentlichen** Aufwandsgrößen zu erfassen. Bei einem inhabergeführten Unternehmen mit der Rechtsform der GmbH wäre beispielsweise ein ambioniertes Geschäftsführergehalt in Ansatz zu bringen, genauer gesagt der Teil zu addieren, der für einen Fremdgeschäftsführer weniger bezahlt werden würde. Andere Beispiele wären Abschreibungen für Erweiterungsinvestitionen, überhöhte Rückstellungsdotierungen, Forderungsausfälle, einmalig überhöhte Materialbeschaffungspreise, überhöhter Reparatur- und Instandhaltungsaufwand oder Ähnliches.

Werden für einen Controlling-Ansatz die neutralen Aufwandspositionen den zu bestimmenden Erfolgsgrößen addiert, sind konsequenterweise **neutrale Erträge** für einen kalkulatorischen Ansatz abzuziehen, wie beispielsweise Erlöse aus der Auflösung von Sonderposten mit Rücklageanteil oder Rückstellungen, sonstige einmalig erhöhte Anteile der Umsatzerlöse sowie Erlöse aus dem Abgang von Vermögensgegenständen. Für Letztere können als Beispiele die über den Buchwert verkauften Grundstücke, Immobilien, sonstige Sachanlagevermögensgegenstände sowie Wertpapiere, die im Anlage- oder Umlaufvermögen gebucht sind, aufgeführt werden. Der Sachverhalt soll im Folgenden anhand der Fortsetzung der obigen integrativen Fallstudie, Teil 3 „Controlling & Finanzierung" (Kap. E.5) veranschaulicht werden.

2.1.2 Integrative Fallstudie, Teil 3 (Fortsetzung)

Der Jahresabschluss der einzelnen 4 Planjahre soll mit einer Plan-GuV-Rechnung komplettiert werden. Für die Bestimmung eines nachhaltigen Jahresüberschusses, der als eine solide Ausschüttungsgröße herangezogen werden kann, wären entsprechende **Sondereffekte**, wie der Mehrerlös über dem Restbuchwert, als neutrale Erfolgsgrößen zu erfassen. Demzufolge würde sich am Ende des vierten Jahres, unter der Berücksichtigung der planmäßigen Abschreibung, ein adjustierter bzw. bereinigter Jahresüberschuss (als nachhaltige ausschüttungsfähige Größe) in Höhe von 44.945 € ergeben (Fortsetzung von S. 285).

Veränderung Plan-Gewinn- und Verlustrechnung					
	Plan-GuV zum 31.12. (€)	1. Jahr	2. Jahr	3. Jahr	4. Jahr
22	Betriebsertrag	23.000	81.000	132.500	109.200
23	Erlöse aus dem Abgang von Vermögensgegenständen	0	0	0	11.000
24	- Betriebsaufwand	-18.800	-41.500	-68.550	-61.255
25	EBITDA (Operatives Ergebnis)	4.200	39.500	63.950	58.945
26	- Abschreibung	-7.000	-7.000	-7.000	-7.000
27	EBIT (Betriebsergebnis)	-2.800	32.500	56.950	51.945
28	- Zinsaufwand	-3.900	-3.870	-3.000	-3.000
29	Jahresüberschuss	-6.700	28.630	53.950	48.945
30	- Neutraler Ertrag	0	0	0	-4.000
31	Bereinigter Jahresüberschuss	-6.700	28.630	53.950	44.945

Die Differenzierung der Ergebnisse des Finanzplans und der Planerfolgsrechnung liegt in der Unterschiedlichkeit der erfassten Daten begründet. Während der Finanzplan alle liquiditätswirksamen Bestands- und Erfolgsgrößen aufnimmt, enthält die Gewinn- und Verlustrechnung ausschließlich Erfolgsgrößen, auch diejenigen ohne Einfluss auf die Liquidität, wie das bei den Abschreibungen der Fall ist. Der Liquidationserlös des Vermögensgegenstands wird mit 53.000 € vollständig als cash-wirksame Größe in der Bilanz und im Finanzplan erfasst, während nur 4.000 € als echte Erlöse in der GuV gebucht werden.

Mit den Buchungssätzen

(1)   Abschreibung 7.000 €   / Sachanlagen 7.000 €
(2)   Bank 53.000 €   / Sachanlagen 42.000 €
                                  Erträge aus dem Abgang von Vermögensgegenständen 11.000 €

wird der Vermögensgegenstand vollständig abgeschrieben. Für den Ausweis eines nachhaltigen Jahresüberschusses, der zur Bestimmung als die eigentliche Ausschüttungsgröße an die Eigentümer dient, wird der über dem Buchwert liegende Verkaufserlös als neutraler Ertrag bereinigt. Wiederum vollständig wird die Liquidation als Desinvestition in Höhe von 53.000 € originär in der Kapitalflussrechnung im Cashflow aus Investitionstätigkeit als „Einzahlungen aus Anlagenabgängen" gebucht. In der folgenden Übersicht sollen alle relevanten Größen von der Plan-GuV über die Bestimmung des Cashflows bis zum Finanzplan dargestellt werden.

Plan-GuV, Cashflow sowie Finanzplan					
	Erfolgs- und Bestandgrößen	1. Jahr	2. Jahr	3. Jahr	4. Jahr
32	Bereinigter Jahresüberschuss/ -fehlbetrag	- 6.700	28.630	53.950	44.945
33	+ Abschreibungen	7.000	7.000	7.000	7.000
34	**Bereinigter Cashflow**	**300**	**35.630**	**60.950**	**51.945**
35	- Tilgung Kontokorrentkredit	-300	-8.700	0	0
36	- Tilgung Darlehen	0	0	0	- 60.0000
37	+ Liquidationserlös (ohne Abschreibung)	0	0	0	46.000
38	**Kassenbestand pro Periode**	**0**	**26.930**	**60.950**	**37.945**

Im Finanzplan sind alle liquiditätswirksamen Positionen enthalten, wie die Tilgungs- und Zinsleistungen für die Bedienung der Kreditengagements, die operativen Zu- und Abflüsse sowie die Einzahlung für den Liquidationserlös. Bilanzwirksam sind ausschließlich die Kreditrückzahlungen. Bei den operativen Buchungen und bei den Zinszahlungen gibt es eine Erfassung in der Bilanz und in der Gewinn- und Verlustrechnung. Für die Berechnung einer nachhaltigen bzw. bereinigten Erfolgsgröße wird der neutrale Ertrag ausschließlich in der GuV-Rechnung wirksam. Der Kassenbestand pro Periode stimmt mit dem Finanzplan in der Zeile 17 überein.

2.1.3 Kalkulatorische Kosten

Als Teil der Kostenartenrechnung werden die **kalkulatorischen Kosten** ausschließlich in der internen Rechnungslegung oder mit einem geringeren Betrag in der externen erfasst. Die Gründe hierfür könnten sein, ein gesetzliches Ansatzverbot oder die Verbuchung bestimmter Positionen in einer Nebengesellschaft des Unternehmens, wie das beispielsweise sehr häufig beim Vorhandensein einer Betreiber- und Besitzgesellschaft der Fall ist. Die Abb. 101 verdeutlicht alle Bereinigungsgrößen, die im Zusammenhang mit der Ermittlung nachhaltiger Erfolgsgrößen eines Jahresabschlusses erfasst werden können.

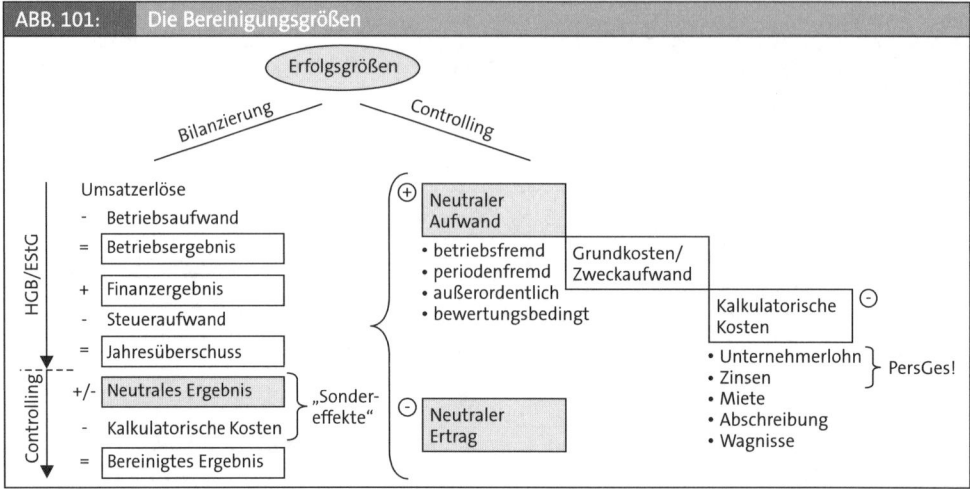

ABB. 101:   Die Bereinigungsgrößen

Von **Zusatzkosten** wird gesprochen, wenn der Ansatz in der GuV-Rechnung fehlt und von **Anderskosten**, wenn der Ansatz niedriger ausfällt als es eine kalkulatorische Größenordnung vorsehen würde. So wird beispielsweise bei Personengesellschaften in der Finanzbuchhaltung für den Gesellschafter mit gesetzlich verpflichtender Geschäftsführungsfunktion, wie das bei OHG-Gesellschaftern oder Komplementären einer KG der Fall ist, kein entsprechender Personalaufwand gebucht. Da der Jahresüberschuss gleichzeitig als Entgelt für die Kapitalüberlassung und für die Arbeitsleistung herangezogen werden muss, wird innerhalb des Controlling ausgleichend ein

▶ **kalkulatorischer Unternehmerlohn**

angesetzt, der auch das operative Entgelt für die Arbeitsleistung abbildet. Bei eigentümergeführten Unternehmen in der Rechtsform einer Kapitalgesellschaft wird durchaus häufig eine moderatere Gehaltsauszahlung vorgenommen, als es die Branche üblicherweise zulassen würde. Da in derartigen Fällen kein entsprechender Aufwand gebucht wird, lassen sich für das Controlling-Ergebnis kalkulatorische Kosten in der Differenz zu einem Gehalt für einen Fremdgeschäftsführer in Ansatz bringen. Davon losgelöst ist das Entgelt für die Kapitalüberlassung, die Gewinnausschüttung als Dividende oder Tantieme, die bei Kapital- und bei Personengesellschaften für die Gesellschafter gezahlt wird. Unabhängig der Ausschüttungs- bzw. Thesaurierungspräferenzen ist es für die Darstellung des bereinigten Ergebnisses auch anzuraten, entsprechende Kapitalkosten als

▶ **kalkulatorische Zinsen**

in Ansatz zu bringen. Diesem Umstand muss für das Controlling Rechnung getragen werden, da nach den Rechnungslegungsvorschriften des HGB und EStG ausschließlich die Fremdkapitalkosten gewinnmindernd zum Ansatz kommen, nicht aber die Kosten für das bereitgestellte Eigenkapital. Als Bemessungsgrundlage dient das im Unternehmen durchschnittliche gebundene Kapital der Eigentümer, dessen Verzinsung an das erhöhte Risiko für Investorenkapital angepasst werden muss. Im Folgekapitel F.2.2.4 „Kapitalkosten" werden wir eine entsprechende Größenordnung diskutieren. Mit dem zusätzlichen Ansatz einer

▶ **kalkulatorischen Miete**

wird der Umstand einer separaten Erfassung der betrieblich genutzten Immobilie im Ergebnis berücksichtigt, insbesondere bei der getrennten Bilanzierung in der Besitzgesellschaft des Unternehmers, wenn in der Finanzbuchhaltung der Betreibergesellschaft kein entsprechender Mietaufwand gebucht wird. Eine

▶ **kalkulatorische Abschreibung**

erfasst, im Gegensatz zu dem oben genannten Beispiel einer neutralen Aufwandsbildung als bewertungsbedingten Aufwand, den Fall einer in der Handels- und Steuerbilanz möglicherweise niedriger ausfallenden Abschreibung der Vermögenspositionen bzw. den Umstand bereits abgeschriebener Vermögensgegenstände, die sowohl die planmäßigen, als auch die außerplanmäßigen Abschreibungen nach oben hin kalkulatorisch ausgleichen. Im Zusammenhang mit der Preiskalkulation trägt die Verrechnung von Abschreibungen zur Substanzerhaltung bei, da über die höheren Umsatzerlöse die Wiederbeschaffung geleistet werden kann. Im Gegensatz zur bilanziellen Abschreibung werden nicht die Anschaffungs- oder Herstellungskosten als Bemessungsbasis herangezogen, sondern die Wiederbeschaffungskosten. Abschließend sollen ergänzend auch die

▶ **kalkulatorischen Wagniskosten**

erwähnt werden, die es dem Unternehmen ermöglichen, nicht versicherte bzw. nicht versicherbare Einzelrisiken im Controlling innerhalb der Preiskalkulation oder der Darstellung adjustierter Erfolgsgrößen in Ansatz zu bringen. Die entsprechende Größenordnung richtet sich an einer durchschnittlichen Schadensquote der vergangenen Geschäftsperioden.

Die kalkulatorischen Kosten finden als eine weitere Kostenart ihre Anwendung in der **Kostenrechnung**. Im Zusammenhang mit der Kalkulation der Verkaufspreise auf Voll- oder Teilkostenbasis wären diese als **beschäftigungsunabhängige** Kostenbestanteile aufzunehmen. Über die Rückflüsse in den Umsatzerlösen tragen diese darüber hinaus auch zu einer weiteren Innenfinanzierung bei. Innerhalb der Bilanzlehre werden für die Darstellung eines nachhaltigen Jahresergebnisses zur Ermittlung der eigentlichen **Ausschüttungsgröße** und auch zur Darstellung bereinigter Erfolgsgrößen mögliche neutrale Erfolgspositionen sowie kalkulatorische Kosten zum Ansatz gebracht. Der guten Ordnung halber muss aber festgehalten werden, dass die Bandbreite der Bereinigungen von Unternehmensgewinnen immer eine individuelle Einstellung des Unternehmers bzw. Managers ist, demzufolge eine interne Kenntnis der Zusammensetzung einzelner Controlling-Daten voraussetzt.

Einzelne Finanzvorstände börsennotierter Unternehmen machen uns das jedes Jahr sehr eindrucksvoll vor, wenn diese, im Zusammenhang mit der Kommunikation der Jahresergebnisse, die **Sondereffekte**, die als das **neutrale Ergebnis** im Geschäftsbericht aufgenommen werden, nicht immer für die Anleger nachvollziehbar erläutern können oder wollen. Die häufigsten dieser Adjustierungen stehen im Zusammenhang mit Buchgewinnen oder -verlusten aus Desinvestitionen, Firmenwertabschreibungen sowie Restrukturierungsaufwendungen. Mit Hilfe bereinigter Erfolgsgrößen soll im Folgenden das von börsennotierten Unternehmen verwendete Wertmanagement-Konzept vorgestellt werden, mit dem die **Erfolgskontrolle** getätigter Investitionen mit der Gegenüberstellung der Vermögensrendite und der Kapitalkosten durchgeführt werden kann.

2.2 Wertmanagement-Konzept

Der strategische Controlling-Ansatz richtet sich weg von einer vergangenheits- und hin zu einer zukunftsbezogenen bzw. langfristig orientierten Erfolgsgrößenermittlung. Die Intention ist, den unternehmerischen Erfolg in Bezug auf Geschäftsfelder und Strategien in erster Linie aus dem Blickwinkel eines potentiellen Investors zu beurteilen, um diejenigen strategischen Maßnahmen im Unternehmen zu implementieren, die einen Wertzuwachs im Sinne eines gesteigerten **Unternehmenswertes** garantieren. Auch eigentümergeführte Unternehmen haben schon immer eine langfristige und damit nachhaltige Unternehmensführung betrieben. Wenn aber die Ressource Kapital im Zuge der Umorientierung der Banken im Bereich der Unternehmensfinanzierungen tendenziell knapp wird, muss eine nachhaltige Finanzierungsstruktur geschaffen werden.

Primär erfordert das eine Controlling-Architektur, welche die cash-positiven Wirkungen offenlegen kann. Unternehmensführung über die Bestimmung des Unternehmenswertes zeigt den Eigentümern, wie hoch die **Rendite** des **eingesetzten Kapitals** ist und welche Faktoren für die langfristige Wertentwicklung verantwortlich sind. Für die Erfolgseinschätzung der Geschäftstätigkeit und der sich daraus ergebenden Investitionen bedeutet das gleichzeitig auch die Berücksichtigung von **kapitalmarktorientierten Kosten** für das investierte Eigenkapital, das Integrieren von Risikoeinschätzungen des Kapitalmarktes und eine geringere Einflussnahme bilanzpolitischer Gestaltungsspielräume zur Bestimmung **werthaltiger Erfolgsgrößen**.

2.2.1 Gewinn- vs. Wertorientierung

Eine wertorientierte Unternehmensteuerung setzt voraus, dass sämtliche Investitionsentscheidungen unabhängig vom aktuell zu erwartenden Jahresabschlussausweis getroffen werden. Die zu tätigenden Investitionsleistungen in Bezug auf das Anlage- und Umlaufvermögen müssen die quantifizierbaren Erwartungen der Kapitalgeber befriedigen können. Diese Forderung ist im Wesentlichen an die Verzinsung des im Unternehmen eingesetzten Eigenkapitals gerichtet, die aber im Jahresabschluss nicht als aufwandsgleiche Kosten veranschlagt werden. Zwar wird bei einem mittelständischen Unternehmer, der als geschäftsführender Gesellschafter in der Rolle eines Doppelverdieners tätig ist, die Managementleistung über dessen Geschäftsführergehalt entsprechend erfolgswirksam verbucht, die Verzinsung für das eingesetzte Kapital aber steht als eine erfolgsneutrale Größe außerhalb des Saldos der Gewinn- und Verlustrechnung. Im Rahmen eines **gewinnorientierten** Managements wird bis dato als Mindestanspruch nur die Deckung der betrieblichen und finanziellen Aufwandspositionen angestrebt.

Demzufolge sind die für die Erfolgsdarstellung verwendeten Kennziffern wie die **Eigenkapital**-(ROE) und die **Gesamtkapitalrendite** (ROI) aufgrund der fehlenden Berücksichtigung der Eigenkapitalkosten und auch der Tatsache, dass Teile des passivierten Kapitals nicht verzinslich ist, als Controlling-Kennziffern eher nur bedingt aussagekräftig. Ein besserer Ansatz wäre die Quantifizierung des **zusätzlichen Wertbeitrages**, der mit der Investition der von den Kapitalgebern zur Verfügung gestellten monetären Mittel, welche in den einzelnen Vermögensgegenständen gebunden sind, erreicht wird. In Analogie zu den Kennziffern ROE und ROI hat sich international bei einer Vielzahl von börsennotierten Unternehmen für die Darstellung der Verzinsung des im Unternehmen eingesetzten Kapitals die Renditegröße **ROCE** (*Return on Capital Employed*) durchgesetzt. Die Verzinsung der im Unternehmen investierten Vermögensgegenstände im Verhältnis zu den entstehenden Kapitalkosten formuliert den Ansatz eines **wertorientierten** Managements, welches auch bei eigentümergeführten Unternehmen erfolgreich implementiert werden kann.

2.2.2 Zusätzlicher Wertbeitrag

Die Fähigkeit zur Gewinnung von Investoren und deren Kapital wird in Zukunft noch stärker über die langfristige Überlebensfähigkeit entscheiden. Im Zusammenhang mit der Steigerung der Kapitalverzinsung können die folgenden Aussagen gemacht werden:

1. Ein wertorientierter Controlling-Ansatz basiert auf der Überzeugung in Bezug auf die Abhängigkeit von Werttreibern und Unternehmenswert.

2. Als strategisches Hauptziel und operationalisierbare Größe des Unternehmens wird der nachhaltig geschaffene Unternehmenswert definiert.

3. Das Controlling-Kennzahlensystem wird im Wesentlichen an die Zielgrößen Umsatzrendite, Kapitalumschlag und Kapitalkosten ausgerichtet.

4. Die Mittelverwendung für Investitionen im Anlage- und Umlaufvermögen orientiert sich an der Einflussnahme auf den Unternehmenswert.

5. Die Vergütung der Unternehmensführung und übrigen Mitarbeiter wird an den jeweiligen Unternehmenswert angepasst.

Die Erfolgsgrößenermittlung wird beim wertorientierten Controlling über eine **Werttreiberanalyse** festgestellt. In diesem Zusammenhang reduzieren sich die für den Unternehmenswert relevanten Parameter auf die Größen Wachstumsraten von Umsätzen, Gewinn und Kapitalbasis auf der einen Seite und auf die positive Differenz zwischen **Kapitalertrag** und **Kapitalkosten** auf der anderen. Als **relativer Wertbeitrag** wird die Differenz der Rendite des betrieblich eingesetzten Vermögens (ROCE) abzüglich der Bedienungsansprüche der Kapitalgeber, welche mit den gewichteten durchschnittlichen Kapitalkosten bzw. den *Weighted Average Cost of Capital* (WACC) angesetzt werden, verstanden. Dieser zeigt den operativen Erfolg, der über die Kosten des eingesetzten Kapitals hinaus erwirtschaftet wird. Multipliziert mit dem eingesetzten betrieblichen Vermögen, den *Net Operating Assets* (NOA) erhält man den **absoluten Wertbeitrag** in Euro (€), auch als *Cash Value Added* (CVA) bezeichnet, der als der zusätzlich geschaffene Unternehmenswert die Beurteilung von Investitionen in Sachanlagen und Unternehmensanteile quantifizieren lässt. Es gilt:

$$CVA = (ROCE - WACC) \times NOA$$

International wird der relative Wertbeitrag als **EVA** (*Economic Value Added*) bezeichnet, ein Begriff, welcher von der New Yorker Unternehmensberatung Stern Stewart & Co. erfunden wurde und als geschützter Begriff eingetragen ist. Über das Quantifizieren einer Investition in entsprechenden Plan-Jahresabschlüssen kann beurteilt werden, ob zumindest die Kapitalkosten erwirtschaftet werden.

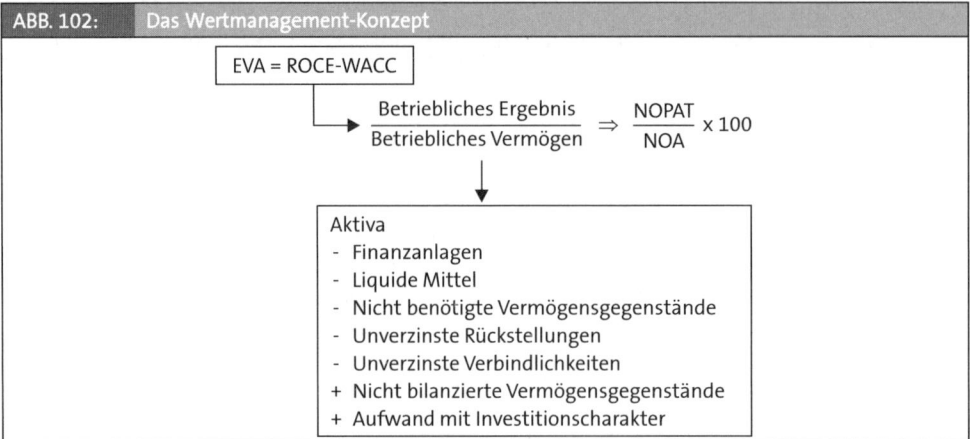

ABB. 102:   Das Wertmanagement-Konzept

Deshalb soll im Folgenden die Berechnung der Vermögensverzinsung (ROCE) und die der Kapitalkosten (WACC) vorgestellt werden.

2.2.3 Vermögensrendite

Die Verzinsung des im Unternehmen durchschnittlich im Jahresverlauf eingesetzten Vermögens wird als der Quotient aus dem betrieblichen Ergebnis (NOPAT) im Zähler und dem betrieblichen Vermögen (NOA) im Nenner quantifiziert.

$$ROCE = \frac{NOPAT}{NOA} \times 100$$

Als eine Erfolgsgröße, die im Zusammenhang mit dem Wertmanagement von Unternehmen herangezogen wird, kann der NOPAT (*Net Operating Profit After Tax*) als das **betriebliche** Ergebnis bzw. das Ergebnis der betrieblichen Tätigkeit bezeichnet werden. Der Begriff soll in zwei Schritten erläutert werden, für dessen Bestimmung die Gewinn- und Verlustrechnung als Ausgangsmedium herangezogen wird.

▶ Erster Schritt: „OPAT" als betriebliches Ergebnis nach Steuern

Erfasst wird der „echte" **operative nachsteuerliche Gewinn** als der Gewinn, der mit Investitionen innerhalb des Unternehmens erwirtschaftet wurde, unabhängig davon, ob ein Zahlungsfluss zustande gekommen ist. Konkret werden, ausgehend von den **Umsatzerlösen**, die bereinigten **Material-, Personal- und Abschreibungsaufwendungen** sowie die **sonstigen betrieblichen Aufwandspositionen** abgezogen. Auch der **Steueraufwand** wird als echte Abzugsgröße berücksichtigt, da dieser zum einen ein Abfluss liquider Mittel und zum anderen das Entgelt für die wirtschaftliche Leistungsfähigkeit des Unternehmens darstellt. Natürlich ließen sich auch diesbezüglich Verfeinerungen vornehmen, beispielsweise mit der Überlegung, den Steuervorteil, der sich aus der Möglichkeit der Abzugsfähigkeit der Fremdkapitalkosten ergibt, abzuziehen.

Nicht mit einbezogen wird das **Finanzergebnis**, da dieses durch Investitionen anderer bzw. außerhalb des Unternehmens zustande kommt. Gleiches wurde auch schon für die Erfolgsgröße des Betriebsergebnisses bzw. EBIT konstatiert. Bei der Mehrheit mittelständischer Unternehmen besteht dieses im Wesentlichen aus dem Zinsaufwand in Form der Fremdkapitalkosten von Bankverbindlichkeiten, von fremdkapitalnahen Mezzanine-Finanzierungen von anderen Finanzinstituten, von Gesellschafterdarlehen sowie aus möglichen außerplanmäßigen Abschreibungen auf das Finanzanlagevermögen und der Wertpapiere. Unter Berücksichtigung der in der Regel hohen Fremdkapitalanteile im Unternehmen, wird dem Finanzaufwand bzw. den Kreditzinsen die Guthabenverzinsung gegengerechnet. Demzufolge wird die Darstellung des Finanzergebnisses auch als der Netto-Zinsaufwand kommuniziert.

► Zweiter Schritt: „Net" als Bereinigungsgrößen bzw. Adjustierungen

Die Ermittlung des Netto-Gewinns, genauer gesagt das operative nachsteuerliche **Netto-Ergebnis,** zielt auf die notwendigen Bereinigungen ab. Für die notwendige Aufbereitung der finanzwirtschaftlichen Unternehmenssituation ist es erforderlich, dass die Daten des Plan-Jahresabschlusses um alle bilanz- und steuerpolitischen Bewertungsgrößen korrigiert werden. Zu hinterfragen wäre das Eliminieren bzw. Aufgreifen der in Kapitel F.2.1 erläuterten neutralen Aufwands- und Ertragsgrößen sowie die kalkulatorischen Kosten als Zusatz- oder Anderskosten. Die folgende Abbildung 103 ist eine Fortsetzung der auf Seite 111 entwickelten Abbildung 43, die den Gesamtzusammenhang für das Zustandekommen des NOPAT verdeutlichen soll.

ABB. 103:	Die Ermittlung des NOPAT

... Fortsetzung von ABB. 43

= **Jahresüberschuss** / Jahresfehlbetrag (handelsrechtliche Ausschüttungsgröße)

+ Neutraler Aufwand als

    betriebsfremder Zusatzaufwand

    periodenfremder Zusatzaufwand

    bewertungsbedingter Zusatzaufwand

    außerordentlicher Zusatzaufwand

- Neutraler Ertrag

- Kalkulatorische Kosten als Anders- oder Zusatzkosten als

    Unternehmerlohn

    Mieten

    Zinsen

    Abschreibungen

    Wagniskosten

= **Bereinigtes Periodenergebnis**

+ Finanzaufwand

- Finanzertrag

= **NOPAT** als das „betriebliche Ergebnis"

Demzufolge setzt sich der **NOPAT** aus dem den Eigentümern gehörenden Jahresüberschuss ohne Finanzergebnis und außerordentlichem Ergebnis, bereinigt um die neutralen Erfolgsgrößen und kalkulatorischen Kosten, zusammen. Bei der Erfassung der Bereinigungsgrößen müssen innerhalb des Betriebsergebnisses alle Ertrags- und Aufwandsgrößen auf ihre betriebs- und periodenfremden sowie bewertungsbedingten und außerordentlichen Aufwandsbestandteile hinterfragt werden. Entsprechend werden diese dann für ein kalkulatorisches Ergebnis addiert, während die neutralen Erträge und die kalkulatorischen Kosten in Abzug gebracht werden. Der NOPAT als bereinigtes Ergebnis ist das operative bzw. das echte betriebliche Ergebnis nach Steuern, welches als Zählerwert mit dem betrieblichen Vermögen (NOA) des Nenners den Quotienten der Verzinsung des betrieblichen Vermögens (ROCE) ergibt.

▶ NOA als betriebliches Vermögen

Die im Unternehmen gebundenen und operativ in Wert gesetzten Vermögenspositionen sind vom Grundsatz die Summe der bilanzierten Buchwerte[44] der **Bilanzaktiva** wie die immateriellen Vermögenswerte, das Sachanlagevermögen, die Vorräte, die Forderungen aus Lieferungen und Leistungen, die sonstigen Vermögensgegenstände sowie die Rechnungsabgrenzungsposten. Da aber nur das „netto" in Wert gesetzte betriebliche Vermögen, bezeichnet als NOA (*Net Operating Assets*), berücksichtigt wird, müssen entsprechende Korrekturen vorgenommen werden:

(-) Nicht dem investierten Vermögen zugehörig sind die **Finanzanlagen**, die betriebsfremden Beteiligungen und die Anlage kurzfristiger liquider Mittel, da deren Verzinsung über das Finanzergebnis abgebildet wird. Da die **Kassen- und Bankkontenbestände** keine betriebliche Wertschöpfung erfahren, werden auch diese nicht erfasst.

(-) Zum Abzug gebracht werden bilanzierte, aber **nicht benötigte Gegenstände** des Sachanlagevermögens, **unverzinste Verbindlichkeiten** und **Rückstellungen**. Letztere sind üblicherweise kurzfristige Rückstellungen, Verbindlichkeiten aus Lieferungen und Leistungen sowie die kurzfristigen Teile der sonstigen Verbindlichkeiten.

(+) Hingegen werden **nicht bilanzierte Vermögensgegenstände**, die aber dennoch für den eigentlichen Betriebszweck genutzt werden, zum Ansatz gebracht. Häufig stehen diese im Zusammenhang mit sog. „*Off-Balance-Finanzierungen*", wie Leasing- oder auch Mietobjekte. Auch bereits abgeschriebene Vermögensgegenstände, die noch betrieblich genutzt werden, wären zu erfassen. Da es bei den betrieblichen Aufwandspositionen einzelne gibt, die aufgrund eines restriktiven handelsrechtlichen Ansatzes keine Aktivierung erfahren, dennoch aber Investitionscharakter haben, wie beispielsweise selbsterstellte immaterielle Vermögensgegenstände, werden auch diese dem betrieblichen Vermögen addiert. Gleiches gilt auch für kumulierte Abschreibungen auf Firmenwerte oder zu hoch angesetzte Abschreibungen des Sachanlagevermögens.

Bei signifikanten Abweichungen der bilanzierten Stichtagswerte von den üblicherweise im Unternehmen vorhandenen **durchschnittlichen Größenordnungen** eingesetzter Vermögensgegenstände wäre zu raten, entsprechende Korrekturen vorzunehmen. Eine Renditeoptimierung der betrieblich genutzten aktivierten Vermögensgegenstände kann vernünftigerweise mit entspre-

---

44 Bei der E.ON beispielsweise werden die Firmenwerte aus Akquisitionen (*Goodwill*), so lange diese werthaltig sind, mit ihren Anschaffungswerten angesetzt. Die RWE erfasst die abnutzbaren Gegenstände des Anlagevermögens nicht mit ihren aktuellen Buchwerten, sondern mit der Hälfte der historischen Anschaffungs- oder Herstellungskosten. Die österreichische Wienerberger AG rechnet auf der Basis eines durchschnittlichen *Capital Employed* (betriebliches Vermögen), als Mittelwert der Buchwerte zum 1. 1. und 31. 12. des Geschäftsjahres.

chend gewählten Liquidationsvorgängen, die als aktivische Finanzierung besprochen wurde, sei es mittels Verkauf von Vermögensgegenständen oder über die Verkürzung der Abschreibungsdauer, erreicht werden.

▶ ROCE als Vermögensrendite

Mit den Werten für das betriebliche Ergebnis (NOPAT) und für das betriebliche Vermögen (NOA) lässt sich die Verzinsung (ROCE) des Vermögens, welches durchschnittlich im Jahresverlauf eingesetzt wird, berechnen. Ein im Zusammenhang mit getätigten Investitionen höherer **Wertbeitrag** wird dann geschaffen, wenn die Vermögensrendite über die Höhe der Kapitalkosten angehoben werden kann, also der Ertrag des Unternehmens die Höhe der Gesamtfinanzierung übersteigt. Demzufolge wird von einzelnen Investitionen eine Mindestverzinsung in Höhe der Kapitalkosten gefordert. Was nichts anderes heißt, als dass die betriebliche Wertschöpfung auf dem Absatzmarkt (Desinvestition) mehr erwirtschaften muss, als vom Unternehmen an Ressourcen auf dem Beschaffungsmarkt (Investition) nachgefragt wird. Für börsennotierte Unternehmen wird der Wertbeitrag als das zentrale Steuerungsinstrument kommuniziert. Um eine langfristige Steigerung des Unternehmenswertes generieren zu können, werden wertschaffende Investitionen bzw. Akquisitionen auf die Deckung der Kapitalkosten hin überprüft. Als ein Beispiel für das Wertmanagement-Konzept eines Konzerns soll die von der RWE in ihrem Geschäftsbericht kommunizierte renditeorientierte Unternehmensteuerung in der Abbildung 104 vorgestellt werden.

ABB. 104:	Das Wertmanagement-Konzept des RWE-Konzerns[45]

„Renditeorientierte Unternehmenssteuerung. Im Zentrum unserer Strategie steht die Steigerung des Unternehmenswertes Zusätzlicher Wert wird dann geschaffen, wenn die Rendite für das eingesetzte Vermögen die Kapitalkosten übersteigt. Wir messen die Rendite als Return on Capital Employed (ROCE). Der ROCE zeigt die rein operative Rendite. Er ergibt sich, wenn das betriebliche Ergebnis durch das betriebliche Vermögen geteilt wird. Die Kapitalkosten ermitteln wir als gewichteten Durchschnitt der Eigen- und Fremdkapitalkosten.

Die Eigenkapitalkosten erfassen die über eine risikolose Anlage hinausgehende unternehmensspezifische Renditeerwartung des Kapitalmarktes bei einer Investition in die RWE-Aktie. Die Fremdkapitalkosten orientieren sich an den langfristigen Finanzierungskonditionen im RWE-Konzern und berücksichtigen die steuerliche Abzugsfähigkeit von Fremdkapitalzinsen (Tax Shield). Bei der Ermittlung der Kapitalkosten 2008 legen wir die folgenden Werte zugrunde: Für das Fremdkapital verwenden wir einen Kostensatz vor Steuern von 5,25 % zugrunde. Beim Eigenkapital nehmen wir einen Zinssatz für eine risikolose Anlage in Höhe von 4,75 % als Basis und addieren konzern- sowie bereichsspezifische Risikoaufschläge. Der Betafaktor für den Konzern beträgt im Berichtsjahr 0,67.

Das Verhältnis von Eigenkapital- zu Fremdkapital setzen wir mit 50 zu 50 an. Dieser Wert wird nicht aus den Buchwerten der Bilanz abgeleitet, sondern basiert u. a. auf einer Marktbewertung des Eigenkapitals und auf Annahmen über die langfristige Entwicklung von Nettofinanzdisposition und Rückstellungen. Insgesamt kommen wir für 2008 auf Kapitalkosten für den RWE-Konzern von 8,5 % vor Steuern." ...

---

45 Quelle: RWE AG (2009), Geschäftsbericht 2008, S. 221 f.

> *„Die Differenz von ROCE und Kapitalkostensatz ergibt den relativen Wertbeitrag. Durch Multipli-kation mit dem eingesetzten betrieblichen Vermögen erhält man den absoluten Wertbeitrag, den wir als zentrale Steuerungsgröße einsetzen. Je höher dieser ausfällt, desto attraktiver ist die jewei-lige Aktivität für unser Portfolio. Er ist ein wesentliches Kriterium bei der Beurteilung von Investi-tionen und zugleich Maßstab für die Bonuszahlungen an unsere Führungskräfte.*
>
> *Höhere Kapitalkosten ab 2009. Durch die aktuelle Finanzmarktkrise hat sich die Beschaffung von Fremdkapital verteuert. Dies spiegelt sich in gestiegenen Zinssätzen wider. Infolgedessen setzen wir im Wertmanagement-Konzept ab 2009 wieder höhere Kapitalkosten an. Auf Konzernebene legen wir – wie bis 2007 – einen Satz von 9 % zugrunde. Für die Unternehmensbereiche nehmen wir Anpassungen um 0,5 bis 1,0 Prozentpunkte vor. Die Kapitalkosten nach Steuern belaufen sich für den RWE-Konzern ab 2009 auf 6,5 %."*

Die Intention ist, den unternehmerischen Erfolg in Bezug auf einzelne Geschäftsfelder und Stra-tegien in erster Linie aus dem ganzheitlichen Blickwinkel potentieller Investoren und Gläubiger zu beurteilen, um diejenigen strategischen Maßnahmen im Unternehmen zu implementieren, die bezüglich eines gesteigerten Unternehmenswertes den höchsten Wertbeitrag garantieren. In letzter Konsequenz bedeutet das gleichzeitig, dass sich die Mittelverwendung für strategi-sche Investitionen an der Höhe der Kapitalkosten orientieren muss.

2.2.4 Kapitalkosten

Die Kosten des im Unternehmen investierten Kapitals setzen sich aus den Bedienungsansprü-chen der Kapitalgeber zusammen, die mit den **gewichteten durchschnittlichen Eigen- und Fremdkapitalkosten**, dem **WACC** (*Weighted Average Cost of Capital*) quantifiziert werden kön-nen. In diesem Zusammenhang wird nach den Empfehlungen des IDW[46] der zugrundegelegte Kapitalanteil an der jeweiligen Zielkapitalstruktur ausgerichtet, welche die periodisch bedingten Veränderungen glättet. Für eine erste Indikation ließen sich die in den aktuellen Geschäfts-berichten börsennotierter Unternehmen des DAX und auch des österreichischen ATX erfassten nachsteuerlichen Kapitalkosten heranziehen, die mit einer Spanne zwischen 6,0 % und 7,0 % ver-öffentlicht wurden.

Die Kosten des **Fremdkapitals** (K_{FK}) orientieren sich im Wesentlichen an den Zinsen der langfris-tigen Finanzverbindlichkeiten des Unternehmens, welche aufgrund der steuerlichen Abzugs-fähigkeit der Kreditzinsen um die Größe des Einkommensteuersatzes (s) relativiert werden (*Tax Shield*). Eine zusätzliche Berücksichtigung eines möglichen Solidaritätszuschlages und der Kir-chensteuer scheidet nach dem IDW aus, da ein typisierter Steuersatz zugrunde gelegt wird. Im Gegensatz zu kapitalmarktorientierten Unternehmen, die mit der Emission von Anleihen größe-re Anteile ihres Gläubigerkapitalbedarfs decken können, wird das Fremdkapital inhabergeführ-ter Unternehmen mehrheitlich mit Kreditverbindlichkeiten gegenüber Banken repräsentiert. Als Basisgröße für die Bestimmung der Fremdkapitalkosten wird der langfristige

---

46 IDW, Institut der Wirtschaftsprüfer e.V., Die Kapitalkosten werden auf Grundlage des IDW Standard, Grundsätze zur Durchführung von Unternehmensbewertungen (IDW S 1 i. d. F.v. 2. 4. 2008), nach denen Wirtschaftsprüfer Unterneh-men bewerten, ermittelt. Explizit wird vom IDW auch auf Bewertungsanlässe im Rahmen von wertorientierten Ma-nagementkonzepten verwiesen.

► **Kreditzinssatz** (r_{FK})

herangezogen. Subsumiert sollten darüber hinaus auch die Kosten bei vorhandenen Mezzanine-Finanzierungen wie die Einlagen stiller Gesellschafter oder der Eigentümer in Form von Gesellschafterdarlehen. Sämtliche dieser Konditionen sind verbrieft und können für eine erste Indikation den Verträgen entnommen werden. Besser wäre, wenn sich die Höhe des Referenzzinssatzes an die zukünftige Zinsgestaltung, wie sie bei der Neuaufnahme von Krediten herangezogen werden, orientieren würde. Unterhält das Unternehmen mehrere langfristige Kreditengagements, empfiehlt sich die Ermittlung eines durchschnittlichen Kreditzinssatzes. Für eine grobe Einschätzung kann derzeit durchaus von einem **Kreditzinssatz** (r_{FK}) für Darlehen von etwa 5,0 % ausgegangen werden. Relativiert wird dieser um die relative Größe des

► **Ertragsteuersatzes** (s),

dem sog. „Tax Shield", da die Fremdkapitalzinsen als Aufwand bei der Berechnung der zu versteuernden Gewinngröße abzugsfähig sind und eine sinkende Steuerlast zur Folge hat. Neben dem marginalen Steuersatz wird auch sehr häufig auf einen durchschnittlichen Ertragsteuersatz (s) zurückgegriffen, der für deutsche Unternehmen mit einer **nominellen Steuerbelastung** zwischen 27 % bis 30 % und für österreichische, aufgrund der insgesamt niedrigeren Steuerlast für Unternehmen mit etwa 20 % angesetzt werden kann.[47]

Je nach individuellem **Fremdkapitalanteil**[48] ($^{FK}/_{GK}$) können die gewichteten nachsteuerlichen **Fremdkapitalkosten** für das Unternehmen wie folgt ermittelt werden:

Fremdkapitalkosten (K_{FK}) =	r_{FK} x (1 - s) x $^{FK}/_{GK}$

Die Kosten für das im Unternehmen gebundene **Eigenkapital** (K_{EK}) werden zumindest näherungsweise auf der Basis des **Capital Asset Pricing Models** (CAPM) ermittelt, welches nach den Empfehlungen des IDW wissenschaftlich fundiert ist und auch in der betrieblichen Praxis eine breite Zustimmung findet. Das als kapitalmarktorientiertes Preisbildungsmodell aus der Portfoliotheorie, welches auf die grundlegenden Aussagen des von Harry M. Markowitz 1952 erschienenen Artikels „Portfolio Selection" aufbaut, für den er 1990, zusammen mit William Sharp den Nobelpreis für Wirtschafswissenschaften bekommen hat, berücksichtigt die für die Bestimmung der Eigenkapitalkosten relevanten markt- und unternehmens- bzw. branchenspezifischen Komponenten.

Diese erfassen die über eine **risikolose Anlage** (i) hinausgehende, unternehmensspezifische Renditeerwartung der Eigentümer. Deren Basis ist die Mindestverzinsung einer am Kapitalmarkt notierten sicheren Anleihe zuzüglich einer Prämie für das Eingehen eines unternehmerischen Risikos, welches sich aus der Erfassung des allgemeinen Marktrisikos mit der grundsätzlichen Investition in Unternehmen, der **Marktprämie** (r_M) sowie aus dem individuellen Risiko, dem **Betafaktor** (ß) des einzelnen Unternehmens bzw. der Branche zusammensetzt.

► **Risikoloser Zinssatz** (i)

Die Rendite einer **risikofreien** Kapitalanlage orientiert sich an der effektiven Verzinsung einer Bundesanleihe. Diese ist eine Schuldverschreibung des Bundes, mit einem verbrieften Leistungs-

---

47 Das IDW legt in ihren Grundsätzen zur Unternehmensbewertung einen typisierten Einkommensteuersatz in Höhe von 35 % zugrunde.

48 Hier wäre von einer Zielkapitalstruktur auszugehen, die anhand des angestrebten Ratings in der Plan-Bilanz berücksichtigt wird.

versprechen auf Zinszahlung und auf Rückzahlung des Nominalbetrages. Das IDW weist im Zusammenhang mit der Bewertung von Unternehmen darauf hin, dass Unternehmen unter der Annahme einer zeitlich unbegrenzten Lebensdauer bewertet werden, was die Unternehmensbewertung von der reinen Investitionsrechnung mit begrenzter wirtschaftlicher Lebensdauer unterscheidet. Demzufolge sollte der fristadäquate Zinssatz, der als eine Mindestverzinsung angesetzt wird, einer am Bewertungsstichtag beobachtbaren Rendite einer zeitlich ebenfalls nicht begrenzten Anleihe der öffentlichen Hand herangezogen werden. Unter der Zugrundelegung einer durchschnittlichen Rendite der Bundesanleihen mit einer Restlaufzeit der Jahre 2027 bis 2037 wäre der effektive Jahreszins als **risikoloser Zinssatz** (i) mit 4,2 %[49] anzusetzen.

► **Marktprämie** (r_M)

Die Überrendite, als eine langfristig zu beobachtende Differenz zwischen der Rendite eines in Aktien investierten Marktportfolios und dem risikolosen Zinssatz, stellt den Risikoaufschlag für die Übernahme eines unternehmerischen Risikos dar. Für die Ermittlung der durchschnittlichen Verzinsung des **Marktportfolios** kommen nach dem IDW insbesondere Kapitalmarktrenditen für Unternehmensbeteiligungen in Form von Aktienportfolios, die an den Kapitalmärkten ermittelt werden, in Betracht. Das Statistische Bundesamt hat mit einer Langzeituntersuchung von den 1950er Jahren bis einschließlich Juni 1995 Aktienrenditen, bestehend aus erreichten Kursgewinnen und Dividenden, mit nominal zwischen 8,5 % und 9,5 % berechnet.[50] Zu ähnlichen Ergebnissen kommt 2004 eine Untersuchung von Pricewaterhouse Coopers[51], die für den Zeitraum vom 31.12.1974 bis 31.12.2002 eine jährliche nominale Aktienrendite von 8,91 % empirisch berechnet hat. Diese setzt sich größtenteils aus Kursgewinnen und zu geringeren Teilen aus Dividenden zusammen.

Nach Abzug des risikolosen Zinssatzes (i) von der durchschnittlichen Verzinsung des Marktportfolios erhält man die **Markprämie** (r_M) als die langfristige Überrendite des Aktienmarktes im Vergleich zu Bundesanleihen. Die Schmalenbach-Gesellschaft für Betriebswirtschaftslehre e.V.[52] hat Mitte der 1990er Jahre für Deutschland Marktprämien zwischen 5 % bis 6 % vorgeschlagen. Aus jüngeren Untersuchungen der Schmalenbach-Gesellschaft[53] wurde 2004 eine Untersuchung mit einer Marktprämie von 7 % vorgestellt, bei der die Verzinsung des Marktportfolios auf der Basis des Residualgewinnmodells für den deutschen Kapitalmarkt errechnet wurde. Den Geschäftsberichten der im DAX und der im österreichischen ATX notierten Unternehmen, sind für die Geschäftsjahre 2007 und 2008 als Ansatz für die Marktprämie (r_M) um die 5 % zu entnehmen. Die Risikoprämie als das Produkt aus Marktprämie und Risikofaktor (ß) wird als Risikoaufschlag dem risikolosen Zinssatz addiert.

► **Risikofaktor** (ß)

Der Betafaktor gilt als **Risikoausdruck** einer einzelnen Kapitalanlage im Verhältnis zum Wert des Marktportfolios, wie beispielsweise dem deutschen Aktienindex DAX, welcher die 30 größ-

---

49 Bundeswertpapiere vom 6.5.2009.
50 *Bimberg* 1993 und Daten des Statistischen Bundesamtes bis 1994.
51 *Ruh*, 2004, S.23 f.
52 Schmalenbach-Gesellschaft für Betriebswirtschaftslehre e.V. 1996, S.549.
53 *Gebhardt*, 2004, S.34.

ten deutschen Unternehmenswerte des Prime Standards beinhaltet. Vereinfacht drückt dieser aus, wie stark die Rendite einer ausgewählten Aktie auf die Veränderung der Marktrendite reagiert. Ein Beta-Wert von

ß = 1,0 bedeutet ein proportionales Reagieren der Aktie analog der Gesamtmarktentwicklung im Sinne eines **risikoneutralen** Anlageverhaltens. Ein Beta-Wert von

ß > 1,0 signalisiert ein überproportionales Reagieren im Kontext einer **aggressiven** Aktie als risikofreudiges Anlageverhalten. Beträgt beispielsweise das Beta eines Unternehmens 1,3 und der Aktienkurs 100, notiert der Aktienkurs bei einem Rückgang um 10 % des Marktindex nur noch 87. Bei einem Beta-Wert von 1,0 wäre die Notierung bei 90. Die Risikoeinschätzung ist demzufolge größer als die des Gesamtmarktportfolios bzw. Gesamtmarktindex. Typische Branchen sind Software, Internet und Telekommunikation, wie beispielsweise die im TecDAX notierte **Software AG**, die am 27. 5. 2009 einen 30 Tage Beta-Wert von 1,33 aufweist. Ein umgekehrter Sachverhalt liegt bei einem Beta-Wert von

ß < 1,0 vor. Die Kursreaktion der einzelnen Aktie ist unterproportional im Sinne einer **defensiven** Aktie, also einem risikoaversen Anlageverhalten, wie das mehrheitlich bei Energieversorgern oder Unternehmen der Grundstoffindustrie zu beobachten ist. Beispielsweise konstatiert die **RWE AG** in ihrem Geschäftsbericht für das Geschäftsjahr 2008 einen Beta-Wert von 0,67 und für 2009 einen mit 0,78.

ß = 0 soll abschließend erwähnt werden, also die theoretische Möglichkeit einer **risikolosen** Kapitalanlage. Demzufolge reduziert sich dann die Erwartung der Anleger auf den Zinssatz eines sicheren Wertpapiers wie bspw. einer Bundesanleihe.

Für börsennotierte Unternehmen werden die Betafaktoren von verschiedenen Finanzinformationsdiensten bereitgestellt und über das Internet zugänglich gemacht, wie beispielsweise **www.onvista.de** oder auch **www.bloomberg.com**. Auch im Handelsblatt werden die Beta-Werte der 30 DAX Unternehmen regelmäßig veröffentlicht. Dagegen ist für **nichtbörsennotierte** Unternehmen ein Beta-Wert aufgrund der nicht vorhandenen Fungibilität der Anteile und der fehlenden Transparenz der Unternehmenswerte direkt nicht zu bestimmen. Demzufolge kann die Quantifizierung der Eigenkapitalkosten mit Hilfe des CAPM für diese nur eine grobe Annäherung sein. Auch werden an den Kapitalmärkten unternehmens- und marktspezifische Komponenten ermittelt, die für eher heterogene Strukturen eigentümergeführter Unternehmen nicht immer übertragen werden können.

Nach der Auffassung des IDW bietet sich in derartigen Fällen die Risikoerfassung über die Branche bzw. über die generell höhere Risikoerwartung bei der Investition in kleinere und mittlere Unternehmen an, die nicht an einem geregelten Kapitalmarkt teilnehmen. Behelfsmäßig ist es in der Praxis durchaus üblich, sich an veröffentlichten **Branchen-Betas** zu orientieren oder über eine **Peer-Group-Analyse** (Durchschnitt aus mehreren vergleichbaren Unternehmen der Branche) mit entsprechenden Referenzunternehmen einen eigenen Branchenwert zu ermitteln. Voraussetzung dafür ist allerdings, dass es für die Branche entsprechende an der Börse gelistete Unternehmen gibt, um einen Risikofaktor zu bestimmen. Insgesamt ist die Risikoeinschätzung bei eigentümergeführten Unternehmen aber auch sehr stark durch subjektive Entscheidungswerte beeinflusst.

Zusätzlich wäre unter der Berücksichtigung eines gegenüber börsennotierten Unternehmen tendenziell höheren Verschuldungsgrades aufgrund der Aufnahme von zunehmendem Fremdkapital und dem daraus sich ergebenden höheren Kapitalstrukturrisikos inhabergeführter Unternehmen ein weiterer Beta-Aufschlag[54] anzusetzen. Mit diesem wäre der Empfehlung des IDW Folge geleistet, ein zusätzliches Risiko über die Anpassung eines individuellen Betafaktors auszugleichen. Als pragmatische Faustregel kann gelten, dass jüngere, noch nicht etablierte Unternehmen sowie solche, die einen hohen Verschuldungsgrad aufweisen, tendenziell einen höheren **Betafaktor** (ß) zugeschrieben bekommen müssen, der erfahrungsgemäß in die Bandbreite zwischen 1,2 und 1,7 liegt.

$$\text{Eigenkapitalkosten } (K_{EK}) = \quad (i + r_M \times ß) \times {}^{EK}/_{GK}$$

Die **individuelle Risikoprämie** des Investors ist demnach die um das unternehmerische Risiko (ß) gewichtete Marktprämie (r_M), die dem risikolosen Zinssatz addiert wird. Werden diese Größen mit dem jeweiligen individuellen **Eigenkapitalanteil** (${}^{EK}/_{GK}$) multipliziert, ergeben sich die gewichteten **Eigenkapitalkosten** nach Steuern. Das im Unternehmen für den betrieblichen Erfolg gebundene Kapital wird von den Eigentümern und Gläubigern in einer unterschiedlichen Größenordnung bereitgestellt. Dieser Tatsache wird in Bezug auf das Wertmanagement mit dem Ansatz eines gewichteten durchschnittlichen Kapitalkostensatzes, dem WACC Rechnung getragen.

► **Weighted Average Cost of Capital (WACC)**

Der WACC repräsentiert einen Zinssatz, der die aktuellen und zukünftigen **Eigen- und Fremdkapitalkosten**, unter der Berücksichtigung der unterschiedlichen Kapitalinanspruchnahme kalkuliert. Bei der Abgrenzung in Bezug auf die Zuordnung künftiger Eigen- und Fremdkapitalanteile muss, wie im Kapitel „Jahresabschlussanalyse" angesprochen, der wirtschaftliche Erfolg der einzelnen Positionen der Bilanzpassiva beurteilt werden. Die wirtschaftliche Zuordnung wird zum einen über die individuelle Ausschüttungspolitik und zum anderen über die vertraglich vereinbarte Haftungsfunktion definiert. **Bilanzielles** Eigenkapital liegt dann vor, wenn dieses zur Verlustdeckung herangezogen werden kann bzw. steuerrechtlich muss und demzufolge künftige Verluste gegengerechnet werden können bzw. müssen (Verlustauffangpotential).

Als **wirtschaftliches** Eigenkapital werden Kapitalanteile definiert, deren Kapitalgeber darüber hinaus im Falle einer Insolvenz einen nach den Gläubigern nachrangigen Anspruch auf die verbleibende Haftungsmasse haben. Ferner muss auch berücksichtigt werden, dass die Kapitalzusammensetzung nicht statisch fortgesetzt wird, sondern aufgrund von Veränderungen des Beteiligungs- und Mezzanine-Kapitals, der Zuführung von Gewinnrücklagen oder veränderter Kreditengagement unterschiedlich gewichtet wird. Für die Bestimmung des gewichteten durchschnittlichen Kapitalkostensatzes nach Steuern (WACC) empfiehlt sich das Zugrundelegen einer **Zielkapitalstruktur**, welche die periodisch bedingten Veränderungen glättet. Im Zusammenhang mit der Bonitätsprüfung der Kreditinstitute wird für ein AAA-Rating bzw. einer IFD-Ratingstufe I eine Eigenkapitalquote von mindestens 30 % zugrunde gelegt.

---

54 Zwar formuliert das IDW in seinen Grundsätzen zur Unternehmensbewertung, dass grundsätzlich die Ermittlung von Unternehmenswerten unabhängig von Art und Größe des Unternehmens nach den allgemeinen Grundsätzen vorzunehmen ist, über den Betafaktor werden aber die Besonderheiten des Einzelfalls berücksichtigt. Ein höheres individuelles Risiko wird den Empfehlungen des IDW folgend über einen entsprechenden Beta-Wert bei der Diskontierung ausgeglichen.

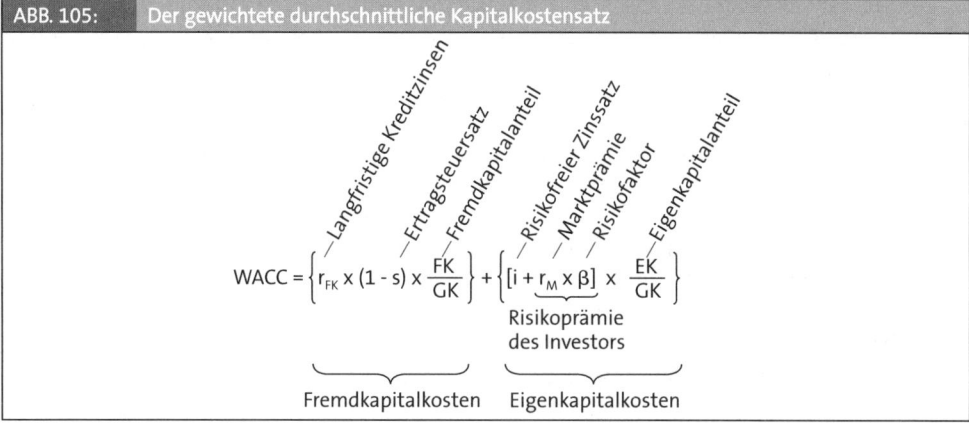

ABB. 105: Der gewichtete durchschnittliche Kapitalkostensatz

Abschließend soll für das **Wertmanagement-Konzept** aus den oben besprochenen Komponenten eine erste Indikation zur Bestimmung der Kapitalkosten hergeleitet werden. Das von den Eigentümern und Gläubigern überlassene Kapital würde auf der Basis eines gewichteten durchschnittlichen Kapitalkostensatzes (r_{WACC}) nach Steuern aus

$$r_{WACC} = \{5,0 \times (1 - 0,3) \times 0,7\} + \{(4,2 + 5,0 \times 1,5) \times 0,3\} = 5,96\,\%$$

mit etwa 6,0 % verzinst werden. Die RWE hat in ihrem Geschäftsbericht 2008 Kapitalkosten nach Steuern in Höhe von 6 % bzw. für 2009 einen Anhebung auf 6,5 % veranschlagt, was nur zeigen soll, dass auch die eher provisorisch hergeleiteten Daten für eine erste Indikation zur Bestimmung der Kapitalkosten durchaus standhalten kann. Um eine langfristige Steigerung des Unternehmenswertes zu erreichen, muss die **Nettorendite** auf das im Unternehmen eingesetzte Kapital (ROCE), welche in den obigen Ausführungen transparent gemacht wurde, über den **Kapitalkosten** (WACC) liegen. Ob ein Unternehmen mit einem einzelnen definierten Geschäftsbereich oder auch mit einer einzelnen zu bewertenden Investition bzw. Akquisition den Wert des Unternehmens mehrt oder auch mindert, wird über einen entsprechend hohen **Wertbeitrag** als Differenz der Vermögensrendite und der Kapitalkosten ausgedrückt. Beispielsweise ist bei der **RWE AG** das Erreichen der Kapitalkosten im dritten Folgejahr der Vollkonsolidierung ein erstrangiges Akquisitionskriterium. Im Gegenzug werden Desinvestitionen getätigt, wenn einzelne Geschäftsbereiche die zugrunde gelegten Kapitalkosten nicht erwirtschaften können, wie das im Herbst 2006 mit dem Abverkauf der Tochtergesellschaft Thames Water realisiert wurde.

2.2.5 Resümee

Der Focus inhabergeführter Unternehmen liegt im Wesentlichen auf dem aktuellen Periodenerfolg. Aus der Sicht der Eigen- und Fremdkapitalgeber wäre aber der „echte" Gewinn bzw. Wertzuwachs zu ermitteln. Für die Geschäftsleitung bedeutet das einen Betrachtungswechsel von einer eher kurzfristigen **Gewinnorientierung** hin zu einer langfristigen **Wertorientierung**, die über die Ermittlung des zusätzlichen Beitrags am Unternehmenswert transparent gemacht werden kann. Eine Steigerung wird zum einen über das Generieren höherer Umsatzerlöse und zum anderen über die Kostensenkung erreicht. Als Orientierung bietet sich ein Mix aus den Erwartungen der Gesellschafter, der Mitarbeiter, dem Marktumfeld, dem Vergleich mit Konkurrenten sowie der aktuellen Kapitalkosten an. Ein modernes strategisch ausgerichtetes Controlling-System berücksichtigt neben den Faktoren Produkte, Märkte und Innovationskraft zusätzlich das richtige Verhältnis zwischen Eigen- und Fremdkapital.

Das Ziel sollte die Steigerung des Unternehmenswerts sein, um die Mindestverzinsungsansprüche der Kapitalgeber nicht nur zu erreichen, sondern darüber hinaus die Rendite des eingesetzten Vermögens steigern zu können. Die wesentlichen Beurteilungsgrößen einer **wertorientierten Unternehmensführung** sind die Kapitalrendite (ROCE) als das operative Ergebnis nach Abschreibungen und Steuern (NOPAT) im Verhältnis zum dafür notwendigen durchschnittlich im Jahresverlauf gebundenen Vermögen (NOA) sowie die Kapitalkosten (WACC). Der zusätzliche **Wertbeitrag** (EVA) ist demzufolge die zentrale wertorientierte Steuerungsgröße zur Beurteilung von Geschäftsfeldern und Akquisitionen, die mindestens die Kapitalkosten erwirtschaften müssen. Sämtliche Investitionen und auch Desinvestitionen müssen diesem Anspruch gerecht werden, die sich dann auch in einer entsprechenden Vermögenszusammensetzung (Assetallokation) abbilden lassen.

2.2.6 Integrative Fallstudie, Teil 4

Die mit der Entwicklung und Fertigung von medizinischen Hilfsmitteln agierende Reha & Care GmbH hat als Plangrößen einen Umsatz von 20,8 Mio. € und einen Jahresüberschuss in Höhe von 1,2 Mio. €.

Ist- und Plan-Bilanz (in T€)	Plan	Ist		Plan	Ist
A. Anlagevermögen			**A. Eigenkapital**		
I. Immaterielle Vermögensgegenstände			I. Stammkapital	878	878
1.Konzessionen und Schutzrechte	137	75	II. Gewinnrücklagen	680	680
II. Sachanlagen			III. Jahresüberschuss	1.214	0
1. Grundstücke und Gebäude	2.459	184	**B. Rückstellungen**		
2. Technische Anlagen u. Maschinen	10	15	1. Steuerrückstellungen	119	98
3. Betriebs- u. Geschäftsausstattung	540	144	2. Sonstige Rückstellungen	332	139
4. Geleistete Anzahlungen und Anlagen im Bau	0	266	**C. Verbindlichkeiten**		
			1. Bankdarlehen	3.190	908
B. Umlaufvermögen			2. Kontokorrentkredite	1.183	427
I. Fertige Erzeugnisse und Waren	1.853	1.217	3. Verbindlichkeiten aus LuL	871	1.056
II. Forderungen und sonstige Vermögensgegenstände			4. Sonstige Verbindlichkeiten	5	12
1. Forderungen aus LuL	2.227	1.622			
2. Sonstige Vermögensgegenstände	907	188			
III. Kassenbestand und Bankguthaben	271	419			
C. Rechnungsabgrenzung	68	47			
Summe	8.472	4.198	Summe	8.472	4.198

Die Bilanz der Reha & Care GmbH

Ist- und Plan-Gewinn- und Verlustrechnung (in T€)		
	Plan	Ist
1. Umsatzerlöse	20.786	14.393
2. Erhöhung des Bestandes an fertigen und unfertigen Erzeugnissen	95	0
3. Gesamtleistung	**20.881**	**14.393**
4. Sonstige betriebliche Erträge		
a. Sonstige Erträge im Rahmen der gewöhnlichen Geschäftstätigkeit	90	22
b. Erträge aus der Auflösung von Rückstellungen	10	0
c. Erträge aus dem Abgang von Vermögensgegenständen	300	0
5. Materialaufwand		
a. Aufwendungen für Roh-, Hilfs- und Betriebsstoffe und für bezogene Waren	13.308	8.835
b. Aufwendungen für bezogene Leistungen	35	37
6. Personalaufwand		
a. Löhne und Gehälter	1.331	857
b. Soziale Abgaben und Aufwendungen für Altersversorgung und Unterstützung	268	161
7. Abschreibungen auf immaterielle Vermögensgegenstände und Sachanlagen	233	129
8. Sonstige betriebliche Aufwendungen		
a. Sonstige Aufwendungen im Rahmen der gewöhnlichen Geschäftstätigkeit	4.269	3.226
b. Verluste aus dem Abgang von Vermögensgegenständen	162	300
9. Betriebsergebnis	**1.675**	**870**
10. Zinsen und ähnliche Erträge	9	8
11. Zinsen und ähnliche Aufwendungen	227	157
12. Ergebnis der gewöhnlichen Geschäftstätigkeit	**1.457**	**721**
13. Steuern vom Einkommen und vom Ertrag	242	98
14. Sonstige Steuern	1	2
15. Jahresüberschuss	**1.214**	**621**

Die Gewinn- und Verlustrechnung der Reha & Care GmbH

Erläuterungen zum Jahresabschluss:

► Das Unternehmen investiert im Plan-Geschäftsjahr 1,8 Mio. € in ein Firmengebäude mit Büro und Produktionshalle.

► Die Bankverbindlichkeiten bestehen mit 3,2 Mio. € aus Darlehen, von denen ein Teil zur Finanzierung der Investition von der Hausbank bereitgestellt wird.

► Im Ist-Geschäftsjahr wurde aufgrund von Verkäufen verschiedener Vermögensgestände des Anlagevermögens, dessen Verkaufspreise unter dem bilanzierten Buchwert waren, ein buchhalterischer Verlust erfasst, der in der GuV-Rechnung mit der Position „Verluste aus dem Abgang von Vermögensgegenständen" in Höhe von 300 T€ gebucht wurde. Die Geschäftsleitung erwartet im Plan-Geschäftsjahr im Zusammenhang mit der Veräußerung weiterer Bestände eine gewisse Kompensation, demzufolge ein entsprechender Ertrag mit 300 T€ berücksichtigt wird.

▶ In der Position „Sonstige Vermögensgegenstände" der Plan-Bilanz sind Forderungen gegenüber Gesellschaftern in Höhe von 91.530 € gebucht.

Problemstellung „Wertmanagement"

Der geschäftsführende Gesellschafter der Reha & Care GmbH möchte prüfen, ob es betriebswirtschaftlich sinnvoll ist, ein neues Betriebsgebäude in einem am Stadtrand gelegenen Gewerbegebiet zu errichten. Zur Finanzierung der Investition in Höhe von 1,8 Mio. € würde die Hausbank einen Betriebskredit zu 5,8 % Zinsen und einer Laufzeit von 12 Jahren bereitstellen. Die Investitionsentscheidung wäre positiv einzuschätzen, wenn die Bedienungsansprüche der Eigen- und Fremdkapitalgeber befriedigt werden können. Unter der Berücksichtigung des aktivierten Investitionsgegenstandes und der sich ergebenden Erfolgsgrößen soll auf der Basis eines Plan-Jahresabschlusses der zusätzliche **Wertbeitrag** für das Unternehmen quantifiziert werden.

Vermögensverzinsung

1. Aus welchen Größen setzt sich das betriebliche Ergebnis zusammen und um welche Positionen bzw. Wertansätze muss es bereinigt werden?

2. Welche aktivierten und nicht aktivierten Größen bilden die zum Ansatz zu bringenden Vermögenswerte?

3. Wie hoch ist die Rendite des im Unternehmen eingesetzten Vermögens und wie ist das Ergebnis zu interpretieren?

Kapitalkosten

4. Auf Basis der gewichteten durchschnittlichen Kapitalkosten (WACC) sollen die Entgelte für die Kapitalgeber bestimmt werden. Die Kapitalstruktur ist der Plan-Bilanz zu entnehmen.

Wertbeitrag

5. Wie hoch ist der zusätzliche Wertbeitrag am Unternehmenswert?

Investitionsbeurteilung

6. Wie ließe sich das Ergebnis interpretieren?

7. Worin unterscheidet sich grundlegend die Aussagefähigkeit des Ergebnisses von den Ergebnissen einer Kapitalwertmethode als die klassische Investitionsrechnung?

Aus der Plan-Bilanz, der Plan-Gewinn- und Verlustrechnung sowie der Finanzbuchhaltung lassen sich die folgenden bereinigten Ergebnisse bestimmen.

Betriebliches Ergebnis => NOPAT

Für die Bestimmung des betrieblichen Ergebnisses (NOPAT) wird der Jahresüberschuss um diejenigen Positionen der Gewinn- und Verlustrechnung bereinigt, die mit der eigentlichen Leistungserstellung nichts zu tun haben. So wird das Finanzergebnis ausschließlich mit Investitionen außerhalb des Unternehmens und mit Investitionen anderer erwirtschaftet, was demzufolge zu einer Addition des Netto-Zinsaufwands führt. Ferner werden addiert, Teile der Position „Verluste aus dem Abgang von Vermögensgegenständen", die sich zu einem Großteil aus dem unterhalb des Buchwerts liegenden Verkaufspreises eines Betriebsgegenstands zusammensetzt sowie betriebsfremde Aufwandsteile der sonstigen betrieblichen Aufwendungen.

Demgegenüber werden die Positionen abgezogen die als reine buchhalterischen Erträge in die Betrachtungsperiode fallen, wie das bei den Positionen „Erträge aus dem Abgang von Vermögensgegenständen" und „Erträge aus der Auflösung von Rückstellungen" der Fall ist. Als kalkulatorischer Kostenbestandteil kann ein zusätzlicher Gehaltsanteil angesetzt werden, da für den geschäftsführenden Gesellschafter ein geringerer Personalaufwand gebucht wurde, als dies für einen Fremdgeschäftsführer der Fall wäre.[55] Der **NOPAT** als das operative Ergebnis nach Abschreibungen und Steuern kann mit einer Größenordnung von **1.237 T€** angesetzt werden, welches sich wie folgt berechnet:

1.214 T€ Jahresüberschuss

+ 218 T€ Finanzergebnis

+ 90 T€ Verluste aus dem Abgang von Vermögensgegenständen

+ 45 T€ Betriebsfremde Aufwandsteile der sonstigen betrieblichen Aufwendungen

- 300 T€ Erträge aus dem Abgang von Vermögensgegenständen

- 10 T€ Erträge aus der Auflösung von Rückstellungen

- 20 T€ Zusätzlicher kalkulatorischer Unternehmenslohn

= **1.237 T€ Betriebliches Ergebnis (NOPAT)**

Betriebliches Vermögen => NOA

Das betriebliche Vermögen entspricht im Wesentlichen den zum Buchwert bilanzierten Aktiva-Beständen unter Berücksichtigung des Abzugs der liquiden Mittel und der unverzinsten Rückstellungen und Verbindlichkeiten aus Lieferungen und Leistungen sowie der sonstigen Verbindlichkeiten. Das notwendige durchschnittlich im Jahresverlauf gebundene Vermögen, als **Net Operating Assets** (NOA) hat eine Größenordnung von **6.874 T€,** welches wie folgt berechnet wird:

137 T€ Immaterielle Vermögensgegenstände

+ 3.009 T€ Sachanlagen

+ 1.853 T€ Vorräte

+ 2.227 T€ Forderungen aus Lieferungen und Leistungen

+ 907 T€ Sonstige Vermögensgegenstände

+ 68 T€ Aktive Rechnungsabgrenzungsposten

- 451 T€ Unverzinste Rückstellungen

---

55 Einzelne Bereinigungsgrößen lassen sich aus externer Sicht der Gewinn- und Verlustrechnung nicht eindeutig entnehmen. Die Beurteilung kann nur über die Erfassung in der Finanzbuchhaltung erfolgen.

- 871 T€ Verbindlichkeiten aus Lieferungen und Leistungen
- 5 T€ Sonstige Verbindlichkeiten
= **6.874 T€ Betriebliches Vermögen (NOA)**

Vermögensverzinsung => ROCE

Die Vermögensverzinsung bzw. Kapitalrendite bringt zum Ausdruck, welches Ergebnis im Verhältnis zum eingesetzten Vermögen erwirtschaftet werden kann. Aus dem Quotient aus NOPAT und NOA wird die Erfolgskennzahl **ROCE** mit **18,0 %** berechnet:

$$\text{ROCE} = (1.237\,T€ \,/\, 6.874\,T€) \times 100 = 18,0\,\%$$

Kapitalkosten => WACC

Die Kreditzinsen in Höhe von 5,8 % sind für das Darlehen zur Finanzierung der Investition. Zwar hat das Unternehmen weitere langfristige Kreditengagements, die aber auch in einer ähnlichen Größenordnung verzinst werden. Unter der Voraussetzung der vollständigen Thesaurierung des aktuellen Jahresergebnisses, auch unter dem Hintergrund der Bonitätskriterien bei der Vergabe von Bankkrediten, wird für das Erreichen einer Zielkapitalstruktur ein Eigenkapitalanteil von 30 % zugrunde gelegt. Um die Planungsunsicherheit der Investition zu berücksichtigen, wird der unternehmensspezifische Risikofaktor als Branchen-Beta (ß) mit 1,3 angesetzt. Der durchschnittliche Einkommensteuersatz für Kapitalgesellschaften liegt in Deutschland bei etwa 30 %, der im Zusammenhang mit dem Ansatz der Fremdkapitalzinsen berücksichtigt wird. Insgesamt können die **Kapitalkosten** (WACC) nach Steuern mit **6,05 %** angesetzt werden, die sich wie folgt zusammensetzen und entsprechend berechnet werden:

5,8 % Kreditzinsen (r_{FK})

30,0 % Steuerliche Abzugsfähigkeit der Kreditzinsen (s)

70,0 % Fremdkapitalanteil ($^{FK}/_{GK}$)

4,2 % Verzinsung einer Bundesanleihe (i), Restlaufzeit bis 2037

5,0 % Marktprämie

1,3 Betafaktor (ß)

30,0 % Eigenkapitalanteil ($^{EK}/_{GK}$)

WACC = {5,8 x (1 - 0,3) x 0,7} + {(4,2 + 5,0 x 1,3) x 0,3} = 6,05 %

Fremdkapitalkosten: 2,84 %

Eigenkapitalkosten: 3,21 %

Die aus dem Kapitalmarkt abgeleiteten Renditevorgaben der Fremd- und Eigenkapitalgeber werden mit dem gewichteten Durchschnittskostensatz aus Eigen- und Fremdkapitalkosten (WACC) ermittelt, der mit 6,0 % angesetzt werden kann.

Wertbeitrag => EVA

Wertorientierte Unternehmensführung bedeutet die nachhaltige Steigerung des Unternehmenswertes. Für die Erfolgskontrolle der Investition werden die Kapitalrendite (ROCE) den Kapitalkosten (WACC) gegenübergestellt, dessen Subtraktion den relativen Wertbeitrag ergibt.

$$EVA = \quad ROCE\ 18{,}0\,\% - WACC\ 6{,}0\,\% = 12{,}0\,\%$$

Die zentrale wertorientierte Steuerungsgröße, die mit dem Economic Value Added (EVA) als dem **zusätzlichen Wertbeitrag** quantifiziert wird, wäre mit **12,0 %** anzusetzen. Durch Multiplikation mit dem im Unternehmen eingesetzten betrieblichen Vermögen (NOA)

$$NOA = \quad 6.874\ T€ \times 0{,}12$$

kann der **absolute Wertbeitrag** in Höhe von rund **825 T€** ermittelt werden.

Investitionsbeurteilung

Die Verzinsung des im Unternehmen eingesetzten Vermögens von 18,0 % liegt deutlich über den Kapitalkosten in Höhe von 6,0 %. Das entspricht einem Wertbeitrag in Höhe von 12,0 % bzw. etwa 825.000 €, der den Finanzverbindlichkeiten gegenübergestellt werden kann. Unter der Voraussetzung auch über das Planjahr hinausgehende positive Wertbeiträge, wäre die Investition aus kalkulatorischer Sicht uneingeschränkt zu empfehlen.

Analog zur vorgestellten Kapitalwertmethode im Kapitel E.4.2.1 wird geprüft, ob die vom Investor zugrunde gelegte Mindestverzinsung erreicht wird. Während die klassische Investitionsrechnung die Beurteilung auf die diskontierten zukünftigen Cashflow Größen abstellt, wird innerhalb des Wertmanagement-Konzepts die Kapitalrendite und die Kapitalkosten für jedes Planjahr individuell bestimmt und der zusätzliche Wertbeitrag quantifiziert. Selbstverständlich empfiehlt sich auch im Zusammenhang mit der Kapitalwertmethode mit dem gewichteten durchschnittlichen Kapitalkostensatz, dem WACC als Abzinsungsgröße zu arbeiten. Die Schwächen des WACC und dem dafür zugrunde gelegten Capital Asset Pricing Model (CAPM) ist mit Sicherheit die zu berücksichtigende Marktrendite (r_M) und vor allem der Risikofaktor (ß). Gerade Letzterer lässt sich für eigentümergeführte Unternehmen nicht eindeutig bestimmen, sondern nur näherungsweise einschätzen. Nichtsdestotrotz muss aber zugute gehalten werden, dass die Kosten für das zur Verfügung gestellte Eigenkapital zumindest annähernd quantifiziert werden können.

Um eine Investitionsbeurteilung auf der Basis des EVA, als zusätzlichem Wertbeitrag vornehmen zu können, müssen die dafür relevanten Plandaten entwickelt werden können, mit denen sich die Kapitalverzinsung als Basisgröße berechnen lässt. Zwar mag die Formel für die Bestimmung der Kapitalkosten auf den ersten Blick schwierig erscheinen, schwieriger jedoch ist die Prognose zukünftiger operativer Zahlungsströme der unternehmerischen Tätigkeit. Demzufolge kann das Wertmanagement-Konzept als Grundlage zur Investitionsentscheidung nur herangezogen, wenn verlässliche Planwerte prognostiziert werden können. Kann das gewährleistet werden, ist die entscheidende Größe der **zusätzliche Wertbeitrag**, um den das eingesetzte Kapital besser oder schlechter verzinst wird für das gesamte Unternehmen als die gewichteten Kosten der beiden wichtigsten Kapitalgeber mittelständischer Unternehmen, die Banken und die

Eigentümer. Der Ansatz einer wertorientierten Unternehmensführung wird aber nicht nur über das Formulieren des zusätzlichen Wertbeitrages, sondern auch über einzelne Bewertungsverfahren für den Unternehmenswert als Ganzes artikuliert.

2.3   Unternehmensbewertung

Grundvoraussetzung für die Unternehmensbewertung ist das Erfassen der Zahlungsströme des Unternehmens, welche auf der Basis geplanter Umsätze und Kosten bzw. Aufwendungen in einer Plan-GuV-Rechnung aufzunehmen wären. Für die Erstellung der Planzahlen bietet sich die Struktur einer **bereinigten Gewinn- und Verlustrechnung** zum Erfassen der relevanten Erfolgsgrößen, wie die freien Cashflow-Größen an.

Die mit Sicherheit am häufigsten verwendeten Verfahren zur Bewertung des Unternehmens als Ganzes sind die einzelnen **Discounted Cashflow-Methoden**[56], kurz DCF-Methode, als Summe der diskontierten Cashflow-Größen, deren mathematische Wirkungsweise mit den weiter oben vorgestellten dynamischen Investitionsrechenverfahren, wie der Kapitalwertmethode vergleichbar ist. Gebraucht wird die **ertragswertorientierte** Unternehmensbewertung im Zusammenhang mit Veräußerungsprozessen oder auch zunehmend von den Banken als Grundlage zur Kreditentscheidung. Demzufolge ist es unerlässlich, ein strategisch orientiertes Controlling auf der Basis des Unternehmenswertes aufzubauen.

2.3.1   Discounted Cashflow-Methode

Im Gegensatz zu ihrem Gebrauch im angelsächsischen Wirtschaftraum, in dem die Steuern keine Berücksichtigung finden, wird in Deutschland mehrheitlich eine Nachsteuerrechnung durchgeführt, die den Unternehmenswert auf der Basis abgezinster Plan-Nettozuflüsse, unter der Berücksichtigung der Ertragsteuern des Unternehmens bzw. Unternehmenseigners an den Investor bestimmt, die dieser zu seiner freien Verfügung hat. Der Unternehmenswert auf Basis der **DCF-Methode** fußt auf dem Barwert zukünftiger Unternehmenserfolge, für dessen Bestimmung zukünftige freie Cashflow-Größen, die als Entgelt für die Kapitalüberlassung der Eigentümer und Gläubiger dienen (**WACC-Ansatz**) auf den Betrachtungszeitpunkt diskontiert werden.

(1) Die **freien Cashflows** ...

Die Free Cashflows (FCF) sind diejenigen Ergebnisgrößen der einzelnen Geschäftsjahre (t) einer gesamten Planperiode (T), die nach Abzug aller liquiditätswirksamen Zahlungen (jedoch vor Zinszahlung an die Gläubiger) als die eigentliche Auszahlungsgröße für die Kapitalgeber pro Periode zur Verfügung stehen. Als Nettowerte werden sie nicht mehr für betriebliche Zwecke ver-

---

56 Das IDW (2008, Institut der Wirtschaftsprüfer e.V.) IDW Standard: Grundsätze zur Durchführung von Unternehmensbewertungen (IDW S 1) legt für ein neutrales Gutachten den objektivierten Unternehmenswert zugrunde, der sich auf der Basis des bestehenden Unternehmenskonzepts mit realistischen Zukunftserwartungen im Rahmen der vorhandenen Marktchancen und Risiken ergibt. Die zukünftigen Cashflows werden mit dem WACC als Kapitalisierungszinssatz diskontiert. Subjektive Faktoren, wie persönliche Vorstellungen und Verhältnisse der Eigentümer, bleiben unberücksichtigt. Hingegen wird bei der Ermittlung eines subjektiven Unternehmenswertes der Kapitalisierungszinssatz nach den individuellen Verhältnissen bestimmt, wie eine individuelle Renditeerwartung oder die Konditionen bestehender Kredite.

wendet. Demzufolge wird durch Auszahlung der freien Cashflows die Substanz des Unternehmens nicht gefährdet und ist für die Kapitalgeber und deren Bedienungsansprüche „frei" verfügbar.

(2) ... werden **abgezinst**, ...

Da die einzelnen Cashflow-Größen den Kapitalgebern zur freien Disposition stehen, werden diese mit einem risikoäquivalenten Kapitalisierungszinssatz abgezinst, also deren Barwerte ermittelt. Für diese wird der gewichtete durchschnittliche Kapitalkostensatz (WACC) herangezogen, der die Kosten des im Unternehmen eingesetzten Eigen- und Fremdkapitals zugrunde legt.

(3) ... der **Residualwert** berücksichtigt, ...

Nach der prognostizierten Planungsperiode wird eine Fortschreibungsgröße, der sog. Residualwert (RW) bestimmt, als mathematische „ewige Rente" abgebildet und auch wiederum auf den Bewertungszeitpunkt diskontiert. Beides zusammen repräsentiert den Gegenwert für das gesamte im Unternehmen eingesetzte Kapital.

(4) ... die **Netto-Finanzverbindlichkeiten** in Abzug gebracht sowie ...

Da der Unternehmenswert als der Marktwert des Eigenkapitals (MW_{EK}) ausschließlich der aus dem Ertrag abgeleitete Gegenwert des im Unternehmen eingesetzten Eigenkapitals repräsentieren soll, wird der Marktwert des Fremdkapitals (MW_{FK}) mit den Finanzverbindlichkeiten als zinstragende Fremdkapitalanteile abgezogen sowie die liquiden Mittel und die Wertpapiere des Umlaufvermögens (LM) addiert.

(5) ... die Liquidationserlöse des **nicht betriebsnotwendigen Vermögens** addiert.

Teile des Anlagevermögens zu Marktwerten (MW_{nbV}), die nicht für den unternehmerischen Wertschöpfungsprozess herangezogen werden, sind mit den Erlösen der bestmöglichen Veräußerung und unter Berücksichtigung der dafür entstehenden Kosten hinzuzufügen.

Unter der Berücksichtigung der Positionen 1 bis 5, welche die Bestandteile einer Unternehmensbewertung nach dem DCF-Verfahren als **WACC-Ansatz** darstellen, kann die Wertermittlung entsprechend der Abbildung 106 formuliert werden.

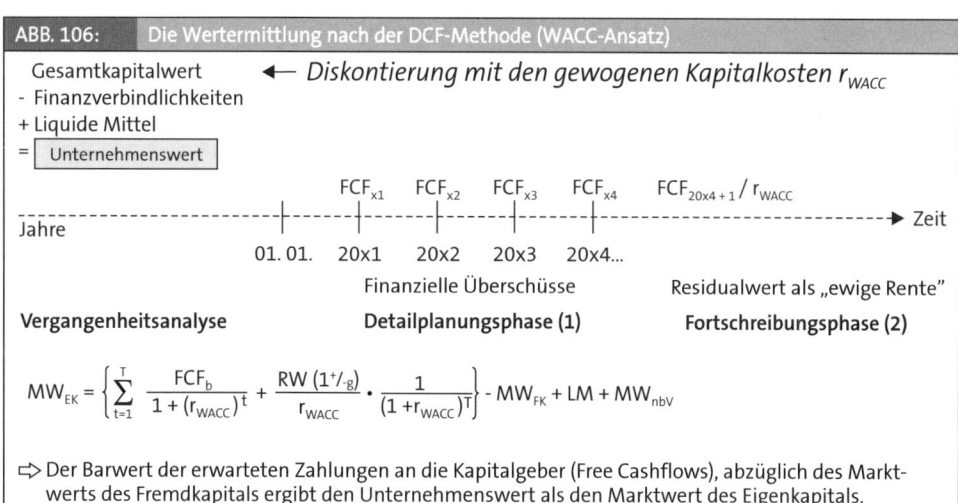

ABB. 106:   Die Wertermittlung nach der DCF-Methode (WACC-Ansatz)

Gesamtkapitalwert   ← *Diskontierung mit den gewogenen Kapitalkosten r_{WACC}*
- Finanzverbindlichkeiten
+ Liquide Mittel
= Unternehmenswert

FCF_{x1} FCF_{x2} FCF_{x3} FCF_{x4} FCF_{20x4+1}/r_{WACC}

Jahre .... → Zeit

01.01.   20x1   20x2   20x3   20x4...

Finanzielle Überschüsse   Residualwert als „ewige Rente"

Vergangenheitsanalyse   **Detailplanungsphase (1)**   **Fortschreibungsphase (2)**

$$MW_{EK} = \left\{ \sum_{t=1}^{T} \frac{FCF_b}{1 + (r_{WACC})^t} + \frac{RW(1^+/_g)}{r_{WACC}} \cdot \frac{1}{(1 + r_{WACC})^T} \right\} - MW_{FK} + LM + MW_{nbV}$$

⇨ Der Barwert der erwarteten Zahlungen an die Kapitalgeber (Free Cashflows), abzüglich des Marktwerts des Fremdkapitals ergibt den Unternehmenswert als den Marktwert des Eigenkapitals.

2.3.1.1 Freie Cashflows

Ausgehend vom **operativen Cashflow**, wie er im Kapitel C.3.5.4 der Jahresabschlussanalyse dargestellt wurde, wären darüber hinaus auch die Kapitalab- und -zuflüsse der betrieblichen Vermögensbestände zu erfassen. Die Ersatz- und Erweiterungsinvestitionen des Anlagevermögens sind genauso zu berücksichtigen wie die Auszahlungen für die immateriellen Vermögensgegenstände und für das Finanzanlagevermögen. Entsprechende Desinvestitionen, die in der Finanzbuchhaltung als Veräußerungen von Vermögensgegenständen vorkommen, werden gegengerechnet. Damit wird der **Cashflow aus Investitionstätigkeit** als die Erhöhung der Netto-Investitionsleistung des Sachanlagevermögens zum Ausdruck gebracht. Die in Abzug zu bringenden Investitionen für das Umlaufvermögen bilden die Erhöhung des Netto-Umlaufvermögens, das **Working Capital**, welches sich aus den Größen

+/-   Erhöhung / Verminderung der Vorräte

+/-   Erhöhung / Verminderung der Forderungen aus Lieferungen und Leistungen

+/-   Erhöhung / Verminderung der geleisteten Anzahlungen

- /+   Erhöhung / Verminderung der Verbindlichkeiten aus Lieferungen und Leistungen

-/+   Erhöhung / Verminderung der erhaltenen Anzahlungen

-/+   Erhöhung / Verminderung der Verbindlichkeiten aus Kontokorrentkrediten[57]

zusammensetzt. Wird der **Netto-Zinsaufwand** als der Differenzbetrag von Finanzaufwand und -ertrag addiert, können die **freien Cashflow-Größen** (FCF) definiert werden. Stehen entsprechende Daten aus der Kapitalflussrechnung zur Verfügung, wäre dieser aus der Differenz des **Cashflows aus der betrieblichen Tätigkeit** saldiert mit dem **Cashflow aus der Investitionstätigkeit** zu bestimmen (vgl. Kapitel E.3.3.2). Der Free Cashflow muss nicht für operative Zwecke eingesetzt werden, sondern wäre für die Zinszahlungen an die Gläubiger sowie, unter der Berücksichtigung gesellschaftsrechtlicher Ausschüttungsgrenzen, als das Entgelt für die Kapitalüberlassung der Eigentümer als Dividende bzw. Tantieme heranzuziehen.

ABB. 107:	Die Ermittlung des Free Cashflow
	Jahresüberschuss
+/-	Abschreibungen / Zuschreibungen
+/-	Zuführung langfristiger Rückstellungen / Erträge aus der Auflösung langfristiger Rückstellungen
+/-	Sonstige zahlungsunwirksame Aufwendungen / Erträge
=	**Operativer Cashflow**
-	Netto-Umlaufvermögen (Working Capital)
=	**Cashflow aus der betrieblichen Tätigkeit**
-	Netto-Investitionsleistung (Cashflow aus Investitionstätigkeit)
+	Netto-Zinsaufwand (Finanzergebnis)
=	**Free Cashflow**

---

57 Die alternative Erfassung, wie sie auch in der Bewertungspraxis zur Anwendung kommt, wäre im Abzugskapital unter den Finanzverbindlichkeiten.

+/-	Neutraler Aufwand / Ertrag
-	Kalkulatorische Kosten
=	**Bereinigter Free Cashflow (FCF$_b$)**

Im Zusammenhang mit der Bewertung von mittelständischen Unternehmen wird üblicherweise von einem Planungshorizont von 3 bis maximal 5 Jahren ausgegangen. Das IDW empfiehlt, in der **Detailplanungsphase** (Phase 1) auf der Basis detaillierter Planungsrechnungen die zukünftigen finanziellen Überschüsse als die erwarteten Zahlungen an die Kapitalgeber zu bestimmen und mit einem risikoäquivalenten Diskontierungssatz abzuzinsen. Als Kapitalisierungszinssatz wird der gewichtete durchschnittliche Kapitalkostensatz (WACC) herangezogen, der die Kosten des im Unternehmen eingesetzten Eigen- und Fremdkapitals zugrunde legt (vgl. Kap. F.2.2.4).

Gegenstand der **Fortschreibungsphase** (Phase 2) ist auf der Basis langfristiger Fortschreibung prognostizierter Marktentwicklungen und der dafür erforderlichen Investitionen einen Zukunftswert zu prognostizieren, der als der letzte Planwert als mathematische „ewige Rente" abgebildet wird. Wegen des starken Gewichts der finanziellen Überschüsse in der zweiten Phase kommt der kritischen Überprüfung der zugrunde liegenden Annahmen für den Fortführungswert eine besondere Bedeutung zu. Die als letzte geplante Cashflow-Größe, der Residualwert, wird in einem nächsten Schritt auch auf den Bewertungsstichtag diskontiert. Die Barwerte der finanziellen Überschüsse der Detailplanungsphase und des Residualwerts repräsentieren den Gesamtkapitalwert des Unternehmens.

In der betrieblichen Praxis zeigt sich aber immer wieder, dass es für einen mittelständischen Unternehmer häufig schwierig ist, verlässliche zukünftige Daten bereitzustellen. Für einen Großteil ist ein Planungszeitraum, der über drei Jahre hinausgeht, nicht mit quantifizierbaren Daten zu belegen. Zum einen ist die dafür notwendige Datenvernetzung der einzelnen operativen Unternehmenseinheiten nicht immer gewährleistet, zum anderen wird die Planungs- und Budgeterstellung als „Chefsache" angesehen und demzufolge eher spontan entwickelt. Bei der Erfassung der Aufwands- und Ertragsplanungen empfiehlt es sich, die einzelnen Planungsrechnungen nach Erfolgsbereichen zu gliedern. Die künftigen Erträge der Plan-GuV-Rechnung, die von der Geschäftsleitung oder vom Controlling prognostiziert werden, setzen sich im Wesentlichen aus den geplanten Umsatzerlösen zusammen, bei deren Planung Unsicherheiten wie Konjunktur- und Konkurrenzsituation, Produktakzeptanz, Trends oder Nachfrageverschiebungen die relevanten Parameter darstellen.

Zur Berechnung der zukünftigen **adjustierten freien Cashflows** (FCF$_b$)[58] sollten neben den Bereinigungsgrößen des **neutralen Ergebnisses** und der **kalkulatorischen Kosten** darüber hinaus mögliche Aufwandspositionen für Sozialpläne, Restrukturierung, Instandsetzung sowie außerplanmäßige Investitionen und auf der Ertragsseite die in der Finanzbuchhaltung erfassten Beteiligungserlöse und Zuschüsse berücksichtigt werden. Das Ziel ist das Planen vergleichbarer, nicht durch Einmalvorgänge verfälschter Cashflow-Größen. Die Plausibilität wird unterstützt, indem die erstellten Plan-Bilanzen sowie Plan-GuV-Rechnungen mit der Analyse des Business-Plans,

---

[58] Bei inhabergeführten Unternehmen wird sehr häufig in eine Betreiber- (mit dem operativen Geschäft) und der Besitzgesellschaft unterschieden. In Letzterer sind sehr häufig die Immobilien oder auch Nutzungsrechte. Ein entsprechender Pachtvertrag schafft die Verbindung. Für die Bewertung wird nach IDW die gesamte wirtschaftliche Einheit zugrunde gelegt.

insbesondere mit den wichtigsten Unternehmensverträgen, abgestimmt werden. Zur Bereinigung der Plandaten sollten im Weiteren die Mengen- und Preiskorrekturen der geplanten Umsätze und die Anpassung der nachhaltig angesetzten Abschreibung bzw. Reinvestitionsrate herangezogen werden.

2.3.1.2 Kapitalisierungszinssatz

Für die Diskontierung der zukünftigen freien Cashflows bzw. ausschüttungsfähigen Liquidität wird als Kapitalisierungszinssatz der im Zusammenhang mit dem Wertmanagement (vgl. Kap. F.2.2.4) vorgestellte **Weighted Average Cost of Capital** (WACC) zugrunde gelegt. Bezüglich der über das *Capital Asset Pricing Model* (CAPM) näherungsweisen Bestimmung der Eigenkapitalkosten könnte, für die Wertermittlung im Zusammenhang mit einer Unternehmensveräußerung, als branchenspezifischer Risikoausdruck alternativ auch der **Betafaktor** (ß) des Investors herangezogen werden. Darüber hinaus empfiehlt das IDW bei der Bewertung eigentümergeführten Unternehmen ein zusätzliches Risiko mit einem entsprechenden Beta-Wertaufschlag auszugleichen.

Insbesondere wird das aufgrund der tendenziell höheren Fremdkapitalaufnahme steigende Kapitalstrukturrisiko mit einem höheren Risikofaktor erfasst. Gleichzeitig würde mit diesem Ansatz auch die Haltung eines risikoaversen Investors zum Ausdruck gebracht und dem Umstand Rechnung getragen, dass es aufgrund der gegenüber börsennotierten Unternehmen tendenziell höheren Verschuldung und der damit verbundenen geringeren Diskontierung zu überhöhten Unternehmenswerten kommt. Wenn sich aufgrund veränderter Parameter die Zusammensetzung der Kapitalstruktur zukünftig verändern wird, könnte dem nach Auffassung des IDW auch mit dem Heranziehen von unterschiedlichen Kapitalisierungszinssätzen für die einzelnen Planungsperioden begegnet werden.

Da Unternehmen im Gegensatz zu den aktivierten Investitionsobjekten des Sachanlagevermögens keine vorher definierte Nutzungszeit haben, muss am Ende der Planungsperiode eine **Fortschreibungsgröße**, der sog. Residualwert (RW) bestimmt werden, der dann auch entsprechend diskontiert wird.

2.3.1.3 Residualwert

Aufgrund der Schwierigkeit für einen Gutachter, den gesamten Zeitraum (T) einer unendlichen Fortführung mit Plandaten zu belegen, wird auf der Basis detaillierter Planungsrechnungen der zukünftigen drei bis fünf Jahre (Detailplanungsphase) am Planungsende der **Residualwert** als finanzmathematische ewige Rente zum Ausdruck gebracht (Fortschreibungsphase). Aufgrund des entstehenden Wertehebels muss der dafür herangezogene freie Cashflow mögliche zukünftige Veränderungen in Bezug auf die Marktentwicklung sowie mögliche Kostensenkungen und Restrukturierungen berücksichtigen. Zukünftige Investitionen währen genauso zu erfassen wie die sich verändernden Aufwandsgrößen für Forschung und Entwicklung.

Um für einen objektivierten Unternehmenswert eine eher vorsichtige Planung zugrunde zu legen, wird in der Bewertungspraxis, auch nach den Empfehlungen des IDW, die letzte geplante freie Cashflow-Größe, die als ewige Rente fortgeführt und auch diskontiert wird, sehr häufig mit einem **Werteabschlag** (g) versehen. Die Wirtschaftsprüfungsgesellschaft KPMG beispielsweise legt den letzten Planwert des freien Cashflows mit nur 80 % an. Der eigentliche Unternehmenswert (MW_{EK}) setzt sich aus der Summe der Barwerte zukünftiger sowie bereinigter freier Cashflows (FCF_b), zuzüglich eines diskontierten Residualwerts (RW +/- g) zusammen, der um das in Abzug zu bringende Fremdkapital reduziert wird.

2.3.1.4 Abzugskapital

Unternehmensbewertung bedeutet das Bestimmen des Marktwertes für das Eigenkapital (MW_{EK}), der als Shareholder Value definiert werden kann. Auf der Basis der zukünftigen Zielkapitalstruktur werden die auf den Übernahmestichtag diskontierten **Netto-Finanzverbindlichkeiten** in Abzug gebracht. Nach dem IDW erhält man den Marktwert des Fremdkapitals, indem auch zukünftig an die Gläubiger zu zahlenden Tilgungsgrößen mit einem risikoäquivalenten Zinssatz, dem WACC abgezinst werden. Entsprechend wäre auch mit Pensionsrückstellungen zu verfahren.

Da das Erfassen einer zukünftigen Kapitalstruktur im Zusammenhang mit der Bewertung eigentümergeführter Unternehmen sich als eher schwierig erweist, werden vereinfacht, trotz vieler wissenschaftlicher Bedenken, die Buchwerte der **Finanzverbindlichkeiten** zum Übernahmestichtag, die im wesentlichen als Bankkredite bilanziert sind, als Abzugsgröße für den Marktwert des Fremdkapitals (MW_{FK}) herangezogen. Entsprechend gegengerechnet werden die **liquiden Mittel** (LM), gebucht als Kassenbestände, Bankguthaben sowie als Wertpapiere des Umlaufvermögens. Eine Besonderheit sind die bilanzierten Kontokorrentkredite, da diese alternativ im Working Capital ihre Berücksichtigung finden könnten und demzufolge nicht doppelt erfasst werden dürfen. In der Regel sind diese aber Gegenstand des Abzugskapitals Finanzverbindlichkeiten.

2.3.1.5 Nicht betriebsnotwendiges Vermögen

Unter der Voraussetzung nicht vollständig im Wertschöpfungsprozess involvierter Vermögensgegenstände empfiehlt das IDW die **nicht betriebsnotwendigen Vermögensteile** (MW_{nbV}) zu ihren Marktwerten zu bewerten und dem Unternehmenswert zu addieren. Die Fortführung des Unternehmens darf dadurch aber nicht beeinträchtigt werden.

Im Kontext eines wertorientierten Controllings oder im Zusammenhang mit der Unternehmensveräußerung entspricht die Ertragswertermittlung über die Diskontierung zukünftiger Einzahlungsüberschüsse der gängigen Bewertungspraxis. Da die geplanten freien Cashflow-Größen, die Festlegung des Residualwerts sowie die Bestimmung eines risikoadjustierten Diskontsatzes nicht vollständig ohne subjektive Einflüsse sind, wäre nach dem IDW eine **Plausibilitätskontrolle** mit Hilfe von **Vergleichswertverfahren**, wie beispielsweise der Multiplikatorenmethode auf der Basis von Erfolgsmultiplikatoren, durchzuführen.

2.3.2 Vergleichswert-Methode

Für eine erste Kaufpreisindikation oder für eine Plausibilitätskontrolle, dem eine Bewertungsmethode mit diskontierten freien Liquiditätsgrößen vorangeht, empfiehlt sich das Heranziehen der **Multiplikatorenmethode**, die den Unternehmenswert als Produkt eines als repräsentativ angesehenen Ergebnisses vor Steuern und einem branchen- bzw. unternehmensspezifischen Faktor definiert. Da diese Bewertungsmethode auch mit Gegenwarts- bzw. Vergangenheitswerten und auch ohne besondere Kenntnis kapitalmarktspezifischer Besonderheiten angewendet werden kann, genießt sie in der M&A-Beratungspraxis, insbesondere im Zusammenhang mit der Veräußerung kleiner inhabergeführter Unternehmen einen recht hohen Stellenwert.

Steuerberater, Wirtschaftsprüfer und auch Banker stehen dieser Methode erfahrungsgemäß aber eher skeptisch gegenüber. Hingegen haben Finanzinvestoren, wie die Vertreter der Private Equity-Fonds und Kapitalbeteiligungsgesellschaften keine Berührungsängste, diese Methode auch bei Transaktionen, die einen größeren zweistelligen Millionenbetrag ausmachen, anzuwenden und auch die Kaufpreisverhandlungen auf deren Basis zu führen. Nach Meinung des Instituts der Wirtschaftsprüfer (IDW) kann diese eine Unternehmensbewertung auf der Basis diskontierter zukünftiger Erträge aber nicht ersetzen.

2.3.2.1 Bereinigter EBIT als Faktor

Ausgangswert für die Wertermittlung ist heute international das **bereinigte Betriebsergebnis** ($EBIT_b$), der nachhaltig zu erzielende Gewinn vor Finanzergebnis und gezahlten Einkommen- bzw. Ertragsteuern. Der EBIT (*Earnings before Interest and Taxes*) als das nach § 275 Abs. 2 HGB handelsrechtliche Betriebsergebnis erfasst das Jahresergebnis vor Finanzergebnis und Steuern sowie auch exklusive des außerordentlichen Ergebnisses, da Letzteres, insbesondere im Kontext der internationalen Rechnungslegung nach IFRS nicht erfasst wird. Einzelne Bestandteile sind sowohl zahlungswirksam als auch ausschließlich buchhalterische Größen, die in einem unmittelbaren Zusammenhang zur betrieblichen Leistung stehen. Da die individuelle Kapitalstruktur und auch die landesspezifische Besteuerung keine Berücksichtigung finden, kann diese Größe international gut verglichen werden. Für die Darstellung eines nachhaltigen Ergebnisses wird unter Berücksichtigung der neutralen Erfolgsgrößen und der kalkulatorischen Kosten jede einzelne Position des EBIT auf seine tatsächlich erfolgsrelevanten Bestandteile überprüft und entsprechend korrigiert. Multipliziert mit einem **branchenspezifischen Faktor** (*Multiple*) kann der Unternehmenswert (UW) mit

UW = $EBIT_b$ x Branchenmultiple,

abzgl. Netto-Finanzverbindlichkeiten,

evtl. abzgl. Pensionsrückstellungen

evtl. abzgl. durchschnittlicher Finanzbedarf für das Working Capital

bestimmt werden. Der Multiplikator definiert die vom Investor erwartete **Amortisationsdauer** des Investitionsengagements, welcher von den in der Branche in der Vergangenheit gezahlten Transaktionspreisen ex-post abgeleitet wird. Analog zur DCF-Methode wäre das **Netto-Finanzverbindlichkeiten**, bestehend aus den zinstragenden Verbindlichkeiten und den liquiden Mitteln abzuziehen. Über das zum Ansatz bringen von Pensionsrückstellungen wäre zu diskutieren.

2.3.2.2 Branchen-Multiple

Da die Branchenmultiplikatoren im Zusammenhang mit der Veräußerung mittelständischer Unternehmen, aufgrund der fehlenden Veröffentlichung, nicht transparent sind, bereitet für den Branchenfremden die anzusetzende Größenordnung die Hauptschwierigkeit dieser Bewertungsmethode. Behelfsmäßig kann pragmatisch durchaus mit einem Faktor von 5 bis 7 gerechnet werden, da dieser Zeitraum – in Jahren angesetzt – eine für jeden Investor vernünftige Vorfinanzierungsdauer bedeutet, nach der die Rückflüsse dann vollständig vereinnahmt werden können. Grundsätzlich aber ist der Multiplikator eine vom Investor mehr oder weniger willkürlich angesetzte Größe, die auch von den jeweiligen individuellen Präferenzen für das Zielunternehmen abhängig ist.

Alternativ können auch veröffentliche **Kurs-Gewinn-Verhältnisse** (KGV) von Unternehmen derselben Branche herangezogen werden. Das bei börsennotierten Unternehmen berechnete KGV ist der Quotient aus der Marktkapitalisierung, die an der Börse zustande gekommen ist (Börsenkurs multipliziert mit der Anzahl der umlaufenden Aktien) und dem nachhaltigen nachsteuerlichen Gewinn. Bezogen auf eine Aktie ermittelt sich das KGV als Quotient,

$$KGV = \frac{\text{Aktienkurs}}{\text{Erwarteter Gewinn je Aktie}}$$

welches als **Price Earnings-Ratio** (PER) veröffentlicht wird. Die im DAX notierten Unternehmen haben in stabilen Konjunkturphasen mehrheitlich ein PER zwischen 12 und 15. Höhere PER sind der Ausdruck eines Vertrauensvorschusses (Überbewertung), ein steigender Gewinn wird von den Investoren erwartet. Ein niedrigeres PER hingegen bringt tendenziell eine Vertrauenslücke (Unterbewertung) zum Ausdruck.

Für die praktische Anwendung in Bezug auf die Bewertung von eigentümergeführten Unternehmen empfiehlt sich eine **Peer Group-Analyse** als Division der an der Börse notierten Marktkapitalisierung und den bestimmten EBIT-Werten, also den Erträgen vor Finanzergebnis und Steueraufwand des jeweiligen Zielunternehmens. Fünf bis zehn Vergleichswerte zeigen einen einigermaßen repräsentativen Wertekorridor der Branche, der durchaus auch als Branchenmultiplikator für eigentümergeführte Unternehmen herangezogen werden kann. Da deren Eigenkapitalanteile aber nicht öffentlich handelbar sind, müssen entsprechende Abschläge von etwa 30 % bis 40 % gemacht werden. Eine Indikation der Multiplikatoren, die aus den Transaktionen der letzten Jahre abgeleitet werden können, wäre der folgenden Tabelle zu entnehmen.

ABB. 108:	Die Multiplikatoren einzelner Branchen[59]
Automobilzulieferer	5 - 7
Bauunternehmen	3 - 5
Blechverarbeitung	4 - 6
Einzelhandel	4 - 8
Elektrotechnik	5 - 9
Gesundheit / Wellness	5 - 8
Großhandel	3 - 6
Maschinenbau	5 - 7
Software / Internet	4 - 8
Textil	4 - 5

---

59 Quelle: M.A.C. Mergers & Acquisitions-Consulting GmbH, Wien, Interfinanz, Gesellschaft für internationale Finanzberatung mbH & Co. KG, Düsseldorf und Finance Research (2009a), Das ist Ihr Unternehmen wert, EBIT- und Umsatzmultiplikatoren, Mai 2009.

Kennzeichnend für **Branchenmultiplikatoren** ist, dass diese von Transaktionen an einem existierenden Markt abgeleitet werden. Am organisierten Kapitalmarkt wird die Preisbildung auf der Basis einer Vielzahl artikulierter Angebots- und Nachfrageentscheidungen bestimmt. Eigentümergeführte Unternehmen hingegen werden außerhalb der Börse bewertet und auch bei Veräußerungsprozessen ist nur eine sehr begrenzte Zahl potentieller Nachfrager involviert. Die daraus abgeleiteten Multiplikatoren fußen auf bereits gefassten und realisierten börslichen wie außerbörslichen Transaktionsentscheidungen. Fehleinschätzungen in Form von Über- bzw. Unterbewertungen werden in die Gegenwart transformiert, was umso fehlerhafter wird, wenn als EBIT-Größen Planwerte herangezogen werden.

Aus Transaktionen abgeleitete Branchenmultiplikatoren müssen demzufolge auf die aktuelle Marktsituation angepasst bzw. über Peer Group-Daten relativiert werden. Die einzelnen Branchenmultiplikatoren drücken die Bereitschaft der Investoren aus, ein entsprechend Vielfaches an Jahresgewinnen für den Erwerb zu bezahlen. Komplettiert wird die Berechnung des Unternehmenswertes, wenn dem Produkt aus EBIT und Branchenmultiple die Finanzverbindlichkeiten abgezogen und die liquiden Mittel addiert werden. Allerdings muss auch angemerkt werden, dass eine Reihe von Investoren käuferseitig die bestehenden Verbindlichkeiten übernehmen und demzufolge den Unternehmenswert ohne Abzugsgrößen zur Auszahlung bringen.

Im Zusammenhang mit der Bewertung von Kleinunternehmen, also bis 10 Beschäftigte und einem Jahresumsatz von weniger als 2,0 Mio. €, sowie Unternehmen mit negativen operativen Ergebnissen, ist der EBIT als Faktorgröße eher nicht geeignet. Die Wertbestimmung wäre über den Jahresumsatz zu generieren. Analog zum KGV wird das **KUV (Kurs-Umsatz-Verhältnis)** bestimmt. Als grobe Orientierung wird der Unternehmenswert mit dem Produkt aus Umsatz und dem Umsatzfaktor von 1,0 bis 1,5 gerechnet, das im Zusammenhang mit der Bewertung von kleinen Dienstleistungsunternehmen, auch Arztpraxen und Kanzleien, im Wesentlichen den Marktwert des **Kundenstamms** abbilden kann. Hingegen bleibt die eigentliche operative Leistungsfähigkeit unberücksichtigt. Bei defizitären Unternehmen bleibt sehr häufig nur der Ansatz über den **Substanzwert**, der als Differenz der zu Marktwerten bewerteten Aktiva abzüglich der Schulden, den Zerschlagungswert repräsentiert.

2.3.3 Resümee

Für die Berechnung des Unternehmenswertes, der nicht nur für die Eigentümer von Interesse ist, sondern zunehmend auch von den kreditgebenden Banken als Entscheidungsgröße herangezogen wird, sind die zukünftigen freien Cashflow-Größen eine für das Unternehmen immer wichtigere Erfolgsgröße. Eine **wertorientierte Unternehmensführung** bedeutet, die Auswahl der Geschäftsfelder und die strategischen Maßnahmen nicht nur auf die Steigerung des Jahresüberschusses zu überprüfen, sondern die Größe der ausschüttungsfähigen Liquidität zu optimieren. Für die Bewertung von Unternehmen, unabhängig ob börsennotiert oder eigentümergeführt, die **DCF-Methode** ist *„State of the Art"* in der Beratungspraxis. Die **Multiplikatorenmethode** als ein sehr häufig verwendetes Vergleichswertverfahren wäre für eine erste Wertindikation oder als Plausibilitätskontrolle heranzuziehen. Bei gravierenden Abweichungen ist es ratsam, die zugrunde gelegten Daten und Prämissen zu überprüfen und gegebenenfalls stimmig zu machen.

Allerdings ist in vielen Fällen die subjektive Einschätzung eines mittelständischen Unternehmers deutlich höher als dies die Marktwerte widerspiegeln, da beispielsweise der Betriebsimmobilie, dem nicht betriebsnotwendigen Betriebsvermögen, dem Firmennamen oder der Marktstellung subjektiv ein höherer Unternehmenswert zugeordnet wird, der sich aber häufig nicht in den entsprechenden Erfolgsgrößen niederschlägt. Insbesondere ist der Wert des Sachanlagevermögens, wie beispielsweise der Immobilie, in den Abschreibungengrößen der freien Cashflows enthalten. Zu diskutieren wäre ggf. ein hoher betriebsnotwendiger Bestand des Vorratsvermögens. Der Appell wäre, auch bei eigentümergeführten Unternehmen einen **wertorientierten** Controlling-Ansatz zu implementieren, um zu jeder Zeit, also nicht nur im Zusammenhang mit der Veräußerung, den Unternehmenswert für die Kapitalgeber zu bestimmen. Mit den modernen Methoden der Unternehmensbewertung kann auch aus der externen Perspektive der Wert eines Unternehmens bestimmt werden und sogar Wertlücken aufdecken. Implementiert werden sollte ein **Kennzahlensystem**, welches neben den eher traditionellen Größen auch in der Lage ist, die Erfolgsbeurteilung über die vorgestellten Steuerungsgrößen wie EVA oder CVA sowie Bewertungsverfahren wie DCF zu gewährleisten.

Da die externe Rechnungslegung den Bilanzansatz ausschließlich auf der Basis historischer Anschaffungs- und Herstellungskosten vorschreibt und demzufolge die Bildung von stillen Reserven ermöglicht, ist es notwendig für die Investoren und auch für die Banken adäquate Unternehmenswerte entwickeln zu können. Auch wird eine Reihe von immateriellen Vermögenswerten nicht zum Ansatz gebracht. Die Differenz zwischen den über die Unternehmensbewertung ermittelten Ertragswerten und den Marktwerten der bilanzierten Vermögensgegenstände ist der **Goodwill**, wie beispielsweise die Produktmarke, der Kundenstamm, das Wissen der Belegschaft und Ähnliches. Dieses gilt es transparent zu machen, da die Wertschöpfung in einer postindustriellen Gesellschaft sich immer weniger an traditionellen Assets orientieren kann. Demzufolge sollten die cash-wirksamen Vorgänge im Unternehmen transparent gemacht und alle Investitions- und Desinvestitionsmaßnahmen in Bezug auf die Wertentwicklung des Unternehmens geprüft werden.

2.3.4 Integrative Fallstudie, Teil 5

Die mit der Entwicklung und Fertigung von medizinischen Hilfsmitteln agierende Reha & Care GmbH hat als Plangrößen einen Umsatz von 20,8 Mio. € und einen Jahresüberschuss in Höhe von 1,2 Mio. €.

Ist- und Plan-Bilanz (in T€)					
	Plan	**Ist**		**Plan**	**Ist**
A. Anlagevermögen			**A. Eigenkapital**		
I. Immaterielle Vermögensgegenstände			I. Stammkapital	878	878
1.Konzessionen und Schutzrechte	137	75	II. Gewinnrücklagen	680	680
II. Sachanlagen			III. Jahresüberschuss	1.214	0
1. Grundstücke und Gebäude	2.459	184	**B. Rückstellungen**		
2. Technische Anlagen u. Maschinen	10	15	1. Steuerrückstellungen	119	98
3. Betriebs- u. Geschäftsausstattung	540	144	2. Sonstige Rückstellungen	332	139
4. Geleistete Anzahlungen und Anlagen im Bau	0	266			

B. Umlaufvermögen			C. Verbindlichkeiten		
I. Fertige Erzeugnisse und Waren	1.853	1.217	1. Bankdarlehen	3.190	908
II. Forderungen und sonstige Vermögensgegenstände			2. Kontokorrentkredite	1.183	427
			3. Verbindlichkeiten aus LuL	871	1.056
1. Forderungen aus LuL	2.227	1.622	4. Sonstige Verbindlichkeiten	5	12
2. Sonstige Vermögensgegenstände	907	188			
III. Kassenbestand und Bankguthaben	271	419			
C. Rechnungsabgrenzung	68	47			
Summe	8.472	4.198	Summe	8.472	4.198

Die Bilanz der Reha & Care GmbH

Ist- und Plan-Gewinn- und Verlustrechnung (in T€)	Plan	Ist
1. Umsatzerlöse	20.786	14.393
2. Erhöhung des Bestandes an fertigen und unfertigen Erzeugnissen	95	0
3. Gesamtleistung	**20.881**	**14.393**
4. Sonstige betriebliche Erträge		
a. Sonstige Erträge im Rahmen der gewöhnlichen Geschäftstätigkeit	90	22
b. Erträge aus der Auflösung von Rückstellungen	10	0
c. Erträge aus dem Abgang von Vermögensgegenständen	300	0
5. Materialaufwand		
a. Aufwendungen für Roh-, Hilfs- und Betriebsstoffe und für bezogene Waren	13.308	8.835
b. Aufwendungen für bezogene Leistungen	35	37
6. Personalaufwand		
a. Löhne und Gehälter	1.331	857
b. Soziale Abgaben und Aufwendungen für Altersversorgung und Unterstützung	268	161
7. Abschreibungen auf immaterielle Vermögensgegenstände und Sachanlagen	233	129
8. Sonstige betriebliche Aufwendungen		
a. Sonstige Aufwendungen im Rahmen der gewöhnlichen Geschäftstätigkeit	4.269	2.226
b. Verluste aus dem Abgang von Vermögensgegenständen	162	300
9. Betriebsergebnis	**1.675**	**870**
10. Zinsen und ähnliche Erträge	9	8
11. Zinsen und ähnliche Aufwendungen	227	157
12. Ergebnis der gewöhnlichen Geschäftstätigkeit	**1.457**	**721**
13. Steuern vom Einkommen und vom Ertrag	242	98
14. Sonstige Steuern	1	2
15. Jahresüberschuss	**1.214**	**621**

Die Gewinn- und Verlustrechnung der Reha & Care GmbH

Erläuterungen zum Jahresabschluss:

▶ Das Unternehmen investiert im Plan-Geschäftsjahr 1,8 Mio. € in ein Firmengebäude mit Büro und Produktionshalle.

▶ Die Bankverbindlichkeiten bestehen mit 3,2 Mio. € aus Darlehen, von denen ein Teil zur Finanzierung der Investition von der Hausbank bereitgestellt wird.

▶ Im Ist-Geschäftsjahr wurde aufgrund von Verkäufen verschiedener Vermögensgestände des Anlagevermögens, dessen Verkaufspreise unter dem bilanzierten Buchwert waren, ein buchhalterischer Verlust erfasst, der in der GuV-Rechnung mit der Position „Verluste aus dem Abgang von Vermögensgegenständen" in Höhe von 300 T€ gebucht wurde. Die Geschäftsleitung erwartet im Plan-Geschäftsjahr im Zusammenhang mit der Veräußerung weiterer Bestände eine gewisse Kompensation, demzufolge ein entsprechender Ertrag mit 300 T€ berücksichtigt wird.

▶ In der Position „Sonstige Vermögensgegenstände" der Plan-Bilanz sind Forderungen gegenüber Gesellschaftern in Höhe von 91.530 € gebucht.

AUFGABE

Problemstellung „Unternehmensbewertung"

Im Zusammenhang eines wertorientierten Controlling-Ansatzes und auch unter dem Hintergrund einer möglichen künftigen Unternehmensveräußerung soll der Unternehmenswert auf der Basis einer Discounted Cashflow-Methode ermittelt werden und das Ergebnis mit der Multiplikatorenmethode auf ihre Plausibilität hin überprüft werden.

Discounted Cashflow-Methode

1. Wie hoch sind die bereinigten freien Cashflow-Größen zu bestimmen, deren Basis die vom Unternehmer ermittelten Plandaten darstellen?
   - Die Jahresüberschüsse der Planjahre 01 bis 05 sind 1.214 T€, 1.281 T€, 1.323 T€, 1.366 T€ und 1.409 T€.
   - Die Abschreibungen werden für die einzelnen Planjahre mit 233 T€ angesetzt.
   - Der Zinsaufwand in Höhe von 227 T€ und der Steueraufwand in Höhe von 243 T€ werden für die gesamte Planungsperiode unterstellt.
   - Die zukünftigen jährlichen Investitionsleistungen werden mit jeweils 250 T€ angesetzt. Ab dem fünften Planjahr und für die Fortschreibungsphase werden jährlich 400 T€ als jährliche Investitionsleistung zugrunde gelegt.
   - Die Plangrößen der Geschäftsjahre 02 bis 05 sind bereits um die neutralen Erfolgsgrößen und um die kalkulatorischen Kosten bereinigt.

2. Mit welcher Höhe kann der WACC unter der Berücksichtigung der aktuellen markt- und unternehmensspezifischen Daten bestimmt werden?
   - 5,8 % Kreditzinsen,
   - 30,0 % Steuersatz für das Fremdkapital
   - 4,2 % Verzinsung einer Bundesanleihe, Restlaufzeit bis 2037,
   - 5,0 % Marktprämie

3. Wie hoch sind die in Abzug zu bringenden Netto-Finanzverbindlichkeiten für den Werteansatz des Eigenkapitals?

4. Welcher Unternehmenswert kann ermittelt werden und wie ist das Ergebnis zu interpretieren?

Multiplikatorenmethode

5. Zur Prüfung der Plausibilität soll auf der Basis bereinigter durchschnittlicher EBIT-Größen und einem branchenüblichen Multiplikator der Unternehmenswert bestimmt werden.

Gesamteinschätzung

6. Welcher Verhandlungsspielraum ließe sich im Falle einer Veräußerung des Unternehmens aufgrund der Bestimmung einer Ober- und -Untergrenze des Wertes festlegen?

LÖSUNGSVORSCHLAG: WERTBESTIMMUNG

Für die Unternehmensbewertung auf der Basis der DCF-Methode sind die folgenden Schritte durchzuführen:

(1)   Plan-Jahresabschlüsse über die nächsten 3 bis 5 Jahre

(2)   Festlegung der Planperiode (T)

(3)   Bereinigte freie Cashflow-Größen (FCF_b) pro Periode (t)

(4)   Durchschnittliche Kreditkosten (r_{FK})

(5)   Ertragsteuersatz (s)

(6)   Risikoloser Zinssatz (i), Marktprämie (r_M) und Betafaktor (ß)

(7)   Zielkapitalstruktur ($^{FK}/_{GK}$ und $^{EK}/_{GK}$)

(8)   Risikoangepasster Zinssatz (r_{WACC})

(9)   Residualwert (RW +/- g)

(10)   Finanzverbindlichkeiten (MW_{FK})

(11)   Liquide Mittel (LM)

(12)   Nicht betriebsnotwendiges Vermögen (MW_{nbV})

(13)   Unternehmenswertermittlung (MW_{EK})

(14)   Plausibilitätsprüfung

Unter Verwendung der Plandaten für die Geschäftsjahre 01 bis 05 lassen sich die folgenden freien Cashflow-Größen bestimmen.

Free Cashflow

Ausgehend vom Jahresüberschuss wird mit der Addition der nicht liquiditätswirksamen Aufwandspositionen der operative Cashflow berechnet. Da die Umsatz- und Aufwandsbildung in

Bezug auf das Working Capital in der GuV-Rechnung zwar erfasst wurde, nicht aber der entsprechende Zahlungsfluss, wird die Erhöhung des Working Capital in Abzug gebracht. Mit der Neutralisation des Finanzergebnisses wird zum einen der Cashflow aus der laufenden Geschäftstätigkeit, zum anderen das Ergebnis vor Bedienung der Kapitalgeber herausgestellt.

In Bezug auf die Berechnung der freien Cashflow-Größen als Darstellung der ausschüttungsfähigen Liquidität werden die Investitionsauszahlungen des aktuellen Geschäftsjahres in Höhe von 1,8 Mio. € mit der Desinvestitionen in Höhe von insgesamt 850 T€ gegengerechnet. Der bereinigte Free Cashflow (FCF_b) als nachhaltiges Nettoergebnis wird mit der Neutralisation im Zusammenhang mit den Buchungen Verluste bzw. Erlöse aus dem Abgang von Vermögensgegenständen ermittelt. Weitere Bereinigungen sind nicht notwendig, da die neutralen Erfolgspositionen und auch die kalkulatorischen Kosten bereits in den Plandaten der Geschäftsjahre 02 bis 05 berücksichtigt wurden.

Geschäftsjahre (Werte in T€)	Ist 00	Plan 01	Plan 02	Plan 03	Plan 04	Plan 05
Jahresüberschuss	621	1.214	1.281	1.323	1.366	1.409
+ Abschreibungen	129	233	233	233	227	227
= Operativer Cashflow	750	1.447	1.514	1.556	1.599	1.642
+ Netto-Zinsaufwand	149	218	227	227	227	227
- Erhöhung Working Capital	0	-1.426[60]	0	0	0	0
- Netto-Investitionsleistung	-129	-150	-250	-250	-250	-400
= Free Cashflow	770	-711	1.491	1.533	1.576	1.469
+/- Neutrale Erfolgsgrößen	300	-300	0	0	0	0
= Bereinigter Free Cashflow	1.070	-1.011	1.491	1.533	1.576	1.469

Die Ermittlung des bereinigten Free Cashflow

Eine Besonderheit sind die Plangrößen des ersten geplanten Geschäftsjahres, dessen Umsatzerlöse auf der Basis bestehender Verkaufsverträge sehr präzise geplant werden können und demzufolge von allen Planjahren die größte Zuverlässigkeit eingeräumt werden kann. Bereits im Zusammenhang mit der Jahresabschlussanalyse (vgl. Fallstudie, Teil 1) wurde aufgrund des starken Anstiegs der Kundenforderungen und Vorräte eine nicht zufrieden stellende Liquiditätssituation begutachtet, welches mit der Berücksichtigung der Investitionsleistungen zu einem negativen freien Cashflow-Ausweis führt. Die zu tätigende Erweiterungsinvestition (vgl. Fallstudie, Teil 4) und getätigten Desinvestitionen wird als Cashflow aus der Investitionstätigkeit dem

---

60 Das Working Capital in Höhe von 1.426 T€ ergibt sich aus der Addition Erhöhung Vorräte (+636 T€), + Erhöhung Kundenforderungen (+605 T€) sowie - Reduktion Lieferantenverbindlichkeiten (-185 T€). Im Cashflow aus der betrieblichen Tätigkeit (vgl. *Cashflow Statement*) würde ein Kapitalabfluss in Höhe von 1.426 € konstatiert werden.

Cashflow aus der betrieblichen Tätigkeit gegengerechnet und treibt mit der Berücksichtigung der Bereinigungsgröße den Free Cashflow für das erste Planjahr ins Negative. In einem nächsten Schritt werden die bereinigten Free Cashflow-Größen mit dem Kapitalisierungszinssatz für die Barwertermittlung diskontiert.

WACC

Der gewichtete durchschnittliche Kapitalisierungszinssatz (r_{WACC}) ist die Summe der Bedienungsansprüche der Fremd- und Eigenkapitalgeber. Für die Berechnung der Eigenkapitalkosten wird ein Branchenbeta ß („Medical Equipment", bereinigt mit einem entsprechenden Aufschlag für das individuelle Risiko nicht börsennotierter Unternehmen) von 1,3 zugrunde gelegt, welches das individuelle Risiko des Investments zum Ausdruck bringt. Die Eigenkapitalquote von 35,0 % berechnet sich aus dem Durchschnittswert des Ist-Abschlusses, zzgl. der für das erste und zweite Planjahr erwarteten Thesaurierung. Da eine Vollthesaurierung unterstellt wird, soll der Jahresüberschuss des ersten Planjahres vollständig dem Eigenkapital zugerechnet werden. Unter der Berücksichtigung der obigen Angaben können mit

$\{5,8 \times (1 - 0,3) \times 0,65\} + \{(4,2 + 5,0 \times 1,3) \times 0,35\} = 6,4\,\%$

Fremdkapitalkosten: 2,64 %

Eigenkapitalkosten: 3,75 %

6,4 % gewichtete durchschnittliche Kapitalisierungskosten nach Steuern zugrunde gelegt werden. Die geplanten freien Cashflows der Planjahre 01 bis 05 werden mit 6,4 % diskontiert. Anzumerken wäre an dieser Stelle, dass mit der Zugrundelegung von Plandaten zukünftige Cashflow-Größen herangezogen werden, der Diskontierungssatz WACC mit den Größen Betafaktor und Marktprämie aber Daten aus der Vergangenheit zugrunde legt. Ein Umstand, der zwar von vielen Kritikern des *Capital Asset Pricing Models* (CAPM) herausgestellt wird, der breiten Anwendung aber nicht schadet, da es an wirklich aussagefähigeren Alternativen fehlt. Mit dem Diskontieren der zukünftigen freien Cashflows wird im Folgenden der Unternehmenswert bestimmt.

Unternehmenswert

In einem **ersten Schritt** (Detailplanungsphase) werden die bereinigten Cashflow-Größen (FCF_b) der einzelnen Planjahre 01 bis 05 mit dem Kapitalisierungszinssatz r_{WACC} in Höhe von 6,4 % diskontiert und addiert. Da Unternehmen im Gegensatz zu den aktivierten Vermögensgegenständen des Sachanlagevermögens keine vorher definierte Nutzungszeit haben, muss am Ende der Planungsperiode der Residualwert (RW) bestimmt werden, der als mathematische ewige Rente fortgeführt wird und ebenfalls auf den Bewertungszeitpunkt diskontiert wird. Bei der Bestimmung des Residualwertes kann zwar weiterhin für die Branche von einer stabilen Ertragssituation ausgegangen werden, ein Bewertungsabschlag (g) wird dennoch berücksichtigt, um etwaige Planungsunsicherheiten abzuschwächen. Demzufolge wird in einem **zweiten Schritt** (Fortschreibungsphase) auch die um 20 % reduzierte letzte Plangröße als Residualwert der ewigen Rente diskontiert. Der Unternehmenswert (MW_{EK}) setzt sich im Folgenden aus der Addition der Summe der einzelnen Barwerte (BW) zusammen.

Jahre T€	00	01	02	03	04	05	RW$_{80\%}$
FCF$_b$		-1.011	1.491	1.533	1.576	1.469	$^{1.175}/_{0,064}$
1,064^t		1,064	1,132	1,205	1,282	1,364	1,364
BW		-950	1.317	1.272	1.229	1.077	13.460
C$_0$	17.405						
MW$_{FK}$	-4.373						
LM	271						
MW$_{EK}$	**13.303**						

Die Ermittlung des Unternehmenswerts auf der Basis der DCF-Methode (WACC-Ansatz)

Um den Unternehmenswert als den **Wert für das Eigenkapital** (MW$_{EK}$) zu erhalten, werden in einem **dritten Schritt** die Finanzverbindlichkeiten abgezogen und die liquiden Mittel addiert. Als Finanzverbindlichkeiten sollen die aktuellen Buchwerte der Darlehen und der Kontokorrentkredite herangezogen werden, da der Ausweis einer zukünftigen Kapitalstruktur sich bei eigentümergeführten Unternehmen als eher schwierig erweist. Die liquiden Mittel werden in Form des Kassenbestandes und der Bankguthaben repräsentiert. Unter Zugrundelegung der DCF-Methode, auf der Basis mit einem WACC in Höhe von 6,4 % diskontierter freier Cashflow-Größen, kann ein Unternehmenswert von 13,0 Mio. € konstatiert werden. Mit Hilfe der Multiplikatorenmethode soll dieser auf seine Plausibilität hin überprüft werden.

Plausibilitätsprüfung

Die Unternehmensbewertung mit der Multiplikatorenmethode wird mit dem Produkt aus dem bereinigten EBIT und einem **Branchen-Multiple** hergeleitet. Letzterer kann über eine Peer Group-Analyse auf der Basis abgeschlossener Transaktionen oder über ermittelte KGV börsennotierter Unternehmen bestimmt werden. Das KGV oder auch PER (*Price-Earnings-Ratio*) der einzelnen börsennotierten Unternehmen wird von den großen überregionalen Tageszeitungen wie beispielsweise dem Handelsblatt veröffentlicht. Im Internet wäre unter **www.onvista.de** ein entsprechender Link zu finden.

Da es in Deutschland kein börsennotiertes Unternehmen mit dem Produktangebot medizinische Hilfsmittel gibt, wird zumindest näherungsweise ein Branchen-KGV über eine Peer Group-Ermittlung ausgewählter US-amerikanischer Unternehmen der Branche „Medical Equipment"[61] eruiert. Die Unternehmen beschäftigen sich im Wesentlichen mit der Entwicklung, Produktion und Vertrieb von Produkten, die im Gesundheitssektor verwendet werden, wie beispielsweise orthopädische und chirurgische Komponenten, medizinische Geräte sowie Präzisionsgeräte.

---

61 Quelle: www.onvista.de, Aktien, Suche/Vergleich, Profilvergleich, Sektor/Branche: „Medical Equipment" und Land: „USA".

Unternehmen	KGV
Beckmann Coulter Inc.	21
Becton, Dickinson & Co.	22
Biomet Inc.	20
Cyberoptics Corp.	19
Lakeland Industries Inc.	12
Zimmer Holdings Inc.	21
Gesamt:	115
Ø-KGV	19
Branchen-KGV[62] (abzgl. 40 % Abschlag)	11

Der über die Peer Group-Analyse ermittelte Branchenmultiplikator ist auf der Basis der nachsteuerlichen Ergebnisse entstanden. Auch wenn die eingesetzten EBIT-Werte über die Addition des Zins- und Steueraufwands höher ausfallen und damit zu geringeren Kurs-Gewinn-Verhältnissen führen, kann das Branchen-KGV von 11 durchaus als eher hoch eingeschätzt werden. Für die Wertbestimmung von Unternehmen, die weitläufig der Branche Gesundheit zuzuordnen sind, können aus den Verkäufen inhabergeführter Unternehmen der letzten Jahre Branchenmultiplikatoren von 5 bis 8 abgeleitet werden (vgl. Abb. 108). Grundsätzlich zeigen die Erfahrungswerte aus der Praxis, dass für einen Investor eines eigentümergeführten Unternehmens in der Regel von einer Amortisationsdauer von 5 bis 7 Jahren ausgegangen werden kann. Der **Branchen-Multiple** der Vergleichswertmethode wäre der Quotient der mit der DCF-Methode ermittelte Unternehmenswert von 13,0 Mio. € und dem durchschnittlichen zukünftigen EBIT in Höhe von 1.655 T€.

Geschäftsjahre (Werte in T€)	Ist 00	Plan 01	Plan 02	Plan 03	Plan 04	Plan 05
Jahresüberschuss	642	1.214	1.281	1.323	1.366	1.409
+ Netto-Zinsaufwand	149	218	227	227	227	227
+ Steueraufwand	100	243	256	265	273	282
= EBIT	891	1.675	1.764	1.815	1.866	1.918
+/- Neutrale Erfolgsgrößen	300	-300	0	0	0	0
= Bereinigter EBIT	1.191	1.375	1.764	1.815	1.866	1.918

Ø bereinigter EBIT auf Basis der Plandaten: **1.655** (13.303 / 1.655 = 8)

Plausibilitätsprüfung auf der Basis von Vergleichsgrößen

Der mit Hilfe der Multiplikatorenmethode zur **Plausibilitätsprüfung** herangezogene Branchen-Multiple von 8 zeigt, dass das über die DCF-Methode ermittelte Ergebnis zwar ambitioniert, aber noch innerhalb einer realistischen Bandbreite liegt. Die Notwendigkeit einer grundsätzlichen Relativierung der zugrunde gelegten Plandaten der Detailplanungsperiode 01 bis 05 ist

---

62 Stand: Mai 2009.

nicht gegeben. Im Falle einer Veräußerung wird auch über die Verwendung des Jahresüberschusses in Höhe von 1,2 Mio. € diskutiert werden müssen.

Gesamteinschätzung

Durchgesetzt haben sich in der Bewertungspraxis die **Ertragswertverfahren**, bei denen der zukünftige operative Ertrag den Unternehmenswert bestimmt. **Vergleichswertverfahren**, wie die vorgestellte Multiplikatorenmethode dienen im Wesentlichen zur Prüfung der Plausibilität bzw. werden für eine erste Kaufpreisindikation herangezogen. Eine untergeordnete Rolle spielen dagegen die **Substanzwertverfahren**, die im Wesentlichen auf die reine Bewertung der bestehenden Vermögenspositionen ausgerichtet sind. Aufgrund der zunehmenden internationalen Kapitalmarktverflechtung gehört die ertragswertorientierte DCF-Methode in der Darstellung des WACC-Ansatzes seit Mitte der 1990er Jahre auch in Deutschland zu der am meisten präferierten Bewertungsmethode für Unternehmen.

In Verbindung mit Unternehmensverkäufen dient sie zur Wertermittlung, um beiden Parteien eine solide Verhandlungsgrundlage an die Hand zu geben. Die Bewertungsproblematik liegt dabei weniger in der richtigen Anwendung der Formel, sondern in der sachgerechten Aufarbeitung der Ist-Daten und der Prognose der einzelnen Planwerte. Eine wesentliche Verantwortung des Controllings besteht darin, auf der Basis des Residualwerts den Wert für die Fortschreibungsphase zu ermitteln. Obwohl das auch in der Beratungspraxis von den großen Wirtschaftsprüfungsgesellschaften mit pauschalen Ab- oder auch Zuschlagsätzen gelöst wird, müssen sich die Verantwortlichen dem Wertehebel bewusst sein.

Auf Basis der zugrunde gelegten Daten kann mit der DCF-Methode und auch mit einem Branchen-Multiple von 8 für die Reha & Care GmbH ein **Unternehmenswert** von 13,0 Mio. € konstatiert werden, der aufgrund der Höhe eher vom Verkäufer vertreten wird. Da aber ein potentieller Käufer an einer zügigen Amortisation seiner Investition interessiert ist, möchte dieser einen möglichst geringen Kaufpreis bezahlen und wird sein Angebot an der unteren Wertgrenze auf der Basis eines für ihn geltenden subjektiven Unternehmenswertes anlehnen. Primär ist dieser auch nur am Erwerb einer Einkommensquelle interessiert. Demzufolge wird das **Betriebsvermögen** in diesem Zusammenhang ausschließlich als die für Wertschöpfung notwendige Infrastruktur und der **Goodwill** als ersparter Aufwand betrachtet, die über den Wertansatz der freien Liquidität zusätzlich nicht abgegolten werden.

Bei Veräußerungsvorhaben wird kein „richtiger" Verkaufspreis quantifiziert werden können, da diese auch für Unternehmen der jeweiligen Marktsituation ausgesetzt sind und aufgrund von Angebot und Nachfrage zustande kommen. Trotzdem sollte auf eine fundierte Unternehmensbewertung nicht verzichtet werden, da sich mit Hilfe des Einsatzes mathematischer Verfahren und auch handfester Praktikerformeln ein Wertekorridor aufzeigen lässt, der den Verhandlungsspielraum der potentiellen Vertragspartner bestimmt. Das Verhandlungsergebnis ist dann ein Einigungswert, zu dem die Parteien bereit sind, die Transaktion abzuschließen.

LITERATURHINWEISE:

Bimberg, L., Langfristige Renditeberechnung zur Ermittlung von Risikoprämien, Empirische Untersuchung der Renditen von Aktien, festverzinslichen Wertpapieren und Tagesgeld für den Zeitraum von 1954 bis 1988, Frankfurt 1993.

Boston Consulting Group, The Experience Curve, The Growth share Matrix or the Product Portfolio, BCG-Perspective, 1973, unter www.bcg.de/about_bcg/klassiker/portfoliomatrix.aspx, abgerufen am 28. 5. 2009.

Bundeswertpapiere, Kurse/Renditen börsennotierter Bundeswertpapiere, unter www.bundeswertpapiere.com, bzw. www.deutsche-finanzagentur.de, abgerufen am 6. 5. 2009.

Coenenberg, A., Wertorientierte Unternehmensführung, vom Strategieentwurf zur Implementierung, Stuttgart 2007.

Copeland, T./Koller, T./Murrin, J./McKinsey & Company, Unternehmenswert, Methoden und Strategien für eine wertorientierte Unternehmensführung, Frankfurt 2002.

Deutsche Telekom AG, Geschäftsbericht 2008, Bonn 2009.

DIS Deutscher Industrie Service AG, Geschäftsbericht 2008, Düsseldorf 2009.

Drukarczyk, J./Schüler, A., Unternehmensbewertung, München 2007.

E.ON AG, Geschäftsbericht 2008, Düsseldorf 2009.

Exler, M., Wertmanagement mittelständischer Unternehmen, Controller Magazin, Jg 31, H. 6, S. 549 - 553, 2006.

Exler, M., Methoden der Unternehmensbewertung im Vergleich, Anwendung der Multiplikatoren-, Ertragswert- und DCF-Methoden bei der Veräußerung eines KMU, Unternehmensbewertung & Management, H. 11, S. 426 - 433, 2004.

Finance Research, Das ist Ihr Unternehmen wert, EBIT- und Umsatzmultiplikatoren, Mai 2009, aus Finance 06/2009, unter www.finance-research.de, abgerufen am 2. 7. 2009.

Finance Research, Branchenbeta Deutschland, Berechnung der Branchenbeta Industrie (Prime Standard) Deutsche Börse zum 31. Oktober 2008, unter www.finance-research.de, abgerufen am 6. 5. 2009.

Gebhardt, G., Grundlagen der wertorientierten Unternehmenssteuerung, Veröffentlichter Vortrag auf dem 58. Betriebswirtschafter-Tag, Arbeitskreis Finanzierungsrechnung, am 28. 9. 2004 in Berlin.

IDW, Institut der Wirtschaftsprüfer e. V., IDW Standard: Grundsätze zur Durchführung von Unternehmensbewertungen (IDW S 1), Stand 18. 10. 2008, Fachausschuss für Unternehmensbewertung und Betriebswirtschaft des IDW, Düsseldorf 2008.

Interfinanz, Gesellschaft für internationale Finanzberatung, 50. Jahresbericht 2008, Düsseldorf 2009.

Jost, K., Meine Kanzlei, meine Altersvorsorge, Praxisleitfaden zur Nachfolgeregelung in Steuerberaterkanzleien, Bonn 2006.

Krol, F./Wömpener, A., Wertorientiertes Controlling im Mittelstand, Status quo, Promotoren und Nutzenpotentiale, Controller Magazin, Jg. 34, H. 3, S. 17 - 20, 2009.

Lorson, P., Auswirkungen von Shareholder-Value-Konzepten auf die Bewertung und Steuerung ganzer Unternehmen, Herne 2004.

M.A.C. Mergers & Acquisitions-Consulting GmbH, Wien, Gegründet 1980 und auf die Beratung von Ver- und Zukäufen mittelständischer Unternehmen spezialisiert.

Markowitz, H., Portfolio Selection, Die Grundlagen der optimalen Portfolio-Auswahl, München 2008.

OMV AG, Geschäftsbericht 2008, Wien 2009.

Österreichische Elektrizitätswirtschafts-Aktiengesellschaft, Verbundgesellschaft, Geschäftsbericht 2008, Wien 2009.

Peemöller, V. (Hrsg.), Praxishandbuch der Unternehmensbewertung, Herne 2009.

Porter, M., Wettbewerbsstrategie, Frankfurt 1983.

Rappaport, A., Shareholder Value, Wertsteigerung als Maßstab für die Unternehmensführung, Stuttgart 1995.

Rappaport, A., Creating Shareloder Value: The New Standard for Business Reporting, New York 1986.

Ruh, H., Die langfristige Aktienrendite in Deutschland, ein Spiegelbild der Realwirtschaft?, Pricewaterhouse Coopers Deutschland 11/2004, Frankfurt 2004.

RWE AG, Geschäftsbericht 2008, Essen 2009.

Schmalenbach-Gesellschaft für Betriebswirtschaftslehre e. V., Arbeitskreis Finanzierung, Wertorientierte Unternehmenssteuerung mit differenzierten Kapitalkosten, Zeitschrift für betriebswirtschaftliche Forschung (ZfbF), S. 543 - 578, 1996.

Stern Stewart & Co., What is EVA, unter http://seminars.sternstewart.com/whatiseva.html, abgerufen am 28. 5. 2009.

Wien Energie GmbH, Geschäftsbericht 2007/2008, Wien 2009.

Wienerberger AG, Geschäftsbericht 2008, Wien 2009.

Wolford AG, Geschäftsbericht 2008, Bregenz 2009.

G. Cockpit für Geschäftsleitung & Eigentümer

Um den Bedürfnissen inhabergeführter Unternehmen gerecht zu werden, wird ein Steuerungs-konzept vorgestellt, welches eine ganzheitliche Betrachtung, einschließlich einer möglichen Ver-äußerung des Unternehmens gewährleistet. Darin enthalten sind, neben einem Business-Plan, die wichtigsten Kennzahlen einer Bilanz-, Erfolgs- und Wertanalyse, welche die Implementie-rung eines Risikomanagements- und Frühwarnsystems genauso zum Ausdruck bringt wie die Bestimmung des Unternehmenswertes für den Fall der Veräußerung. Entsprechende Empfeh-lungen für die Phase des Verkaufs des Unternehmens runden das Kapitel ab.

Inhalt: Business-Plan, Kapitalstruktur- und Erfolgsanalyse auf der Basis von Finanzkennzahlen wie Verschuldungssituation, Working Capital-Ratio, Kapitalverzinsung, Schuldentilgungsdauer, Zinsdeckung sowie Wertanalyse und die Darstellung des Veräußerungsprozesses

1. Steuerung des Unternehmens

Der nachhaltige Unternehmenserfolg fußt auf den Säulen **Rentabilität** und **Liquidität** sowie auf einer möglichen **Wertsteigerung**. Für die Geschäftsleitung bedeutet das, entsprechende Steue-rungsinstrumente einzurichten, welche die Überwachung gewährleisten können. Der Zielkon-flikt muss aufgelöst werden, in dem ein Mindestmaß an Liquidität für die Deckung der beste-henden Verbindlichkeiten vorhanden sein muss, andererseits die Investitionsvorhaben ausrei-chend Rendite erwirtschaften. Viele der in den vorangegangenen Kapiteln dargestellten Ansätze zur Unternehmensteuerung setzen für ihre praktische Anwendung eine gewisse Größe und auch Organisationstiefe voraus. In **mittelgroßen Unternehmen**, also bei Unternehmen mit bis zu 250 Beschäftigten und einem Jahresumsatz bis 50,0 Mio. €, kann eine diversifizierte Kom-petenzstruktur vorausgesetzt werden, die auch ein entsprechendes Steuerungssystem mit sich bringt. Die Abbildung 109 unterteilt die bisher vorgestellten Controlling-Instrumente in einzelne Verantwortungsbereiche des Unternehmens und ordnet die jeweiligen Informationsempfänger dazu.

ABB. 109:	Die Kompetenzstruktur im Kontext Bilanz & Management	
Verantwortungsbereich	**Informationsempfänger**
Strategisches Controlling	**Geschäftsleitung & Eigentümer**
► Shareholder Value	► Unternehmenswert
► Value Management	► Wertorientierte Kennzahlen
► Financial Performance Management	► Steuerungsorientierte Kennzahlen
Operatives Controlling	**Zweite Führungsebene**
► Bilanzrechnung	► Jahresabschluss-Analyse
► Investitionsrechnung	► Vermögensstrukturplanung
► Finanzrechnung	► Kapital- und Finanzplanung
► Kostenrechnung	► Preiskalkulation
Disposition	**Cash-Management**
► Finanzbuchhaltung	► Debitoren- und Kreditoren-Management
► Finanzdisposition	► Liquiditätsplanung

Die Besonderheit von **kleinen Unternehmen** bis 50 Mitarbeiter und einem Umsatz bis 10,0 Mio. €, welche in Deutschland den größten Teil der mittelständischen Wirtschaft repräsentieren, ist in der Konzentration auf den Eigentümer begründet. Weitere Kennzeichen sind die vollkommene Eigenständigkeit, d. h. es bestehen keine Anteile mit mehr als 25 % an anderen Unternehmen, auch sind andere nicht mit 25 % oder mehr am Unternehmen beteiligt sowie das Nichtvorhandensein konsolidierter Jahresabschlüsse. Sehr viele unternehmerische Entscheidungen stützen sich weniger auf rational aufbereite Planvorgaben, sondern entstehen aus unternehmerischer Intuition bzw. Adhoc-Entscheidungen der geschäftsführenden Eigentümer.

Charakteristisch bei inhabergeführten Kleinunternehmen ist auch die Tatsache, dass der geschäftsführende Gesellschafter in seiner Doppelrolle nicht nur ein **Steuerungssystem** für die operativ und strategisch notwendigen Entscheidungen benötigt, sondern darüber hinaus auch ein Instrumentarium für die Ermittlung des **Unternehmenswertes**, da dieser auch zur Finanzierung des Lebensabends herangezogen werden kann. Überlegungen zu Letzterem werden hingegen aber erst in Erwägung gezogen, wenn die Unternehmensveräußerung in eine greifbare Nähe rückt. In der betrieblichen Praxis kann aber zunehmend auch beobachtet werden, dass die Banken im Rahmen ihrer Kreditprüfung den Unternehmenswert zur Bonitätsbeurteilung heranziehen, der sehr häufig auf der Basis eines fundierten Business-Plans erstellt wird.

1.1 Business-Plan

Strategien und Geschäftsmodelle spiegeln sich im **Business-Plan** wieder, der auch laufend aktualisiert und überarbeitet wird und dem Unternehmen als stetiges Controlling-Instrument zur Verfügung steht. Dieser leistet eine Ergebnisplanung mit dem Ziel, zum Betrachtungszeitpunkt einen umfassenden Informationsüberblick über quantifizierbare Ergebnisse präsent zu haben. Darüber hinaus soll ein zukünftiger Soll-Ist-Vergleich ermöglicht werden können. Der konkrete Aufbau ist vom jeweiligen Empfänger und von der Lebenszyklusphase des Unternehmens abhängig. Doch unabhängig davon sind bestimmte **Basiselemente** für einen Business-Plan unabdingbar.

ABB. 110:	Die Basiselemente eines Business-Plans
1.	Executive Summary
2.	Marktanalyse
3.	Konkurrenzanalyse
4.	Unternehmensanalyse
	▶ Wo liegen die Kernkompetenzen?
	▶ Wie ist die Kapitalstruktur?
	▶ Wie ist die Kostenstruktur?
	▶ Sind die Mitarbeiter Partner des Wertschöpfungsprozesses?
	▶ Sind die Zielvorgaben quantifizierbar?
	▶ Sind die Jahresabschlussdaten um neutrale Erfolgsgrößen sowie kalkulatorische Kosten zu bereinigen?
5.	Finanzplanung
6.	Bilanz-, Erfolgs- und Wertanalyse
7.	Soll-Ist-Vergleich
8.	Unternehmenswert
9.	Management
10.	Milestones

Einen zentralen Stellenwert nimmt der **Executive Summary** ein, da dieser für den Leser einen Appetit auf mehr machen soll. Frei nach dem Motto „In der Kürze liegt die Würze!" hält eine gut gemachte Zusammenfassung die zentralen Informationen für den Empfänger bereit, da insbesondere im Zusammenhang mit der Kapitalgewährung von Banken aber auch von Private Equity-Fonds erst in einem zweiten Schritt der Business-Plan im Detail gelesen und entsprechend beurteilt wird. Die wesentlichen Kriterien sind das Transportieren unternehmerischer Visionen und Zielvorstellungen sowie eine Darstellung der strategischen und operativen Inhalte der einzelnen Instrumente.

Neben den quantitativ erfassten Ergebnissen der Bilanz-, Erfolgs- und Wertanalyse des Unternehmens sollte für den externen Begutachter vor allem auf die Darstellung des **Managements** ein besonderes Augenmerk gerichtet werden. Üblicherweise werden in einem Business-Plan die Lebensläufe der Führungskräfte mit aufgenommen, die mit einem Stärken-Schwäche-Profil ergänzt werden. Kapitalgeber legen in diesem Zusammenhang besonderen Wert auf eine heterogene Zusammensetzung des Managementteams mit entsprechend zum Einsatz kommenden Fähigkeiten.

Eine spezielle Art von Business-Plan wird von den Investoren in der Phase der **Unternehmensveräußerung** nachgefragt, der im Idealfall unter Einbeziehung der Daten und Wertvorstellungen des Käuferunternehmens entwickelt wird. Mögliche Synergieeffekte, wie eine gemeinsame Materialbeschaffung mit höheren Losgrößen oder eine größere Marktdurchdringung auf der Absatzseite, lassen sich integrieren. Auch ist es in der Mergers- & Acquisitionspraxis üblich geworden, dass zum Übertragungszeitpunkt der Anteile ein Teil des Kaufpreises zurückgehalten und entsprechend der Performance erst in den Folgejahre komplett an den Alteigentümer ausgezahlt wird. Der in der Zukunft anstehende Soll-Ist-Vergleich schafft Transparenz für eine mögliche Kaufpreisreduktion oder für mögliche Zugeständnisse.

1.2 Cockpit

Für die eigentliche **Unternehmenssteuerung** soll ein Controlling-Ansatz vorgestellt werden, welcher den besonderen Anforderungen kleiner Unternehmen bis 50 Mitarbeiter gerecht werden kann, um sowohl für den mitarbeitenden Unternehmer als auch für die kreditgebenden Banken als Informationsmedium herangezogen werden zu können. Die Anforderungen wären eine einfache Handhabung auf der Datenbasis der Finanzbuchhaltung, eine tägliche Verfügbarkeit sowie die Ausstattung mit operativen und strategischen Planungselementen. Darüber hinaus muss Voraussetzung sein, dass die Verantwortlichen im Unternehmen nicht zusätzlich belastet, sondern entlastend werden können.

Demzufolge wäre zu empfehlen die Konzentration auf ein paar wenige **Kennzahlen**[63] zu gewährleisten, die aber insgesamt den Anspruch haben, die für die Kapitalgeber relevanten Bereiche zu erfassen, um das eingegangene Risiko entsprechend einzuschätzen. Für die Aufbereitung der Daten empfiehlt sich das Heranziehen von Microsoft Excel. Zwar ist der einmalige Aufwand für das Bereitstellen der entsprechenden Masken recht aufwendig, die laufende Datenpflege aber eher unkompliziert, einfach und auch preiswert. Das **Management-Cockpit** besteht aus dem Basismodul Business-Plan sowie den aus der Bilanzrechnung ableitbaren Modulen einer Kapitalstruktur-, Erfolgs- und Wertanalyse.

1.2.1 Kapitalstrukturanalyse

Dokumentiert werden sollte die Entwicklung des **Eigenkapitals**, verbunden mit der Darstellung der Gewinnverwendungsstruktur als Thesaurierung bzw. Ausschüttung. Die jeweilige aktuelle Inanspruchnahme der Kontokorrentverbindlichkeiten sind genauso darzustellen wie die Entwicklung des **Working Capital** (Vorräte + Kundenforderungen - Lieferantenverbindlichkeiten). Die liquiden Mittel, bestehend aus Kassenbestand, Bankguthaben und Wertpapiere des Umlaufvermögens wären den verzinslichen Verbindlichkeiten gegenzurechnen (Netto-Finanzverbindlichkeiten). Ein **Liquiditätsstatus** sollte auf Tagesbasis erhoben werden, um die Liquidität entsprechend sichern zu können.

---

63 Die entsprechenden Formeln und Erläuterungen der einzelnen Kennzahlen als Maßgröße können dem Kapitel C. „Jahresabschlussanalyse" entnommen werden.

ABB. 111:	Die Kapitalstrukturanalyse und ihre Maßnahmen				
Kennzahl	Fragestellung	Ist	Soll	Finanzwirtschaftliche Maßnahmen
Eigenkapitalquote Horizontale Finanzierungsregel	Kann die finanzielle Unabhängigkeit mit dem durchschnittlichen wirtschaftlichen Eigenkapital aufrecht erhalten werden? Im Gegensatz zu börsennotierten Unternehmen ist die Relevanz von Eigenkapitalkosten eher subsidiär. Ist das Anlagevermögen mit langfristigem Kapital gedeckt?	?	> 20 %	Umfinanzierung bestehender Kredite; Innenfinanzierung mittels Gewinnthesaurierung
Working Capital	Ist die für den Wertschöpfungsprozess notwendige Liquidität gewährleistet? Die Vorräte und die Forderungen aus LuL sollten die Verbindlichkeiten aus LuL übertreffen.	?	> 1,5-fach	Optimierung der Lagerbestände; Debitoren- und Kreditorenmanagement

Sämtliche Ein- und Auszahlungsströme werden darüber hinaus in einer integrierten **Finanzplanung** erfasst, um möglichen Liquidationsengpässen frühzeitig begegnen zu können. Auf der Basis einer Erfolgsanalyse, die auch das Berücksichtigen zukünftiger Erfolgsgrößen mit einschließen kann, werden die für das operative Geschäft wichtigen Entscheidungen gefällt.

1.2.2 Erfolgsanalyse

In einem ersten Schritt werden die einzelnen Daten der Finanzbuchhaltung sachgerecht aufbereitet, um einen **nachhaltigen** Unternehmenserfolg darstellen zu können. In diesem Zusammenhang ist es notwendig, die neutralen Aufwendungen und Erträge sowie die kalkulatorischen Kosten bei der Erfassung der jeweiligen Erfolgsgrößen zu berücksichtigen. Als **Erfolgsgrößen** wiederum haben sich in den letzten Jahren verschiedene Begriffe durchgesetzt, die in der betrieblichen Anwendung weitgehend auf die gleiche Akzeptanz stoßen. Um die Differenzierung und auch die entsprechende Zuordnung zu den relevanten Schlüssel-Kennzahlen herzustellen, leistet die Gegenüberstellung in der Abbildung 112 eine Hilfestellung. Die richtige Zuordnung bereinigter Erfolgsgrößen gewährleistet ein **Kennzahlensystem**, welches mit relativ wenig Datenmaterial auskommt, aber in einer komprimierten Form die betriebswirtschaftlich relevantesten Sachverhalte abbilden kann.

ABB. 112:	Die Differenzierung einzelner Erfolgsgrößen zur Kennzahlenermittlung	
Erfolgsgröße	**Definition**	**Kennzahleneinsatz**
EBITDA	▶ „Earnings before Interest, Taxes, Depreciation and Amortisation"; ▶ Gewinn vor Finanzergebnis (Zinserträge, Zinsaufwand sowie Abschreibungen auf Finanzanlagen und Wertpapiere des Umlaufvermögens), Steuern, Abschreibungen auf Sachanlagen und immaterielle Vermögensgegenstände; ▶ Erfassung von GuV-Positionen, die ausschließlich innerhalb des Unternehmens erwirtschaftet werden und liquiditätswirksam sind; ▶ Ergebnis der eigentlichen operativen Leistungsfähigkeit des Unternehmens	▶ Zinsdeckungsquote ▶ Return on Sales (ROS) als Umsatzrendite
EBIT	▶ „Earnings before Interest and Taxes"; ▶ Gewinn vor Finanzergebnis und Steuern (handelsrechtliches Betriebsergebnis); ▶ Umsatzerlöse abzgl. Materialaufwand, Personalaufwand, Abschreibungen und sonstiger betrieblicher Aufwand; ▶ Erfassung von GuV-Positionen, die ausschließlich innerhalb des Unternehmens erwirtschaftet werden; ▶ Internationale Vergleichbarkeit gegeben	▶ Return on Investment (ROI) als Verzinsung des Gesamtkapitals
NOPAT	▶ „Net Operating Profit After Taxes"; ▶ Betriebliches Ergebnis als versteuerter Gewinn vor Finanzergebnis und bereinigt um neutrale Größen sowie kalkulatorische Kosten; ▶ Umsatzerlöse abzgl. Materialaufwand, Personalaufwand, Abschreibungen, sonstiger betrieblicher Aufwand, Steuern, neutrale Erträge und kalkulatorische Kosten sowie zzgl. neutraler Aufwand; ▶ bzw. bereinigter EBIT zzgl. Steueraufwand ▶ Erfolgsgröße, die mit den operativ in Wert gesetzten Vermögensgegenständen erwirtschaftet wurde	▶ Return on Capital Employed (ROCE) als Verzinsung des im Unternehmen eingesetzten Vermögens

Cashflow	► Jahresüberschuss zzgl. Abschreibungen und Zuführung Pensionsrückstellungen sowie abzgl. Zuschreibungen und Erträge aus der Auflösung von Rückstellungen als operativer Cashflow; ► Erfassung aller Erfolgspositionen, die liquiditätswirksam wurden; ► Erfolgsgröße, die den Zahlungsfluss abbildet; ► Offenlegen der Liquidität; ► Cashflow aus betrieblicher Tätigkeit unter der Berücksichtigung des Working Capital bzw. dessen Kapitalzu- und abfluss	► Schuldentilgungsdauer ► Kapitalflussrechnung ► DCF-Methode auf der Basis diskontierter Free Cashflows zur Ermittlung des Unternehmenswerts
Jahresüberschuss	Finale Erfolgsgröße der GuV-Rechnung (§ 275 Abs. 2 Nr. 20 HGB) als die gesetzlich legitimierte Ausschüttungsgröße	► Ausschüttungsfähige Größe an die Eigentümer ► Return on Equity (ROE) als Verzinsung des Eigenkapitals
Gewinn	Jahresüberschuss (§ 275 HGB) zzgl. Gewinnvortrag und Entnahmen Gewinnrücklagen; abzgl. Verlustvortrag sowie Einstellungen in die Gewinnrücklagen (vgl. Struktur § 158 Abs. 1 AktG)	► Eigentliche Ausschüttungsgröße an die Eigentümer
Bereinigt /Adjustiert	► Erfolgsgrößen der GuV-Rechnung, die nicht im Zusammenhang mit der betrieblichen Leistungserstellung der aktuellen Periode stehen; ► Neutraler Aufwand / Ertrag als betriebsfremder, periodenfremder, außerordentlicher oder bewertungsbedingter Aufwand / Ertrag; ► Kalkulatorische Kosten als Unternehmerlohn, insb. bei Personengesellschaften; Miete, insb. bei getrennter Besitzgesellschaft; Abschreibungen, insb. bei Begünstigungen des EStG; Zinsen sowie Wagnisse; ► Sondereffekte wie Restrukturierungskosten, Gewinne / Verluste aus dem Abgang von Vermögensgegenständen	► Darstellung eines nachhaltigen Erfolgsausweises!

Der **EBITDA** bildet die eigentliche operative Leistungsfähigkeit des Unternehmens ab, also weitgehend unabhängig der getätigten Investitionen. Sofern nicht aufwandsgleiche Kosten unterstellt werden können, wären die aus der Finanzbuchhaltung herangezogenen Daten entsprechend zu bereinigen. Auch der **EBIT** ist eine Erfolgsgröße, die vor Bedienung der Kapitalgeberansprüche die gesamte Leistungsfähigkeit des Unternehmens repräsentiert. Die Abschreibungen der getätigten Investitionen sind mit den Umsatzerlösen abzudecken, um keine Fehlinvestition eingestehen zu müssen. Für das Erfassen der Verzinsung bietet sich die **Gesamtkapitalrendite** (ROI) an, die mit dem EBIT alle für das operative Ergebnis relevanten Größen beinhaltet und demzufolge auch über die Verzinsung der Investitionsleistungen eine Einschätzung geben kann.

Einen besonderen Stellenwert erfährt der **Cashflow**, der in den verschiedenen Formen über die **Kapitalflussrechnung**[64] abgebildet werden kann. Stünde eine solche zur Verfügung, wäre das Potential der für die Wertschöpfung relevanten Ersatz-Investitionen aus der eigenen operativen Leistungsfähigkeit heraus aus der Differenz des Cashflows aus betrieblicher Tätigkeit und dem Cashflow aus Investitionstätigkeit zu ermitteln (Investitionspotential). Genauso kann aber auch dieser mit den Finanzverbindlichkeiten gegenübergestellt werden, um eine entsprechende Kapitaldienstfähigkeit gegenüber den Gläubigern darzustellen. Ist die Erstellung einer Kapitalflussrechnung nicht möglich, wäre die Kapitaldienstfähigkeit auch über die Kennzahlen **Schuldentilgungsdauer und Zinsdeckungsquote** zu ermitteln, um zumindest einen Trend darstellen zu können.

ABB. 113:	Die Erfolgsanalyse und ihre Maßnahmen			
Kennzahl	**Fragestellung**	**Ist**	**Soll**	**Finanzwirtschaftliche Maßnahmen**
ROI	Wird das dem Unternehmen zur Verfügung gestellte Kapital ausreichend verzinst?	?	> 8 %	Berücksichtigung kalkulatorischer Kosten in den Verkaufspreisen
Schuldentilgungsdauer	Nach wie viel Jahren ist das Unternehmen in der Lage die Finanzverbindlichkeiten aus der eigenen Leistungsfähigkeit heraus zu tilgen?	?	< 7 Jahre	Umfinanzierung
Zinsdeckungsquote	Ist das operative Geschäft leistungsstark genug, um ausreichend für den laufenden Kapitaldienst aufkommen zu können?	?	>10-fach	Umfinanzierung

Bezüglich der Bestimmung der konkreten **Ausschüttungsgröße** wäre der **bereinigte Free Cashflow** (Differenz des Cashflow aus betrieblicher Tätigkeit minus Cashflow aus Investitionstätigkeit) heranzuziehen. Zwar ist der **Jahresüberschuss** die handelsrechtlich legitimierte Größe für die Bestimmung der Ausschüttung, unabhängig davon kann aber die eigentliche Liquiditätssituation zum Zeitpunkt der Ausschüttung eine andere sein. Möchte das Unternehmen die Ausschüttung ohne einer zusätzlichen Kreditaufnahme durchführen, wäre für die Ermittlung der Ausschüttungsgröße die Cashflow-Betrachtung heranzuziehen. Darüber hinaus dienen die frei verfügbaren Cashflow- bzw. Liquiditäts-Größen auch für die **Wertermittlung** des Unternehmens, die insbesondere im Zusammenhang mit der Beendigung der unternehmerischen Tätigkeit des Eigentümers einen verstärkten Fokus einnimmt.

---

64 Der Verfasser empfiehlt das Etablieren einer Kapitalflussrechnung (vgl. Kap. E.3.3.2) mit Ist- und auch Plangrößen, da insbesondere das Working Capital und auch die freien Cashflow-Größen für eine kompetente Unternehmenssteuerung transparent gemacht werden müssen.

1.2.3 Wertanalyse

Der strategische Controlling-Ansatz als Steuerungsgröße wäre im Unternehmen zu implementieren, um den Unternehmenswert bzw. dessen Werttreiber als weiteren Erfolgsmaßstab heranzuziehen. Mit dem **ROCE** wird die Vermögensverzinsung quantifiziert, bei dem die Erfolgsgröße **NOPAT** mit dem im Unternehmen zum Einsatz kommenden Vermögen (NOA) in Beziehung gesetzt und den Kapitalkosten gegenübergestellt wird. Auftretende Schwierigkeiten im Zusammenhang mit der Bestimmung der **Kapitalkosten** (WACC) wurden in den obigen Kapiteln umfassend diskutiert. Die Bewertung des Unternehmens als Ganzes gehört mit Sicherheit zur Königsdisziplin der Betriebswirtschaftlehre und der Unternehmensberatung, da eine Vielzahl von Einflussfaktoren für die Wertermittlung verantwortlich sind, die nicht alle in den gängigen Wertermittlungsverfahren zum Ausdruck gebracht werden können.

Zwar gilt die **DCF-Methode** als State-of-the-Art in der Beratungspraxis, ihre permanente Erfassung bei kleinen Unternehmen dürfte selbst dem Fachmann sehr schwer fallen. Auch sollten Fehleinschätzungen vermieden werden, wie beispielsweise das Nichtberücksichtigen von Investitionen, da diese bei der Zusammensetzung des Free Cashflow einen zentralen Stellenwert einnehmen und bei Nichtinvestition es zu höheren Unternehmenswerten kommen kann. Diese Art von Aktionismus wäre mit Sicherheit übertrieben. In diesem Zusammenhang ließen sich aber zentrale Faktoren benennen, die innerhalb einer **wertorientierten** Unternehmensführung eine Rolle spielen, wie die realistische Bestimmung von Umsatzprognosen in Bezug auf die Entwicklungen auf dem Absatzmarkt, mögliche Abhängigkeiten von einzelnen Großkunden, die nicht ersetzt werden könnten sowie die Prüfung einer ausreichenden Liquidität zur Finanzierung des Umlaufvermögens und anstehender Ersatz- und Erweiterungsinvestitionen.

ABB. 114:	Die Wertanalyse und ihre Maßnahmen			
Kennzahl	**Fragestellung**	**Ist**	**Soll**	**Finanzwirtschaftliche Maßnahmen**
ROCE	Wie wird das im Unternehmen eingesetzte Vermögen verzinst?	?	Individuelle Plan-Vorgabe	Veräußerung nicht benötigter Vermögensgegenstände
Kapitalkosten	Was kosten die langfristigen Bankkredite? Können realistische Eigenkapitalkosten bestimmt werden, die den aktuellen Marktgegebenheiten entsprechen? Insbesondere gilt es, den Beta-Faktor entsprechend bestimmen zu können.	?	Kapitalmarktabhängig	Individuelle Risikoeinschätzung

Unternehmens-wert	Können die gesamten Kapitalkosten ausreichend erwirtschaftet werden? Ist der Wert des gesamten Unternehmens größer als die aktivierten Vermögenswerte? Kann ein Goodwill erwirtschaftet werden?	?	Mögliche Indikation auf der Basis eines 7-fachen bereinigten Ziel-EBIT	Offenlegen der Werttreiber und Berücksichtigung realistischer Kapitalkosten.

Trotzdem wären insbesondere mit Blick auf den Unternehmenswert die Investitionsleistungen aufgrund ihrer Kapitalbindung durchaus kritisch zu hinterfragen, bzw. auch mit Hilfe der vorgestellten Investitionsrechnungen zu quantifizieren. Zu raten wäre, den Unternehmenswert zumindest mit Hilfe der vorgestellten **Multiplikatorenmethode** auf der Basis bereinigter EBIT-Größen einem 7-fachen Ziel-EBIT gegenüberzustellen, um zumindest eine gewisse Indikation zu erhalten, ob der am Markt zu erzielende **Ertragswert** des Unternehmens größer ist als der Liquidationswert mit dem Abverkauf der einzelnen Vermögensgegenstände.

ABB. 115: Der Unternehmenswert auf der Basis von Vergleichsgrößen			
In €	Ist	Plan 01	Plan 02
EBIT			
+ Neutraler Aufwand			
als Geschäftsführergehälter			
als Sofortabschreibung der geringwertigen Wirtschaftsgüter			
als Verluste aus dem Abgang von Vermögensgegenständen			
als Restrukturierungsaufwendungen			
als Einstellungen in Sonderposten mit Rücklageanteil			
- Neutrale Erträge			
als Erträge aus der Auflösung von Rückstellungen			
als Erträge aus dem Abgang von Vermögensgegenständen			
als Erträge aus der Auflösung von Sonderposten mit Rücklageanteil			
- Kalkulatorische Kosten			
als Geschäftsführergehälter			
als Miete			
Bereinigter EBIT			
Gewichteter durchschnittliche bereinigter EBIT			
x Branchenmultiplikator von 7			
- Abzugskapital			
als Verbindlichkeiten gegenüber Kreditinstituten			
als Pensionsrückstellungen			

als durchschnittlicher zusätzlicher Finanzbedarf für das Working Capital			
Indikation des Unternehmenswerts	**Unternehmenswert**		

In einem **Cockpit-Protokoll** ließen sich die erfassten Größen aus den vorgestellten Bereichen erfassen und in einem Strategieteam, bestehend aus mitarbeitendem Inhaber, Fremdgeschäftsführung und einem Verantwortlichen des Controlling durchaus monatlich diskutieren. Die Ergebnisse könnten in einem Folgeschritt entsprechend aufbereitet auch den Banken für mögliche Bonitätsprüfungen im Zusammenhang mit dem Generieren von Krediten zur Verfügung gestellt werden.

ABB. 116: Das Cockpit-Protokoll für Kleinunternehmen			
Steuerungs- und Bonitätskriterien	**Ist**	**Soll**	**Bemerkungen**
I. Kapitalstrukturanalyse			
(1) Eigenkapitalquote			
(2) Working Capital-Ratio			
II. Erfolgsanalyse			
(3) Gesamtkapitalrendite			
(4) Schuldentilgungsdauer			
(5) Zinsdeckungsquote			
III. Wertanalyse			
(6) Vermögensrendite			
(7) Kapitalkosten			
(8) Unternehmenswert			

Wichtiger als die Erfassung einzelner Kennzahlen ist die Fähigkeit des Gesamtunternehmens, aufgetretene Schwächen zu erkennen und insbesondere darauf zu reagieren bzw. einen **Veränderungsprozess** einzuleiten. In diesem Zusammenhang muss das gesamte betriebliche Umsystem, wie Lieferanten, Kunden, Mitarbeiter und auch die kreditgebenden Banken mit in die Betrachtung eingebunden werden. Die erfassten Kennzahlen sind demzufolge nicht Dogma, sondern ausschließlich Inspiration, über Verbesserungen nachzudenken. Auch mit dem Hintergrund ständiger Veränderungen der makroökonomischen Bedingungen wird auch das Unternehmen nach Ablauf der prognostizierten Planperiode ein anderes sein. Dieses wird sich schleichend an die sich verändernden Vorgaben anpassen wie Zulieferbeziehungen und Einkaufspreise, Mitarbeiterstruktur, Kapitalkosten sowie Kundenwünschen.

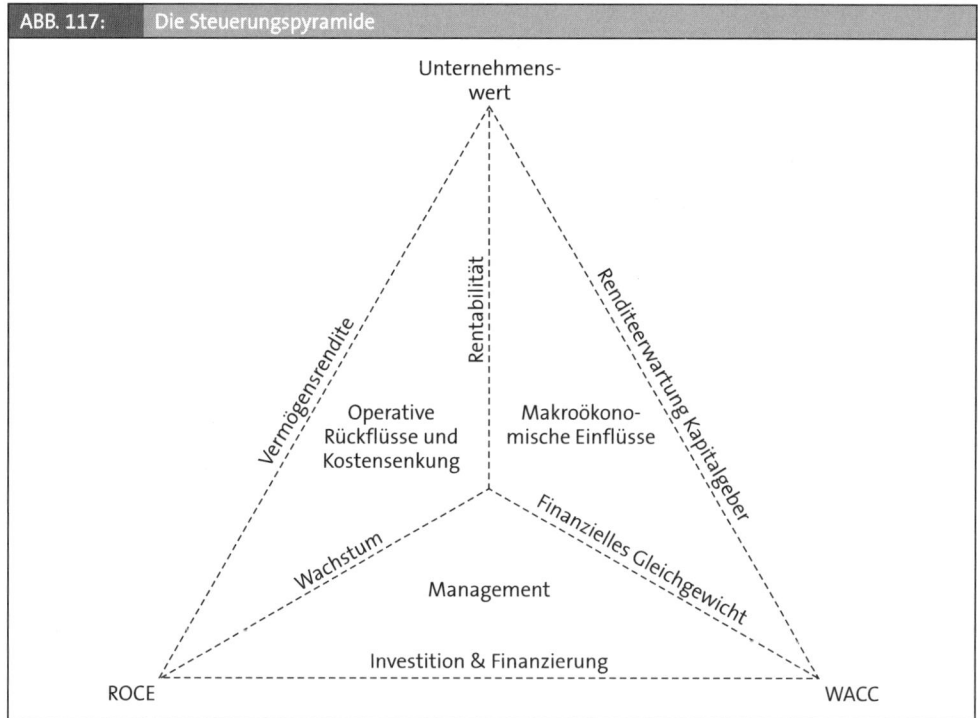

ABB. 117: Die Steuerungspyramide

Letztere sind permanent zu beurteilen, da helfen auch keine diversifizierten Ansätze einer Er-folgs- und Wertanalyse, sondern nur das Bewusstsein, dass Unternehmenstätigkeit primär der Befriedigung von Kundenbedürfnissen dient. Umsätze werden nach wie vor über cash bezahlte Absatzleistungen von Gütern und Dienstleistungen erzielt, die wiederum die gesamte bereit-gestellte physische und monetäre Infrastruktur vergüten und erst subsidiär zu einer Wertsteige-rung des Unternehmens beitragen können. Hohe Unternehmenswerte wiederum schaffen die notwendige Bonität gegenüber den Kapitalgebern und sind auch die beste Voraussetzung für einen erfolgreichen Verkauf des Unternehmens.

2. Verkauf des Unternehmens

In den obigen Ausführungen dieses Kapitels wurde ein Management-Cockpit vorgestellt, wel-cher der Geschäftsleitung einen sachgerechten Überblick in Bezug auf die für das Unternehmen steuerungsrelevanten Kennzahlen gibt. Die Bedeutung des Unternehmenswerts wird zum einen aus der Perspektive des Controllings zur Bedienung der Kapitalgeberansprüche legitimiert, zum anderen ist dieser auch eine wesentliche Entscheidungsgrundlage für den Verkauf des Unter-nehmens. Im Gegensatz zur Veräußerung des betrieblichen Sachanlagevermögens ist dieser kein streng ablaufender Desinvestitionsvorgang, sondern eine Angelegenheit, bei der Menschen mit unterschiedlichen Rollen und Interessen zusammenkommen, um gemeinsam eine für alle Beteiligten zufrieden stellende Gesamtlösung zu entwickeln. Im Folgenden soll der **Prozess der**

Unternehmensveräußerung vorgestellt werden, der in eine Vorbereitungs-, in eine Transaktions- sowie in eine Integrationsphase unterteilt werden kann.[65]

2.1 Vorbereitungsphase

Während bei bilanzierten Vermögensgegenständen des Sachanlagevermögens der Veräußerungszeitpunkt schon beim Erwerb prognostiziert wird, ist der Verkauf des Unternehmens als Ganzes von unterschiedlichen Motiven und Notwendigkeiten beeinflusst, die sich erst im Laufe des Lebenszyklusses ergeben.

2.1.1 Veräußerungsmotive

Der „klassische" Fall eines Veräußerungsvorhabens liegt vor, wenn der Unternehmer das Pensionsalter erreicht hat, bei gleichzeitig nicht gelöster familiärer oder auch außerfamiliärer **Nachfolgeregelung**. Ist der Gesellschafterkreis bei familiengeführten Unternehmen sehr heterogen zusammengesetzt, sind unterschiedliche Präferenzen bezüglich Engagement oder auch Lebensplanung vorhanden. Auch haben eigentümergeführte Unternehmen die Eigenart, dass die Vorgänge des betrieblichen und des privaten Bereichs nicht immer trennscharf differenziert werden können. Dies ist, unabhängig des Tolerierens der Finanzverwaltung beispielsweise bei Kraftfahrzeugen, Gehaltsteilen von Reinigungskräften oder auch Spesenabrechnungen der Fall. Ein interessantes, seit einigen Jahren zu beobachtendes Phänomen, sind Veräußerungen von Unternehmern, die von einer altersbedingten Pensionierung noch sehr weit entfernt sind. Die unternehmerische Tätigkeit wird nicht als eine Lebensaufgabe verstanden, sondern dient ausschließlich dem Ziel, in einem überschaubaren Zeitraum mit dem Einsatz von Kapital und eigener Arbeitsleistung eine überproportionale **Rendite** zu erwirtschaften.

Weitere Gründe für eine Unternehmensveräußerung wären eine fehlende zukünftige Marktbehauptung ohne große Investitionen, Angst vor weiteren steuerlichen Hindernissen oder auch das einmalige Angebot eines Investors. Für einen erfolgreichen Verkauf des Unternehmens ist zum einen der richtige Verkaufszeitpunkt entscheidend, da bei einer wirtschaftlichen Prosperität die am Markt auftretenden Käufer grundsätzlich eine größere Bereitschaft haben, höhere Kaufpreise zu bezahlen, zum anderen ist auch die sachgerechte Aufbereitung der notwendigen Unterlagen ein durchaus wichtiger Erfolgsgarant.

2.1.2 Exposéerstellung

Ein Unternehmensexposé ist eine strukturierte Zusammenstellung von Informationen und Daten, die es einem potenziellen Interessenten auch ohne genaue Kenntnis des Unternehmens ermöglichen soll, eine erste Kaufpreiseinschätzung vorzunehmen. Das bedeutet, dass potentielle Erwerber die Verfahren der Unternehmensbewertung, die wir oben als Ertrags- und Vergleichswertverfahren vorgestellt haben, fachgerecht durchführen können. Die folgenden Unterlagen

---

65 Eine Vertiefung des Veräußerungsprozesses von Unternehmen und deren Wertermittlung in: *Exler, M.,* MidCap M&A, Management für den Verkauf und die Bewertung von mittelständischen Unternehmen, Herne 2006.

werden für die **Exposéerstellung** benötigt, um auf dessen Basis ein erstes indikatives Angebot formulieren zu können.

ABB. 118:	Die Unterlagen für ein Unternehmensexposé

- ► Jahresabschlüsse der letzten drei Jahre
- ► Bericht der letzten Betriebsprüfung
- ► Betriebswirtschaftliche Auswertung des laufenden Jahres
- ► Plan-Jahresabschluss des laufenden Jahres
- ► Plan-Jahresabschlüsse der künftigen drei, besser fünf Jahre
- ► Finanzplanung der nächsten drei Jahre
- ► Produktkataloge
- ► Organigramm
- ► Lebensläufe der Führungsmitarbeiter
- ► Personalaufstellung
- ► Gesellschaftervertrag
- ► Handelsregisterauszug
- ► Presseberichte

Auf der Basis der Unternehmensdokumentation werden die ersten Sondierungsgespräche geführt und durchaus auch ein erstes indikatives Angebot unterbreitet. Gegenstand eines Angebotsvorschlages ist im Wesentlichen der Kaufpreis, die Struktur der Kaufpreisgestaltung im Zusammenhang mit den formulierten operativen Zielen und der Zeitplan mit den einzelnen Teilschritten bis zum finalisierenden Vertragsabschluss. Auch wenn die Darstellung der Unternehmensdokumentation mehrheitlich ein gut gehütetes Geheimnis der Mergers & Acquisitions-Beratungsbranche ist, wären grundlegend die in der Abbildung 119 dargestellten Positionen aufzuführen.

ABB. 119:	Die Gliederung eines Unternehmensexposés

- ► Rechtliche Verhältnisse, wie beispielsweise Eigentümer-, Geschäftsführer- und Vertretungsstruktur der Gesellschaft;
- ► Historische Entwicklung der Veränderung der gesellschaftsrechtlichen Struktur, des Standortes, der geschäftlichen Aktivitäten und eventuell herausragende Ereignisse;
- ► Produkt- bzw. Dienstleistungsprogramm und das dazugehörige jeweilige Umsatzvolumen;
- ► Vertriebsstruktur, wie die Organisation und Struktur des internen und externen Vertriebssystems;
- ► Kundenzusammensetzung bezüglich der Gesamtzahl und Aussage über mögliche Konzentrationstendenzen auf wenige Großkunden;
- ► Lieferantenzusammensetzung bezüglich der Gesamtzahl und mögliche Konzentrationstendenzen auf weinige Zulieferer;

> ► Personalstruktur, wie beispielsweise die Segmentierung in die einzelnen Funktionalbereiche Produktion, Verwaltung und Vertrieb, sowie bei Führungskräften Name, Alter, Funktion, Eintrittsdatum und Jahresgehalt;
>
> ► Markt- und Branchenentwicklung mit der Skizzierung der strategischen Produktpositionierung sowie eines Stärken- und Schwächepotentials;
>
> ► Kapitalstruktur mit der Auflistung aller Finanzverbindlichkeiten, wie Darlehen und Kontokorrentkredite sowie mögliche nachrangige besicherte Mezzanine-Finanzierungen, wie beispielsweise stille Beteiligungen und Gesellschafterdarlehen;
>
> ► Umsatz- und Ertragssituation anhand einer Gegenüberstellung der Bilanz- und GuV-Daten vergangener und zukünftiger Geschäftsperioden.

Üblicherweise wird das Exposé verschickt, wenn vom Interessenten eine entsprechende **Vertraulichkeitserklärung** vorliegt. Diese hat zum Ziel, dass sich der potentielle Käufer verpflichtet, über das Führen von Verhandlungen Dritten gegenüber Stillschweigen zu wahren. Im Wesentlichen geht es um technische oder wirtschaftliche Daten sowie Personalinformationen. Parallel zur Erstellung eines Unternehmensexposés wird die Auswahl möglicher Käufer durchgeführt. Diese lassen sich im Wesentlichen als strategische Käufer, als Finanzinvestoren oder auch als Management-Buy-out-Lösungen differenzieren.

2.1.3 Käufersuche

Der **strategische Käufer** ist in der Regel ein Unternehmen aus derselben Branche und häufig größerer Mitbewerber, der ein eigentümergeführtes Unternehmen erwirbt, um nach der Integration in die schon bestehende Konzernstruktur, eine entsprechende Marktführerschaft generieren zu können. Da nicht nur die finanzwirtschaftlichen, sondern im Wesentlichen die operativen Vorstellungen des Käufers erfüllt sein müssen, ist der Prüfungsprozess innerhalb der Transaktionsphase sehr aufwendig. Das Primat einer wertorientierten Unternehmensführung zwingt den Erwerber zur Investition in rendite- und werthaltige Engagements. Eigentümer und Aufsichtsgremien des Käufers verfolgen die Allokation des eingesetzten Kapitals sehr genau, demzufolge ist das Management einem sehr hohen Leistungsdruck ausgesetzt. Bezüglich des Kaufpreises allerdings kann man davon ausgehen, dass bei einem sog. **Trade Sale**, wie der Erwerb durch einen strategischen Küfer genannt wird, die Preisangebote tendenziell höher ausfallen als das im Zusammenhang mit reinen Finanzinvestoren der Fall ist.

Finanzinvestoren sind mehrheitlich Private Equity-Fonds oder auch Kapitalbeteiligungsgesellschaften, deren Kapital von Pensionskassen, Versicherungen, Banken oder auch von wohlhabenden Familien akquiriert wird. Die Beteiligung mit Eigenkapital ist in einem reifen Stadium des Unternehmenslebenszyklusses, um finanziell aufwendige Veränderungs- oder Wachstumsphasen zu begleiten. Neben der Finanzbeteiligung leistet diese Käufergruppe auch eine Managementunterstützung und Ergebniskonsolidierung innerhalb der Gesamtorganisation. Eine Einflussnahme auf das Tagesgeschäft ist dagegen nicht Gegenstand der Aktivitäten. Die gewünschte Verzinsung des Engagements wird über den Wieder- bzw. Weiterverkauf realisiert, der einen festen Strategiebestandteil darstellt. Präferiert wird ein **IPO** (*Initial Public Offering*) als der Verkauf über die Börse. Der Engpass, der sich bei dieser Käufergruppe üblicherweise herauskristallisiert, ist das Vorhandensein entsprechender Managementressourcen, um das akquirierte Unternehmen auch künftig erfolgreich weiterführen zu können. Dem Umstand begrenzter Managementkapazitäten begegnen die Finanzkäufer sehr häufig mit dem Einbinden von Management-Buy-out-Lösungen.

Management-Buy-out bezeichnet ein im verkaufenden Unternehmen anteilsloser bzw. minderheitsanteiliger Geschäftsführer oder sonstiger Manager, der das Unternehmen mit Eigen- und Kreditmitteln erwirbt. Natürlich setzt diese Variante das Vorhandensein einer zweiten Führungsebene voraus, die nach der notariellen Beurkundung der Übernahmeverträge das Ruder in die Hand nehmen können. Hingegen ist ein **MBI-Kandidat** ein Manager, der noch keinen direkten Bezug zum Unternehmen hat. Diese Käufergruppe hat ihr Kapital häufig aus Erbschaften oder höheren Abfindungsbeträgen, welches sie zur Verwirklichung einer eigenen unternehmerischen Tätigkeit einsetzten. Aus der Sicht eines mitbeteiligten Finanzinvestors sind die grundlegenden Vorteile von Buy-out-Lösungen die relativ schnelle Durchführung des gesamten Transaktionsprozesses und motivierte Geschäftsführer, die aufgrund ihrer eigenen finanziellen Beteiligung an einem entsprechenden Wertzuwachs ihres eingesetzten Kapitals interessiert sind.

Die Bandbreite der in Frage kommenden Käufer mit ihren **individuellen Übernahmelösungen** zeigen sehr deutlich, dass der Auswahl ein hoher Stellenwert eingeräumt werden sollte. Die Einengung auf den zu kontaktierenden Interessentenkreis muss zum einen die operativen Zielsetzungen und zum anderen die finanziellen Möglichkeiten in Bezug auf die Kapitalaufbringung berücksichtigen. Haben sowohl der Verkäufer als auch der Käufer eine Einigung bezüglich der operativen Ausrichtung, des Managements und auch des Kaufpreises erreicht, wird mit der Ausfertigung eines Letter of Intent ein entscheidender Meilenstein einer Veräußerung gesetzt.

2.1.4 Letter of Intent

Der Entwurf eines **LOI** (*Letter of Intent*) wird vom Käufer ausgearbeitet und vorgelegt. Dieser ist ein Vorvertrag bzw. eine **Absichtserklärung**, um die in den Vorgesprächen diskutierten und verhandelten Parameter für beide Parteien zu fixieren. Zwar kann von diesem keine rechtliche Bindung abgeleitet und eingeklagt werden, doch die zumindest „haftungspsychologische Wirkung" dient der Konkretisierung des Vorhabens. Auf der Basis der Gesprächs- und Sitzungsprotokolle entwickelt der Käufer relativ formlos auf wenigen Seiten die Parameter

► Kaufpreis,

► Rahmenbedingungen,

► Geschäftsführerkonditionen,

► zu übernehmende Haftungen und Gewährleistungen,

► Exklusivitätsvereinbarungen für einen Vertragsabschluss mit dem verhandelnden Erwerber,

► Zeitplan sowie

► einen möglichen Termin für die Vertragsunterzeichnung.

Da die einzelnen Ausführungen der Absichtserklärung auf der Basis der Daten des Exposés und der Verhandlungsgespräche formuliert wurden, werden diese vom Käufer entsprechend geprüft. Demzufolge schließt sich unmittelbar an die Unterzeichnung des Letter of Intent die Due Diligence-Prüfung an, welche im Folgeverlauf die eigentliche Transaktionsphase einleitet.

2.2 Transaktionsphase

Geht es in die eigentliche Transaktionsphase, sind schon etwa sechs Monate vergangen, in denen sich die Akteure auch kennen gelernt haben. In aller Regel ist der Umgangston freundschaftlich, in der Sache wird aber entsprechend straff verhandelt, da das Management des Käufers die Transaktion den Gremien gegenüber rechtfertigen muss und der Verkäufer einen hohen Kaufpreis bei möglichst wenig Gewährleistungen erreichen möchte.

2.2.1 Due Diligence-Prüfung

„Erforderliche Sorgfalt" wäre die aus der angelsächsischen Rechtswissenschaft wörtliche Übersetzung für **Due Diligence**, bei der ein vom Käufer benanntes Team einer Wirtschaftsprüfungsgesellschaft verschiedene Unternehmensdaten auf ihre Ordnungsmäßigkeit überprüft. Im Wesentlichen geht es um das Abgleichen der aus dem **Rechnungswesen** abgeleiteten Ist- und Planwerte, um vor allem das Erfolgspotential bezüglich des vereinbarten Kaufpreises auf ihre Werthaltigkeit hin zu überprüfen. Auch werden sämtliche **Vertragsdokumente**, die zukünftige Rechtsstreitigkeiten nach sich ziehen könnten, wie

▶ Gesellschafter- und Geschäftsführervertrag,

▶ Arbeitsverträge für Mitarbeiter,

▶ Kunden- und Lieferantenverträge sowie

▶ sonstige auf Verträgen basierende Tatbestände

genau angesehen. Doch nicht nur der Käufer hat ein Interesse an einer detaillierten Prüfung der Unternehmensdaten. Für den verkaufenden Unternehmer geht es im Wesentlichen darum, die in den zu erstellenden Übergabeverträgen geforderten Gewährleistungszusagen und Garantien in Grenzen zu halten. Organisiert wird eine Due Diligence, indem die Käuferpartei eine **Prüfungsliste** mit allen benötigten Unterlagen vorlegt, die dann vom Käufer in einem Datenraum zur Ansicht, nicht jedoch zum Kopieren, bereitgestellt werden. Sollte der Unternehmer über keine zusätzlichen Räumlichkeiten verfügen oder diesen Prozess aus Vertraulichkeitsgründen nicht im Haus durchführen lassen wollen, bieten sich dafür auch die Kanzleiräume der Steuerberater und Rechtsanwälte an.

Häufig wird argumentiert, dass sich während einer Due Diligence der potenzielle Käufer sehr viele Detailinformationen des Zielunternehmens beschaffen kann und bei einem Nichtzustandekommen der Transaktion die gewonnenen Informationen verwertet. Die doch recht hohen Honorarkosten für die beauftragten Wirtschaftsprüfungsgesellschaften, die das Management vor den eigenen Kontrollgremien rechtfertigen muss, können als Gegenargument angeführt werden. Inwieweit aber die Verkäuferpartei wirklich alle angeforderten Unterlagen bereitstellen möchte, ist im Einzelfall zu prüfen. In manchen Fällen kann es durchaus sinnvoll sein, sensible Angaben im Zusammenhang mit Lieferanten- oder auch Kundendaten in einem ersten Schritt zu anonymisieren und erst bei der Vertragsunterzeichnung im Detail zu übergeben.

2.2.2 Vertragsgestaltung

Kommt der verkaufende Unternehmer oder Manager bei der Prüfung des LOI mit der Unterstützung des M&A-Beraters oder des Steuerberaters aus, empfiehlt sich im Zusammenhang mit den Verhandlungen bezüglich der Vertragsgestaltung, einen Wirtschaftsanwalt mit Transaktionserfahrung hinzuzuziehen. Bei einem Großteil von Veräußerungen werden mit notarieller Beurkundung die Eigenkapitalanteile auf den Erwerber übertragen (**Share Deal**, Beteiligungserwerb), während bei einem **Asset Deal** (Vermögenserwerb) die Vermögensgegenstände heraus zu kaufen sind. Entsprechend muss die Höhe der zu übergebenden Eigenkapitalanteile festgehalten werden, die mit dem ermittelten und verhandelten Kaufpreis abgegolten werden. Selbstverständlich muss das verbuchte Eigenkapital vollständig eingezahlt sein und darf sich auch nicht durch Entnahmen vermindern.

Festzuhalten ist, dass der zu zahlende Kaufpreis mehrheitlich vom ermittelten Unternehmenswert abweicht, da dieser das Ergebnis von meistens längeren Verhandlungen abbildet. Dieser sollte nicht isoliert betrachtet werden, sondern unter Einbeziehen der gesamten **Transaktionsstruktur** reflektiert werden. Zu unterscheiden wären

►   die Differenzierung einzelner Käufergruppen, die auch unterschiedliche steuerliche Gestaltungsspielräume im Zusammenhang mit dem Erwerb generieren können;

►   die individuelle Zukunftsperspektive des Verkäufers, der möglicherweise jung genug ist, um im kaufenden Konzern Karriere im Vorstand zu machen;[66]

►   die Übernahme verschiedener Gewährleistungen und Haftungen;

►   die konkreten Teile, die verkauft werden bzw. die Möglichkeit, dass bestimmte Teile von der Veräußerung ausgeschlossen werden;

►   die Frage der Verwendung des aktuell erfassten Jahresüberschusses bzw. ob das Unternehmen mit oder ohne aufgelaufene Gewinne übergeben wird;

►   der Zeitpunkt der Übergabe, der meistens als Stichtagsregelung rückwirkend zum 1. 1. des Jahres der Vertragsunterzeichnung angesetzt wird;

►   die Struktur der Kaufpreiszahlung in bar, in Aktien sowie möglicherweise mit dem Einbehalten eines Kaufpreisteils und einer Auszahlung anhand der zukünftigen Ertragsentwicklung.

Seit ein paar Jahren zeigt sich der Trend, dass zum Zeitpunkt der Vertragsunterzeichnung nicht der gesamte Kaufpreis Zug um Zug mit der Übergabe der Eigenkapitalanteile bezahlt, sondern ganz bewusst ein Teil einbehalten wird und erst in den Folgejahren im Falle einer Übereinstimmung mit den für die Unternehmensbewertung zugrunde liegenden Planzahlen vergütet wird. Die stufenweise Zahlung des vereinbarten Kaufpreises erstreckt sich in der Regel über die drei bis fünf Folgejahre und wird als **Earn-Out-Regelung** oder als **Besserungsschein** bezeichnet. Diese Variante der Kaufpreisgenerierung wird häufig gewählt, wenn Altgesellschafter noch für einen Übergangszeitraum operativ tätig sind. Auch werden ambitionierte Kaufpreise, die auf der Basis

---

66   Das kommt in der Praxis durchaus sehr häufig vor. Prominentes Beispiel ist *René Obermann*, der sein eigenes Unternehmen an die Telekom-Gruppe verkauft hat und jetzt den Vorsitz des Vorstandes der Deutschen Telekom AG inne hat.

einer optimistischen Unternehmensplanung fußen, gerechtfertigt und gleichzeitig eine Anreiz-situation geschaffen. Damit einher geht auch die Konditionengestaltung des Geschäftsführer-vertrages, der neben den üblichen Bestandteilen mehrheitlich auch Zusagen bezüglich einer er-folgsorientierten Vergütung sowie Dientswagenregelung beinhaltet. Die Positionen Wett-bewerbsverbot, Nebenbeschäftigungen sowie genehmigungspflichtige Geschäfte runden den Vertrag ab. In dieser Phase der Transaktion, die nach etwa 12 bis 15 Monaten nach Mandatser-teilung des M&A Beraters erreicht ist, steht der Unterzeichnung der Übergabeverträge, in der Branche als „Closing" bezeichnet, nichts mehr im Weg.

2.2.3 Closing

Die notarielle Beurkundung des gesamten Vertragswerks ist auch der Zeitpunkt des Fälligwer-dens der zumindest ersten Tranche des vereinbarten **Kaufpreises** an den verkaufenden Unter-nehmer. Für den Käufer bedeutet das, die Finanzierung der Transaktion im Vorfeld sicherzustel-len. Im Zusammenhang mit dem Erwerb von inhabergeführten Unternehmen werden neben den vorhandenen Eigenmitteln auch ergänzende Kreditmittel herangezogen. Die **Banken** prüfen ihr eigenes Engagement auch auf der Grundlage der Dokumentation und des zwischen den Ver-tragsparteien diskutierten Bewertungsgutachtens über das Unternehmen. Als Ergebnis legen sie dem Investor ein entsprechendes **Term Sheet** mit den für die Kreditierung relevanten Kon-ditionen vor. Bei großen Akquisitionen ist es auch üblich, über die Platzierung einer Anleihe oder Wandelschuldverschreibung, sich die für die Transaktion notwendigen Fremdkapitalmittel zu beschaffen.

Für einen an der Transaktion begleitenden M&A-Berater endet in der Regel bei Vertragsunter-zeichnung das Mandatsverhältnis, was bei einem involvierten Steuerberater nicht unbedingt der Fall sein muss. Zwar wird nach sehr vielen Transaktionen das Reporting im Zusammenhang mit der zu erstellenden Konzernbilanz von der Wirtschaftsprüfungsgesellschaft des Käufers durchgeführt, durchaus üblich ist aber auch das zusätzliche Hinzuziehen des lokalen Steuerbe-raters für die Erstellung des Einzelabschlusses. Zu feiern haben alle Beteiligten etwas, der ver-kaufende Unternehmer einen attraktiven Kapitalzugang und der Käufer ein interessantes Inves-titionsobjekt zur Performancesteigerung des Konzerns, welches allerdings erst integriert werden muss.

2.3 Integrationsphase

Ist die Euphorie des Transaktionsabschlusses vorüber, dürfen sich die Protangonisten nicht etwa zurücklehnen, sondern sind aufgefordert, ein stimmiges Ganzes zu entwickeln. Genauso wie es während des gesamten Kaufprozesses ein Team gibt, welches die Transaktion bis zur Unter-zeichnung der Verträge begleitet, muss auch für die **Integration** des akquirierten Unternehmens ein entsprechendes Team definiert werden. Eine notwendige Voraussetzung ist das Definieren von übergeordneten Zielen wie beispielsweise eine strategische Ausrichtung für Produktinnova-tionen, Nutzung von Synergien auf dem Beschaffungs- und Absatzmarkt sowie der Aufbau eines integrierten Informations- und Controlling-Systems.

Börsennotierte Käufer formulieren die strategischen Ziele ihrer Akquisitionen in ihrem **Wert-management-Konzept.** Mehrheitlich müssen sich Akquisitionen spätestens im dritten Jahr nach erfolgter Konzernkonsolidierung amortisieren, also die Vermögensrendite (ROCE) die Kapitalkosten (WACC) übertreffen. Auf der anderen Seite kann aber auch eine vollständige Integration ausbleiben. Bei Übernahmen durch Finanzinvestoren ist das der Normalfall, da die Weiterentwicklung der einzelnen Portfolio-Unternehmen den ertragsbringenden **Weiterverkauf** zum Ziel hat. Die Integration beschränkt sich in derartigen Fällen auf die Einbindung des Unternehmens in ein gemeinsames Controlling-System. Zur Optimierung der Ertragskraft werden gemeinsame Zielvorgaben erarbeitet und eine Unterstützung der Finanzmittelbeschaffung sowie Weiterentwicklung des Managements geleistet.

2.4 Resümee

Um einen erfolgreichen Verkauf des Unternehmens, also auch das Generieren eines guten Preises zu gewährleisten, ist eine gute Vorbereitungszeit von erheblichem Vorteil. Dazu gehören ertragsstarke Geschäftsjahre, eine funktionsfähige zweite Führungsebene sowie wohlüberlegte Investitionen, welche die zukünftigen Handlungsmöglichkeiten nicht einschränken dürfen. In der ersten Phase des Prozesses werden Sondierungsgespräche geführt, in denen es um die Vorstellung des Unternehmenskonzepts und um die Präsentation des Managements geht. Die Bewertung des Zielunternehmens nimmt in diesem Zusammenhang einen zentralen Stellenwert ein. State-of-the-Art ist die Discounted Cashflow-Methode, die den Unternehmenswert auf der Basis diskontierter zukünftiger freier Cashflow-Größen berechnet. Eingeengt wird der Bewertungskorridor mit entsprechenden Vergleichswerten wie beispielsweise über die Multiplikatorenmethode.

Um aber nicht bedingungslos jeden Kaufpreis akzeptieren zu müssen, sollte sich der Unternehmer zu jedem Zeitpunkt der Transaktion auf die selbstständige Fortführung des Unternehmens einstellen und demzufolge auch den Mut zu einem Abbruch der Verhandlungen aufbringen. Innerhalb des Transaktionsprozesses helfen definierte Zwischenziele, entsprechende Abstimmungen in den einzelnen Teilbereichen vornehmen zu können. Der entscheidende Meilenstein ist die beiderseitige Unterzeichnung einer Absichtserklärung (LOI). Die Due Diligence-Prüfung und die Unterzeichnung der Übergabeverträge sind die wesentlichen Ereignisse in der Schlussphase einer Transaktion. Für die Integration ist das Etablieren einzelner Controlling-Maßnahmen eine wichtige Voraussetzung für eine professionelle Unternehmenssteuerung.

H. Fazit

Die im Buch dargestellten Managementbereiche Jahresabschluss, Finanzierung, Controlling sowie Wertmanagement sollen als Metapher verstanden werden, dass auch inhabergeführte Unternehmen über die Aufbereitung der im Unternehmen anfallenden Daten sich Gedanken machen müssen. Der Anspruch des Rechnungswesens wäre nicht nur die pflichtgemäße Aufstellung des Jahresabschlusses, um den gesetzlichen Anforderungen gerecht zu werden, sondern darüber hinaus auch als ein **entscheidungsorientiertes** Instrument zu fungieren, welches als zentrales Element innerhalb eines Controlling-Systems seinen Stellenwert bekommt. Mögen die einzelnen Erfolgsgrößen, die über die GuV-Rechnung herausgelesen werden können auch ähnlich klingen und zur Substitution einladen, wie Betriebsergebnis, betriebliches Ergebnis, betrieblich bedingtes Ergebnis, operatives Ergebnis etc., ihre Bedeutung ist aber sehr unterschiedlich, insbesondere unter dem Hintergrund der entsprechenden Bereinigungen für einen nachhaltigen Erfolgsausweis. In diesem Zusammenhang lassen sich Geschäftsberichte börsennotierter Unternehmen nur selektiv für ein Nachahmen heranziehen, da nicht alle die vom Anleger gewünschte Transparenz gewährleisten. Insbesondere im Zusammenhang mit der Veröffentlichung von Ertrags-Kennzahlen ist bei manchem Konzern-Jahresabschluss Transparenz eher nicht gewährleistet.

Die fachgerechte Interpretation von einzelnen **Kennzahlen**, die für die strategische Beurteilung von Maßnahmen herangezogen werden können, ist auch von der Kenntnis der gewählten **Ansatz- und Bewertungsvorschriften** abhängig. Aufgrund der höheren Aktivierungsmöglichkeiten leistet die internationale Rechnungslegung nach IFRS einen Vorschub zur zeitlichen Vorverlagerung von Gewinnen und zur Nachverlagerung von Verlusten. Die Hebel für eine Bilanzverlängerung sind das nicht planmäßige Abschreiben des Geschäfts- oder Firmenwerts, die Möglichkeit der Neubewertung beim Sachanlagevermögen, die Bewertung des Finanzanlagevermögens zu Marktwerten, der Pflichtansatz latenter Steuern sowie der restriktivere Ansatz von Rückstellungen. Insbesondere die Möglichkeit des Wertansatzes über die ursprünglichen Anschaffungs- und Herstellungskosten, der zwar über die Neubewertungsrücklage im Erfolgsausweis neutralisiert wird, lässt die ausschließliche **Informationsfunktion** erkennen. Auch wenn das HGB mit der Neugestaltung über das BilMoG eine gewisse Annäherung an die international üblichen Transparenzstandards der Rechnungslegung mit sich bringt, im Vordergrund steht nach wie vor die Funktion der **Ausschüttung** und nach EStG die **Steuerbemessung**.

Im Zusammenhang mit der Umsetzung des BilMoG werden über die nächsten Geschäftsperioden die Vergleiche der **Schlüssel-Kennzahlen** des Eigenkapitals und der Erfolgsgrößen erst einmal schwieriger ausfallen. Es wird sich herausstellen müssen, wie die Bilanzierungspraxis mit den Veränderungen des BilMoG bezüglich der Erfassung der Geschäfts- oder Firmenwerte, der selbst erstellten immateriellen Vermögenswerte sowie der veränderten Ansätze bei den Pensionsrückstellungen umgehen wird. Management und Kapitalgeber sind gut beraten, den Blick insbesondere auf die Entwicklung der Liquidität zu richten. Demzufolge avanciert die **Kapitalflussrechnung**, neben der Bilanz sowie Gewinn- und Verlustrechnung, vom Anhängsel eines Jahresabschlusses zum zentralen Element in Bezug auf die Beurteilung der Leistungsfähigkeit des Unternehmens. Bilanzpolitische Gestaltungsspielräume, egal ob HGB oder IFRS, werden eliminiert und auf den tatsächlichen Zahlungsfluss reduziert. Im internationalen Kontext wird die Kapitalflussrechnung auch für eigentümergeführte Unternehmen zum Pflichtbestandteil der

Dokumentation des Geschäftsjahres. Mit dem Anspruch einer controllingorientierten Rechnungslegung gehört diese auf alle Fälle in das Set der relevanten Controlling-Instrumente.

Bei börsennotierten Unternehmen von besonderem Interesse ist die Höhe des Geschäfts- oder Firmenwerts, der **Goodwill**. In den Konzernbilanzen wird er bei der Konsolidierung der Tochtergesellschaften gebucht, wenn für diese bei der Akquisition ein über die Vermögenswerte hinausgehender Kaufpreis bezahlt wird. In den Geschäftsjahren 2004 bis 2007, in denen aufgrund der wirtschaftlichen Prosperität der Unternehmen das Mergers & Acquisitions-Geschäft wieder stark zugelegt hat, konnte auch das Bezahlen hoher Kaufpreise beobachtet werden. Hohe Börsenkurse implizieren auch bei nichtbörsennotierten Unternehmen einen Werteanstieg, da aufgrund einer hohen Liquidität im Markt die Nachfrage nach Akquisitionsobjekten vor allen außerhalb des Börsenparketts in der Regel stark ansteigt.

Dem Analysten kann in Boomphasen geraten werden, den aktivierten Goodwill mit dem bilanzierten Eigenkapital in Beziehung zu setzen. Das ist deshalb von großer Bedeutung, da es in späteren wirtschaftlich schwächeren Phasen möglicherweise zu Abschreibungen kommen kann, da die über eine **Werthaltigkeitsprüfung** (Impairment of assets nach IAS 36.80) ermittelten Unternehmenswerte nicht mehr mit den bilanzierten Firmenwerten übereinstimmen und dann größere Abschreibungen die Folge wäre. Demzufolge schlummern insbesondere in einem überproportional hohen Goodwill-Anteil Risiken für die Höhe des zukünftigen Erfolgsausweises. Konstatiert werden muss auch, dass mit der Pflicht zur Werthaltigkeitsprüfung die Kontrolle von Akquisitionsprojekten, insbesondere mit der Aufstellung von Business- und Finanzplänen eher gewährleistet werden kann, auf der anderen Seite aber die zeitliche Vergleichbarkeit der Jahresabschlüsse erschwert wird. Mit der 2004 abgeschafften planmäßigen Goodwill-Abschreibung in den IFRS-Jahresabschlüssen wurde die Prognose zukünftiger Jahresergebnisse eher schwieriger, da für den Analysten der fallweise auftretende Abschreibungsbedarf beim Goodwill kaum vorhersehbar ist.

In den Bilanzen 2007 hatten 34 börsennotierte Unternehmen einen mehr als hälftigen Anteil des **Goodwill zum Eigenkapital**. Einen Ausweis des Goodwill, der über der Höhe des gebuchten Eigenkapitals gelegen hat, konnte für die Unternehmen Pro Sieben Sat1 mit 249 %, GfK mit 146 %, Heidelberger Cement mit 143 %, FMC mit 128 %, Wincor Nixdorf mit 119 %, D+S mit 114 %, Arcandor mit 114 %, Continental mit 106 %, Dürr mit 102 % sowie für United Internet mit 101 % konstatiert werden.[67] Obwohl sich bei sehr vielen Unternehmen, aufgrund der Wirtschaftskrise, für das Geschäftsjahr 2008 ein großer Bereinigungsbedarf bei den eingegangenen Beteiligungen angekündigt hat, haben nur sehr wenige DAX-Unternehmen entsprechende Verluste ausgewiesen. Darunter waren die Deutsche Telekom, E.ON, Continental und die Deutsche Post. Insgesamt aber muss sich der Leser von Konzernbilanzen daran gewöhnen, dass der **Geschäfts- oder Firmenwert** auch im Vergleich zum Anlagevermögen einen immer größeren Anteil einnimmt und verstärkt zum Wertetreiber oder auch Wertevernichter für die Unternehmen wird. Der Wandel zu einer Dienstleistungsgesellschaft wird sich auch in einem veränderten Bilanzbild niederschlagen müssen. Demzufolge werden die in den Konzernbilanzen enthaltenen Firmenwerte als Kundenstamm, Marke, Standort, Mitarbeiter Know-how, etc. die Fabrikhallen und Maschinen zumindest teilweise ersetzen.

---

67 Untersuchung von *Küting, Karlheinz* (2008), veröffentlicht als Firmencheck im Handelsblatt: *Fockenbrock, Dieter & Sommer, Ulf*, Handelsblatt vom 8. 10. 2008, Nr. 195, S. 16.

Bei einzelnen Unternehmen kann es unter Umständen durchaus nötig werden, Maßnahmen einzuleiten, die umgangssprachlich ein so genanntes Gesundschrumpfen nach sich ziehen. Die Konzentration auf das jeweilige Kerngeschäft soll wieder positive Deckungsbeiträge entstehen lassen, welche mit einem beschleunigten Verkaufsprozess initiiert wird. Von zentraler Bedeutung ist dabei die Fähigkeit, Situationen und Interessen schnell und richtig einzuschätzen, durchführbare Lösungen geschickt zu verhandeln und kreative Finanzierungsstrukturen zu identifizieren. In **Krisensituationen** muss der Veräußerungsprozess in der Regel innerhalb von sechs bis zwölf Wochen abgewickelt werden. Dadurch kann die Wertvernichtung im Unternehmen gestoppt bzw. in Grenzen gehalten werden, verschafft den Eigentümern Perspektiven für die Werterhaltung oder eröffnet sogar erfrischende Ansätze zur Wertsteigerung.

Der Ansatz einer wertorientierten Unternehmensführung als weiteres Element eines ganzheitlichen Controlling-Systems rückt den **Unternehmenswert** in den Mittelpunkt der Betrachtung. Dessen Bestimmung wäre nicht nur bei einem Eigentümerwechsel von Bedeutung, sondern greift zunehmend auch in den Alltag eigentümergeführter Unternehmen. Unabhängig der Haltung in Bezug auf den täglichen Blick des Managements börsennotierter Unternehmen auf den Aktienkurs und den daraus entstehenden betrieblichen Entscheidungen, die Orientierung an einer Steigerung des Unternehmenswerts bedeutet erst einmal nichts anderes als ein gewisser Garant, für die Kapitalgeber, für die Mitarbeiter und auch für die Lieferanten, entsprechende Einkommensquellen zu sichern.

Auch wenn Kritiker des in jüngster Zeit sehr beanspruchten Begriffs des **Shareholder Value** davon ausgehen, dass die aktuelle Finanz- bzw. Wirtschaftskrise ihren Schuldigen gefunden hat, sollte differenzierter beurteilt werden. Betrachten wir den Umkehrschluss eines möglicherweise sich nennenden *„Shareholder loss in value"*, also einer sukzessiven Vernichtung des Unternehmenswertes. Immer weniger Kapitalgeber würden sich finden, in das Unternehmen zu investieren. Die Folge wären weniger finanzielle Mittel für Ersatz- und Erweiterungsinvestitionen, für notwendige Forschungs- und Entwicklungsleistungen, um Produkte und Dienstleistungen zu schaffen, die von den Kunden nachgefragt und auch einen vergüteten Nutzen stiften. Ob dann mit insgesamt weniger Prosperität und demzufolge mit sinkenden Umsätzen die vorhandenen Arbeitsplätze von Unternehmen gesichert werden, kann man sich nur sehr schwer vorstellen.

Möglicherweise ist aber auch die Differenzierung zwischen **börsen- und nichtbörsennotierten** Unternehmen überholt, wenn die Tatsache einer unterschiedlichen Eigenkapitalbeschaffung keine Rolle spielen würde. Ein Ansatz, der sich auch die Betriebswirtschaftslehre zukünftig stärken widmen könnte, wäre die Unterscheidung in eigentümerdominierende und weniger dominierende Unternehmen. So ist beispielsweise Hugo Boss mit dem Haupteigentümer Permira zwar börsennotiert, in ihrem Agieren aber ähnlich wie das auch ein klassisches mittelständisches Unternehmen kann und auch an den Tag legt. Denn auch inhabergeführte Unternehmen sind nicht der Inbegriff einer heilen Welt. Wir lesen nur die Untaten eines manchmal zügellosen Managements einiger im DAX notierten Unternehmen, wohlgemerkt, dass es ich um maximal 30 handeln kann und verurteilen im gleichen Atemzug die Börse als Teufelswerk. Wo Licht ist, da ist auch Schatten, unabhängig einer Börsennotierung.

Doch wer hat nun Schuld an der aktuellen **Finanz- bzw. Wirtschaftskrise**? Waren es die Banken mit ihren Finanzprodukten, die angeblich keiner mehr verstanden hat?; Waren es die Manager börsennotierter Unternehmen, die angeblich alle gierig sind?; Waren es die Private Equity-Fonds, die als Heuschrecken durch die Republik zogen und die Unternehmen ausgeräumt haben?; War es der viel zitierte Shareholder Value, der gierige Aktionäre befriedigen musste?; War es die Globalisierung mit der Abwanderung von Unternehmern, die von manchem Spitzenpolitiker als vaterlandslose Gesellen verurteilt wurden?; Waren es die Vereinigten Staaten mit ihrem sturen Festhalten eines möglicherweise überholten Neoliberalismus?; oder waren es sogar die Politiker, die es versäumt haben, zeitig genug zu „reprivatisieren" zum Wohle der Allgemeinheit. Das controllingorientierte Finanz- und Rechnungswesen mit dem Teilbereich eines wertorientierten Denkens und ihren Kennziffern trägt mit Sicherheit am wenigsten die Schuld, ihr obliegt ausschließlich die Dokumentation und Analyse einer betrieblichen Wertschöpfung.

LITERATURHINWEISE:

Exler, M., MidCap M&A, Management für den Verkauf und die Bewertung von mittelständischen Unternehmen, Herne 2006.

Fockenbrock, D./Hennes, M., Bilanzen bergen immense Risiken, in: Handelsblatt vom 6.7.2009, Nr. 126, S. 1 und 10.

Fockenbrock, D. & Sommer, U., Konzerne spielen mit der Hoffnung, Firmencheck, in: Handelsblatt vom 8.10.2008, Nr. 195, S. 16.

May, P., Die BWL hat den Unternehmer vergessen, in: Frankfurter Allgemeine Zeitung vom 20.4.2009, Nr. 91, S. 12.

Pellens, B./Crasselt, N./Ruhwedel, P., Schöne neue Goodwill-Welt, in: Frankfurter Allgemeine Zeitung vom 26.9.2005, Nr. 224, S. 24.

Rozijn, M., Der Unternehmensmaklervertrag, Zur Anwendung des allgemeinen Maklervertragsrechts auf Mergers & Acquisitions-Dienstleistungen, Frankfurter wirtschaftsrechtliche Studien, Bd. 42, Frankfurt 2001.

Wagner, H.-P., Wie sich die Controlling-Funktion ändern muss, Notwendige Entwicklungsschritte in der Krise, in: Controller Magazin, Jg. 34, H. 4, S. 43 - 48, 2009.

LITERATURVERZEICHNIS

A

Achleitner, A.-K./von Einem, C./von Schröder, B., (Hrsg.), Private Debt – alternative Finanzierung für den Mittelstand, Finanzmanagement, Rekapitalisierung, Institutionelles Fremdkapital, Stuttgart 2007.

Ackermann, J., Wie viel Gewinn für wen? Unternehmen zwischen Aktionären und Öffentlichkeit, in: Neue Zürcher Zeitung vom 15./16. 1.1995, Nr. 11, S. 15.

Air Berlin, Investor-Relation-News vom 28. 3. 2007, Berlin.

Air Berlin, Supplementary Prospectus of 27 April 2006, London.

Allianz SE, Einladung zur Hauptversammlung der Allianz SE am 29. April 2009, München.

Auer, K., Buchhaltung – Bilanzierung – Analyse, Schritt für Schritt zu Bilanz, GuV und Kapitalflussrechnung, Wien 2005.

Auer, K., Internationale Rechnungslegung IAS/IFRS Kompakt, Vergleich IAS/IFRS - HGB, Analyse, Beispiele, Wien 2003.

B

Beermann, E., Der Börsengang, eine Finanzierungsalternative für den Mittelstand? Der Steuerberater als Vorbereiter und Begleiter eines „Going Public", in: BBB, Zeitschrift für betriebswirtschaftliche Fragen rund um das Mandat des Steuerberaters 2007, H. 6, S. 172 - 177.

Beschorner, D./Peemöller, V., Allgemeine Betriebswirtschaftslehre, Herne/Berlin 2006.

Bimberg, L., Langfristige Renditeberechnung zur Ermittlung von Risikoprämien, Empirische Untersuchung der Renditen von Aktien, festverzinslichen Wertpapieren und Tagesgeld für den Zeitraum von 1954 bis 1988, Frankfurt 1993.

Blödtner, W./Bilke, K./Heining, R., Lehrbuch Buchführung und Bilanzsteuerrecht, Herne 2009.

Bösl, K., Kosten des Börsengangs, Ein Überblick, in: Institutional Real Estate Magazin 2007, H. 3, S. 29 - 32.

Born, K., Bilanzanalyse International, Deutsche und ausländische Jahresabschlüsse lesen und beurteilen, Stuttgart 2008.

Boston Consulting Group, The Experience Curve, The Growth share Matrix or the Product Portfolio, BCG-Perspective 1973, unter www.bcg.de/about_bcg/klassiker/ portfoliomatrix.aspx, abgerufen am 28. 5. 2009.

Bundesrat, Gesetzesbeschluss des Deutschen Bundestages, Gesetz zur Modernisierung des Bilanzrechts (Bilanzrechtsmodernisierungsgesetz BilMoG) vom 27. 3. 2009, Drucksache 270/09, Köln.

Bundeswertpapiere, Kurse/Renditen börsennotierter Bundeswertpapiere, unter www.bundeswertpapiere.com, bzw. www.deutsche-finanzagentur.de, abgerufen am 6. 5. 2009.

Burkhardt, K./Gaumert, U., Zentrale Fragen der Kreditfinanzierung, in: Die Bank 2006, Zeitschrift für Bankpolitik und Praxis, H. 4, S. 60 - 63.

Busse, F.-J., Grundlagen der betrieblichen Finanzwirtschaft, München 2003.

C

Coenenberg, A., Wertorientierte Unternehmensführung, vom Strategieentwurf zur Implementierung, Stuttgart 2007.

Coenenberg, A./Haller, A./Schultze, W., Jahresabschluss und Jahresabschlussanalyse, Betriebswirtschaftliche, handelsrechtliche, steuerrechtliche und internationale Grundsätze – HGB, IFRS und US-GAAP, Stuttgart 2009.

Copeland, T./Koller, T./Murrin, J./McKinsey & Company, Unternehmenswert, Methoden und Strategien für eine wertorientierte Unternehmensführung, Frankfurt 2002.

D

DATEV AG, DATEV-Kontenrahmen, Standardkontenrahmen nach dem Bilanzrichtlinien-Gesetz, Standardkontenrahmen (SKR) 03, gültig ab 2009, Nürnberg 2009.

DATEV AG, Kontenrahmenbeschreibung 2009, SKR 03, Finanzbuchhaltung, Nürnberg 2009.

Deutsche Telekom AG, Geschäftsbericht 2008, Bonn 2009.

DIHK-Gesellschaft für Berufliche Bildung, (Hrsg.), Controller IHK/Controllerin IHK, Frühjahrsprüfung 2003, Bonn 2003.

DIS Deutscher Industrie Service AG, Geschäftsbericht 2008, Düsseldorf 2009.

Ditges, J./Arendt, U., Internationale Rechnungslegung nach IFRS, Ludwigshafen 2006.

Drukarczyk, J./Schüler, A., Unternehmensbewertung, München 2007.

E

Ehren, M., Wie ein Börsengang funktioniert, unter www.boerse.ard.de/content. jsp?key=dokument_54723, abgerufen am 30. 4. 2004.

E.ON AG, Geschäftsbericht 2008, Düsseldorf 2009.

Europäische Union, (2009) Definition der Kleinstunternehmen sowie der kleinen und mittleren Unternehmen, unter www.europa.eu.int.

Exler, M., Methoden der Unternehmensbewertung im Vergleich, Anwendung der Multiplikatoren-, Ertragswert- und DCF-Methoden bei der Veräußerung eines KMU, in: Unternehmensbewertung & Management 2004, H. 11, S. 426 - 433.

Exler, M., MidCap M&A, Management für den Verkauf und die Bewertung von mittelständischen Unternehmen, Herne/Berlin 2006.

Exler, M., Umsetzung und Kontrolle des Business-Plans: Soll-Ist-Vergleich, in: Rottke, Nico & Rebitzer, Dieter (Hrsg.) Handbuch Real Estate Private Equity, S. 493 - 510, Köln 2006.

Exler, M., Wertmanagement mittelständischer Unternehmen, in: Controller Magazin 2006, Jg. 31, H. 6, S. 549 - 553.

Exler, M./Zimmer, U., Unternehmenswertorientiertes Controlling. Kufsteiner Hochschulhefte, Nr. 5, Kufstein 2005.

F

Finance Research, Das ist Ihr Unternehmen wert, EBIT- und Umsatzmultiplikatoren, Mai 2009, in: Finance 06/2009, unter www.finance-research.de, abgerufen am 2. 7. 2009.

Finance Research, Branchenbeta Deutschland, Berechnung der Branchenbeta Industrie (Prime Standard) Deutsche Börse zum 31. Oktober 2008, unter www.finance-research.de, abgerufen am 6. 5. 2009.

Fockenbrock, D./Hennes, M., Bilanzen bergen immense Risiken, in: Handelsblatt vom 6. 7. 2009, Nr. 126, S. 1 und 10.

Fockenbrock, D./Sommer, U., Konzerne spielen mit der Hoffnung, Firmencheck, in: Handelsblatt vom 8. 10. 2008, Nr. 195, S. 16.

G

Gebhardt, G., Grundlagen der wertorientierten Unternehmenssteuerung, Veröffentlicher Vortrag auf dem 58. Betriebswirtschafter-Tag, Arbeitskreis Finanzierungsrechnung, am 28. 9. 2004 in Berlin.

Göllert, K., Bilanzrechtsreform, Unternehmensbonität unter der Lupe, Die Bank 2008, H. 3, S. 47 - 50.

Graumann, M., Einführung einer einstufigen Deckungsbeitragsrechnung, in: BBB, Zeitschrift für betriebswirtschaftliche Fragen rund um das Mandat des Steuerberaters, 2006, H. 4, S. 111 - 117.

H

Härtl, H., Besonderheiten des Ablaufs und der Zeitplanung eines Börsengangs, Emittenten müssen Mindestkriterien erfüllen, um auf Aufnahmebereitschaft des Kapitalmarktes zu stoßen, in: Institutional Investment Real Estate Magazin 2007, H. 3, S. 24 – 28.

Haeseler, H./Hörmann, F., Controlling, quo vadis? Neuartiges Controlling versus konventionelle Unternehmenssteuerung?, in: RWZ, Rechnungswesen, 2004, H. 10, Artikel-Nr. 76, S. 312 - 318.

Heilmann, D./Louven, S., Vodafone schreibt Milliarden ab, in: Handelsblatt vom 15. 11. 2006, Nr. 221, S. 16.

Hoffmann, W.-D./Lüdenbach, N., IAS/IFRS-Texte, Herne 2009.

Hofnagel, J., Private Equity, eine Option für den Mittelstand? Bei diesen typischen Problemen Ihrer Mandanten können Finanzinvestoren unterstützen, BBB 2007, Zeitschrift für betriebswirtschaftliche Fragen rund um das Mandat des Steuerberaters, H. 2, S. 60 - 64.

Horváth & Partners, Das Controllingkonzept, Der Weg zu einem wirkungsvollen Controllingsystem, München 2006.

Hufnagel, W./Holdt, W., Einführung in die Buchführung und Bilanzierung, Herne 2009.

I

IDW, Institut der Wirtschaftsprüfer e. V., IDW Standard: Grundsätze zur Durchführung von Unternehmensbewertungen (IDW S 1), Stand 18. 10. 2008, Fachausschuss für Unternehmensbewertung und Betriebswirtschaft des IDW, Düsseldorf 2008.

IFD, Initiative Finanzstandort Deutschland, Rating Broschüre, München 2009.

IHK, Industrie- und Handelskammer, Eigentumsvorbehalt, Frankfurt 2009.

Interfinanz, Gesellschaft für internationale Finanzberatung, 50. Jahresbericht 2008, Düsseldorf 2009.

J

Jossé, G., Basiswissen Kostenrechnung – Kostenarten, Kostenstellen, Kostenträger, Kostenmanagement, München 2007.

Jost, K., Meine Kanzlei, meine Altersvorsorge, Praxisleitfaden zur Nachfolgeregelung in Steuerberaterkanzleien, Bonn 2006.

K

KfW, Kreditanstalt für Wiederaufbau, Ratingarten, Ratingfaktoren sowie Ratingergebnis, unter www.kfw-mittelstandsbank.de, abgerufen am 12. 3. 2009.

Kicherer, H.-P./Neuhäuser, S./Nicolini, H./Witt, J., Controllertraining, Prüfungsaufgaben, Übungen und Fallstudien zur Prüfungsvorbereitung, München 2001.

Kirsch, H., Einführung in die internationale Rechnungslegung nach IFRS, Herne 2009.

Klett, C./Pivernetz, M., Controlling in kleinen und mittleren Unternehmen, Ein Handbuch mit Auswertungen auf der Basis der Finanzbuchhaltung, Herne 2004.

Krey, A./Ruchhöft, S., Controlling-Konzept für Kleinunternehmen, in: Controller Magazin, 2006, Jg. 31, H. 3, S. 230 - 238.

Krol, F. & Wömpener, A., Wertorientiertes Controlling im Mittelstand, Status quo, Promotoren und Nutzenpotentiale, im: Controller Magazin, 2009, Jg. 34, H. 3, S. 17 - 20.

Krummheuer, E., Rheinisch, aber knallhart im Geschäft, im: Handelsblatt vom 28. 3. 2007, Nr. 62, S. 16.

Küting, K./Weber, C.-P., Die Bilanzanalyse nach HGB und IFRS, Stuttgart 2009.

Küting, K., Konzerne spielen Verstecken, Transparenz für Aktionäre, im: Handelsblatt vom 25. 10. 2005, Nr. 206, S. 20.

L

Lohmann, M., Abschreibungen, was sie sind und was sie nicht sind, Der Wirtschaftsprüfer 1949, S. 353 ff.

Lorson, P., Auswirkungen von Shareholder-Value-Konzepten auf die Bewertung und Steuerung ganzer Unternehmen, Herne 2004.

M

M.A.C. Mergers & Acquisitions-Consulting GmbH, Wien, Gegründet 1980 und auf die Beratung von Ver- und Zukäufen mittelständischer Unternehmen spezialisiert.

Markowitz, H., Portfolio Selection, Die Grundlagen der optimalen Portfolio-Auswahl, München 2008.

May, P., Die BWL hat den Unternehmer vergessen, in: Frankfurter Allgemeine Zeitung vom 20. 4. 2009, Nr. 91, S. 12.

Meyer, C., Bilanzierung nach Handels- und Steuerrecht, unter Einschluss der Konzernrechnungslegung und der internationalen Rechnungslegung, Herne 2009.

Müller, W., Management Accounting, in: BBK, Buchführung, Bilanzierung, Kostenrechnung, 1995, Nr. 2, S. 67 - 72.

O

Österreichische Elektrizitätswirtschafts-Aktiengesellschaft, Verbundgesellschaft, Geschäftsbericht 2008, Wien 2009.

Olfert, K., Kostenrechnung, Ludwigshafen 2003.

OMV AG, Geschäftsbericht 2008, Wien 2009.

P

Peemöller, V. (Hrsg.), Praxishandbuch der Unternehmensbewertung, Herne 2009.

Peemöller, V., Controlling, Grundlagen und Einsatzgebiete, Herne 2005.

Pellens, B./Fülbier, R./Gassen, J., Internationale Rechnungslegung, IFRS 1 bis 7, IAS 1 bis 41, IFRIC-Interpretationen, Standardentwürfe mit Beispielen, Aufgaben und Fallstudie, Stuttgart 2008.

Pellens, B./Crasselt, N./Ruhwedel, P., Schöne neue Goodwill-Welt, in: Frankfurter Allgemeine Zeitung vom 26. 9. 2005, Nr. 224, S. 24.

Perridon, L./Steiner, M., Finanzwirtschaft der Unternehmung, München 2007.

Plankenstein, D./Ehrhart, N., Wie Mezzanine-Kapital die Bonität verbessert, in: Handelsblatt vom 14. 11. 2006, Nr. 220, S. 26.

Plankensteiner, D./Rehbock, T., Die Bedeutung von Mezzanine-Finanzierungen in Deutschland, in: Zeitschrift für das gesamte Kreditwesen, 2005, Jg. 58, H. 15, S. 790 - 794.

Porter, M., Wettbewerbsstrategie, Frankfurt 1983.

R

Rappaport, A., Shareholder Value, Wertsteigerung als Maßstab für die Unternehmensführung, Stuttgart 1995.

Rappaport, A., Creating Shareloder Value: The New Standard for Business Reporting, New York 1986.

Rottke, N./Rebitzer, D. (Hrsg.), Handbuch Real Estate Private Equity, Köln 2006.

Rozijn, M., Der Unternehmensmaklervertrag, Zur Anwendung des allgemeinen Maklervertragsrechts auf Mergers & Acquisitions-Dienstleistungen, Frankfurter wirtschaftsrechtliche Studien, Bd. 42, Frankfurt 2001.

Ruh, H., Die langfristige Aktienrendite in Deutschland, ein Spiegelbild der Realwirtschaft?, in: Pricewaterhouse Coopers Deutschland 11/2004, Frankfurt 2004.

RWE AG, Geschäftsbericht 2008, Essen 2009.

S

Scheffler, E., Bilanzen richtig lesen, Was Bilanzen aussagen und verschweigen, München 2006.

Schierenbeck, H., Grundzüge der Betriebswirtschaftslehre, München 2003.

Schildbach, T., Der handelsrechtliche Jahresabschluss, Herne 2009.

Schmalenbach-Gesellschaft für Betriebswirtschaftslehre e. V., Arbeitskreis Finanzierung, Wertorientierte Unternehmenssteuerung mit differenzierten Kapitalkosten, in: Zeitschrift für betriebswirtschaftliche Forschung (ZfbF), 2004, S. 543 - 578.

Schneider, W./Grohmann-Steiger, C., Einführung in die Buchhaltung im Selbststudium, Band I, Informationsteil, Wien 2008.

Shapiro, A., Capital Budgeting and Investment Analysis, New Jersey 2005.

Standard & Poor's, www.standardandpoors.de

Steinmann, H./Schreyögg, G./Koch, J., Management, Grundlagen der Unternehmensführung, Konzepte, Funktionen und Praxisfälle, Wiesbaden 2005.

Stern Stewart & Co., What is EVA, unter http://seminars.sternstewart.com/ whatiseva.html, abgerufen am 28. 5. 2009.

T

Theile, C., Bilanzrechtsmodernisierungsgesetz, Herne 2009.

Thommen, J.-P./Achleitner, A.-K., Allgemeine Betriebswirtschaftslehre, Umfassende Einführung aus managementorientierter Sicht, Wiesbaden 2009.

Tirole, J., The Theory of Corporate Finance, New Jersey 2006.

U

Uhlig, S., Working Capital, Stille Wasser gründen tief, in: Controller Magazin, 2007, H. 2, S. 176 - 181.

W

Wagenhofer, A., Bilanzierung & Bilanzanalyse, Eine Einführung, Wien 2008.

Wagner, H.-P., Wie sich die Controlling-Funktion ändern muss, Notwendige Entwicklungsschritte in der Krise, in: Controller Magazin, 2009, Jg. 34, H. 4, S. 43 - 48.

Weber, P./Weidenbach-Koschnike, K., IFRS für den Mittelstand, Ein praxisgerechter Extrakt aus der Vielzahl von Richtlinien, in: Controller Magazin, 2006, Jg. 31, H. 6, S. 554 - 558.

Wien Energie GmbH, Geschäftsbericht 2007/2008, Wien 2009.

Wienerberger AG, Geschäftsbericht 2008, Wien 2009.

Wienerberger AG, Geschäftsbericht 2007, Wien 2008.

Wienerberger AG, Wienerberger gibt Beschluss zur Kapitalerhöhung bekannt, Wienerberger Adhoc Information vom 21. 9. 2007, Wien 2007.

Witt, F.-J./Witt, K., Controlling für Mittel- und Kleinbetriebe, Bausteine und Handwerkszeug für Ihren Controllingleitstand, München 1996.

Wöhe, G./Döring, U., Einführung in die Allgemeine Betriebswirtschaftslehre, München 2008.

Wolford AG, Geschäftsbericht 2008, Bregenz 2009.

Z

Ziegenbein, K., Controlling, Ludwigshafen 2007.

STICHWORTVERZEICHNIS

A

Abschreibung, 8 ff., 14, 19, 36, 42 ff., 73 f., 80 f., 83 ff., 92, 100 ff., 108 f., 129 ff., 140, 148, 159 f., 203, 207 ff., 233, 264, 269 ff., 292 ff., 304 f., 343 f., 359

Adhoc-Meldung 111, 148

Adjustiert → s. bereinigt

AfA-Tabelle 49, 53, 207

Agio 70, 121, 144, 198

Air Berlin AG 140, 143 ff., 148 f.

Aktien 68 f., 83 f., 138 ff., 142 f., 146 ff., 152 ff., 199 f., 213, 308 f., 325

Aktiengesellschaft 69, 138, 152 f.

Aktivierung 42 ff., 49 ff., 57, 66, 79, 85, 102, 154 f., 293, 304

Aktivtausch 12 ff., 209

Akzessorisch 184

Anhang 35, 39 ff., 51, 64 ff., 69 f., 73 ff., 83 ff., 98, 105

Anlagespiegel 54

Anschaffungskosten 45 f., 51, 58 ff., 68, 206, 244, 279 f.

Assetallokation 36, 108, 312

Asset Deal 355

ATX 153, 157, 306, 308

Ausschüttung 105, 133

Außerordentliches Ergebnis 41, 80 f., 95, 107 f., 111, 150, 171, 294 ff., 303 f., 324, 344

B

BAB → s. Betriebsabrechnungsbogen

Baisse 161

Basel II 2, 95, 117, 179 f.

Beauty Contest 141

Beleihungswert 190, 194 f.

Bereinigt 3, 83, 86, 94, 107 ff., 129 f., 140, 144, 266, 286, 294 ff., 302 ff., 318, 321 ff., 324, 329 ff., 342 ff.

Besserungsschein 164 f., 355

Bestandskonten 15 ff., 19 ff., 27, 31, 37

Betafaktor 305, 307 ff., 316, 322, 330, 332

Betriebsabrechnungsbogen 226 ff., 232

Betriebsbuchhaltung 4, 8, 226

Betriebsergebnis 80 f., 88, 95, 107 ff., 121, 160, 165, 292 f., 296 ff., 302, 324, 343, 358

Bezugsrecht 142, 153 ff.

Bilanzierungshilfe 41, 44, 47, 56, 65 f., 102, 105

Bilanzpolitik 43, 79, 102

Bilanzrechnung 4, 222 f., 252, 292, 294, 339, 341

Bilanzverkürzung 14

Bilanzverlängerung 12 f.

BilMoG 3, 5, 8, 35 f., 41, 44, 47 ff., 61, 66, 85, 105, 358

Blackstone 160, 205

Blankokredit 183, 193

BMW 244, 279 ff.

Börse 138 ff., 143, 152 ff.

Börsengang 92, 138, 141 f., 147, 150, 158, 160, 169, 352

Börsenklima 138 ff.

Bonität 8 f., 92, 95, 118, 150, 174, 176 ff., 184, 193, 254, 348

Bookbuilding 139, 146 ff.

Branchenmultiple 324, 326

Break-Even-Menge 232, 234 ff., 279 ff.

Business-Plan 139, 165, 168, 174, 321, 339 ff., 359

C

CAPM 307, 309, 317, 322, 332

Cashflow 22, 39, 59, 94, 97, 108, 111 ff., 127 ff., 177, 183, 205, 263 ff., 296 f., 318 ff., 345 ff., 357

Cashflow aus betrieblicher Tätigkeit → s. Kapitalflussrechnung

Cashflow aus Finanzierungstätigkeit → s. Kapitalflussrechnung

Cashflow aus Investitionstätigkeit → s. Kapitalflussrechnung

Cashflow aus laufender Geschäftstätigkeit → s. Kapitalflussrechnung

Cashflow Statement → s. Kapitalflussrechnung

Cash Management   219, 255, 339

Closing   356

Cockpit   338, 341, 348 f.

CVA   301, 327

D

Daimler-Chrysler   9, 153

Damnum   44, 65 f., 79, 283

DAX   140, 143, 145, 153, 157, 306 ff., 325, 359 ff.

DCF → s. Discounted Cashflow-Methode

Debitoren   11, 25, 99, 102, 113 f., 117 f., 123 f., 167, 210, 221, 253, 255 ff., 271, 339, 342

Debitorenfrist   113 f., 118, 124

Deckungsbeitrag   233 ff., 280

Definanzierung   2, 133, 177, 201, 220, 258 ff.

Delisting   162

Desinvestition   102, 109, 112, 118, 132 ff., 167, 177, 200, 205 ff., 215 f., 220, 257 ff., 269, 290, 296, 299, 305, 311 f., 320, 327, 331, 349

Deutsche Post AG   138, 144 f., 153

Deutsche Telekom AG   9, 138, 153, 204 f., 355, 359

Disagio   26, 198, 284

Discounted Cashflow-Methode   48, 68, 144, 147, 178, 206, 263, 273, 288, 318 ff., 326 ff., 329, 333 ff., 344 ff., 357

Dividende   9, 38, 69, 72, 74, 82, 84 f., 133, 140 f., 151, 153, 155, 175, 199, 202, 204 ff., 264, 267, 308, 320

Dividendenkontinuität   72, 203

Dividendenrendite   84, 140

Due Diligence   142, 145, 163 ff., 170, 174, 353 f., 357

E

Earn-Out-Regelung   355

EBIT   80, 88, 109 ff., 130, 292, 296, 324 ff., 343, 347

EBITDA   110 f., 343 f.

Eigenfertigung   5, 236 ff.

Eigenkapital   10 f., 34, 38, 40 ff., 67 ff., 86, 103 ff., 118, 134 ff., 158 ff., 179 ff., 201 ff., 267, 305 ff., 322 ff., 342

Eigenkapitalquote   104 ff., 117 f., 310, 342

Eigenkapitalrendite   108, 118

Eigentümer   8, 11, 133, 291

Einnahmenüberschussrechnung   7, 11, 26, 41, 113, 265

Einzelkosten   42, 44, 46 f., 225 ff., 232 f., 245

Emissionsbank   141 ff., 147 f.

Entwicklungskosten   44, 50, 85, 105

E.ON AG   153, 304, 359

Equity Kicker   169 f., 173

Equity Story   142, 147 f., 156, 158, 164

Erfolgskonten   16, 18 f.

Ersatzinvestition   102, 116, 158, 278, 295

Ertragswert   144, 272, 318, 323, 327, 347

Ertragswertverfahren   144

Erweiterungsinvestition   36, 71, 102, 109, 151, 159, 207, 269, 281, 320, 346, 360

EVA   301 f., 312

Eventualschuld   75

Exit   92, 158 ff., 165, 169

Exposé   350 ff.

F

Factoring   109, 114, 118, 183, 210

Finanzbuchhaltung   3 ff., 8 ff., 18, 25, 37, 72, 108, 222 ff., 282, 294, 298 f., 320 f., 339, 341 ff.

Finanzergebnis   19, 80 f., 88, 95, 107 ff., 178, 298, 303 f., 315, 320, 324, 343

Finanzierungsmatrix   134

Finanzierungsstruktur   3, 10, 163, 172, 259, 300, 360

Finanzinvestor   92, 108, 158, 160 ff., 204 f., 324, 352 f., 357

Finanzkrise   134, 292

Finanzrechnung   252 ff., 339

Firmenwert   8, 42 ff., 47 ff., 51 f., 57, 68, 85, 102, 105, 148, 299, 304, 358 f.

Fixkosten   92, 115, 232 f.

Free Cashflow   108, 113, 177, 205, 266, 318 ff., 344 ff.

Fremdbezug   5, 115, 232, 235 ff., 251

Fremdkapital   10 f., 33 f., 47, 52 f., 63, 69, 74, 92, 104 ff., 132 ff., 161, 167 ff., 173 ff., 200, 213, 267, 281, 306 f., 311, 322 f.

Fremdorganschaft   137

G

Gemeinkosten   3, 42, 44, 46 f., 53, 102, 225 ff., 245 ff.

Gesellschafterdarlehen   67, 97, 104, 106, 116, 134, 169, 173, 303, 307, 352

Gesellschaft mit beschränkter Haftung   37, 67, 69, 73, 97, 137, 176, 184, 202, 213

Gewinnthesaurierung   33, 87, 92, 107, 117 f., 133 ff., 183, 200 ff., 212 f., 342

Gläubiger   8, 11, 133

GmbH → s. Gesellschaft mit beschränkter Haftung

Golf   275 ff.

Goodwill   2, 185, 192, 304, 327, 335, 347, 359

Greenshoe   147 f.

Grundkosten   17, 294, 298

Geringwertige Wirtschaftsgüter (GWG) 50

H

Handelsgesetzbuch → s. HGB

Hausse   160

Herstellungskosten   5, 38 ff., 42, 44 ff., 73, 85, 102, 207, 254, 292, 299, 327, 358

HGB   3, 5, 7 ff., 32, 36, 39, 41, 44, 50, 52, 59, 63, 67, 69, 74 f., 78, 80, 105, 203 f., 267, 358

Höchstwertprinzip   59

Hugo Boss AG   204, 360

I

IFRS   3, 5, 8 f., 34 ff., 94, 105, 108, 152, 175, 267, 324, 358 f.

Impairment of assets → s. Impairment test

Impairment test   9, 51, 53, 59, 359

Inhaberaktie   153

Innenfinanzierung   68, 87, 113, 133 ff., 155, 167, 200 ff., 212, 220, 252, 269, 342

Innenfinanzierungspotential   264, 269, 113

Investitionsrechnung   4, 220, 223, 271 ff., 339, 347

Investor Relations   138, 142, 150

IPO → s. Börsengang

Ist-Besteuerung   24

J

Jahresüberschuss   7 f., 11, 22, 36, 68 f., 71 f., 80 f., 103, 107 ff., 125, 129, 144, 199, 201 ff., 257, 264, 269 ff., 293, 296, 298, 303, 344 f., 355

K

Kalkulation   5, 9, 46, 49, 163, 181, 192, 207 ff., 222, 224 ff., 288, 294, 299, 339

Kalkulatorische Kosten   95, 108, 207, 266, 297 ff., 321, 340, 343 f., 347

Kapitalerhöhung   38, 70 f., 132, 136 f., 142 ff., 149 f., 152 ff., 200, 257, 267

Kapitalflussrechnung   113, 177 f., 252, 263 ff., 271

Kapitalgesellschaft   27, 33, 37, 41, 45, 74, 82, 86 f., 97, 103, 134, 137, 152, 176, 184, 200, 211, 298

Kapitalisierungszinssatz   272 ff., 318 f., 322 ff.

Kapitalkosten   6, 47, 63, 136, 143, 211, 213, 257, 259, 274, 291, 298 ff., 319 ff., 342, 346 ff., 357

Kapitalmarkt   1 f., 5 f., 35, 45, 58, 74, 133, 138, 141, 148 ff., 158, 162, 176, 191, 201 ff., 263, 288, 291, 308 ff., 346

Kapitalstruktur   92, 103, 106, 117, 150, 166 ff., 178, 203, 212 f., 259, 306 f., 310, 316, 322 ff., 340 ff.

Kapitalwert   273 ff., 318 ff.

KG → s. Kommanditgesellschaft

KGV → s. Kurs-Gewinn-Verhältnis

Kommanditgesellschaft   137, 298

Konsortialbank   141, 147 f.

Kontenrahmen   18 f.

Konzern   68, 83, 119, 158, 162, 186, 204, 219, 263, 305, 352, 355 ff.

Kostenrechnung   2, 17, 42, 46 f., 92, 166, 207, 223 ff., 252 ff., 290, 294, 299, 339

Kostenstelle   3, 224 ff.

Kostenträger   47, 224 ff., 230 ff.

Kreditoren   11, 25, 99, 107, 117 f., 178, 221, 253 ff., 271, 339, 342

Krisenindikatoren   102, 106, 116 ff.

Kurs-Gewinn-Verhältnis   140, 143, 178, 325 ff., 333 ff.

L

Lagebericht   35, 39, 86

Lagerumschlag   113 f., 118

Latente Steuer   43 f., 48, 51, 55 ff., 66, 87

Lean Management   252

Letter of Intent   353, 355, 357

Leverage-Effekt   213

Liquidität   11, 133, 258, 293

Lohmann & Ruchti   207, 292

LOI → s. Letter of Intent

Lombardierung   188

LTU   149

M

MABILA → s. Maschinelle Bilanzanalyse

Mahnwesen   114, 118, 210

Management Accounting   5, 224

Managementansatz → s. Vorwort

Management-Buy-out   162, 166, 352 f.

Marktkapitalisierung   54, 140 ff., 149, 151, 155, 205, 325

Marktprämie   307 ff.

Marktwert   2, 5, 8, 34, 49, 53 ff., 61 ff., 94, 100, 144, 203, 206, 319, 323, 326 f.

Maschinelle Bilanzanalyse   177 f.

Maßgeblichkeit   3, 9, 36 f., 43 f., 50, 74

MBO → s. Management-Buy-out

Mehrwertsteuer → s. Umsatzsteuer

Mezzanine → s. Private Debt

Multiplikatorenmethode   178, 288, 323, 326, 347, 357

N

Nachhaltiger Gewinn   3, 83, 108, 129, 140, 204 f., 209, 222, 292 ff., 324 f., 331, 344, 358

Namensaktie   153

Netto-Finanzverbindlichkeiten   68, 111, 128, 319, 323 f., 341

Netto-Umlaufvermögen → s. Working Capital

Nettoveräußerungswert   40, 54, 63

Neubewertung   41, 52 f., 55 f., 57, 358

Neubewertungsrücklage   41, 53, 55, 57, 60, 69, 73 ff., 358

Neuer Markt   145

Neutrales Ergebnis   84, 95, 108, 140, 209, 266, 294 ff., 303 f., 321, 324, 342 ff., 347

Niederstwertprinzip   49, 59 ff., 64

Nominalgüterstrom   1, 10

NOPAT   108, 302 ff., 312, 343, 346

O

Off-Balance Finanzierung   109, 304

Offene Handelsgesellschaft (OHG)   136, 298

P

Passivierung   56, 74, 76, 154

Passivtausch   14, 155, 202

Peer Group   144, 147, 309, 325 f., 333 f.

PER → s. Price Earnings Ratio

Permira   160, 204, 360

Personengesellschaft   33, 37, 42, 49, 69 f., 74, 136 f., 176, 184, 197, 213, 298, 344

Personenkonten   22 ff.

Plausibilitätskontrolle   174, 178, 248, 274, 278, 321, 323, 326

Postbank AG   138, 144 f., 153

Preisuntergrenze   232, 234, 238 f.

Price Earnings Ratio   178, 325, 333

Private Debt   67, 86, 92, 97, 104 f., 118, 132 ff., 161 f., 167 ff., 178, 183, 303, 307, 310, 352

Private Equity   92, 108, 110, 126 f., 132, 134 f., 158 ff., 213, 324, 340, 352, 360

Publikumsgesellschaft   138, 153, 157

R

Rangrücktritt   104 f., 161, 167 ff., 172 ff., 190

Rating   2, 95, 157 f., 174 ff., 180 ff., 198, 213, 307

Realgüterstrom   1

Rechnungsabgrenzung   33 f., 41, 60, 65 f., 75, 79, 86, 167, 264 f., 304

Rendite   6, 8, 22, 34, 60, 67, 93, 95, 103, 108, 118, 133, 140 f., 160, 162 f., 173, 178, 204, 213, 277 f., 292, 300 f., 305 ff., 318, 338, 350

Rentabilität   2, 9 f., 43, 106, 108, 112, 135, 148, 183, 213, 258, 272 f., 281, 293, 338, 349

Residualwert   319 ff.

Restbuchwert   49, 54, 295

Restrukturierungsmaßnahmen   76, 83 f., 115 f.,
140, 148, 161, 163, 299, 321 f., 344, 347

Risikoavers   272, 274, 309, 322

Road Show   141, 145, 147 f.

ROCE   209, 300 ff., 311 f., 343, 346, 349, 357

ROE → s. Eigenkapitalrendite

ROI   94 f., 109 f., 126, 281, 300, 343 ff.

ROS   113 f., 343

Rücklagen   69 ff., 105, 107, 112, 133 f., 154, 201 ff.,
213

Rücklage für Neubewertung → s. Neubewertungsrücklage

Rückstellung ·   74 ff., 107, 112, 130

Rückstellungsspiegel   77

RWE AG   140, 304 ff., 311 ff.

S

Satzung   71, 201, 203

Schulden   37 ff., 48, 56 f., 66 f., 75, 77 f., 98, 145,
174, 183, 326

Secondary Buy-out   92, 160

Share Deal   355

Shareholder   9, 291, 360

Shareholder Value   8, 139, 148, 151, 204 f., 220 f.,
223, 291 f., 323, 339, 360 f.

SHS AG   142 f., 148, 157

Skonto   118, 125, 192, 210, 231 f., 241, 253

Soll-Besteuerung   24

Spin-off   119, 162

Stakeholder   4, 9, 138, 203 ff.

Stammaktie   83, 140, 152 ff., 198 f.

Steuerschuld   5, 7, 9, 24, 36, 40 f., 56 f., 78

Stille Beteiligung   67 f., 86, 97, 105, 134, 161, 167,
169 ff., 352

Stille Reserven   39, 41, 62, 70, 74, 86, 88, 94, 100,
102, 106, 112, 167, 203, 207, 209, 327

Stimmrecht   58, 153, 199 f.

Strategisches Controlling   6, 220, 223, 300, 312,
318, 339, 346

Substanzwertverfahren   326, 335

T

Term Sheet   174, 356

Thesaurierung → s. Gewinnthesaurierung

Trade Sale   92, 158, 160 f., 169, 352

U

Überschuldungsbilanz   67, 104

Umfinanzierung   12, 14, 118, 342, 345

Umplatzierung   142, 149 f.

Umsatzsteuer   22 ff., 64, 82, 187

Unternehmensbewertung   51, 68, 143 ff., 178,
220, 223, 306 f., 310, 318 ff.

Unternehmenswert   2 f., 6, 140, 143 f., 159, 223,
292 f., 300 ff., 318 ff., 339, 344 ff., 347 ff., 359 ff.

US-GAAP   5

V

Value Management → s. Wertmanagement

Variable Kosten   92, 109, 232 ff., 257, 278 ff.

Venture Capital   134

Verbindlichkeitsspiegel   78, 85, 98

Vergleichswertverfahren → s. Multiplikatorenmethode

Vertraulichkeitserklärung   352

Vodafone   205

Vorsichtsprinzip   36, 39, 49, 52, 55, 82, 88, 203

Vorzugsaktie   70, 153

W

WACC   144, 301 f., 306, 310 ff., 318 ff., 346, 349,
357

Wertbeitrag   159, 204, 223, 292 f., 300 f., 305 f.,
311 ff.

Werthaltigkeitsprüfung → s. Impairment of assets

Wertmanagement   5 f., 139, 166, 220, 288 ff., 292,
300 ff., 339, 346, 357 f.

Wertminderung   48 f., 52 ff., 59 ff., 73, 76, 102

Wertminderungsaufwand → s. Abschreibung

Wertminderungstest → s. Impairment of assets

Wertschöpfung   1, 10, 12, 17, 22 f., 51, 62, 92, 96, 99 ff., 108, 132, 135, 161, 210, 245, 258, 292, 327, 335, 342

Werttreiber   6, 291, 301, 346

Wienerberger AG   70, 156 ff., 175, 304

Wirtschaftliches Eigenkapital   105, 125, 161, 259, 310

Working Capital   78, 94 f., 98 f., 107, 113, 118, 177, 259, 266 ff., 320, 323 f., 331, 341 ff., 345, 348

Z

Zahlungsziel   107, 114, 118, 192 f., 210, 253

Zeitwert   40, 42, 48, 57, 59, 78, 85, 179

Zinstragende Verbindlichkeiten → s. Netto-Finanzverbindlichkeiten

Zuschreibung   42, 44, 52 ff., 59, 63, 73, 102, 108, 112 f., 127, 264, 269, 320, 344

Zweckaufwand   17, 47, 294, 298

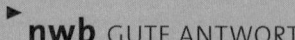